Mathematik

Vorlesungen für Ingenieurschulen

Von

Oberbaurat Gert Böhme
Dozent für Mathematik
an der Staatl. Ingenieurschule Furtwangen

Zweiter Band
Einführung in die Höhere Mathematik

Mit 254 Abbildungen

Springer-Verlag Berlin Heidelberg GmbH 1964

Alle Rechte, insbesondere das der Übersetzung in fremde Sprachen, vorbehalten
Ohne ausdrückliche Genehmigung des Verlages ist es auch nicht gestattet,
dieses Buch oder Teile daraus auf photomechanischem Wege
(Photokopie, Mikrokopie) oder auf andere Art zu vervielfältigen

© by Springer-Verlag Berlin Heidelberg 1964
Ursprünglich erschienen bei Springer Verlag OHG., Berlin/Gottigen/Heidelberg 1964.
Softcover reprint of the hardcover 1st edition 1964
ISBN 978-3-662-37677-5   ISBN 978-3-662-38479-4 (eBook)
DOI 10.1007/978-3-662-38479-4

Library of Congress Catalog Card Number: 63−23216

Titel-Nummer 1201

Vorwort

Die Höhere Mathematik stellt heute das Kernstück der mathematischen Ausbildung unserer Ingenieure dar. Ihr gebührt deshalb auch an der Ingenieurschule eine besondere Beachtung.

Die Forderung der Fachkollegen zielt hin auf eine möglichst frühzeitige Behandlung der Differentialrechnung. Der Mathematiker wird diesen Wünschen Rechnung tragen müssen, da er seine Vorlesungen dem allgemeinen Lehrplan seiner Schule anpassen muß. Andererseits wird es gerade sein Bestreben sein, auf ein Verstehen des Stoffes hinzuwirken und das ganze Gebäude der Infinitesimalrechnung auf eine solide Grundlage zu stellen. In diesem Sinne wird er beispielsweise den Begriff des Grenzwertes einerseits von den Funktionen her, andererseits mit der Koordinatengeometrie gründlich vorbereiten.

Die methodische Konzeption des ersten Bandes habe ich auch in diesem Buch beibehalten. Wissenschaftlich exakte Beweisführungen auf der Grundlage des Epsilonkalküls sind an der Ingenieurschule ebensowenig am Platze wie ein unklares Manipulieren mit sogenannten unendlich kleinen Größen, welche anstelle konkreter Begriffsbildungen über Konvergenz und Grenzwert beim Studierenden leicht zu Mißverständnissen führen. Alles in allem habe ich meinen Vorlesungen jenes Maß an wissenschaftlicher Strenge zugrunde gelegt, das ich an der Ingenieurschule für angebracht halte und welches sich in meiner Unterrichtspraxis bewährt hat.

Überall habe ich eine leichte Lesbarkeit angestrebt. Der Studierende soll in der Lage sein, seine Vorlesung mit diesem Buch nacharbeiten zu können. Sollte dabei die in seiner Vorlesung gebotene Darstellung von der in diesem Buche befindlichen abweichen, was vielleicht sogar die Regel sein wird, so ist das Kennenlernen des Stoffes unter einem etwas anderen Blickwinkel sowohl vom fachlichen als auch vom pädagogischen Standpunkt aus nur vorteilhaft für ihn. Über 400 vollständig durchgerechnete Beispiele, welche den Text ergänzen und auf Anwendungsmöglichkeiten in Physik und Technik hinweisen, werden ihm dabei eine besondere Hilfe sein.

Numerische Methoden nehmen auch in diesem Band selbstverständlich einen breiten Raum ein. Die entsprechenden Aufgaben sind dabei mit dem Rechenstab oder einer Tischrechenmaschine behandelt worden. Entsprechend dem Grundlagencharakter des Mathematikunterrichtes bis zur Vorprüfung ist die vorliegende Darstellung keine Einführung in die Praktische Mathematik, wenngleich überall die nötigen Vorbereitungen getroffen werden. Ich bin an meiner Schule in der glücklichen Lage, im vierten und fünften Semester eine Vorlesung über Programmieren und ein Praktikum an der elektronischen Rechenanlage IBM 1620 durchzuführen, wodurch meine Studenten in den jüngsten und vielleicht auch wichtigsten Zweig der Praktischen Mathematik eingeführt werden.

Ich würde mich freuen, wenn die vorliegende Arbeit bei möglichst vielen Kollegen Anklang finden und zu einem regen Meinungs- und Erfahrungsaustausch führen würde. Für methodische und fachliche Anregungen werde ich jederzeit dankbar sein.

An dieser Stelle möchte ich Herrn Professor Dr.-Ing. RUDOLF ZURMÜHL für die Durchsicht des Manuskriptes und Herrn Oberbaurat Dipl.-Ing. FRIEDRICH SIMON für seine ständige Mitarbeit und Beratung danken. Für die mühevolle Anfertigung des Schreibmaschinentextes beider Bände sowie die Mitarbeit beim Korrekturenlesen bin ich meiner lieben Frau besonders herzlich verbunden. Herr Ing. KLAUS WAGENMANN hat auch bei diesem Band die Zeichnungen übertragen. Nicht zuletzt gilt mein Dank den Mitarbeitern des Springer-Verlages für ihr bereitwilliges Eingehen auf meine Wünsche sowie die gute Ausstattung, welche sie auch diesem Bande angedeihen ließen.

Furtwangen, im April 1964

Gert Böhme

Inhaltsverzeichnis

1 Analytische Geometrie

Seite

1.1 Die analytische Methode 1
   1.1.1 Punkte und Koordinaten 1
   1.1.2 Kurve und Funktionsgleichung 2
   1.1.3 Einfachste Beispiele 3
   1.1.4 Polarkoordinaten 8

1.2 Die Gerade 10
   1.2.1 Die Normalform der Geradengleichung 10
   1.2.2 Die Zweipunkteform 10
   1.2.3 Die Punkt-Steigungsform 12
   1.2.4 Die Achsenabschnittsform 12
   1.2.5 Die allgemeine Form 13
   1.2.6 Die Hessesche Normalform 15
   1.2.7 Die Polarform 19
   1.2.8 Schnittpunkt zweier Geraden 20
   1.2.9 Schnittwinkel zweier Geraden 23

1.3 Koordinatentransformationen 24
   1.3.1 Problemstellung 24
   1.3.2 Parallelverschiebung des Koordinatensystems 25
   1.3.3 Drehung des Koordinatensystems 29
   1.3.4 Invarianzeigenschaften 31

1.4 Der Kreis 32
   1.4.1 Kreisgleichungen 32
   1.4.2 Tangente, Normale und Polare des Kreises 37

1.5 Die Ellipse 41
   1.5.1 Die senkrecht-affine Abbildung 41
   1.5.2 Die Ellipse als affines Bild eines Kreises 45
   1.5.3 Ellipsengleichungen 48
   1.5.4 Brennpunktseigenschaften der Ellipse 52
   1.5.5 Tangente, Normale und Polare der Ellipse 54

1.6 Die Hyperbel 56
   1.6.1 Hyperbelgleichungen 56
   1.6.2 Die Hyperbeltangente 65

1.7 Die Parabel 67
   1.7.1 Parabelgleichungen 67
   1.7.2 Die Parabeltangente 72

1.8 Die allgemeine Kegelschnittsgleichung 74
   1.8.1 Vorbemerkungen 74
   1.8.2 Identifizierung 75
   1.8.3 Die Hauptachsentransformation 76

Seite

2 Vektoralgebra

2.1 Der Vektorbegriff 78

2.2 Geometrische Vektordarstellung 80

    2.2.1 Addition von Vektoren 80
    2.2.2 Subtraktion eines Vektors 82
    2.2.3 Multiplikation eines Vektors mit einem Skalar 83
    2.2.4 Das skalare Produkt 86
    2.2.5 Das vektorielle Produkt 93

2.3 Basisdarstellung von Vektoren 98

    2.3.1 Komponenten und Koordinaten eines Vektors 98
    2.3.2 Rechnen mit Vektoren in Basisdarstellung 100
    2.3.3 Skalares Produkt in Basisdarstellung 101
    2.3.4 Vektorielles Produkt in Basisdarstellung 102
    2.3.5 Die Richtungskosinus eines Vektors 103
    2.3.6 Einige Anwendungen 105

2.4 Tripeldarstellung von Vektoren 108

2.5 Mehrfache Produkte 110

    2.5.1 Das gemischte oder Spatprodukt 110
    2.5.2 Das dreifache Vektorprodukt 113
    2.5.3 Das vierfache Produkt $(\mathfrak{a} \times \mathfrak{b}) \cdot (\mathfrak{c} \times \mathfrak{b})$ 114

2.6 Komplexe Vektoren 117

2.7 Matrizen 118

3 Differentialrechnung

3.1 Grenzwerte 125

    3.1.1 Konvergente Zahlenfolgen 125
    3.1.2 Grenzwerte von Funktionen 132
    3.1.3 Rechenregeln für Grenzwerte 136
    3.1.4 Stetigkeit von Funktionen 138

3.2 Der Begriff der Ableitungsfunktion 141

    3.2.1 Die Ableitungsfunktion als Steigungsfunktion 141
    3.2.2 Die Ableitung als Grenzwert 143
    3.2.3 Bestimmung von Ableitungsfunktionen 145
    3.2.4 Ableitbarkeit und Stetigkeit 148

3.3 Formale Ableitungsrechnung 149

    3.3.1 Konstanten-, Faktor- und Summenregel 149
    3.3.2 Die Potenzregel für ganze positive Exponenten 150
    3.3.3 Produkt- und Quotientenregel 151
    3.3.4 Ableitungen höherer Ordnung 155
    3.3.5 Die Kettenregel 158
    3.3.6 Ableitung der Kreisfunktionen 164
    3.3.7 Ableitung der Bogenfunktionen 166
    3.3.8 Ableitung von Logarithmus- und Exponentialfunktion . . . 168
    3.3.9 Logarithmisches Ableiten 170
    3.3.10 Ableitung der Hyperbelfunktionen 172
    3.3.11 Ableitung der Areafunktionen 173

3.4 Differentiale. Differentialquotienten. Differentialoperatoren 174
   3.4.1 Der Begriff des Differentials 174
   3.4.2 Zusammenhang zwischen Differenzen und Differentialen . . . 176
   3.4.3 Rechnen mit Differentialen 177
   3.4.4 Der Differentialquotient 179
   3.4.5 Differentialquotienten höherer Ordnung 182
   3.4.6 Grundsätzliche Bemerkungen 183
   3.4.7 Differentialoperatoren 184

3.5 Kurvenuntersuchungen 186
   3.5.1 Steigen und Fallen. Extrempunkte 186
   3.5.2 Links- und Rechtskurven. Wendepunkte 188
   3.5.3 Sonstige geometrische Eigenschaften 190
   3.5.4 Untersuchung algebraischer Funktionen 192
   3.5.5 Untersuchung transzendenter Funktionen 197
   3.5.6 Angewandte Maxima- und Minimaaufgaben 204

3.6 Weitere Anwendungen der Differentialrechnung 208
   3.6.1 Tangenten und Tangentenabschnitte 208
   3.6.2 Linearisierung von Funktionen 210
   3.6.3 Der Mittelwertsatz 213
   3.6.4 Grenzwertbestimmung mit der Regel von BERNOULLI und
       DE L'HOSPITAL 216
   3.6.5 Das NEWTONsche Iterationsverfahren 223

3.7 Funktionen von zwei reellen Veränderlichen 231
   3.7.1 Der Funktionsbegriff 231
   3.7.2 Analytische Darstellungsformen 231
   3.7.3 Geometrische Darstellungsformen 233
   3.7.4 Skalare Darstellung durch Leitertafeln 238
   3.7.5 Raumkurven 241
   3.7.6 Partielle Ableitungen 242
   3.7.7 Das totale (vollständige) Differential 246
   3.7.8 Anwendungen in der Fehlerrechnung 247
   3.7.9 Ableitung impliziter Funktionen 252
   3.7.10 Ableiten von Parameterdarstellungen 254
   3.7.11 Ableiten von Vektorfunktionen 257
   3.7.12 Krümmungskreise und Schmiegungsparabeln 259
   3.7.13 Ableiten von Funktionen in Polarkoordinaten 267

4 Integralrechnung

4.1 Das unbestimmte Integral 271
   4.1.1 Begriff des unbestimmten Integrals 271
   4.1.2 Zwei Integrationsregeln 274
   4.1.3 Die Grundintegrale 274

4.2 Formale Integrationsmethoden 276
   4.2.1 Die Substitutionsmethode 277
   4.2.2 Die Methode der Produktintegration 288
   4.2.3 Integration durch Rekursion 291
   4.2.4 Integration durch Partialbruchzerlegung 293

4.3 Das bestimmte Integral 302
   4.3.1 Definition des bestimmten Integrals 302
   4.3.2 Der Hauptsatz der Integralrechnung. Flächenbestimmungen 305

Seite

4.3.3 Das bestimmte Integral als Grenzwert einer Summe 313
4.3.4 Bestimmung von Bogenlängen 315
4.3.5 Bestimmung von Rauminhalten und Mantelflächen 318
4.3.6 Bestimmung geometrischer Schwerpunkte 320

4.4 Numerische Integration 323
    4.4.1 Aufgabenstellung. Übersicht 323
    4.4.2 Aufstellung der Näherungsformeln 325
    4.4.3 Eigenschaften der SIMPSONschen Formel 328

4.5 Graphische Integration und Differentiation 335

5 Unendliche Reihen

5.1 Der Begriff der unendlichen Reihe 338

5.2 Geometrische Reihen 340

5.3 Reihen mit konstanten Gliedern. Konvergenzkriterien 344
    5.3.1 Reihen mit lauter positiven Gliedern 344
    5.3.2 Alternierende Reihen 349

5.4 Potenzreihen 351
    5.4.1 Begriff der Potenzreihe 351
    5.4.2 Potenzreihendarstellung von Funktionen 354
    5.4.3 MACLAURIN-Reihen und MACLAURIN-Polynome 356
    5.4.4 Potenzreihenentwicklung durch unbestimmten Ansatz 365
    5.4.5 Potenzreihenentwicklung durch Integration 367
    5.4.6 TAYLOR-Reihen 371

5.5 Integration durch Potenzreihenentwicklung 376

5.6 Elliptische Integrale 378

5.7 FOURIER-Reihen 381

6 Gewöhnliche Differentialgleichungen

6.1 Allgemeine Begriffsbildungen 386

6.2 Differentialgleichungen erster Ordnung 390
    6.2.1 Trennung der Veränderlichen 390
    6.2.2 Homogene Differentialgleichungen 392
    6.2.3 Exakte Differentialgleichungen 395
    6.2.4 Lineare Differentialgleichungen erster Ordnung 397
    6.2.5 BERNOULLIsche Differentialgleichung 400
    6.2.6 Geometrische Lösungsmethode 401

6.3 Differentialgleichungen zweiter Ordnung 403
    6.3.1 Anfangs- und Randbedingungen 403
    6.3.2 Integrable Typen 404
    6.3.3 Homogene lineare Differentialgleichungen 407
    6.3.4 Homogene lineare Differentialgleichungen mit konstanten Koeffizienten 412
    6.3.5 Inhomogene lineare Differentialgleichungen 420
    6.3.6 Inhomogene lineare Differentialgleichungen mit konstanten Koeffizienten 423

6.4 Schlußbemerkung 427

Namen- und Sachverzeichnis 429

1 Analytische Geometrie

1.1 Die analytische Methode

1.1.1 Punkte und Koordinaten

Die Aufgabe der analytischen Geometrie besteht in der rechnerischen (analytischen) Behandlung geometrischer Probleme. Dabei kann es sich etwa um die Untersuchung der geometrischen Eigenschaften einer Kurve mit gegebener Funktionsgleichung oder um die Aufstellung der Gleichung einer durch bestimmte geometrische Bedingungen erklärten Kurve handeln.

Die Voraussetzung für eine Anwendung rechnerischer Methoden auf geometrische Aufgaben ist die Möglichkeit einer umkehrbar eindeutigen Zuordnung zwischen geometrischen und analytischen Elementen. Ist diese Zuordnung einmal hergestellt, so besteht die analytische Methode darin, das geometrische Problem samt seinen Gegebenheiten und Forderungen ins Analytische zu übersetzen, sodann das Problem auf analytischem Wege zu lösen und schließlich das Ergebnis der Rechnung wieder ins Geometrische zurück zu übersetzen. Der Hauptteil ist dabei die Durchführung der Rechnung; sie erfolgt mit den Hilfsmitteln der Arithmetik und Algebra und besitzt damit gegenüber den konstruktiven Methoden der Planimetrie oder darstellenden Geometrie den Vorzug, frei von anschaulicher Gebundenheit und exakt bis zu jeder vorgeschriebenen Genauigkeit zu sein.

Die Zuordnung beginnt man bei den einfachsten geometrischen Elementen, den Punkten. Errichtet man ein rechtwinkliges oder kartesisches Koordinatensystem, so kann man jedem in der Ebene der Koordinatenachsen liegenden Punkt ein Zahlenpaar zuordnen, nämlich das Paar seiner kartesischen Koordinaten (Abb. 1; vgl. I. 3.1.3). Diese Zuordnung ist umkehrbar eindeutig, d. h. jeder Punkt bestimmt eindeutig ein solches Zahlenpaar, und umgekehrt bestimmt jedes Paar reeller Zahlen eindeutig einen Punkt der Koordinatenebene; man schreibt

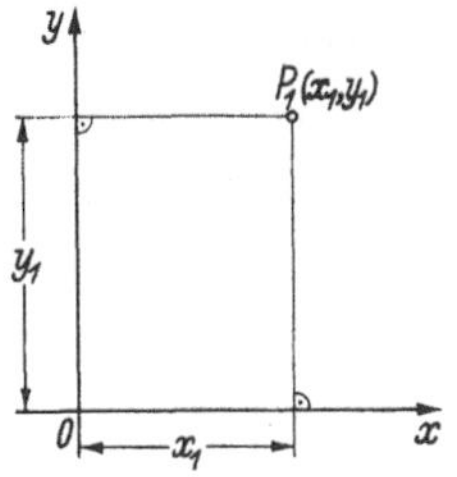

$$P_1 \longleftrightarrow (x_1,\, y_1)$$

Abb. 1

oder kurz unter Weglassung des Zuordnungspfeils

$$\boxed{P_1(x_1, y_1)}$$

Zusammengefaßt:

Die Einführung eines Koordinatensystems ermöglicht eine umkehrbar eindeutige Zuordnung zwischen der Menge aller Punkte der Koordinatenebene E und der Menge aller reellen Zahlenpaare:

$$\boxed{\{P \mid P \in E\} \longleftrightarrow \{(x, y) \mid x, y \text{ reell}\}}^{\,1)}$$

Diese Zuordnung zwischen Punkten und Koordinaten ist die Grundlage der analytischen Geometrie. Sie stellt auch bei den Begründern der analytischen Geometrie, RENÉ DESCARTES (CARTESIUS, 1596 ··· 1650) und PIERRE FERMAT (1601 ··· 1665), den Ausgangspunkt ihrer Betrachtungen dar.

1.1.2 Kurve und Funktionsgleichung

In der Geometrie wird eine Kurve durch bestimmte geometrische Eigenschaften definiert. Dabei betrachtet man die Kurve als eine Menge von Punkten und die die Kurve bestimmenden Eigenschaften als Bedingungen für die Kurvenpunkte („Punktbedingungen"). So wird beispielsweise ein Kreis $\Re$ um den Punkt M und mit dem Radius r definiert als Menge aller Punkte P (der Ebene), die vom Punkte M den Abstand r haben

$$\Re = \left\{ P \mid \overline{PM} = r \right\}.$$

In der Planimetrie pflegt man eine Kurve auf Grund ihrer Punktbedingung zu konstruieren. In der analytischen Geometrie übersetzt man die geometrisch gefaßte Punktbedingung ins Rechnerische, indem man in geeigneter Weise ein Koordinatensystem errichtet, dadurch also den Punkten Koordinaten zuordnet und die gegebene Bedingung für die Punkte in eine Bedingungsgleichung für deren Koordinaten verwandelt. Diese Beziehung zwischen den Koordinaten der Kurvenpunkte nennen wir die zugehörige Funktionsgleichung der Kurve oder kurz die Kurvengleichung. Damit haben wir einer Kurve als geometrischem Element eine Gleichung — nämlich ihre Funktionsgleichung — als analytisches Element zugeordnet, so daß also sämtliche Kurvenuntersuchungen rechnerisch an der Kurvengleichung vorgenommen werden können. Zusammengefaßt:

Einer Kurve $\mathfrak{C}$ wird eine Gleichung, nämlich ihre Funktionsgleichung $F(x, y) = 0$ zugeordnet. $\mathfrak{C}$ stellt die Menge genau derjenigen Punkte

---

¹) Ein Ausdruck der Form $\{A \ldots \mid B \ldots\}$ ist als „Menge aller $A \ldots$ mit der Bedingung $B \ldots$" zu lesen (vgl. auch I. 1.3.3). Das Zeichen $\in$, ein stilisiertes e, lese man als „ist Element von" (vgl. auch I. 1.3.1). Der einstrichige Doppelpfeil $\longleftrightarrow$ symbolisiert die umkehrbar eindeutige (eineindeutige) Zuordnung.

$P(x, y)$ dar, deren Koordinaten durch die Funktionsgleichung $F(x, y) = 0$ miteinander verknüpft sind:

$$\mathfrak{C} = \{P(x, y) \mid F(x, y) = 0\}$$

Will man demnach von einem beliebigen Punkte $P_1(x_1, y_1)$ der Ebene feststellen, ob er auf einer gegebenen Kurve $\mathfrak{C}$ mit der Gleichung $F(x, y) = 0$ liegt, so braucht man nur nachzuprüfen, ob seine Koordinaten x_1, y_1 in der von der Kurvengleichung $F(x, y) = 0$ angegebenen Beziehung zueinander stehen. Rechentechnisch erfolgt dies durch Einsetzen der Koordinaten x_1, y_1 in die Gleichung $F(x, y) = 0$; ergibt sich dabei eine Identität, $F(x_1, y_1) \equiv 0$, so sagt man, die Koordinaten von P_1 „erfüllen die Gleichung $F(x, y) = 0$ identisch", und der Punkt P_1 liegt auf $\mathfrak{C}$ ($P_1 \in \mathfrak{C}$); ergibt sich eine Ungleichung, $F(x_1, y_1) \neq 0$, so liegt P_1 nicht auf $\mathfrak{C}$ ($P_1 \notin \mathfrak{C}$). Da der Schluß in beiden Fällen umkehrbar ist, gilt also der

Satz: *Ein Punkt $P_1(x_1, y_1)$ liegt auf einer Kurve $\mathfrak{C}$ mit der Gleichung $F(x, y) = 0$ dann und nur dann, wenn seine Koordinaten die Kurvengleichung identisch erfüllen:*

$$P_1(x_1, y_1) \in \mathfrak{C} \Longleftrightarrow F(x_1, y_1) \equiv 0$$

Vom Funktionsbegriff her gesehen sind Kurve und Funktionsgleichung nur verschiedene (und durchaus nicht die einzig möglichen) Darstellungsformen der Funktion. In der Funktionsgleichung werden x und y als zugeordnete Variable aufgefaßt, beim Kurvenbild bedeuten sie die kartesischen Koordinaten der Kurvenpunkte. Durchläuft x alle Werte des Definitionsbereiches, so durchläuft ein beweglich zu denkender Punkt die zugehörige Kurve.

1.1.3 Einfachste Beispiele

1. Länge und Steigung einer Strecke. Eine Strecke $\overline{P_1P_2}$ sei durch die Koordinaten ihrer Begrenzungspunkte gegeben: $P_1(x_1, y_1)$, $P_2(x_2, y_2)$ (Abb. 2). Dann liest man aus dem rechtwinkligen Dreieck P_1QP_2 ab

$$l = \overline{P_1P_2} = \sqrt{(x_2 - x_1)^2 + (y_2 - y_1)^2}$$
$$\tan\alpha = \frac{y_2 - y_1}{x_2 - x_1} \quad (x_2 \neq x_1)$$
$$0° \leqq \alpha < 180°$$

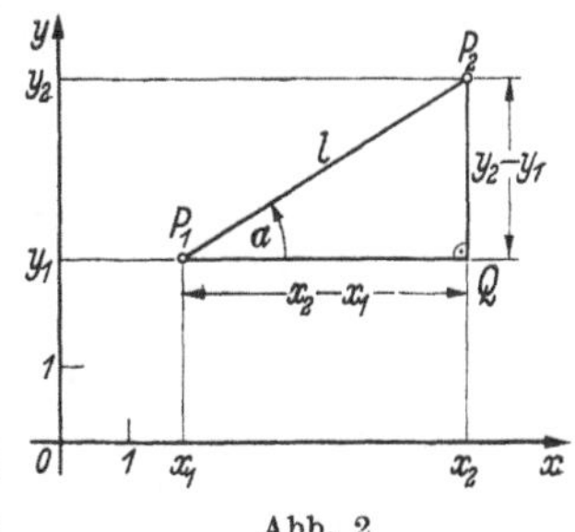

Abb. 2

Die Länge der Strecke ist gleich dem *Abstand* der Punkte P_1 und P_2. Die *Steigung* der

Strecke ist gleich dem Tangens des Richtungswinkels α und damit gleich dem *Differenzenquotienten*. Einer zur y-Achse parallelen Strecke wird keine Steigung zugeordnet; für $x_1 = x_2$ ist $\alpha = 90°$.

Die Formel für $\overline{P_1 P_2}$ ist nichts anderes als der Satz des PYTHAGORAS[1]) in koordinatengeometrischer Fassung. Sie hat folgende Eigenschaften:

a) $\overline{P_1 P_2} > 0$ für $P_1 \neq P_2$ und $\overline{P_1 P_2} = 0$ für $P_1 \equiv P_2$, denn

$$\sqrt{(x_2 - x_1)^2 + (y_2 - y_1)^2} > 0 \quad \text{für} \quad x_1 \neq x_2 \quad \text{oder (und)} \quad y_1 \neq y_2 \quad \text{und}$$

$$\sqrt{(x_2 - x_1)^2 + (y_2 - y_1)^2} = 0 \quad \text{für} \quad x_1 = x_2 \quad \text{und} \quad y_1 = y_2;$$

b) $\overline{P_1 P_2} = \overline{P_2 P_1}$ *(Symmetrieeigenschaft)*,

denn $\sqrt{(x_2 - x_1)^2 + (y_2 - y_1)^2} = \sqrt{(x_1 - x_2)^2 + (y_1 - y_2)^2}$;

c) $\overline{P_1 P_3} + \overline{P_3 P_2} \geqq \overline{P_1 P_2}$ *(Dreiecksungleichung*; Abb. 3),

denn aus der Ungleichung

$$\sqrt{(x_3 - x_1)^2 + (y_3 - y_1)^2} + \sqrt{(x_2 - x_3)^2 + (y_2 - y_3)^2} \geqq \sqrt{(x_2 - x_1)^2 + (y_2 - y_1)^2}$$

folgt nach *beiden* Richtungen

$$\left.\begin{array}{l} 2 x_3^2 + 2 y_3^2 - 2 x_3 x_1 - 2 y_3 y_1 - 2 x_2 x_3 - 2 y_2 y_3 + \\ + 2 \sqrt{[(x_3 - x_1)^2 + (y_3 - y_1)^2][(x_2 - x_3)^2 + (y_2 - y_3)^2]} \end{array}\right\} \geqq -2 x_2 x_1 - 2 y_2 y_1$$

und durch Isolieren und Quadrieren der Wurzel

$$\sqrt{[(x_3 - x_1)^2 + (y_3 - y_1)^2][(x_2 - x_3)^2 + (y_2 - y_3)^2]}$$
$$\geqq (x_3 - x_1)(x_2 - x_3) + (y_3 - y_1)(y_2 - y_3)$$

$$(x_3 - x_1)^2 (y_2 - y_3)^2 + (y_3 - y_1)^2 (x_2 - x_3)^2$$
$$\geqq 2(x_3 - x_1)(x_2 - x_3)(y_3 - y_1)(y_2 - y_3)$$

$$[(x_3 - x_1)(y_2 - y_3) - (y_3 - y_1)(x_2 - x_3)]^2 \geqq 0, \qquad\qquad (*)$$

was sicher richtig ist, denn das Quadrat einer reellen Zahl kann niemals negativ ausfallen.

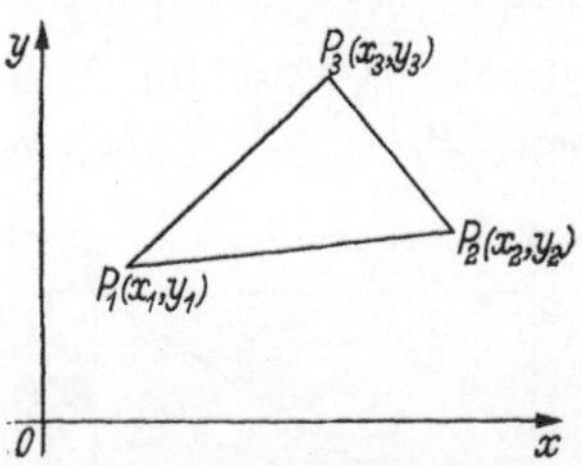

Unsere geometrischen Vorstellungen vom Abstand zweier Punkte werden also völlig analog von der Koordinatenrechnung wiedergegeben.

Betrachten wir noch den *Gleichheitsfall* bei der Dreiecksungleichung! Zweifellos gilt in ihr das Gleichheitszeichen dann, wenn P_1, P_2, P_3 auf einer Geraden liegen[2]) und sich dabei P_3 zwischen P_1 und P_2 befindet (Abb. 4). Dieser Fall ist

Abb. 3

---

[1]) PYTHAGORAS von Samos (580? ··· 500?), griechischer Philosoph.

[2]) Drei in einer geraden Linie liegende Punkte nennt man kollinear.

sicher im Gleichheitsfall von (*) enthalten:

$$[(x_3 - x_1)(y_2 - y_3) - (y_3 - y_1)(x_2 - x_3)]^2 = 0$$
$$(x_3 - x_1)(y_2 - y_3) - (y_3 - y_1)(x_2 - x_3) = 0$$

$$\Rightarrow \boxed{\frac{y_2 - y_3}{x_2 - x_3} = \frac{y_3 - y_1}{x_3 - x_1}}$$

Diese Gleichung besagt, daß die Steigung der Strecke $\overline{P_3 P_2}$ mit der Steigung der Strecke $\overline{P_1 P_3}$ übereinstimmt.[1]) Die Beziehung kann auch unmittelbar aus den ähnlichen schraffierten Dreiecken (Abb. 4) abgelesen werden.

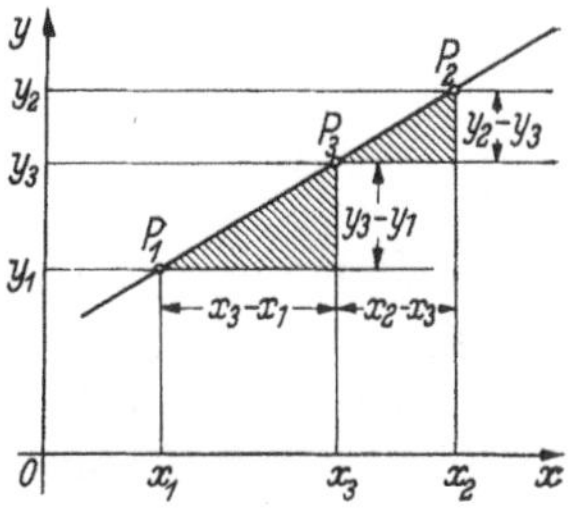

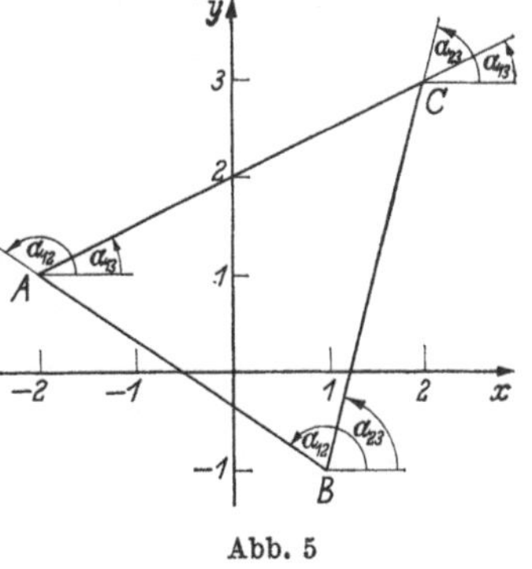

Abb. 4

Schreibt man die Gleichung in Determinantenform, so erhält man zunächst

$$\begin{vmatrix} x_3 - x_1 & x_2 - x_3 \\ y_3 - y_1 & y_2 - y_3 \end{vmatrix} = 0$$

und daraus durch „Rändern"

$$\begin{vmatrix} x_1 - x_3 & x_2 - x_3 \\ y_1 - y_3 & y_2 - y_3 \end{vmatrix} = \begin{vmatrix} x_1 - x_3 & x_2 - x_3 & x_3 \\ y_1 - y_3 & y_2 - y_3 & y_3 \\ 0 & 0 & 1 \end{vmatrix} = \begin{vmatrix} x_1 & x_2 & x_3 \\ y_1 & y_2 & y_3 \\ 1 & 1 & 1 \end{vmatrix} = 0.$$

Die Gleichung

$$\boxed{\begin{vmatrix} x_1 & x_2 & x_3 \\ y_1 & y_2 & y_3 \\ 1 & 1 & 1 \end{vmatrix} = 0}$$

stellt nun offenbar die allgemeine *Kollinearitätsbedingung* für drei Punkte $P_1(x_1, y_1)$, $P_2(x_2, y_2)$, $P_3(x_3, y_3)$ dar. Denn da man bei einer verschwindenden Determinante die Spalten beliebig vertauschen darf, ist die Bedingung unabhängig von der Reihenfolge der Punkte.

Anwendung (1): Ein Dreieck sei durch $A(-2;1)$, $B(1;-1)$ und $C(2;3)$ gegeben. Man berechne seine Seiten $\overline{BC} = a$, $\overline{AC} = b$, $\overline{AB} = c$ und seine Winkel α, β, γ (Abb. 5)!

Lösung: $a = \overline{BC} = \sqrt{1^2 + 4^2} = \sqrt{17} = 4,12$

$b = \overline{AC} = \sqrt{4^2 + 2^2} = \sqrt{20} = 4,47$

$c = \overline{AB} = \sqrt{3^2 + 2^2} = \sqrt{13} = 3,61$

Abb. 5

---

[1]) Vorausgesetzt ist dabei, daß die Strecken nicht senkrecht zur x-Achse liegen.

Steigung von $\overline{AB}$: $\tan\alpha_{12} = \dfrac{-2}{3} \Rightarrow \alpha_{12} = 146{,}31°$

Steigung von $\overline{AC}$: $\tan\alpha_{13} = \dfrac{2}{4} \Rightarrow \alpha_{13} = 26{,}57°$

Steigung von $\overline{BC}$: $\tan\alpha_{23} = \dfrac{4}{1} \Rightarrow \alpha_{23} = 75{,}96°$.

Daraus ergeben sich die Dreieckswinkel wie folgt:

$$\alpha = 180° - \alpha_{12} + \alpha_{13} = 60{,}26°$$
$$\beta = \alpha_{12} - \alpha_{23} = 70{,}35°$$
$$\gamma = \alpha_{23} - \alpha_{13} = 49{,}39°.$$

Zur Kontrolle hat man $\alpha + \beta + \gamma = 180° = 180{,}00°$ sowie die Skizze (Abb. 5), an der man die Werte nachmessen kann.

Anwendung (2): Liegen die Punkte $P_1(-2;\,2{,}5)$, $P_2(0;\,1)$, $P_3(3;\,-2{,}5)$ auf einer Geraden?

Lösung: Einsetzen der Koordinaten in die Determinante ergibt

$$\begin{vmatrix} -2 & 0 & 3 \\ 2{,}5 & 1 & -2{,}5 \\ 1 & 1 & 1 \end{vmatrix} = \begin{vmatrix} -2 & 0 & 3 \\ 1{,}5 & 0 & -3{,}5 \\ 1 & 1 & 1 \end{vmatrix} = -1(7{,}0 - 4{,}5) = -2{,}5 \neq 0,$$

die drei Punkte sind also *nicht* kollinear.

Zusatzfrage: Wie müßte die Ordinate von P_2, also y_2, gewählt werden, damit die Punkte kollinear werden? — Man ersetze 1 durch y_2 und erhält über die Bedingung für die Kollinearität

$$\begin{vmatrix} -2 & 0 & 3 \\ 2{,}5 & y_2 & -2{,}5 \\ 1 & 1 & 1 \end{vmatrix} = 0$$

eine lineare Bestimmungsgleichung für y_2. Ihre Lösung ist $y_2 = 0{,}5$, so daß also die Punkte

$$P_1(-2;\,2{,}5), \quad P_2(0;\,0{,}5), \quad P_3(3;\,-2{,}5)$$

auf einer Geraden liegen.

2. Inhalt eines Dreiecks. Der Inhalt des durch die Punkte $P_1(x_1, y_1)$, $P_2(x_2, y_2)$, $P_3(x_3, y_3)$ bestimmten Dreiecks kann nach Abb. 6 wie folgt ermittelt werden:

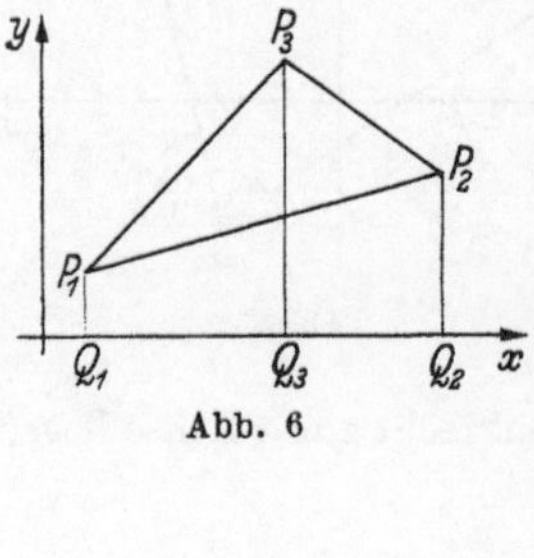

Dreieck $(P_1 P_2 P_3)$ = Trapez $(P_1 Q_1 Q_3 P_3)$ +

$\qquad$ + Trapez $(P_3 Q_3 Q_2 P_2)$ − Trapez $(P_1 Q_1 Q_2 P_2)$.

Aus der Planimetrie ist bekannt, daß der Inhalt eines Trapezes gleich dem Produkt aus dem arithmetischen Mittel der parallelen Grundseiten

Abb. 6

und dessen Abstand ist; also erhält man für den Dreiecksinhalt $F_\triangle$:

$$F_\triangle = \tfrac{1}{2}(y_1 + y_3)(x_3 - x_1) + \tfrac{1}{2}(y_3 + y_2)(x_2 - x_3) - \tfrac{1}{2}(y_1 + y_2)(x_2 - x_1).$$

Multipliziert man die Klammern aus und ordnet um, so erhält man

$$F_\triangle = \tfrac{1}{2}[x_1(y_2 - y_3) - x_2(y_1 - y_3) + x_3(y_1 - y_2)]$$

und damit die Determinante

$$F_\triangle = \tfrac{1}{2}\begin{vmatrix} x_1 & x_2 & x_3 \\ y_1 & y_2 & y_3 \\ 1 & 1 & 1 \end{vmatrix}$$

Da der Flächeninhalt eines Dreiecks genau dann gleich Null ist, wenn die Punkte auf einer Geraden liegen, folgt hieraus wieder die *Kollinearitätsbedingung*

$$\begin{vmatrix} x_1 & x_2 & x_3 \\ y_1 & y_2 & y_3 \\ 1 & 1 & 1 \end{vmatrix} = 0.$$

Vertauscht man in der Determinante für $F_\triangle$ zwei Spalten miteinander, so ändert sich das Vorzeichen von $F_\triangle$. Der Tausch zweier Determinantenspalten bedeutet aber den Tausch zweier Punkte und läuft damit auf eine Umkehrung des Umlaufsinnes $P_1 - P_2 - P_3$ hinaus. Man merke sich, daß der *Flächeninhalt $F_\triangle$ positiv ausfällt, falls die Dreiecksfläche beim Umlauf $P_1 - P_2 - P_3$ zur Linken liegt* (Abb. 7).

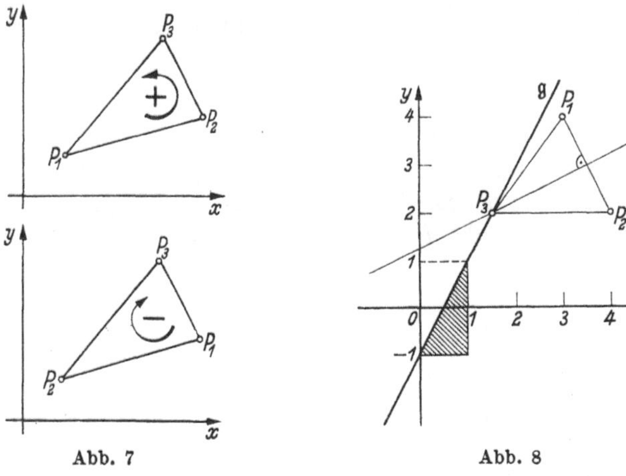

Abb. 7   Abb. 8

3. Eine Punktbestimmung. Man bestimme denjenigen Punkt $P_3(x_3, y_3)$, der auf der Geraden $\mathfrak{g}$ mit der Gleichung $y = 2x - 1$ liegt und von den beiden Punkten $P_1(3; 4)$ und $P_2(4; 2)$ gleich weit entfernt ist (Abb. 8).

Für den gesuchten Punkt P_3 liegen zwei geometrische Bedingungen vor; beide werden ins Analytische übersetzt und ergeben damit zwei Bestimmungsgleichungen für die gesuchten Koordinaten x_3 und y_3.

Geometrisch: I $\quad \overline{P_3 P_1} = \overline{P_3 P_2}$

II $\quad P_3 \in \mathfrak{g}$

Analytisch: I $\quad \sqrt{(x_1 - x_3)^2 + (y_1 - y_3)^2} = \sqrt{(x_2 - x_3)^2 + (y_2 - y_3)^2}$

II $\quad y_3 = 2x_3 - 1$.

Einsetzen der Koordinatenwerte für (x_1, y_1) und (x_2, y_2) in I ergibt mit II

$$\left. \begin{array}{r} -2x_3 + 4y_3 = 5 \\ -2x_3 + y_3 = -1 \end{array} \right\} \Rightarrow \begin{array}{l} x_3 = 1{,}5 \\ y_3 = 2. \end{array}$$

Damit ist $P_3(1{,}5; 2)$ bestimmt; zur Kontrolle kann die planimetrische Konstruktion dienen.

1.1.4 Polarkoordinaten

Ein Polarkoordinatensystem besteht aus dem *Pol Π*, der von Π ausgehenden *Polarachse p* und der Einheit auf p (Abb. 9). Jedem von Π verschiedenen Punkt P kann man zwei Zahlen zuordnen

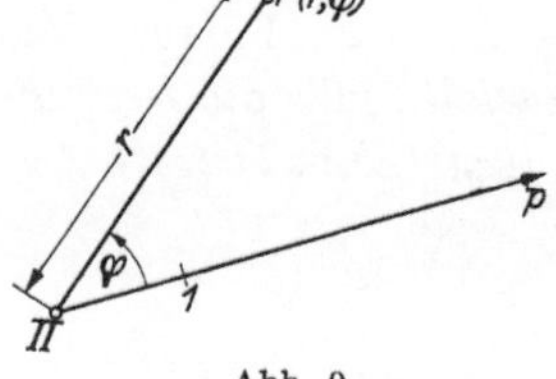
Abb. 9

1. den Abstand $\overline{\Pi P} = r$, genannt der *Polarradius*[1]),

2. den Winkel $\sphericalangle(r, p) = \varphi$, genannt der *Polarwinkel*[2]).

Hierbei ist stets $r \geqq 0$ und φ von der Polarachse im Gegenzeigersinn zu messen. Die Zahlen r, φ heißen *Polarkoordinaten*. Offenbar ist durch Angabe des Zahlenpaares (r, φ) die Lage eines Punktes P eindeutig bestimmt und können auch umgekehrt jedem Punkt P zwei Zahlen r und φ eindeutig zugeordnet werden:[3])

$$\boxed{\begin{array}{c} P \longleftrightarrow (r, \varphi) \\ P(r, \varphi) \end{array}}$$

Dem Pol Π wird kein bestimmter Polarwinkel zugeordnet, er ist durch $r = 0$ bestimmt.

---

[1]) Andere Benennungen sind Radiusvektor, Fahrstrahl, Leitstrahl.

[2]) Andere Benennungen sind Abweichung, Anomalie, Arcus.

[3]) Bei der Zuordnung $P \to (r, \varphi)$ ist φ allerdings nur bis auf ganzzahlige Vielfache von 2π bzw. 360° bestimmt.

Umrechnung: Polarkoordinaten — kartesische Koordinaten. Legt man den Pol Π in den Ursprung 0 eines kartesischen Koordinatensystems und die Polarachse p in die positive x-Achse (Abb. 10), so bestehen zwischen den Polarkoordinaten (r, φ) und den kartesischen Koordinaten (x, y) eines Punktes P folgende Beziehungen

$$\cos\varphi = \frac{x}{r}, \qquad \sin\varphi = \frac{y}{r}.$$

Aus diesen ergibt sich

Abb. 10

$x = r\cos\varphi$	$r = \sqrt{x^2 + y^2}$
$y = r\sin\varphi$	$\tan\varphi = \dfrac{y}{x}$
$(r,\varphi) \Rightarrow (x,y)$	$(x,y) \Rightarrow (r,\varphi)$

Man beachte, daß bei gegebenen x, y der Polarwinkel φ auch im Bereich $0° \leqq \varphi < 360°$ erst dann eindeutig festliegt, wenn man zu seiner Bestimmung noch die Vorzeichen der kartesischen Koordinaten heranzieht.

Beispiele

1. Wie lauten die Polarkoordinaten des Punktes P mit den kartesischen Koordinaten $(-3; -4)$?

Lösung: Mit $x = -3$, $y = -4$ folgt

$$r = \sqrt{9 + 16} = 5;$$

$$x < 0, \quad y < 0 \Rightarrow \varphi \quad \text{im III. Quadranten}$$

$$\Rightarrow \tan(\varphi - 180°) = \tfrac{4}{3} \Rightarrow \varphi = 233{,}13°,$$

so daß also $(5;\ 233, 13°)$ das Polarkoordinatenpaar von P ist.

2. Abstand zweier Punkte $P_1(r_1,\ \varphi_1)$ und $P_2(r_2,\ \varphi_2)$? Aus dem Dreieck $\Pi P_2 P_1$ (Abb. 11) liest man nach dem Kosinussatz der ebenen Trigonometrie ab

$$\overline{P_1 P_2} = \sqrt{r_1^2 + r_2^2 - 2r_1 r_2 \cos(\varphi_1 - \varphi_2)}.$$

Zum gleichen Ergebnis kommt man, wenn man von

$$\overline{P_1 P_2} = \sqrt{(x_1 - x_2)^2 + (y_1 - y_2)^2}$$

ausgeht und die Koordinaten umrechnet:

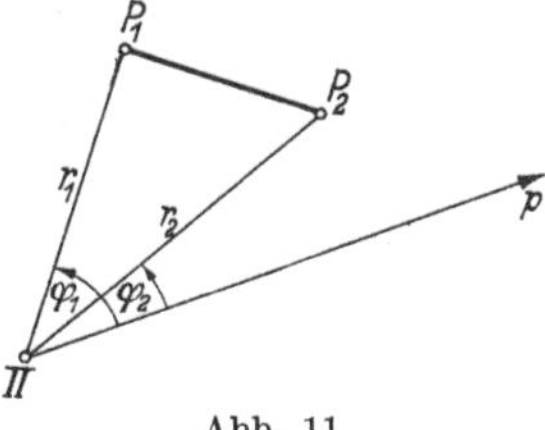

Abb. 11

$$x_1 - x_2 = r_1 \cos\varphi_1 - r_2 \cos\varphi_2,$$

$$(x_1 - x_2)^2 = r_1^2 \cos^2\varphi_1 - 2r_1 r_2 \cos\varphi_1 \cos\varphi_2 + r_2^2 \cos^2\varphi_2$$

$$y_1 - y_2 = r_1 \sin\varphi_1 - r_2 \sin\varphi_2,$$

$$(y_1 - y_2)^2 = r_1^2 \sin^2\varphi_1 - 2r_1 r_2 \sin\varphi_1 \sin\varphi_2 + r_2^2 \sin^2\varphi_2$$

$$\sqrt{(x_1 - x_2)^2 + (y_1 - y_2)^2} = \sqrt{r_1^2 + r_2^2 - 2r_1 r_2(\cos\varphi_1 \cos\varphi_2 + \sin\varphi_1 \sin\varphi_2)}$$

$$= \sqrt{r_1^2 + r_2^2 - 2r_1 r_2 \cos(\varphi_1 - \varphi_2)}.$$

1.2 Die Gerade
1.2.1 Die Normalform der Geradengleichung

Jede Gerade, sofern sie nicht parallel zur y-Achse verläuft, ist durch ihre Steigung m und ihren y-Achsenabschnitt n eindeutig bestimmt.

Zur Aufstellung der Gleichung nimmt man auf der Geraden einen *beliebigen,* „laufenden" Punkt $P(x, y)$ an und bringt seine Koordinaten in Beziehung zu den die Gerade charakterisierenden Größen m und n (Abb. 12):

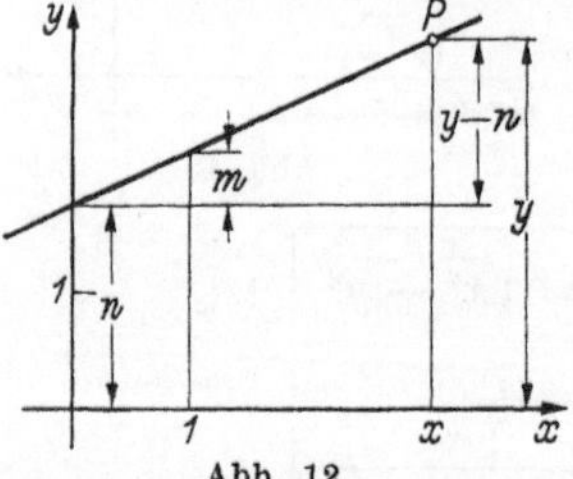

$$(y - n) : m = x : 1$$
$$y - n = m\,x$$

$$\boxed{y = m\,x + n}$$

Normalform

Abb. 12

Verläuft die Gerade speziell durch den Ursprung, so ist $n = 0$ und ihre Gleichung homogen linear:

$$y = m\,x.$$

Beispiel: Wie lassen sich Parallelität, Orthogonalität und Identität zweier Geraden charakterisieren?

Lösung: Die Gleichungen der beiden Geraden seien

$$g_1 : y = m_1\,x + n_1$$
$$g_2 : y = m_2\,x + n_2,$$

dann erhält man

$$\boxed{\begin{aligned} &g_1 \parallel g_2 \iff m_1 = m_2 \\[4pt] &g_1 \perp g_2 \iff m_1 = -\frac{1}{m_2} \\[4pt] &g_1 \equiv g_2 \iff m_1 = m_2,\ n_1 = n_2 \end{aligned}}$$

Im Falle der Orthogonalität ($g_1 \perp g_2$) gilt für die Richtungswinkel α_1 und α_2 der Zusammenhang

$$\alpha_1 - \alpha_2 = \pm 90^\circ \Rightarrow \tan\alpha_1 = \tan(\alpha_2 \pm 90^\circ) = -\cot\alpha_2 = -\frac{1}{\tan\alpha_2}.$$

Die Steigungen $m_1 = \tan\alpha_1$ und $m_2 = \tan\alpha_2$ sind in diesem Falle also negativ reziprok zueinander.

1.2.2 Die Zweipunkteform der Geradengleichung

Eine Gerade ist durch Angabe zweier ihrer Punkte eindeutig bestimmt.

Seien $P_1(x_1, y_1) \in g$ und $P_2(x_2, y_2) \in g$ gegeben (Abb. 13). Ist dann $P(x, y)$ ein beliebiger Punkt der Geraden, so sind P_1, P_2, P stets kollinear, also gilt

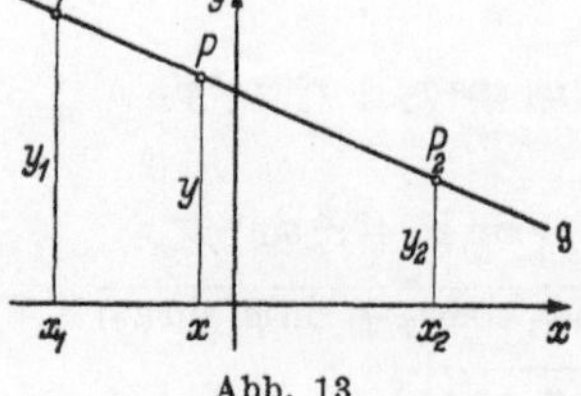

$$\boxed{\begin{vmatrix} x_1 & x_2 & x \\ y_1 & y_2 & y \\ 1 & 1 & 1 \end{vmatrix} = 0}$$

Abb. 13

Zweipunkteform

Beispiel: Wie lautet die Gleichung der Geraden durch die Punkte $P_1(-2;1)$ und $P_2(3;2)$ in der Normalform?

Lösung:

$$\begin{vmatrix} -2 & 3 & x \\ 1 & 2 & y \\ 1 & 1 & 1 \end{vmatrix} = \begin{vmatrix} 0 & 5 & x+2 \\ 0 & 1 & y-1 \\ 1 & 1 & 1 \end{vmatrix} = \begin{vmatrix} 5 & x+2 \\ 1 & y-1 \end{vmatrix} = 5y - 5 - x - 2 = 0$$

$$\Rightarrow y = \frac{1}{5}\,x + \frac{7}{5}.$$

Man beachte, daß die Determinantengleichung

$$\begin{vmatrix} x_1 & x_2 & x \\ y_1 & y_2 & y \\ 1 & 1 & 1 \end{vmatrix} = 0$$

sämtliche Geraden, also auch solche, die parallel zu den Koordinatenachsen verlaufen, beschreibt! Ist nämlich

a) $\mathfrak{g} \parallel x\text{-}Achse \Rightarrow y_2 = y_1$ (Abb. 14)

$$\Rightarrow \begin{vmatrix} x_1 & x_2 & x \\ y_1 & y_1 & y \\ 1 & 1 & 1 \end{vmatrix} = \begin{vmatrix} x_1 & x_2 & x \\ 0 & 0 & y-y_1 \\ 1 & 1 & 1 \end{vmatrix} = -(y-y_1)(x_1-x_2) = 0$$

$$x_1 \neq x_2 \Rightarrow y - y_1 = 0 : \boxed{y = y_1}$$

Die Gleichung einer zur x-Achse parallelen Geraden besagt also, daß y eine Konstante ist, nämlich dem (vorzeichenbehafteten) Abstand von der x-Achse.

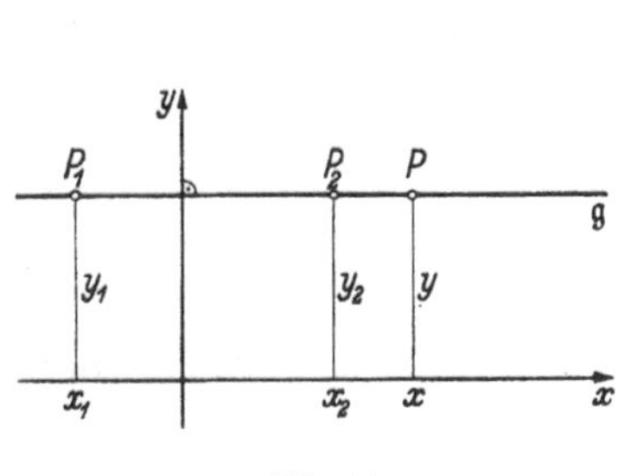

Abb. 14

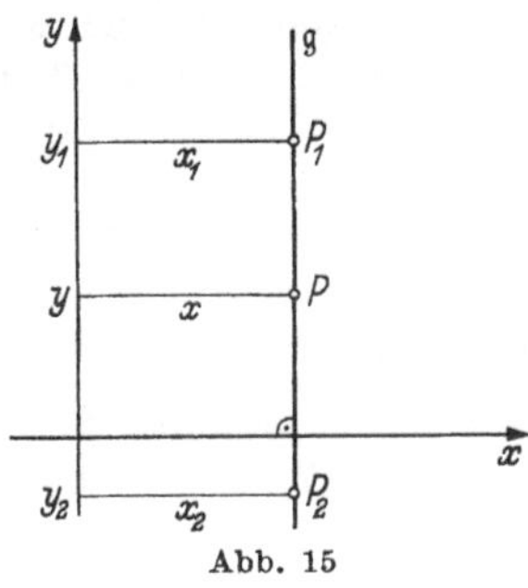

Abb. 15

b) $\mathfrak{g} \parallel y\text{-}Achse \Rightarrow x_2 = x_1$ (Abb. 15)

$$\Rightarrow \begin{vmatrix} x_1 & x_1 & x \\ y_1 & y_2 & y \\ 1 & 1 & 1 \end{vmatrix} = \begin{vmatrix} 0 & 0 & x-x_1 \\ y_1 & y_2 & y \\ 1 & 1 & 1 \end{vmatrix} = (x-x_1)(y_1-y_2) = 0$$

$$y_1 \neq y_2 \Rightarrow x - x_1 = 0 : \boxed{x = x_1}$$

Die Gleichung einer zur y-Achse parallelen Geraden besagt demnach, daß die Abszissen aller Punkte konstant und gleich dem (vorzeichenbehafteten) Abstand von der y-Achse sind.

1.2.3 Die Punkt-Steigungsform der Geradengleichung

Jede Gerade, die nicht zur y-Achse parallel ist, wird durch einen Punkt P_1 und ihre Steigung m eindeutig bestimmt.

Zur Herleitung der Gleichung gehen wir aus von der Normalform

$$\mathfrak{g}\colon y = m\,x + n$$
$$P_1 \in \mathfrak{g}\colon y_1 = m\,x_1 + n,$$

woraus durch Subtraktion

$$\boxed{y - y_1 = m(x - x_1)}$$

Punkt-Steigungsform

folgt.

Diese Form der Geradengleichung wird vornehmlich dann angesetzt, wenn man die Gleichung einer Tangente in einem Punkte P_1 einer

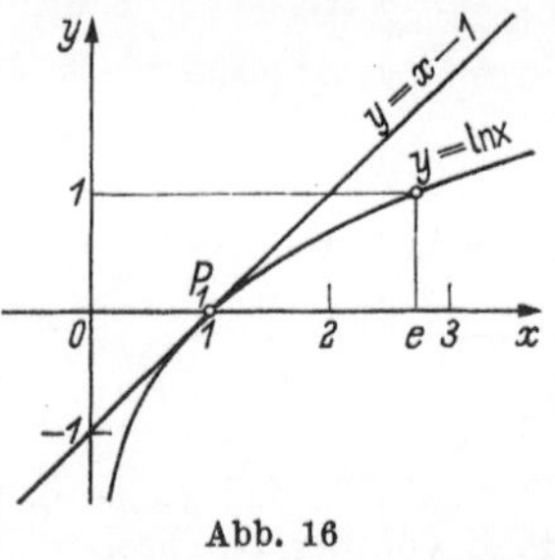

Abb. 16

Kurve $\mathfrak{C}$ sucht. Die Steigung m der Tangente ist dabei gleich der Steigung von $\mathfrak{C}$ im Berührungspunkte $P_1(x_1, y_1)$ und kann aus der Kurvengleichung mit den Mitteln der Differentialrechnung leicht gewonnen werden[1]).

Beispiel: Die Kurve des Natürlichen Logarithmus schneidet die x-Achse unter einem Winkel $\varphi = 45°$.

Wie lautet die Gleichung der Tangente in diesem Punkte?

Lösung (Abb. 16): Es ist
$$P_1 = P_1(1;\,0);\quad m_{P_1} = \tan 45° = 1$$
$$\Rightarrow y - 0 = 1(x - 1) \Rightarrow y = x - 1.$$

1.2.4 Die Achsenabschnittsform der Geradengleichung

Jede nicht achsenparallele Gerade ist durch ihre Abschnitte auf den Koordinatenachsen eindeutig bestimmt.

Bezeichnet man den x-Achsenabschnitt mit a, den y-Achsenabschnitt mit b (Abb. 17), so ist die Steigung

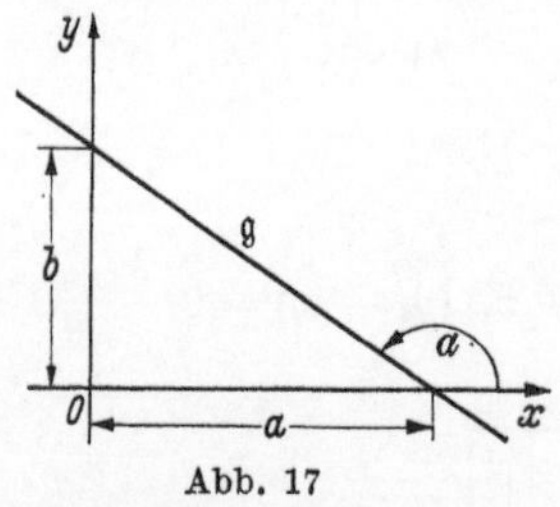

Abb. 17

$$m = \tan\alpha = -\tan(180° - \alpha) = -\frac{b}{a}$$
$$\Rightarrow y = -\frac{b}{a}x + b$$
$$b\,x + a\,y = a\,b \;\big|\; : a\,b\,(\neq 0)$$
$$\Rightarrow \boxed{\frac{x}{a} + \frac{y}{b} = 1}$$

Achsenabschnittsform

---

[1]) Siehe Abschnitt 3; bei einigen Kurven, etwa den Kegelschnittskurven, kann man, wie es zunächst geschieht, die Tangentengleichungen auch auf elementarem Wege gewinnen.

Beispiel: Von einer Geraden sind der x-Achsenabschnitt mit $\frac{4}{5}$ und der y-Achsenabschnitt mit $-\frac{2}{5}$ bekannt. Wie lautet die exakte Normalform der Geradengleichung?

Lösung: $a = \frac{4}{5}$, $\quad b = -\frac{2}{5}$

$$\frac{x}{a} + \frac{y}{b} = 1 \Rightarrow \frac{3\,x}{4} - \frac{5y}{2} = 1 \Rightarrow \frac{5y}{2} = \frac{3\,x}{4} - 1$$

$$\Rightarrow y = \frac{3}{10}\,x - \frac{2}{5}\,.$$

1.2.5 Die allgemeine Form der Geradengleichung

Satz: *Jede lineare Funktion in x und y*

$$\boxed{A\,x + B\,y + C = 0, \quad (A,\,B) \neq (0,\,0)}$$

beschreibt eine Gerade.

Beweis: Wir bezeichnen die Bildkurve der vorgelegten Funktion

$$F(x,\,y) \equiv A\,x + B\,y + C = 0$$

zunächst mit $\mathfrak{C}$ und nehmen auf $\mathfrak{C}$ drei paarweise voneinander verschiedene Punkte $P(x,\,y)$, $P_1(x_1,\,y_1)$ und $P_2(x_2,\,y_2)$ an. Dann gilt für deren Koordinaten

$$\begin{aligned}
P(x,\,y) &\in \mathfrak{C} : A\,x + B\,y + C \equiv 0 \\
P_1(x_1,\,y_1) &\in \mathfrak{C} : A\,x_1 + B\,y_1 + C \equiv 0 \\
P_2(x_2,\,y_2) &\in \mathfrak{C} : A\,x_2 + B\,y_2 + C \equiv 0.
\end{aligned}$$

Wir erhalten ein homogenes lineares Gleichungssystem *bezüglich der Zahlen A, B, C*; dieses besitzt bekanntlich[1] eine eindeutige nichttriviale Lösung dann und nur dann, wenn seine Systemdeterminante gleich Null ist. Im vorliegenden Fall sind alle Gleichungen identisch erfüllt, also folgt das Verschwinden der Determinante

$$\begin{vmatrix} x & y & 1 \\ x_1 & y_1 & 1 \\ x_2 & y_2 & 1 \end{vmatrix} = 0\,.$$

Spiegelt man die Determinante noch an der Hauptdiagonalen, so erhält man in

$$\begin{vmatrix} x & x_1 & x_2 \\ y & y_1 & y_2 \\ 1 & 1 & 1 \end{vmatrix} = 0$$

die Kollinearitätsbedingung für die drei Punkte P, P_1, P_2 resp., falls man die Koordinaten $(x,\,y)$ des laufenden Punktes P als Variable auf-

---

[1] Siehe Abschnitt 6.8.2 des I. Bandes

faßt, die für alle Geraden gültige Zwei-Punkteform der Geradengleichung. Also ist $\mathfrak{C} = \mathfrak{g}$ eine Gerade.

Diskussion der allgemeinen Geradengleichung

1. $A = 0 \Rightarrow B\,y + C = 0, \quad B \neq 0 \Rightarrow y = -\dfrac{C}{B}$.

   Parallele zur x-Achse für $C \neq 0$;
   für $C = 0$ die x-Achse : $y = 0$.

2. $B = 0 \Rightarrow A\,x + C = 0, \quad A \neq 0 \Rightarrow x = -\dfrac{C}{A}$.

   Parallele zur y-Achse für $C \neq 0$
   für $C = 0$ die y-Achse : $x = 0$.

3. $C = 0 \Rightarrow A\,x + B\,y = 0$: Ursprungsgerade.

4. Überführung in die Normalform, falls $B \neq 0$:

$$B\,y = -A\,x - C, \quad y = -\frac{A}{B}\,x - \frac{C}{B}$$

   Vergleich mit $y = m\,x + n$ ergibt

$$m = -\frac{A}{B}, \qquad n = -\frac{C}{B}.$$

5. Parallelitätsbedingung für zwei Geraden:

$$\mathfrak{g}_1 : A_1\,x + B_1\,y + C_1 = 0$$

$$\mathfrak{g}_2 : A_2\,x + B_2\,y + C_2 = 0$$

$$\Rightarrow m_1 = -\frac{A_1}{B_1}, \qquad m_2 = -\frac{A_2}{B_2}$$

$$\mathfrak{g}_1 \parallel \mathfrak{g}_2 \Longleftrightarrow m_1 = m_2, \quad -\frac{A_1}{B_1} = -\frac{A_2}{B_2}, \quad A_1 B_2 - A_2 B_1 = 0$$

$$\boxed{\mathfrak{g}_1 \parallel \mathfrak{g}_2 \Longleftrightarrow \begin{vmatrix} A_1 & B_1 \\ A_2 & B_2 \end{vmatrix} = 0}$$

6. Orthogonalitätsbedingung für zwei Geraden:

$$\mathfrak{g}_1 : A_1\,x + B_1\,y + C_1 = 0$$

$$\mathfrak{g}_2 : A_2\,x + B_2\,y + C_2 = 0$$

$$\mathfrak{g}_1 \perp \mathfrak{g}_2 \Longleftrightarrow m_1 = -\frac{1}{m_2}, \quad -\frac{A_1}{B_1} = +\frac{B_2}{A_2}$$

$$\boxed{\mathfrak{g}_1 \perp \mathfrak{g}_2 \Longleftrightarrow A_1 A_2 + B_1 B_2 = 0}$$

7. Identitätsbedingung für zwei Geraden:

$$g_1 : A_1\,x + B_1\,y + C_1 = 0$$

$$g_2 : A_2\,x + B_2\,y + C_2 = 0$$

$$g_1 = g_2 \Longleftrightarrow m_1 = m_2 \quad \text{und} \quad n_1 = n_2$$

$$m_1 = m_2 \Rightarrow \begin{vmatrix} A_1 & B_1 \\ A_2 & B_2 \end{vmatrix} = 0$$

$$n_1 = n_2 \Rightarrow -\frac{C_1}{B_1} = -\frac{C_2}{B_2} \Rightarrow B_1\,C_2 - C_1\,B_2 = 0$$

$$\Rightarrow \begin{vmatrix} B_1 & C_1 \\ B_2 & C_2 \end{vmatrix} = 0$$

$$\boxed{\; g_1 = g_2 \Longleftrightarrow \begin{vmatrix} A_1 & B_1 \\ A_2 & B_2 \end{vmatrix} = \begin{vmatrix} B_1 & C_1 \\ B_2 & C_2 \end{vmatrix} = 0 \;}$$

Da die Determinanten genau dann verschwinden, wenn die Elemente
einer Zeile (Spalte) ein Vielfaches der Elemente einer anderen Zeile
(Spalte) sind, schreibt sich die Bedingung auch in der Form

$$A_2 = k\,A_1,\; B_2 = k\,B_1,\; C_2 = k\,C_1 \;{}^1)\; (k \text{ bel. reell, } \neq 0)$$

oder

$$\boxed{\; g_1 = g_2 \Longleftrightarrow A_1 : B_1 : C_1 = A_2 : B_2 : C_2 \;}$$

d. h. zwei Geraden sind identisch genau dann, wenn die Koeffizienten
der einen Gleichung ein Vielfaches der entsprechenden Koeffizienten
der anderen Gleichung sind.

1.2.6 Die Hessesche Normalform der Geradengleichung

*Eine nicht durch den Ursprung gehende Gerade ist durch Länge und
Richtung des vom Ursprung auf sie gefällten Lotes eindeutig bestimmt.*

Die Länge des Lotes werde mit p, seine Richtung mit φ bezeichnet.
Es sei stets $p > 0$; φ werde von der positiven
x-Achse aus im Gegenzeigersinn gerechnet
(Abb. 18; $0° \leqq \varphi < 360°$).

Die Koordinaten des Lotfußpunktes $L \in g$
sind
$$L(p\cos\varphi,\, p\sin\varphi),$$
die Steigung der Geraden ist wegen $\alpha = 90° + \varphi$

$$m = \tan\alpha = \tan(90° + \varphi) = -\cot\varphi = -\frac{\cos\varphi}{\sin\varphi}.$$

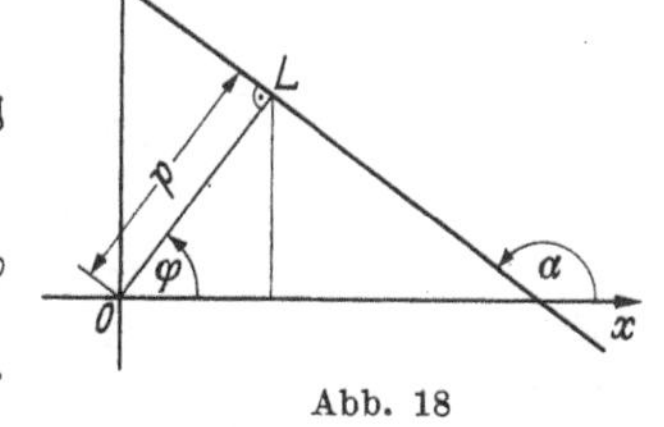

Abb. 18

$^{1})$ Hieraus folgt übrigens, daß auch die Determinante $\begin{vmatrix} A_1 & C_1 \\ A_2 & C_2 \end{vmatrix} = 0$ ist.

Beide Angaben in die Punkt-Steigungsform der Geradengleichung eingesetzt ergibt

$$y - p\sin\varphi = -\frac{\cos\varphi}{\sin\varphi}(x - p\cos\varphi)$$

$$x\cos\varphi + y\sin\varphi - p(\sin^2\varphi + \cos^2\varphi) = 0$$

$$\boxed{x\cos\varphi + y\sin\varphi - p = 0}$$

Hessesche Normalform[1])

Umwandlung der allgemeinen Geradengleichung in die Hessesche Normalform. Die Gerade $\mathfrak{g}$ soll einmal durch die allgemeine Form

$$A\,x + B\,y + C = 0$$

und andererseits durch die HESSEsche Normalform

$$\cos\varphi \cdot x + \sin\varphi \cdot y - p = 0$$

beschrieben werden. Auf Grund der Identitätsbedingung müssen entsprechende Koeffizienten proportional sein

$$\left.\begin{aligned} A &= k\cos\varphi \\ B &= k\sin\varphi \\ C &= k(-p) \end{aligned}\right\} \ (k \neq 0).$$

Quadrieren und Addieren der beiden ersten Gleichungen ergibt

$$A^2 + B^2 = k^2(\cos^2\varphi + \sin^2\varphi) = k^2$$

$$\Rightarrow k = \pm\sqrt{A^2 + B^2}.\ ^2)$$

Das richtige Vorzeichen von k erhält man aus der dritten Beziehung auf Grund von $p > 0$:

$$p = -\frac{C}{k} > 0,$$

d. h. k muß stets das *entgegengesetzte* Vorzeichen von C haben:

$$\operatorname{sgn}(\pm\sqrt{A^2 + B^2}) \neq \operatorname{sgn} C.$$

Mit

$$\cos\varphi = \frac{A}{k}, \quad \sin\varphi = \frac{B}{k}, \quad -p = \frac{C}{k}$$

erhält man nunmehr

$$\boxed{\begin{aligned} &\frac{A}{\pm\sqrt{A^2 + B^2}}\,x + \frac{B}{\pm\sqrt{A^2 + B^2}}\,y + \frac{C}{\pm\sqrt{A^2 + B^2}} = 0 \\ &\operatorname{sgn}(\pm\sqrt{A^2 + B^2}) \neq \operatorname{sgn} C \end{aligned}}$$

als HESSEsche Normalform.

---

[1]) OTTO HESSE (1811 ··· 1874).

[2]) Man beachte, daß die Wurzel für sich allein, hier also $\sqrt{A^2 + B^2}$, nach Definition (vgl. I. 1.4.1) stets positiv ist.

Regel: *Um die allgemeine Form der Geradengleichung in die HESSEsche Normalform überzuführen, dividiere man jeden Koeffizienten durch*

$$k = \pm \sqrt{A^2 + B^2}$$

und bestimme das Vorzeichen der Wurzel so, daß das neue Absolutglied negativ wird.

Beispiel: Man transformiere die Geradengleichung

$$y = \frac{3}{4}\,x + \frac{25}{8}$$

in die HESSEsche Normalform und bestimme Länge und Richtung des vom Ursprung auf die Gerade gefällten Lotes!

Lösung: Herstellung der allgemeinen Form:

$$6x - 8y + 25 = 0$$
$$k = \pm \sqrt{A^2 + B^2} = \pm \sqrt{36 + 64} = \pm 10.$$

Da $C = 25$ positiv ist, muß $k = -10$ negativ gewählt werden:

$$-0{,}6x + 0{,}8y - 2{,}5 = 0.$$

Dies ist die HESSEsche Normalform. Aus ihr entnimmt man

$$\cos\varphi = -0{,}6; \quad \sin\varphi = 0{,}8; \quad p = 2{,}5.$$

Aus $\cos\varphi < 0$, $\sin\varphi > 0$ folgt, daß φ im II. Quadranten liegen muß:

$$\sin(180° - \varphi) = 0{,}8 \Rightarrow \varphi = 126{,}88°.$$

Mit diesen Angaben kann man die Gerade skizzieren (Abb. 19).

Anwendung: Abstandsbestimmung Punkt-Gerade. Vorgelegt seien die Gleichung einer Geraden $\mathfrak{g}$ in der HESSEschen Normalform $x \cos\varphi + y \sin\varphi - p = 0$ und ein Punkt $P_1(x_1, y_1)$. Gesucht ist der Abstand d des Punktes P_1 von der Geraden $\mathfrak{g}$.

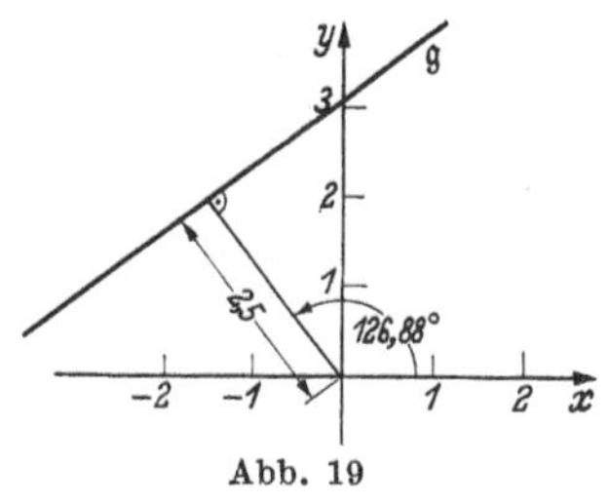

Abb. 19

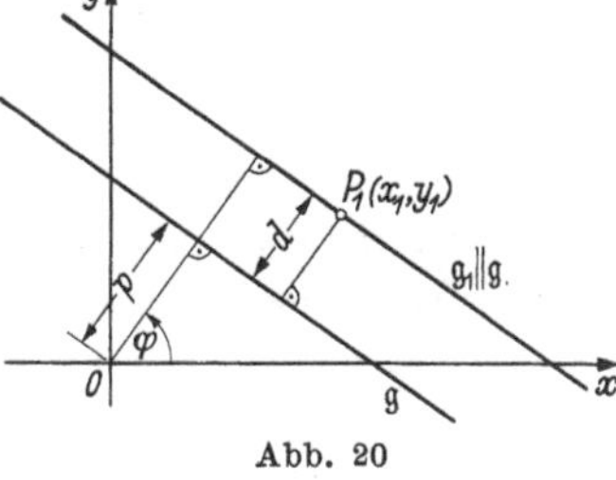

Abb. 20

Lösung (Abb. 20): Man legt durch P_1 eine Gerade $\mathfrak{g}_1$ parallel zu $\mathfrak{g}$, der Abstand $\mathfrak{g}_1$ von $\mathfrak{g}$ ist also ebenfalls d. Die Länge des vom Ursprung auf $\mathfrak{g}_1$ gefällten Lotes ist damit $p + d$, sein Richtungswinkel ist φ, also lautet die HESSEsche Normalform von $\mathfrak{g}_1$

$$\mathfrak{g}_1 : x \cos\varphi + y \sin\varphi - (p + d) = 0$$
$$P_1 \in \mathfrak{g}_1 : x_1 \cos\varphi + y_1 \sin\varphi - (p + d) = 0$$
$$\Rightarrow \boxed{d = x_1 \cos\varphi + y_1 \sin\varphi - p}$$

Der sich für den Abstand d ergebende Ausdruck ist aber die linke Seite
der Hesseschen Normalform von $\mathfrak{g}$

$$x \cos\varphi + y \sin\varphi - p = 0,$$

falls man für (x, y) die Koordinaten (x_1, y_1) des gegebenen Punktes P_1
einsetzt.

Das Ergebnis erfährt eine geringfügige Änderung, wenn nicht, wie
in Abb. 20, P_1 und 0 auf verschiedenen Seiten der Geraden $\mathfrak{g}$, sondern

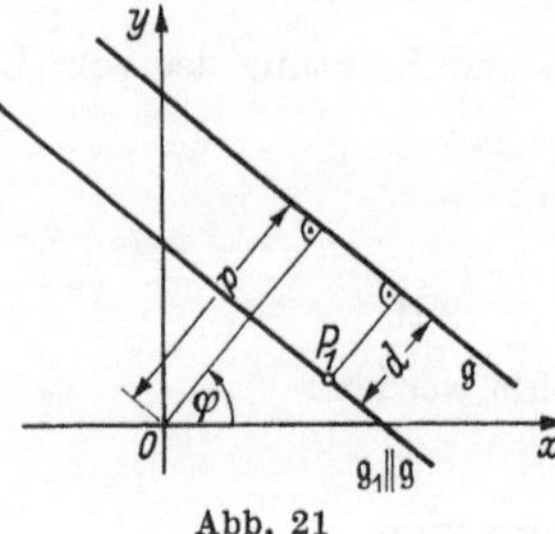

auf *derselben* Seite liegen (Abb. 21). Es ist
dann der Abstand der zu $\mathfrak{g}$ parallelen Geraden $\mathfrak{g}_1$ vom Ursprung 0 gleich $p - d$
und also ihre Gleichung

$$\mathfrak{g}_1 : x \cos\varphi + y \sin\varphi - (p - d) = 0$$
$$P_1 \in \mathfrak{g}_1 : x_1 \cos\varphi + y_1 \sin\varphi - (p - d) = 0$$
$$\Rightarrow -d = x_1 \cos\varphi + y_1 \sin\varphi - p,$$

Abb. 21

d. h. man erhält den Abstand mit *negativem*
Vorzeichen. Ist schließlich P_1 auf $\mathfrak{g}$ gelegen, so ist

$$x_1 \cos\varphi + y_1 \sin\varphi - p \equiv 0,$$

da dann die Koordinaten von P_1 die Gleichung von $\mathfrak{g}$ erfüllen. Zusammengefaßt gilt damit der

Satz: *Man erhält den Abstand $|d|$ eines Punktes P_1 von einer Geraden $\mathfrak{g}$,
wenn man die Koordinaten von P_1 in die Hessesche Normalform der
Geradengleichung einsetzt*

$$\boxed{|d| = |x_1 \cos\varphi + y_1 \sin\varphi - p|}$$

Fallunterscheidung:

1. *Ist $d > 0$, so liegen P_1 und 0 auf verschiedenen Seiten von $\mathfrak{g}$,*
2. *Ist $d < 0$, so liegen P_1 und 0 auf der gleichen Seite von $\mathfrak{g}$,*
3. *Ist $d = 0$, so liegt P_1 auf $\mathfrak{g}$.*

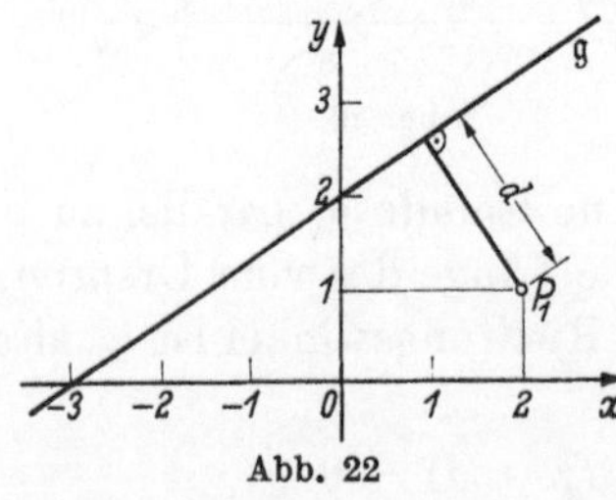

Beispiel: Man berechne den Abstand des
Punktes $P_1(2; 1)$ von der in Abb. 22 dargestellten Geraden $\mathfrak{g}$!

Lösung: Über die Achsenabschnittsform

$$\frac{x}{-3} + \frac{y}{2} = 1$$

Abb. 22

erhält man die allgemeine Form

$$2x - 3y + 6 = 0$$

und durch Division mit $k = -\sqrt{13}$ die Hessesche Normalform

$$-\frac{2}{\sqrt{13}}\, x + \frac{3}{\sqrt{13}}\, y - \frac{6}{\sqrt{13}} = 0.$$

Einsetzen der Koordinaten von P_1 ergibt

$$d = \frac{-4}{\sqrt{13}} + \frac{3}{\sqrt{13}} - \frac{6}{\sqrt{13}} = -\frac{7}{\sqrt{13}} = -1{,}941$$

$$\Rightarrow |d| = 1{,}941.$$

Da $d < 0$ ist, liegen P_1 und 0 auf der gleichen Seite von g.

1.2.7 Die Polarform der Geradengleichung

Fällt man vom Ursprung auf eine Gerade das Lot, so sind Lotlänge und Lotrichtung die Polarkoordinaten des Lotfußpunktes.

Bezeichnet man die Polarkoordinaten des Lotfußpunktes L mit (r_0, φ_0) und sind (r, φ) die Polarkoordinaten eines *beliebigen* (laufenden) Punktes $P \in$ g, so liest man aus dem Dreieck $\Pi L P$ (Abb. 23)

$$\cos(\varphi - \varphi_0) = \frac{r_0}{r}$$

und damit

$$\boxed{F(r, \varphi) \equiv r \cos(\varphi - \varphi_0) - r_0 = 0}$$

Polarform

ab. Dies ist also die implizite Form der Geradengleichung in Polarkoordinaten. Die explizite Form $r = r(\varphi)$ lautet

$$r = \frac{r_0}{\cos(\varphi - \varphi_0)}.$$

Für eine durch den Pol Π laufende Gerade ist $r_0 = 0$, φ_0 jedoch nicht erklärt. Bildet die Gerade einen Winkel φ_1 mit der Polarachse, so spaltet der Pol Π die Gerade g in zwei Halbgeraden $\mathfrak{g}_1$ und $\mathfrak{g}_2$ auf (Abb. 24):

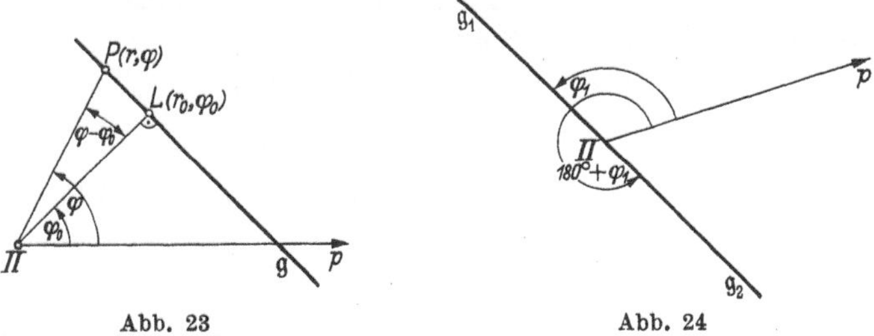

Abb. 23   Abb. 24

$\mathfrak{g}_1$ besteht aus der Menge aller Punkte, deren Polarwinkel $\varphi = \varphi_1$ ist, während alle Punkte auf $\mathfrak{g}_2$ den Polarwinkel $\varphi = 180° + \varphi_1$ haben. Also ist

$$\varphi = \varphi_1 \qquad \text{Gleichung von } \mathfrak{g}_1$$

$$\varphi = 180° + \varphi_1 \quad \text{Gleichung von } \mathfrak{g}_2$$

und damit

$$(\varphi - \varphi_1)\,(\varphi - 180^\circ - \varphi_1) = 0$$

die Gleichung der *Polgeraden* $\mathfrak{g}$ in Polarkoordinaten.

Beispiel: Die Polarkoordinaten des Lotfußpunktes L seien $(2; 90^\circ)$. Wie lautet die Polarform der Geradengleichung?

Lösung: Mit $r_0 = 2$, $\varphi_0 = 90^\circ$ folgt

$$r \cos(\varphi - 90^\circ) - 2 = 0, \quad r \sin\varphi - 2 = 0$$

$$\Rightarrow r = \frac{2}{\sin\varphi}, \quad 0^\circ < \varphi < 180^\circ.$$

1.2.8 Schnittpunkt zweier Geraden

Die Gleichungen zweier Geraden $\mathfrak{g}_1$ und $\mathfrak{g}_2$ seien in der allgemeinen Form vorgelegt

$$\mathfrak{g}_1 : A_1\,x + B_1\,y + C_1 = 0$$
$$\mathfrak{g}_2 : A_2\,x + B_2\,y + C_2 = 0.$$

Wir setzen voraus, daß die Geraden nicht parallel sind, also nach 1.2.5

$$\mathfrak{g}_1 \nparallel \mathfrak{g}_2 : \begin{vmatrix} A_1 & B_1 \\ A_2 & B_2 \end{vmatrix} \neq 0,$$

und fragen nach den Koordinaten ihres Schnittpunktes

$$S(x_s, y_s) = \mathfrak{g}_1 \times \mathfrak{g}_2{}^{1)}$$

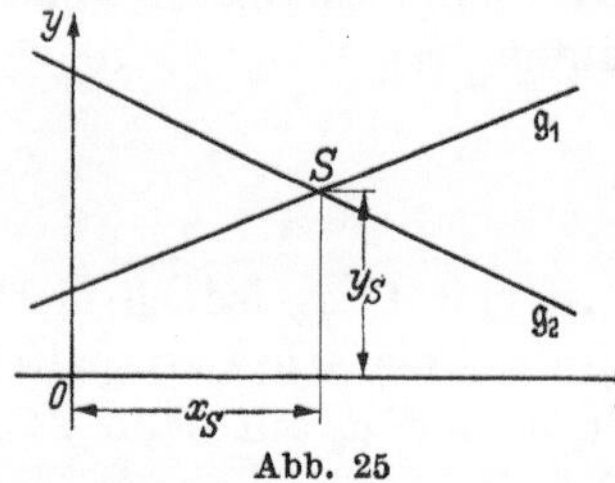

(Abb. 25). Man erhält mit

$$\left. \begin{aligned} S \in \mathfrak{g}_1 : A_1\,x_s + B_1\,y_s + C_1 = 0 \\ S \in \mathfrak{g}_2 : A_2\,x_s + B_2\,y_s + C_2 = 0 \end{aligned} \right\}$$

Abb. 25

ein inhomogenes lineares Gleichungssystem für die gesuchten Koordinaten x_s und y_s.

Schreibt man es in der Form

$$\left. \begin{aligned} A_1\,x_s + B_1\,y_s = -C_1 \\ A_2\,x_s + B_2\,y_s = -C_2 \end{aligned} \right\}$$

so ergibt sich nach der CRAMERschen Regel (vgl. I. 6.8.1)

$$x_s = \frac{\begin{vmatrix} -C_1 & B_1 \\ -C_2 & B_2 \end{vmatrix}}{\begin{vmatrix} A_1 & B_1 \\ A_2 & B_2 \end{vmatrix}} = \frac{-B_2 C_1 + B_1 C_2}{A_1 B_2 - A_2 B_1}, \quad y_s = \frac{\begin{vmatrix} A_1 & -C_1 \\ A_2 & -C_2 \end{vmatrix}}{\begin{vmatrix} A_1 & B_1 \\ A_2 & B_2 \end{vmatrix}} = \frac{-A_1 C_2 + A_2 C_1}{A_1 B_2 - A_2 B_1}$$

---

[1]) Das Zeichen $\times$ lese man „geschnitten mit". Sind $\mathfrak{M}_1$ und $\mathfrak{M}_2$ zwei beliebige Mengen, so bedeutet $\mathfrak{M}_1 \times \mathfrak{M}_2$ ihren „Durchschnitt", d. i. die Menge aller der Elemente, die sowohl $\mathfrak{M}_1$ als auch $\mathfrak{M}_2$ angehören. Der Durchschnitt zweier Bildkurven ist demnach die Menge ihrer Schnitt- und Berührungspunkte.

Da die im Nenner stehende Determinante die von Null verschieden vorausgesetzte Koeffizientendeterminante des Gleichungssystems ist, erhält man für das Paar (x_s, y_s) *genau eine* Lösung. Die analytische Behandlung des Problems gibt also völlig analog den geometrischen Sachverhalt wieder, nach dem zwei nichtparallele Geraden sich in genau einem Punkte schneiden.

Andererseits bedeutet eine verschwindende Koeffizientendeterminante

$$\begin{vmatrix} A_1 & B_1 \\ A_2 & B_2 \end{vmatrix} = 0,$$

daß beide Geraden parallel sind, x_s und y_s also nicht in der angegebenen Weise dargestellt werden können. Sind in diesem Fall außerdem die Zählerdeterminanten gleich Null

$$\begin{vmatrix} -C_1 & B_1 \\ -C_2 & B_2 \end{vmatrix} = \begin{vmatrix} A_1 & -C_1 \\ A_2 & -C_2 \end{vmatrix} = 0,$$

so sind die Geraden nach II. 1.2.5 miteinander identisch, haben also unendlich viele Punkte gemeinsam. Dies entspricht analytisch der Tatsache, daß jetzt das lineare System von unendlich vielen Wertepaaren (x_s, y_s) erfüllt wird, nämlich von allen den (x_s, y_s), welche bereits *einer* Gleichung genügen. Sind aber die Zählerdeterminanten ungleich Null, so sind die beiden Geraden voneinander verschieden und parallel, haben also *keinen* Punkt gemeinsam[1]). Analytisch: Das lineare System beinhaltet einen Widerspruch, es gibt *kein* Wertepaar (x_s, y_s), welches den Gleichungen genügt.

Anwendung: Welche Beziehung besteht zwischen den Koeffizienten der Gleichungen dreier sich in einem Punkte schneidenden Geraden g_1, g_2, g_3:

$$g_1 \times g_2 \times g_3 = S(x_s, y_s)?$$

Lösung: Die drei Geradengleichungen

$$A_i\, x + B_i\, y + C_i = 0, \quad i = 1, 2, 3$$

werden sämtlich von den Koordinaten x_s, y_s erfüllt:

$$A_i\, x_s + B_i\, y_s + C_i = 0, \quad i = 1, 2, 3.$$

Etwa aus den beiden ersten Gleichungen folgt für x_s und y_s ($g_1 \nparallel g_2$!)

$$x_s = \frac{\begin{vmatrix} -C_1 & B_1 \\ -C_2 & B_2 \end{vmatrix}}{\begin{vmatrix} A_1 & B_1 \\ A_2 & B_2 \end{vmatrix}}, \quad y_s = \frac{\begin{vmatrix} A_1 & -C_1 \\ A_2 & -C_2 \end{vmatrix}}{\begin{vmatrix} A_1 & B_1 \\ A_2 & B_2 \end{vmatrix}}.$$

---

[1]) Zwei (voneinander verschiedene) Geraden sollen parallel heißen, wenn sie keinen Schnittpunkt haben.

Da aber nach Voraussetzung die Gerade g_3 ebenfalls durch S verläuft, müssen die so berechneten Koordinaten x_s, y_s auch die dritte Gleichung erfüllen:

$$A_3 \frac{\begin{vmatrix} -C_1 & B_1 \\ -C_2 & B_2 \end{vmatrix}}{\begin{vmatrix} A_1 & B_1 \\ A_2 & B_2 \end{vmatrix}} + B_3 \frac{\begin{vmatrix} A_1 & -C_1 \\ A_2 & -C_2 \end{vmatrix}}{\begin{vmatrix} A_1 & B_1 \\ A_2 & B_2 \end{vmatrix}} + C_3 \equiv 0.$$

Nach Multiplikation mit der Nennerdeterminante wird

$$A_3 \begin{vmatrix} B_1 & C_1 \\ B_2 & C_2 \end{vmatrix} - B_3 \begin{vmatrix} A_1 & C_1 \\ A_2 & C_2 \end{vmatrix} + C_3 \begin{vmatrix} A_1 & B_1 \\ A_2 & B_2 \end{vmatrix} \equiv 0$$

$$\boxed{\begin{vmatrix} A_1 & B_1 & C_1 \\ A_2 & B_2 & C_2 \\ A_3 & B_3 & C_3 \end{vmatrix} \equiv 0}$$

Satz: *Das Verschwinden der Koeffizientendeterminante des linearen Systems $A_i x + B_i y + C_i = 0$ $(i = 1, 2, 3)$, ist eine notwendige Bedingung dafür, daß sich die zugehörigen Geraden in einem Punkte schneiden.*

Man beachte, daß die Bedingung nicht hinreichend[1]) ist, d. h. aus dem identischen Verschwinden der Koeffizientendeterminante kann nicht umgekehrt geschlossen werden, daß die drei Geraden durch einen Punkt laufen. So verschwindet die Determinante sicher, wenn die Koeffizienten der zweiten Spalte proportional denen der ersten Spalte sind; in diesem Falle ist

$$\begin{vmatrix} A_1 & B_1 \\ A_2 & B_2 \end{vmatrix} = \begin{vmatrix} A_1 & B_1 \\ A_3 & B_3 \end{vmatrix} = \begin{vmatrix} A_2 & B_2 \\ A_3 & B_3 \end{vmatrix} = 0,$$

d. h. die Geraden sind zueinander parallel, haben also keinen Schnittpunkt[2]).

Beispiel: Man berechne die Koordinaten des Schnittpunktes der beiden Geraden

$$g_1: \ x + 3y - 9 = 0$$
$$g_2: 2x - \ y - 4 = 0$$

---

[1]) Über notwendige und hinreichende Bedingungen s. II. 3.2.4.

[2]) Geometrisch ist es gleichgültig, ob man für parallele Geraden keinen Schnittpunkt festlegt, oder ob man ihnen ebenfalls einen (uneigentlichen) Schnittpunkt zuordnet. Die zweite Redeweise hat zwar den Vorzug, daß man Sätze wie „zwei Geraden schneiden sich in genau einem Punkt" u. a. ohne Ausnahme aussprechen kann, erfordert jedoch bei der rechnerischen Behandlung Elemente der projektiven Geometrie und wurde deshalb hier nicht verwandt.

Lösung (Abb. 26):
Man erhält für die Nennerdeterminante

$$\begin{vmatrix} 1 & 3 \\ 2 & -1 \end{vmatrix} = -1 - 6 = -7 \neq 0$$

und damit für die Schnittpunktskoordinaten x_s, y_s

$$x_s = -\frac{1}{7}\begin{vmatrix} 9 & 3 \\ 4 & -1 \end{vmatrix} = \frac{-21}{-7} = 3$$

$$y_s = -\frac{1}{7}\begin{vmatrix} 1 & 9 \\ 2 & 4 \end{vmatrix} = \frac{-14}{-7} = 2.$$

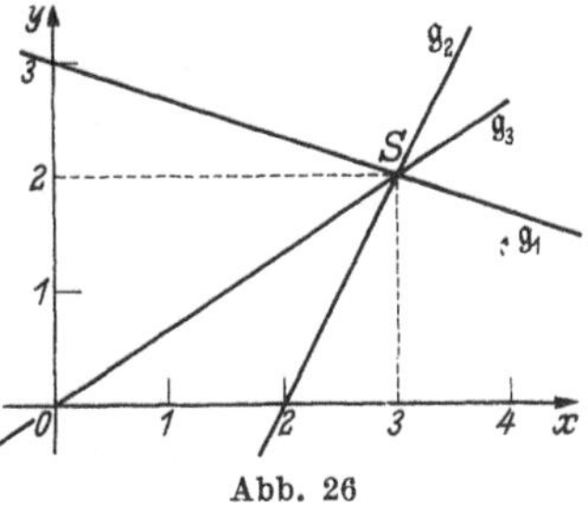

Abb. 26

Die Ursprungsgerade g_3 mit der Gleichung

$$2x - 3y = 0$$

verläuft sicher durch $S(3;2)$, also muß die Koeffizientendeterminante des Systems

$$\left.\begin{array}{r} x + 3y - 9 = 0 \\ 2x - y - 4 = 0 \\ 2x - 3y = 0 \end{array}\right\}$$

verschwinden:

$$\begin{vmatrix} 1 & 3 & -9 \\ 2 & -1 & -4 \\ 2 & -3 & 0 \end{vmatrix} = \begin{vmatrix} 1 & 3 & -9 \\ 0 & -7 & 14 \\ 0 & -9 & 18 \end{vmatrix} = \begin{vmatrix} -7 & 14 \\ -9 & 18 \end{vmatrix} = 0.$$

1.2.9 Schnittwinkel zweier Geraden

Zwei Geraden g_1 und g_2 seien durch ihre Gleichungen

$$g_1 : A_1 x + B_1 y + C_1 = 0$$

$$g_2 : A_2 x + B_2 y + C_2 = 0$$

gegeben (Abb. 27). Wir erklären:

Definition: *Unter dem Schnittwinkel zweier Geraden soll derjenige Winkel φ mit $0° \leq \varphi \leq 90°$ verstanden werden, um den man die Geraden auf dem kürzesten Drehwege zur Deckung bringen kann.*

Aus Abb. 27 liest man ab

$$\alpha_2 = \varphi + \alpha_1 \Rightarrow \varphi = \alpha_2 - \alpha_1$$

$$\tan\varphi = \tan(\alpha_2 - \alpha_1) = \frac{\tan\alpha_2 - \tan\alpha_1}{1 + \tan\alpha_2 \tan\alpha_1}.$$

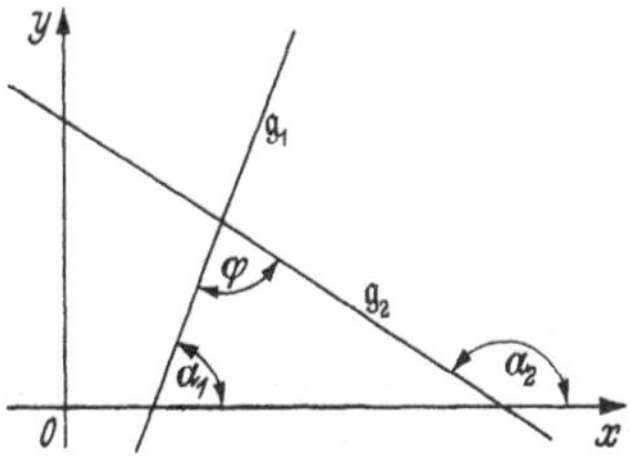

Da der Schnittwinkel φ nach obiger Definition der gleiche bleibt, falls man die Bezeichnungen der beiden Geraden vertauscht, müssen wir

$$\tan\varphi = \left| \frac{\tan\alpha_2 - \tan\alpha_1}{1 + \tan\alpha_2 \tan\alpha_1} \right|$$

Abb. 27

setzen. Beachtet man noch

$$\tan\alpha_1 = m_1 = -\frac{A_1}{B_1}, \quad \tan\alpha_2 = m_2 = -\frac{A_2}{B_2},$$

so erhält man schließlich

$$\boxed{\tan\varphi = \left|\frac{m_2 - m_1}{1 + m_2\,m_1}\right| = \left|\frac{A_1 B_2 - A_2 B_1}{A_1 A_2 + B_1 B_2}\right|}$$

Speziell folgt daraus nochmals

a) für die *Parallelität* beider Geraden

$$\varphi = 0°, \quad \tan\varphi = 0 \Rightarrow m_1 = m_2 \quad \text{bzw.} \quad \begin{vmatrix} A_1 & B_1 \\ A_2 & B_2 \end{vmatrix} = 0,$$

b) für die *Orthogonalität* beider Geraden

$$\varphi = 90°, \quad \frac{1}{\tan\varphi} = 0 \Rightarrow m_1 = -\frac{1}{m_2} \quad \text{bzw.} \quad A_1 A_2 + B_1 B_2 = 0.$$

Beispiel: Unter welchem Winkel schneiden sich die Geraden mit den Gleichungen

$$3x + 2y - 5 = 0$$
$$4x + \ \ y + 3 = 0?$$

Lösung: Mit $A_1 = 3$, $B_1 = 2$, $A_2 = 4$, $B_2 = 1$ ergibt sich

$$\tan\varphi = \left|\frac{3 - 8}{12 + 2}\right| = 0{,}357 \Rightarrow \varphi = 19{,}65°.$$

1.3 Koordinatentransformationen

1.3.1 Problemstellung

Bei der analytischen Behandlung vieler geometrischer Aufgaben kommt der *Lage* des Koordinatensystems eine große Bedeutung zu. Erweist sich das x, y-System als unzweckmäßig, weil vielleicht die Rechnung zu

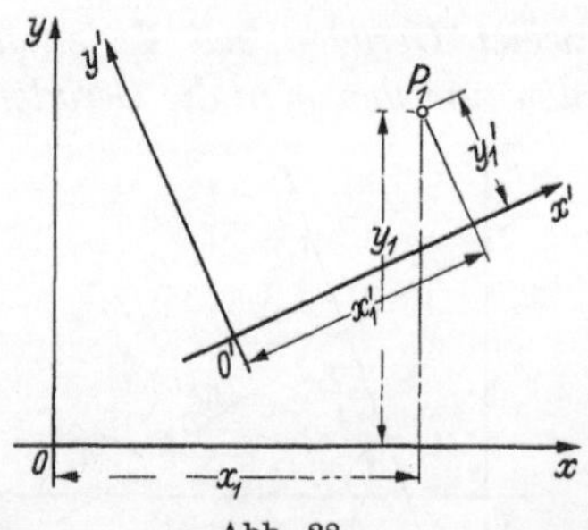

Abb. 28

umfangreich oder der Lösungsansatz zu kompliziert wird, so führt man ein x', y'-Koordinatensystem so ein, daß die betreffende Aufgabe dort leichter und übersichtlicher bearbeitet werden kann. Hat man die Lösung im x', y'-System gefunden, so genügt eine formelmäßige Umrechnung, um sie im gegebenen x, y-System darzustellen.

Abb. 28 zeigt zwei kartesische Koordinatensysteme. Dem Punkt P_1 lassen sich jetzt *zwei Zahlenpaare* umkehrbar eindeutig zuordnen, nämlich das Paar (x_1, y_1) seiner auf das x, y-System bezogenen Koordinaten und das Paar (x_1', y_1') seiner auf das x', y'-System bezogenen Koordinaten.

Besitzt eine Kurve $\mathfrak{C}$ im x, y-System die Gleichung

$$F(x, y) = 0,$$

so wird ihre Gleichung im x', y'-System im allgemeinen anders lauten, etwa

$$G(x', y') = 0.$$

Ist die Gleichung von $\mathfrak{C}$ in einem der beiden Koordinatensysteme gegeben und ist die Lage des anderen Koordinatensystems in bezug auf das erste bekannt, so wird man nach der Gleichung von $\mathfrak{C}$ im anderen Koordinatensystem fragen. Die Aufgabe ist offenbar dann gelöst, wenn man den analytischen Zusammenhang zwischen den Koordinaten x, y und x', y' eines beliebigen Punktes hergestellt hat. Im allgemeinen wird dabei jede Koordinate des einen Systems von jeder Koordinate des anderen Systems abhängen:

$$\left. \begin{array}{l} x' = \varphi(x, y) \\ y' = \psi(x, y) \end{array} \right\} \quad (*) \qquad \left. \begin{array}{l} x = \Phi(x', y') \\ y = \Psi(x', y') \end{array} \right\} \quad (**)$$

Man nennt (*) die **Transformationsgleichungen** beim Übergang vom x, y-System ins x', y'-System, (**) sind die Transformationsgleichungen für die entgegengesetzte Umrechnung vom x', y'-System ins x, y-System. Der Übergang selbst heißt **Koordinatentransformation.** Er ist bei Kenntnis der Gleichungen (*) bzw. (**) eine rein formale Umrechnung.

Geometrisch kann man jedes der beiden Koordinatensysteme in das andere überführen, in dem man eine achsenparallele Verschiebung und eine Drehung vornimmt. Wir werden uns deshalb diesen speziellen Transformationen zunächst im einzelnen zuwenden.

Zusammenfassung:

Unter einer Koordinatentransformation versteht man die Umwandlung von Koordinaten beim Übergang von einem Koordinatensystem in ein anderes auf Grund der Transformationsgleichungen.

Zwei kartesische Koordinatensysteme können stets durch Parallelverschiebung und Drehung ineinander übergeführt werden.

1.3.2 Parallelverschiebung des Koordinatensystems

Vorgelegt seien zwei kartesische Koordinatensysteme K und K':

K : Ursprung 0 ; x-Achse, y-Achse; „altes System"

K': Ursprung $0'$; x'-Achse, y'-Achse; „neues System",

deren Abszissenachsen und deren Ordinatenachsen jeweils zueinander parallel sind. Die Systeme können also wechselseitig durch eine Parallelverschiebung ineinander übergeführt werden. Die Lage von K' bezüglich K ist durch Angabe der Koordinaten von $0'$ im alten System, nämlich $O'(x_0, y_0)$, eindeutig bestimmt. Sämtliche ungestrichenen Koordinaten beziehen sich somit auf das alte System K, sämtliche gestrichenen Koordinaten auf das neue System K'.

Wir fragen nach den Transformationsgleichungen für die Parallelverschiebung. Zu diesem Zweck betrachten wir in Abb. 29 einen beliebigen Punkt P, der im alten System die Koordinaten x, y und im neuen System die Koordinaten x', y' hat. Ihren Zusammenhang liest man sofort ab:

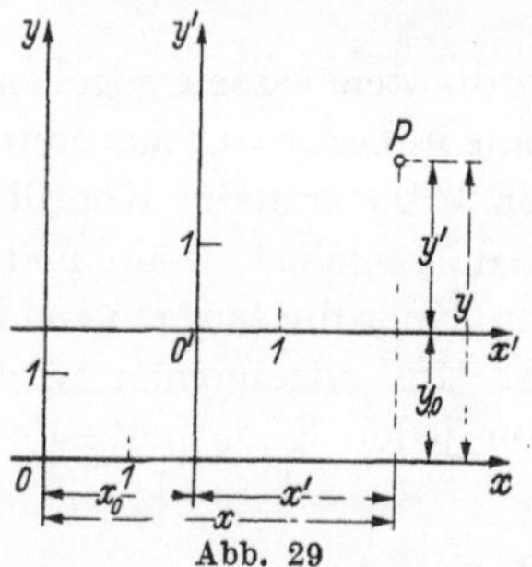
Abb. 29

$$x' = x - x_0 \qquad\qquad x = x' + x_0$$
$$y' = y - y_0 \qquad\qquad y = y' + y_0$$
$$(x', y') \Leftarrow (x, y) \qquad (x, y) \Leftarrow (x', y')$$

Die beiden eingerahmten Gleichungspaare stellen die *Transformationsgleichungen für die Parallelverschiebung* dar. Charakteristisch ist ihre Linearität und die Tatsache, daß jeweils nur die Abszissen bzw. nur die Ordinaten voneinander abhängig sind.

Beispiele

1. Der Ursprung O' habe im alten System die Koordinaten $x_0 = -2$, $y_0 = 5$. Wie lauten die Koordinaten der folgenden Punkte im neuen System, wenn sie im alten System wie folgt gegeben sind

$$P_1(3; -2), \qquad P_2(-1; 0), \qquad P_3(0; 0), \qquad P_4(x_4, y_4).$$

Lösung: Die Transformationsgleichungen heißen

$$x' = x + 2, \qquad y' = y - 5;$$

die neuen Koordinaten der Punkte lauten demnach

$$P_1(5; -7), \qquad P_2(1; -5), \qquad P_3(2; -5), \qquad P_4(x_4 + 2, y_4 - 5).$$

2. Wie lautet die Gleichung der Geraden

$$y = -2x + 5$$

im neuen System, falls dessen Ursprung O' im alten System die Koordinaten $(1; 3)$ hat?

Lösung (Abb. 30): Man schreibt die Transformationsgleichungen nach x und y aufgelöst an, da man diese Koordinaten in der gegebenen Gleichung ersetzen muß:

$$x = x' + 1, \qquad y = y' + 3$$
$$\mathfrak{g}: y' + 3 = -2(x' + 1) + 5$$
$$\Rightarrow y' = -2x'.$$

Die Gerade besitzt also im neuen System die gleiche Steigung, verläuft aber durch den Ursprung O'.

3. Welche Koordinatentransformation ist vorzunehmen, damit die quadratische Funktion[1])

$$y = x^2 + a\,x + b$$

die Gestalt

$$y' = x'^2$$

bekommt?

Lösung (Abb. 31): Mittels quadratischer Ergänzung ergibt sich

$$y = \left(x + \frac{a}{2}\right)^2 - \frac{a^2}{4} + b$$

$$y - \left(b - \frac{a^2}{4}\right) = \left(x + \frac{a}{2}\right)^2.$$

Setzt man

$$\left.\begin{array}{l} x' = x + \dfrac{a}{2} \\[2mm] y' = y - \left(b - \dfrac{a^2}{4}\right), \end{array}\right\} \tag{*}$$

so geht die Gleichung in die gewünschte Form

$$y' = x'^2$$

über. Demnach sind (*) die erforderlichen Transformationsgleichungen; sie besagen,

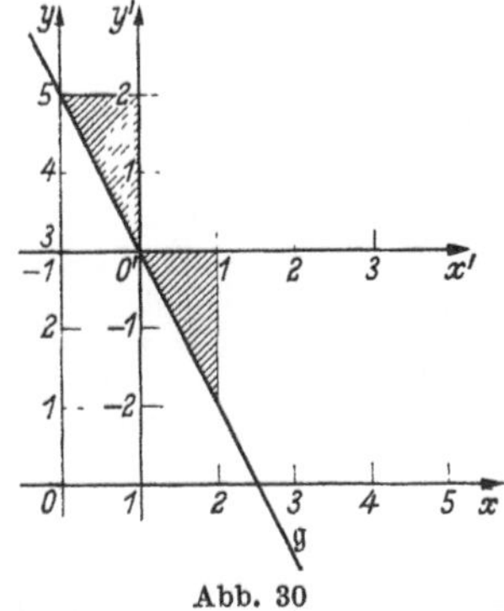

Abb. 30

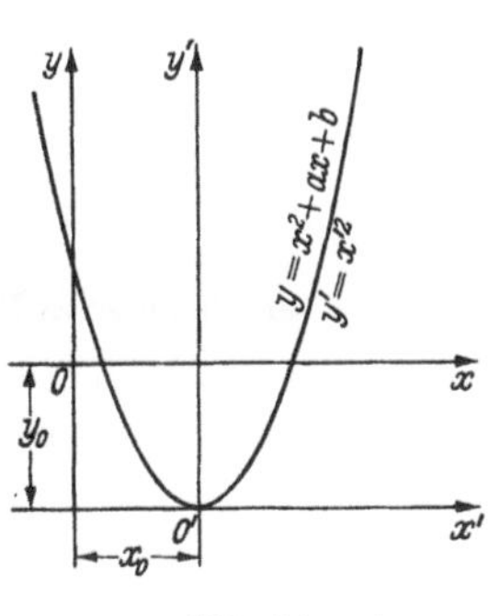

Abb. 31

daß es sich um eine Parallelverschiebung handelt, der Ursprung $0'$ hat im alten System die Koordinaten

$$x_0 = -\frac{a}{2}, \qquad y_0 = b - \frac{a^2}{4}.$$

Geometrisch bedeutet die Transformation eine Verschiebung des Ursprunges des Koordinatensystems in den Scheitel der Normalparabel.

4. Wie ändert sich die Gleichung der Sinuslinie

$$y = \sin x,$$

wenn man zu dem um $\pi/2$ Einheiten in x-Achsenrichtung verschobenen Koordinatensystem übergeht?

---

[1]) Vgl. Abschnitt 3.4 des I. Bandes.

Lösung (Abb. 32): Die Transformationsgleichungen sind

$$x = x' + \frac{\pi}{2}, \quad y = y',$$

und es ergibt sich

$$y' = \sin\left(x' + \frac{\pi}{2}\right) = \cos x',$$

d. h. die Kosinusfunktion. Geometrisch: Sinus- und Kosinuslinie sind kongruente Kurven, die durch Parallelverschiebung ineinander übergehen.

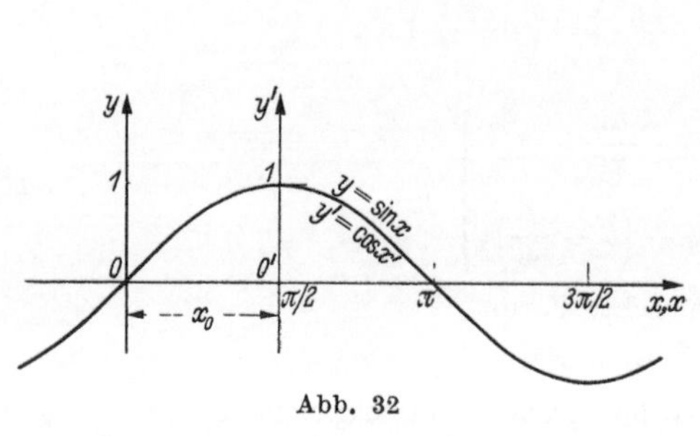

Abb. 32

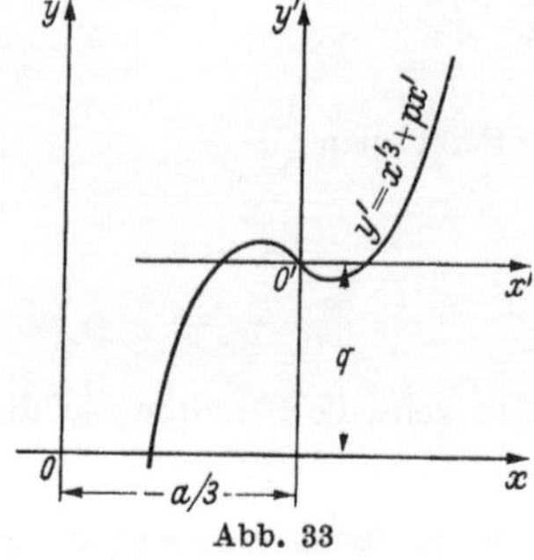

Abb. 33

5. Die kubische Funktion

$$y = x^3 + a\,x^2 + b\,x + c$$

geht mit dem Ansatz

$$x = x' - \frac{a}{3}$$

bekanntlich in die reduzierte Form

$$y = x'^3 + p\,x' + q$$

mit wohlbestimmten p und q (HORNER-Schema!) über[1]). Setzt man noch

$$y = y' + q,$$

so erhält man schließlich

$$y' = x'^3 + p\,x'.$$

Diese Funktion erfüllt offenbar die *Funktionalgleichung der ungeraden Funktionen*[2])

$$y'(-x') = -y'(x'),$$

denn x' tritt nur in ungeraden Potenzen auf. Das bedeutet: Mittels der Gleichungen

$$x = x' - \frac{a}{3}, \quad y = y' + q$$

transformiert man jede kubische Funktion der Gestalt

$$y = x^3 + a\,x^2 + b\,x + c$$

auf ein achsenparalleles Koordinatensystem, bezüglich dessen Ursprung die Kurve *punktsymmetrisch* ist (Abb. 33).

---

[1]) Vgl. Abschnitt 6.3 von Band I.

[2]) Über gerade und ungerade Funktionen sowie ihre Funktionalgleichungen siehe II. 3.5.3 und I. 3.2.4.

1.3.3 Drehung des Koordinatensystems

Das Koordinatensystem K' habe jetzt mit dem System K gleichen Ursprung $(0' \equiv 0)$ und gehe aus diesem durch eine Drehung um den Winkel α im positiven Drehsinn hervor. Wir fragen nach den Transformationsgleichungen für die Drehung.

Mit den Bezeichnungen von Abb. 34 lesen wir aus diesem ab

$$x' = r \cos(\varphi - \alpha)$$
$$y' = r \sin(\varphi - \alpha).$$

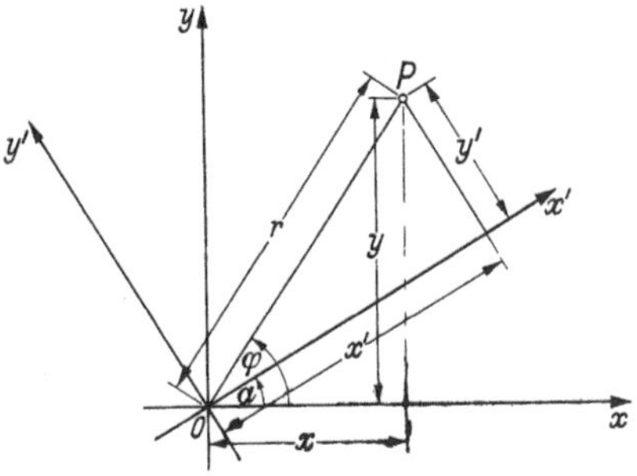

Nach den Additionstheoremen ist

$$x' = r \cos\varphi \cos\alpha + r \sin\varphi \sin\alpha$$
$$y' = r \sin\varphi \cos\alpha - r \cos\varphi \sin\alpha.$$

Nun ist aber

$$r \cos\varphi = x, \quad r \sin\varphi = y,$$

also erhält man als *Transformationsgleichungen für die Drehung*

$$\boxed{\begin{aligned} x' &= x \cos\alpha + y \sin\alpha \\ y' &= -x \sin\alpha + y \cos\alpha \end{aligned}}$$

Abb. 34

Die neuen Koordinaten sind also homogen linear abhängig von den alten. Löst man nach diesen auf, so erhält man wegen

$$\begin{vmatrix} \cos\alpha & \sin\alpha \\ -\sin\alpha & \cos\alpha \end{vmatrix} = 1$$

sofort

$$x = \begin{vmatrix} x' & \sin\alpha \\ y' & \cos\alpha \end{vmatrix}, \quad y = \begin{vmatrix} \cos\alpha & x' \\ -\sin\alpha & y' \end{vmatrix}$$

oder

$$\boxed{\begin{aligned} x &= x' \cos\alpha - y' \sin\alpha \\ y &= x' \sin\alpha + y' \cos\alpha \end{aligned}}$$

Es sind also auch die alten Koordinaten homogen lineare Funktionen der neuen. Der Drehwinkel α kann jeden Wert zwischen $0°$ und $360°$ annehmen.

Beispiele

1. Welche Gleichung besitzt die Gerade $y = -x + 2$ in einem um $45°$ gedrehten Koordinatensystem?

Lösung: Mit $\sin 45° = \cos 45° = \tfrac{1}{2}\sqrt{2}$ sind

$$x = \tfrac{1}{2}\sqrt{2}(x' - y')$$
$$y = \tfrac{1}{2}\sqrt{2}(x' + y')$$

die zugehörigen Transformationsgleichungen. Es wird

$$\tfrac{1}{2}\sqrt{2}\,(x' + y') = -\tfrac{1}{2}\sqrt{2}\,(x' - y') + 2$$

$$\sqrt{2}\,x' = 2$$

$$\Rightarrow x' = \sqrt{2}\,,$$

d. h. die Gerade verläuft im neuen, gedrehten System parallel zur y'-Achse im Abstand $\sqrt{2}$.

2. Wie ändert sich die Gleichung der Normalparabel $y = x^2$, falls man das Koordinatensystem um $90°$ dreht?

Lösung (Abb. 35): Mit $\alpha = 90°$ wird

$$x = x' \cdot 0 - y' \cdot 1 = -y'$$

$$y = x' \cdot 1 + y' \cdot 0 = \quad x'$$

und damit

$$y = x^2 \Rightarrow x' = y'^2$$

oder

$$y' = \begin{cases} \sqrt{x'} \\ -\sqrt{x'} \end{cases},$$

d. h. man erhält die Quadratwurzelfunktionen.

3. Man berechne den Abstand d eines Punktes $P_1(x_1, y_1)$ von einer Geraden $\mathfrak{g}$ mit der Gleichung $x \cos\varphi + y \sin\varphi - p = 0$!

Lösung (Abb. 36): Man lege etwa die y'-Achse parallel zur Geraden $\mathfrak{g}$, so daß also der Drehwinkel α zugleich der Winkel des vom Ursprung auf die Gerade

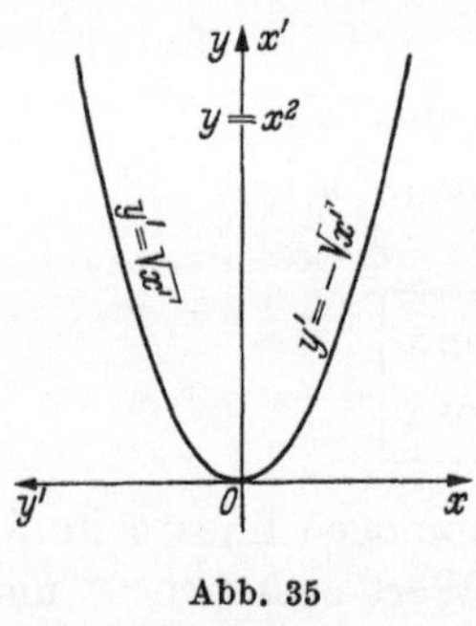

Abb. 35

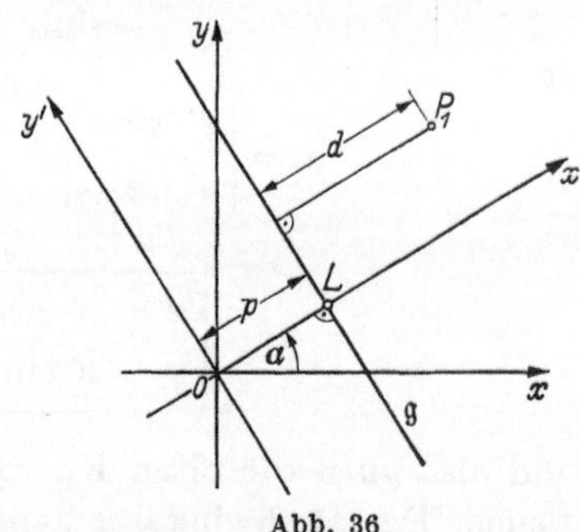

Abb. 36

gefällten Lotes wird. Sind dann x_1', y_1' die Koordinaten von P_1 im gedrehten System, so ist sein Abstand d von $\mathfrak{g}$ einfach

$$d = x_1' - p.$$

Transformiert man jetzt das Resultat auf das ursprüngliche x, y-System, so wird sofort mit $\alpha = \varphi$

$$d = x_1 \cos\varphi + y_1 \sin\varphi - p$$

in Übereinstimmung mit II. 1.2.6.

1.3.4 Invarianzeigenschaften

Definition: *Geometrische Größen, deren zugeordnete analytische Ausdrücke beim Übergang von einem Koordinatensystem zu einem andern unverändert bleiben und demnach unabhängig von der Wahl des Koordinatensystems sind, heißen Invarianten.*

Die Invarianz kann sich auf Parallelverschiebung oder Drehung oder beides beziehen. In jedem Fall bringt sie eine charakteristische geometrische Eigenschaft zum Ausdruck. In vielen Fällen werden Invarianzen auch zur Definition geometrischer Begriffe herangezogen.

Beispiele

1. Ein Kreis, dessen Mittelpunkt im Ursprung des Koordinatensystems liegt, ist invariant gegenüber einer Drehung des Systems.

Beweis (Abb. 37): Im x, y-System lautet die Mittelpunktsgleichung des Kreises vom Radius r

$$x^2 + y^2 = r^2.$$

Übergang zum gedrehten System (Drehwinkel α):

$$x = x' \cos\alpha - y' \sin\alpha$$
$$y = x' \sin\alpha + y' \cos\alpha$$

$$\Rightarrow x^2 + y^2 = x'^2 \cos^2\alpha - 2x' y' \sin\alpha \cos\alpha +$$
$$+ y'^2 \sin^2\alpha + x'^2 \sin^2\alpha + 2x'y' \sin\alpha \cos\alpha + y'^2 \cos^2\alpha$$
$$= x'^2 (\cos^2\alpha + \sin^2\alpha) + y'^2 (\sin^2\alpha + \cos^2\alpha)$$
$$= x'^2 + y'^2.$$

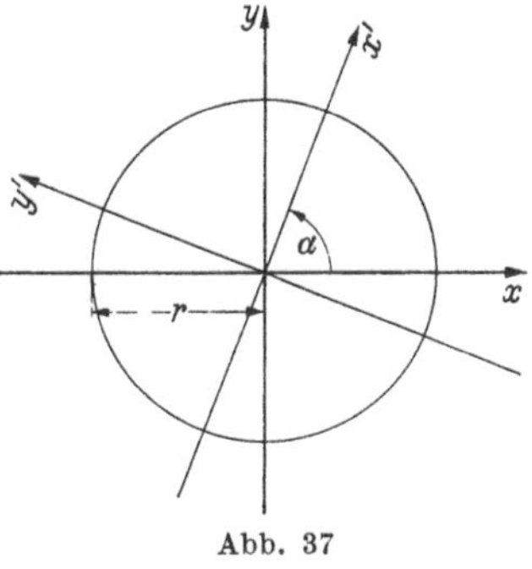

Abb. 37

Die Funktionsgleichung hat also in beiden Koordinatensystemen dieselbe Gestalt.

2. Dreiecksinhalt und Kollinearität sind Invarianten gegenüber Parallelverschiebung und Drehung.

Beweis: In beiden Fällen ist die Invarianz der Determinante

$$\begin{vmatrix} x_1 & x_2 & x_3 \\ y_1 & y_2 & y_3 \\ 1 & 1 & 1 \end{vmatrix}$$

zu zeigen. Zur Parallelverschiebung setzen wir

$$x_i = x_i' + x_0, \qquad y_i = y_i' + y_0 \qquad\qquad (i = 1, 2, 3)$$

und erhalten

$$\begin{vmatrix} x_1 & x_2 & x_3 \\ y_1 & y_2 & y_3 \\ 1 & 1 & 1 \end{vmatrix} = \begin{vmatrix} x_1' + x_0 & x_2' + x_0 & x_3' + x_0 \\ y_1' + y_0 & y_2' + y_0 & y_3' + y_0 \\ 1 & 1 & 1 \end{vmatrix} = \begin{vmatrix} x_1' & x_2' & x_3' \\ y_1' & y_2' & y_3' \\ 1 & 1 & 1 \end{vmatrix},$$

denn es ist nur die mit x_0 bzw. y_0 multiplizierte dritte Zeile von der ersten bzw. zweiten Zeile zu subtrahieren. Für die Drehung setzen wir an

$$x_i = x_i' \cos\alpha - y_i' \sin\alpha$$
$$y_i = x_i' \sin\alpha + y_i' \cos\alpha, \qquad\qquad (i = 1, 2, 3)$$

und es ergibt sich

$$\begin{vmatrix} x_1 & x_2 & x_3 \\ y_1 & y_2 & y_3 \\ 1 & 1 & 1 \end{vmatrix} = \begin{vmatrix} x_1' \cos\alpha - y_1' \sin\alpha & x_2' \cos\alpha - y_2' \sin\alpha & x_3' \cos\alpha - y_3' \sin\alpha \\ x_1' \sin\alpha + y_1' \cos\alpha & x_2' \sin\alpha + y_2' \cos\alpha & x_3' \sin\alpha + y_3' \cos\alpha \\ 1 & 1 & 1 \end{vmatrix}.$$

Addiert man die mit $\sin\alpha$ multiplizierte zweite Zeile zu der mit $\cos\alpha$ multiplizierten ersten Zeile, so erhält man

$$\frac{1}{\cos\alpha} \begin{vmatrix} x_1' & x_2' & x_3' \\ x_1' \sin\alpha + y_1' \cos\alpha & x_2' \sin\alpha + y_2' \cos\alpha & x_3' \sin\alpha + y_3 \cos\alpha \\ 1 & 1 & 1 \end{vmatrix}$$

und daraus nach Subtraktion der mit $\sin\alpha$ multiplizierten ersten Zeile von der zweiten Zeile

$$\frac{1}{\cos\alpha} \begin{vmatrix} x_1' & x_2' & x_3' \\ y_1' \cos\alpha & y_2' \cos\alpha & y_3' \cos\alpha \\ 1 & 1 & 1 \end{vmatrix} = \begin{vmatrix} x_1' & x_2' & x_3' \\ y_1' & y_2' & y_3' \\ 1 & 1 & 1 \end{vmatrix}.$$

1.4 Der Kreis

1.4.1 Kreisgleichungen

Definition: *Der Kreis um M als Mittelpunkt und mit dem Radius r ist die Menge aller Punkte der Ebene, die von M den Abstand r haben.*

Liegt der Kreis mit seinem Mittelpunkt im Ursprung (Mittelpunktslage; Abb. 38), so gilt für die Koordinaten jedes seiner Punkte

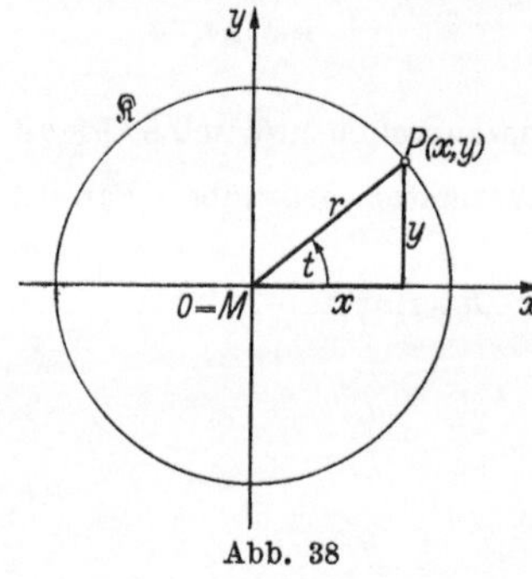

Abb. 38

$$\boxed{x^2 + y^2 = r^2}$$

Mittelpunktsgleichung des Kreises

Daraus ergeben sich

a) die *implizite Form* $F(x, y) = 0$:

$$\boxed{x^2 + y^2 - r^2 = 0}$$

b) die *explizite Form* $y = f(x)$:

$$\boxed{y = \begin{cases} \sqrt{r^2 - x^2}: & \text{oberer Halbkreis} \\ -\sqrt{r^2 - x^2}: & \text{unterer Halbkreis} \end{cases}}$$

c) eine *Parameterform* $x = x(t)$, $y = y(t)$:

$$\boxed{\left. \begin{aligned} x &= r \cos t \\ y &= r \sin t \end{aligned} \right\} \quad 0 \leq t < 2\pi}$$

Der Parameter t ist hierbei der im positiven Drehsinn gemessene Winkel zwischen der positiven x-Achse und dem Radius $\overline{OP}$. Die beiden Gleichungen der Parameterform können unmittelbar aus Abb. 38 abgelesen werden; man kann ihre Richtigkeit aber auch dadurch zeigen, daß man den Parameter t eliminiert und etwa die implizite Form herstellt. Im vorliegenden Fall wird man durch Quadrieren und anschließendes Addieren auf die Mittelpunktsgleichung geführt.

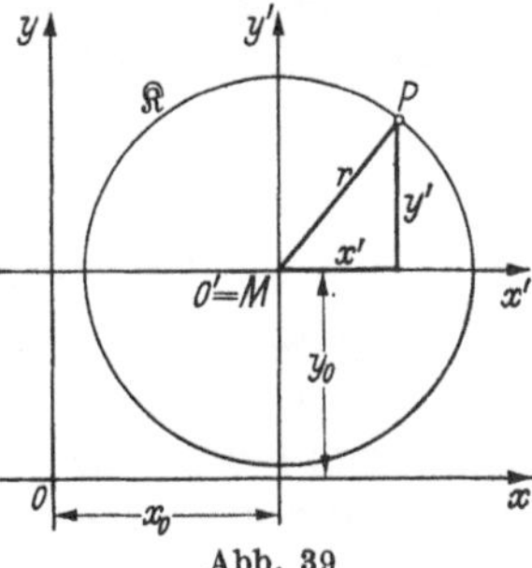
Abb. 39

Liegt der Kreismittelpunkt nicht im Ursprung, sondern hat er die beliebigen Koordinaten x_0, y_0 (Abb. 39), so legen wir zur Aufstellung der Kreisgleichung zunächst ein *neues Koordinatensystem* so, daß in ihm der Kreis die Mittelpunktslage hat und demnach seine Gleichung dort

$$x'^2 + y'^2 = r^2$$

lautet. Die Transformation auf das x, y-System erfolgt mit den Transformationsgleichungen

$$x' = x - x_0, \qquad y' = y - y_0$$

und ergibt

$$\boxed{(x - x_0)^2 + (y - y_0)^2 = r^2}$$

Allgemeine Kreisgleichung

Da der Kreis invariant ist gegenüber einer Drehung um seinen Mittelpunkt, ist *jeder* Kreis mit dem Mittelpunkt $M(x_0, y_0)$ und dem Radius r durch die allgemeine Kreisgleichung beschreibbar.

Quadriert man die allgemeine Kreisgleichung aus, so erhält man

$$x^2 - 2x\,x_0 + x_0^2 + y^2 - 2y\,y_0 + y_0^2 - r^2 = 0$$
$$x^2 + y^2 - 2x_0\,x - 2y_0\,y + x_0^2 + y_0^2 - r^2 = 0.$$

Das ist aber eine quadratische Funktionsgleichung in x und y von der grundsätzlichen Struktur

$$\boxed{\begin{aligned} F(x, y) &\equiv A\,x^2 + C\,y^2 + D\,x + E\,y + F = 0 \\ A &= C\,(\neq 0) \end{aligned}}$$

Implizite Form der allgemeinen Kreisgleichung

Die vollständige quadratische Gleichung in x und y hat die Gestalt

$$A\,x^2 + B\,x\,y + C\,y^2 + D\,x + E\,y + F = 0;$$

es soll schon an dieser Stelle darauf hingewiesen werden, daß man mit ihr *sämtliche* Kegelschnittskurven beschreiben kann und daß die einzelnen Kurven (Kreis, Ellipse, Hyperbel usw.) durch *Koeffizientenbedingungen* spezifiziert werden. Charakteristisch für den Kreis sind also folgende Koeffizientenbedingungen

1. die Koeffizienten von x^2 und y^2 sind gleich: $A = C \neq 0$
2. das gemischt-quadratische Glied fehlt: $\qquad B = 0$.

Bis jetzt haben wir nur gezeigt, daß man jedem Kreis eine quadratische Gleichung mit den angegebenen Bedingungen zuordnen kann. Stellt nun aber auch *umgekehrt* jede quadratische Gleichung mit diesen Bedingungen einen Kreis dar? Um diese Frage zu beantworten, gehen wir von

$$A x^2 + C y^2 + D x + E y + F = 0, \quad A = C \neq 0$$

aus und versuchen sie in die Form

$$(x - x_0)^2 + (y - y_0)^2 = r^2$$

umzuwandeln:

$$A x^2 + C y^2 + D x + E y + F = 0 \,|\, : A = C$$

$$x^2 + y^2 + \frac{D}{A} x + \frac{E}{A} y + \frac{F}{A} = 0$$

$$\frac{D}{A} = -2a, \quad \frac{E}{A} = -2b, \quad \frac{F}{A} = c \quad \text{(gesetzt!)}$$

$$\Rightarrow x^2 - 2a x + y^2 - 2b y + c = 0$$

$$(x - a)^2 + (y - b)^2 = a^2 + b^2 - c.$$

Der Vergleich mit der allgemeinen Kreisgleichung ergibt

$$x_0 = a, \quad y_0 = b, \quad r^2 = a^2 + b^2 - c.$$

Ein Kreis mit den Mittelpunktskoordinaten a, b und dem Radius $r = \sqrt{a^2 + b^2 - c}$ ist dies jedoch nur dann, wenn der Radikand der Wurzel positiv ist:

$$a^2 + b^2 - c > 0.$$

Dies muß nicht notwendig erfüllt sein; ist $c > a^2 + b^2$, so wird r imaginär und ist schließlich $c = a^2 + b^2$, so wird $r = 0$. In diesen beiden Fällen ergibt sich also kein Kreis. Zusammengefaßt gilt damit der

Satz: *Jeder Kreis läßt sich durch eine quadratische Funktionsgleichung der Gestalt*

$$A x^2 + C y^2 + D x + E y + F = 0, \quad A = C \neq 0$$

beschreiben. Umgekehrt stellt eine quadratische Gleichung dieser Art einen Kreis dar, falls außer $A = C \neq 0$ auch noch

$$D^2 + E^2 - 4 A F > 0$$

ist.

Diese Formulierung wird anschaulichen und praktischen Gesichtspunkten gerecht. Vom theoretischen Standpunkt aus gesehen ist sie unbefriedigend, da bestimmte Fälle ausdrücklich ausgeschlossen werden müssen. Um diese Ausnahmen zu beseitigen, bedient man sich einer auch in anderen mathematischen Disziplinen oft angewandten Methode, nämlich der Erweiterung eines Begriffes. Im vorliegenden Fall *erklärt* man etwa:

für $D^2 + E^2 - 4AF > 0$ ergebe sich ein „reeller Kreis"

für $D^2 + E^2 - 4AF < 0$ ergebe sich ein „imaginärer Kreis"

für $D^2 + E^2 - 4AF = 0$ ergebe sich ein „entarteter Kreis"

und spricht in allen drei Fällen von einem Kreis. Der imaginäre Kreis hat also einen imaginären Radius, der entartete Kreis hat den Radius $r = 0$, besteht also bloß aus einem einzigen reellen Punkt, und der reelle Kreis ist der mit einem Zirkel zeichenbare Kreis im üblichen Sinne. Mit dieser Erweiterung des Begriffes „Kreis" können wir den obigen Sachverhalt jetzt wie folgt formulieren:

Satz: *Jeder Kreis wird durch eine quadratische Gleichung der Gestalt*

$$\boxed{A\,x^2 + C\,y^2 + D\,x + E\,y + F = 0, \qquad A = C \neq 0}$$

beschrieben, und umgekehrt stellt auch jede solche Gleichung einen Kreis dar

Es sei in diesem Zusammenhang auf einen ähnlichen Sachverhalt bei algebraischen Gleichungen verwiesen. Nach dem Fundamentalsatz (vgl. I. 6.1) hat bekanntlich jede algebraische Gleichung n-ten Grades (im Bereich der komplexen Zahlen) genau n Lösungen. Diese Formulierung ist aber nur möglich, wenn man Vielfachwurzeln entsprechend ihrer Vielfachheit zählt. Der unvoreingenommene Betrachter wird z. B. der quadratischen Gleichung

$$x^2 - 6x + 9 = 0$$

nur eine Lösung, nämlich $x = 3$, zubilligen, und es gibt tatsächlich keine weitere von dieser verschiedene Lösung. Die Redeweise, es liegen „zwei einander gleiche" Lösungen oder die „Doppelwurzel" $x_1 = x_2 = 3$ vor, hat man nur eingeführt, um jeder quadratischen Gleichung *ausnahmslos* zwei Lösungen zuordnen zu können.

Beispiele

1. Welche Kurve wird durch die Funktionsgleichung

$$2x^2 + 2y^2 - 8x + 12y + 18 = 0$$

dargestellt?

Lösung: Es handelt sich um einen Kreis, da die Koeffizienten von x^2 und y^2 gleich sind und das Glied $B\,x\,y$ fehlt. Zur Bestimmung von Radius und Mittelpunkt formen wir die Gleichung wie folgt um

$$x^2 + y^2 - 4x + 6y + 9 = 0$$
$$(x - 2)^2 + (y + 3)^2 = 4 + 9 - 9 = 4.$$

Das ist also ein reeller Kreis mit dem Mittelpunkt $M(2; -3)$ und dem Radius $r = 2$.

2. Welche Gleichung hat das Büschel aller Kreise, die die x-Achse im Ursprung von oben berühren?

Lösung (Abb. 40): Für *jeden* Kreis des Büschels ist

$$x_0 = 0, \quad y_0 = r;$$

also lautet dessen Gleichung

$$x^2 + (y - r)^2 = r^2 \Rightarrow x^2 + y^2 - 2ry = 0$$

mit *beliebigem* positiven „Parameter" r.[1]

3. Ein durch den Ursprung gehender Kreis habe seinen Mittelpunkt auf der Winkelhalbierenden des I. Quadranten und schneide die Ordinatenachse bei $y = 2$. Wie lautet seine Gleichung?

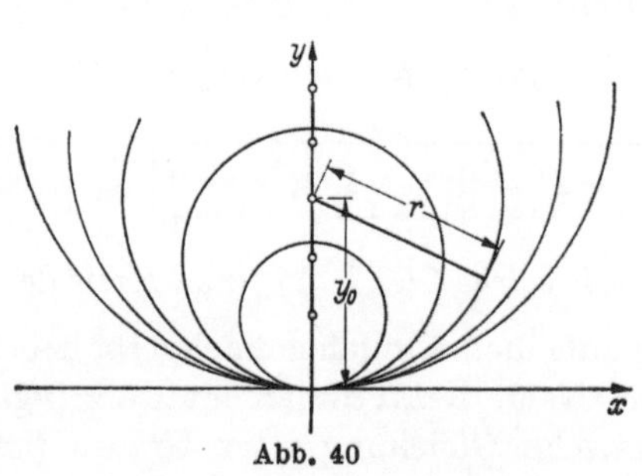
Abb. 40

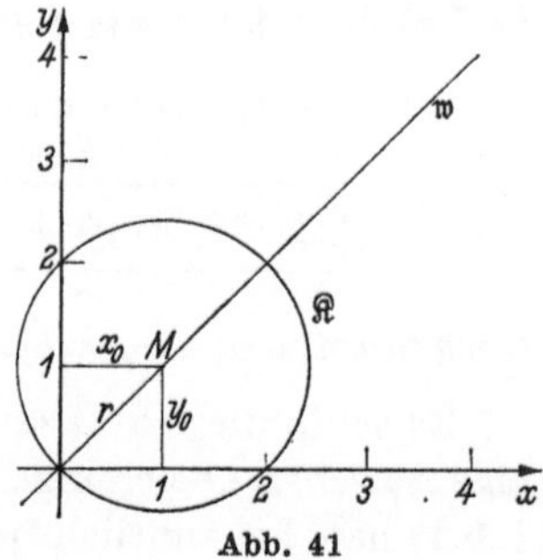
Abb. 41

Lösung (Abb. 41): Man setze an

$$\Re : (x - x_0)^2 + (y - y_0)^2 = r^2$$
$$\left.\begin{array}{ll} 0 \in \Re : & x_0^2 + y_0^2 = r^2 \\ P(0; 2) \in \Re : & x_0^2 + (2 - y_0)^2 = r^2 \\ M \in \mathfrak{w} : & x_0 = y_0 \end{array}\right\}$$

Aus den drei letzten Gleichungen ergibt sich

$$x_0 = 1, \quad y_0 = 1, \quad r = \sqrt{2}$$

und damit die allgemeine Kreisgleichung zu

$$(x - 1)^2 + (y - 1)^2 = 2.$$

---

[1] Beachte: Ist r eine *feste* positive Zahl, so beschreibt $x^2 + y^2 - 2ry = 0$ einen bestimmten Kreis, nämlich den die x-Achse im Ursprung berührenden Kreis vom Radius r. Steht r jedoch für *sämtliche* positive Zahlen, so beschreibt dieselbe Gleichung $x^2 + y^2 - 2ry = 0$ eine *Schar* von Kreisen. Man spricht in diesem Falle von einer Schargleichung und nennt r den *Scharparameter*. Jedem Kreis der Schar ist eineindeutig ein Wert von r zugeordnet. — Über Kurvenscharen siehe auch II. 3.7.3.

4. Welcher Kreis verläuft durch die Punkte

$$P_1(-1;2), \quad P_2(1;-1), \quad P_3(3;3)?$$

Lösung: Wir setzen die Kreisgleichung in der Form[1])

$$\Re : x^2 + y^2 + ax + by + c = 0$$

an und erhalten über die Punktbedingungen

$$P_1(-1;2) \in \Re : -a + 2b + c = -5$$
$$P_2(1;-1) \in \Re : \quad a - b + c = -2$$
$$P_3(3;3) \in \Re : \quad 3a + 3b + c = -18.$$

Die Koeffizientendeterminante des linearen Systems ist

$$\begin{vmatrix} -1 & 2 & 1 \\ 1 & -1 & 1 \\ 3 & 3 & 1 \end{vmatrix} = \begin{vmatrix} -4 & -1 & 0 \\ -2 & -4 & 0 \\ 3 & 3 & 1 \end{vmatrix} = 16 - 2 = 14 \neq 0;$$

die gegebenen Punkte sind also nicht kollinear und die Aufgabe hat eine eindeutige
Lösung. Man bekommt

$$a = -\frac{18}{7}, \quad b = -\frac{19}{7}, \quad c = -\frac{15}{7}$$

und damit für die allgemeine Kreisgleichung in der impliziten Form

$$x^2 + y^2 - \frac{18}{7}x - \frac{19}{7}y - \frac{15}{7} = 0$$

oder

$$7x^2 + 7y^2 - 18x - 19y - 15 = 0.$$

Zur Bestimmung von Mittelpunkt $M(x_0;y_0)$ und Radius r rechnen wir

$$\left(x - \frac{9}{7}\right)^2 + \left(y - \frac{19}{14}\right)^2 = \frac{15}{7} + \frac{81}{49} + \frac{361}{196} = \frac{1105}{196}$$

und bekommen mit Rechenstabgenauigkeit

$$x_0 = 1{,}286; \quad y_0 = 1{,}357; \quad r = 2{,}374.$$

1.4.2 Tangente, Normale und Polare des Kreises

Vorgelegt sei ein Kreis $\Re$ vom Radius r und ein Punkt P_1 auf $\Re$.
Gesucht ist die Gleichung von Kreistangente und -normale im Punkte P_1
(Abb. 42).

Legt man ein kartesisches Koordinatensystem in den Mittelpunkt
des Kreises, so wird die Normale $\mathfrak{n}$ zur Ursprungsgeraden

$$\mathfrak{n} : y = m_\mathfrak{n} x; \quad m_\mathfrak{n} = \tan\alpha = \frac{y_1}{x_1}$$

$$\boxed{y = \frac{y_1}{x_1} x}$$

Gleichung der Kreisnormalen $\mathfrak{n}$ bei Mittelpunktslage des Kreises

---

[1]) Auf diese Form läßt sich *jede* Kreisgleichung bringen, indem man durch die
Koeffizienten von x^2 und y^2 dividiert.

Für die Gleichung der Tangente in P_1 setzen wir die Punkt-Steigungsform
der Geradengleichung an

$$t : y - y_1 = m_t (x - x_1).$$

Da die Tangente senkrecht auf der Normalen steht, gilt für ihre Steigung m_t

$$m_t = - \frac{1}{m_n} = - \frac{x_1}{y_1} \, ,$$

womit man erhält

$$y - y_1 = - \frac{x_1}{y_1} (x - x_1)$$

$$x \, x_1 + y \, y_1 = x_1^2 + y_1^2 = r^2$$

$$\boxed{x \, x_1 + y \, y_1 = r^2}$$

Gleichung der Kreistangente t bei Mittelpunktslage des Kreises

Ist $P_3(x_3, y_3)$ ein Punkt außerhalb des Kreises $\Re$ und sind t_1 und t_2 die
von P_3 an $\Re$ gelegten Tangenten, die $\Re$ in den Punkten $B_1(x_1, y_1)$ und

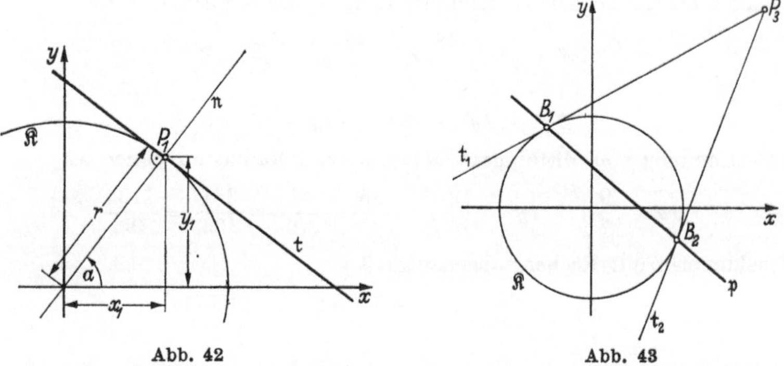

Abb. 42   Abb. 43

$B_2(x_2, y_2)$ berühren, so heißt die durch die Berührungspunkte bestimmte
Sekante die *Polare* $\mathfrak{p}$ von $\Re$ in bezug auf den „Pol" P_3 (Abb. 43).
Nun ist

$$t_1 : x \, x_1 + y \, y_1 = r^2; \qquad t_2 : x \, x_2 + y \, y_2 = r^2$$
$$P_3 \in t_1 : x_3 \, x_1 + y_3 \, y_1 \equiv r^2; \qquad P_3 \in t_2 : x_3 \, x_2 + y_3 \, y_2 \equiv r^2.$$

Wir behaupten

$$\boxed{x \, x_3 + y \, y_3 = r^2}$$

Gleichung der Kreispolaren. $\mathfrak{p}$ bei Mittelpunktslage des Kreises

Beweis: Wie wir soeben sahen, gelten die Identitäten

$$x_1 \, x_3 + y_1 \, y_3 \equiv r^2 \Rightarrow B_1(x_1, y_1) \in \mathfrak{p}$$
$$x_2 \, x_3 + y_2 \, y_3 \equiv r^2 \Rightarrow B_2(x_2, y_2) \in \mathfrak{p},$$

d. h. B_1 und B_2 liegen auf der Geraden mit der in der Behauptung stehenden Gleichung; diese Gerade ist aber nach Erklärung die Polare $\mathfrak{p}$ des Kreises bezüglich P_3.

Kreis in allgemeiner Lage. Hat der Mittelpunkt M eines Kreises $\mathfrak{K}$ vom Radius r im x, y-System die Koordinaten $(x_0, y_0) \neq (0; 0)$, so lege man ein achsenparalleles x', y'-System mit seinem Ursprung $0'$ in den Mittelpunkt M des Kreises und hat nun im x', y'-System dieselben Verhältnisse wie vorher (Abbildung 44):

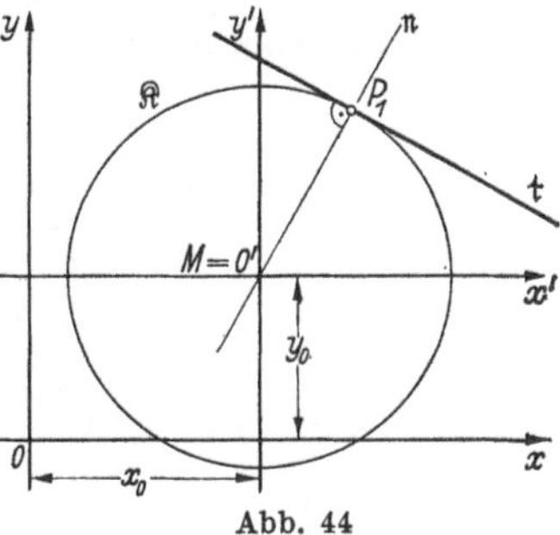
Abb. 44

$$y' = \frac{y_1'}{x_1'}\, x' : \qquad \text{Kreisnormale}$$
$$x'\, x_1' + y'\, y_1' = r^2 : \text{Kreistangente} \left.\right\} \ \text{im } x', y'\text{-System}$$
$$x'\, x_3' + y'\, y_3' = r^2 : \text{Kreispolare}$$

Will man die Gleichungen im x, y-System haben, so braucht man diese nach II. 1.3.2 nur mittels der Transformationsgleichungen

$$x' = x - x_0, \quad y' = y - y_0$$

die für *jeden* Punkt — also auch für (x_1', y_1'), (x_3', y_3') usw. — gelten, auf das alte System zurückzuführen. Dabei erhält man

$$\boxed{y - y_0 = \frac{y_1 - y_0}{x_1 - x_0}\,(x - x_0)}$$

Gleichung der Kreisnormalen bei allgemeiner Kreislage

$$\boxed{(x - x_0)\,(x_1 - x_0) + (y - y_0)\,(y_1 - y_0) = r^2}$$

Gleichung der Kreistangente bei allgemeiner Kreislage

$$\boxed{(x - x_0)\,(x_3 - x_0) + (y - y_0)\,(y_3 - y_0) = r^2}$$

Gleichung der Kreispolaren bei allgemeiner Kreislage
bezüglich des Pols $P_3\,(x_3, y_3)$

Beispiele

1. An den Kreis $\mathfrak{K}$ um 0 mit Radius $r = 1,8$ sind im Punkte $P_1(1, y_1 < 0)$ Tangente und Normale zu legen. Wie lauten deren Gleichungen?

Lösung (Abb. 45): Wir haben

$$\mathfrak{K}: \quad x^2 + y^2 = 3,24$$
$$P_1 \in \mathfrak{K}: \quad 1 + y_1^2 = 3,24 \Rightarrow y_1 = -\sqrt{2,24} = -1,497$$
$$t: x\, x_1 + y\, y_1 = r^2 \Rightarrow x - 1,497 y = 3,24$$
$$\Rightarrow y = 0,668 x - 2,164$$
$$\mathfrak{n}: y = -\frac{1}{m_t}\, x = -\frac{1}{0,668}\, x = -1,497 x.$$

2. Vom Punkte $P_3(-1; 3)$ sind die Tangenten an den Kreis $\Re$ um $M(3; 2)$ mit Radius $r = 1{,}5$ zu legen. Wie lauten die Tangentengleichungen und die Polarengleichung?

Lösung (Abb. 46): Wir arbeiten im x', y'-System; die Transformationsgleichungen sind

$$x' = x - 3, \quad y' = y - 2$$

$$\left. \begin{array}{l} \Re: \quad x'^2 + y'^2 = 2{,}25 \\[4pt] \mathfrak{p}: x'\, x_3' + y'\, y_3' = -4x' + y' = 2{,}25 \\[4pt] \Re \times \mathfrak{p} = \{B_1, B_2\}^{1)} \end{array} \right\} \;(*)$$

Die Lösungen (x_1', y_1') und (x_2', y_2') des Systems (*) liefern uns die Koordinaten der Berührungspunkte, die zur Aufstellung der Tangentengleichungen nötig sind.

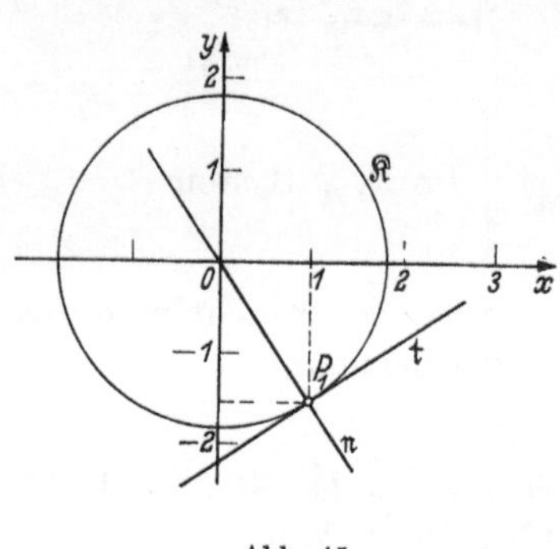

Abb. 45

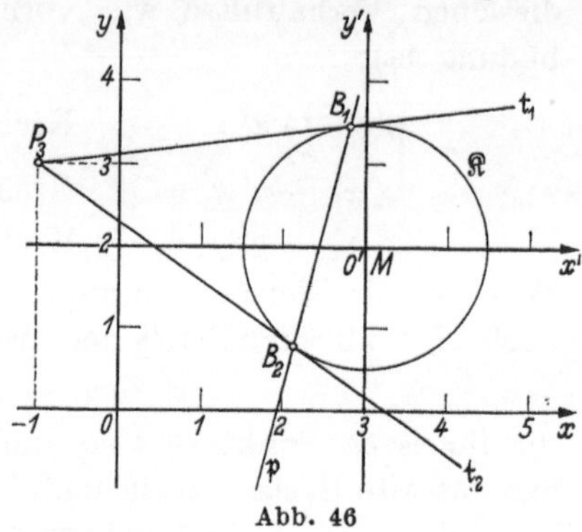

Abb. 46

Setzt man das aus der Polarengleichung gewonnene

$$y' = 4x' + 2{,}25$$

in die Kreisgleichung ein, so erhält man eine quadratische Gleichung in x', nämlich

$$17x'^2 + 18x' = -2{,}81.$$

Ihre Lösungen sind

$$x_1' = -0{,}191; \quad x_2' = -0{,}868;$$
$$\Rightarrow y_1' = +1{,}486; \quad y_2' = -1{,}222.$$

Damit lauten die Tangentengleichungen

$$t_1 : x'\, x_1' + y'\, y_1' = r^2 : -0{,}191x' + 1{,}486y' = 2{,}25$$
$$t_2 : x'\, x_2' + y'\, y_2' = r^2 : -0{,}868x' - 1{,}222y' = 2{,}25.$$

Die Gleichungen sind nun noch auf das x, y-System zu transformieren:

$$t_1 : -0{,}191(x - 3) + 1{,}486(y - 2) = 2{,}25$$
$$\Rightarrow y = 0{,}129x + 3{,}129$$
$$t_2 : -0{,}868(x - 3) - 1{,}222(y - 2) = 2{,}25$$
$$\Rightarrow y = -0{,}710x + 2{,}290.$$

Schließlich lautet die Polarengleichung

$$\mathfrak{p} : -4(x - 3) + (y - 2) = 2{,}25$$
$$\Rightarrow y = 4x - 7{,}75.$$

---

[1]) Lies: Der Durchschnitt von $\Re$ und $\mathfrak{p}$, d. i. die Menge aller Punkte, die *sowohl* auf $\Re$ *als auch* auf $\mathfrak{p}$ liegen, besteht aus den Punkten B_1 und B_2.

3. Welcher Grenzlage strebt die Polare $\mathfrak{p}$ eines Kreises $\mathfrak{K}$ um $M \equiv 0$ bezüglich eines Punktes P_3 zu, falls sich P_3 auf der Geraden MP_3 unbegrenzt vom Kreis entfernt?

Lösung (Abb. 47): Wir schreiben die Polarengleichung $x\,x_3 + y\,y_3 = r^2$ in der Normalform an:

$$\mathfrak{p} : y = -\frac{x_3}{y_3}\,x + \frac{r^2}{y_3}\,.$$

Läuft P_3 auf der Geraden MP_3 von M weg, so bedeutet dies

$$x_3 \to \infty, \quad y_3 \to \infty \quad \text{mit} \quad \frac{y_3}{x_3} = \text{konstant.}$$

Demzufolge geht die Polarengleichung wegen

$$\frac{r^2}{y_3} \to 0 \quad \text{für} \quad y_3 \to \infty$$

über in

$$\mathfrak{p}_\infty : y = -\frac{x_3}{y_3}\,x\,.$$

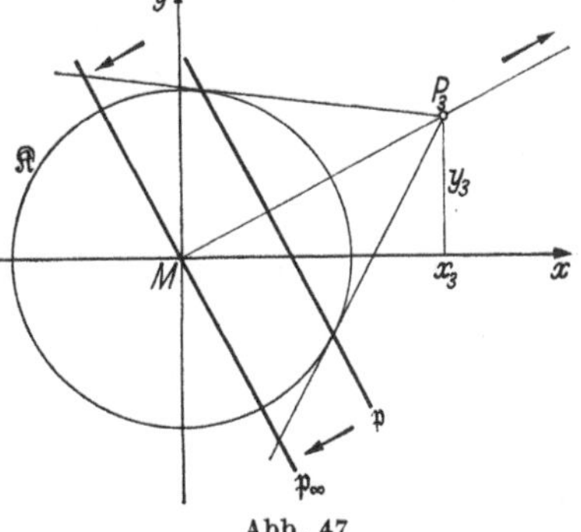

Abb. 47

Ergebnis: Die Polare eines Kreises bezüglich eines unendlich fernen Punktes verläuft durch seinen Mittelpunkt. Der Leser untersuche in ähnlicher Weise, welcher Grenzlage die Polare zustrebt, falls sich P_3 dem Kreis unbegrenzt nähert!

1.5 Die Ellipse

1.5.1 Die senkrecht-affine Abbildung

Es seien

$$\mathfrak{M} = \{P_1, P_2, P_3, \ldots\}$$
$$\mathfrak{M}' = \{P_1', P_2', P_3', \ldots\}$$

zwei unendliche Punktmengen. Eine Vorschrift, mittels der man jedem Punkt $P \in \mathfrak{M}$ einen Punkt $P' \in \mathfrak{M}'$ eindeutig zuordnen kann, nennen wir eine *Abbildung von $\mathfrak{M}$ in $\mathfrak{M}'$*. $\mathfrak{M}$ heißt die *Urbildmenge*, $\mathfrak{M}'$ die *Bildmenge*. Die Zuordnungsvorschrift ist eine geometrisch oder analytisch gefaßte Abbildungsvorschrift und charakterisiert die betreffende Abbildung. Dem Leser werden Abbildungen aus Planimetrie oder darstellender Geometrie bekannt sein (Achsen- und Punktspiegelungen, Translationen, Parallelprojektionen); er überlege sich die zugehörigen Abbildungsvorschriften.

Für die folgenden Betrachtungen sollen die Punktmengen $\mathfrak{M}$ und $\mathfrak{M}'$ in der Zeichenebene liegen. Wir wenden uns einer speziellen Abbildung zu und geben die

Definition: *Gegeben sei eine Gerade $\mathfrak{a}$ und eine positive Zahl k. Dann werde jedem Punkt P als Urbild derjenige Punkt P' als Bild zugeordnet, der*

1. *auf derselben Seite von $\mathfrak{a}$ wie P liegt,*
2. *den gleichen Lotfußpunkt bezüglich $\mathfrak{a}$ wie P hat,*
3. *den k-fachen Abstand von $\mathfrak{a}$ wie P hat.*

Die hiermit erklärte Abbildung heiße **senkrecht-affine Abbildung**[1]) *oder orthogonale Affinität;* a *nennt man die Affinitätsachse,* k *das Affinitätsverhältnis.*

Zur Erläuterung betrachte man Abb. 48! Bezeichnet F den gemeinsamen Lotfußpunkt von P und P' auf der Affinitätsachse, so läßt sich die dritte Bedingung durch

$$\boxed{\overline{P'F} = k\,\overline{PF}}$$

ausdrücken. Dabei ist anschaulich zu unterscheiden

a) Affinitätsverhältnis $k > 1 : \overline{P'F} > \overline{PF}$,
der Bildabstand ist größer als der Urbildabstand,

b) Affinitätsverhältnis $k < 1 : \overline{P'F} < \overline{PF}$,
der Bildabstand ist kleiner als der Urbildabstand,

c) Affinitätsverhältnis $k = 1 : \overline{P'F} = \overline{PF}$,
jedes Bild ist identisch mit seinem Urbild.

Im Fall c) spricht man speziell von der *identischen* Abbildung. Allgemein nennt man Punkte, die auf sich selbst abgebildet werden — also

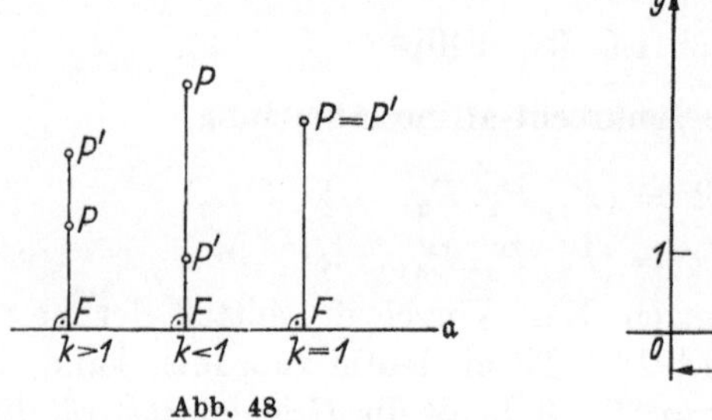

Abb. 48

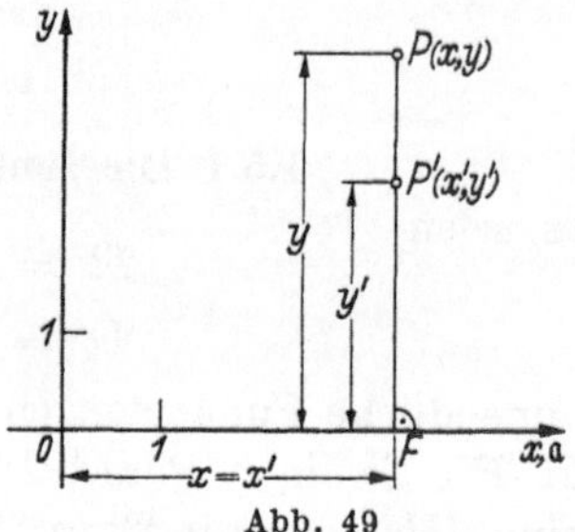

Abb. 49

zugleich Bild und Urbild sind — *Fixpunkte*. Bei der orthogonalen Affinität sind sämtliche Punkte der Affinitätsachse Fixpunkte. Die identische Abbildung ist dadurch charakterisiert, daß *alle* Punkte Fixpunkte sind. Geometrische Eigenschaften, die bei der Abbildung unverändert bleiben und sich damit von Urbildmenge auf Bildmenge übertragen, heißen *Invarianten* bezüglich der betreffenden Abbildung. Wir interessieren uns für affine Invarianten.

Um diese und andere Aufgaben einer analytischen Behandlung zugängig zu machen, legen wir ein kartesisches Koordinatensystem etwa so, daß die x-Achse in die Affinitätsachse a fällt (Abb. 49).

Gibt man den Urbildpunkten ungestrichene, den Bildpunkten gestrichene Koordinaten — beide selbstverständlich auf dasselbe

---

[1]) Im folgenden auch einfach affine Abbildung genannt.

Koordinatensystem bezogen —, so kann die eineindeutige Zuordnung

$$P(x, y) \longleftrightarrow P'(x', y')$$

auf Grund der orthogonalen Affinität durch folgenden analytischen Zusammenhang zwischen den Koordinaten von Urbild und Bild ausgedrückt werden

$$\boxed{\begin{aligned} x' &= x \\ y' &= k\,y \end{aligned}}$$

Definition: *Diese Beziehungen zwischen den Koordinaten eines Urbildpunktes und seines orthogonal-affinen Bildpunktes heißen die* **Abbildungsgleichungen** *der orthogonalen Affinität.*

Mit den Abbildungsgleichungen können wir jetzt die Eigenschaften der affinen Abbildung analytisch untersuchen. Wir stellen einige derselben zusammen:

1. Liegen drei Urbildpunkte P_1, P_2, P_3 auf einer Geraden; so liegen auch ihre affinen Bildpunkte P_1', P_2', P_3' auf einer Geraden; mit anderen Worten: *Kollinearität ist eine affine Invariante.*

Beweis (Abb. 50).

$$P_i(x_i, y_i) \longleftrightarrow P_i'(x_i', y_i') \qquad (i = 1, 2, 3)$$

Für die Urbilder gilt die Kollinearitätsbedingung

$$\begin{vmatrix} x_1 & x_2 & x_3 \\ y_1 & y_2 & y_3 \\ 1 & 1 & 1 \end{vmatrix} = 0.$$

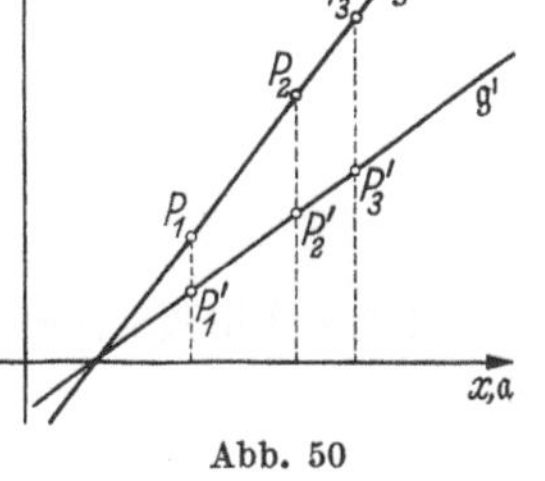

Abb. 50

Setzt man auf Grund der Abbildungsgleichungen

$$x_i = x_i', \qquad y_i = \frac{1}{k}\,y_i' \qquad (i = 1, 2, 3),$$

so wird

$$0 \equiv \begin{vmatrix} x_1 & x_2 & x_3 \\ y_1 & y_2 & y_3 \\ 1 & 1 & 1 \end{vmatrix} = \begin{vmatrix} x_1' & x_2' & x_3' \\ \frac{1}{k}y_1' & \frac{1}{k}y_2' & \frac{1}{k}y_3' \\ 1 & 1 & 1 \end{vmatrix} = \frac{1}{k} \begin{vmatrix} x_1' & x_2' & x_3' \\ y_1' & y_2' & y_3' \\ 1 & 1 & 1 \end{vmatrix}$$

und damit wegen $1/k \neq 0$ auch

$$\begin{vmatrix} x_1' & x_2' & x_3' \\ y_1' & y_2' & y_3' \\ 1 & 1 & 1 \end{vmatrix} \equiv 0,$$

woraus die Kollinearität der affinen Bilder folgt.

2. Das Teilverhältnis $\lambda = \overline{P_1 T} : \overline{T P_2}$ dreier (kollinearer) Urbildpunkte P_1, T, P_2 ist das gleiche wie bei den affinen Bildpunkten P_1', T', P_2', mit anderen Worten:

Das Teilverhältnis ist eine affine Invariante.

Beweis (Abb. 51): Es ist für die Urbilder

$$\lambda = \overline{P_1 T} : \overline{T P_2} = (x_t - x_1) : (x_2 - x_t)$$

und für die affinen Bilder

$$\lambda' = \overline{P_1' T'} : \overline{T' P_2'} = (x_t' - x_1') :$$
$$: (x_2' - x_t') = (x_t - x_1) : (x_2 - x_t) = \lambda.$$

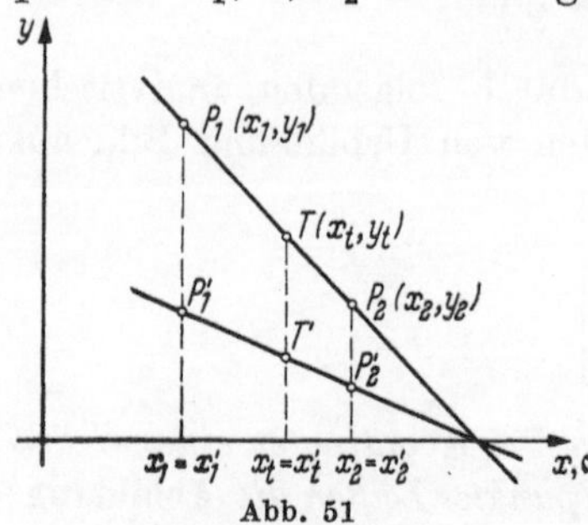

Abb. 51

3. *Parallelität ist eine affine Invariante.*

Beweis: Die beiden Urbildgeraden

$$\mathfrak{g}_1 : A_1 x + B_1 y + C_1 = 0$$
$$\mathfrak{g}_2 : A_2 x + B_2 y + C_2 = 0$$

seien parallel, d. h. es sei nach II. 1.2.5

$$\begin{vmatrix} A_1 & B_1 \\ A_2 & B_2 \end{vmatrix} = 0.$$

Mit den Abbildungsgleichungen erhält man für die Bildgeraden

$$\mathfrak{g}_1' : A_1 x' + B_1 \frac{1}{k} y' + C_1 = 0$$

$$\mathfrak{g}_2' : A_2 x' + B_2 \frac{1}{k} y' + C_2 = 0$$

und für die Koeffizientendeterminante

$$\begin{vmatrix} A_1 & B_1 \dfrac{1}{k} \\ A_2 & B_2 \dfrac{1}{k} \end{vmatrix} = \frac{1}{k} \begin{vmatrix} A_1 & B_1 \\ A_2 & B_2 \end{vmatrix} = 0,$$

woraus die Parallelität von $\mathfrak{g}_1'$ und $\mathfrak{g}_2'$ folgt.

4. *Winkel und Strecken bleiben bei affinen Abbildungen im allgemeinen nicht erhalten!*

Beweis: Der Schnittwinkel φ der Urbildgeraden

$$\mathfrak{g}_1 : A_1 x + B_1 y + C_1 = 0$$
$$\mathfrak{g}_2 : A_2 x + B_2 y + C_2 = 0$$

ist nach II. 1.2.9 gegeben durch

$$\tan \varphi = \left| \frac{A_1 B_2 - A_2 B_1}{A_1 A_2 + B_1 B_2} \right|.$$

Für den Schnittwinkel φ' der zugehörigen Bildgeraden

$$\mathfrak{g}_1' : A_1 x' + B_1 \frac{1}{k} y' + C_1 = 0$$

$$\mathfrak{g}_2' : A_2 x' + B_2 \frac{1}{k} y' + C_2 = 0$$

erhält man

$$\tan\varphi' = \left| \frac{A_1 B_2 \dfrac{1}{k} - A_2 B_1 \dfrac{1}{k}}{A_1 A_2 + B_1 B_2 \dfrac{1}{k^2}} \right| = \left| \frac{A_1 B_2 - A_2 B_1}{k\, A_1 A_2 + \dfrac{1}{k}\, B_1 B_2} \right| \neq \tan\varphi.$$

Ist $\overline{P_1 P_2} = \sqrt{(x_1 - x_2)^2 + (y_1 - y_2)^2}$ eine Urbildstrecke, so erhält man für ihr affines Bild $\overline{P_1' P_2'} = \sqrt{(x_1' - x_2')^2 + \dfrac{1}{k^2}(y_1' - y_2')^2}$. Für $k \neq 1$ ist also im allgemeinen $\overline{P_1 P_2} \neq \overline{P_1' P_2'}$; Gleichheit besteht, falls $y_1' = y_2'$ und damit $y_1 = y_2$ ist, d. h. eine zur Affinitätsachse parallele Strecke bildet sich unverändert ab.

1.5.2 Die Ellipse als affines Bild eines Kreises

Definition: *Das affine Bild eines Kreises heißt Ellipse.*

Wir legen die Affinitätsachse $\mathfrak{a}$ durch den Mittelpunkt des Kreises $\mathfrak{K}$. Bei einem Affinitätsverhältnis $k > 1$ ergeben sich die Ellipsen durch Streckung, bei $k < 1$ durch Stauchung des Kreises, bei $k = 1$ wird der Kreis auf sich selbst abgebildet (Abb. 52).

Das Symmetriezentrum M heißt *Mittelpunkt* der Ellipse, jede durch M verlaufende Sehne wird *Durchmesser* genannt. Der größte Durchmesser

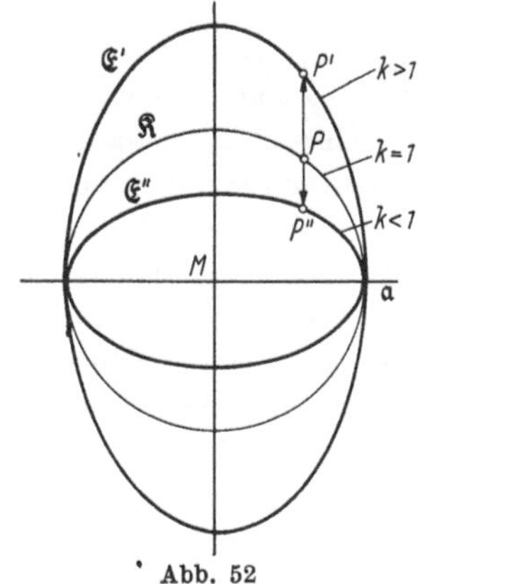

Abb. 52

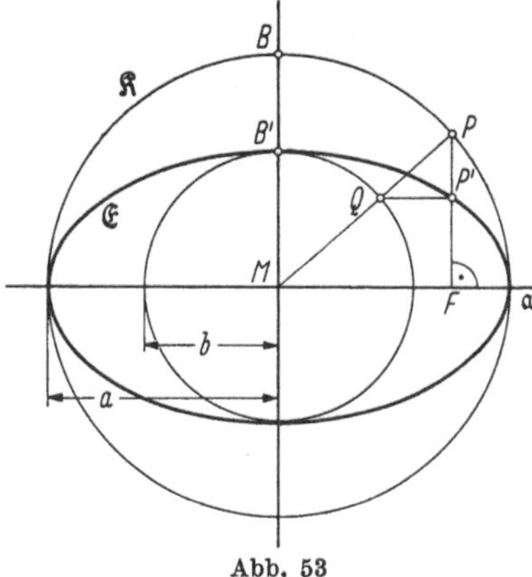

Abb. 53

heißt *Hauptachse*, der kleinste *Nebenachse*; beide sind *Symmetrieachsen* der Ellipse. Die Endpunkte der Hauptachse heißen *Hauptscheitel*, die Endpunkte der Nebenachse *Nebenscheitel*; entsprechend wird der durch die Hauptscheitel bzw. Nebenscheitel gehende Kreis der *Hauptscheitelkreis* bzw. *Nebenscheitelkreis* genannt.

Mit Hilfe der Scheitelkreise kann man eine Ellipse leicht punktweise konstruieren. In Abb. 53 ist diese Konstruktionsmethode für ein be-

stimmtes Affinitätsverhältnis $k < 1$ durchgeführt. Gibt man dem Urbildkreis $\Re$, der in diesem Fall Hauptscheitelkreis ist, den Radius a,
dem Nebenscheitelkreis den Radius b, so sieht man zunächst, daß das
Affinitätsverhältnis k gleich dem Radienverhältnis ist

$$k = \overline{B'M} : \overline{BM} = b : a.$$

Ist P ein beliebiger Kreispunkt, so findet man den zugehörigen Ellipsen-
punkt P', indem man vom Schnittpunkt Q des Radius $\overline{MP}$ mit dem
Nebenscheitelkreis das Lot auf die Strecke $\overline{PF}$ fällt. Beweis: Nach dem
Strahlensatz ist

$$\overline{P'F} : \overline{PF} = \overline{QM} : \overline{PM} = b : a = k.$$

Der Leser erläutere und beweise die Konstruktion für den Fall $k > 1$,
d. h. $b > a$!

Folgerung: *Jede Ellipsentangente ist das affine Bild einer Kreistangente.*

Um die Tangente t' im Punkte P' an die Ellipse zu legen, konstruiert
man zunächst die zugehörige Kreistangente t senkrecht auf $\overline{PM}$
(Abb. 54). Ist S der Schnittpunkt der Kreistangente mit der Affinitätsachse, so ist S als Fixpunkt zugleich ein Punkt der zugehörigen Ellipsen-
tangente, die nun durch S und P' gezogen werden kann. Die Ellipse braucht für die Tangentenkonstruktion nicht gezeichnet zu werden.

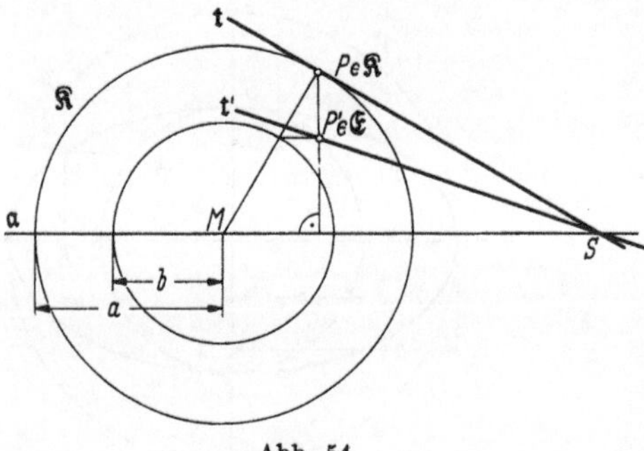

Abb. 54

In ähnlicher Weise kann man von einem Punkt A' außerhalb einer Ellipse die Tangenten t_1' und t_2' an diese legen. Ist die Ellipse durch die Scheitelkreise gegeben, so konstruiert man den zu A' ge-
hörenden Urbildpunkt A und legt von diesem die Tangenten t_1 und t_2
an den Urbildkreis. Sind B_1, B_2 die Berührungspunkte auf diesem, so
sind deren affine Bilder B_1', B_2' die zugehörigen Berührungspunkte auf
der Ellipse, die man nur noch mit A' zu verbinden hat. Zur Kontrolle
beachte man, daß Kreistangente und zugehörige Ellipsentangente sich
auf der Affinitätsachse schneiden müssen.

Definition: *Das affine Bild eines Paares orthogonaler Kreisdurchmesser
heißt ein Paar konjugierter Ellipsendurchmesser.*

Da Winkel und Strecken die Invarianzeigenschaft (bez. der Affinität) *nicht* besitzen, werden konjugierte Durchmesser der Ellipse im allgemeinen weder orthogonal noch gleich lang sein (Abb. 55).
Die Tangenten in den Endpunkten eines Ellipsendurchmessers sind parallel zum konjugierten Durchmesser. Diese Eigenschaft ist beim Kreis sofort ersichtlich; sie überträgt sich auf sein affines Bild, die Ellipse, da die Parallelität eine affine Invariante ist.

Satz von Rytz: *Eine Ellipse ist durch zwei konjugierte Durchmesser eindeutig bestimmt.*

Beweis (Abb. 56): $\overline{MA'}$ und $\overline{MB'}$ seien zwei gegebene halbe konjugierte Durchmesser ($\overline{MA}$ und $\overline{MB}$ also orthogonale Kreishalbmesser).

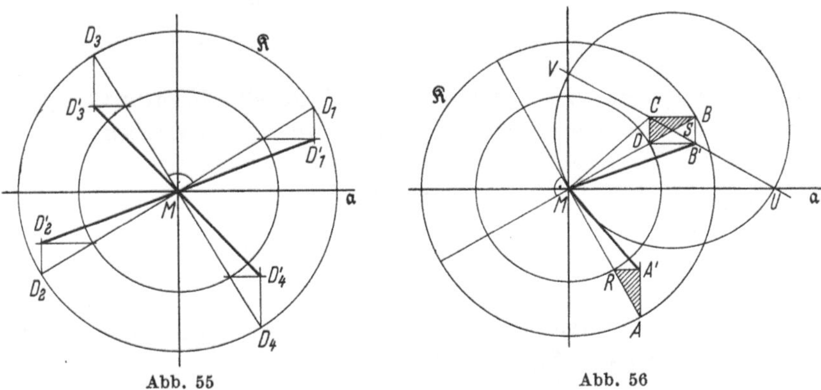

Abb. 55   Abb. 56

Dreht man die Figur $MA'AR$ um 90°, so geht sie in die Figur $MCBD$ über. Das Rechteck $DB'BC$ liegt achsenparallel und es ist $\overline{MB} = a$ die halbe Hauptachse, $\overline{MD} = b$ die halbe Nebenachse. Die Schnittpunkte U, V der verlängerten Diagonalen $\overline{CB'}$ mit den Achsen ergeben sich als Schnittpunkte des THALES-Kreises um S und dem Radius $\overline{SM}$ mit dieser Diagonalen. Damit hat man die Achsenrichtungen; ihre halben Längen können von $\overline{B'V}$ ($= \overline{BM} = a$) und $\overline{B'U}$ ($= \overline{MD} = b$) abgenommen werden.

Rytzsche Achsenkonstruktion. Gegeben seien die halben konjugierten Durchmesser $\overline{MA'}$ und $\overline{MB'}$.

1. $\overline{MA'}$ um 90° in die Lage $\overline{MC}$ drehen;

2. Mittelpunkt S der Strecke $\overline{CB'}$ ermitteln;

3. Kreis um S mit Radius $\overline{MS}$ schneidet die Gerade durch C und B' in U und V;

4. Die Geraden MU und MV geben die Achsenrichtungen, $\overline{B'U}$

und $\overline{B'V}$ sind halbe Achsenlängen (letztere sind also auf den Achsen abzutragen).

1.5.3 Ellipsengleichungen

Ellipse in Mittelpunktslage. Wir gehen aus von einem Kreis $\mathfrak{K}$ in Mittelpunktslage

$$\mathfrak{K}: x^2 + y^2 = a^2$$

und transformieren seine Gleichung mittels

$$x = x', \qquad y = \frac{a}{b}\,y', \qquad \left(k = \frac{b}{a}\right)$$

auf die Ellipsengleichung

$$x'^2 + \frac{a^2}{b^2}\,y'^2 = a^2$$

$$b^2\,x'^2 + a^2\,y'^2 = a^2\,b^2 \mid\, : a^2\,b^2$$

$$\frac{x'^2}{a^2} + \frac{y'^2}{b^2} = 1.$$

Da die gestrichenen Koordinaten sich auf dasselbe Koordinatensystem beziehen wie die ungestrichenen, können wir auch schreiben

$$\boxed{\frac{x^2}{a^2} + \frac{y^2}{b^2} = 1}$$

Mittelpunktsgleichung der Ellipse

Für $a > b$ ist die Hauptachse auf der x-Achse, für $a < b$ auf der y-Achse gelegen; für $a = b$ ergibt sich als Sonderfall eine gleichseitige Ellipse, d. h. ein Kreis (Abb. 57).

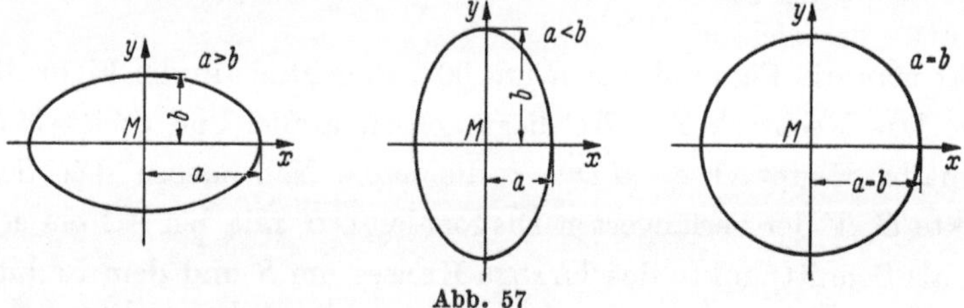

Abb. 57

Aus der Mittelpunktsgleichung folgen
a) die *implizite Form*

$$\boxed{F(x, y) \equiv b^2\,x^2 + a^2\,y^2 - a^2\,b^2 = 0}$$

b) die *explizite Form*

$$\boxed{y = \begin{cases} \dfrac{b}{a}\,\sqrt{a^2 - x^2} : \text{oberer Ellipsenbogen} \\[2mm] -\dfrac{b}{a}\,\sqrt{a^2 - x^2} : \text{unterer Ellipsenbogen} \end{cases}}$$

c) eine *Parameterform*

$$\left.\begin{array}{l} x = x(t) = a \cos t \\ y = y(t) = b \sin t \end{array}\right\} \quad 0 \leqq t < 2\pi$$

Beweis: $x : a = \cos t, \; y : b = \sin t$

$$\Rightarrow \frac{x^2}{a^2} + \frac{y^2}{b^2} = \cos^2 t + \sin^2 t = 1 \,.$$

Die geometrische Bedeutung des Parameters t ersieht man aus Abb. 58.

Eine praktische Anwendung dieser Parameterdarstellung stellt der *Ellipsenzirkel* dar (Abb. 59). Die Koppelstange $\overline{AB}$ ist dabei in einer ruhenden Kreuzschleife gelagert; bewegt man sie, so zeichnet eine bei P

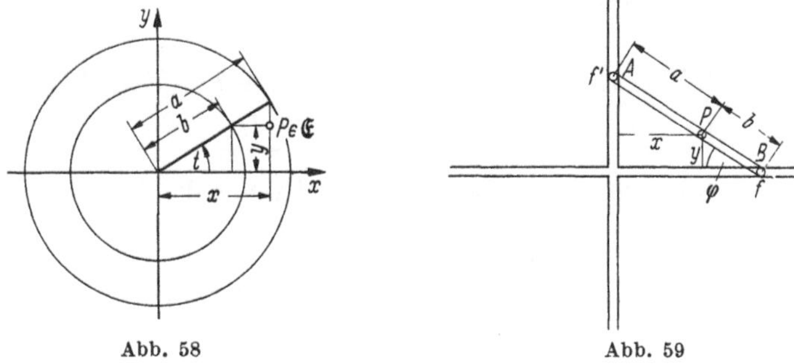

Abb. 58   Abb. 59

befindliche (verstellbare) Schreibspitze eine Ellipse auf, deren Achsen in der Kreuzschleife liegen und die Längen $2\overline{PA}$ und $2\overline{PB}$ haben.

Beweis:

$$\left.\begin{array}{l} x = a \cos \varphi^{1)} \\ y = b \sin \varphi \end{array}\right\} \Rightarrow \frac{x^2}{a^2} + \frac{y^2}{b^2} = 1 \,.$$

Ellipse in achsenparalleler Lage. Der Mittelpunkt M einer Ellipse mit den Halbachsen a und b habe die Koordinaten x_0, y_0, die Achsen der Ellipse liegen *parallel zu den Koordinatenachsen* (Abb. 60). Legt man ein x', y'-System so, daß in ihm die Ellipse Mittelpunktslage hat, so gilt für sie in diesem Koordinatensystem die Gleichung

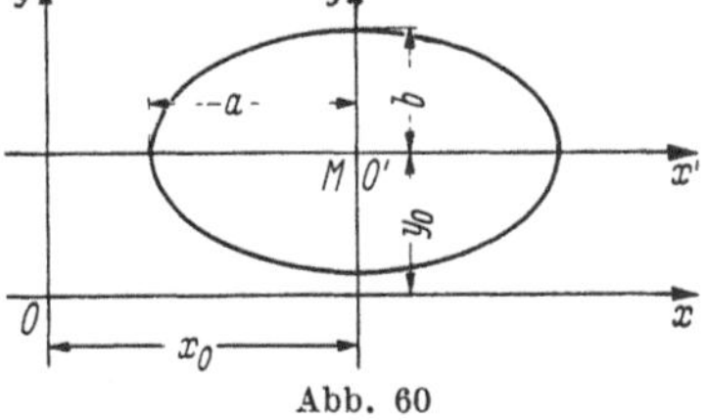

Abb. 60

$$\frac{x'^2}{a^2} + \frac{y'^2}{b^2} = 1 \,.$$

Die Transformation auf das x, y-System erfolgt mit den Transformationsgleichungen für die Parallelverschiebung

$$x' = x - x_0, \quad y' = y - y_0$$

---

[1]) Der Leser verdeutliche sich, daß die Parameter t und φ in Abb. 58 bzw. 59 die gleichen sind.

und man erhält

$$\frac{(x - x_0)^2}{a^2} + \frac{(y - y_0)^2}{b^2} = 1$$

Achsengleichung der Ellipse

Quadriert man die Gleichung aus und bringt sie auf die implizite Form $F(x, y) = 0$, so erhält man

$$b^2(x^2 - 2x_0\,x + x_0^2) + a^2(y^2 - 2y_0\,y + y_0^2) = a^2\,b^2$$

$$b^2\,x^2 + a^2\,y^2 - 2b^2\,x_0\,x - 2a^2\,y_0\,y + b^2\,x_0^2 + a^2\,y_0^2 - a^2\,b^2 = 0.$$

Diese Gleichung hat die Gestalt

$$F(x, y) \equiv A\,x^2 + C\,y^2 + D\,x + E\,y + F = 0$$
$$\operatorname{sgn} A = \operatorname{sgn} C \neq 0\ ^{1)}$$

Implizite Form der Achsengleichung der Ellipse

Jede Ellipse, deren Achsen parallel zu den Koordinatenachsen liegen, kann also durch die vorstehende Gleichung beschrieben werden. Um die Umkehrung zu erreichen, führen wir die implizite Form durch Bilden quadratischer Ergänzungen in die erste Form über:

$$A\left(x^2 + \frac{D}{A}\,x\right) + C\left(y^2 + \frac{E}{C}\,y\right) + F = 0$$

$$A\left(x + \frac{D}{2A}\right)^2 + C\left(y + \frac{E}{2C}\right)^2 = -F + \frac{D^2}{4A} + \frac{E^2}{4C}.$$

Setzt man die rechte Seite gleich K und nimmt $A > 0$ an (was keine Einschränkung der Allgemeinheit ist), so ergibt sich

$$\frac{\left(x + \dfrac{D}{2A}\right)^2}{\left(\sqrt{\dfrac{K}{A}}\right)^2} + \frac{\left(y + \dfrac{E}{2C}\right)^2}{\left(\sqrt{\dfrac{K}{C}}\right)^2} = 1.$$

Dies ist indes nur dann eine Ellipse, wenn $K > 0$ ist, denn damit sind die Wurzelradikanden positiv und die Halbachsen reell. Um die Fälle $K \leq 0$ nicht jedesmal ausschließen zu müssen, erweitert man den Begriff Ellipse und spricht bei negativem K von einer „imaginären Ellipse",

---

$^{1)}$ $\operatorname{sgn} x$ (lies signum x) heißt Vorzeichen von x. Funktional wird das Zeichen wie folgt erklärt:

$$\operatorname{sgn} x = \begin{cases} = & 0 & \text{für} & x = 0 \\ = & 1 & \text{für} & x > 0 \\ = & -1 & \text{für} & x < 0. \end{cases}$$

da in diesem Fall die Halbachsen imaginär werden, und bei $K = 0$ von einer „entarteten Ellipse". Mit diesen Erklärungen gilt dann der

Satz: *Jede Ellipse in achsenparalleler Lage besitzt eine Gleichung der Gestalt*

$$\boxed{\begin{aligned} A\,x^2 + C\,y^2 + D\,x + E\,y + F = 0 \\ \text{mit} \quad \operatorname{sgn} A = \operatorname{sgn} C \neq 0 \end{aligned}}$$

und umgekehrt stellt jede solche Gleichung mit dieser Koeffizientenbedingung eine Ellipse dar.

Man beachte, daß die vorstehende Gleichung das gemischt-quadratische Glied $B x y$ nicht enthält. Die Koeffizientenbedingung $B = 0$ ist ganz allgemein gleichwertig mit einer achsenparallelen Lage des Kegelschnittes (siehe hierzu auch II. 1.8).

Beispiele

1. Bestimme Gestalt und Lage des Kegelschnittes

$$3x^2 + 4y^2 - 8x + 12y + 3 = 0!$$

Lösung: $A = 3$, $C = 4 \Rightarrow$ Ellipse in achsenparalleler Lage!

$$3\left(x - \frac{4}{3}\right)^2 + 4\left(y + \frac{3}{2}\right)^2 = \frac{16}{3} + 9 - 3 = \frac{34}{3}$$

$$\Rightarrow \frac{\left(x - \dfrac{4}{3}\right)^2}{\dfrac{34}{9}} + \frac{\left(y + \dfrac{3}{2}\right)^2}{\dfrac{34}{12}} = 1.$$

Die reelle Ellipse hat in $M(\frac{4}{3}; -\frac{3}{2}) = M(1{,}333; -1{,}5)$ ihren Mittelpunkt, ihre halbe Hauptachse beträgt $a = \frac{1}{3}\sqrt{34} \doteq 1{,}944$ und liegt parallel zur x-Achse, die halbe Nebenachse beträgt $b = 1{,}683$ und liegt parallel zur y-Achse.

2. Zwei kongruente Ellipsen haben die in Abb. 61 angegebene Lage. Wie lauten ihre Gleichungen?

Lösung: Für $\mathfrak{E}_1$ beträgt die halbe Hauptachse a und liegt in der x-Achse, die halbe Nebenachse b liegt in der y-Achse, die Ellipse hat Mittelpunktslage:

$$\mathfrak{E}_1 : \frac{x^2}{a^2} + \frac{y^2}{b^2} = 1.$$

Für $\mathfrak{E}_2$ beträgt die halbe Hauptachse ebenfalls a, liegt aber in der y-Achse, während die halbe Nebenachse b beträgt und in der x-Achse liegt, die Ellipse hat wieder Mittelpunktslage:

$$\mathfrak{E}_2 : \frac{x^2}{b^2} + \frac{y^2}{a^2} = 1.$$

Da $\mathfrak{E}_1$ und $\mathfrak{E}_2$ symmetrisch zur Quadrantenhalbierenden $y = x$ liegen, gehen ihre Gleichungen durch Vertauschen der Veränderlichen auseinander hervor!

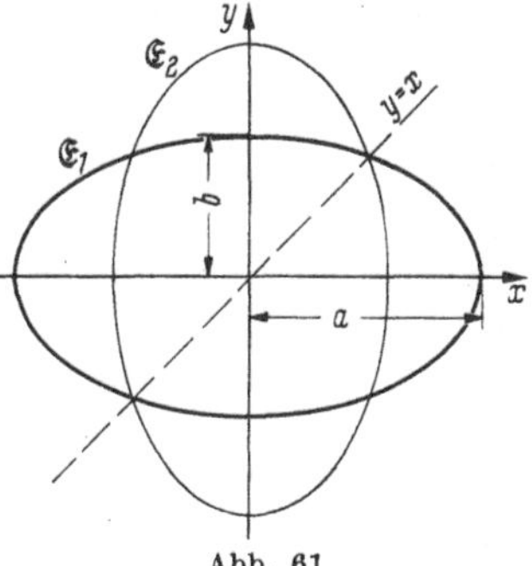

Abb. 61

4*

1.5.4 Brennpunktseigenschaften der Ellipse

Im Abschnitt 1.5.2 haben wir die Ellipse in abbildungsgeometrischer Weise als affines Bild eines Kreises definiert. Jetzt wollen wir die Ellipse durch eine Punktbedingung erklären.

Definition: *Die Ellipse ist die Menge aller Punkte der Ebene, für welche die Summe der Abstände von zwei festen Punkten F_1 und F_2, den Brennpunkten, konstant gleich $2a$ ist.*

Um die Gleichwertigkeit beider Definitionen zu zeigen, legen wir ein Koordinatensystem gemäß Abb. 62 und leiten die Gleichung auf Grund der Punktbedingung her. Sie lautet also

$$\boxed{\overline{PF_1} + \overline{PF_2} = r_1 + r_2 = 2a}$$

Übersetzt in Koordinaten ergibt sie, falls man mit $\overline{OF_1} = \overline{OF_2} = e$ die sogenannte *lineare Exzentrizität* einführt,

$$\sqrt{(e-x)^2 + y^2} + \sqrt{(e+x)^2 + y^2} = 2a$$
$$\sqrt{(e-x)^2 + y^2} = 2a - \sqrt{(e+x)^2 + y^2}.$$

Quadrieren und Isolieren der verbleibenden Wurzel ergibt

$$a\sqrt{(e+x)^2 + y^2} = a^2 + ex.$$

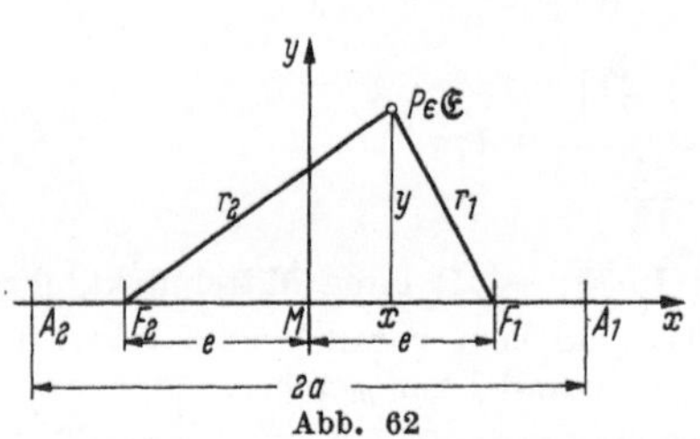

Abb. 62

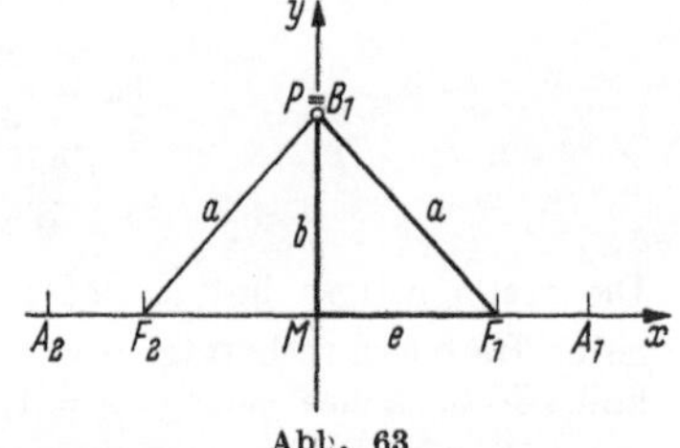

Abb. 63

Nochmaliges Quadrieren und Ordnen führt auf

$$(a^2 - e^2)\,x^2 + a^2 y^2 = (a^2 - e^2)\,a^2.$$

Aus Abb. 63 ersieht man, daß $r_1 = r_2 = a$ wird, falls P auf der y-Achse liegt. Gibt man diesem Punkt $P = B_1$ die Ordinate b, so gilt offenbar

$$\boxed{a^2 = b^2 + e^2}$$

Daraus folgt mit $a^2 - e^2 = b^2$ für unsere Kurvengleichung

$$b^2 x^2 + a^2 y^2 = a^2 b^2$$

oder

$$\frac{x^2}{a^2} + \frac{y^2}{b^2} = 1,$$

also die bekannte Mittelpunktsgleichung der Ellipse.

Nennt man r_1 und r_2 Brennstrahlen, so gilt also:

Die Summe der Brennstrahlen ist stets gleich der Länge der Hauptachse.

Man beachte, daß die Brennpunkte stets auf der Hauptachse und symmetrisch zum Mittelpunkt liegen. Die Beziehung zwischen a, b und e merke man sich nicht dem Buchstaben, sondern dem Sinn nach:

Satz: *Bei jeder Ellipse ist die halbe Hauptachse gleich der pythagoräischen Summe[1]) aus halber Nebenachse und linearer Exzentrizität.*

Ist also $a > b$, so gilt $a^2 = b^2 + e^2$; ist jedoch $b > a$, so gilt $b^2 = a^2 + e^2$, da jetzt $2b$ die Hauptachse ist! Die Struktur der Mittelpunktsgleichung ist jedoch für alle Fälle $a \gtreqless b$ die gleiche.

Konstruktion der Ellipse. Die Punktbedingung

$$\overline{PF_1} + \overline{PF_2} = r_1 + r_2 = 2a$$

gestattet eine einfache Ellipsenkonstruktion. Hierzu möge die Ellipse durch die Brennpunkte F_1, F_2 und die Hauptachsenlänge $2a$ gegeben sein (Abb. 64). Man wählt auf der Strecke $\overline{A_1 A_2} = 2a$ einen beliebigen Teilpunkt T und bringt die Kreisbögen um F_1 mit Radius $\overline{A_1 T} = r_1$ zum Schnitt mit den Kreisbögen um F_2 mit Radius $\overline{A_2 T} = r_2$. Aus Symmetriegründen kann man sich mit *einem* Paar von Zirkelöffnungen stets *vier* Ellipsenpunkte verschaffen.

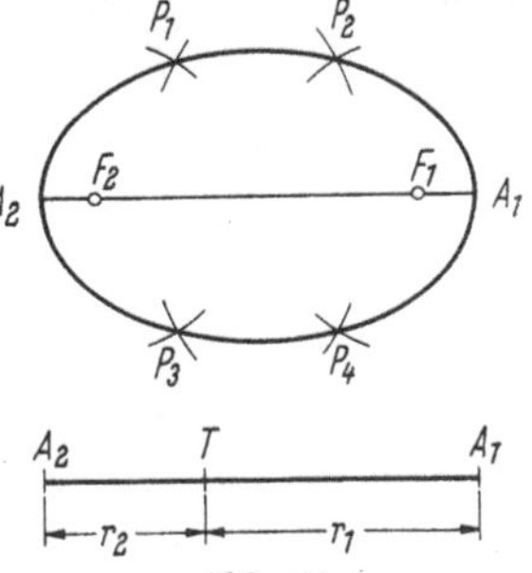

Abb. 64

Die numerische Exzentrizität ε. Will man eine anschauliche Vorstellung von der *Gestalt* einer Ellipse bekommen, so wird man die Lage der Brennpunkte untersuchen. Je weiter diese vom Mittelpunkt entfernt sind, desto flacher ist die Ellipse, je näher sie am Mittelpunkt liegen, desto kreisähnlicher ist die Ellipse. Entscheidend ist das *Verhältnis* von linearer Exzentrizität zu halber Hauptachse a

$$\boxed{\overline{MF} : \overline{MA} = \frac{e}{a} = \varepsilon}$$

das als *numerische Exzentrizität* bezeichnet wird. Für die Ellipse ist wegen $e < a$ stets

$$\boxed{0 \leqq \varepsilon < 1}$$

---

[1]) Unter der pythagoräischen Summe von n Größen $a_1, a_2, \ldots, a_n$ versteht man die Quadratwurzel aus der Summe ihrer Quadrate, also $\sqrt{a_1^2 + a_2^2 + \cdots + a_n^2}$. Der Ausdruck wird in der Fehlerrechnung verwandt.

Der Grenzfall $\varepsilon = 0$ bedeutet den Kreis. Die Angabe von $\varepsilon = 0{,}0167$ für die numerische Exzentrizität der Erdbahnellipse sagt uns also sofort und unabhängig von der Größe der Erdbahn, daß diese nur wenig von der Kreisbahn abweicht. Dagegen laufen die meisten Kometen auf sehr langgestreckten Ellipsen, haben also eine nur wenig unter 1 liegende numerische Exzentrizität.

Beispiel: Bahnellipsen, in der Astronomie oft als KEPLER-Ellipsen[1]) bezeichnet, werden bezüglich ihrer Gestalt (nicht ihrer Lage im Raum) durch die kleinste und größte Entfernung der beiden Massen bestimmt. Ist der Zentralkörper die Sonne, so heißt der sonnennächste Bahnpunkt das *Perihel*[2]), der sonnenfernste Bahnpunkt das *Aphel*[3]). Man ermittle bei gegebener Perihel- und Aphelentfernung die Elemente a, b, e und ε der betreffenden Bahnellipse.

Lösung (Abb. 65): Gegeben sind $\overline{PF_1}$ und $\overline{AF_1}$.

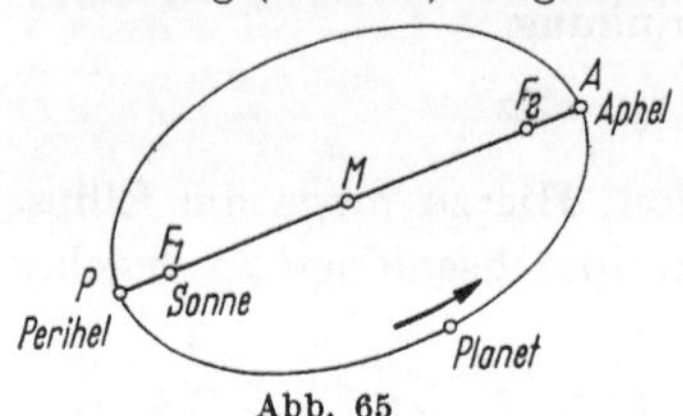

Man erhält aus

$$a + e = \overline{AF_1} \qquad a - e = \overline{PF_1}$$

$$a = \tfrac{1}{2}(\overline{AF_1} + \overline{PF_1}), \qquad e = \tfrac{1}{2}(\overline{AF_1} - \overline{PF_1})$$

$$\varepsilon = e : a = \frac{\overline{AF_1} - \overline{PF_1}}{\overline{AF_1} + \overline{PF_1}}$$

$$b = \sqrt{a^2 - e^2} = \sqrt{(a+e)(a-e)} = \sqrt{\overline{AF_1}\,\overline{PF_1}}.$$

Beispielsweise ist für den russischen Flugkörper Lunik I (Mechta) $\overline{PF_1} = 146{,}4 \cdot 10^6$ km, $\overline{AF_1} = 193 \cdot 10^6$ km. Daraus folgen sofort

$$a = 169{,}7 \cdot 10^6 \text{ km}, \qquad e = 23{,}3 \cdot 10^6 \text{ km}, \qquad \varepsilon = 0{,}1373$$

$$b = 168{,}1 \cdot 10^6 \text{ km}.$$

1.5.5 Tangente, Normale und Polare der Ellipse

Wir fassen die Ellipsentangente t' im Punkte $P_1' \in \mathfrak{E}$ als senkrechtaffines Bild der Kreistangente t im Punkte $P_1 \in \mathfrak{R}$ auf (Abb. 66), das Affinitätsverhältnis sei $k = b/a$. Dann folgt aus der Gleichung der Kreistangente

$$t : x\,x_1 + y\,y_1 = a^2$$

mittels

$$x = x', \qquad x_1 = x_1'$$

$$y = \frac{1}{k}y' = \frac{a}{b}\,y', \quad y_1 = \frac{1}{k}y_1' = \frac{a}{b}\,y_1'$$

sofort

$$t' : x'\,x_1' + \frac{a^2}{b^2}\,y'\,y_1' = a^2$$

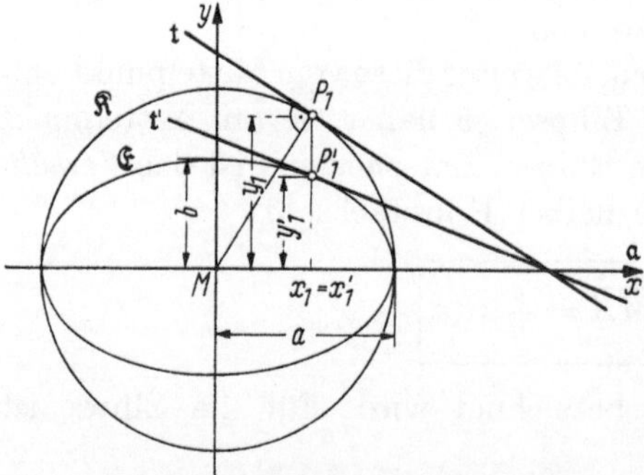

---

[1]) JOHANNES KEPLER (1571 ··· 1630), deutscher Astronom und Mathematiker, fand durch Messungen am Mars, daß die Planetenbahnen Ellipsen sind, in deren gemeinsamen Brennpunkt die Sonne steht (sog. erstes KEPLERsches Gesetz).

[2]) peri-helios (gr.): bei der Sonne.

[3]) apo-helios (gr.): fern der Sonne.

oder

$$\frac{x'\,x_1'}{a^2} + \frac{y'\,y_1'}{b^2} = 1\,.$$

Da sich gestrichene und ungestrichene Koordinaten auf das gleiche Koordinatensystem, nämlich das $x,\,y$-System beziehen, können wir die Striche weglassen und erhalten

$$\boxed{\frac{x\,x_1}{a^2} + \frac{y\,y_1}{b^2} = 1}$$

Gleichung der Ellipsentangente in $P_1\,(x_1,\,y_1)$
Ellipse in Mittelpunktslage

Aus der Normalform der Tangentengleichung

$$y = -\frac{b^2\,x_1}{a^2\,y_1}\,x + \frac{b^2}{y_1}$$

folgt ihre Steigung m_t zu

$$m = -\frac{b^2\,x_1}{a^2\,y_1}$$

und damit die Steigung m_n der Normalen zu

$$m_n = -\frac{1}{m_t} = \frac{a^2\,y_1}{b^2\,x_1}$$

woraus folgt (Punkt-Steigungs-Form!)

$$\boxed{y - y_1 = \frac{a^2\,y_1}{b^2\,x_1}\,(x - x_1)}$$

Gleichung der Ellipsennormalen in $P_1\,(x_1,\,y_1)$
Ellipse in Mittelpunktslage

Sind von einem Punkt $P_3\,(x_3,\,y_3)$ die Tangenten an eine Ellipse gelegt, so bezeichnet man die Sekante durch die Berührungspunkte B_1 und B_2 als *Ellipsenpolare bezüglich P_3*. Auf Grund der gleichen Überlegungen wie bei der Kreispolaren (vgl. II. 1.4.2) erhält man hier

$$\boxed{\frac{x\,x_3}{a^2} + \frac{y\,y_3}{b^2} = 1}$$

Gleichung der Ellipsenpolaren bez. $P_3\,(x_3,\,y_3)$
Ellipse in Mittelpunktslage

Befindet sich die Ellipse um $M\,(x_0,\,y_0)$ in beliebiger, aber achsenparalleler Lage, so hat man auf Grund der Transformationsgleichungen für die Parallelverschiebung alle x bzw. x_1 durch $x - x_0$ bzw. $x_1 - x_0$ und alle y bzw. y_1 durch $y - y_0$ bzw. $y_1 - y_0$ zu ersetzen; man erhält dann etwa für die Tangentengleichung

$$\frac{(x - x_0)(x_1 - x_0)}{a^2} + \frac{(y - y_0)(y_1 - y_0)}{b^2} = 1.$$

Indes ist es stets zu empfehlen, ein vorgelegtes Problem zunächst auf ein Koordinatensystem zu transformieren, in dem die Gleichungen einfachster Struktur sind und dann erst das Ergebnis wieder in das gegebene System zurückzurechnen.

Beispiel: Man lege vom Ursprung O die Tangenten an die Ellipse $\mathfrak{E}$ mit den Halbachsen $a = 1,2$ (in x-Richtung) und $b = 2,0$ (in y-Richtung). $\mathfrak{E}$ habe den Mittelpunkt $M(3; 4)$. Wie lauten die Tangentengleichungen?

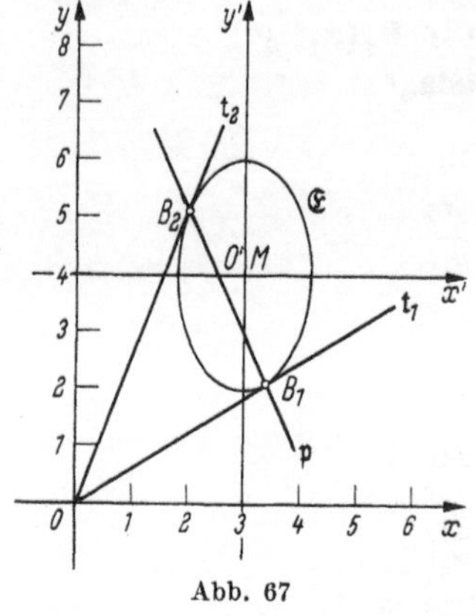

Abb. 67

Lösung (Abb. 67): Wir legen das x', y'-System so, daß $\mathfrak{E}$ dort Mittelpunktslage hat. Die Transformationsgleichungen $(x, y) \to (x', y')$ sind

$$x' = x - 3, \quad y' = y - 4.$$

Die Gleichungen von Ellipse und Polaren sind im x', y'-System

$$\left. \begin{array}{l} \mathfrak{E} : \dfrac{x'^2}{1,44} + \dfrac{y'^2}{4,00} = 1 \\[3mm] \mathfrak{p} : \dfrac{-3x'}{1,44} - y' \ = 1. \end{array} \right\}$$

Nun ist

$$\mathfrak{E} \times \mathfrak{p} = \{B_1, B_2\},$$

also ergeben die Lösungen des Gleichungssystems die Koordinaten der Berührungspunkte:

$$\mathfrak{p} : y' = -2,083 x' - 1$$
$$\text{in } \mathfrak{E} : 10,25 x'^2 + 6,00 x' = 4,32$$
$$\Rightarrow B_1(0,419;\ -1,873), \quad B_2(-1,005;\ 1,093).$$

Rücktransformation auf das x, y-System:

$$B_1(3,419; 2,127), \quad B_2(1,995; 5,093).$$

Die Ellipsentangenten sind im x, y-System Ursprungsgeraden:

$$\mathsf{t}_1 : y = \frac{y_1}{x_1} x = 0,622 x$$

$$\mathsf{t}_2 : y = \frac{y_2}{x_2} x = 2,553 x.$$

1.6 Die Hyperbel

1.6.1 Hyperbelgleichungen

Definition: *Die Hyperbel ist die Menge aller Punkte der Ebene, für welche die Differenz der Abstände von zwei festen Punkten F_1 und F_2, den Brennpunkten, dem Betrag nach konstant gleich $2a$ ist.*

Wir legen, wie in Abb. 68 angegeben, ein Koordinatensystem so, daß die Brennpunkte auf der x-Achse und symmetrisch zum Ursprung liegen und übersetzen die in der Definition genannte Punktbedingung

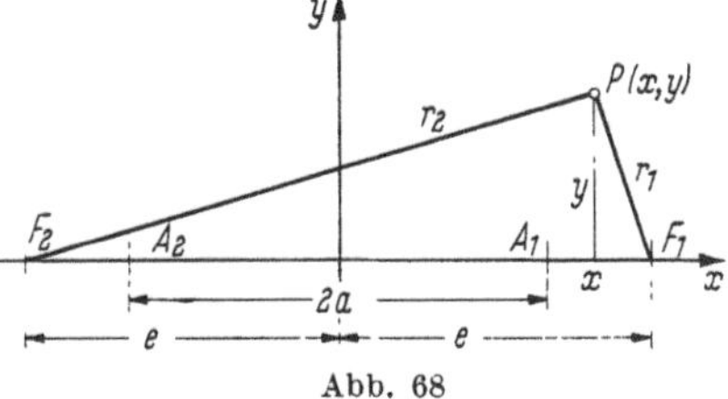

Abb. 68

$$\boxed{P \in \mathfrak{H} \Longleftrightarrow |r_2 - r_1| = 2a}$$

oder

$$\overline{PF_2} - \overline{PF_1} = r_2 - r_1 = \pm 2a$$

ins Analytische:

$$\sqrt{(e+x)^2 + y^2} - \sqrt{(e-x)^2 + y^2} = \pm 2a.$$

Beseitigt man durch Isolieren und Quadrieren nacheinander beide Wurzeln, so wird man auf die Beziehung

$$(e^2 - a^2)\, x^2 - a^2 y^2 = (e^2 - a^2)\, a^2$$

geführt. Setzt man hierin

$$e^2 - a^2 = b^2,$$

so folgt

$$b^2 x^2 - a^2 y^2 = a^2 b^2$$

$$\boxed{\frac{x^2}{a^2} - \frac{y^2}{b^2} = 1}$$

Mittelpunktsgleichung der Hyperbel mit Hauptachse in x-Richtung

Man nennt M den *Mittelpunkt*, A_1 und A_2 die *Hauptscheitel*, $\overline{A_1 A_2} = 2a$ die *Hauptachse*, B_1 und B_2 die *Nebenscheitel*, $\overline{B_1 B_2} = 2b$ die *Nebenachse*, $\overline{MF_1} = \overline{MF_2} = e$ die *lineare Exzentrizität*, $\varepsilon = e/a$ die *numerische Exzentrizität* (Abb. 69). Da bei jeder Hyperbel $e > a$ ist, folgt für alle Hyperbeln

$$\boxed{\varepsilon > 1}$$

Die Beziehung zwischen a, b und e (Abb. 69)

$$\boxed{e = \sqrt{a^2 + b^2}}$$

gilt für *jede* Hyperbel, sie heißt in Worten:

Bei jeder Hyperbel ist die lineare Exzentrizität gleich der pythagoräischen Summe aus halber Haupt- und halber Nebenachse.

Jede Hyperbel besteht aus zwei *Ästen*; mit den Bezeichnungen von Abb. 69 trägt der linke Hyperbelast alle Punkte der Hyperbel, für die $r_1 > r_2$ und damit $r_1 - r_2 = 2a$ ist, während für die Punkte des rechten Hyperbelastes $r_2 > r_1$ und damit $r_2 - r_1 = 2a$ gilt.

Konstruktion der Hyperbel. Die Hyperbel sei durch $\overline{A_1 A_2} = 2a$ und $\overline{F_1 F_2} = 2e$ gegeben. Man wählt auf $A_1 A_2$ einen Teilpunkt T außerhalb $\overline{A_1 A_2}$ und bringt die Kreisbögen um F_1 mit Radius $\overline{A_1 T} = r_1$ zum Schnitt mit den Kreisbögen um F_2 mit Radius $\overline{A_2 T} = r_2$ (Abb. 70); es

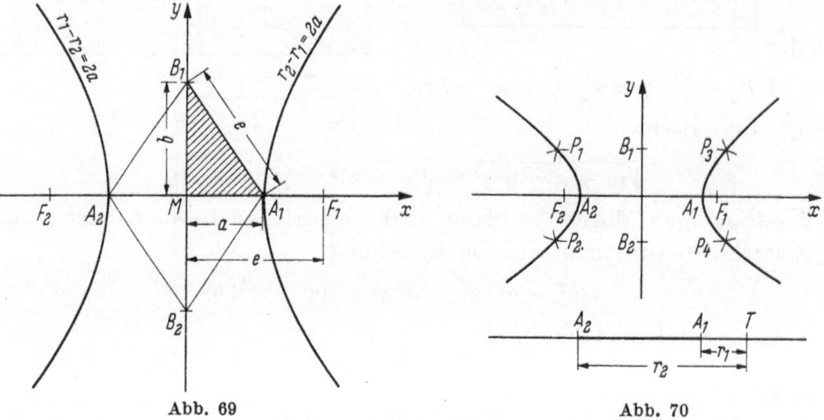

Abb. 69   Abb. 70

ist dann $\overline{A_1 T} - \overline{A_2 T} = \overline{PF_1} - \overline{PF_2} = \pm \overline{A_1 A_2} = \pm 2a$. Da die Hyperbel symmetrisch ist bezüglich Haupt- und Nebenachse, erhält man mit *einem* Paar von Zirkelöffnungen stets *vier* Hyperbelpunkte.

Diskussion der Mittelpunktsgleichung

a) Herstellung der *impliziten Form* $F(x, y) = 0$

$$\frac{x^2}{a^2} - \frac{y^2}{b^2} - 1 = 0$$

$$\boxed{b^2 x^2 - a^2 y^2 - a^2 b^2 = 0}$$

b) Aufstellung der *expliziten Form* $y = f(x)$

$$\boxed{y = \begin{cases} \dfrac{b}{a} \sqrt{x^2 - a^2} : \text{obere Hyperbelbögen} \\[2mm] -\dfrac{b}{a} \sqrt{x^2 - a^2} : \text{untere Hyperbelbögen} \end{cases}}$$

c) Eine *Parameterdarstellung* ist

$$\boxed{\begin{aligned} x = x(t) &= \pm \frac{a}{2}(e^t + e^{-t}) = \pm a \cosh t \\ y = y(t) &= \frac{b}{2}(e^t - e^{-t}) = b \sinh t \end{aligned}}$$ [1]

---

[1] Vgl. I. 3.13.

Beweis:

$$\frac{x^2}{a^2} = \frac{1}{4}\left(e^{2t} + 2 + e^{-2t}\right) = \cosh^2 t$$

$$\frac{y^2}{b^2} = \frac{1}{4}\left(e^{2t} - 2 + e^{-2t}\right) = \sinh^2 t$$

$$\Rightarrow \frac{x^2}{a^2} - \frac{y^2}{b^2} = \frac{1}{4}\cdot(2+2) = \cosh^2 t - \sinh^2 t = 1.$$

Die Asymptoten der Hyperbel. Formt man die explizite Hyperbelgleichung

$$|y| = \frac{b}{a}\sqrt{x^2 - a^2}$$

wie folgt um

$$\left|\frac{y}{x}\right| = \frac{b}{a}\sqrt{1 - \frac{a^2}{x^2}}\,,$$

so erkennt man, daß für alle x-Werte des Definitionsbereiches, d. h. für alle $|x| \geqq a$, wegen

$$0 \leqq \sqrt{1 - \frac{a^2}{x^2}} < 1$$

stets

$$\left|\frac{y}{x}\right| < \frac{b}{a}$$

und damit

$$-\frac{b}{a} < \frac{y}{x} < \frac{b}{a}$$

$$-\frac{b}{a}x \lessgtr y \lessgtr \frac{b}{a}x \quad \text{für} \quad x \gtrless 0$$

gilt. Das bedeutet, sämtliche Hyperbelordinaten liegen zwischen den beiden Geraden $y = \frac{b}{a}x$ und $y = -\frac{b}{a}x$ (Abb. 71). Da ferner für $x \to \infty$ und $x \to -\infty$

$$\sqrt{1 - \frac{a^2}{x^2}} \to 1$$

strebt, folgt für die Hyperbelordinaten

$$y \to \frac{b}{a}x$$

$$y \to -\frac{b}{a}x,$$

d. h. mit unbeschränkt wachsenden $|x|$-Werten nähert sich

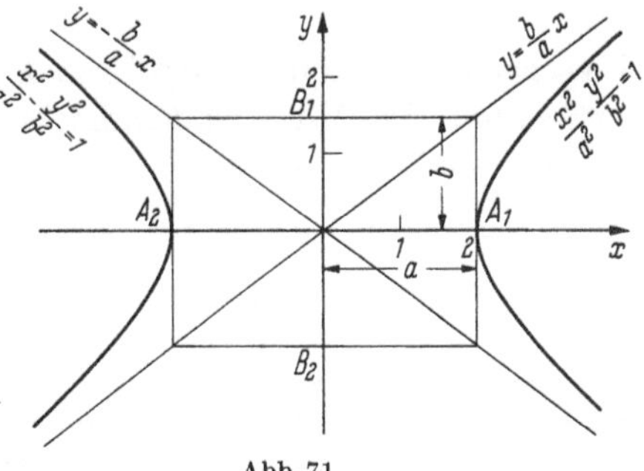

Abb. 71

die Hyperbel den Geraden $y = \frac{b}{a}x$ und $y = -\frac{b}{a}x$ immer mehr (ohne sie jedoch zu erreichen). Damit sind diese Geraden als Asymptoten der Hyperbel erkannt.

Satz: *Jede Hyperbel besitzt ein Paar von Asymptoten, die sich im Mittelpunkt der Hyperbel schneiden und symmetrisch zu den Achsen liegen. Zeichnet man das achsenparallele Rechteck durch Haupt- und Nebenscheitel, so sind die Asymptoten dessen verlängerte Diagonalen*

$$\frac{x^2}{a^2} - \frac{y^2}{b^2} = 1$$

Hyperbel in Mittelpunktslage

$$y = \frac{b}{a}\,x, \qquad y = -\frac{b}{a}\,x$$

zugehörige Asymptoten

Ist eine Hyperbel durch ihre Achsen gegeben, so wird man zum Skizzieren derselben stets zuerst die Asymptoten zeichnen und dann die Hyperbeläste geeignet eintragen.

Hyperbeln mit Hauptachse in y-Richtung. Spiegelt man eine Hyperbel $\mathfrak{H}_1$, deren Hauptachse in der x-Achse liegt, an der Quadrantenhalbierenden $y = x$, so erhält man eine in y-Achsenrichtung geöffnete Hyperbel $\mathfrak{H}_2$. Nach Abb. 72 hat $\mathfrak{H}_1$ die Gleichung

$$\frac{x^2}{a^2} - \frac{y^2}{b^2} = 1\,.$$

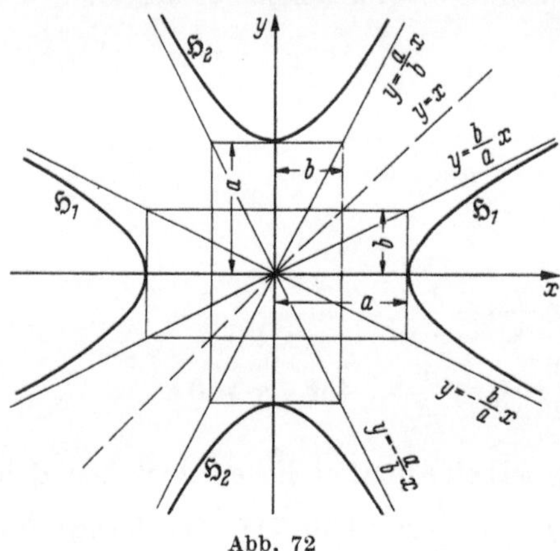

Abb. 72

Die Spiegelung an $y = x$ bei deutet analytisch ein Vertauschen der Veränderlichen, so daß also $\mathfrak{H}_2$ die Gleichung

$$\frac{y^2}{a^2} - \frac{x^2}{b^2} = 1$$

erhält. Dabei ist a ebenfalls die halbe Hauptachse und b die halbe Nebenachse (beide Hyperbeln sind kongruent). Liegt also die Hauptachse in der y-Achse, so beginnt die Mittelpunktsgleichung mit y^2! Zusammengefaßt:

$$\frac{y^2}{a^2} - \frac{x^2}{b^2} = 1$$

Mittelpunktsgleichung der Hyperbel, falls die Hauptachse in der y-Achse liegt

$$y = \frac{a}{b}\,x, \qquad y = -\frac{a}{b}\,x$$

zugehörige Asymptoten

Man merke sich, daß die Mittelpunktsgleichung einer Hyperbel stets mit *der* Variablen beginnt, welche die *Hauptachsenrichtung* angibt und daß im Nenner des ersten Bruches das Quadrat der halben Hauptachse steht. Bei der Ellipse ist die Hauptachse stets die größere der beiden Achsen und keine Veränderliche ist vor der anderen ausgezeichnet. Bei der Hyperbel hingegen kann die Hauptachse größer, kleiner oder gleich

der Nebenachse sein, dafür gibt die im ersten positiven Bruch der Mittelpunktsgleichung stehende Variable stets die Lage der Hauptachse an.

Beispiel: Man untersuche die Hyperbel mit der Gleichung
$$x^2 - 2y^2 + 4 = 0!$$
Lösung: Herstellung der Mittelpunktsgleichung:
$$\frac{x^2}{4} - \frac{y^2}{2} + 1 = 0$$
$$\frac{x^2}{4} - \frac{y^2}{2} = -1$$
$$\Rightarrow \frac{y^2}{2} - \frac{x^2}{4} = 1.$$

Die Hyperbel ist also in y-Achsenrichtung geöffnet; ihre halbe Hauptachse beträgt
$a = \sqrt{2}$, ihre halbe Nebenachse $b = \sqrt{4} = 2$. Ihre Asymptoten haben die Gleichungen
$$y = \frac{\sqrt{2}}{2}\,x \quad \text{und} \quad y = -\frac{\sqrt{2}}{2}\,x.$$
Die Hauptachse ist hier kleiner als die Nebenachse.

Die gleichseitige Hyperbel

Definition: *Eine Hyperbel nennt man gleichseitig, wenn ihre beiden
Achsen gleich lang sind, also in der Mittelpunktsgleichung*
$$a = b$$
ist. Demnach ist
$$\boxed{x^2 - y^2 = a^2}$$
die Mittelpunktsgleichung einer in x-Achsenrichtung geöffneten gleichseitigen Hyperbel, während

$$\boxed{y^2 - x^2 = a^2}$$

die Mittelpunktsgleichung einer in
y-Achsenrichtung geöffneten gleichseitigen Hyperbel ist (Abb. 73). Die
Asymptoten sind in beiden Fällen
$$y = x \quad \text{und} \quad y = -x,$$
stehen also senkrecht aufeinander. Auf
Grund dieser Eigenschaft wird die
gleichseitige Hyperbel oft auch *recht-
winklige* Hyperbel genannt.

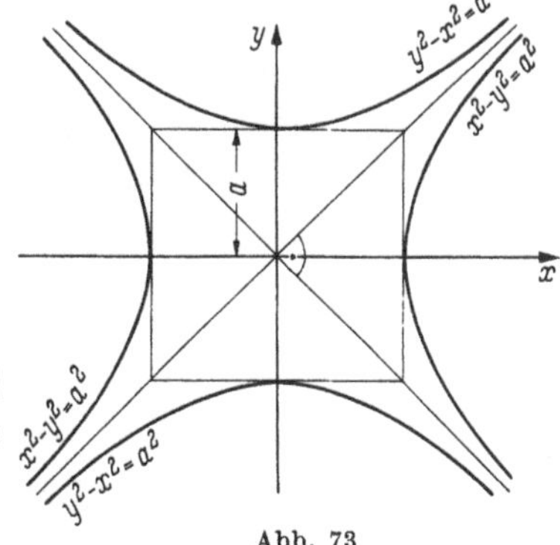

Abb. 73

Dem Sonderfall der gleichseitigen
Hyperbel entspricht bei den Ellipsen der Kreis. Jede Ellipse ist das affine
Bild eines Kreises; entsprechend ist jede Hyperbel das affine Bild einer
gleichseitigen Hyperbel, welche die gleiche Hauptachsenrichtung hat.

Da die Asymptoten der gleichseitigen Hyperbel orthogonal sind, ist es möglich, sie als Achsen eines kartesischen Koordinatensystems zu nehmen. Dreht man das x, y-System um $\varphi = -45°$, so kommen die neuen Koordinatenachsen in die Asymptoten zu liegen. Die Transformationsgleichungen lauten nach II. 1.3.3

$$x = x' \cos\varphi - y' \sin\varphi = \frac{1}{\sqrt{2}}\,(x' + y')$$

$$y = x' \sin\varphi + y' \cos\varphi = \frac{1}{\sqrt{2}}\,(-x' + y');$$

mit ihnen ergibt sich

$$x^2 - y^2 = \tfrac{1}{2}\,(x'^{\,2} + 2x'\,y' + y'^{\,2} - x'^{\,2} + 2x'\,y' - y'^{\,2}) = 2x'\,y'$$

$$x^2 - y^2 = a^2 \Rightarrow x'\,y' = \tfrac{1}{2}\,a^2$$

$$y^2 - x^2 = a^2 \Rightarrow x'\,y' = -\tfrac{1}{2}\,a^2.$$

Satz: *Hat eine gleichseitige Hyperbel die Koordinatenachsen zu Asymptoten, so lautet ihre Gleichung*

$$\boxed{x\,y = c}$$

Ist die Konstante $c > 0$, so liegt die Hyperbel im I. und III. Quadranten, ist $c < 0$, so verläuft die Hyperbel im II. und IV. Quadranten.

In Abb. 74 sind die gleichseitigen Hyperbeln $x\,y = 1$ und $x\,y = -1$ eingezeichnet. Ist $P(x, y)$ ein beliebiger Punkt der ersten (zweiten) Hyperbel, so hat das aus den Koordinaten gebildete Rechteck stets den Inhalt $+1\,(-1)$.

In der Form $x\,y = $ const sind die beiden Variablen *umgekehrt proportional* zueinander und bringen damit bestimmte Naturgesetze zum Ausdruck, so etwa das BOYLE-MARIOTTEsche Gesetz

$$p\,v = \text{const}$$

oder das OHMsche Gesetz bei konstanter Spannung

$$I\,R = \text{const.}$$

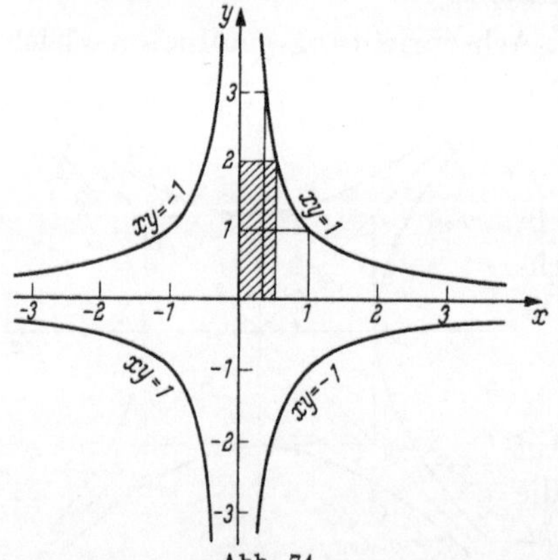

Abb. 74

Die Achsengleichungen der Hyperbel. Wir betrachten jetzt solche Hyperbeln, deren Mittelpunkt $M(x_0, y_0)$ beliebig ist und deren Achsen *parallel zu den Koordinatenachsen* liegen. Dabei sei in jedem Falle a die halbe Hauptachse und b die halbe Nebenachse.

Legt man ein x', y'-System mit seinem Ursprung in den Mittelpunkt der Hyperbel und mit seinen Achsen in die Hyperbelachsen, so hat die Hyperbel in diesem System Mittelpunktslage und ihre Gleichung lautet

$$\frac{x'^2}{a^2} - \frac{y'^2}{b^2} = 1, \quad \text{falls Hauptachse in der } x'\text{-Achse liegt}$$

$$\frac{y'^2}{a^2} - \frac{x'^2}{b^2} = 1, \quad \text{falls Hauptachse in der } y'\text{-Achse liegt.}$$

Die Transformationsgleichungen

$$x' = x - x_0,$$
$$y' = y - y_0$$

ergeben im x, y-System folgende Hyperbelgleichungen

$$\boxed{\begin{aligned} \frac{(x - x_0)^2}{a^2} - \frac{(y - y_0)^2}{b^2} &= 1 \quad \text{(Hauptachse parallel } x\text{-Achse)} \\ \frac{(y - y_0)^2}{a^2} - \frac{(x - x_0)^2}{b^2} &= 1 \quad \text{(Hauptachse parallel } y\text{-Achse)} \end{aligned}}$$

Achsengleichungen der Hyperbel

Quadriert man die Achsengleichungen aus, so erhält man beziehentlich

$$b^2 x^2 - a^2 y^2 - 2b^2 x_0 x + 2a^2 y_0 y + b^2 x_0^2 - a^2 y_0^2 - a^2 b^2 = 0$$

$$-a^2 x^2 + b^2 y^2 + 2a^2 x_0 x - 2b^2 y_0 y + b^2 y_0^2 - a^2 x_0^2 - a^2 b^2 = 0,$$

also in beiden Fällen eine quadratische Gleichung in x und y von der grundsätzlichen Gestalt

$$\boxed{\begin{aligned} A x^2 + C y^2 + D x + E y + F &= 0 \\ \operatorname{sgn} A \neq \operatorname{sgn} C \quad \text{(beide } \neq 0) \end{aligned}}$$

Implizite Form der Achsengleichung

Um die Umkehrbarkeit des Satzes zu prüfen, bilden wir die quadratischen Ergänzungen und erhalten

$$A \left(x + \frac{D}{2A}\right)^2 + C \left(y + \frac{E}{2C}\right)^2 = \frac{D^2}{4A} + \frac{E^2}{4C} - F.$$

Setzt man

$$\frac{D^2}{4A} + \frac{E^2}{4C} - F = K,$$

so folgt zunächst für $K \neq 0$:

$$\frac{\left(x + \frac{D}{2A}\right)^2}{\left(\sqrt{\frac{K}{A}}\right)^2} + \frac{\left(y + \frac{E}{2C}\right)^2}{\left(\sqrt{\frac{K}{C}}\right)^2} = 1.$$

Ist nun $K/A > 0$, so folgt wegen $\operatorname{sgn} A \neq \operatorname{sgn} C$, daß $K/C < 0$ und mithin $-K/C > 0$ ist. Mit

$$\sqrt{\frac{K}{C}} = i\sqrt{-\frac{K}{C}}, \qquad \left(\sqrt{\frac{K}{C}}\right)^2 = -\left(\sqrt{-\frac{K}{C}}\right)^2$$

ergibt sich dann

$$\frac{\left(x + \dfrac{D}{2A}\right)^2}{\left(\sqrt{\dfrac{K}{A}}\right)^2} - \frac{\left(y + \dfrac{E}{2C}\right)^2}{\left(\sqrt{-\dfrac{K}{C}}\right)^2} = 1,$$

also die Achsengleichung einer Hyperbel, deren Hauptachse parallel zur x-Achse liegt.

Ist andererseits $K/A < 0$, also $-K/A > 0$, so muß $K/C > 0$ sein, und mit

$$\left(\sqrt{\frac{K}{A}}\right)^2 = -\left(\sqrt{-\frac{K}{A}}\right)^2$$

ergibt sich

$$\frac{\left(y + \dfrac{E}{2C}\right)^2}{\left(\sqrt{\dfrac{K}{C}}\right)^2} - \frac{\left(x + \dfrac{D}{2A}\right)^2}{\left(\sqrt{-\dfrac{K}{A}}\right)^2} = 1,$$

also die Achsengleichung einer in y-Achsenrichtung geöffneten Hyperbel.

Der Fall $K = 0$ führt auf

$$A\left(x + \frac{D}{2A}\right)^2 + C\left(y + \frac{E}{2C}\right)^2 = 0.$$

Da $\operatorname{sgn} A \neq \operatorname{sgn} C$ ist, steht linkerseits die *Differenz* zweier Quadrate; ist etwa $A > 0$ und damit $C < 0$, so läßt sich diese Differenz als Produkt zweier reeller linearer Funktionen wie folgt schreiben

$$\left[\sqrt{A}\left(x + \frac{D}{2A}\right) + \sqrt{-C}\left(y + \frac{E}{2C}\right)\right]\left[\sqrt{A}\left(x + \frac{D}{2A}\right) - \sqrt{-C}\left(y + \frac{E}{2C}\right)\right] = 0.$$

Jeder Faktor für sich gleich Null gesetzt, ergibt eine lineare Funktion, das Produkt also geometrisch ein reelles Geradenpaar. Nennen wir dies eine „entartete Hyperbel", so gilt nunmehr folgender

Satz: *Jede Hyperbel in achsenparalleler Lage besitzt die Gleichung*

$$\boxed{\begin{aligned} &A\,x^2 + C\,y^2 + D\,x + E\,y + F = 0 \\ &\textit{mit} \quad A \neq 0,\ C \neq 0,\ \operatorname{sgn} A \neq \operatorname{sgn} C \end{aligned}}$$

und umgekehrt beschreibt jede solche Gleichung mit den angegebenen Koeffizientenbedingungen eine Hyperbel.

Beispiele

1. Man gebe Lage und Achsen des durch die Funktionsgleichung

$$16x^2 - 9y^2 + 64x + 90y - 17 = 0$$

beschriebenen Kegelschnittes an!

Lösung: Es handelt sich um eine Hyperbel in achsenparalleler Lage! Bildung der quadratischen Ergänzung ergibt

$$16(x^2 + 4x + 4) - 9(y^2 - 10y + 25) = 64 - 225 + 17 = -144$$

$$\frac{16(x + 2)^2}{-144} - \frac{9(y - 5)^2}{-144} = 1$$

$$\Rightarrow \frac{(y - 5)^2}{16} - \frac{(x + 2)^2}{9} = 1,$$

das ist eine Hyperbel mit der Hauptachse parallel zur y-Achse; ihr Mittelpunkt hat die Koordinaten $(-2; 5)$, und die halbe Haupt- bzw. Nebenachse betragen $a = 4$ bzw. $b = 3$.

2. Man untersuche die Gleichung

$$-\tfrac{1}{4} x^2 + y^2 + 4x - 2y - 15 = 0!$$

Lösung: Multipliziert man mit 4 durch, so folgt

$$-x^2 + 16x + 4y^2 - 8y = 60$$

$$-(x - 8)^2 + 4(y - 1)^2 = -64 + 4 + 60 = 0$$

$$4(y - 1)^2 - (x - 8)^2 = [2(y - 1) + (x - 8)][2(y - 1) - (x - 8)] = 0$$

$$\left.\begin{array}{l} y = -\tfrac{1}{2} x + 5 \\ y = \tfrac{1}{2} x - 3 \end{array}\right\} {}^{1)}$$

Es hat sich ein reelles Geradenpaar ergeben.

1.6.2 Die Hyperbeltangente

Wir fragen nach der Gleichung der Tangente im Punkte $P_1(x_1, y_1)$ der Hyperbel

$$\frac{x^2}{a^2} - \frac{y^2}{b^2} = 1 .$$

In der Punkt-Steigungs-Form der Tangentengleichung

$$y - y_1 = m(x - x_1)$$

---

[1]) Dieses System von zwei Gleichungen ist ein *disjunktives System*, d. h. es wird von genau den Paaren (x, y) erfüllt, die der einen *oder* der anderen Gleichung genügen. Geometrisch besteht es aus allen den Punkten, die auf der einen *oder* der anderen Geraden liegen, also aus dem Geradenpaar. Im Gegensatz dazu stehen die *Simultan-* oder *konjunktiven Systeme*, welche von solchen Paaren (x, y) erfüllt werden, die *sowohl* der einen *als auch* der anderen Gleichung genügen. Letztere kennt der Leser als Gleichungssysteme zur Bestimmung von Unbekannten, z. B. die linearen Systeme in I.6.8. Mengentheoretisch stellen die disjunktiven Systeme eine *Vereinigungsmenge*, die konjunktiven Systeme eine *Durchschnittsmenge* von Zahlenpaaren bzw. Punkten dar.

ist also die Steigung m zu bestimmen. Zu diesem Zwecke betrachten wir noch einen weiteren Punkt $P_2(x_2, y_2)$ auf der Hyperbel $\mathfrak{H}$ (Abb. 75).

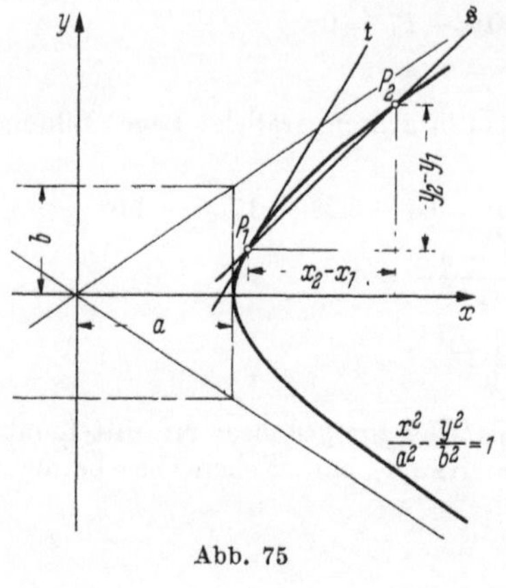

Abb. 75

Die Punktbedingungen liefern

$$P_1 \in \mathfrak{H}: \quad b^2 x_1^2 - a^2 y_1^2 = a^2 b^2$$
$$P_2 \in \mathfrak{H}: \quad b^2 x_2^2 - a^2 y_2^2 = a^2 b^2$$
$$\Rightarrow b^2(x_1^2 - x_2^2) - a^2(y_1^2 - y_2^2) = 0.$$

Dividiert man durch $x_1^2 - x_2^2$ und durch a^2, so ergibt sich

$$\frac{y_1^2 - y_2^2}{x_1^2 - x_2^2} = \frac{b^2}{a^2},$$

woraus folgt

$$\frac{y_1 - y_2}{x_1 - x_2} = \frac{b^2}{a^2} \frac{x_1 + x_2}{y_1 + y_2}. \qquad (*)$$

Links steht der Differenzenquotient, der nach II. 1.1.3 die *Steigung der Sekante* $\mathfrak{s}$ durch P_1 und P_2 angibt.

Denkt man sich nun P_2 unbegrenzt auf P_1 zuwandernd, so dreht sich die Sekante $\mathfrak{s}$ in die Tangente t hinein und die Sekantensteigung geht in die gesuchte Tangentensteigung m über:

$$\frac{y_1 - y_2}{x_1 - x_2} \to m \quad \text{für} \quad x_2 \to x_1.$$

Die *rechte* Seite von (*) ergibt den gewünschten Ausdruck

$$m = \frac{b^2 \cdot 2 x_1}{a^2 \cdot 2 y_1} = \frac{b^2 x_1}{a^2 y_1}.$$

Eingesetzt in die Tangentengleichung erhält man damit

$$y - y_1 = \frac{b^2 x_1}{a^2 y_1} (x - x_1)$$
$$a^2 y_1 y - a^2 y_1^2 = b^2 x_1 x - b^2 x_1^2$$
$$b^2 x_1 x - a^2 y_1 y = b^2 x_1^2 - a^2 y_1^2 = a^2 b^2$$

$$\boxed{\frac{x x_1}{a^2} - \frac{y y_1}{b^2} = 1}$$

Tangentengleichung für eine Hyperbel in Mittelpunktslage und Hauptachse in der x-Achse

Entsprechend wird

$$\boxed{\frac{y y_1}{a^2} - \frac{x x_1}{b^2} = 1}$$

Tangentengleichung für eine Hyperbel in Mittelpunktslage und Hauptachse in der y-Achse

Beispiel: Stelle die Gleichung der Tangente an die Hyperbel

$$\frac{x^2}{4} - \frac{y^2}{9} = 1$$

im Punkte $P_1(3; y_1 < 0)$ auf!

Lösung: Die Tangentengleichung lautet zunächst

$$\frac{3x}{4} - \frac{y\,y_1}{9} = 1,$$

wobei man y_1 aus der Hyperbelgleichung erhält ($P_1 \in \mathfrak{H}$!):

$$y_1 = -\tfrac{3}{2}\sqrt{9-4} = -\tfrac{3}{2}\sqrt{5} = -3,354$$

$$\frac{3x}{4} + \frac{3,354}{9}\,y = 1$$

$$\Rightarrow y = -2,01x + 2,68.$$

1.7 Die Parabel

1.7.1 Parabelgleichungen

Definition: *Die Menge aller Punkte der Ebene, die von einer festen Geraden, der Leitgeraden l, gleichen Abstand haben wie von einem festen Punkt, dem Brennpunkt F, heißt Parabel.*

Die Definition gibt zunächst Anlaß zu einer einfachen Konstruktion der Parabel (Abb. 76): Man zeichne eine Anzahl Parallelen zu Leitgeraden und bringe die Kreisbögen um den Brennpunkt zum Schnitt

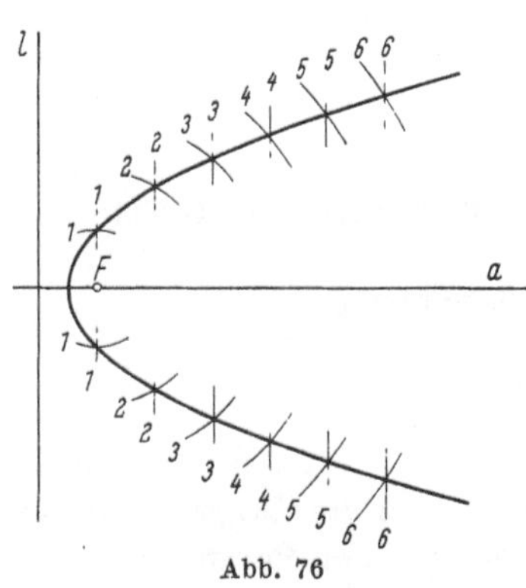

Abb. 76

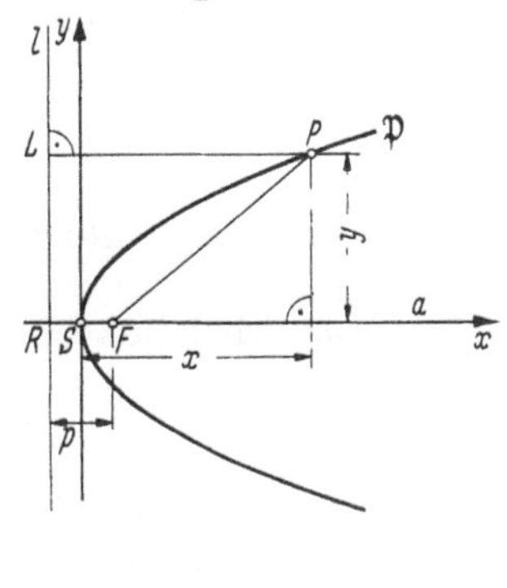

Abb. 77

mit jeweils *der* Parallelen, deren Leitgeradenabstand gleich dem Radius ist (Ziffern!). Mit *einer* Zirkelöffnung erhält man auf Grund der Axialsymmetrie der Parabel stets *zwei* Punkte. Einen Mittelpunkt besitzt die Parabel also nicht.

Folgende Bezeichnungen sind bei der Parabel üblich (Abb. 77):

l : Leitgerade, Leitlinie, Direktrix

F : Brennpunkt

$\overline{PF}$: Brennstrahl; $\overline{PL}$: Leitstrahl

S : Scheitel der Parabel

$\overline{RF} = p$: Halbparameter, $2p$ = Parameter ($p > 0$)

a : Parabelachse

Die in der Definition ausgesprochene Punktbedingung lautet mit diesen
Bezeichnungen

$$\boxed{P \in \mathfrak{P} \Longleftrightarrow \overline{PF} = \overline{PL}}$$

Sie soll jetzt ins Analytische übersetzt werden.

Die Scheitelgleichung der Parabel. Um eine möglichst einfache Gleichung für die Parabel zu bekommen, legen wir das Koordinatensystem
mit seinem Ursprung in den Scheitel S und die positive x-Achse in die
Parabelachse. Die y-Achse fällt dann mit der Scheiteltangente zusammen und der Brennpunkt F hat die Koordinaten $(0; p/2)$. Aus Abb. 77
liest man ab

$$\overline{PF} = \sqrt{\left(x - \frac{p}{2}\right)^2 + y^2}; \quad \overline{PL} = x + \frac{p}{2},$$

somit ist mit $\overline{PF} = \overline{PL}$

$$\sqrt{\left(x - \frac{p}{2}\right)^2 + y^2} = x + \frac{p}{2}$$

$$x^2 - p\,x + \frac{p^2}{4} + y^2 = x^2 + p\,x + \frac{p^2}{4}$$

$$\boxed{y^2 = 2p\,x}$$

Scheitelgleichung der Parabel (nach rechts geöffnet)

Für $x = p/2$ erhält man aus der Scheitelgleichung

$$y\left(\frac{p}{2}\right) = \pm p,$$

d. h. die Brennpunktsordinate hat zum Betrag den Halbparameter p;
die zur Achse senkrechte Brennpunktssehne hat die Länge $2p$. Je größer
p ist, desto weiter ist die Parabel geöffnet; der Parameter gibt also

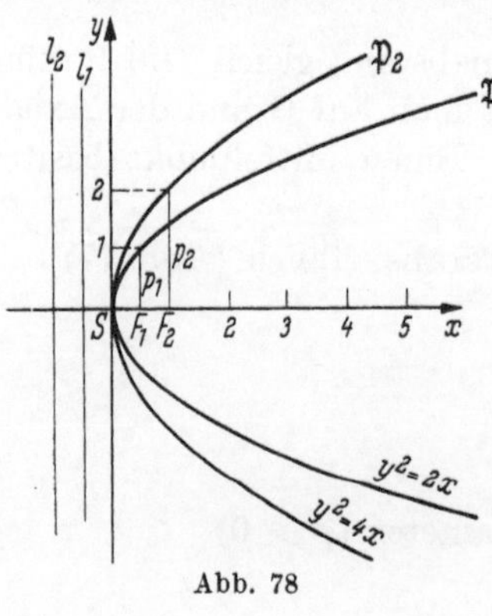

Abb. 78

ein Maß für die *Öffnung* und damit für
die *Gestalt* der Parabel (Abb. 78).

Wir fragen noch nach den Scheitelgleichungen für die nach links, oben
oder unten geöffneten Parabeln. Spiegelt
man die Parabel $y^2 = 2p\,x$ an der y-Achse,
so muß man x durch $-x$ ersetzen und erhält $y^2 = -2p\,x$ für die nach links geöffnete Parabel. Spiegelt man $y^2 = 2p\,x$
an der Quadrantenhalbierenden $y = x$,
so sind die Veränderlichen zu vertauschen
und man erhält $x^2 = 2p\,y$ für die nach

oben geöffnete Parabel. Spiegelt man schließlich diese noch an der x-Achse, so ist y durch $-y$ zu ersetzen, womit $x^2 = -2p\,y$ die Gleichung der nach unten geöffneten Parabel wird (Abb. 79).

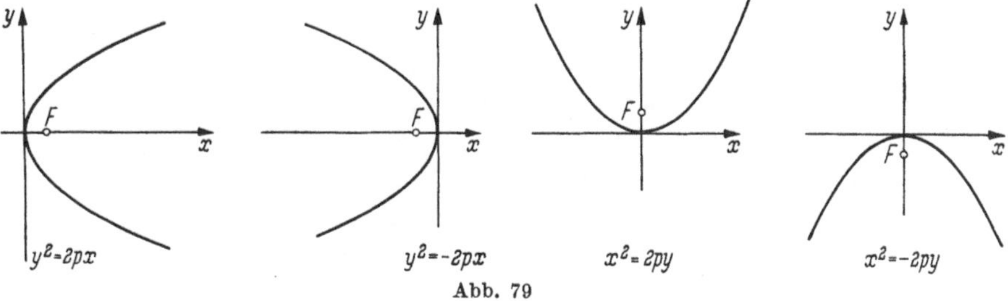

Abb. 79

Die uns vom ersten Band her bekannte *Normalparabel* mit der Gleichung $y = x^2$ ergibt sich aus der Scheitelgleichung der nach oben geöffneten Parabel

$$x^2 = 2p\,y \quad \text{für} \quad p = \tfrac{1}{2}.$$

Sämtliche Normalparabeln, wie immer sie auch liegen mögen, haben also stets den Parameter $2p = 1$ und sind damit in ihrer Gestalt eindeutig festgelegt.

Die Achsengleichungen der Parabel. Im folgenden soll die Parabelachse stets parallel zu einer der Koordinatenachsen sein, der Scheitel $S(x_s, y_s)$ ist beliebig, der Parameter der Parabel sei wieder $2p$.

Wir legen ein x', y'-System mit seinem Ursprung in den Parabelscheitel und achsenparallel zum x, y-System (Abb. 80). Dann lautet die Gleichung der nach rechts geöffneten Parabel im x', y'-System

$$y'^2 = 2p\,x'.$$

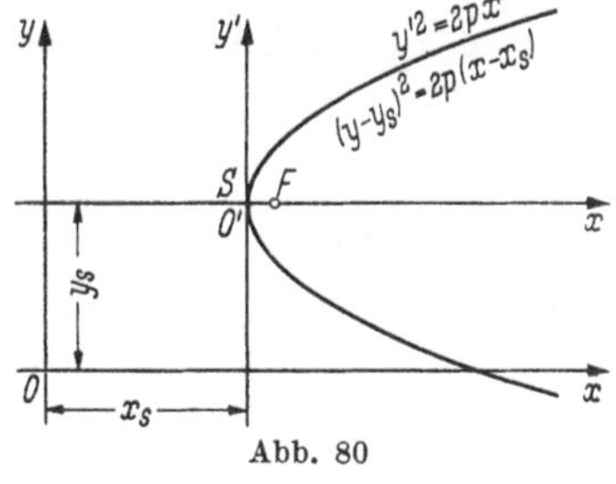

Abb. 80

Die Transformationsgleichungen

$$x' = x - x_s, \quad y' = y - y_s$$

führen auf das x, y-System zurück:

$$(y - y_s)^2 = 2p(x - x_s).$$

Zusammengefaßt erhält man wieder vier Gleichungen

$$\boxed{\begin{aligned}
(y - y_s)^2 &= 2p(x - x_s) \;\rightarrow \\
(y - y_s)^2 &= -2p(x - x_s) \;\leftarrow \\
(x - x_s)^2 &= 2p(y - y_s) \;\uparrow \\
(x - x_s)^2 &= -2p(y - y_s) \;\downarrow
\end{aligned}}$$

Achsengleichungen der Parabel
(Parameter $2p$)

Die Pfeile geben dabei die Richtungen an, nach denen die Parabel
geöffnet ist.

Wir wollen noch die *implizite Form* der Achsengleichung herstellen.
Quadriert man aus, so wird beziehentlich

$$y^2 \mp 2p\,x - 2y_s\,y \pm 2p\,x_s + y_s^2 = 0$$
$$x^2 - 2x_s\,x \mp 2p\,y \pm 2p\,y_s + x_s^2 = 0.$$

Man erhält in jedem Falle eine quadratische Gleichung in x und y der
folgenden Art (beachte $p \neq 0$!)

$$\boxed{\begin{array}{c} A\,x^2 + C\,y^2 + D\,x + E\,y + F = 0 \\ (A = 0 \ \text{ und } \ C \neq 0, D \neq 0) \ \text{ oder } \ (C = 0 \ \text{ und } \ A \neq 0, E \neq 0) \end{array}}$$

Implizite Form der Achsengleichung

Die Koeffizientenbedingungen besagen im wesentlichen, daß im Falle
einer Parabel mit achsenparalleler Lage stets *nur eine* der beiden Veränderlichen quadratisch auftritt.

Geht man umgekehrt von der impliziten Form aus, so erhält man
durch Bilden der quadratischen Ergänzungen

a) für $A = 0$, $C \neq 0$, $D \neq 0$:

$$C\left(y + \frac{E}{2C}\right)^2 = \frac{E^2}{4C} - Dx - F$$
$$\left(y + \frac{E}{2C}\right)^2 = -\frac{D}{C}\left[x - \left(\frac{E^2}{4CD} - \frac{F}{D}\right)\right];$$

das ist die Achsengleichung einer nach rechts oder links geöffneten
Parabel mit dem Parameter

$$2p = \left|\frac{D}{C}\right|$$

und dem Scheitel

$$S\left(\frac{E^2}{4CD} - \frac{F}{D}, \ -\frac{E}{2C}\right).$$

b) für $C = 0$, $A \neq 0$, $E \neq 0$:

$$A\left(x + \frac{D}{2A}\right)^2 = \frac{D^2}{4A} - Ey - F$$
$$\left(x + \frac{D}{2A}\right)^2 = -\frac{E}{A}\left[y - \left(\frac{D^2}{4AE} - \frac{F}{E}\right)\right];$$

das ist die Achsengleichung einer nach oben oder unten geöffneten
Parabel mit dem Parameter

$$2p = \left|\frac{E}{A}\right|$$

und dem Scheitel

$$S\left(-\frac{D}{2A}, \ \frac{D^2}{4AE} - \frac{F}{E}\right).$$

Wir werden in beiden Fällen wieder auf eine achsenparallele Parabel zurückgeführt, brauchen also keine Begriffserweiterung vorzunehmen. Es gilt demnach der

Satz: *Jede Parabel in achsenparalleler Lage hat die Gleichung*

$$\boxed{\begin{aligned} A\,x^2 + C\,y^2 + D\,x + E\,y + F &= 0 \\ mit \quad A = 0, \quad C \neq 0, \quad D &\neq 0 \\ oder \quad C = 0, \quad A \neq 0, \quad E &\neq 0 \end{aligned}}$$

und umgekehrt beschreibt auch jede solche Gleichung mit einer der beiden Koeffizientenbedingungen eine Parabel in achsenparalleler Lage.

Beispiele

1. Skizziere den durch die Gleichung

$$y^2 + 2x + 6y + 7 = 0$$

dargestellten Kegelschnitt!

Lösung: Nach obigem Satz handelt es sich um eine Parabel, deren Achse parallel zur x-Achse liegt, denn es tritt nur y quadratisch auf:

$$(y + 3)^2 = -2x - 7 + 9 = -2x + 2$$
$$(y + 3)^2 = -2(x - 1)$$
$$\Rightarrow p = 1; \quad S(1; -3); \quad \text{Achsenrichtung: } \leftarrow$$

Man kann die Parabel mit Hilfe der 5 Punkte S, P_1, P_1', P_2, P_2' (Abb. 81) gut und schnell skizzieren. Es ist nämlich stets die halbe Brennpunktssehne gleich p, die halbe Sehne im Abstand $2p$ vom Scheitel stets ebenfalls $2p$. P_1' und P_2' liegen symmetrisch zu P_1 bzw. P_2.

2. Die Kosinuslinie soll im Bereich $-\pi/2 \leq x \leq \pi/2$ durch diejenige Parabel angenähert werden, die den Scheitel und die Nullstellen mit der Kosinuslinie gemeinsam hat.

Lösung (Abb. 82): Für die Parabelgleichung können wir die Achsengleichung

$$(x - x_s)^2 = -2p(y - y_s)$$

ansetzen. Für den Scheitel ist

$$x_s = 0, \quad y_s = 1$$
$$\Rightarrow x^2 = -2p(y - 1).$$

Da $(-\pi/2, 0)$ ein Punkt der Parabel sein soll, ergibt sich durch Einsetzen dieser Koordinaten in die Parabelgleichung

$$\frac{\pi^2}{4} = -2p(-1) \Rightarrow p = \frac{\pi^2}{8}$$

und damit als Parabelgleichung

$$x^2 = -\frac{\pi^2}{4}(y - 1).$$

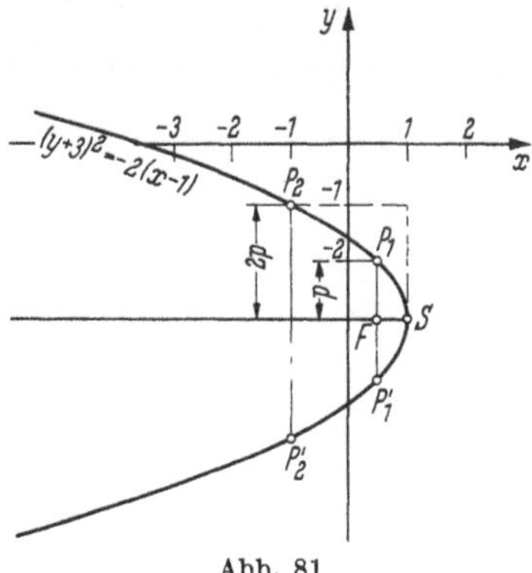

Abb. 81

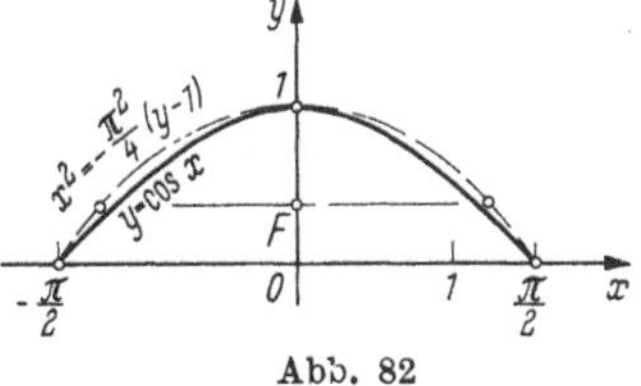

Abb. 82

An der Stelle $x = \pi/4$ ist $\cos \pi/4 = 0{,}707$, während die Parabelordinate sich zu

$$\frac{\pi^2}{16} = -\frac{\pi^2}{4}\,(y - 1) \Rightarrow y = \frac{3}{4} = 0{,}750$$

ergibt; der absolute Fehler, der an dieser Stelle durch Approximation der Kosinuslinie mittels der Parabel entsteht, beträgt demnach $f = 0{,}750 - 0{,}707 = 0{,}043$.

3. Welche Kurve wird durch die Parameterdarstellung

$$\left. \begin{array}{l} x = 3 \cos 2t \\ y = 2 \sin t \end{array} \right\}$$

beschrieben?

Lösung: Elimination des Parameters t ergibt

$$x = 3(\cos^2 t - \sin^2 t) = 3(1 - 2 \sin^2 t) = 3(1 - \tfrac{1}{2} y^2)$$
$$\Rightarrow y^2 = -\tfrac{2}{3}(x - 3).$$

Das ist eine nach links geöffnete Parabel mit dem Halbparameter $p = \tfrac{1}{3}$ und dem Scheitel $S(3;0)$.

1.7.2 Die Parabeltangente

Wir fragen nach der Gleichung der Tangente im Punkte $P_1(x_1, y_1)$ der Parabel $y^2 = 2p\,x$ (Abb. 83).

Setzen wir die Tangentengleichung wieder in der Punkt-Steigungsform

$$y - y_1 = m(x - x_1)$$

an, so läuft die Aufgabe im wesentlichen auf die Bestimmung der Tangentensteigung m hinaus. Hierzu nehmen wir einen zweiten Parabelpunkt $P_2(x_2, y_2)$ an und bestimmen zunächst die Sekantensteigung als Differenzenquotient:

$$\mathfrak{P}: y^2 = 2p\,x$$
$$P_1 \in \mathfrak{P}: y_1^2 = 2p\,x_1$$
$$P_2 \in \mathfrak{P}: y_2^2 = 2p\,x_2$$
$$\Rightarrow y_1^2 - y_2^2 = 2p(x_1 - x_2)$$
$$\frac{y_1 - y_2}{x_1 - x_2} = \frac{2p}{y_1 + y_2}.$$

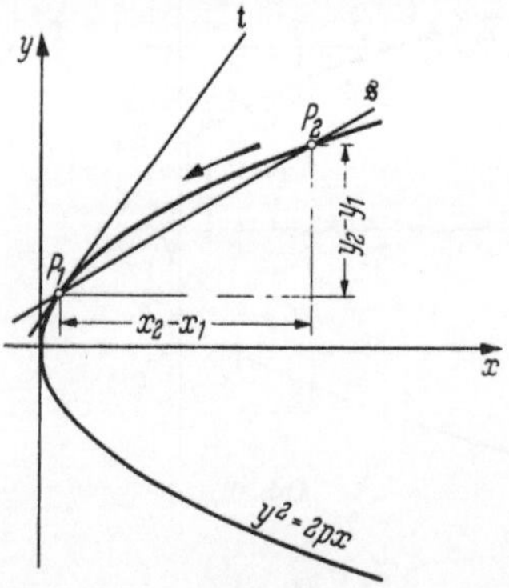

Läßt man P_2 unbegrenzt auf P_1 zuwandern, so geht die Sekante $\mathfrak{s}$ in die Tangente t über und der Differenzenquotient muß für $x_2 \to x_1$ und damit für $y_2 \to y_1$ die gesuchte Tangentensteigung m ergeben:

Abb. 83

$$\frac{y_1 - y_2}{x_1 - x_2} = \frac{2p}{y_1 + y_2} \to \frac{2p}{2y_1} = \frac{p}{y_1} = m.$$

Trägt man $m = p/y_1$ in die Punkt-Steigungsform ein, so erhält man

$$y - y_1 = \frac{p}{y_1}(x - x_1)$$

$$y\,y_1 - y_1^2 = p\,x - p\,x_1,$$

und mit $y_1^2 = 2p\,x_1$ folgt daraus

$$\boxed{y\,y_1 = p(x + x_1)}$$

Gleichung der Tangente an die Parabel $y^2 = 2p\,x$

Die Parabeltangente hat eine Reihe von Eigenschaften, deren wichtigste in den beiden folgenden Sätzen zum Ausdruck kommen:

Satz: *Die Parabeltangente halbiert den Winkel zwischen Leitstrahl und Brennstrahl.*

Beweis (Abb. 84): Wegen $\overline{P_1F} = \overline{P_1L}$ ist das Dreieck P_1LF gleich-schenklig. Soll die Tangente t Winkelhalbierende sein, so muß sie deshalb auf $\overline{LF}$ senkrecht stehen und umgekehrt. Nun war die Tangentensteigung

$$m = \frac{p}{y_1},$$

andererseits ist die Steigung m' von $\overline{LF}$ gegeben durch

$$m' = -\frac{\overline{LO}}{\overline{OF}} = -\frac{y_1}{p}.$$

Man sieht, daß die Steigungen m und m' negativ reziprok zueinander sind

$$m\,m' = -1,$$

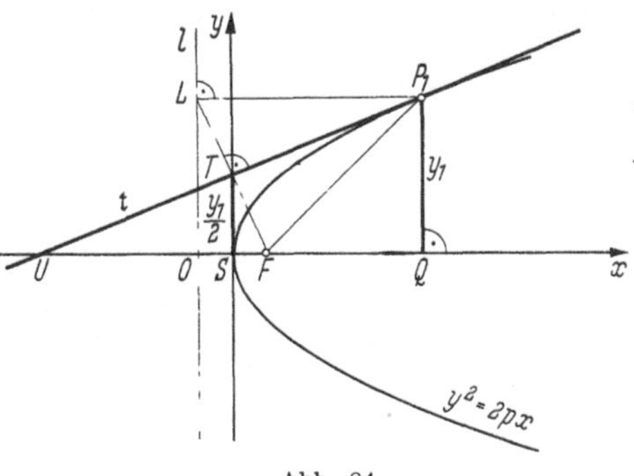

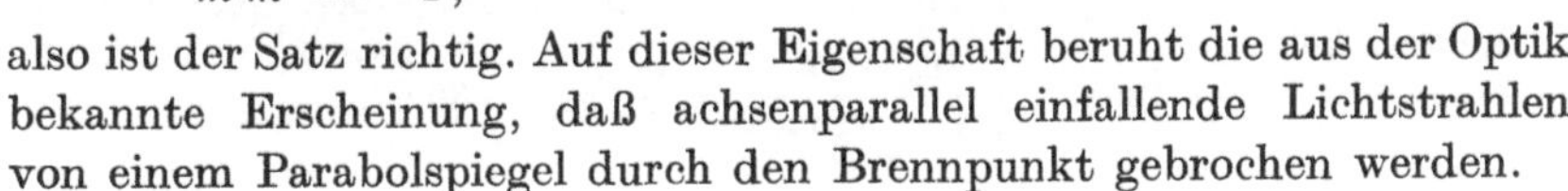

Abb. 84

also ist der Satz richtig. Auf dieser Eigenschaft beruht die aus der Optik bekannte Erscheinung, daß achsenparallel einfallende Lichtstrahlen von einem Parabolspiegel durch den Brennpunkt gebrochen werden.

Abb. 84 zeigt ferner, daß der Fußpunkt T des vom Brennpunkt auf die Tangente gefällten Lotes stets auf der Scheiteltangente liegt. Damit kann man eine Schar von Tangenten zeichnen, welche die Parabel als Einhüllende (Enveloppe) besitzt.

Satz: *Die Parabeltangente schneidet die Parabelachse in einem Punkt U, der vom Scheitel gleich weit entfernt ist wie der Lotfußpunkt Q des Berüh-rungspunktes.*

Beweis (Abb. 84): Es ist $\overline{SU} = \overline{SQ}$ zu zeigen. Hat P_1 die Koordi-naten (x_1, y_1), so ist $\overline{SQ} = x_1$. Der Schnittpunkt von t mit der x-Achse ergibt sich aus

$$y\, y_1 = p(x + x_1) \quad \text{für} \quad y = 0$$

zu

$$p(x + x_1) = 0 \Rightarrow x = -x_1,$$

also ist auch $\overline{SU}$ dem Betrage nach gleich x_1 und damit gleich $\overline{SQ}$. Dieser Satz dient zur einfachen Konstruktion der Parabeltangente; indem man $\overline{SU} = \overline{SQ}$ macht, kann t durch die beiden Punkte P_1 und U gezogen werden.

Wir stellen noch die übrigen Tangentengleichungen für die achsenparallelen Scheitellagen der Parabel auf; die Überlegungen sind dabei die gleichen wie in II. 1.7.1 bei der Herleitung der Scheitelgleichungen für die Parabel

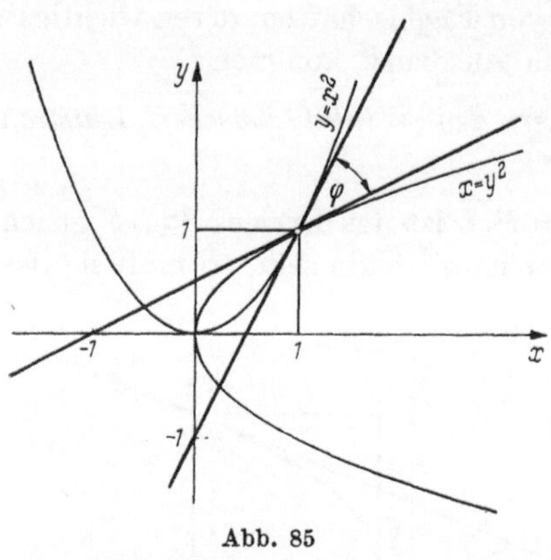

Abb. 85

$$\boxed{\begin{aligned} y\, y_1 &= p(x + x_1) \rightarrow \\ y\, y_1 &= -p(x + x_1) \leftarrow \\ x\, x_1 &= p(y + y_1) \uparrow \\ x\, x_1 &= -p(y + y_1) \downarrow \end{aligned}}$$

Dabei geben die Pfeile wieder die Richtung der Parabelachse an.

Beispiel: Unter welchem Winkel φ schneiden sich die beiden Parabeln $y = x^2$ und $x = y^2$?

Lösung (Abb. 85): Die beiden (Normal-) Parabeln schneiden sich in den Punkten $(0; 0)$ und $(1; 1)$.

Im Ursprung beträgt ihr Schnittwinkel $90°$.

Die Tangentengleichungen im Punkte $(1; 1)$ sind

$$y\, y_1 = p(x + x_1) \Rightarrow y = \tfrac{1}{2}(x + 1) \quad \text{für} \quad x = y^2$$
$$x\, x_1 = p(y + y_1) \Rightarrow y = 2x - 1 \quad \text{für} \quad y = x^2,$$

ihre Steigungen also $m_1 = \tfrac{1}{2}$ und $m_2 = 2$. Nach II. 1.2.9 folgt daraus für den Schnittwinkel

$$\tan\varphi = \left| \frac{m_2 - m_1}{1 + m_2\, m_1} \right| = \frac{3}{4} \Rightarrow \varphi = 36{,}9°.$$

1.8 Die allgemeine Kegelschnittsgleichung

1.8.1 Vorbemerkungen

Jede Kurve, die beim Schnitt eines geraden doppelten Kreiskegels (einschließlich seiner Entartung in einen Zylinder) mit einer Ebene entsteht, kann durch eine quadratische Gleichung in x und y der Gestalt

$$\boxed{\begin{aligned} A\, x^2 + B\, x\, y + C\, y^2 + D\, x + E\, y + F &= 0 \\ (A, B, C) &\neq (0, 0, 0) \end{aligned}}$$

beschrieben werden. Wir wollen sie deshalb die *allgemeine Kegelschnitts-gleichung* nennen. Umgekehrt soll auch jede Kurve, die durch die vor-stehende Gleichung dargestellt werden kann, eine Kegelschnittskurve genannt werden.

In den vorangehenden Abschnitten haben wir ausschließlich solche Kurven behandelt, deren Symmetrieachsen parallel zu den Koordinaten-achsen lagen. Für ihre Gleichungen war charakteristisch, daß das gemischt-quadratische Glied $B\,x\,y$ fehlte. Tatsächlich tritt das Glied $B\,x\,y$ nur dann auf, wenn die Achsen des Kegelschnittes gegenüber den Koordinatenachsen gedreht sind. Andererseits sahen wir, daß die linearen Glieder $D\,x$ und $E\,y$ in die Gleichung kamen, falls der Mittel-punkt des Kegelschnittes aus dem Ursprung herausgerückt wurde.

Im folgenden fragen wir nach einem Formalismus, mit dem man bei gegebener Gleichung die Art des Kegelschnittes leicht feststellen kann (Identifizierung) und anschließend nach Formeln, welche Lage und Gestalt des Kegelschnittes angeben (Hauptachsentransformation). Auf eine ausführliche Herleitung der Formeln sei dabei verzichtet.

1.8.2 Identifizierung

Vorgelegt sei die allgemeine Kegelschnittsgleichung

$$A\,x^2 + B\,x\,y + C\,y^2 + D\,x + E\,y + F = 0.$$

Man berechne die beiden Determinanten[1])

$$\varDelta = \begin{vmatrix} 2A & B & D \\ B & 2C & E \\ D & E & 2F \end{vmatrix}, \qquad \delta = \begin{vmatrix} 2A & B \\ B & 2C \end{vmatrix}$$

und bestimme damit die Art des Kegelschnittes anhand folgender Übersicht

	$\varDelta > 0$	$\varDelta < 0$	$\varDelta = 0$	
$\delta > 0$	*Ellipse* *imaginär* | *reell*		*Konjugiert komplexes* *Geradenpaar (sich schneidend)*	*Kegelschnitte* *mit* Mittelpunkt
$\delta < 0$	*Hyperbel*		*Reelles Geradenpaar* *(sich schneidend)*	
$\delta = 0$	*Parabel*		*Reelles oder komplexes* *Geradenpaar (parallel)*	Kegelschnitte ohne Mittelpunkt
	Reguläre Kegelschnitte		Singuläre (zerfallende) Kegelschnitte	

---

[1]) Man lese diese als groß Delta ($\varDelta$) und klein Delta (δ).

Die Determinanten Δ und δ brauchen nicht notwendig ausgerechnet zu werden, es genügt, sie so weit zu entwickeln, daß man mit Sicherheit ihr Vorzeichen angeben kann.

1.8.3 Die Hauptachsentransformation

Über *Lage* und *Größenverhältnisse* des Kegelschnittes gibt die Übersicht keine Auskunft. Um sie zu bestimmen, bedarf es einer geeigneten Koordinatentransformation. Da nach ihrer Ausführung die Haupt- (= Symmetrie-)achsen des Kegelschnittes in oder parallel zu den Koordinatenachsen liegen, nennt man sie *Hauptachsentransformation*. Bei den regulären Mittelpunktskurven Ellipse und Hyperbel besteht sie darin,

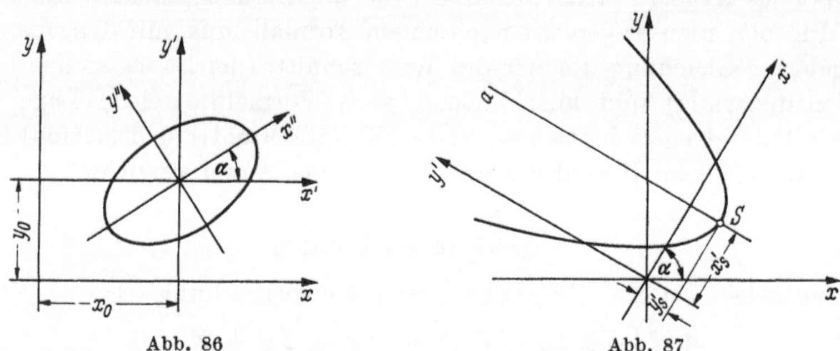

Abb. 86　　　　　　　　　Abb. 87

die Gleichung auf ein Koordinatensystem zu transformieren, in dem sie als Mittelpunktsgleichung erscheint (Abb. 86). Bei der Parabel dreht man das Koordinatensystem etwa so, daß die neue Ordinatenachse parallel zur Parabelachse verläuft (Abb. 87). Die Gleichungen der singulären Kegelschnitte schließlich lassen sich direkt in ein Produkt zweier in x und y linearen Faktoren zerlegen; jeder Faktor für sich gleich Null gesetzt stellt also eine Gerade dar.

Im folgenden sind die zur Hauptachsentransformation notwendigen Formeln zusammengestellt.

1. $\Delta \neq 0$, $\delta \neq 0$ (Ellipse, Hyperbel)
Berechne nacheinander

$$x_0 = \frac{BE - 2CD}{\delta}, \qquad y_0 = \frac{BD - 2AE}{\delta}$$

$$G = A x_0^2 + B x_0 y_0 + C y_0^2 + D x_0 + E y_0 + F$$

$$A' = \tfrac{1}{2}\left(A + C + \operatorname{sgn} B \sqrt{(A - C)^2 + B^2}\right)$$

$$C' = \tfrac{1}{2}\left(A + C - \operatorname{sgn} B \sqrt{(A - C)^2 + B^2}\right)$$

$$\Rightarrow \boxed{A' x''^{\,2} + C' y''^{\,2} + G = 0}$$

Der Drehwinkel α ergibt sich

$$\text{für}\quad A \neq C: \tan 2\alpha = \frac{B}{A-C}, \quad 0° < 2\alpha < 180°$$

$$\text{für}\quad A = C: \qquad \alpha = 45°.$$

2. $\varDelta \neq 0,\ \delta = 0$ (Parabel)

Berechne nacheinander

$$\tan\alpha = \frac{B}{2A}, \quad -90° < \alpha < +90°\ {}^{1})$$

$$u = D\sin\alpha - E\cos\alpha, \quad v = D\cos\alpha + E\sin\alpha$$

$$\Rightarrow \boxed{\,y' = \frac{A+C}{u}\,x'^2 + \frac{v}{u}\,x' + \frac{F}{u}\,}$$

Durch Bilden der quadratischen Ergänzung kann man noch die Form

$$(x' - x_s')^2 = \pm\, 2p(y' - y_s')$$

herstellen, aus der die Scheitelkoordinaten x_s', y_s' und der Halbparameter p entnommen werden können.

3. $\varDelta = 0,\ \delta \neq 0$ (Nichtparalleles Geradenpaar)

Die beiden Geradengleichungen lauten

a) falls $A \neq 0$ ist:

$$\left.\boxed{\begin{aligned} 2Ax + (B + \sqrt{-\delta})\,y + D + \frac{BD - 2AE}{\sqrt{-\delta}} &= 0 \\[2mm] 2Ax + (B - \sqrt{-\delta})\,y + D - \frac{BD - 2AE}{\sqrt{-\delta}} &= 0 \end{aligned}}\right\}{}^{2})$$

b) falls $C \neq 0$ ist:

$$\left.\boxed{\begin{aligned} (B + \sqrt{-\delta})\,x + 2Cy + E + \frac{BE - 2CD}{\sqrt{-\delta}} &= 0 \\[2mm] (B - \sqrt{-\delta})\,x + 2Cy + E - \frac{BE - 2CD}{\sqrt{-\delta}} &= 0 \end{aligned}}\right\}$$

Die Koeffizienten ergeben sich im Falle $-\delta < 0$ als komplexe Zahlen.

c) falls $A = C = 0$ ist:

$$\left.\boxed{\begin{aligned} Bx + E &= 0 \\ By + D &= 0 \end{aligned}}\right\}$$

---

^{1}) Ist $A = 0$, so liegt die Parabelachse bereits parallel zur x-Achse.
^{2}) Für dieses und die folgenden Systeme siehe Fußnote S. 65.

4. $\varDelta = \delta = 0$ (Paralleles Geradenpaar)

Die beiden Geradengleichungen lauten

a) falls $A \neq 0$ ist:

$$\left.\begin{array}{l} 2A\,x + B\,y + D + \sqrt{D^2 - 4AF} = 0 \\ 2A\,x + B\,y + D - \sqrt{D^2 - 4AF} = 0 \end{array}\right\}$$

b) falls $C \neq 0$ ist:

$$\left.\begin{array}{l} B\,x + 2C\,y + E + \sqrt{E^2 - 4CF} = 0 \\ B\,x + 2C\,y + E - \sqrt{E^2 - 4CF} = 0 \end{array}\right\}$$

Die beiden Parallelen fallen zu einer einzigen Geraden zusammen, falls $D^2 - 4AF = 0$ bzw. $E^2 - 4CF = 0$ ist. Sind diese Ausdrücke negativ, so erhält man zwei komplexe Parallelen.

2 Vektoralgebra

2.1 Der Vektorbegriff

In der Physik begegnet uns im Begriff der Translationsgeschwindigkeit eine Größe, die nach Festlegung einer Maßeinheit durch Angabe ihres Betrages noch nicht vollständig bestimmt ist. Zwei solche Geschwindigkeiten von gleichem Betrage können noch ganz verschiedene Wirkungen hervorrufen, wenn sie verschieden gerichtet sind. Deshalb ist zur eindeutigen Bestimmung einer Translationsgeschwindigkeit außer der Angabe ihres Betrages noch die Angabe ihrer Richtung und ihres Richtungssinnes notwendig. Man kann die drei Bestimmungsstücke anschaulich an einer gerichteten Strecke darstellen (Abb. 88). Die Länge der Strecke ist ein Maß für den Betrag; dreht man die Strecke um ihren Anfangspunkt, so ändert sich ihre Richtung, vertauscht man Anfangs- und Endpunkt, so ändert sich der Richtungssinn.

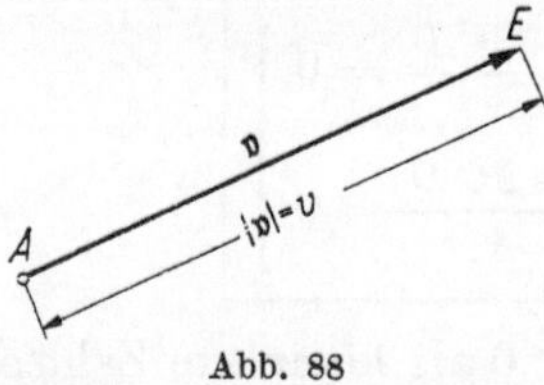

Abb. 88

Zur Bezeichnung werden Frakturbuchstaben verwendet, für die Translationsgeschwindigkeit $\mathfrak{v}$, doch ist auch die Schreibweise $\overrightarrow{AE}$ (A Anfangspunkt, E Endpunkt) gebräuchlich. Für den Betrag wird $|\mathfrak{v}|$ oder v geschrieben.

Charakteristisch für die Translationsgeschwindigkeit ist aber nicht nur ihre Darstellbarkeit als gerichtete Strecke, sondern auch die Art und Weise, wie sich zwei solche Geschwindigkeiten $\mathfrak{v}_1$ und $\mathfrak{v}_2$ zu einer resultierenden Geschwindigkeit $\mathfrak{v}_R$ zusammensetzen. Denkt man sich $\mathfrak{v}_1$ und $\mathfrak{v}_2$ mit gemeinsamem Anfangspunkt, so ist $\mathfrak{v}_R$ durch die gerichtete Diagonale des von $\mathfrak{v}_1$ und $\mathfrak{v}_2$ aufgespannten Parallelogramms gemäß Abb. 89 gegeben, d. h. nach der „Parallelogrammregel". Man nennt $\mathfrak{v}_R$ die *Summe* von $\mathfrak{v}_1$ und $\mathfrak{v}_2$ und schreibt

$$\mathfrak{v}_R = \mathfrak{v}_1 + \mathfrak{v}_2,$$

obgleich das Pluszeichen hier selbstverständlich eine ganz andere Bedeutung hat als bei der Addition von Zahlen.

Läßt sich eine physikalische Größe durch eine gerichtete Strecke darstellen und kann man für ihre additive Verknüpfung die „Parallelogrammregel" experimentell nachweisen, so wird sie eine Vektorgröße[1]) genannt. Größen, die sich zwar als gerichtete Strecken veranschaulichen lassen, sich jedoch nicht nach der Parallelogrammregel addieren (überlagern), wie beispielsweise die (endlichen) Drehungen, sind also keine Vektorgrößen.

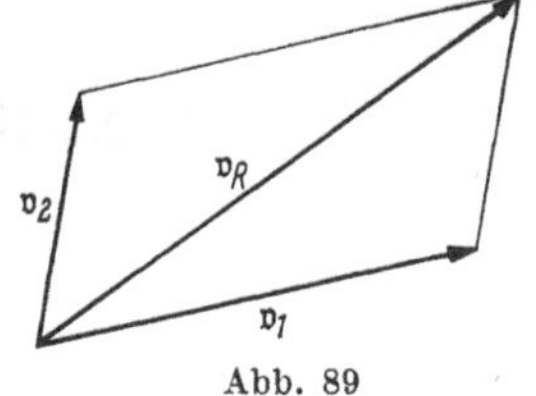

Abb. 89

Definition: *Ein Vektor ist eine Größe, die durch Betrag, Richtung und Richtungssinn bestimmt ist. Für die additive Verknüpfung zweier Vektoren wird die Parallelogrammregel gefordert.*

Da eine gerichtete Strecke bei beliebiger Parallelverschiebung im Raume weder Länge noch Richtung oder Richtungssinn ändert, bedeutet das, daß ein Vektor sich selbst gleichbleibt, wenn er parallel zu sich verschoben wird. Umgekehrt kann

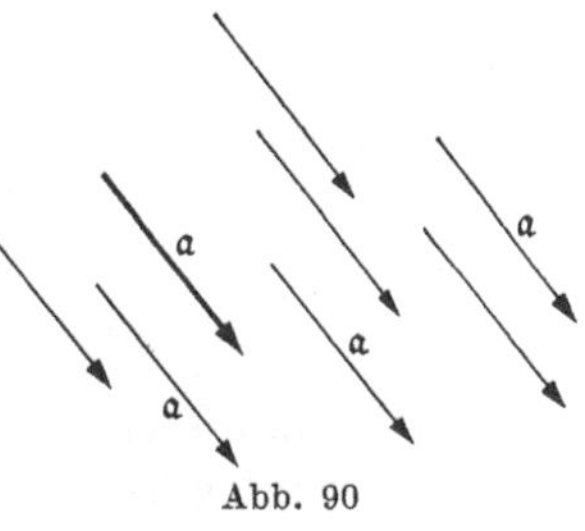

Abb. 90

eine ganze Schar von Vektoren, die sämtlich durch Parallelverschiebung auseinander hervorgehen, durch einen einzigen Vektor als ihren Repräsentanten charakterisiert werden (Abb. 90).

Definition: *Zwei Vektoren heißen gleich, wenn sie gleichen Betrag, gleiche Richtung und gleichen Richtungssinn haben.*

Nicht jede physikalische Größe mit Vektorcharakter besitzt die gleiche Freiheit der Parallelverschiebung. Deshalb trifft man dort folgende Unterscheidung: Vektoren, die beliebig parallel zu sich selbst ver-

---

[1]) vector (lat): Fahrer, Reiter.

schoben werden dürfen, heißen *freie* Vektoren (z. B. Translationsgeschwindigkeit, Drehmoment). Ist nur eine Verschiebung längs der
Wirkungslinie erlaubt, so spricht man von *linienflüchtigen* Vektoren[1])
(z. B. Kraft und Winkelgeschwindigkeit am starren Körper). Ist überhaupt keine Verschiebung gestattet, liegt also der Anfangspunkt fest,
so heißt der Vektor *gebunden* oder *Ortsvektor*[2]) (z. B. Kraft am deformier-
baren Körper, elektrische Feldstärke).

Sofern nicht ausdrücklich anderes vermerkt wird, soll im folgenden
unter „Vektor" stets freier Vektor verstanden werden.

Definition: *Eine Größe, die durch Angabe einer reellen Zahl bereits
vollständig bestimmt ist, heißt ein Skalar.*

Skalare physikalische Größen sind etwa Masse, Zeit, Arbeit, spezifische
Wärme, Potential und Lichtstärke. Ihren Namen haben sie von der
Eigenschaft, auf Skalen (Leitern) dargestellt werden zu können. Für
Skalare gelten die Rechengesetze der reellen Zahlen.

2.2 Geometrische Vektordarstellung

2.2.1 Addition von Vektoren

Für die Addition zweier Vektoren war bereits bei der Definition des
Vektorbegriffes die Parallelogrammregel gefordert worden. Dazu noch
folgende Ergänzungen:

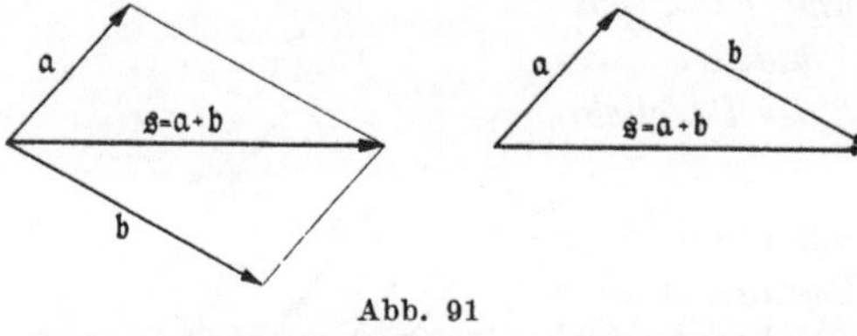

Abb. 91

1. Statt mit der Parallelogrammregel kann man den
Summenvektor $\mathfrak{s} = \mathfrak{a} + \mathfrak{b}$
auch so konstruieren, daß
man den Anfangspunkt von
$\mathfrak{b}$ an die Spitze von $\mathfrak{a}$
schiebt. Dann stellt der vom Anfangspunkt von $\mathfrak{a}$ nach der Spitze
von $\mathfrak{b}$ verlaufende Vektor den Summenvektor $\mathfrak{s}$ dar (Abb. 91).

2. Die Summe von mehreren Vektoren

$$\mathfrak{s} = \mathfrak{a}_1 + \mathfrak{a}_2 + \cdots + \mathfrak{a}_n = \sum_{i=1}^{n} \mathfrak{a}_i$$

---

[1]) Die Addition von linienflüchtigen Vektoren kann nur dann nach der Parallelogrammregel erfolgen, wenn sich die Vektoren in einen gemeinsamen Anfangspunkt
verschieben lassen. Um linienflüchtige Vektoren, deren Wirkungslinien sich nicht
schneiden, „addieren" zu können (z. B. räumlich verteilte Kraftvektoren am
starren Körper), muß man eine verallgemeinerte Vektoraddition definieren, wobei
man zu dem Begriff des „Winders" gelangt, worauf hier aber nicht weiter eingegangen werden soll.

[2]) Ortsvektoren können nur dann addiert werden, wenn sie gleichen Anfangspunkt haben.

konstruiert man zweckmäßigerweise so, daß man jeden Vektor a_i mit seinem Anfangspunkt an die Spitze des vorangehenden Vektors a_{i-1} schiebt. $\mathfrak{s}$ läuft dann vom Anfangspunkt von a_1 nach der Spitze von a_n (Abb. 92).

Fällt speziell der Anfangspunkt des ersten Vektors mit der Spitze des letzten zusammen (Abb. 93), so ist das Vektorpolygon „geschlossen"

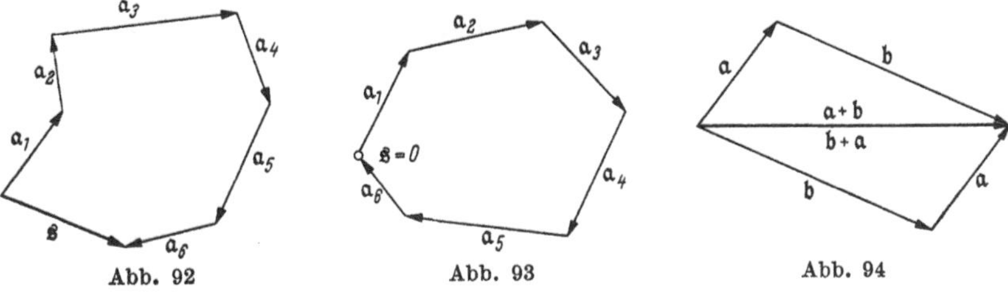

Abb. 92   Abb. 93   Abb. 94

und $\mathfrak{s}$ ist gleich dem „Nullvektor", d. i. ein Vektor der Länge Null ohne bestimmte Richtung, man schreibt dann

$$\mathfrak{s} = a_1 + a_2 + \cdots + a_n = \mathfrak{o}$$

3. Die Vektoraddition ist unabhängig von der Reihenfolge der Vektorsummanden, es gilt das *kommutative Gesetz*

$$\boxed{a + b = b + a}$$

Der Beweis folgt unmittelbar aus Abb. 94.

4. Die Vektoraddition ist unabhängig von der Reihenfolge der Teilsummen, d. h. es dürfen beliebig Klammern eingestreut werden[1]) (*assoziatives Gesetz*)

$$\boxed{(a + b) + c = a + (b + c) = a + b + c}$$

Beweis siehe Abb. 95. Hierbei sind a, b, c nicht notwendig in einer Ebene, sondern können als räumliche Vektoren aufgefaßt werden.

5. Vektoren lassen sich nicht anordnen, d. h. eine Größer- oder Kleiner-Beziehung zwischen Vektoren gibt es nicht. Dagegen kann man selbstverständlich die Längen (Beträge) von Vektoren miteinander vergleichen, denn diese sind (positive) reelle Zahlen. So gilt für den Betrag des Summen-

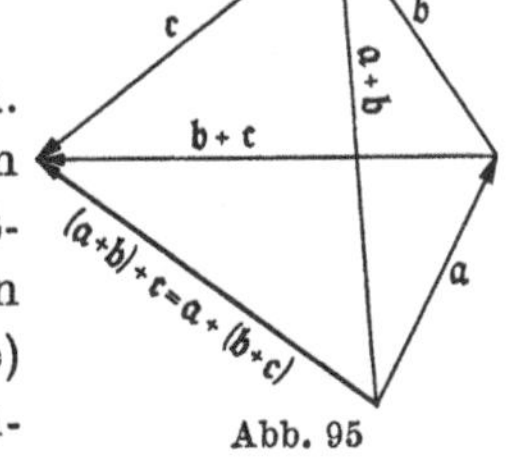

Abb. 95

---

[1]) Beachte: $(a + b) + c$ bedeutet die Summe der Vektoren $a + b$ und c; dagegen ist unter $a + (b + c)$ die Summe der Vektoren a und $b + c$ zu verstehen. Beide Ausdrücke sind begrifflich verschieden, ihre Gleichheit bedarf also des Beweises.

vektors $\mathfrak{a} + \mathfrak{b}$

$$||\mathfrak{a}| - |\mathfrak{b}|| \leqq |\mathfrak{a} + \mathfrak{b}| \leqq |\mathfrak{a}| + |\mathfrak{b}|.$$

Das sind zunächst die beiden „Dreiecksungleichungen", nach denen jede Seite eines Dreiecks größer als die Differenz und kleiner als die Summe der beiden übrigen Seiten ist. Die Gleichheitszeichen gelten für die Parallelfälle[1]) (Abb. 96, 97)

$$\mathfrak{a} \uparrow\uparrow \mathfrak{b}: \quad |\mathfrak{a} + \mathfrak{b}| = |\mathfrak{a}| + |\mathfrak{b}|$$

$$\mathfrak{a} \uparrow\downarrow \mathfrak{b}: \begin{cases} |\mathfrak{a} + \mathfrak{b}| = |\mathfrak{a}| - |\mathfrak{b}|, & \text{falls} \quad |\mathfrak{a}| > |\mathfrak{b}| \\ |\mathfrak{a} + \mathfrak{b}| = |\mathfrak{b}| - |\mathfrak{a}|, & \text{falls} \quad |\mathfrak{b}| > |\mathfrak{a}|. \end{cases}$$

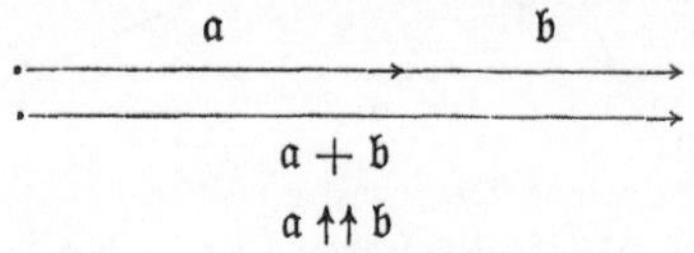

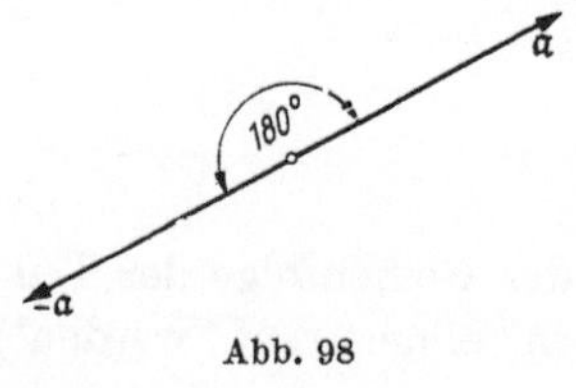

$a + b$

$\mathfrak{a} \uparrow\uparrow \mathfrak{b}$

Abb. 96

$a + b$

$(\mathfrak{a} \uparrow\downarrow \mathfrak{b}, \ |\mathfrak{a}| > |\mathfrak{b}|)$

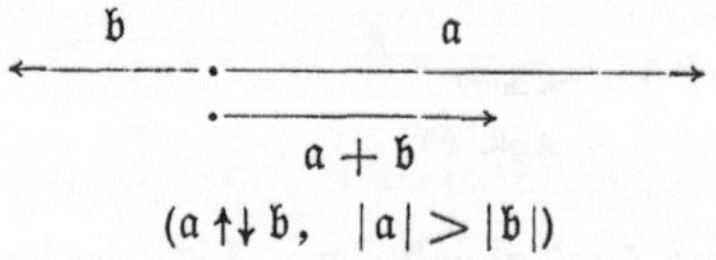

Abb. 97

2.2.2 Subtraktion eines Vektors

Die Summe zweier Vektoren $\mathfrak{a}$ und $\mathfrak{b}$ ergibt den Nullvektor

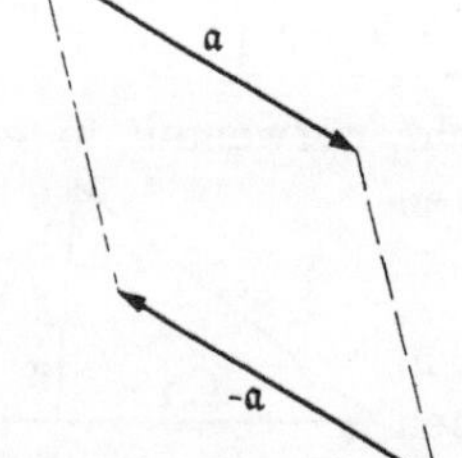

Abb. 98

$$\mathfrak{a} + \mathfrak{b} = \mathfrak{o},$$

wenn $\mathfrak{b}$ aus $\mathfrak{a}$ durch Drehung um 180° hervorgeht (Abb. 98). Es ist deshalb naheliegend, für $\mathfrak{b}$ die Schreibweise $-\mathfrak{a}$ einzuführen, da dann — formal wie bei reellen Zahlen —

$$\mathfrak{a} + (-\mathfrak{a}) = \mathfrak{o}$$

gilt. Man nennt $-\mathfrak{a}$ den zu $\mathfrak{a}$ inversen oder negativen Vektor und gibt hierzu die

Definition: *Mit* $-\mathfrak{a}$ *soll derjenige Vektor bezeichnet werden, der sich von* $\mathfrak{a}$ *lediglich im Richtungssinn unterscheidet, also durch*

$$\boxed{\mathfrak{a} + (-\mathfrak{a}) = \mathfrak{o}}$$

Abb. 99

bestimmt ist (Abb. 99)

Definition: *Die Subtraktion eines Vektors* $\mathfrak{b}$ *werde als Addition des Vektors* $-\mathfrak{b}$ *ausgeführt:*

$$\boxed{\mathfrak{a} - \mathfrak{b} = \mathfrak{a} + (-\mathfrak{b})}$$

---

[1]) Man nennt $\mathfrak{a}$ und $\mathfrak{b}$ im Falle $\mathfrak{a} \uparrow\uparrow \mathfrak{b}$ „gleichsinnig parallel", im Falle $\mathfrak{a} \uparrow\downarrow \mathfrak{b}$ „gegensinnig parallel". Mit $\mathfrak{a} \parallel \mathfrak{b}$ wird die gewöhnliche Parallelität bezeichnet.

Die Konstruktion des Differenzenvektors $\mathfrak{d} = \mathfrak{a} - \mathfrak{b}$ kann entweder als Diagonalenvektor des von $\mathfrak{a}$ und $-\mathfrak{b}$ aufgespannten Parallelogramms erfolgen (Abb. 100) oder, indem man $\mathfrak{a}$ bzw. $\mathfrak{b}$ so verschiebt, daß beide

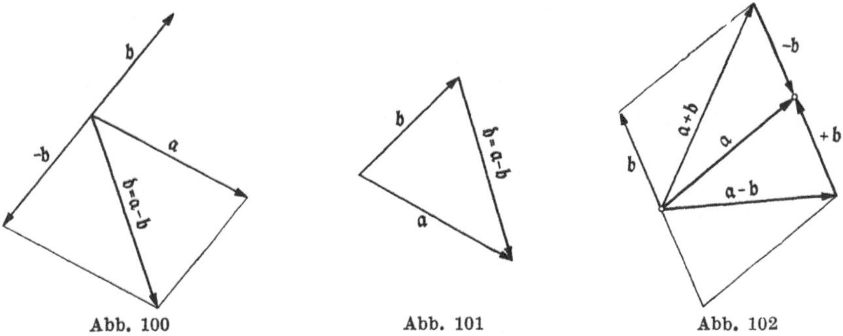

gemeinsamen Anfangspunkt haben. Dann läuft $\mathfrak{d}$ von der Spitze von $\mathfrak{b}$ nach der Spitze von $\mathfrak{a}$ (Abb. 101). Hierbei kann man die Richtigkeit mittels

$$\mathfrak{b} + (\mathfrak{a} - \mathfrak{b}) = \mathfrak{a}$$

nachprüfen.

Die Vektorsubtraktion ist die Umkehrung der Vektoraddition und umgekehrt, denn es gilt

$$(\mathfrak{a} + \mathfrak{b}) - \mathfrak{b} = \mathfrak{a}$$

$$(\mathfrak{a} - \mathfrak{b}) + \mathfrak{b} = \mathfrak{a}.$$

Die Richtigkeit dieser Identitäten zeigt Abb. 102. Identifiziert man $+\mathfrak{a}$ mit $\mathfrak{a}$, also $+\mathfrak{a} = \mathfrak{a}$, so kann man leicht die aus der Algebra her bekannten „Vorzeichenregeln" auch hier bei Vektoren bestätigen:

$$+(+\mathfrak{a}) = +\mathfrak{a}$$
$$-(-\mathfrak{a}) = +\mathfrak{a}$$
$$+(-\mathfrak{a}) = -\mathfrak{a}$$
$$-(+\mathfrak{a}) = -\mathfrak{a}$$

2.2.3 Multiplikation eines Vektors mit einem Skalar

Eine additive oder subtraktive Verknüpfung Skalar—Vektor gibt es nicht, wohl aber kann man ihrem Produkt einen Sinn beilegen. Bildet man etwa

$$\mathfrak{s} = \mathfrak{a} + \mathfrak{a} + \mathfrak{a} + \mathfrak{a},$$

so gilt für diesen Summenvektor

$$\mathfrak{s} \uparrow\uparrow \mathfrak{a}, |\mathfrak{s}| = 4|\mathfrak{a}|,$$

während für

$$\mathfrak{z}' = -\mathfrak{a} - \mathfrak{a} - \mathfrak{a} - \mathfrak{a}$$

$$\mathfrak{z}' \uparrow\downarrow \mathfrak{a}, \ |\mathfrak{z}'| = 4|\mathfrak{a}|$$

folgt. Es liegt nahe, $\mathfrak{z} = 4\mathfrak{a}$ bzw. $\mathfrak{z}' = 4(-\mathfrak{a}) = -4\mathfrak{a}$ zu schreiben. Demgemäß gibt man allgemein folgende

Definition: *Ist k eine beliebige reelle Zahl (d. h. ein Skalar), $\mathfrak{a}$ ein beliebiger Vektor, so werde unter dem Produkt $k\,\mathfrak{a}$ wieder ein Vektor verstanden, der*

1. *für $k > 0$ die k-fache Länge von $\mathfrak{a}$ hat und gleichsinnig parallel zu $\mathfrak{a}$ ist:* $k\,\mathfrak{a} \uparrow\uparrow \mathfrak{a}$

2. *für $k < 0$ die $(-k)$-fache Länge von $\mathfrak{a}$ hat und gegensinnig parallel zu $\mathfrak{a}$ ist:* $k\,\mathfrak{a} \uparrow\downarrow \mathfrak{a}$

3. *für $k = 0$ den Nullvektor $\mathfrak{o}$ bedeutet.*

Einige Beispiele hierzu zeigt Abb. 103.
Speziell enthält die Definition

$$1\mathfrak{a} = \mathfrak{a}, \quad -1\mathfrak{a} = -\mathfrak{a}, \quad 0\mathfrak{a} = \mathfrak{o}.$$

Sie hat ferner folgende Eigenschaften, die der Leser leicht anhand einer Skizze beweisen kann:

1. Es gilt das *Distributivgesetz* bezüglich der Skalaraddition

$$\boxed{(k + l)\,\mathfrak{a} = k\,\mathfrak{a} + l\,\mathfrak{a}}$$

2. Es gilt das *Distributivgesetz* bezüglich der Vektoraddition

$$\boxed{k(\mathfrak{a} + \mathfrak{b}) = k\,\mathfrak{a} + k\,\mathfrak{b}}$$

3. Es gilt das *Assoziativgesetz* bezüglich der Skalarmultiplikation

$$\boxed{k(l\,\mathfrak{a}) = l(k\,\mathfrak{a}) = k\,l\,\mathfrak{a}}\ {}^{1)}$$

Die bis jetzt aufgestellten Rechenregeln für Vektoren und Skalare ermöglichen bereits im gewissen Umfang ein formales Rechnen mit den Zeichen anstelle einer Konstruktion. Dabei gilt, daß man bezüglich der Vektoraddition und -subtraktion sowie der Multiplikation eines Vektors mit einem Skalar mit Vektoren und Skalaren *formal* wie in der Algebra rechnen kann. Des begrifflichen Unterschiedes zur Algebra

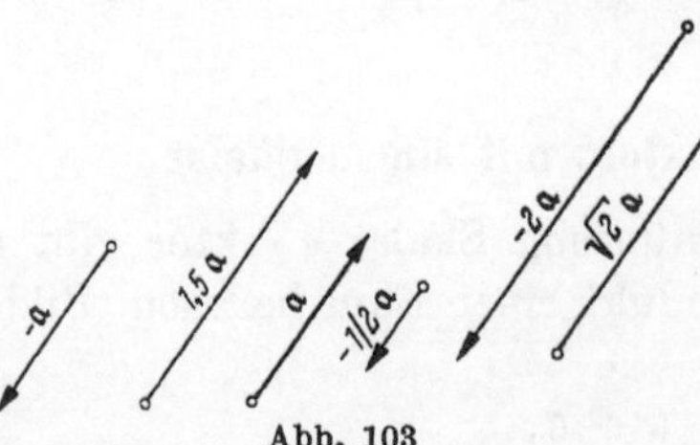

Abb. 103

muß man sich dabei jedoch stets bewußt bleiben.

${}^{1)}$ Ferner gilt $k\,\mathfrak{a} = \mathfrak{a}\,k$.

Beispiele

1. Vereinfache den vektoriellen Ausdruck

$$2(\mathfrak{a} + 3\mathfrak{b}) - 3(\mathfrak{b} - 4\mathfrak{a}) - (4\mathfrak{b} - 3\mathfrak{a}) + (2 - 5)\,\mathfrak{a}!$$

Lösung:
$$2\mathfrak{a} + 6\mathfrak{b} - 3\mathfrak{b} + 12\mathfrak{a} - 4\mathfrak{b} + 3\mathfrak{a} - 3\mathfrak{a}$$
$$= 2\mathfrak{a} + 12\mathfrak{a} + 6\mathfrak{b} - 3\mathfrak{b} - 4\mathfrak{b}$$
$$= (2 + 12)\mathfrak{a} + (6 - 3 - 4)\mathfrak{b}$$
$$= 14\mathfrak{a} - \mathfrak{b}$$

2. Man bestimme den Vektor $\mathfrak{x}$ aus der linearen Vektorgleichung

$$3\mathfrak{x} + 2(\mathfrak{a} - \mathfrak{x}) = 3\mathfrak{b} - \mathfrak{x} + 5(\mathfrak{b} + 2\mathfrak{x})!$$

Lösung: Nach den Gesetzen der Gleichungslehre ist

$$3\mathfrak{x} + 2\mathfrak{a} - 2\mathfrak{x} = 3\mathfrak{b} - \mathfrak{x} + 5\mathfrak{b} + 10\mathfrak{x}$$
$$2\mathfrak{a} + \mathfrak{x} = 8\mathfrak{b} + 9\mathfrak{x}$$
$$-8\mathfrak{x} = 8\mathfrak{b} - 2\mathfrak{a}$$
$$\mathfrak{x} = \tfrac{1}{4}\mathfrak{a} - \mathfrak{b}.$$

Probe: Man setze die Lösung in die gegebene Gleichung ein und vergleiche beide Seiten. Es ergibt sich

für die linke Seite:
$$3(\tfrac{1}{4}\mathfrak{a} - \mathfrak{b}) + 2(\mathfrak{a} - \tfrac{1}{4}\mathfrak{a} + \mathfrak{b}) = \tfrac{9}{4}\mathfrak{a} - \mathfrak{b};$$

für die rechte Seite:
$$3\mathfrak{b} - \tfrac{1}{4}\mathfrak{a} + \mathfrak{b} + 5(\mathfrak{b} + \tfrac{1}{2}\mathfrak{a} - 2\mathfrak{b}) = \tfrac{9}{4}\mathfrak{a} - \mathfrak{b}.$$

Statt einen Vektor mit einem Skalar $1/k$ zu multiplizieren, kann man ihn auch durch einen Skalar $k \neq 0$ dividieren; man schreibt dann

$$\frac{\mathfrak{a}}{k} = \frac{1}{k}\,\mathfrak{a},$$

und es ist nach dem assoziativen Gesetz

$$k\left(\frac{1}{k}\,\mathfrak{a}\right) = \frac{1}{k}\,(k\,\mathfrak{a}) = \frac{1}{k}\,k\,\mathfrak{a} \equiv \mathfrak{a}.$$

Dividiert man einen Vektor $\mathfrak{a}$ durch den Skalar

$$k = |\mathfrak{a}|,$$

so ergibt sich ein gleichsinnig paralleler Vektor der Länge 1:

$$\frac{\mathfrak{a}}{|\mathfrak{a}|} \uparrow\uparrow \mathfrak{a}, \qquad \left|\frac{\mathfrak{a}}{|\mathfrak{a}|}\right| = \frac{|\mathfrak{a}|}{|\mathfrak{a}|} = 1.$$

Definition: *Vektoren vom Betrage 1 heißen Einsvektoren oder Einheitsvektoren; man schreibt*

$$\boxed{\frac{\mathfrak{a}}{|\mathfrak{a}|} = \mathfrak{a}^0 = \mathfrak{e}_\mathfrak{a}}$$

Es gibt unendlich viele (verschiedene) Einsvektoren, jedoch bezüglich eines bestimmten Vektors $\mathfrak{a}$ genau einen, nämlich den zugehörigen

Einsvektor $\mathfrak{a}^0$ gleicher Richtung und gleichen Richtungssinnes wie $\mathfrak{a}$ (Abb. 104). Multipliziert man die Definitionsgleichung noch mit $|\mathfrak{a}|$ durch, so wird

$$\mathfrak{a} = |\mathfrak{a}|\,\mathfrak{a}^0 = |\mathfrak{a}|\,\mathfrak{e}_\mathfrak{a}\,,$$

d. h. jeder Vektor kann als Produkt aus seinem Betrag und dem zugehörigen Einsvektor geschrieben werden.

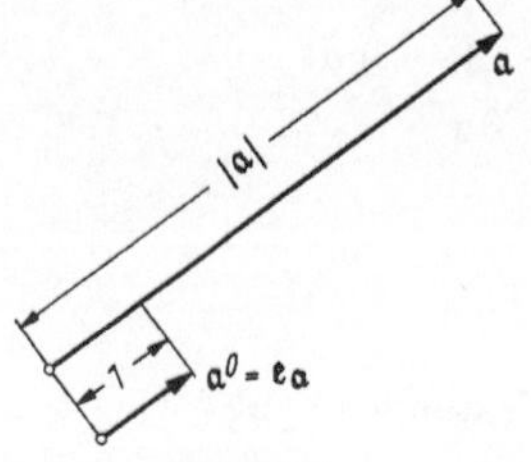

Abb. 104

2.2.4 Das skalare Produkt

Vorbetrachtung: Der mechanische Arbeitsbegriff

Es sei $\mathfrak{F}$ eine konstante Kraft, die an einer Punktmasse m angreift und diese längs eines Weges $\mathfrak{r}$ (Wegvektor) verschiebt (Abb. 105). Die Richtung von $\mathfrak{r}$ sei dabei die für m einzig mögliche Verschiebungsrichtung (z. B. eine geradlinige Schiene). Dann verrichtet die Kraft $\mathfrak{F}$ bei zurückgelegtem Weg $\mathfrak{r}$ eine Arbeit A, die in der Mechanik definiert ist als das Produkt aus der Länge $|\mathfrak{r}|$ des Verschiebungsweges und dem Betrag der Kraftkomponente in Richtung des Weges

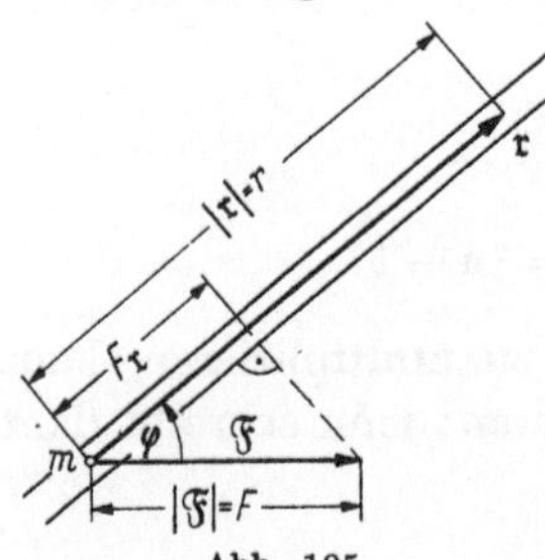

Abb. 105

$$A = F_\mathfrak{r}\,r\,.$$

Wirkt $\mathfrak{F}$ speziell in Richtung des Weges $\mathfrak{r}$, so wird der volle Betrag der Kraft wirksam und es ist mit $F_\mathfrak{r} = F$

$$A = F\,r\,.$$

Ist $\mathfrak{F}$ jedoch senkrecht zum Weg gerichtet, so ist die Komponente in Wegrichtung gleich Null und damit

$$A = 0\,,$$

denn die Punktmasse erfährt keine Verschiebung.

Bezeichnet man allgemein den Winkel zwischen Kraft- und Wegvektor mit φ, so ist

$$F_\mathfrak{r} = F\cos\varphi$$
$$A = F\,r\cos\varphi\,.$$

Die mechanische Arbeit ist demnach eine skalare Größe, die jedoch mittels der beiden Vektoren $\mathfrak{F}$ und $\mathfrak{r}$ definiert ist. Dies legt nahe, eine multiplikative Verknüpfung zwischen zwei Vektoren allgemein so einzuführen, daß ihr Ergebnis ein Skalar ist und im Spezialfall mit dem

Begriff der mechanischen Arbeit übereinstimmt. Das geschieht durch die folgende

Definition: *Das Produkt aus den Beträgen zweier Vektoren* $\mathfrak{a}$ *und* $\mathfrak{b}$ *und dem Kosinus des von ihnen eingeschlossenen Winkels wird ihr skalares Produkt* $\mathfrak{a} \cdot \mathfrak{b}$ *genannt*

$$\mathfrak{a} \cdot \mathfrak{b} = |\mathfrak{a}|\,|\mathfrak{b}|\,\cos \sphericalangle\,(\mathfrak{a},\,\mathfrak{b})$$

Diskussion des skalaren Produktes

1. Für die mechanische Arbeit erhält man mit

$$A = \mathfrak{F} \cdot \mathfrak{r}$$

das skalare Produkt aus Kraft- und Wegvektor.

2. Das skalare Produkt $\mathfrak{a} \cdot \mathfrak{b}$ kann geometrisch als Maßzahl derjenigen *Rechtecksfläche* verstanden werden, die vom Betrag des einen Vektors und vom Betrag der Projektion des anderen Vektors auf den ersten ge- bildet wird (Abb. 106). Es ist $|\mathfrak{a}|\,\cos\varphi$ der Betrag der Projektion von $\mathfrak{a}$ auf $\mathfrak{b}$, $|\mathfrak{b}|\,\cos\varphi$ der Betrag der Projektion von $\mathfrak{b}$ auf $\mathfrak{a}$, mithin

$$\mathfrak{a} \cdot \mathfrak{b} = |\mathfrak{b}|\,(|\mathfrak{a}|\,\cos\varphi) = |\mathfrak{a}|\,(|\mathfrak{b}|\,\cos\varphi)$$

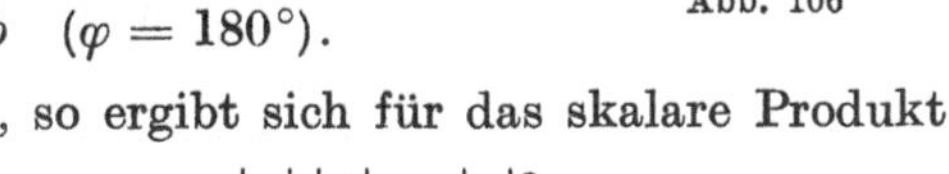

Abb. 106

3. Haben beide Vektoren gleiche Richtung, so erhält man speziell für

$$\mathfrak{a} \uparrow\uparrow \mathfrak{b} : \mathfrak{a} \cdot \mathfrak{b} = \quad a\,b \quad (\varphi = 0°)$$
$$\mathfrak{a} \uparrow\downarrow \mathfrak{b} : \mathfrak{a} \cdot \mathfrak{b} = -a\,b \quad (\varphi = 180°).$$

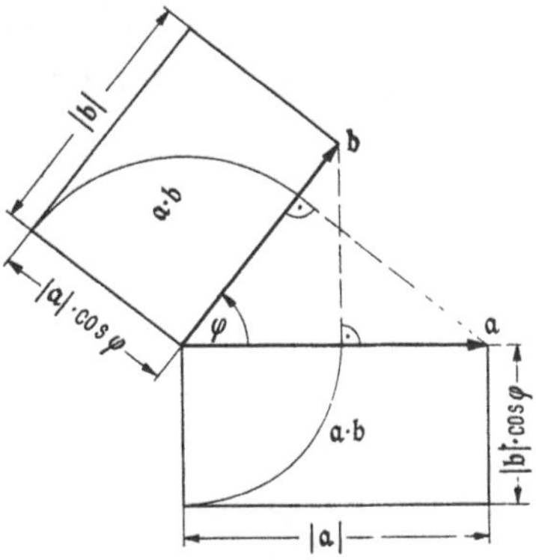

Ist insbesondere $\mathfrak{a} = \mathfrak{b}$, so ergibt sich für das skalare Produkt

$$\mathfrak{a} \cdot \mathfrak{a} = |\mathfrak{a}|\,|\mathfrak{a}| = |\mathfrak{a}|^2$$

$$|\mathfrak{a}| = \sqrt{\mathfrak{a} \cdot \mathfrak{a}}$$

Setzt man noch für

$$\mathfrak{a} \cdot \mathfrak{a} = \mathfrak{a}^2,$$

so folgt damit

$$|\mathfrak{a}| = \sqrt{\mathfrak{a}^2}$$

in formaler Übereinstimmung mit der Definition der Quadratwurzel im Körper der reellen Zahlen.

4. *Die skalare Produktbildung ist kommutativ*

$$\mathfrak{a} \cdot \mathfrak{b} = \mathfrak{b} \cdot \mathfrak{a}$$

also unabhängig von der Reihenfolge der Vektorfaktoren.

Beweis: Es ist nach Definition

$$a \cdot b = |a|\,|b|\,\cos \sphericalangle(a, b)$$
$$b \cdot a = |b|\,|a|\,\cos \sphericalangle(b, a).$$

Setzt man $\sphericalangle(a, b) = \varphi$, so ist auf Grund des entgegengesetzten Drehsinnes $\sphericalangle(b, a) = -\varphi$; aber mit

$$\cos(-\varphi) = \cos\varphi$$

wird dieser Unterschied im Vorzeichen wieder aufgehoben und es folgt

$$a \cdot b = b \cdot a.$$

5. *Die skalare Produktbildung ist distributiv zur Vektoraddition*

$$\boxed{a \cdot (b + c) = a \cdot b + a \cdot c}$$

Beweis: Nach Abb. 107 ist

$$a \cdot (b + c) = |a|\,|b + c|\,\cos \sphericalangle(a, b + c) = |a| \cdot \overline{AS}$$
$$a \cdot b = |a|\,|b|\,\cos \sphericalangle(a, b) = |a| \cdot \overline{AS_1}$$
$$a \cdot c = |a|\,|c|\,\cos \sphericalangle(a, c) = |a| \cdot \overline{AS_2}.$$

Die Addition der beiden letzten Gleichungen ergibt

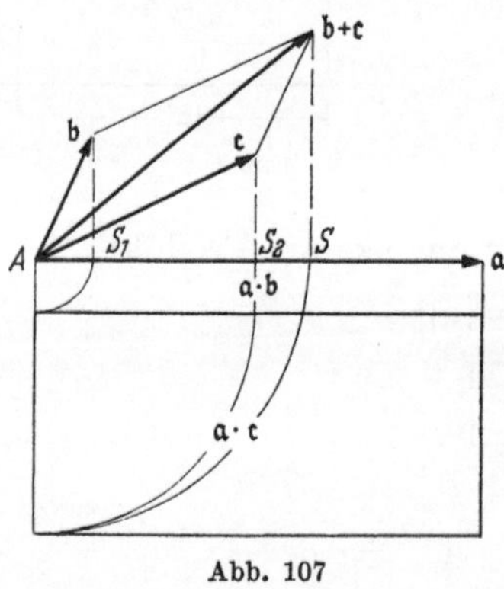

Abb. 107

$$a \cdot b + a \cdot c = |a|\,(\overline{AS_1} + \overline{AS_2}) = |a| \cdot \overline{AS},$$
$$\text{da}\quad \overline{AS} = \overline{AS_1} + \overline{AS_2},$$
$$\Rightarrow a \cdot (b + c) = a \cdot b + a \cdot c.$$

Geometrisch ist $a \cdot (b + c)$ die Maßzahl des aus $|a|$ und $\overline{AS}$ gebildeten Rechtecks, das sich zusammensetzt aus den beiden Teilrechtecken $|a|\,\overline{AS_1} = a \cdot b$ und $|a|\,\overline{AS_2} = a \cdot c$, so daß man also auch auf diese Weise die obige Aussage bestätigt.

6. *Die skalare Produktbildung ist assoziativ bezüglich der Multiplikation mit einem Skalar k*

$$\boxed{(k\,a) \cdot b = a \cdot (k\,b) = k\,(a \cdot b)}$$

Der skalare Faktor k kann also an beliebiger Stelle im skalaren Produkt stehen.

Beweis: Für $k = 0$ ist die Formel trivialerweise richtig. Für $k \neq 0$ ergibt sich mit Abb. 108

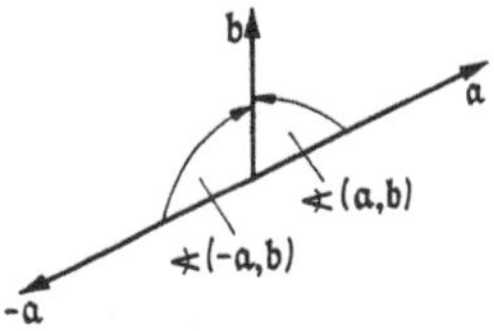

$$(k\,\mathfrak{a}) \cdot \mathfrak{b} = |k|\,|\mathfrak{a}|\,|\mathfrak{b}|\,\cos \sphericalangle (k\,\mathfrak{a},\,\mathfrak{b})$$

$$= \begin{cases} |k|\,|\mathfrak{a}|\,|\mathfrak{b}|\,\cos \sphericalangle (\mathfrak{a},\,\mathfrak{b}) & \text{für } k > 0 \\ -|k|\,|\mathfrak{a}|\,|\mathfrak{b}|\,\cos \sphericalangle (\mathfrak{a},\,\mathfrak{b}) & \text{für } k < 0, \end{cases}$$

Abb. 108

denn $\cos \sphericalangle (-\mathfrak{a},\,\mathfrak{b}) = \cos[180° - \sphericalangle (\mathfrak{a},\,\mathfrak{b})] = -\cos \sphericalangle (\mathfrak{a},\,\mathfrak{b})$;

$$\mathfrak{a} \cdot (k\,\mathfrak{b}) = |\mathfrak{a}|\,|k|\,|\mathfrak{b}|\,\cos \sphericalangle (\mathfrak{a},\,k\,\mathfrak{b})$$

$$= \begin{cases} |\mathfrak{a}|\,|k|\,|\mathfrak{b}|\,\cos \sphericalangle (\mathfrak{a},\,\mathfrak{b}) & \text{für } k > 0 \\ -|\mathfrak{a}|\,|k|\,|\mathfrak{b}|\,\cos \sphericalangle (\mathfrak{a},\,\mathfrak{b}) & \text{für } k < 0, \end{cases}$$

denn $\cos \sphericalangle (\mathfrak{a},\,-\mathfrak{b}) = \cos[180° - \sphericalangle (\mathfrak{a},\,\mathfrak{b})] = -\cos \sphericalangle (\mathfrak{a},\,\mathfrak{b})$;

$$k(\mathfrak{a} \cdot \mathfrak{b}) = k\,|\mathfrak{a}|\,|\mathfrak{b}|\,\cos \sphericalangle (\mathfrak{a},\,\mathfrak{b})$$

$$= \begin{cases} |k|\,|\mathfrak{a}|\,|\mathfrak{b}|\,\cos \sphericalangle (\mathfrak{a},\,\mathfrak{b}) & \text{für } k > 0 \\ -|k|\,|\mathfrak{a}|\,|\mathfrak{b}|\,\cos \sphericalangle (\mathfrak{a},\,\mathfrak{b}) & \text{für } k < 0, \end{cases}$$

denn es ist $|k| = \pm k$, je nachdem $k > 0$ oder $k < 0$ ist. Sowohl für positive als auch für negative k ergibt sich Übereinstimmung in allen drei Ausdrücken.

7. Das skalare Produkt $\mathfrak{a} \cdot \mathfrak{b}$ verschwindet, wenn $\mathfrak{a} = \mathfrak{o}$ oder $\mathfrak{b} = \mathfrak{o}$ oder $\cos \sphericalangle (\mathfrak{a},\,\mathfrak{b}) = 0$, d. h. $\mathfrak{a} \perp \mathfrak{b}$ ist. Umgekehrt folgt aus $\mathfrak{a} \cdot \mathfrak{b} = 0$ also nicht notwendig das Verschwinden einer der beiden Faktoren! Der logische Zusammenhang ist demnach

$$\boxed{\begin{array}{c} \mathfrak{a} \cdot \mathfrak{b} = 0 \Longleftrightarrow \mathfrak{a} \perp \mathfrak{b} \\ (\mathfrak{a} \neq \mathfrak{o},\ \mathfrak{b} \neq \mathfrak{o}) \end{array}}$$

d. h. zwei (vom Nullvektor verschiedene) Vektoren sind orthogonal genau dann, wenn ihr skalares Produkt verschwindet (Orthogonalitätsbedingung). In diesem Satz unterscheidet sich das skalare Produkt zweier Vektoren grundsätzlich vom Produkt zweier reellen Zahlen.

8. Ein weiterer Unterschied zum Produkt zwischen reellen Zahlen besteht darin, daß es *kein skalares Produkt mit mehr als zwei Faktoren gibt*, mithin Ausdrücke der Gestalt

$$\mathfrak{a} \cdot \mathfrak{b} \cdot \mathfrak{c}, \quad \mathfrak{a} \cdot \mathfrak{b} \cdot \mathfrak{c} \cdot \mathfrak{b} \ \text{usw.,}$$

in denen die Punkte die Bildung des skalaren Produktes bezeichnen, sinnlos sind. Da nämlich das skalare Produkt von zwei Vektorfaktoren, etwa $\mathfrak{a} \cdot \mathfrak{b}$, bereits einen Skalar darstellt, kann es mit dem dritten Vektor kein skalares Produkt mehr eingehen.

Dagegen sind die Ausdrücke

$$(\mathfrak{a} \cdot \mathfrak{b})\, \mathfrak{c}, \quad \mathfrak{a}(\mathfrak{b} \cdot \mathfrak{c}), \quad (\mathfrak{a} \cdot \mathfrak{b})(\mathfrak{c} \cdot \mathfrak{b})$$

durchaus sinnvoll. Der erste stellt nach II. 2.2.3 die Multiplikation eines Skalars $\mathfrak{a} \cdot \mathfrak{b}$ mit einem Vektor $\mathfrak{c}$ dar, ist also ein Vektor parallel zu $\mathfrak{c}$. Der zweite Ausdruck besagt, daß der Vektor $\mathfrak{a}$ mit dem Skalar $\mathfrak{b} \cdot \mathfrak{c}$ multipliziert werden soll. Schließlich ist der dritte Ausdruck ein Skalar, denn es werden zwei Skalare, $\mathfrak{a} \cdot \mathfrak{b}$ und $\mathfrak{c} \cdot \mathfrak{b}$, im algebraischen Sinn miteinander multipliziert.

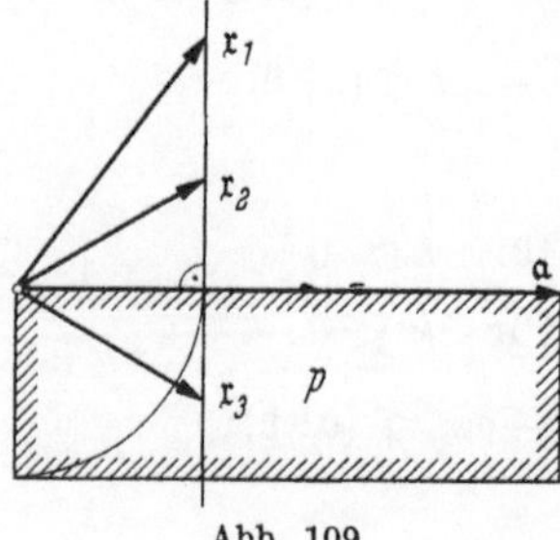

Abb. 109

9. *Die skalare Produktbildung ermöglicht keine Umkehrung zu einer Division von Vektoren.* Gäbe es eine Umkehrung, so müßte bei gegebenen $\mathfrak{a}$ und p ein Vektor $\mathfrak{x}$ *eindeutig* so existieren, daß

$$\mathfrak{a} \cdot \mathfrak{x} = p$$

gilt. Abb. 109 zeigt anschaulich, daß es jedoch unendlich viele Vektoren $\mathfrak{x}_1, \mathfrak{x}_2, \mathfrak{x}_3, \ldots$ gibt, die skalar mit $\mathfrak{a}$ multipliziert den Skalar p ergeben, nämlich alle *die* Vektoren $\mathfrak{x}_i$, welche die gleiche Projektion auf $\mathfrak{a}$ haben.

Beispiele

1. Berechne $(\mathfrak{a} + \mathfrak{b})^2 - (\mathfrak{a} - \mathfrak{b})^2$!

Lösung:

$$(\mathfrak{a} + \mathfrak{b})^2 = (\mathfrak{a} + \mathfrak{b}) \cdot (\mathfrak{a} + \mathfrak{b}) = \mathfrak{a}^2 + 2\mathfrak{a} \cdot \mathfrak{b} + \mathfrak{b}^2 = |\mathfrak{a}|^2 + 2\mathfrak{a} \cdot \mathfrak{b} + |\mathfrak{b}|^2$$

$$(\mathfrak{a} - \mathfrak{b})^2 = (\mathfrak{a} - \mathfrak{b}) \cdot (\mathfrak{a} - \mathfrak{b}) = \mathfrak{a}^2 - 2\mathfrak{a} \cdot \mathfrak{b} + \mathfrak{b}^2 = |\mathfrak{a}|^2 - 2\mathfrak{a} \cdot \mathfrak{b} + |\mathfrak{b}|^2$$

$$\Rightarrow (\mathfrak{a} + \mathfrak{b})^2 - (\mathfrak{a} - \mathfrak{b})^2 = 4\mathfrak{a} \cdot \mathfrak{b} = 4\,|\mathfrak{a}|\,|\mathfrak{b}|\cos \sphericalangle (\mathfrak{a}, \mathfrak{b}).$$

Bemerkung: Höhere Potenzen als Quadrate gibt es nicht; Ausdrücke der Form

$$\mathfrak{a}^3, \quad (\mathfrak{a} - \mathfrak{b})^3 \quad (\mathfrak{a} + \mathfrak{b})^4, \quad \mathfrak{b}^5 \quad \text{usw.}$$

sind sinnlos!

2. Man vereinfache den Ausdruck

$$(\mathfrak{a} + \mathfrak{c}) \cdot (\mathfrak{b} - \mathfrak{a}) - (\mathfrak{a} - \mathfrak{b} + \mathfrak{c}) \cdot \mathfrak{b}$$

unter der Voraussetzung $\mathfrak{a} \perp \mathfrak{c}$!

Lösung: Multipliziert man die Klammern aus, so folgt

$$\mathfrak{a} \cdot \mathfrak{b} + \mathfrak{c} \cdot \mathfrak{b} - \mathfrak{a} \cdot \mathfrak{a} - \mathfrak{c} \cdot \mathfrak{a} - \mathfrak{a} \cdot \mathfrak{b} + \mathfrak{b} \cdot \mathfrak{b} - \mathfrak{c} \cdot \mathfrak{b}$$

$$= -|\mathfrak{a}|^2 + |\mathfrak{b}|^2 - \mathfrak{c} \cdot \mathfrak{a}$$

$$= b^2 - a^2 \quad (\text{denn } \mathfrak{c} \cdot \mathfrak{a} = 0\,!)$$

3. Man gebe die Bedingungen an, unter denen die Gleichung

$$\mathfrak{a} \cdot \mathfrak{c} + \mathfrak{b} \cdot \mathfrak{b} = \mathfrak{b} \cdot \mathfrak{c} + \mathfrak{a} \cdot \mathfrak{b}$$

richtig ist!

Lösung: Bringt man alle Produkte auf die linke Seite, so folgt

$$\mathfrak{a} \cdot \mathfrak{c} + \mathfrak{b} \cdot \mathfrak{b} - \mathfrak{b} \cdot \mathfrak{c} - \mathfrak{a} \cdot \mathfrak{b} = 0$$
$$(\mathfrak{a} - \mathfrak{b}) \cdot (\mathfrak{c} - \mathfrak{b}) = 0.$$

Somit ist hinreichend

$$1.\ \mathfrak{a} - \mathfrak{b} = \mathfrak{o}, \quad \text{d. h.} \quad \mathfrak{a} = \mathfrak{b}$$
$$2.\ \mathfrak{c} - \mathfrak{b} = \mathfrak{o}, \quad \text{d. h.} \quad \mathfrak{c} = \mathfrak{b}$$
$$3.\ \mathfrak{a} - \mathfrak{b} \perp \mathfrak{c} - \mathfrak{b}.$$

4. Ein gegebener Vektor $\mathfrak{r}$ soll in zwei orthogonale Komponenten $\mathfrak{r}_\mathfrak{a}$ (in Richtung von $\mathfrak{a}$) und $\mathfrak{r}_\mathfrak{b}$ (in Richtung von $\mathfrak{b}$) zerlegt werden:

$$\mathfrak{r} = \mathfrak{r}_\mathfrak{a} + \mathfrak{r}_\mathfrak{b}.$$

Die Vektoren $\mathfrak{a}$ und $\mathfrak{b}$ sind dabei als bekannt anzusehen.
Lösung (Abb. 110): Aus der Forderung $\mathfrak{r}_\mathfrak{a} \parallel \mathfrak{a}$ folgt der Ansatz

$$\mathfrak{r}_\mathfrak{a} = x\,\mathfrak{a}$$

und entsprechend aus $\mathfrak{r}_\mathfrak{b} \parallel \mathfrak{b}$

$$\mathfrak{r}_\mathfrak{b} = y\,\mathfrak{b},$$

wobei die unbekannten Skalare x und y zu bestimmen sind. Es ergibt sich

$$\mathfrak{r} = \mathfrak{r}_\mathfrak{a} + \mathfrak{r}_\mathfrak{b} = x\,\mathfrak{a} + y\,\mathfrak{b}$$

nnd daraus durch (beiderseitige) skalare Multiplikation mit $\mathfrak{a}$

$$\mathfrak{r} \cdot \mathfrak{a} = x\,|\mathfrak{a}|^2 + y\,\mathfrak{b} \cdot \mathfrak{a} = x\,|\mathfrak{a}|^2$$
$$\Rightarrow x = \frac{\mathfrak{r} \cdot \mathfrak{a}}{|\mathfrak{a}|^2}.$$

Ebenso folgt nach skalarer Multiplikation mit $\mathfrak{b}$

$$\mathfrak{r} \cdot \mathfrak{b} = x\,\mathfrak{a} \cdot \mathfrak{b} + y\,|\mathfrak{b}|^2 = y\,|\mathfrak{b}|^2$$
$$\Rightarrow y = \frac{\mathfrak{r} \cdot \mathfrak{b}}{|\mathfrak{b}|^2}$$

und damit die eindeutige Komponentenzerlegung

$$\mathfrak{r} = \left(\frac{\mathfrak{r} \cdot \mathfrak{a}}{|\mathfrak{a}|^2}\right) \mathfrak{a} + \left(\frac{\mathfrak{r} \cdot \mathfrak{b}}{|\mathfrak{b}|^2}\right) \mathfrak{b}.$$

5. Man beweise den Satz des PYTHAGORAS: Im rechtwinkligen Dreieck ist das Hypotenusenquadrat gleich der Summe der Kathetenquadrate.

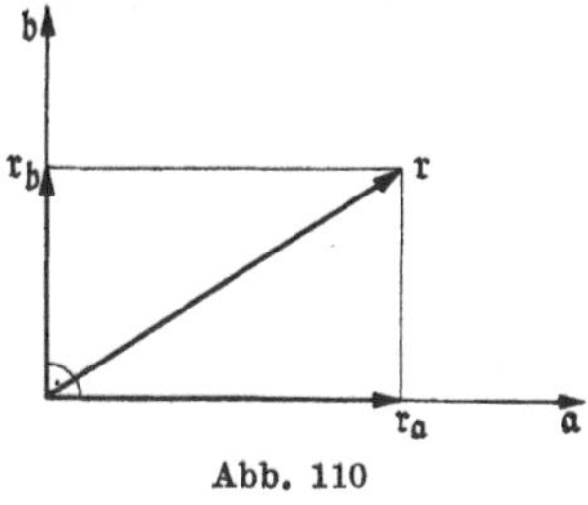

Abb. 110

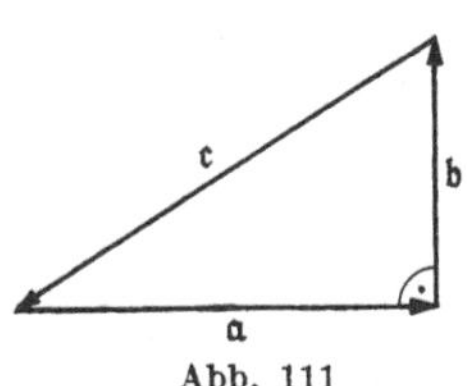

Abb. 111

Lösung (Abb. 111). Voraussetzung: $\mathfrak{a} + \mathfrak{b} + \mathfrak{c} = \mathfrak{o}$, $\mathfrak{a} \cdot \mathfrak{b} = 0$.
Behauptung: $c^2 = a^2 + b^2$
Beweis: $-\mathfrak{c} = \mathfrak{a} + \mathfrak{b} \Rightarrow (-\mathfrak{c})^2 = (\mathfrak{a} + \mathfrak{b})^2$

$$\Rightarrow c^2 = a^2 + 2\mathfrak{a} \cdot \mathfrak{b} + b^2 = a^2 + b^2.$$

Bemerkung: Läßt man die Orthogonalität $a \cdot b = 0$ fallen, so wird

$$c^2 = a^2 + b^2 + 2a \cdot b = a^2 + b^2 + 2a\,b \cos \sphericalangle (a, b)$$

der Kosinussatz der ebenen Trigonometrie[1]).

6. Man beweise den Satz des THALES: Der Umfangswinkel im Halbkreis ist ein Rechter.

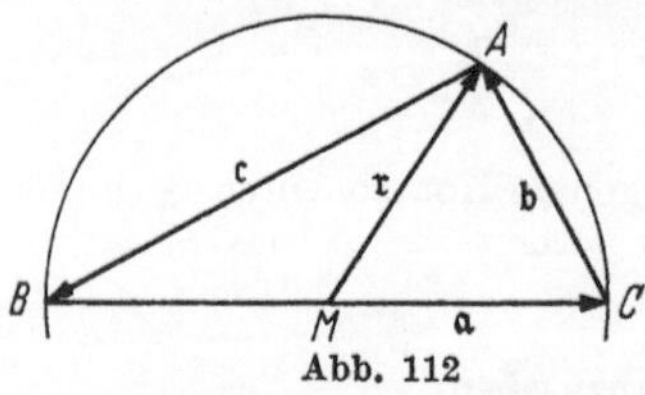

Abb. 112

Lösung (Abb. 112). Voraussetzung:

$$a + b + c = o, \quad r = \tfrac{1}{2}a \; \left(r = \overrightarrow{MA}\right).$$

Behauptung: $b \cdot c = 0$

Beweis: $b = -\tfrac{1}{2}a + r, \quad c = -r - \tfrac{1}{2}a$

$$\Rightarrow b \cdot c = (-\tfrac{1}{2}a + r) \cdot (-r - \tfrac{1}{2}a)$$
$$= (\tfrac{1}{2}a)^2 - r^2 = \tfrac{1}{4}a^2 - r^2 = 0,$$

da $\quad r = \tfrac{1}{2}a \quad$ ist.

7. Man beweise: Ein Parallelogramm ist eine Raute dann und nur dann, wenn die Diagonalen aufeinander senkrecht stehen.

Lösung (Abb. 113).

1. Teil. Voraussetzung[2]): $a + b + c + b = o, \; a = -c, \; e \cdot f = 0$.
Behauptung: $a = b$.
Beweis: $\cdot e = a + b, \; f = -c - b = a - b$

$$\Rightarrow e \cdot f = (a + b) \cdot (a - b) = a^2 - b^2 = 0 \text{ (lt. Vor.)} \Rightarrow a = b.$$

2. Teil. Voraussetzung: $a + b + c + b = o, \; a = -c, \; a = b$.
Behauptung: $e \cdot f = 0$.
Beweis: $e = a + b, \; f = a - b \Rightarrow e \cdot f = (a + b) \cdot (a - b) = a^2 - b^2 = 0$

(da $\quad a = b) \Rightarrow e \perp f$.

8. Man beweise: Verhalten sich die beiden Seiten eines Rechtecks wie $1 : \sqrt{2}$, so steht die Diagonale f auf der zur Mitte der Gegenseite laufenden Geraden g

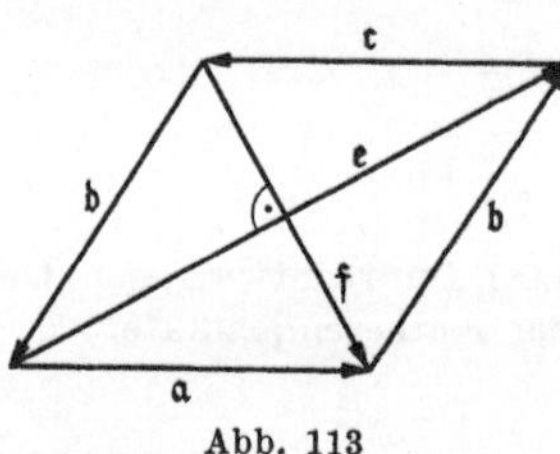

Abb. 113

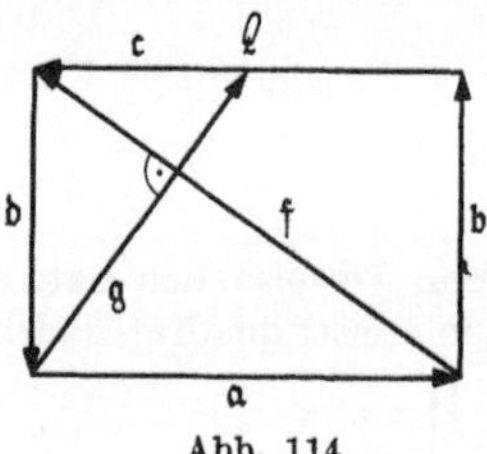

Abb. 114

senkrecht. f und g sind die Diagonalen zweier Rechtecke, deren DIN-Format-bezeichnungen um 1 differieren.

Lösung (Abb. 114).

Voraussetzung: $a + b + c + b = o, \; a = -c, \; a \cdot b = 0, \; Q$: Seitenmitte von c; $b : a = 1 : \sqrt{2}$.

---

[1]) Für den allgemein mit γ bezeichneten Innenwinkel des Dreiecks gilt dabei stets $\gamma = 180° - \sphericalangle (a, b)$, wodurch der Kosinussatz die gewohntere Form $c^2 = a^2 + b^2 - 2a\,b \cos\gamma$ bekommt (s. auch Abb. 119).

[2]) Das Parallelogramm wird hier definiert als ein Viereck $(a + b + c + b = o)$, bei welchem *ein* Paar Gegenseiten gleich *und* parallel ist $(a = -c)$.

Behauptung: $\mathfrak{g} \cdot \mathfrak{f} = 0$.
Beweis: $\mathfrak{f} = \mathfrak{b} + \mathfrak{c}$, $\mathfrak{g} = -\mathfrak{b} - \frac{1}{2}\mathfrak{c} = \mathfrak{b} - \frac{1}{2}\mathfrak{c}$

$$\Rightarrow \mathfrak{f} \cdot \mathfrak{g} = (\mathfrak{b} + \mathfrak{c}) \cdot (\mathfrak{b} - \tfrac{1}{2}\mathfrak{c}) = b^2 - \tfrac{1}{2}c^2 \quad (\mathfrak{b} \cdot \mathfrak{c} = 0!)$$

$$b : a = b : c = 1 : \sqrt{2} \Rightarrow b^2 = \tfrac{1}{2}c^2 \Rightarrow \mathfrak{f} \cdot \mathfrak{g} = 0, \quad \text{also} \quad \mathfrak{f} \perp \mathfrak{g}.$$

2.2.5 Das vektorielle Produkt

Vorbetrachtung: Das mechanische Drehmoment

An einem Punkt A eines um 0 drehbar gelagerten starren Körpers greife eine Kraft $\mathfrak{F}$ an. Diese wird, wenn 0 nicht auf der Wirkungslinie von $\mathfrak{F}$ liegt, dem Körper ein Drehbestreben verleihen, das durch das Produkt

$$M_0 = a_0 \, |\mathfrak{F}|,$$

den „*Betrag des statischen Momentes der Kraft $\mathfrak{F}$ bezüglich* 0" beschrieben werden kann. a_0 heißt der „Hebelarm" der Kraft.

Beim ebenen Kräftesystem kann man die Beträge der statischen Momente mehrerer Kräfte algebraisch addieren, hierbei werden das positive bzw. negative Vorzeichen dem Gegen-zeiger- bzw. Uhrzeiger-Drehsinn zugeordnet.

Ein System von zwei nicht zusammen-fallenden gegensinnig parallelen Kräften gleichen Betrages nennt man ein *Kräftepaar*. Für sein statisches Moment erhält man mit Abb. 115

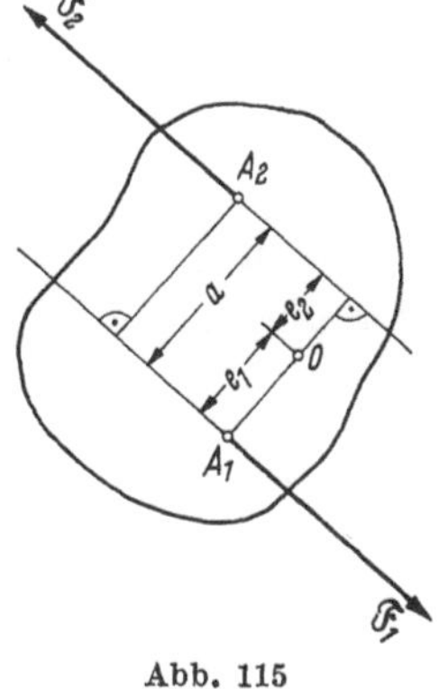

Abb. 115

$$|\mathfrak{F}_1| = |\mathfrak{F}_2| = |\mathfrak{F}|$$
$$M = e_1 F_1 + e_2 F_2 = (e_1 + e_2) F = a \, F,$$

d. h. einen von der Lage des Bezugspunktes O *unabhängigen* Betrag. Das Kräftepaar kann so-mit in seiner Ebene beliebig verschoben werden.

Greifen an einem starren Körper mehrere Kräftepaare an, die in verschiedenen, nicht-parallelen Ebenen liegen, so läßt sich der Betrag des resultierenden statischen Momentes *nicht* durch algebraische Addition ermitteln, da auch noch die gegenseitige Lage dieser Ebenen von physikalischer Bedeutung ist.

Ordnet man jedem Kräftepaar einen Vektor $\mathfrak{M}$ so zu, daß dessen Betrag gleich dem Produkt aus Kraftbetrag $|\mathfrak{F}|$ und Kräfteabstand a ist,

$$|\mathfrak{M}| = M = |\mathfrak{r}| \, |\mathfrak{F}| \sin \sphericalangle (\mathfrak{r}, \mathfrak{F}) = a \, F,$$

ferner seine Richtung mit der Normalen der Wirkungsebene des Kräfte-paares zusammenfällt und schließlich sein Richtungssinn mit dem Dreh-sinn des Kräftepaares eine Rechtsschraubung ergibt (Abb. 116), so läßt sich von diesem Vektor nachweisen:

1. $\mathfrak{M}$ ist ein vom Bezugspunkt unabhängiger, freier Vektor

2. Je zwei so definierte Vektoren $\mathfrak{M}_1$ und $\mathfrak{M}_2$ addieren sich nach der Parallelogrammregel.

$\mathfrak{M}$ ist in der Mechanik als Drehmoment-Vektor bekannt und spielt bei allen Drehbewegungen eine Rolle. Man nimmt ihn zum Anlaß einer Definition eines weiteren Produktes zweier Vektoren, dessen Ergebnis jetzt aber ein Vektor ist.

Definition: *Man nennt* $\mathfrak{c}$ *das vektorielle Produkt der Vektoren* $\mathfrak{a}$ *und* $\mathfrak{b}$, *in Zeichen*

$$\boxed{\mathfrak{c} = \mathfrak{a} \times \mathfrak{b}}$$

wenn folgendes gilt

1. $|\mathfrak{c}| = |\mathfrak{a}| \, |\mathfrak{b}| \sin \sphericalangle (\mathfrak{a}, \mathfrak{b})$,

2. $\mathfrak{c}$ *steht senkrecht auf der von* $\mathfrak{a}$ *und* $\mathfrak{b}$ *bestimmten Ebene,*

3. $\mathfrak{a}$, $\mathfrak{b}$, $\mathfrak{c}$ *bilden (in dieser Reihenfolge) eine Rechtsschraubung.*

Diskussion des vektoriellen Produktes

1. Für das Drehmoment $\mathfrak{M}$ gilt jetzt einfach

$$\mathfrak{M} = \mathfrak{r} \times \mathfrak{F}$$

2. Geometrisch ist der Betrag des vektoriellen Produktes maßzahlgleich dem Flächeninhalt des von $\mathfrak{a}$ und $\mathfrak{b}$ aufgespannten Parallelogramms. $\mathfrak{a} \times \mathfrak{b}$ steht senkrecht auf dieser Fläche (unter Beachtung der

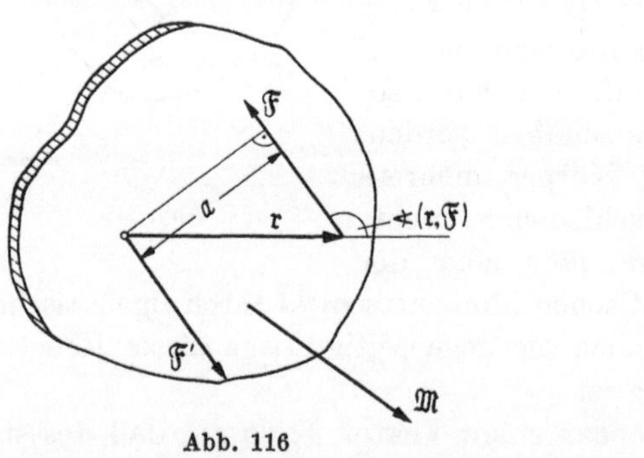

Abb. 116

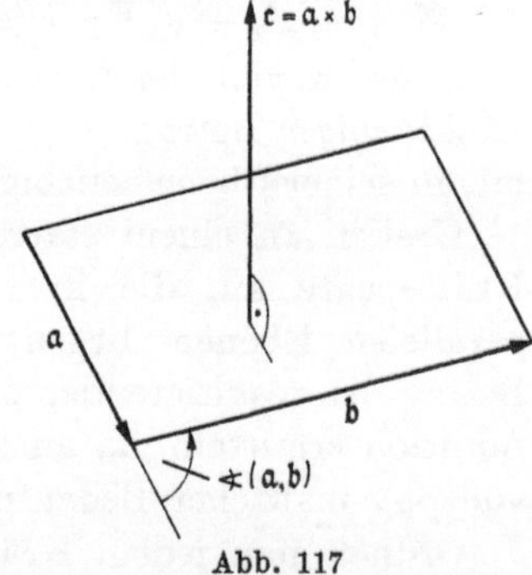

Abb. 117

Rechtsschraubenregel), kann jedoch beliebig parallel verschoben werden (Abb. 117).

3. Das vektorielle Produkt verschwindet, wenn $\mathfrak{a} = \mathfrak{o}$ oder $\mathfrak{b} = \mathfrak{o}$ oder $\sin \sphericalangle (\mathfrak{a}, \mathfrak{b}) = 0$ ist. Letzteres ist der Fall, wenn $\sphericalangle (\mathfrak{a}, \mathfrak{b}) = 0°$ oder $180°$ ist, d. h. wenn $\mathfrak{a} \parallel \mathfrak{b}$ ist. Insbesondere verschwindet das

vektorielle Produkt zweier gleicher Vektoren

$$\boxed{\mathfrak{a} \times \mathfrak{a} = \mathfrak{o}}$$

Umgekehrt folgt damit aus $\mathfrak{a} \times \mathfrak{b} = \mathfrak{o}$ nicht notwendig $\mathfrak{a} = \mathfrak{o}$ oder $\mathfrak{b} = \mathfrak{o}$, vielmehr gilt für $\mathfrak{a} \neq \mathfrak{o}$ und $\mathfrak{b} \neq \mathfrak{o}$

$$\boxed{\begin{array}{c} \mathfrak{a} \times \mathfrak{b} = \mathfrak{o} \Longleftrightarrow \mathfrak{a} \parallel \mathfrak{b} \\ (\mathfrak{a} \neq \mathfrak{o}, \ \mathfrak{b} \neq \mathfrak{o}) \end{array}}$$

d. h. zwei (vom Nullvektor verschiedene) Vektoren sind parallel genau dann, wenn ihr vektorielles Produkt verschwindet (Parallelitätsbedingung).

4. Vertauscht man im vektoriellen Produkt die Faktoren, so fordert die Rechtsschraubenregel eine Umkehrung des Richtungssinnes, d. h. es ist

$$\mathfrak{b} \times \mathfrak{a} \uparrow\downarrow \mathfrak{a} \times \mathfrak{b}.$$

Da sich aber am Betrag und der Richtung ($\perp \mathfrak{a}$ und $\perp \mathfrak{b}$) nichts ändert, gilt hier

$$\boxed{\mathfrak{a} \times \mathfrak{b} = -\mathfrak{b} \times \mathfrak{a}}$$

Eine Faktorenvertauschung bedingt also beim vektoriellen Produkt eine Vorzeichenänderung.[1])

5. *Die vektorielle Multiplikation ist assoziativ bezüglich eines skalaren Faktors*:

$$\boxed{k(\mathfrak{a} \times \mathfrak{b}) = (k\,\mathfrak{a}) \times \mathfrak{b} = \mathfrak{a} \times (k\,\mathfrak{b})}$$

Der skalare Faktor k kann also an beliebiger Stelle im vektoriellen Produkt stehen.

Beweis: Für jedes positive oder negative k sind die Vektoren

$$k(\mathfrak{a} \times \mathfrak{b}), \quad (k\,\mathfrak{a}) \times \mathfrak{b}, \quad \mathfrak{a} \times (k\,\mathfrak{b})$$

gleichsinnig parallel und von gleichem Betrage

$$|k|\,|\mathfrak{a}|\,|\mathfrak{b}| \cdot \sin \sphericalangle(\mathfrak{a}, \mathfrak{b}),$$

da $\sin \sphericalangle(\mathfrak{a}, \mathfrak{b}) = \sin \sphericalangle(-\mathfrak{a}, \mathfrak{b}) = \sin \sphericalangle(\mathfrak{a}, -\mathfrak{b})$ ist.

6. *Die vektorielle Multiplikation ist distributiv zur Vektoraddition*

$$\boxed{\mathfrak{a} \times (\mathfrak{b} + \mathfrak{c}) = \mathfrak{a} \times \mathfrak{b} + \mathfrak{a} \times \mathfrak{c}}$$

---

[1]) Dieser Sachverhalt wird gelegentlich als „alternatives Gesetz" oder „Antikommutativität" bezeichnet.

Wir beweisen[1]) gleich allgemein für jedes ganze $n \geq 1$

$$\mathfrak{a} \times (\mathfrak{b}_1 + \mathfrak{b}_2 + \cdots + \mathfrak{b}_n) = \mathfrak{a} \times \mathfrak{b}_1 + \mathfrak{a} \times \mathfrak{b}_2 + \cdots + \mathfrak{a} \times \mathfrak{b}_n.$$

Die Aussage ist richtig für $n = 1$:

$$\mathfrak{a} \times \mathfrak{b}_1 = \mathfrak{a} \times \mathfrak{b}_1.$$

Setzt man ihre Richtigkeit für $n = k > 1$ voraus

$$\mathfrak{a} \times (\mathfrak{b}_1 + \mathfrak{b}_2 + \cdots + \mathfrak{b}_k) = \mathfrak{a} \times \mathfrak{b}_1 + \mathfrak{a} \times \mathfrak{b}_2 + \cdots + \mathfrak{a} \times \mathfrak{b}_k,$$

so folgt für $n = k + 1$

$$\mathfrak{a} \times \mathfrak{b}_1 + \mathfrak{a} \times \mathfrak{b}_2 + \cdots + \mathfrak{a} \times \mathfrak{b}_k + \mathfrak{a} \times \mathfrak{b}_{k+1}$$
$$= \mathfrak{a} \times (\mathfrak{b}_1 + \mathfrak{b}_2 + \cdots + \mathfrak{b}_k) + \mathfrak{a} \times \mathfrak{b}_{k+1}$$
$$= \mathfrak{a} \times [(\mathfrak{b}_1 + \mathfrak{b}_2 + \cdots + \mathfrak{b}_k) + \mathfrak{b}_{k+1}]$$
$$= \mathfrak{a} \times (\mathfrak{b}_1 + \mathfrak{b}_2 + \cdots + \mathfrak{b}_k + \mathfrak{b}_{k+1}).$$

7. *Die vektorielle Multiplikation läßt keine Umkehrung zur Division zu.* Wäre eine Umkehrung möglich, so müßte bei gegebenen $\mathfrak{a}$ und $\mathfrak{b}$ sich der Vektor $\mathfrak{x}$ aus

$$\mathfrak{a} \times \mathfrak{x} = \mathfrak{b}$$

eindeutig bestimmen lassen.

Abb. 118 zeigt anschaulich, daß es jedoch unendlich viele Vektoren $\mathfrak{x}_1, \mathfrak{x}_2, \mathfrak{x}_3, \ldots$ gibt, die, vektoriell mit $\mathfrak{a}$ multipliziert, den Vektor $\mathfrak{b}$ ergeben, nämlich alle *die* Vektoren $\mathfrak{x}_i$, welche die gleiche Normalkomponente $\mathfrak{x}_N$ bezüglich $\mathfrak{a}$ (in der von $\mathfrak{a}$ und $\mathfrak{x}$ bestimmten Ebene) besitzen. *Es gibt also keine Vektordivision!*

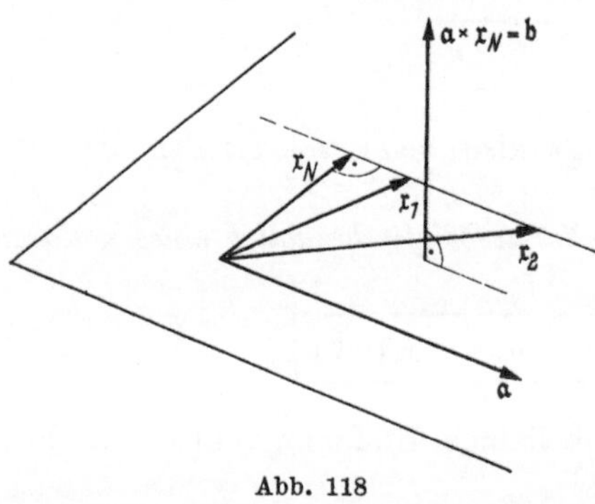

Abb. 118

Beispiele

1. Vereinfache den vektoriellen Ausdruck

$$\mathfrak{a} \times (\mathfrak{b} - \mathfrak{c}) + (\mathfrak{b} + \mathfrak{c}) \times (\mathfrak{a} - \mathfrak{c}) - (\mathfrak{a} - \mathfrak{b}) \times (\mathfrak{c} + \mathfrak{b})!$$

---

[1]) Die hier angewandte Beweismethode ist die der „Vollständigen Induktion" oder der „Schluß von n auf $n + 1$": Soll eine von einer ganzen Zahl n abhängige Aussage für jedes $n \geq n_0$ bewiesen werden, so hat man 1. die Richtigkeit der Aussage für $n = n_0$ zu beweisen und 2. aus der *vorausgesetzten* Richtigkeit für $n = n_0 + 1$, $n = n_0 + 2, \ldots, n = k$ zu schließen, daß sie auch für $n = k + 1$ richtig ist. Dann gilt sie für *alle* $n \geq n_0$. Im obigen Beweis ist $n_0 = 1$. — Einen anderen Beweis findet man in II. 2.3.4.

Lösung: Unter strenger Beachtung der Reihenfolge der Faktoren ergibt sich

$$\mathfrak{a} \times \mathfrak{b} - \mathfrak{a} \times \mathfrak{c} + \mathfrak{b} \times \mathfrak{a} + \mathfrak{c} \times \mathfrak{a} - \mathfrak{b} \times \mathfrak{c} - \mathfrak{c} \times \mathfrak{c} - \mathfrak{a} \times \mathfrak{c} - \mathfrak{a} \times \mathfrak{b} + \mathfrak{b} \times \mathfrak{c} + \mathfrak{b} \times \mathfrak{b}$$
$$= -2\mathfrak{a} \times \mathfrak{c} + \mathfrak{c} \times \mathfrak{a} + \mathfrak{b} \times \mathfrak{a}$$
$$= +2\mathfrak{c} \times \mathfrak{a} + \mathfrak{c} \times \mathfrak{a} + \mathfrak{b} \times \mathfrak{a}$$
$$= 3\mathfrak{c} \times \mathfrak{a} + \mathfrak{b} \times \mathfrak{a}$$
$$= (3\mathfrak{c} + \mathfrak{b}) \times \mathfrak{a}.$$

2. Was ergibt das vektorielle Produkt zweier orthogonaler Vektoren?

Lösung: Mit $\sphericalangle(\mathfrak{a}, \mathfrak{b}) = 90°$ wird

$$|\mathfrak{a} \times \mathfrak{b}| = |\mathfrak{a}|\,|\mathfrak{b}|\,\sin 90° = a\,b$$
$$\Rightarrow \mathfrak{a} \times \mathfrak{b} = a\,b\,(\mathfrak{a} \times \mathfrak{b})°.$$

Unter allen vektoriellen Produkten $\mathfrak{a} \times \mathfrak{b}$ hat dasjenige mit orthogonalen Faktoren den größten Betrag.

3. Zwischen dem vektoriellen und skalaren Produkt zweier Vektoren sowie dem algebraischen Produkt ihrer Beträge besteht der wichtige Zusammenhang

$$\boxed{(\mathfrak{a} \times \mathfrak{b})^2 = a^2\,b^2 - (\mathfrak{a} \cdot \mathfrak{b})^2}$$

Beweis:

$$|\mathfrak{a} \times \mathfrak{b}| = a\,b\,\sin\sphericalangle(\mathfrak{a}, \mathfrak{b}) \Rightarrow \sin\sphericalangle(\mathfrak{a}, \mathfrak{b}) = \frac{|\mathfrak{a} \times \mathfrak{b}|}{a\,b}$$

$$\mathfrak{a} \cdot \mathfrak{b} = a\,b\,\cos\sphericalangle(\mathfrak{a}, \mathfrak{b}) \Rightarrow \cos\sphericalangle(\mathfrak{a}, \mathfrak{b}) = \frac{\mathfrak{a} \cdot \mathfrak{b}}{a\,b}$$

$$\sin^2\sphericalangle(\mathfrak{a}, \mathfrak{b}) + \cos^2\sphericalangle(\mathfrak{a}, \mathfrak{b}) = \frac{|\mathfrak{a} \times \mathfrak{b}|^2}{a^2\,b^2} + \frac{(\mathfrak{a} \cdot \mathfrak{b})^2}{a^2\,b^2} = 1$$

$$\Rightarrow |\mathfrak{a} \times \mathfrak{b}|^2 + (\mathfrak{a} \cdot \mathfrak{b})^2 = a^2\,b^2$$
$$(\mathfrak{a} \times \mathfrak{b})^2 = a^2\,b^2 - (\mathfrak{a} \cdot \mathfrak{b})^2.$$

4. Man beweise den Sinussatz der ebenen Trigonometrie: Im Dreieck verhalten sich zwei Seiten zueinander wie die Sinus-werte ihrer Gegenwinkel.

Beweis (Abb. 119): Multipliziert man

$$\mathfrak{a} + \mathfrak{b} + \mathfrak{c} = \mathfrak{o}$$

von rechts vektoriell mit $\mathfrak{c}$ durch, so folgt

$$\mathfrak{a} \times \mathfrak{c} + \mathfrak{b} \times \mathfrak{c} + \mathfrak{c} \times \mathfrak{c} = \mathfrak{o}, \quad \mathfrak{c} \times \mathfrak{c} = \mathfrak{o}$$
$$\Rightarrow \mathfrak{a} \times \mathfrak{c} = -\mathfrak{b} \times \mathfrak{c}, \quad |\mathfrak{a} \times \mathfrak{c}| = |\mathfrak{b} \times \mathfrak{c}|$$
$$\Rightarrow a\,c\,\sin\sphericalangle(\mathfrak{a}, \mathfrak{c}) = b\,c\,\sin\sphericalangle(\mathfrak{b}, \mathfrak{c})$$
$$a\,\sin(180° - \beta) = b\,\sin(180° - \alpha)$$
$$\Rightarrow a : b = \sin\alpha : \sin\beta.$$

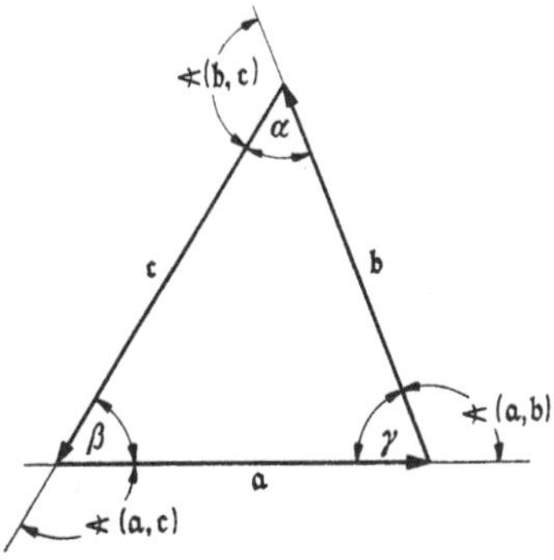

Abb. 119

5. Beweise: Ein Viereck ist ein Parallelo-gramm[1]) dann und nur dann, wenn je zwei Gegenseiten parallel sind.

---

[1]) Vgl. die Fußnote zu Beispiel 7 des vorigen Abschnittes.

Lösung (Abb. 120).

1. Teil. Voraussetzung: $\mathfrak{a} + \mathfrak{b} + \mathfrak{c} + \mathfrak{d} = \mathfrak{o}$, $\mathfrak{a} = -\mathfrak{c}$.

Behauptung: $\mathfrak{b} \parallel \mathfrak{d}$.

Beweis: $\mathfrak{a} + \mathfrak{b} + \mathfrak{c} + \mathfrak{d} = (\mathfrak{a} + \mathfrak{c}) + (\mathfrak{b} + \mathfrak{d}) = \mathfrak{b} + \mathfrak{d} = \mathfrak{o}$

$$\Rightarrow \mathfrak{b} = -\mathfrak{d} \Rightarrow \mathfrak{b} \parallel \mathfrak{d}.$$

2. Teil. Voraussetzung: $\mathfrak{a} + \mathfrak{b} + \mathfrak{c} + \mathfrak{d} = \mathfrak{o}$, $\mathfrak{a} \parallel \mathfrak{c}$, $\mathfrak{b} \parallel \mathfrak{d}$.

Behauptung: $\mathfrak{a} = \mathfrak{c}$.

Beweis: Man multipliziere $\mathfrak{a} + \mathfrak{b} + \mathfrak{c} + \mathfrak{d} = \mathfrak{o}$ von links vektoriell mit $\mathfrak{b}$ durch

$$\mathfrak{b} \times (\mathfrak{a} + \mathfrak{b} + \mathfrak{c} + \mathfrak{d}) = \mathfrak{b} \times \mathfrak{a} + \mathfrak{b} \times \mathfrak{b} + \mathfrak{b} \times \mathfrak{c} + \mathfrak{b} \times \mathfrak{d} = \mathfrak{b} \times (\mathfrak{a} + \mathfrak{c}) = \mathfrak{o}$$

$$\mathfrak{b} \neq \mathfrak{o}, \quad \mathfrak{b} \nparallel \mathfrak{a} + \mathfrak{c} \Rightarrow \mathfrak{a} + \mathfrak{c} = \mathfrak{o}, \quad \mathfrak{a} = -\mathfrak{c}, \quad \mathfrak{a} = \mathfrak{c}.$$

6. Ein Tetraeder werde von den Vektoren $\mathfrak{a}$, $\mathfrak{b}$ und $\mathfrak{c}$ aufgespannt. Ordnet man jeder Fläche *den* Vektor zu, dessen Betrag maßzahlgleich dem Inhalt der Fläche ist und dessen Richtung und Richtungssinn mit der nach außen zeigenden Nor-

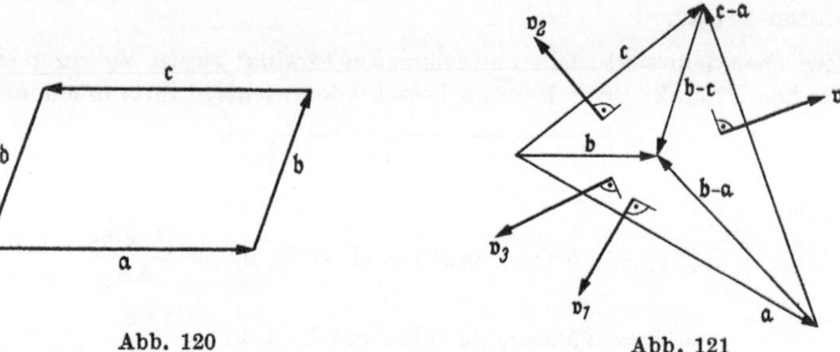

Abb. 120　　　　　　　　　　　　Abb. 121

malen übereinstimmt, so ist die Summe dieser Vektoren gleich dem Nullvektor.

Beweis (Abb. 121): Unter genauer Beachtung des Richtungssinnes ergibt sich für die Flächenvektoren

$$\mathfrak{v}_1 = \tfrac{1}{2}(\mathfrak{b} \times \mathfrak{a})$$

$$\mathfrak{v}_2 = \tfrac{1}{2}(\mathfrak{c} \times \mathfrak{b})$$

$$\mathfrak{v}_3 = \tfrac{1}{2}(\mathfrak{a} \times \mathfrak{c})$$

$$\mathfrak{v}_4 = \tfrac{1}{2}(\mathfrak{b} - \mathfrak{a}) \times (\mathfrak{c} - \mathfrak{a})$$

$$\Rightarrow \mathfrak{v}_1 + \mathfrak{v}_2 + \mathfrak{v}_3 + \mathfrak{v}_4 = \tfrac{1}{2}(\mathfrak{b} \times \mathfrak{a} + \mathfrak{c} \times \mathfrak{b} + \mathfrak{a} \times \mathfrak{c} + \mathfrak{b} \times \mathfrak{c} - \mathfrak{a} \times \mathfrak{c} - \mathfrak{b} \times \mathfrak{a} + \mathfrak{a} \times \mathfrak{a})$$

$$= \tfrac{1}{2}(\mathfrak{c} \times \mathfrak{b} + \mathfrak{b} \times \mathfrak{c})$$

$$= \mathfrak{o}, \quad \text{denn} \quad \mathfrak{c} \times \mathfrak{b} = -\mathfrak{b} \times \mathfrak{c}.$$

Bemerkung: Der Satz gilt allgemein für jeden geschlossenen Polyeder (Vielflach): Die Summe aller seiner Flächenvektoren (Plangrößen) ist stets gleich dem Nullvektor.

2.3 Basisdarstellung von Vektoren

2.3.1 Komponenten und Koordinaten eines Vektors

Dem Abschnitt 2.2 lag der Vektor in seiner bildlich-geometrischen Darstellungsform als gerichtete Strecke zugrunde. Für numerische Rechnungen benötigt man jedoch eine Darstellung, die den praktischen

Gegebenheiten besser entspricht. Zu diesem Zwecke führen wir ein räumliches rechtshändiges[1]) kartesisches Koordinatensystem ein und betrachten alle Vektoren in bezug auf dieses System.

Projiziert man einen Vektor $\mathfrak{v}$ auf die drei Koordinatenachsen, so erhält man seine Komponenten in x-, y- und z-Richtung, nämlich $\mathfrak{v}_x$, $\mathfrak{v}_y$ und $\mathfrak{v}_z$ und es gilt

$$\mathfrak{v} = \mathfrak{v}_x + \mathfrak{v}_y + \mathfrak{v}_z$$

(Abb. 122). Führt man ferner die drei orthogonalen Einsvektoren

$$\mathfrak{i}, \mathfrak{j}, \mathfrak{k}$$

ein, die als Ortsvektoren von 0 ausgehend in den drei Achsen liegen sollen, so ergibt sich

$$\mathfrak{v}_x = \pm |\mathfrak{v}_x|\, \mathfrak{i} = v_x\, \mathfrak{i}$$
$$\mathfrak{v}_y = \pm |\mathfrak{v}_y|\, \mathfrak{j} = v_y\, \mathfrak{j}$$
$$\mathfrak{v}_z = \pm |\mathfrak{v}_z|\, \mathfrak{k} = v_z\, \mathfrak{k}\ ^2)$$

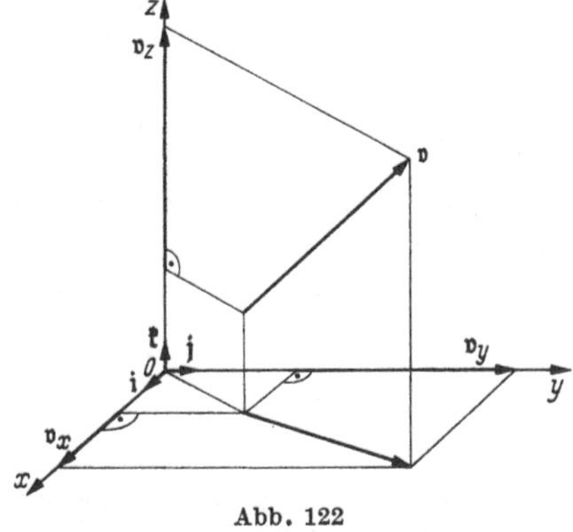

Abb. 122

und damit die „Basisdarstellung" des Vektors

$$\mathfrak{v} = v_x\, \mathfrak{i} + v_y\, \mathfrak{j} + v_z\, \mathfrak{k}.$$

Sie hat ihren Namen von den Vektoren $\mathfrak{i}$, $\mathfrak{j}$, $\mathfrak{k}$, die eine „orthogonale Basis" bilden (mitunter auch „orthogonales Dreibein" genannt). Die skalaren Größen v_x, v_y und v_z heißen die *Vektorkoordinaten*[3]). Verschiebt man den Vektor $\mathfrak{v}$ parallel zu sich selbst, so bleiben seine Komponenten nach Länge, Richtung und Richtungssinn gleich. Damit ändern sich auch die Koordinaten nicht, d. h. Vektorkoordinaten sind invariant gegenüber einer Parallelverschiebung des Vektors, so daß die Basisdarstellung

$$\mathfrak{v} = v_x\, \mathfrak{i} + v_y\, \mathfrak{j} + v_z\, \mathfrak{k}$$

den *freien* Vektor $\mathfrak{v}$ repräsentiert.

Liegt $\mathfrak{v}$ speziell mit seinem Anfangspunkt in 0 und gibt man seiner Spitze die Koordinaten (x, y, z), so sind diese (Punkt-)Koordinaten zugleich die Vektorkoordinaten

$$\mathfrak{v} = x\, \mathfrak{i} + y\, \mathfrak{j} + z\, \mathfrak{k}.$$

---

[1]) Das System heißt „rechtshändig" oder ein „Rechtssystem", wenn x-, y- und z-Achse wie Daumen, Zeige- und gekrümmter Mittelfinger der *rechten* Hand zueinander liegen; sie bilden in dieser Reihenfolge also eine Rechtsschraubung.

[2]) Es sind v_x, v_y, v_z die *vorzeichenbehafteten* Beträge der entsprechenden Komponenten $\mathfrak{v}_x, \mathfrak{v}_y, \mathfrak{v}_z$. Diese Festsetzung wird durch die Einführung des Koordinatensystems erforderlich.

[3]) Mitunter sagt man statt Vektorkoordinaten auch „skalare Komponenten".

Bei allgemeiner Lage von $\mathfrak{v}$ gilt indes, wenn (x_1, y_1, z_1) die Koordinaten des Anfangspunktes und (x_2, y_2, z_2) die Koordinaten der Spitze bedeuten

$$v_x = x_2 - x_1, \quad v_y = y_2 - y_1, \quad v_z = z_2 - z_1$$
$$\mathfrak{v} = (x_2 - x_1)\,\mathfrak{i} + (y_2 - y_1)\,\mathfrak{j} + (z_2 - z_1)\,\mathfrak{k}.$$

Wir fassen zusammen

Definition: *Die Projektionen eines Vektors* $\mathfrak{v}$ *auf die Koordinatenachsen heißen dessen kartesische Komponenten* $\mathfrak{v}_x, \mathfrak{v}_y, \mathfrak{v}_z$, *und es ist*

$$\boxed{\mathfrak{v} = \mathfrak{v}_x + \mathfrak{v}_y + \mathfrak{v}_z}$$

die zugehörige Komponentendarstellung von $\mathfrak{v}$. *Nach Einführung der orthogonalen Basis* $\{\mathfrak{i}, \mathfrak{j}, \mathfrak{k}\}$ *ist*

$$\boxed{\mathfrak{v} = v_x\,\mathfrak{i} + v_y\,\mathfrak{j} + v_z\,\mathfrak{k}}$$

die zugehörige **Basisdarstellung** *von* $\mathfrak{v}$. v_x, v_y, v_z *heißen die Koordinaten des Vektors* $\mathfrak{v}$.

2.3.2 Rechnen mit Vektoren in Basisdarstellung

Wir fragen jetzt, wie sich die früher definierten Rechenregeln für Vektoren auf ihre Koordinaten übertragen, d. h. wie man mit Vektoren in Basisdarstellung rechnen kann.

1. *Gleichheit zweier Vektoren*: Zwei Vektoren

$$\mathfrak{a} = a_x\,\mathfrak{i} + a_y\,\mathfrak{j} + a_z\,\mathfrak{k}$$
$$\mathfrak{b} = b_x\,\mathfrak{i} + b_y\,\mathfrak{j} + b_z\,\mathfrak{k}$$

sind gleich, wenn sie entsprechend gleiche Koordinaten haben

$$\boxed{\mathfrak{a} = \mathfrak{b} \Longleftrightarrow a_x = b_x, \quad a_y = b_y, \quad a_z = b_z}$$

2. *Addition zweier Vektoren*: Aus

$$\mathfrak{a} + \mathfrak{b} = a_x\,\mathfrak{i} + a_y\,\mathfrak{j} + a_z\,\mathfrak{k} + b_x\,\mathfrak{i} + b_y\,\mathfrak{j} + b_z\,\mathfrak{k}$$

folgt durch Anwendung des kommutativen Gesetzes der Addition und des distributiven Gesetzes bez. der Skalaraddition

$$\boxed{\mathfrak{a} + \mathfrak{b} = (a_x + b_x)\,\mathfrak{i} + (a_y + b_y)\,\mathfrak{j} + (a_z + b_z)\,\mathfrak{k}}$$

d. h. zwei Vektoren werden addiert, indem man ihre entsprechenden Koordinaten addiert. Da somit die Addition von Vektoren auf die von Skalaren zurückgeführt ist, gilt für die Vektoraddition das kommutative und assoziative Gesetz, denn es gilt für Skalare, d. h. reelle Zahlen.

3. *Subtraktion*[1] *eines Vektors*: Wie bei der Addition erhält man

$$\mathfrak{a} - \mathfrak{b} = (a_x - b_x)\,\mathfrak{i} + (a_y - b_y)\,\mathfrak{j} + (a_z - b_z)\,\mathfrak{k}$$

d. h. die Subtraktion der Vektoren überträgt sich auf die Subtraktion der entsprechenden Koordinaten. Für $\mathfrak{a} = \mathfrak{b}$ ergibt sich beiderseits der Nullvektor.

4. *Multiplikation mit einem Skalar*: Die Anwendung des distributiven Gesetzes bezüglich der Vektoraddition sowie des assoziativen Gesetzes bez. der Multiplikation mit einem Skalar (vgl. II. 2.2.3) führt auf

$$k\,(a_x\,\mathfrak{i} + a_y\,\mathfrak{j} + a_z\,\mathfrak{k}) = (k\,a_x)\,\mathfrak{i} + (k\,a_y)\,\mathfrak{j} + (k\,a_z)\,\mathfrak{k}$$

$$k\,\mathfrak{a} = (k\,a_x)\,\mathfrak{i} + (k\,a_y)\,\mathfrak{j} + (k\,a_z)\,\mathfrak{k}$$

d. h. ein Vektor wird mit einem Skalar multipliziert, indem man seine Koordinaten mit dem Skalar multipliziert.

2.3.3 Skalares Produkt in Basisdarstellung

Zunächst gilt für die orthogonalen Einsvektoren $\mathfrak{i}$, $\mathfrak{j}$, $\mathfrak{k}$: Ihr skalares Produkt ist gleich 1 bzw. gleich 0, je nachdem die Faktoren gleich oder verschieden sind, schematisch:[2]

$$\begin{pmatrix} \mathfrak{i}\cdot\mathfrak{i} & \mathfrak{i}\cdot\mathfrak{j} & \mathfrak{i}\cdot\mathfrak{k} \\ \mathfrak{j}\cdot\mathfrak{i} & \mathfrak{j}\cdot\mathfrak{j} & \mathfrak{j}\cdot\mathfrak{k} \\ \mathfrak{k}\cdot\mathfrak{i} & \mathfrak{k}\cdot\mathfrak{j} & \mathfrak{k}\cdot\mathfrak{k} \end{pmatrix} = \begin{pmatrix} 1 & 0 & 0 \\ 0 & 1 & 0 \\ 0 & 0 & 1 \end{pmatrix}.$$

Damit folgt für das skalare Produkt der Vektoren $\mathfrak{a}$ und $\mathfrak{b}$

$$\mathfrak{a} \cdot \mathfrak{b} = a_x\,b_x + a_y\,b_y + a_z\,b_z$$

Zwei Vektoren werden skalar miteinander multipliziert, indem man ihre entsprechenden Koordinaten miteinander multipliziert und die Produkte addiert. Insbesondere lautet die *Orthogonalitätsbedingung* für zwei Vektoren $\mathfrak{a} \neq \mathfrak{o}$ und $\mathfrak{b} \neq \mathfrak{o}$ jetzt

$$\mathfrak{a} \perp \mathfrak{b} \Longleftrightarrow a_x\,b_x + a_y\,b_y + a_z\,b_z = 0$$

---

[1] Es sei darauf hingewiesen, daß sich die Subtraktion aus 1. und 4. ergibt, falls man in 4. für $k = -1$ setzt.

[2] Die Gleichsetzung der beiden eingeklammerten Schemata ist so zu lesen, daß jeweils *die* Elemente rechts und links gleich sind, die an *gleicher Stelle* im Schema stehen. Vgl. hierzu auch die Definition „Gleichheit zweier Matrizen" in II. 2.7.

Man bestätigt sofort die Formeln

$$\mathfrak{a} \cdot \mathfrak{b} = \mathfrak{b} \cdot \mathfrak{a}$$

$$\mathfrak{a} \cdot (\mathfrak{b} + \mathfrak{c}) = \mathfrak{a} \cdot \mathfrak{b} + \mathfrak{a} \cdot \mathfrak{c}$$

$$k(\mathfrak{a} \cdot \mathfrak{b}) = (k\,\mathfrak{a}) \cdot \mathfrak{b} = \mathfrak{a} \cdot (k\,\mathfrak{b}),$$

da jetzt die skalare Multiplikation zwischen Vektoren auf die algebraische Multiplikation ihrer Koordinaten zurückgeführt ist.

Für den *Betrag eines Vektors* $\mathfrak{a}$ erhält man

$$|\mathfrak{a}| = \sqrt{\mathfrak{a} \cdot \mathfrak{a}} = \sqrt{a_x^2 + a_y^2 + a_z^2}$$

und damit für den *Winkel der Vektoren* $\mathfrak{a}$ und $\mathfrak{b}$

$$\cos \sphericalangle (\mathfrak{a}, \mathfrak{b}) = \frac{\mathfrak{a} \cdot \mathfrak{b}}{|\mathfrak{a}|\,|\mathfrak{b}|}$$

$$\boxed{\cos \sphericalangle (\mathfrak{a}, \mathfrak{b}) = \frac{a_x b_x + a_y b_y + a_z b_z}{\sqrt{a_x^2 + a_y^2 + a_z^2}\,\sqrt{b_x^2 + b_y^2 + b_z^2}}}$$

Man beachte hierbei, daß $\sphericalangle (\mathfrak{a}, \mathfrak{b})$ stets zwischen $0°$ und $180°$ liegt.

2.3.4 Vektorielles Produkt in Basisdarstellung

Unter besonderer Beachtung der Rechtsschraubenregel erhält man für die vektoriellen Produkte der orthogonalen Einsvektoren

$$\begin{pmatrix} \mathfrak{i} \times \mathfrak{i} & \mathfrak{i} \times \mathfrak{j} & \mathfrak{i} \times \mathfrak{k} \\ \mathfrak{j} \times \mathfrak{i} & \mathfrak{j} \times \mathfrak{j} & \mathfrak{j} \times \mathfrak{k} \\ \mathfrak{k} \times \mathfrak{i} & \mathfrak{k} \times \mathfrak{j} & \mathfrak{k} \times \mathfrak{k} \end{pmatrix} = \begin{pmatrix} \mathfrak{o} & \mathfrak{k} & -\mathfrak{j} \\ -\mathfrak{k} & \mathfrak{o} & \mathfrak{i} \\ \mathfrak{j} & -\mathfrak{i} & \mathfrak{o} \end{pmatrix}.$$

Damit folgt für das vektorielle Produkt zweier Vektoren in Koordinaten

$$\begin{aligned} \mathfrak{a} \times \mathfrak{b} &= (a_x\,\mathfrak{i} + a_y\,\mathfrak{j} + a_z\,\mathfrak{k}) \times (b_x\,\mathfrak{i} + b_y\,\mathfrak{j} + b_z\,\mathfrak{k}) \\ &= a_x b_x\,\mathfrak{i} \times \mathfrak{i} + a_x b_y\,\mathfrak{i} \times \mathfrak{j} + a_x b_z\,\mathfrak{i} \times \mathfrak{k} \\ &\quad + a_y b_x\,\mathfrak{j} \times \mathfrak{i} + a_y b_y\,\mathfrak{j} \times \mathfrak{j} + a_y b_z\,\mathfrak{j} \times \mathfrak{k} \\ &\quad + a_z b_x\,\mathfrak{k} \times \mathfrak{i} + a_z b_y\,\mathfrak{k} \times \mathfrak{j} + a_z b_z\,\mathfrak{k} \times \mathfrak{k} \\ &= a_x b_y\,\mathfrak{k} - a_x b_z\,\mathfrak{j} - a_y b_x\,\mathfrak{k} + a_y b_z\,\mathfrak{i} + a_z b_x\,\mathfrak{j} - a_z b_y\,\mathfrak{i} \\ &= (a_y b_z - a_z b_y)\,\mathfrak{i} - (a_x b_z - a_z b_x)\,\mathfrak{j} + (a_x b_y - a_y b_x)\,\mathfrak{k} \end{aligned}$$

oder als dreireihige Determinante geschrieben

$$\mathfrak{a} \times \mathfrak{b} = \begin{vmatrix} \mathfrak{i} & \mathfrak{j} & \mathfrak{k} \\ a_x & a_y & a_z \\ b_x & b_y & b_z \end{vmatrix}$$

Die Determinante läßt sich gut einprägen: In der ersten Zeile stehen die
Basisvektoren, dann die Koordinaten des ersten Vektors und schließlich
die Koordinaten des zweiten Vektors.

Die Rechenregeln für das vektorielle Produkt können jetzt auf solche
von Determinanten zurückgeführt und so noch einmal nachgeprüft
werden.

1. $a \times b = -b \times a$:

$$\begin{vmatrix} i & j & k \\ a_x & a_y & a_z \\ b_x & b_y & b_z \end{vmatrix} = - \begin{vmatrix} i & j & k \\ b_x & b_y & b_z \\ a_x & a_y & a_z \end{vmatrix}$$

Vertauschen zweier Zeilen der
Determinante ändert deren Vorzeichen!

2. $a \times a = o$:

$$\begin{vmatrix} i & j & k \\ a_x & a_y & a_z \\ a_x & a_y & a_z \end{vmatrix} = o$$

Eine Determinante ist gleich Null
(hier gleich dem *Nullvektor*!),
wenn zwei Zeilen gleich sind.

3. $a \times (b + c) = a \times b + a \times c$:

$$\begin{vmatrix} i & j & k \\ a_x & a_y & a_z \\ b_x + c_x & b_y + c_y & b_z + c_z \end{vmatrix} = \begin{vmatrix} i & j & k \\ a_x & a_y & a_z \\ b_x & b_y & b_z \end{vmatrix} + \begin{vmatrix} i & j & k \\ a_x & a_y & a_z \\ c_x & c_y & c_z \end{vmatrix}.$$

Entwickelt man nämlich die beiden rechts stehenden Determinanten
nach der dritten Zeile, so bekommen b_x und c_x bzw. b_y und c_y bzw. b_z
und c_z jeweils die gleiche Unterdeterminante als Faktor, können also
zusammengefaßt werden wie es die links stehende Determinante angibt.

4. $k(a \times b) = (k\,a) \times b = a \times (k\,b)$:

$$k \begin{vmatrix} i & j & k \\ a_x & a_y & a_z \\ b_x & b_y & b_z \end{vmatrix} = \begin{vmatrix} i & j & k \\ k\,a_x & k\,a_y & k\,a_z \\ b_x & b_y & b_z \end{vmatrix} = \begin{vmatrix} i & j & k \\ a_x & a_y & a_z \\ k\,b_x & k\,b_y & k\,b_z \end{vmatrix}.$$

2.3.5 Die Richtungskosinus eines Vektors

Definition: *Die Kosinuswerte der Winkel, welche ein Vektor v mit den
drei orthogonalen Einsvektoren einschließt, heißen seine Richtungskosinus.*[1]

Nimmt man für v die Basisdarstellung

$$v = v_x\,i + v_y\,j + v_z\,k$$

---

[1] Die Einzahl von „Richtungskosinus" wird als kurzes u, die Mehrzahl als
langes u gesprochen!

an, so ergibt sich für die Richtungskosinus

$$\cos \sphericalangle (\mathfrak{v}, \mathfrak{i}) = \frac{\mathfrak{v} \cdot \mathfrak{i}}{|\mathfrak{v}||\mathfrak{i}|} = \frac{v_x}{v} = \frac{v_x}{\sqrt{v_x^2 + v_y^2 + v_z^2}}$$

$$\cos \sphericalangle (\mathfrak{v}, \mathfrak{j}) = \frac{\mathfrak{v} \cdot \mathfrak{j}}{|\mathfrak{v}||\mathfrak{j}|} = \frac{v_y}{v} = \frac{v_y}{\sqrt{v_x^2 + v_y^2 + v_z^2}}$$

$$\cos \sphericalangle (\mathfrak{v}, \mathfrak{k}) = \frac{\mathfrak{v} \cdot \mathfrak{k}}{|\mathfrak{v}||\mathfrak{k}|} = \frac{v_z}{v} = \frac{v_z}{\sqrt{v_x^2 + v_y^2 + v_z^2}} \, .$$

Die Richtungskosinus sind positiv oder negativ, je nachdem die Komponenten $\mathfrak{v}_x$, $\mathfrak{v}_y$, $\mathfrak{v}_z$ mit den Vektoren $\mathfrak{i}$, $\mathfrak{j}$, $\mathfrak{k}$ beziehentlich gleichsinnig oder gegensinnig parallel sind.

Bildet man die Quadratsumme der Richtungskosinus, so bestätigt man ihre Abhängigkeit gemäß

$$\boxed{\cos^2\alpha + \cos^2\beta + \cos^2\gamma = 1}$$

falls man $\alpha = \sphericalangle (\mathfrak{v}, \mathfrak{i})$, $\beta = \sphericalangle (\mathfrak{v}, \mathfrak{j})$, $\gamma = \sphericalangle (\mathfrak{v}, \mathfrak{k})$ setzt. Das heißt, nur zwei Richtungskosinus sind frei wählbar, der dritte liegt dann bis auf sein Vorzeichen fest, z. B.

$$\cos \gamma = \pm \sqrt{1 - \cos^2\alpha - \cos^2\beta} \, .$$

Geht man mit

$$v_x = v \cos\alpha, \quad v_y = v \cos\beta, \quad v_z = v \cos\gamma$$

in die Basisdarstellung für $\mathfrak{v}$ ein, so wird

$$\boxed{\mathfrak{v} = v[\mathfrak{i} \cos\alpha + \mathfrak{j} \cos\beta + \mathfrak{k} \cos\gamma]}$$

eine *Darstellung des Vektors $\mathfrak{v}$ durch Betrag und Richtungskosinus.* Nimmt man speziell für $\mathfrak{v}$ einen Einsvektor $\mathfrak{v}°$, so wird wegen

$$|\mathfrak{v}°| = 1$$

$$\boxed{\mathfrak{v}^0 = \mathfrak{i} \cos\alpha + \mathfrak{j} \cos\beta + \mathfrak{k} \cos\gamma}$$

d. h. die Koordinaten eines Einsvektors sind seine Richtungskosinus. Mit

$$|\mathfrak{v}^0| = 1 = \sqrt{\cos^2\alpha + \cos^2\beta + \cos^2\gamma}$$

folgt daraus nochmals

$$\cos^2\alpha + \cos^2\beta + \cos^2\gamma = 1 \, .$$

Beispiel: Man berechne Betrag und Richtungskosinus des Vektors

$$\mathfrak{a} = 7\mathfrak{i} - 5\mathfrak{j} + \mathfrak{k}$$

und gebe die Winkel an, die er mit den Koordinatenachsen bildet.

Lösung: Zunächst erhält man für den Betrag von $\mathfrak{a}$

$$|\mathfrak{a}| = \sqrt{49 + 25 + 1} = \sqrt{75} = 8{,}66$$

und damit für die Richtungskosinus und Winkel

$$\cos\alpha = \frac{7}{\sqrt{75}} = 0{,}808 \quad \Rightarrow \alpha = 36{,}1°$$

$$\cos\beta = \frac{-5}{\sqrt{75}} = -0{,}577 \quad \Rightarrow \beta = 180° - 54{,}8° = 125{,}2°$$

$$\cos\gamma = \frac{1}{\sqrt{75}} = 0{,}1155 \Rightarrow \gamma = 83{,}37°.$$

Die Darstellung des Vektors $\mathfrak{a}$ durch Betrag und Richtungskosinus lautet demnach

$$\mathfrak{a} = 8{,}66\,(0{,}808\,\mathfrak{i} - 0{,}577\,\mathfrak{j} + 0{,}1155\,\mathfrak{k}).$$

2.3.6 Einige Anwendungen

1. Gegeben seien die Raumpunkte

$$P_1(-4;\,1;\,3), \quad P_2(5;\,-2;\,0);$$

man gebe die Basisdarstellung des Vektors $\overrightarrow{P_1P_2}$ an!

Lösung: Ist O der Ursprung des Koordinatensystems, so gilt stets

$$\overrightarrow{P_1P_2} = \overrightarrow{OP_2} - \overrightarrow{OP_1}.$$

$\overrightarrow{OP_1}$ und $\overrightarrow{OP_2}$ sind Ortsvektoren mit O als Anfangspunkt, ihre Koordinaten also gleich den gegebenen Punktkoordinaten:

$$\overrightarrow{OP_1} = -4\mathfrak{i} + \mathfrak{j} + 3\mathfrak{k}, \quad \overrightarrow{OP_2} = 5\mathfrak{i} - 2\mathfrak{j}$$
$$\Rightarrow \overrightarrow{P_1P_2} = (5+4)\,\mathfrak{i} + (-2-1)\,\mathfrak{j} + (-3)\,\mathfrak{k} = 9\mathfrak{i} - 3\mathfrak{j} - 3\mathfrak{k}.$$

2. Welchen Winkel schließen die Vektoren

$$\mathfrak{a} = 2\mathfrak{i} - 3\mathfrak{j} - 7\mathfrak{k}, \quad \mathfrak{b} = -\mathfrak{i} + 5\mathfrak{j} - 4\mathfrak{k}$$

miteinander ein?

Lösung: Es ist nach II. 2.2.4

$$\cos \sphericalangle (\mathfrak{a},\,\mathfrak{b}) = \frac{\mathfrak{a}\cdot\mathfrak{b}}{a\,b}$$

$$\mathfrak{a}\cdot\mathfrak{b} = 2\,(-1) + (-3)\,5 + (-7)\,(-4) = -2 - 15 + 28 = 11$$
$$a = \sqrt{4+9+49} = \sqrt{62} = 7{,}87; \quad b = \sqrt{1+25+16} = \sqrt{42} = 6{,}48$$

$$\Rightarrow \cos \sphericalangle (\mathfrak{a},\,\mathfrak{b}) = \frac{11}{7{,}87 \cdot 6{,}48} = 0{,}2157 \Rightarrow \sphericalangle (\mathfrak{a},\,\mathfrak{b}) = 77{,}54°.$$

3. Die Vektoren

$$\mathfrak{a} = \mathfrak{i} - 2\mathfrak{j} + 4\mathfrak{k}, \quad \mathfrak{b} = 2\mathfrak{i} + \mathfrak{j} - 3\mathfrak{k}$$

denke man sich im Nullpunkt beginnend. Wie groß ist der Inhalt des von ihnen aufgespannten Dreiecks?

Lösung: Es ist $F_\triangle$ gleich der halben Parallelogrammfläche $|\mathfrak{a} \times \mathfrak{b}|$:

$$F_\triangle = \tfrac{1}{2}|\mathfrak{a} \times \mathfrak{b}|.$$

$$\mathfrak{a} \times \mathfrak{b} = \begin{vmatrix} \mathfrak{i} & \mathfrak{j} & \mathfrak{k} \\ 1 & -2 & 4 \\ 2 & 1 & -3 \end{vmatrix} = 2\mathfrak{i} + 11\mathfrak{j} + 5\mathfrak{k}$$

$$F_\triangle = \tfrac{1}{2}|\mathfrak{a} \times \mathfrak{b}| = \tfrac{1}{2}\sqrt{4 + 121 + 25} = \tfrac{1}{2}\sqrt{150} = 6{,}12.$$

4. Wie lautet die allgemeine Formel für den Flächeninhalt F des von den drei Raumpunkten

$$P_1(x_1, y_1, z_1), \qquad P_2(x_2, y_2, z_2), \qquad P_3(x_3, y_3, z_3)$$

bestimmten Dreiecks?

Lösung (Abb. 123): Setzt man

$$\overrightarrow{OP_1} = \mathfrak{v}_1, \qquad \overrightarrow{OP_2} = \mathfrak{v}_2, \qquad \overrightarrow{OP_3} = \mathfrak{v}_3,$$

so wird der gesuchte Flächeninhalt F zu

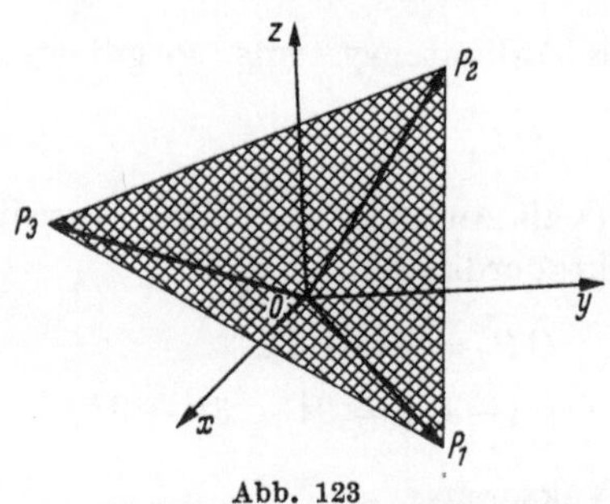

Abb. 123

$$F = \tfrac{1}{2}\left| \overrightarrow{P_1P_2} \times \overrightarrow{P_1P_3} \right|$$

$$= \tfrac{1}{2}|(\mathfrak{v}_2 - \mathfrak{v}_1) \times (\mathfrak{v}_3 - \mathfrak{v}_1)|$$

oder in Determinantenform mit Koordinaten

$$F = \tfrac{1}{2}\left\| \begin{matrix} \mathfrak{i} & \mathfrak{j} & \mathfrak{k} \\ x_2 - x_1 & y_2 - y_1 & z_2 - z_1 \\ x_3 - x_1 & y_3 - y_1 & z_3 - z_1 \end{matrix} \right\|,$$

worin die äußeren Striche Betragsstriche bedeuten. Entwickelt man nach der ersten Zeile und bestimmt den Betrag, so wird

$$F = \tfrac{1}{2}\sqrt{\begin{vmatrix} y_2 - y_1 & z_2 - z_1 \\ y_3 - y_1 & z_3 - z_1 \end{vmatrix}^2 + \begin{vmatrix} x_2 - x_1 & z_2 - z_1 \\ x_3 - x_1 & z_3 - z_1 \end{vmatrix}^2 + \begin{vmatrix} x_2 - x_1 & y_2 - y_1 \\ x_3 - x_1 & y_3 - y_1 \end{vmatrix}^2}.$$

Liegen die Punkte P_1, P_2, P_3 speziell in einer Koordinatenebene, etwa der x, y-Ebene, so ist

$$z_1 = z_2 = z_3 = 0$$

und der Wurzelausdruck degeneriert zu der Determinante

$$F = \tfrac{1}{2}\left| \begin{vmatrix} x_2 - x_1 & y_2 - y_1 \\ x_3 - x_1 & y_3 - y_1 \end{vmatrix} \right|,$$

die durch Rändern und Stürzen noch in die bekannte Form

$$F = \tfrac{1}{2} \begin{vmatrix} x_1 & y_1 & 1 \\ x_2 - x_1 & y_2 - y_1 & 0 \\ x_3 - x_1 & y_3 - y_1 & 0 \end{vmatrix} = \tfrac{1}{2} \begin{vmatrix} x_1 & y_1 & 1 \\ x_2 & y_2 & 1 \\ x_3 & y_3 & 1 \end{vmatrix} = \tfrac{1}{2} \begin{vmatrix} x_1 & x_2 & x_3 \\ y_1 & y_2 & y_3 \\ 1 & 1 & 1 \end{vmatrix}$$

gebracht werden kann (vgl. II. 1.1.3).

5. Man stelle die Gleichung einer Geraden im Raum auf!

Lösung (1): Die Gerade gehe durch den Punkt P und habe die Richtung des Vektors $\mathfrak{b}$ (Abb. 124).

Man wählt einen Bezugspunkt O im Raum, so daß der Punkt $P \in \mathfrak{g}$ mittels $\overrightarrow{OP} = \mathfrak{a}$ festliegt. Den Vektor $\mathfrak{b}$ kann man sich in die Gerade verschoben denken. Der Ortsvektor $\mathfrak{r}$ überstreicht dann mit seiner Spitze die gesamte Gerade, wenn man

$$\mathfrak{r} = \mathfrak{r}(t) = \mathfrak{a} + t\,\mathfrak{b}$$

setzt und hierin t alle reellen Zahlen durchlaufen läßt. Damit ist

$$\boxed{\begin{aligned} \mathfrak{r}(t) &= \mathfrak{a} + t\,\mathfrak{b} \\ -\infty &< t < +\infty \end{aligned}}$$

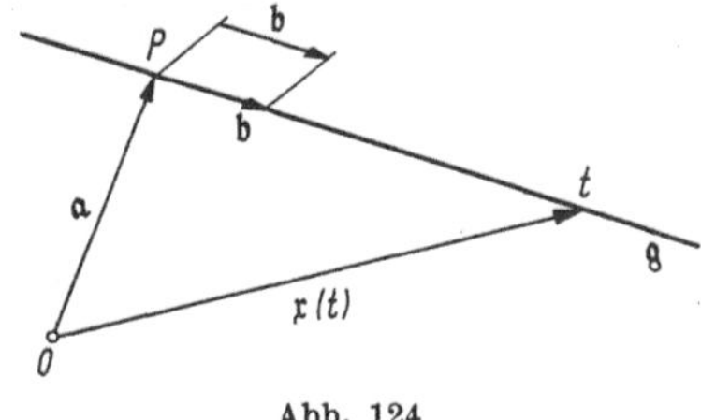

Abb. 124

die *Vektorgleichung der Raumgeraden*, welche durch einen Punkt und die Richtung gegeben ist. Die unabhängige Veränderliche t heißt der (skalare) Parameter, $\mathfrak{r}(t)$ ist eine Vektorfunktion.

Legt man für $\mathfrak{r}$, $\mathfrak{a}$ und $\mathfrak{b}$ die Basisdarstellungen

$$\mathfrak{r} = x\,\mathfrak{i} + y\,\mathfrak{j} + z\,\mathfrak{k}, \qquad \mathfrak{a} = a_x\,\mathfrak{i} + a_y\,\mathfrak{j} + a_z\,\mathfrak{k}, \qquad \mathfrak{b} = b_x\,\mathfrak{i} + b_y\,\mathfrak{j} + b_z\,\mathfrak{k}$$

zugrunde, so sind der obigen Vektorgleichung die drei skalaren Gleichungen

$$\boxed{\begin{aligned} x(t) &= a_x + t\,b_x \\ y(t) &= a_y + t\,b_y \\ z(t) &= a_z + t\,b_z \end{aligned}}$$

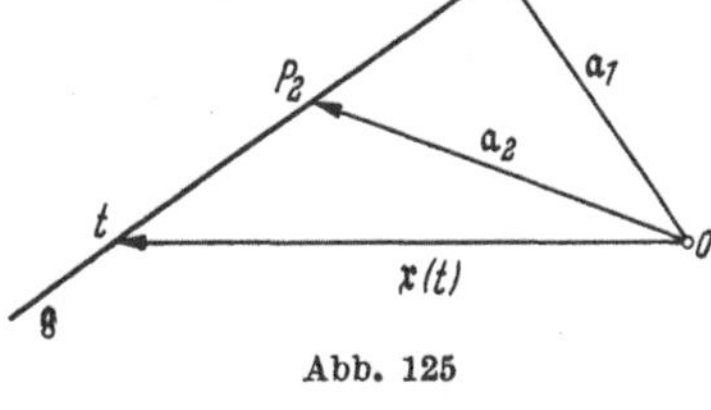

Abb. 125

gleichwertig. Sie sind eine skalare Parameterdarstellung der Raumgeraden. Es ist ein wesentlicher Vorzug der Vektorrechnung, dieses System durch eine einzige Gleichung auszudrücken.

Lösung (2): Die Gerade ist durch zwei Punkte P_1, P_2 gegeben (Abb. 125).

Nach Wahl eines Bezugspunktes O erhält man mit

$$\overrightarrow{OP_1} = \mathfrak{a}_1, \qquad \overrightarrow{OP_2} = \mathfrak{a}_2, \qquad \overrightarrow{P_1 P_2} = \mathfrak{a}_2 - \mathfrak{a}_1$$

$$\boxed{\begin{array}{c} \mathfrak{x}(t) = \mathfrak{a}_1 + t(\mathfrak{a}_2 - \mathfrak{a}_1) \\[4pt] -\infty < t < +\infty \end{array}}$$

für die Vektorgleichung der Geraden. Setzt man hier

$$\mathfrak{x}(t) = x(t)\,\mathfrak{i} + y(t)\,\mathfrak{j} + z(t)\,\mathfrak{k}, \qquad \mathfrak{a}_n = x_n\,\mathfrak{i} + y_n\,\mathfrak{j} + z_n\,\mathfrak{k} \qquad (n = 1, 2),$$

so erhält man als äquivalentes skalares System

$$x(t) = x_1 + t(x_2 - x_1)$$
$$y(t) = y_1 + t(y_2 - y_1)$$
$$z(t) = z_1 + t(z_2 - z_1).$$

Für den Fall der x, y-Ebene wird speziell $z(t) \equiv 0$ und damit

$$\begin{array}{l} x(t) = x_1 + t(x_2 - x_1) \\ y(t) = y_1 + t(y_2 - y_1) \end{array} \Rightarrow \frac{x - x_1}{y - y_1} = \frac{x_2 - x_1}{y_2 - y_1}$$

$$\begin{vmatrix} x_1 & x_2 & x \\ y_1 & y_2 & y \\ 1 & 1 & 1 \end{vmatrix} = 0$$

die bekannte Zwei-Punkte-Form der Geradengleichung (vgl. II. 1.2.2).

2.4 Tripeldarstellung von Vektoren

Im vorigen Abschnitt haben wir gesehen, daß bei Zugrundelegung eines rechtshändigen räumlichen kartesischen Koordinatensystems ein Vektor $\mathfrak{v}$ seine drei Koordinaten v_x, v_y und v_z eindeutig bestimmt und daß auch umgekehrt drei solche Zahlen — in bestimmter Reihenfolge — einen Vektor $\mathfrak{v}$ eindeutig festlegen. Das bedeutet aber, es besteht eine umkehrbare eindeutige Zuordnung zwischen der Menge aller Vektoren des Raumes und der Menge aller „Zahlentripel" (v_x, v_y, v_z).

Definition: *Sind v_x, v_y, v_z drei beliebige reelle Zahlen, so heißt*

$$\boxed{\mathfrak{v} = (v_x, v_y, v_z)}$$

die **Tripel-Darstellung** *des Vektors* $\mathfrak{v}$.

Hat $\mathfrak{v}$ speziell seinen Anfangspunkt im Ursprung, so ist das Tripel (v_x, v_y, v_z) identisch mit dem Koordinatentripel des Endpunktes.

Die orthogonalen Einheitsvektoren $\mathfrak{i}$, $\mathfrak{j}$, $\mathfrak{k}$ haben

$$\mathfrak{i} = (1; 0; 0), \quad \mathfrak{j} = (0; 1; 0), \quad \mathfrak{k} = (0; 0; 1)$$

als Tripeldarstellung.

Das Rechnen mit Tripeln erfolgt auf Grund der für die Basisdarstellungen hergeleiteten Regeln.

1. *Gleichheit zweier Vektoren*: Zwei Vektoren sind gleich, wenn ihre entsprechenden Koordinaten gleich sind

$$\mathfrak{a} = (a_x, a_y, a_z)$$
$$\mathfrak{b} = (b_x, b_y, b_z)$$

$$\boxed{\mathfrak{a} = \mathfrak{b} \Longleftrightarrow a_x = b_x, \quad a_y = b_y, \quad a_z = b_z}$$

2. *Addition zweier Vektoren*: Zwei Vektoren werden addiert, indem man ihre entsprechenden Koordinaten addiert

$$\boxed{\mathfrak{a} + \mathfrak{b} = (a_x, a_y, a_z) + (b_x, b_y, b_z) = (a_x + b_x, a_y + b_y, a_z + b_z)}$$

3. *Subtraktion eines Vektors*: Die Subtraktion eines Vektors wird durch Subtraktion der entsprechenden Koordinaten ausgeführt

$$\boxed{\mathfrak{a} - \mathfrak{b} = (a_x, a_y, a_z) - (b_x, b_y, b_z) = (a_x - b_x, a_y - b_y, a_z - b_z)}$$

Speziell hat der Nullvektor die Darstellung

$$\mathfrak{o} = (0; 0; 0)$$

4. *Multiplikation mit einem Skalar*: Ein Vektor wird mit einem Skalar multipliziert, indem man jede Koordinate mit dem Skalar multipliziert:

$$\boxed{k\,\mathfrak{a} = k(a_x, a_y, a_z) = (k\,a_x, k\,a_y, k\,a_z)}$$

Die Gleichheit und die drei Verknüpfungen Addition, Subtraktion und Multiplikation mit einem Skalar sind also zwischen Vektoren in Basisstellung und Vektoren in Tripeldarstellung völlig gleich[1]). Beim skalaren Produkt ist das Ergebnis kein Tripel, sondern ein Skalar

$$\mathfrak{a} \cdot \mathfrak{b} = a_x b_x + a_y b_y + a_z b_z,$$

beim vektoriellen Produkt kann man schreiben

$$\mathfrak{a} \times \mathfrak{b} = (a_y b_z - a_z b_y,\ a_z b_x - a_x b_z,\ a_x b_y - a_y b_x),$$

doch merkt man sich die Determinante in II. 2.3.4 natürlich besser.

---

[1]) Mathematisch korrekt gesprochen ist die Abbildung der Menge aller Vektoren in Basisdarstellung in die Menge aller Vektoren in Tripeldarstellung ein Modulisomorphismus über dem Körper der reellen Zahlen als Skalarbereich. Die Tripel sind Zeilenmatrizen (die übrigens auch als Spaltenmatrizen geschrieben werden können). Für diese gibt es eine *multiplikative* Verknüpfung unter Beachtung des „Permanenzprinzips" nicht.

2.5 Mehrfache Produkte

2.5.1 Das gemischte oder Spatprodukt

Definition: *Als Spatprodukt (gemischtes Produkt) bezeichnet man das skalare Produkt zwischen einem Vektor $\mathfrak{a}$ und einem vektoriellen Produkt* $\mathfrak{b} \times \mathfrak{c}$

$$\boxed{V = \mathfrak{a} \cdot (\mathfrak{b} \times \mathfrak{c})}$$

Setzen wir für $\mathfrak{a}$, $\mathfrak{b}$ und $\mathfrak{c}$ die Basisdarstellungen

$$\mathfrak{a} = a_x\,\mathfrak{i} + a_y\,\mathfrak{j} + a_z\,\mathfrak{k}$$
$$\mathfrak{b} = b_x\,\mathfrak{i} + b_y\,\mathfrak{j} + b_z\,\mathfrak{k}$$
$$\mathfrak{c} = c_x\,\mathfrak{i} + c_y\,\mathfrak{j} + c_z\,\mathfrak{k}$$

an, so ist zunächst das vektorielle Produkt

$$\mathfrak{b} \times \mathfrak{c} = \begin{vmatrix} \mathfrak{i} & \mathfrak{j} & \mathfrak{k} \\ b_x & b_y & b_z \\ c_x & c_y & c_z \end{vmatrix} = \begin{vmatrix} b_y & b_z \\ c_y & c_z \end{vmatrix} \mathfrak{i} - \begin{vmatrix} b_x & b_z \\ c_x & c_z \end{vmatrix} \mathfrak{j} + \begin{vmatrix} b_x & b_y \\ c_x & c_y \end{vmatrix} \mathfrak{k}$$

und damit das Spatprodukt

$$\mathfrak{a} \cdot (\mathfrak{b} \times \mathfrak{c}) = (a_x\,\mathfrak{i} + a_y\,\mathfrak{j} + a_z\,\mathfrak{k}) \cdot \left(\begin{vmatrix} b_y & b_z \\ c_y & c_z \end{vmatrix} \mathfrak{i} - \begin{vmatrix} b_x & b_z \\ c_x & c_z \end{vmatrix} \mathfrak{j} + \begin{vmatrix} b_x & b_y \\ c_x & c_y \end{vmatrix} \mathfrak{k} \right)$$

$$= a_x \begin{vmatrix} b_y & b_z \\ c_y & c_z \end{vmatrix} - a_y \begin{vmatrix} b_x & b_z \\ c_x & c_z \end{vmatrix} + a_z \begin{vmatrix} b_x & b_y \\ c_x & c_y \end{vmatrix}$$

$$= \begin{vmatrix} a_x & a_y & a_z \\ b_x & b_y & b_z \\ c_x & c_y & c_z \end{vmatrix}.$$

Den letzten Schritt bestätige man auch umgekehrt durch Entwicklung der Determinante nach der ersten Zeile. Stürzt man die Determinante noch, so ergibt sich die *Determinanten-Darstellung* des Spatproduktes:

$$\boxed{\mathfrak{a} \cdot (\mathfrak{b} \times \mathfrak{c}) = \begin{vmatrix} a_x & b_x & c_x \\ a_y & b_y & c_y \\ a_z & b_z & c_z \end{vmatrix}}$$

In den Spalten der Determinante stehen die Koordinaten der Vektoren in der angeschriebenen Reihenfolge! Für die formale Behandlung des Spatproduktes gelten die folgenden Regeln

Satz: *Der Wert des Spatproduktes ändert sich nicht, wenn man in* $\mathfrak{a} \cdot (\mathfrak{b} \times \mathfrak{c})$ *die Vektoren zyklisch vertauscht, die Rechenzeichen aber an ihrer Stelle läßt*

$$\boxed{\mathfrak{a} \cdot (\mathfrak{b} \times \mathfrak{c}) = \mathfrak{b} \cdot (\mathfrak{c} \times \mathfrak{a}) = \mathfrak{c} \cdot (\mathfrak{a} \times \mathfrak{b})}$$

Die Klammer muß selbstverständlich stets um das vektorielle Produkt stehen. Die Ausdrücke $(a \cdot b) \times c$ usw. sind sinnlos!

Beweis: Dem zyklischen Vertauschen von a, b und c entspricht in der Determinante ein zyklisches Vertauschen der Spalten. Dabei werden stets *zwei* Vertauschungen von Spalten vorgenommen, so daß die Determinante ihren Wert behält.

Satz: *Der Wert des Spatproduktes ändert sich nicht, wenn man die beiden Rechenzeichen (Punkt und Kreuz) miteinander vertauscht, die Vektoren a, b, c aber unverändert stehen läßt*

$$\boxed{a \cdot (b \times c) = (a \times b) \cdot c}$$

Beweis: Da das skalare Produkt kommutativ ist, gilt

$$a \cdot (b \times c) = (b \times c) \cdot a;$$

nach dem vorigen Satz kann man zyklisch vertauschen, also ist

$$(b \times c) \cdot a = (a \times b) \cdot c.$$

Die letzte Eigenschaft hat man zum Anlaß genommen, die Rechenzeichen im Spatprodukt ganz auszulassen, da es auf ihre Stellung nicht ankommt; man schreibt dann einfach

$$\boxed{a \cdot (b \times c) = a\,b\,c}$$

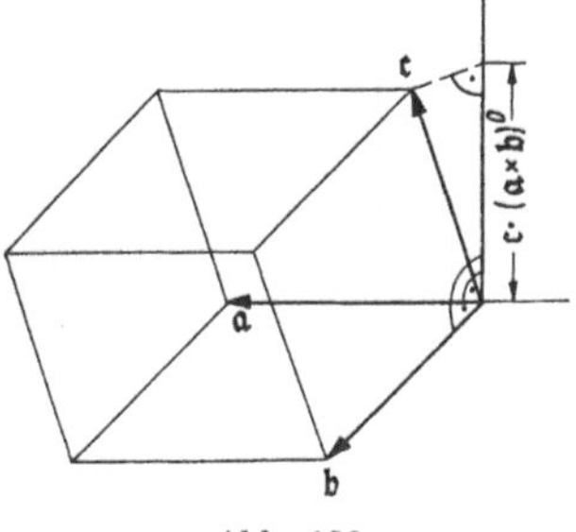

Abb. 126

wobei also die Stellung der Rechenzeichen ausdrücklich offenbleibt.

Satz: *Geometrisch bedeutet das Spatprodukt das Volumen des von den Vektoren aufgespannten Spates (Parallelflaches).*

Beweis (Abb. 126): Das Volumen V des Spates ist gleich der von a und b bestimmten Grundfläche $F = |a \times b|$, multipliziert mit der Höhe, d. i. der Betrag der Projektion von c auf die Normale $a \times b$, also $c \cdot (a \times b)^\circ$:

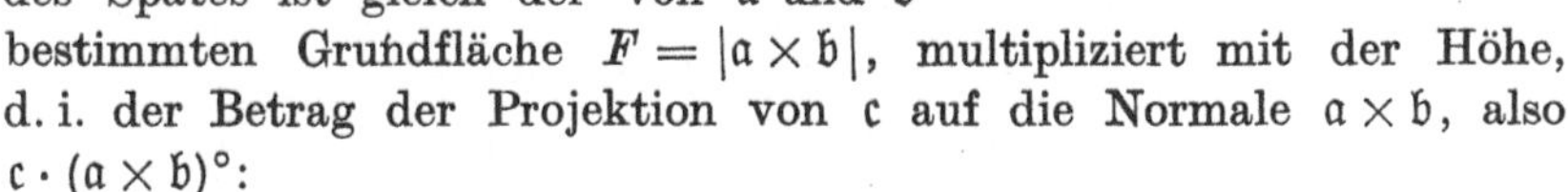

$$V = |a \times b|\, c \cdot (a \times b)^0 = |a \times b|\, c \cdot \frac{a \times b}{|a \times b|} = c \cdot (a \times b) = a \cdot (b \times c).$$

Daher der Name „Spatprodukt". Die Bezeichnung „gemischtes Produkt" rührt von der Eigenschaft her, daß sowohl die vektorielle als auch die skalare Produktbildung vorzunehmen ist.

Das Volumen eines Spates ist offenbar genau dann gleich Null, wenn die drei Vektoren a, b, c in einer Ebene liegen oder, wie man sagt, komplanar sind. Also gilt folgende Komplanaritätsbedingung:

Satz: *Drei Vektoren* $\mathfrak{a}, \mathfrak{b}, \mathfrak{c}$ *sind komplanar dann und nur dann, wenn die Determinante*

$$\begin{vmatrix} a_x & b_x & c_x \\ a_y & b_y & c_y \\ a_z & b_z & c_z \end{vmatrix} \equiv 0$$

ist, d. h. wenn ihr Spatprodukt verschwindet.

Beispiele

1. Man berechne das Volumen des von den Vektoren

$$\mathfrak{a} = (1;0;1), \quad \mathfrak{b} = (2;1;-3), \quad \mathfrak{c} = (-1;-1;0)$$

aufgespannten Spates!

Lösung: Es ist

$$V = \begin{vmatrix} 1 & 2 & -1 \\ 0 & 1 & -1 \\ 1 & -3 & 0 \end{vmatrix} = \begin{vmatrix} 1 & 2 & -1 \\ -1 & -1 & 0 \\ 1 & -3 & 0 \end{vmatrix} = -1 \begin{vmatrix} -1 & -1 \\ 1 & -3 \end{vmatrix} = -4.$$

2. Man erläutere: Das Vorzeichen von V ist positiv oder negativ, je nachdem $\mathfrak{a}, \mathfrak{b}, \mathfrak{c}$ in dieser Reihenfolge eine Rechts- oder Linksschraubung bilden.

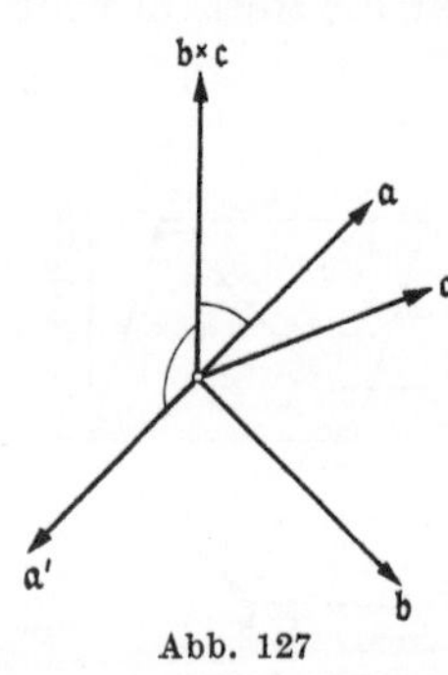

Abb. 127

Lösung (Abb. 127): Bilden $\mathfrak{a}, \mathfrak{b}, \mathfrak{c}$ eine Rechtsschraubung, so ist der Winkel zwischen $\mathfrak{a}$ und $\mathfrak{b} \times \mathfrak{c}$ spitz, mithin der Kosinus dieses Winkels positiv und somit

$$V = \mathfrak{a} \cdot (\mathfrak{b} \times \mathfrak{c}) = |\mathfrak{a}| \, |\mathfrak{b} \times \mathfrak{c}| \cos \sphericalangle (\mathfrak{a}, \mathfrak{b} \times \mathfrak{c}) > 0.$$

Ist umgekehrt $\mathfrak{a}' = -\mathfrak{a}$ und somit $\mathfrak{a}', \mathfrak{b}, \mathfrak{c}$ eine Linksschraubung, so ist der Winkel zwischen $\mathfrak{a}'$ und $\mathfrak{b} \times \mathfrak{c}$ stumpf, sein Kosinus negativ und damit

$$V' = \mathfrak{a}' \cdot (\mathfrak{b} \times \mathfrak{c}) = |\mathfrak{a}'| \, |\mathfrak{b} \times \mathfrak{c}| \cos \sphericalangle (\mathfrak{a}', \mathfrak{b} \times \mathfrak{c}) < 0.$$

3. Prüfe, ob die Vektoren

$$\mathfrak{a} = (2;0;-1), \quad \mathfrak{b} = (-1;3;-4), \quad \mathfrak{c} = (1;9;-14)$$

in einer Ebene liegen!

Lösung: Es ist das Spatprodukt

$$\begin{vmatrix} 2 & 0 & -1 \\ -1 & 3 & -4 \\ 1 & 9 & -14 \end{vmatrix} = \begin{vmatrix} 2 & 0 & -1 \\ -1 & 3 & -4 \\ 4 & 0 & -2 \end{vmatrix} = 0,$$

denn die dritte Zeile ist das doppelte der ersten. $\mathfrak{a}, \mathfrak{b}, \mathfrak{c}$ sind also komplanar.

4. Es ist die Komponentenzerlegung eines Vektors $\mathfrak{r}$ in Richtung dreier nicht komplanarer Vektoren $\mathfrak{a}, \mathfrak{b}$ und $\mathfrak{c}$ vorzunehmen.

Lösung: Der Ansatz lautet

$$\mathfrak{r} = \alpha \, \mathfrak{a} + \beta \, \mathfrak{b} + \gamma \, \mathfrak{c}, \quad \mathfrak{a} \cdot (\mathfrak{b} \times \mathfrak{c}) \neq 0,$$

wobei die Skalaren α, β, γ zu bestimmen sind. Setzen wir

$$\mathfrak{r} = (r_x, r_y, r_z), \quad \mathfrak{a} = (a_x, a_y, a_z), \quad \mathfrak{b} = (b_x, b_y, b_z), \quad \mathfrak{c} = (c_x, c_y, c_z),$$

so entsprechen der *einen* Vektorgleichung

$$(r_x, r_y, r_z) = \alpha(a_x, a_y, a_z) + \beta(b_x, b_y, b_z) + \gamma(c_x, c_y, c_z)$$

nach II. 2.4 die *drei* skalaren Gleichungen

$$r_x = \alpha\, a_x + \beta\, b_x + \gamma\, c_x$$
$$r_y = \alpha\, a_y + \beta\, b_y + \gamma\, c_y$$
$$r_z = \alpha\, a_z + \beta\, b_z + \gamma\, c_z.$$

Dieses inhomogene lineare System für die Unbekannten α, β, γ hat aber eine eindeutige Lösung, da seine Koeffizientendeterminante nach Voraussetzung

$$\begin{vmatrix} a_x & b_x & c_x \\ a_y & b_y & c_y \\ a_z & b_z & c_z \end{vmatrix} = \mathfrak{a}\,\mathfrak{b}\,\mathfrak{c} \neq 0$$

ist. Seine Zählerdeterminanten sind

$$\begin{vmatrix} r_x & b_x & c_x \\ r_y & b_y & c_y \\ r_z & b_z & c_z \end{vmatrix} = \mathfrak{r}\,\mathfrak{b}\,\mathfrak{c}, \qquad \begin{vmatrix} a_x & r_x & c_x \\ a_y & r_y & c_y \\ a_z & r_z & c_z \end{vmatrix} = \mathfrak{a}\,\mathfrak{r}\,\mathfrak{c}, \qquad \begin{vmatrix} a_x & b_x & r_x \\ a_y & b_y & r_y \\ a_z & b_z & r_z \end{vmatrix} = \mathfrak{a}\,\mathfrak{b}\,\mathfrak{r}$$

und damit die Lösung

$$\alpha = \frac{\mathfrak{r}\,\mathfrak{b}\,\mathfrak{c}}{\mathfrak{a}\,\mathfrak{b}\,\mathfrak{c}}, \qquad \beta = \frac{\mathfrak{a}\,\mathfrak{r}\,\mathfrak{c}}{\mathfrak{a}\,\mathfrak{b}\,\mathfrak{c}}, \qquad \gamma = \frac{\mathfrak{a}\,\mathfrak{b}\,\mathfrak{r}}{\mathfrak{a}\,\mathfrak{b}\,\mathfrak{c}},$$

womit wir zugleich die *Cramersche Regel* (vgl. I. 6.8.2) in *vektorieller Schreibweise* kennengelernt haben. Setzt man die Ausdrücke für α, β, γ in den Lösungsansatz ein, so folgt die gesuchte Zerlegung

$$\mathfrak{r} = \frac{\mathfrak{r}\,\mathfrak{b}\,\mathfrak{c}}{\mathfrak{a}\,\mathfrak{b}\,\mathfrak{c}}\,\mathfrak{a} + \frac{\mathfrak{a}\,\mathfrak{r}\,\mathfrak{c}}{\mathfrak{a}\,\mathfrak{b}\,\mathfrak{c}}\,\mathfrak{b} + \frac{\mathfrak{a}\,\mathfrak{b}\,\mathfrak{r}}{\mathfrak{a}\,\mathfrak{b}\,\mathfrak{c}}\,\mathfrak{c}$$

und daraus noch die Identität

$$(\mathfrak{r}\,\mathfrak{b}\,\mathfrak{c})\,\mathfrak{a} + (\mathfrak{a}\,\mathfrak{r}\,\mathfrak{c})\,\mathfrak{b} + (\mathfrak{a}\,\mathfrak{b}\,\mathfrak{r})\,\mathfrak{c} - (\mathfrak{a}\,\mathfrak{b}\,\mathfrak{c})\,\mathfrak{r} \equiv \mathfrak{o}.$$

2.5.2 Das dreifache Vektorprodukt

Satz: *Für das dreifache Vektorprodukt* $\mathfrak{a} \times (\mathfrak{b} \times \mathfrak{c})$ *gilt*

$$\boxed{\mathfrak{a} \times (\mathfrak{b} \times \mathfrak{c}) = (\mathfrak{a} \cdot \mathfrak{c})\,\mathfrak{b} - (\mathfrak{a} \cdot \mathfrak{b})\,\mathfrak{c}}$$

Entwicklungssatz

Beweis: Wir gehen aus von der Tripeldarstellung

$$\mathfrak{a} = (a_x, a_y, a_z)$$

$$\mathfrak{b} \times \mathfrak{c} = (b_y c_z - b_z c_y, \; b_z c_x - b_x c_z, \; b_x c_y - b_y c_x)$$

$$\Rightarrow \mathfrak{a} \times (\mathfrak{b} \times \mathfrak{c}) = \begin{vmatrix} \mathfrak{i} & \mathfrak{j} & \mathfrak{k} \\ a_x & a_y & a_z \\ b_y c_z - b_z c_y & b_z c_x - b_x c_z & b_x c_y - b_y c_x \end{vmatrix}.$$

Für die x-Koordinate, also den Faktor von $\mathfrak{i}$, bekommt man über die zugehörige Unterdeterminante

$$a_y\,(b_x\,c_y - b_y\,c_x) - a_z\,(b_z\,c_x - b_x\,c_z)$$
$$= a_y\,b_x\,c_y - a_y\,b_y\,c_x - a_z\,b_z\,c_x + a_z\,b_x\,c_z.$$

Addiert und subtrahiert man hier $a_x\,b_x\,c_x$, so erhält man

$$b_x\,(a_x\,c_x + a_y\,c_y + a_z\,c_z) - c_x\,(a_x\,b_x + a_y\,b_y + a_z\,b_z).$$

Auf entsprechende Weise ergibt sich für die y- bzw. z-Koordinate

$$b_y\,(a_x\,c_x + a_y\,c_y + a_z\,c_z) - c_y\,(a_x\,b_x + a_y\,b_y + a_z\,b_z)$$
$$b_z\,(a_x\,c_x + a_y\,c_y + a_z\,c_z) - c_z\,(a_x\,b_x + a_y\,b_y + a_z\,b_z)$$

und damit
$$\mathfrak{a} \times (\mathfrak{b} \times \mathfrak{c}) = (\mathfrak{a} \cdot \mathfrak{c})\,\mathfrak{b} - (\mathfrak{a} \cdot \mathfrak{b})\,\mathfrak{c}.$$

Beispiel: Man zeige die Richtigkeit der Identität
$$\mathfrak{a} \times (\mathfrak{b} \times \mathfrak{c}) + \mathfrak{b} \times (\mathfrak{c} \times \mathfrak{a}) + \mathfrak{c} \times (\mathfrak{a} \times \mathfrak{b}) \equiv \mathfrak{o}\,!$$

Lösung: Nach dem Entwicklungssatz ist
$$\mathfrak{a} \times (\mathfrak{b} \times \mathfrak{c}) = (\mathfrak{a} \cdot \mathfrak{c})\,\mathfrak{b} - (\mathfrak{a} \cdot \mathfrak{b})\,\mathfrak{c}$$
$$\mathfrak{b} \times (\mathfrak{c} \times \mathfrak{a}) = (\mathfrak{b} \cdot \mathfrak{a})\,\mathfrak{c} - (\mathfrak{b} \cdot \mathfrak{c})\,\mathfrak{a}$$
$$\underline{\mathfrak{c} \times (\mathfrak{a} \times \mathfrak{b}) = (\mathfrak{c} \cdot \mathfrak{b})\,\mathfrak{a} - (\mathfrak{c} \cdot \mathfrak{a})\,\mathfrak{b}}$$
$$\text{Summe} = \mathfrak{o},$$

falls man nur die Kommutativität der skalaren Produkte beachtet.

2.5.3 Das vierfache Produkt $(\mathfrak{a} \times \mathfrak{b}) \cdot (\mathfrak{c} \times \mathfrak{b})$

Wir wollen eine Darstellung dieses Produktes auf dem Wege der ebenen Komponentenzerlegung eines Vektors kennenlernen. Die Auf-

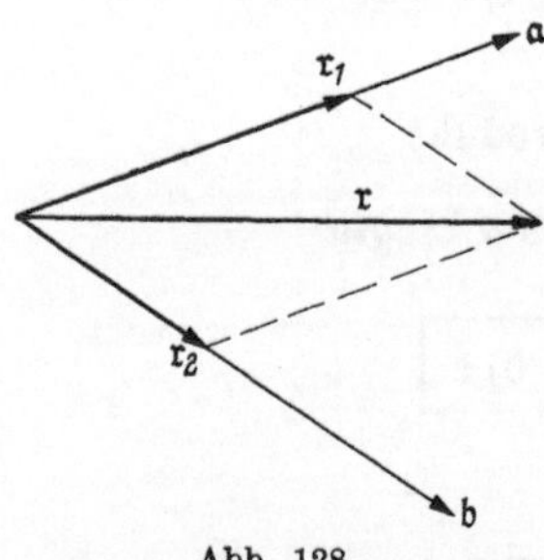

Abb. 128

gabe sei also, einen gegebenen Vektor $\mathfrak{r}$ in zwei Komponenten $\mathfrak{r}_1$, $\mathfrak{r}_2$ so zu zerlegen, daß $\mathfrak{r}_1$ parallel einem gegebenen Vektor $\mathfrak{a}$ und $\mathfrak{r}_2$ parallel einem gegebenen Vektor $\mathfrak{b}$ wird; $\mathfrak{a}$ und $\mathfrak{b}$ sollen dabei nicht parallel sein. Unser Ansatz lautet somit

$$\mathfrak{r} = \mathfrak{r}_1 + \mathfrak{r}_2 = \alpha\,\mathfrak{a} + \beta\,\mathfrak{b};$$

gesucht sind die Skalaren α und β (Abbildung 128).

1. Lösungsweg. Multipliziert man die Vektorgleichung

$$\mathfrak{r} = \alpha\,\mathfrak{a} + \beta\,\mathfrak{b}$$

skalar mit $\mathfrak{a}$ und skalar mit $\mathfrak{b}$ durch, so wird

$$\mathfrak{r} \cdot \mathfrak{a} = \alpha\,a^2 + \beta\,\mathfrak{a} \cdot \mathfrak{b}$$
$$\mathfrak{r} \cdot \mathfrak{b} = \alpha\,\mathfrak{a} \cdot \mathfrak{b} + \beta\,b^2.$$

Vertauscht man die Seiten, so stellt

$$a^2\,\alpha + (\mathfrak{a}\cdot\mathfrak{b})\,\beta = \mathfrak{r}\cdot\mathfrak{a}$$

$$(\mathfrak{a}\cdot\mathfrak{b})\,\alpha + b^2\,\beta = \mathfrak{r}\cdot\mathfrak{b}$$

ein inhomogenes lineares Gleichungssystem zur Bestimmung der gesuchten Zahlen α und β dar. Alle im System stehenden Ausdrücke sind Skalare! Die Koeffizientendeterminante ist

$$\begin{vmatrix} a^2 & \mathfrak{a}\cdot\mathfrak{b} \\ \mathfrak{a}\cdot\mathfrak{b} & b^2 \end{vmatrix} = a^2\,b^2 - (\mathfrak{a}\cdot\mathfrak{b})^2 = (\mathfrak{a}\times\mathfrak{b})^2 \neq 0$$

(vgl. II. 2.2.5), denn $\mathfrak{a}$ und $\mathfrak{b}$ sind nach Voraussetzung nicht parallel. Damit ergibt sich nach der CRAMERschen Regel die Lösung des Gleichungssystems zu

$$\alpha = \frac{\begin{vmatrix} \mathfrak{r}\cdot\mathfrak{a} & \mathfrak{a}\cdot\mathfrak{b} \\ \mathfrak{r}\cdot\mathfrak{b} & b^2 \end{vmatrix}}{\begin{vmatrix} a^2 & \mathfrak{a}\cdot\mathfrak{b} \\ \mathfrak{a}\cdot\mathfrak{b} & b^2 \end{vmatrix}} = \frac{b^2(\mathfrak{r}\cdot\mathfrak{a}) - (\mathfrak{r}\cdot\mathfrak{b})\,(\mathfrak{a}\cdot\mathfrak{b})}{a^2\,b^2 - (\mathfrak{a}\cdot\mathfrak{b})^2}$$

$$\beta = \frac{\begin{vmatrix} a^2 & \mathfrak{r}\cdot\mathfrak{a} \\ \mathfrak{a}\cdot\mathfrak{b} & \mathfrak{r}\cdot\mathfrak{b} \end{vmatrix}}{\begin{vmatrix} a^2 & \mathfrak{a}\cdot\mathfrak{b} \\ \mathfrak{a}\cdot\mathfrak{b} & b^2 \end{vmatrix}} = \frac{a^2(\mathfrak{r}\cdot\mathfrak{b}) - (\mathfrak{r}\cdot\mathfrak{a})\,(\mathfrak{a}\cdot\mathfrak{b})}{a^2\,b^2 - (\mathfrak{a}\cdot\mathfrak{b})^2}$$

$$\boxed{\mathfrak{r} = \frac{b^2(\mathfrak{r}\cdot\mathfrak{a}) - (\mathfrak{r}\cdot\mathfrak{b})\,(\mathfrak{a}\cdot\mathfrak{b})}{a^2\,b^2 - (\mathfrak{a}\cdot\mathfrak{b})^2}\,\mathfrak{a} + \frac{a^2(\mathfrak{r}\cdot\mathfrak{b}) - (\mathfrak{r}\cdot\mathfrak{a})\,(\mathfrak{a}\cdot\mathfrak{b})}{a^2\,b^2 - (\mathfrak{a}\cdot\mathfrak{b})^2}\,\mathfrak{b}}$$

2. Lösungsweg. Die Vektorgleichung

$$\mathfrak{r} = \alpha\,\mathfrak{a} + \beta\,\mathfrak{b}$$

möge jetzt vektoriell von links mit $\mathfrak{b}$ durchmultipliziert werden:

$$\mathfrak{b}\times\mathfrak{r} = \mathfrak{b}\times(\alpha\,\mathfrak{a}) + \mathfrak{b}\times(\beta\,\mathfrak{b})$$

$$\Rightarrow \mathfrak{b}\times\mathfrak{r} = \alpha\,(\mathfrak{b}\times\mathfrak{a}). \tag{*}$$

Geht man zu den Beträgen über, so wird

$$|\mathfrak{b}\times\mathfrak{r}| = |\alpha|\,|\mathfrak{b}\times\mathfrak{a}|$$

$$\Rightarrow |\alpha| = \frac{|\mathfrak{b}\times\mathfrak{r}|}{|\mathfrak{b}\times\mathfrak{a}|},$$

was stets möglich ist, da $\mathfrak{a} \nparallel \mathfrak{b}$, also $\mathfrak{a}\times\mathfrak{b} \neq \mathfrak{o}$ ist.

Das Vorzeichen von α, $\operatorname{sgn}\alpha$, ergibt sich aus Gleichung (*): α ist positiv oder negativ, je nachdem $\mathfrak{b}\times\mathfrak{r} \uparrow\uparrow \mathfrak{b}\times\mathfrak{a}$ oder $\mathfrak{b}\times\mathfrak{r} \uparrow\downarrow \mathfrak{b}\times\mathfrak{a}$ gilt. Im ersten Fall wird das skalare Produkt der zugehörigen Einsvektoren gleich $+1$, im zweiten Falle gleich -1:

$$\operatorname{sgn}\alpha = (\mathfrak{b}\times\mathfrak{r})^0\cdot(\mathfrak{b}\times\mathfrak{a})^0 = \frac{\mathfrak{b}\times\mathfrak{r}}{|\mathfrak{b}\times\mathfrak{r}|}\cdot\frac{\mathfrak{b}\times\mathfrak{a}}{|\mathfrak{b}\times\mathfrak{a}|}$$

$$\Rightarrow \alpha = |\alpha|\,\operatorname{sgn}\alpha = \frac{|\mathfrak{b}\times\mathfrak{r}|}{|\mathfrak{b}\times\mathfrak{a}|}\left[\frac{(\mathfrak{b}\times\mathfrak{r})\cdot(\mathfrak{b}\times\mathfrak{a})}{|\mathfrak{b}\times\mathfrak{r}||\mathfrak{b}\times\mathfrak{a}|}\right]$$

$$\Rightarrow \alpha = \frac{(\mathfrak{b}\times\mathfrak{r})\cdot(\mathfrak{b}\times\mathfrak{a})}{|\mathfrak{b}\times\mathfrak{a}|^2} = \frac{(\mathfrak{r}\times\mathfrak{b})\cdot(\mathfrak{a}\times\mathfrak{b})}{|\mathfrak{a}\times\mathfrak{b}|^2}\,.$$

Ganz entsprechend findet man für β, wenn man die Ausgangsgleichung vektoriell mit $\mathfrak{a}$ durchmultipliziert, den Ausdruck

$$\beta = \frac{(\mathfrak{r}\times\mathfrak{a})\cdot(\mathfrak{b}\times\mathfrak{a})}{|\mathfrak{a}\times\mathfrak{b}|^2}\,.$$

Damit ergibt sich als gesuchte Zerlegung

$$\boxed{\mathfrak{r} = \frac{(\mathfrak{r}\times\mathfrak{b})\cdot(\mathfrak{a}\times\mathfrak{b})}{|\mathfrak{a}\times\mathfrak{b}|^2}\,\mathfrak{a} + \frac{(\mathfrak{r}\times\mathfrak{a})\cdot(\mathfrak{b}\times\mathfrak{a})}{|\mathfrak{a}\times\mathfrak{b}|^2}\,\mathfrak{b}}$$

Da die Komponentenzerlegung in nichtparallele Richtungen eindeutig ist, müssen die für α und β gewonnenen Ausdrücke gleich sein, d. h. es muß gelten

$$\frac{(\mathfrak{r}\times\mathfrak{b})\cdot(\mathfrak{a}\times\mathfrak{b})}{|\mathfrak{a}\times\mathfrak{b}|^2} = \frac{b^2(\mathfrak{r}\cdot\mathfrak{a}) - (\mathfrak{r}\cdot\mathfrak{b})(\mathfrak{a}\cdot\mathfrak{b})}{a^2 b^2 - (\mathfrak{a}\cdot\mathfrak{b})^2}$$

$$\frac{(\mathfrak{r}\times\mathfrak{a})\cdot(\mathfrak{b}\times\mathfrak{a})}{|\mathfrak{a}\times\mathfrak{b}|^2} = \frac{a^2(\mathfrak{r}\cdot\mathfrak{b}) - (\mathfrak{r}\cdot\mathfrak{a})(\mathfrak{a}\cdot\mathfrak{b})}{a^2 b^2 - (\mathfrak{a}\cdot\mathfrak{b})^2}\,,$$

woraus wegen

$$|\mathfrak{a}\times\mathfrak{b}|^2 = a^2 b^2 - (\mathfrak{a}\cdot\mathfrak{b})^2$$

(vgl. II. 2.2.5, Beispiel 3) die Gleichheit der Zähler folgt. Schreiben wir die Zähler der ersten Gleichung in der Form

$$(\mathfrak{a}\times\mathfrak{b})\cdot(\mathfrak{r}\times\mathfrak{b}) = (\mathfrak{a}\cdot\mathfrak{r})(\mathfrak{b}\cdot\mathfrak{b}) - (\mathfrak{b}\cdot\mathfrak{r})(\mathfrak{a}\cdot\mathfrak{b})\,,$$

die Zähler der zweiten Gleichung in der Form

$$(\mathfrak{a}\times\mathfrak{b})\cdot(\mathfrak{r}\times\mathfrak{a}) = (\mathfrak{a}\cdot\mathfrak{r})(\mathfrak{a}\cdot\mathfrak{b}) - (\mathfrak{b}\cdot\mathfrak{r})(\mathfrak{a}\cdot\mathfrak{a})$$

und addieren beide Gleichungen, so ergibt sich

$$(\mathfrak{a}\times\mathfrak{b})\cdot[\mathfrak{r}\times(\mathfrak{a}+\mathfrak{b})] = (\mathfrak{a}\cdot\mathfrak{r})[\mathfrak{b}\cdot(\mathfrak{a}+\mathfrak{b})] - (\mathfrak{b}\cdot\mathfrak{r})[\mathfrak{a}\cdot(\mathfrak{a}+\mathfrak{b})]\,.$$

Setzt man hierin

$$\mathfrak{r} = \mathfrak{c} \quad\text{und}\quad \mathfrak{a}+\mathfrak{b} = \mathfrak{d}\,,$$

so folgt schließlich

$$(\mathfrak{a}\times\mathfrak{b})\cdot(\mathfrak{c}\times\mathfrak{d}) = (\mathfrak{a}\cdot\mathfrak{c})(\mathfrak{b}\cdot\mathfrak{d}) - (\mathfrak{b}\cdot\mathfrak{c})(\mathfrak{a}\cdot\mathfrak{d})$$

oder in Determinantenform

$$\boxed{(\mathfrak{a}\times\mathfrak{b})\cdot(\mathfrak{c}\times\mathfrak{d}) = \begin{vmatrix} \mathfrak{a}\cdot\mathfrak{c} & \mathfrak{b}\cdot\mathfrak{c} \\ \mathfrak{a}\cdot\mathfrak{d} & \mathfrak{b}\cdot\mathfrak{d} \end{vmatrix}}$$

Diese Darstellung des vierfachen Produktes $(\mathfrak{a}\times\mathfrak{b})\cdot(\mathfrak{c}\times\mathfrak{d})$ wird auch als *Identität von LAGRANGE*[1]) bezeichnet.

---

[1]) J. L. LAGRANGE (1736 $\cdots$ 1813), französischer Mathematiker.

2.6 Komplexe Vektoren (Zeiger)

Es bedarf noch einiger Worte über den Zusammenhang zwischen den komplexen Vektoren (vgl. I. 4.3 und I. 4.9) und den Vektoren im allgemeinen. Wir beschränken uns dabei auf eine Erläuterung der gemeinsamen Eigenschaften und der Unterschiede.

1. Komplexe Vektoren sind *Ortsvektoren*, die stets in einer Ebene, nämlich der *Gaußschen Zahlenebene*, liegen.

2. Komplexe Vektoren werden bezüglich Addition, Subtraktion und Multiplikation mit einer reellen Zahl (Skalar) wie (gebundene) allgemeine Vektoren behandelt.

3. Bezüglich aller übrigen Verknüpfungen verhalten sich komplexe Vektoren anders als allgemeine Vektoren. Das Produkt zweier komplexer Vektoren stimmt insbesondere weder mit dem skalaren noch dem vektoriellen Produkt überein.

4. Komplexe Vektoren können im Gegensatz zu allgemeinen Vektoren dividiert werden[1]).

5. Zwischen den Darstellungsformen komplexer und allgemeiner Vektoren besteht folgender Zusammenhang:

a) Komplexe wie allgemeine Vektoren werden durch *gerichtete Strecken* dargestellt

b) Die *Basisdarstellung* eines komplexen Vektors stimmt überein mit derjenigen eines (allgemeinen) ebenen Vektors, wenn man in der komplexen Ebene die orthogonalen Einsvektoren[1])

$$\vec{1} = \overrightarrow{0\,1}$$
$$\vec{j} = \overrightarrow{0\,j} \quad (j^2 = -1)$$

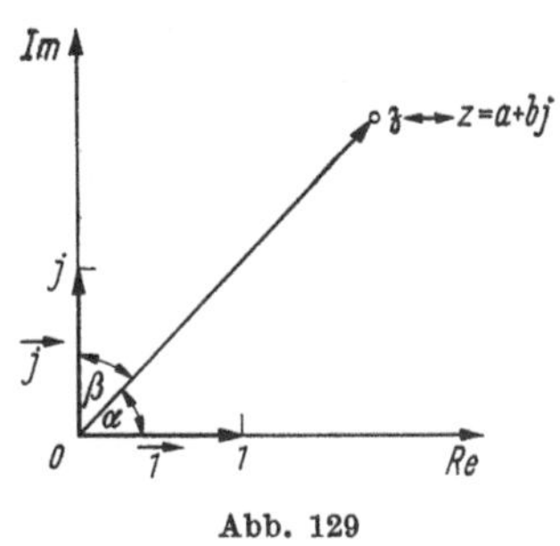

Abb. 129

gemäß Abb. 129 einführt. Die Basisdarstellung eines komplexen Vektors entspricht dann der Normalform der zugehörigen komplexen Zahl

$$z = a + b\,j \Longleftrightarrow \mathfrak{z} = a\,\vec{1} + b\,\vec{j}.$$

c) Allgemeine ebene wie komplexe Vektoren werden durch *reelle Zahlenpaare* dargestellt $\mathfrak{z} = (a, b)$.

---

[1]) Die Punkte 3 und 4 liefern nicht die Berechtigung, den komplexen Vektoren ihren Vektorcharakter abzusprechen! Ich bemerke dazu, daß in der linearen Algebra Vektoren als Elemente von Vektorräumen erklärt werden, und Vektorräume sind *Moduln* über bestimmten Strukturen als Skalarbereich. Beispiel: Der Körper der komplexen Zahlen ist bezüglich der Addition ein zweigliedriger Vektorraum über dem reellen Zahlenkörper als Operatorenbereich. Eine permanenzprinzipielle Fortsetzung der Modulverknüpfungen gibt es nicht! Aus diesem Grunde orientiert man sich bei den übrigen Verknüpfungen nach physikalischen Gesichtspunkten (allgemeine Vektoren) bzw. nach arithmetischen Regeln (bei komplexen Vektoren = Zeigern).

Die Vektorkoordinaten eines komplexen Vektors sind dabei Real- und Imaginärteil. (Tripeldarstellung; die Zahlentripel können im Fall der Ebene durch Zahlenpaare ersetzt werden, da die dritte Zahl stets gleich Null ist).

d) Die trigonometrische Form eines komplexen Vektors entspricht der Darstellung eines allgemeinen ebenen Vektors durch *Betrag* und *Richtungskosinus*

$$\mathfrak{z} = |\mathfrak{z}| \left(\cos\alpha \, \vec{1} + \cos\beta \, \vec{j} \right)$$
$$z = r\,(\cos\alpha + j\sin\alpha), \quad r = |z|$$

2.7 Matrizen

Definition: *Eine Menge von $m \cdot n$ Zahlen a_{ik}, angeordnet in einem rechteckigen Schema der Form*

$$\begin{pmatrix} a_{11} & a_{12} & \cdots & a_{1n} \\ a_{21} & a_{22} & \cdots & a_{2n} \\ \vdots & \vdots & & \vdots \\ a_{m1} & a_{m2} & \cdots & a_{mn} \end{pmatrix}$$

wird eine Matrix von m Zeilen und n Spalten genannt.

Wir wollen Matrizen mit großen Frakturbuchstaben bezeichnen und ferner aus platztechnischen Gründen für das obige Schema abkürzend

$$\boxed{\mathfrak{A} = (a_{ik}) \quad \begin{aligned} i &= 1, 2, \ldots, m \\ k &= 1, 2, \ldots, n \end{aligned}}$$

schreiben. Darin bedeuten i den Zeilenindex und k den Spaltenindex.

Im Gegensatz zur Determinante, für deren quadratisch angeordnete Elemente stets eine Verknüpfungsvorschrift (Entwicklungssatz; vgl. I. 6.7.3) vorlag, mittels der man die Determinante berechnen konnte, ist bei einer Matrix eine solche Rechenvorschrift nicht gegeben. Sie ist durch das Zahlenschema bereits vollständig definiert.

Zeilen- und Spaltenanzahl sind bei der Matrix im allgemeinen voneinander verschieden. Stimmen sie speziell überein, so spricht man von einer *quadratischen* Matrix.

Matrizen, die nur aus einer Zeile bzw. Spalte bestehen, heißen Zeilen- bzw. Spaltenmatrizen. Deutet man die Elemente einer dreispaltigen Zeilenmatrix als Vektorkoordinaten, so stimmt sie mit der Tripeldarstellung eines Vektors (vgl. II. 2.4) im dreidimensionalen Raum überein. Aus diesem Grund spricht man auch von Zeilen- und Spaltenvektoren.

Spezielle Matrizen sind ferner die nur aus Nullen bestehende *Nullmatrix*; die nur in der Hauptdiagonalen von Null verschiedene Elemente besitzende *Diagonalmatrix* und die *Dreiecksmatrix*, welche unterhalb (oberhalb) der Hauptdiagonalen lauter Nullen hat.

Rechenoperationen mit Matrizen. Im folgenden nennen wir zwei Matrizen *gleichartig*, wenn sie jeweils gleiche Zeilen- und gleiche Spaltenzahl haben. „Entsprechende Elemente" der beiden Matrizen $\mathfrak{A}$ und $\mathfrak{B}$ sollen jeweils an gleicher Stelle im Schema stehen.

Gleichheit zweier Matrizen $\mathfrak{A} = \mathfrak{B}$: Zwei gleichartige Matrizen seien gleich, wenn sie in allen entsprechenden Elementen übereinstimmen

$$\boxed{\begin{aligned} (a_{ik}) = (b_{ik}) &\Longleftrightarrow a_{ik} = b_{ik} \\ i &= 1, \ldots, m \\ k &= 1, \ldots, n \end{aligned}}$$

Addition zweier Matrizen $\mathfrak{A} + \mathfrak{B}$: Gleichartige Matrizen werden addiert, indem man ihre entsprechenden Elemente addiert

$$\boxed{\begin{aligned} (a_{ik}) + (b_{ik}) &= (a_{ik} + b_{ik}) \\ i &= 1, \ldots, m \\ k &= 1, \ldots, n \end{aligned}}$$

Faktormultiplikation $t\mathfrak{A}$: Eine Matrix wird mit einem (reellen oder komplexen) Faktor multipliziert, indem man jedes Element mit dem Faktor multipliziert

$$\boxed{\begin{aligned} t\,(a_{ik}) &= (t\,a_{ik}) \\ i &= 1, \ldots, m \\ k &= 1, \ldots, n \end{aligned}}$$

Skalares Produkt $\mathfrak{z}_i\mathfrak{z}_k$: Ein Zeilenvektor $\mathfrak{z}_i$ von n Spalten

$$\mathfrak{z}_i = (a_{i1}, a_{i2}, \ldots, a_{in})$$

(d. i. die i-te Zeile in einer n-spaltigen Matrix $\mathfrak{A}$) wird mit einem Spaltenvektor $\mathfrak{z}_k$ von ebensoviel Zeilen

$$\mathfrak{z}_k = \begin{pmatrix} b_{1k} \\ b_{2k} \\ \vdots \\ b_{nk} \end{pmatrix}$$

(d. i. die k-te Spalte in einer n-zeiligen Matrix $\mathfrak{B}$) „skalar" multipliziert[1])
gemäß

$$\boxed{\mathfrak{z}_i\mathfrak{z}_k = a_{i1}\,b_{1k} + a_{i2}\,b_{2k} + \cdots + a_{in}\,b_{nk}}$$

---

[1]) Man nennt $\mathfrak{z}_i\mathfrak{z}_k$ das skalare Produkt dieser Vektoren auf Grund der Analogie zum skalaren Produkt zwischen Vektoren gemäß II. 2.3.3. Das Ergebnis ist dort wie hier ein Skalar.

Multiplikation zweier Matrizen $\mathfrak{A}\mathfrak{B}$. Sei $\mathfrak{A} = (a_{ij})$ eine Matrix von m Zeilen und n Spalten, $\mathfrak{B} = (b_{jk})$ eine Matrix von n Zeilen und p Spalten (Spaltenzahl von $\mathfrak{A}$ also gleich Zeilenzahl von $\mathfrak{B}$!). Dann versteht man unter dem Produkt $\mathfrak{A}\mathfrak{B}$ diejenige Matrix von m Zeilen und p Spalten, deren Elemente aus den skalaren Produkten $\mathfrak{z}_i \mathfrak{s}_k$ gemäß

$$\boxed{\begin{array}{c} (a_{ij})\,(b_{jk}) = (\mathfrak{z}_i\,\mathfrak{s}_k) \\ i = 1, \ldots, m \\ k = 1, \ldots, p \end{array}}$$

bestehen. Siehe dazu die Beispiele 2 und 3!

Rang einer Matrix. Die Elemente a_{ik} einer Matrix können bei der gegebenen Anordnung in mannigfacher Weise zur Bildung von Determinanten dienen. Nennt man die Reihenzahl einer Determinante ihre *Ordnung*, so ist die Determinante mit der größten Ordnung durch die Zeilen- oder Spaltenzahl der Matrix bestimmt, wobei die kleinere der beiden letzten Zahlen ausschlaggebend ist.

Definition: *Die maximale Ordnung* r *einer nicht-verschwindenden Determinante aus* $\mathfrak{A}$ *nennt man den Rang der Matrix* $\mathfrak{A}$, *in Zeichen*

$$\boxed{\operatorname{Rang}\mathfrak{A} = r}$$

Ist demnach $\mathfrak{A}$ eine Matrix von m Zeilen und n Spalten, so ist stets

$$r \leqq \operatorname{Min}(m, n).$$

Betrachten wir die spezielle Matrix

$$\mathfrak{A} = \begin{pmatrix} 1 & -1 & 0 & 1 \\ 1 & 0 & 1 & 3 \\ 1 & -2 & -1 & -1 \end{pmatrix}!$$

Es ist Rang $\mathfrak{A} \leqq 3$. Für die vier möglichen Determinanten dritter Ordnung bekommt man

$$\begin{vmatrix} 1 & -1 & 0 \\ 1 & 0 & 1 \\ 1 & -2 & -1 \end{vmatrix} = \begin{vmatrix} 1 & -1 & 1 \\ 1 & 0 & 3 \\ 1 & -2 & -1 \end{vmatrix} = \begin{vmatrix} 1 & 0 & 1 \\ 1 & 1 & 3 \\ 1 & -1 & -1 \end{vmatrix} = \begin{vmatrix} -1 & 0 & 1 \\ 0 & 1 & 3 \\ -2 & -1 & -1 \end{vmatrix} = 0,$$

so daß also Rang $\mathfrak{A} \leqq 2$ ist. Nun ist aber

$$\begin{vmatrix} 1 & -1 \\ 1 & 0 \end{vmatrix} \neq 0,$$

also **ergibt sich Rang** $\mathfrak{A} = 2$.

Wir fragen noch nach einer praktischen Methode zur Rangbestimmung. Dazu geben wir ohne Beweis den folgenden wichtigen Satz an

Satz: *Der Rang einer Matrix bleibt unverändert, wenn man das Vielfache[1]) einer Zeile (Spalte) zu einer anderen Zeile (Spalte) addiert.*

Mit diesem Satz können wir eine gegebene Matrix so umformen, daß sie unterhalb (oder oberhalb) der Hauptdiagonalen ausschließlich Nullen bekommt, also die sogenannte Dreiecksgestalt

$$\begin{pmatrix} a_{11} & \cdot & \cdot & \cdot & & a_{1n} \\ 0 & a'_{22} & & & & \\ \cdot & \cdot & \cdot\cdot & & & \cdot \\ \cdot & \cdot & & a_{ll}^{(l-1)} & & \cdot \\ \cdot & \cdot & & 0 & \cdot\cdot & \cdot \\ 0 & 0 & \cdot & \cdot & \cdot\ 0\ \cdots & a_{mn}^{(m-1)} \end{pmatrix}$$

erhält. Die in den Exponenten der Elemente unterhalb $\mathfrak{z}_1$ angebrachten Indizierungen sollen zum Ausdruck bringen, daß diese Elemente der umgeformten Matrix nicht mehr die gleichen sind wie in der gegebenen Matrix (a_{ik}). Dann gilt der

Satz: *Hat man eine Matrix auf Dreiecksgestalt rangidentisch umgeformt, so ist ihr Rang gleich der Anzahl der von Null verschiedenen Hauptdiagonalen-Elemente.*

Die Umformung selbst läuft auf ein systematisches Erzeugen von Nullen hinaus und ist uns im Prinzip bereits von den Determinanten her bekannt (vgl. I. 6.7.2). Wir stellen die erforderlichen Operationen in folgendem Rechenschema zusammen

$$\mathfrak{z}_2 - \frac{a_{21}}{a_{11}}\mathfrak{z}_1 \qquad \mathfrak{z}_3 - \frac{a_{31}}{a_{11}}\mathfrak{z}_1 \qquad \mathfrak{z}_4 - \frac{a_{41}}{a_{11}}\mathfrak{z}_1 \cdots \mathfrak{z}_m - \frac{a_{m1}}{a_{11}}\mathfrak{z}_1$$

$$\mathfrak{z}'_3 - \frac{a'_{32}}{a'_{22}}\mathfrak{z}'_2 \qquad \mathfrak{z}'_4 - \frac{a'_{42}}{a'_{22}}\mathfrak{z}'_2 \cdots \mathfrak{z}'_m - \frac{a'_{m2}}{a'_{22}}\mathfrak{z}'_2$$

$$\mathfrak{z}''_4 - \frac{a''_{43}}{a''_{33}}\mathfrak{z}''_3 \cdots \mathfrak{z}''_m - \frac{a''_{m3}}{a''_{33}}\mathfrak{z}''_3$$

$$\vdots$$

Nach Ausführung der Operationen der ersten Zeile des Rechenschemas stehen in der ersten Spalte der Matrix unterhalb a_{11} lauter Nullen. Hat man die Operationen der zweiten Zeile des Schemas durchgeführt, so stehen in der zweiten Spalte unterhalb a'_{22} lauter Nullen usw.

---

[1]) Das Vielfache einer Zeile (Spalte) erhält man durch Multiplikation *aller* Elemente dieser Zeile (Spalte) mit dem betreffenden Faktor.

Ist die Spaltenzahl kleiner als die Zeilenzahl, stößt also die Hauptdiagonale an den rechten Rand der Matrix, so wird man die Nullen rechts oberhalb der Hauptdiagonalen erzeugen. Um indes das vorstehende Rechenschema anwenden zu können, kann man die Matrix an ihrer Hauptdiagonalen spiegeln („transponieren"); der Rang ändert sich dadurch nicht.

Das eben beschriebene Verfahren ist als **Gaussscher Algorithmus** bekannt. Es wird in derselben Weise bei der Auflösung linearer Gleichungssysteme[1]) herangezogen. Dabei wird das vorgelegte System in ein ihm gleichwertiges (äquivalentes), gestaffeltes System übergeführt, aus dem man nacheinander die Unbekannten berechnen kann (siehe Beispiel 7!).

Mit Hilfe des Rangbegriffes läßt sich ferner in einfacher Weise entscheiden, ob *irgend*ein lineares Gleichungssystem (dessen Unbekanntenzahl nicht mit der Zahl der Gleichungen übereinstimmen muß) lösbar ist. Nennt man (vgl. Beispiel 4!) $\mathfrak{A}$ die *Koeffizientenmatrix*, $\mathfrak{B}$ die um die Spalte der absoluten Glieder vergrößerte, sogenannte *erweiterte* Matrix, so gilt der wichtige

Satz: *Ein lineares System ist lösbar genau dann, wenn der Rang der Koeffizientenmatrix gleich ist dem Rang der erweiterten Matrix*

$$\boxed{\text{Rang } \mathfrak{A} = \text{Rang } \mathfrak{B}}$$

Siehe dazu Beispiel 8!

Beispiele:

1. $\mathfrak{A} = \begin{pmatrix} 1 & 0 & 2 & -1 \\ 3 & 4 & -5 & 4 \end{pmatrix}, \qquad \mathfrak{B} = \begin{pmatrix} 4 & -4 & 1 & 0 \\ 0 & 2 & 3 & -5 \end{pmatrix}$

$\Rightarrow \mathfrak{A} + \mathfrak{B} = \begin{pmatrix} 5 & -4 & 3 & -1 \\ 3 & 6 & -2 & -1 \end{pmatrix}, \qquad \mathfrak{A} - \mathfrak{B} = \begin{pmatrix} -3 & 4 & 1 & -1 \\ 3 & 2 & -8 & 9 \end{pmatrix},$

$2\mathfrak{A} + 3\mathfrak{B} = \begin{pmatrix} 14 & -12 & 7 & -2 \\ 6 & 14 & -1 & -7 \end{pmatrix}.$

2. $\begin{pmatrix} 1 & 4 \\ -3 & 7 \end{pmatrix} \begin{pmatrix} 5 & -1 \\ 2 & 1 \end{pmatrix} = \begin{pmatrix} 1 \cdot 5 + 4 \cdot 2 & 1(-1) + 4 \cdot 1 \\ -3 \cdot 5 + 7 \cdot 2 & -3(-1) + 7 \cdot 1 \end{pmatrix} = \begin{pmatrix} 13 & 3 \\ -1 & 10 \end{pmatrix};$

$\begin{pmatrix} 5 & -1 \\ 2 & 1 \end{pmatrix} \begin{pmatrix} 1 & 4 \\ -3 & 7 \end{pmatrix} = \begin{pmatrix} 8 & 13 \\ -1 & 15 \end{pmatrix}.$

---

[1]) Der Gausssche Algorithmus liegt allen praktischen Lösungsmethoden für lineare Systeme, welche auf der Elimination der Unbekannten beruhen, zugrunde. Die in I. 6.7.2 behandelte Cramersche Regel hatte den Vorzug, die Lösungen eines linearen Systems (unter bestimmten Voraussetzungen) mittels Determinanten in geschlossener Form verhältnismäßig leicht anschreiben zu können. In der praktischen Mathematik kommt die Cramersche Regel als numerisches Verfahren jedoch nicht in Frage, da das Ausrechnen größerer Determinanten viel zu aufwendig wird.

Das Beispiel zeigt, daß die Matrizenmultiplikation nicht kommutativ ist: $\mathfrak{A}\,\mathfrak{B} \neq \mathfrak{B}\,\mathfrak{A}$.

$$\textbf{3.}\quad \begin{pmatrix} 6 & -4 \\ 3 & -2 \end{pmatrix} \begin{pmatrix} 8 & 2 \\ 12 & 3 \end{pmatrix} = \begin{pmatrix} 0 & 0 \\ 0 & 0 \end{pmatrix}.$$

Aus $\mathfrak{A}\,\mathfrak{B} = 0$ folgt *nicht* $\mathfrak{A} = 0$ oder $\mathfrak{B} = 0$!

4. Jedes lineare System

$$a_{11}\,x_1 + a_{12}\,x_2 + \cdots + a_{1n}\,x_n = b_1$$
$$a_{21}\,x_1 + a_{22}\,x_2 + \cdots + a_{2n}\,x_n = b_2$$
$$\vdots \qquad\qquad\qquad \vdots$$
$$a_{m1}\,x_1 + a_{m2}\,x_2 + \cdots + a_{mn}\,x_n = b_m$$

kann als eine einzige „Matrizengleichung" geschrieben werden, wenn man die Koeffizientenmatrix $\mathfrak{A}$, den Spaltenvektor $\mathfrak{x}$ der Unbekannten und den Spaltenvektor $\mathfrak{b}$ der absoluten Glieder gemäß

$$\mathfrak{A}\,\mathfrak{x} = \mathfrak{b}$$

verknüpft. Der Leser prüfe dies durch Ausmultiplizieren und elementweises Vergleichen beider Seiten nach.

In der Möglichkeit dieser Kurzschreibweise liegt eine der wesentlichen Leistungen des Matrizenkalküls.

5. Die Transformationsgleichungen für die Drehung (vgl. II. 1.3.3).

$$x' = x \cos\varphi + y \sin\varphi$$
$$y' = -x \sin\varphi + y \cos\varphi$$

schreiben sich als Matrizengleichung in der Form

$$\mathfrak{r}' = \mathfrak{D}\,\mathfrak{r},$$

falls man

$$\mathfrak{r}' = \begin{pmatrix} x' \\ y' \end{pmatrix}, \quad \mathfrak{D} = \begin{pmatrix} \cos\varphi & \sin\varphi \\ -\sin\varphi & \cos\varphi \end{pmatrix}, \quad \mathfrak{r} = \begin{pmatrix} x \\ y \end{pmatrix}$$

setzt. Führt man anschließend noch eine Drehung um den Winkel ψ aus:

$$\begin{aligned} x'' &= x' \cos\psi + y' \sin\psi \\ y'' &= -x' \sin\psi + y' \cos\psi \end{aligned} \quad \Longleftrightarrow \quad \mathfrak{r}'' = \mathfrak{D}^*\,\mathfrak{r}',$$

so folgt für die Drehung um den Winkel $\varphi + \psi$

$$\mathfrak{r}'' = \mathfrak{D}^*\,\mathfrak{r}' = \mathfrak{D}^*\,\mathfrak{D}\,\mathfrak{r} = (\mathfrak{D}^*\,\mathfrak{D})\,\mathfrak{r},$$

wobei die Produktmatrix

$$\mathfrak{D}^*\,\mathfrak{D} = \begin{pmatrix} \cos\psi & \sin\psi \\ -\sin\psi & \cos\psi \end{pmatrix} \begin{pmatrix} \cos\varphi & \sin\varphi \\ -\sin\varphi & \cos\varphi \end{pmatrix} = \begin{pmatrix} \cos(\varphi+\psi) & \sin(\varphi+\psi) \\ -\sin(\varphi+\psi) & \cos(\varphi+\psi) \end{pmatrix}$$

bedeutet. Das Produkt zweier Transformationsmatrizen vermittelt also die Nacheinanderausführung beider (linearer) Transformationen.

6. Rangbestimmung mit dem GAUSSschen Algorithmus

$$\text{a) Rang} \begin{pmatrix} 2 & 5 & 6 & -7 \\ 4 & -4 & 0 & 2 \\ -6 & -1 & 1 & 5 \end{pmatrix} = \text{Rang} \begin{pmatrix} 2 & 5 & 6 & -7 \\ 0 & -14 & -12 & 16 \\ 0 & 14 & 19 & -16 \end{pmatrix}$$

$$= \text{Rang} \begin{pmatrix} 2 & 5 & 6 & -7 \\ 0 & -14 & -12 & 16 \\ 0 & 0 & 7 & 0 \end{pmatrix} = 3$$

$$\text{b) Rang} \begin{pmatrix} 5 & 2 & 1 & 8 & 1 \\ -4 & 1 & -6 & -9 & 7 \\ 7 & 5 & -3 & 9 & 8 \\ 1 & 0 & 1 & 2 & -1 \end{pmatrix} = \text{Rang} \begin{pmatrix} 5 & 2 & 1 & 8 & 1 \\ 0 & 2{,}6 & -5{,}2 & -2{,}6 & 7{,}8 \\ 0 & 2{,}2 & -4{,}4 & -2{,}2 & 6{,}6 \\ 0 & -0{,}4 & 0{,}8 & 0{,}4 & -1{,}2 \end{pmatrix}$$

$$= \text{Rang} \begin{pmatrix} 5 & 2 & 1 & 8 & 1 \\ 0 & 2{,}6 & -5{,}2 & -2{,}6 & 7{,}8 \\ 0 & 0 & 0 & 0 & 0 \\ 0 & 0 & 0 & 0 & 0 \end{pmatrix} = 2.$$

7. Um das lineare System

$$x_1 + 2\,x_2 - x_3 + 2\,x_4 = -2$$
$$2\,x_1 - 3\,x_2 - 4\,x_3 + x_4 = -2$$
$$3\,x_1 - x_2 + 2\,x_3 - x_4 = 9$$
$$4\,x_1 + 4\,x_2 + x_3 - 3\,x_4 = -7$$

mit dem GAUSSschen Algorithmus zu lösen, schreiben wir sämtliche Koeffizienten sowie die absoluten Glieder in der vorliegenden Anordnung als Matrix („erweiterte Matrix" des linearen Systems) und formen diese rangidentisch auf Dreiecksgestalt um:

$$\text{Rang} \begin{pmatrix} 1 & 2 & -1 & 2 & -2 \\ 2 & -3 & -4 & 1 & -2 \\ 3 & -1 & 2 & -1 & 9 \\ 4 & 4 & 1 & -3 & -7 \end{pmatrix} = \text{Rang} \begin{pmatrix} 1 & 2 & -1 & 2 & -2 \\ 0 & -7 & -2 & -3 & 2 \\ 0 & -7 & 5 & -7 & 15 \\ 0 & -4 & 5 & -11 & 1 \end{pmatrix}$$

$$= \text{Rang} \begin{pmatrix} 1 & 2 & -1 & 2 & -2 \\ 0 & -7 & -2 & -3 & 2 \\ 0 & 0 & 7 & -4 & 13 \\ 0 & 0 & 6{,}143 & -9{,}286 & -0{,}143 \end{pmatrix}$$

$$= \text{Rang} \begin{pmatrix} 1 & 2 & -1 & 2 & -2 \\ 0 & -7 & -2 & -3 & 2 \\ 0 & 0 & 7 & -4 & 13 \\ 0 & 0 & 0 & -5{,}77 & -11{,}54 \end{pmatrix}.$$

Schreibt man jetzt wieder die Gleichungen aus, so erhält man das gestaffelte System

$$x_1 + 2x_2 - x_3 + 2x_4 = -2$$
$$-7x_2 - 2x_3 - 3x_4 = 2$$
$$7x_3 - 4x_4 = 13$$
$$-5{,}77\,x_4 = -11{,}54.$$

Aus ihm folgen sofort (beginnend mit der letzten Gleichung)

$$x_4 = 2, \quad x_3 = 3, \quad x_2 = -2, \quad x_1 = 1.$$

8. a) $-4x_1 + 2x_2 = 5$ $\quad \operatorname{Rang}\mathfrak{A} = \operatorname{Rang}\begin{pmatrix} -4 & 2 \\ 6 & -3 \end{pmatrix} = 1$

$\quad\quad 6x_1 - 3x_2 = 1$ $\quad \operatorname{Rang}\mathfrak{B} = \operatorname{Rang}\begin{pmatrix} -4 & 2 & 5 \\ 6 & -3 & 1 \end{pmatrix} = 2.$

Das System ist demnach unlösbar (beide Gleichungen widersprechen sich!).

b) $5x_1 - 3x_2 = 11$ $\quad \operatorname{Rang}\mathfrak{A} = \operatorname{Rang}\begin{pmatrix} 5 & -3 \\ 2 & 7 \\ 4 & -27 \end{pmatrix} = 2$

$\quad 2x_1 + 7x_2 = -12$

$\quad 4x_1 - 27x_2 = 58$ $\quad \operatorname{Rang}\mathfrak{B} = \operatorname{Rang}\begin{pmatrix} 5 & -3 & 11 \\ 2 & 7 & -12 \\ 4 & -27 & 58 \end{pmatrix} = 2.$

Das System ist also lösbar (nur zwei Gleichungen sind linear unabhängig voneinander!). Lösung ist $(x_1, x_2) = (1; -2)$.

Die Matrizenrechnung, erst in unserem Jahrhundert entwickelt, ist heute in vielen Gebieten zu einem unentbehrlichen mathematischen Hilfsmittel geworden. Erwähnt seien nur Quantenmechanik, Elektrotechnik, Statistik, Volks- und Betriebswirtschaft sowie Operations Research[1]) und Linear Programming[2]).

3 Differentialrechnung

3.1 Grenzwerte

3.1.1 Konvergente Zahlenfolgen

Definition: *Eine Menge von Zahlen, für welche eine bestimmte Numerierungsvorschrift gegeben ist, heißt eine Zahlenfolge:*

$$a_1, a_2, a_3, \ldots, a_n, \ldots$$

Die Numerierungsvorschrift f ordnet dabei jeder natürlichen Zahl n

---

[1]) Unternehmungsforschung. [2]) Linearplanung.

ein Element a_n der Folge zu und bestimmt damit eine Funktion

$$\boxed{f(n) = a_n}$$

die auch als *Bildungsgesetz* oder *allgemeines Glied* der Folge bezeichnet wird. Für die Folge kann man demnach auch

$$f(1), f(2), f(3), \ldots, f(n), \ldots$$

schreiben.[1]

Das geometrische Bild der Funktion $f(n) = a_n$ ist eine Menge diskreter (isolierter) Punkte, ergibt also keinen zusammenhängenden Kurvenzug.

Beispiele

1. $f(n) = \dfrac{1}{n}:$ $1, \dfrac{1}{2}, \dfrac{1}{3}, \dfrac{1}{4}, \ldots$

2. $f(n) = n^2:$ $1, 4, 9, 16, \ldots$

3. $f(n) = \dfrac{n-1}{n}:$ $0, \dfrac{1}{2}, \dfrac{2}{3}, \dfrac{3}{4}, \ldots$

4. $f(n) = (-1)^n:$ $-1, +1, -1, +1, \ldots$

5. $f(n) = \dfrac{2n^2-1}{n^2+1}:$ $\dfrac{1}{2}, \dfrac{7}{5}, \dfrac{17}{10}, \dfrac{31}{17}, \ldots$

6. $f(n) = a_1 + (n-1)\,d:$ $a_1, a_1 + d, a_1 + 2d, a_1 + 3d, \ldots$

Folgen dieser Art heißen *arithmetisch*, da jedes Glied[2]) das arithmetische Mittel seiner beiden Nachbarglieder ist

$$f(n) = \frac{f(n-1) + f(n+1)}{2}.$$

Die Differenz zweier aufeinanderfolgender Glieder ist eine Konstante, nämlich d:

$$2, 5, 8, 11, \ldots \qquad (a_1 = 2,\ d = 3)$$
$$3, -6, -15, -24, \ldots \qquad (a_1 = 3,\ d = -9)$$

7. $f(n) = a_1\, q^{n-1}:$ $a_1, a_1\, q, a_1\, q^2, a_1\, q^3, \ldots$

Folgen dieser Struktur heißen *geometrisch*, da jedes Glied[2]) das geometrische Mittel seiner beiden Nachbarglieder ist

$$f(n) = \sqrt{f(n-1)\, f(n+1)}.$$

Der Quotient zweier aufeinanderfolgender Glieder ist eine Konstante, nämlich q:

$$1, 2, 4, 8, 16, \ldots \qquad (a_1 = 1,\ q = 2)$$
$$2;\ 0{,}2;\ 0{,}02;\ 0{,}002;\ \ldots \qquad (a_1 = 2,\ q = 0{,}1)$$
$$6, -2, \tfrac{2}{3}, -\tfrac{2}{9}, \tfrac{2}{27}, \ldots \qquad (a_1 = 6,\ q = -\tfrac{1}{3})$$

8. $f(n) = \sum\limits_{i=1}^{n} a_i:$ $a_1, a_1 + a_2, a_1 + a_2 + a_3, a_1 + a_2 + a_3 + a_4, \ldots$

---

[1]) Gelegentlich beginnt man die Numerierung bereits bei $n = 0$ oder mit negativem n.

[2]) mit Ausnahme des ersten Gliedes.

Folgen dieser Struktur heißen *Teilsummenfolgen*, weil jedes Glied eine Teilsumme darstellt.

Erwähnt seien

$$f(n) = \sum_{i=1}^{n} 7 \cdot 10^{-i}: \quad 0{,}7;\ 0{,}77;\ 0{,}777;\ 0{,}7777;\ \ldots$$

$$f(n) = \sum_{i=1}^{n} \frac{1}{i!}: \quad 1,\ 1 + \frac{1}{2!} = \frac{3}{2},\ 1 + \frac{1}{2!} + \frac{1}{3!} = \frac{5}{3},$$

$$1 + \frac{1}{2!} + \frac{1}{3!} + \frac{1}{4!} = \frac{41}{24},\ \ldots$$

Man nennt eine Zahlenfolge monoton wachsend, wenn jedes Glied größer als das vorangehende ist, d. h. wenn $f(n)$ monoton wächst; entsprechend heißt eine Folge monoton fallend, wenn $f(n)$ monoton fällt. Wechseln die Glieder ständig das Vorzeichen, so spricht man von einer alternierenden Folge. Die weitaus wichtigste Eigenschaft jedoch kommt in folgender Definition zum Ausdruck.

Definition: *Kommen die Glieder einer Zahlenfolge für gegen unendlich strebendes n einer bestimmten Zahl G unbegrenzt näher, so heißt die Zahlenfolge konvergent und G ihr Grenzwert, man schreibt*

$$\boxed{\begin{array}{c} \lim_{n \to \infty} a_n = G \\[2mm] bzw. \quad a_n \to G \quad für \quad n \to \infty \end{array}}$$

Lies: Limes[1]) a_n ist gleich G, wenn n gegen unendlich strebt. Wesentlich ist, daß der „Abstand" zwischen den Gliedern der Folge und der Zahl G nicht nur dem Betrage nach immer kleiner wird, sondern auch kleiner als *jede* vorgeschriebene Zahl gemacht werden kann. G muß als Grenzwert eindeutig existieren und eine reelle Zahl sein. Ist speziell $G = 0$, so spricht man auch von einer *Nullfolge*. Nichtkonvergente Folgen heißen *divergent*.

Als Musterbeispiel einer konvergenten Zahlenfolge betrachten wir die Folge

$$f(n) = \frac{1}{n}: \quad 1,\ \frac{1}{2},\ \frac{1}{3},\ \frac{1}{4},\ \ldots$$

Wir vermuten als Grenzwert $G = 0$, also

$$\lim_{n \to \infty} \frac{1}{n} = 0$$

bzw.

$$\frac{1}{n} \to 0 \quad für \quad n \to \infty.$$

Anschaulich ist dies klar: ein Bruch mit dem konstanten Zähler 1, dessen Nenner n über alle Grenzen wächst, muß letztlich immer kleiner

---

[1]) limes (lat.): die Grenze

werden und sich beliebig wenig von Null (dem Grenzwert) unterscheiden. Eine „Formel" zur Bestimmung des Grenzwertes gibt es nicht. Der strenge Nachweis für die Konvergenz wird erbracht, indem man zeigt, daß die Differenz

$$\left|\frac{1}{n} - G\right| = \left|\frac{1}{n} - 0\right| = \frac{1}{n}$$

kleiner gemacht werden kann als jede noch so kleine (positive) Zahl. Nennt man diese ε, so ist in unserem Beispiel

$$\frac{1}{n} < \varepsilon$$

erfüllt für alle n mit

$$n > \frac{1}{\varepsilon},$$

wie klein man $\varepsilon > 0$ auch wählen mag. Wird beispielsweise ε zu ein Millionstel, $\varepsilon = 10^{-6}$, angenommen, so ist

$$\frac{1}{n} < 10^{-6} \quad \text{für alle} \quad n > 10^{6}$$

erfüllt[1]).

Beispiele

1. Die Folge $f(n) = \dfrac{n-1}{n}$ kann wegen $\dfrac{n-1}{n} = 1 - \dfrac{1}{n}$ in der Form

$$1-1, \quad 1-\tfrac{1}{2}, \quad 1-\tfrac{1}{3}, \quad 1-\tfrac{1}{4}, \ldots$$

geschrieben werden. Sie ist konvergent zum Grenzwert $G = 1$:

$$\lim_{n \to \infty} f(n) = \lim_{n \to \infty} \left(1 - \frac{1}{n}\right) = 1.$$

2. Die Folge der Quadratzahlen

$$1, \ 4, \ 9, \ 16, \ 25, \ \ldots$$

übersteigt jede (noch so große) Zahl, ist also sicher divergent. Man schreibt in diesem Fall

$$\lim_{n \to \infty} f(n) = \lim_{n \to \infty} n^{2} = \infty,$$

meint damit jedoch nicht etwa, daß der „Grenzwert gleich unendlich ist", sondern bringt damit lediglich zum Ausdruck, daß die Glieder der Folge einsinnig gegen unendlich streben (sogenannte *bestimmte Divergenz*).

3. Die Folge der endlichen Dezimalbrüche

$$0{,}7; \ 0{,}77; \ 0{,}777; \ 0{,}7777; \ \ldots$$

strebt offenbar gegen den unendlichen periodischen Dezimalbruch $0{,}\overline{7}$ (Periode 7)

---

[1]) Diese auf dem ε-Kalkül beruhende Methode des Konvergenznachweises wird als *Epsilontik* bezeichnet. Sie findet bei allen streng wissenschaftlichen. Untersuchungen Anwendung.

Die Folge ist also konvergent zum Grenzwert $G = \tfrac{7}{9}$. In Zeichen

$$\lim_{n \to \infty} f(n) = \lim_{n \to \infty} \sum_{i=1}^{n} 7 \cdot 10^{-i} = \frac{7}{9}.$$

4. Die geometrischen Folgen

$$1, \quad \tfrac{1}{3}, \ \tfrac{1}{9}, \quad \tfrac{1}{27}, \ \ldots \qquad (a_1 = 1, \ q = \tfrac{1}{3})$$

$$1, \quad -\tfrac{1}{3}, \ \tfrac{1}{9}, \ -\tfrac{1}{27}, \ \ldots \qquad (a_1 = 1, \ q = -\tfrac{1}{3})$$

sind beide konvergent zum Grenzwert Null; die Annäherung erfolgt dabei im ersten Fall einseitig vom Positiven her, während sie im zweiten Fall abwechselnd vom Positiven und Negativen her stattfindet. Allgemein konvergiert eine geometrische Folge $f(n) = a_1 q^{n-1}$ unter der Bedingung

$$\boxed{-1 < q \leqq 1}$$

mit dem Grenzwert

$$\lim_{n \to \infty} a_1 q^{n-1} = 0 \quad \text{für} \quad -1 < q < 1$$

$$\lim_{n \to \infty} a_1 q^{n-1} = a_1 \quad \text{für} \quad q = 1.$$

Für alle übrigen q, welche also der eingerahmten Ungleichung nicht genügen, divergiert die geometrische Folge. Dabei besteht

$$\text{für } q > \quad 1 \text{ bestimmte Divergenz}$$

$$\text{für } q \leqq -1 \text{ unbestimmte Divergenz,}$$

wobei letztere bedeutet, daß die Glieder der Folge für $n \to \infty$ weder nach $+\infty$ noch nach $-\infty$ divergieren.

5. Die Teilsummenfolge

$$f(n) = \sum_{i=1}^{n} \frac{1}{(2i - 1)(2i + 1)},$$

ausgeschrieben

$$\frac{1}{1 \cdot 3}, \quad \frac{1}{1 \cdot 3} + \frac{1}{3 \cdot 5}, \quad \frac{1}{1 \cdot 3} + \frac{1}{3 \cdot 5} + \frac{1}{5 \cdot 7}, \ \ldots,$$

kann auf Grund der Partialbruchzerlegung

$$\frac{1}{(2i - 1)(2i + 1)} = \frac{1}{2} \left(\frac{1}{2i - 1} - \frac{1}{2i + 1} \right)$$

auch in der Form

$$\frac{1}{2}\left(\frac{1}{1} - \frac{1}{3}\right), \quad \frac{1}{2}\left(\frac{1}{1} - \frac{1}{3}\right) + \frac{1}{2}\left(\frac{1}{3} - \frac{1}{5}\right),$$

$$\frac{1}{2}\left(\frac{1}{1} - \frac{1}{3}\right) + \frac{1}{2}\left(\frac{1}{3} - \frac{1}{5}\right) + \frac{1}{2}\left(\frac{1}{5} - \frac{1}{7}\right), \ \ldots$$

oder nach Zusammenfassen der Glieder in der Gestalt

$$\frac{1}{2}\left(\frac{1}{1} - \frac{1}{3}\right), \quad \frac{1}{2}\left(\frac{1}{1} - \frac{1}{5}\right), \quad \frac{1}{2}\left(\frac{1}{1} - \frac{1}{7}\right), \ \ldots$$

dargestellt werden. Allgemein gilt also für das n-te Glied

$$a_n = f(n) = \sum_{i=1}^{n} \frac{1}{(2i - 1)(2i + 1)} = \frac{1}{2}\left(\frac{1}{1} - \frac{1}{2n + 1}\right)$$

und deshalb

$$\lim_{n \to \infty} f(n) = \lim_{n \to \infty} \frac{1}{2}\left(\frac{1}{1} - \frac{1}{2n+1}\right) = \frac{1}{2},$$

denn der „Anteil" $\dfrac{1}{2n+1}$ strebt mit $n \to \infty$ gegen Null[1]). Die Folge ist also konvergent zum Grenzwert $G = \frac{1}{2}$.

Die Zahl π als Grenzwert. Die Berechnung des Kreisumfanges ist bekanntlich auf „elementarem"[2]) Wege nicht möglich. Beschreibt man in und um einen Kreis vom Radius r regelmäßige Vielecke (Abb. 130), und bezeichnet den Umfang des regelmäßigen *umbeschriebenen* n-Ecks mit U_n, den des regelmäßigen *einbeschriebenen* n-Ecks mit E_n, so streben offenbar beide Folgen gegen den gesuchten Kreisumfang U

$$E_n \to U \quad \text{für} \quad n \to \infty,$$
$$U_n \to U \quad \text{für} \quad n \to \infty$$

bzw.

$$\lim_{n \to \infty} E_n = \lim_{n \to \infty} U_n = U.$$

Dividiert man jedes Glied der beiden Folgen durch den (gegebenen) Durchmesser $2r$ des Kreises, so konvergieren die Folgen

$$\frac{E_n}{2r} \quad \text{und} \quad \frac{U_n}{2r}$$

gegen einen Grenzwert, den man einheitlich mit dem Buchstaben π bezeichnet

$$\boxed{\lim_{n \to \infty} \frac{E_n}{2r} = \lim_{n \to \infty} \frac{U_n}{2r} = \pi}$$

Auf 5 Dezimalen angeschrieben erhält man folgende Werte

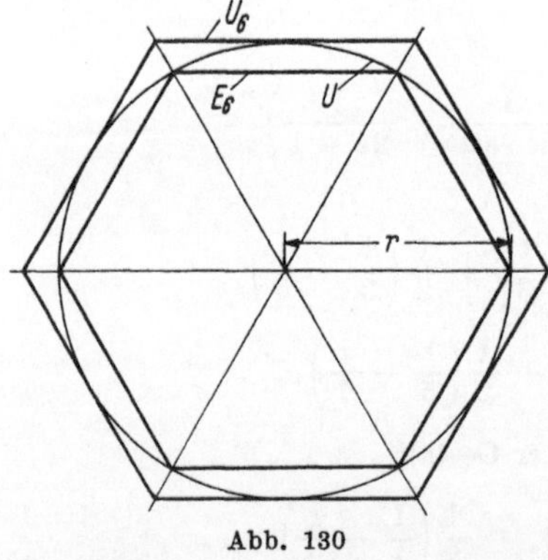

Abb. 130

n	$\dfrac{1}{2r} E_n$	$\dfrac{1}{2r} U_n$
6	3,00000	3,46410
12	3,10583	3,21539
24	3,13263	3,15966
48	3,13935	3,14609
96	3,14103	3,14271
192	3,14145	3,14187
384	3,14156	3,14166
768	3,14158	3,14161
1536	3,14159	3,14160

---

[1]) Dabei wurde bereits benutzt, daß der Grenzwert einer Differenz gleich der Differenz der Grenzwerte ist (vgl. II. 3.1.3).

[2]) Elementar-mathematisch heißen alle Methoden, die nicht auf dem Begriff des Grenzwertes beruhen.

Die Folge $\frac{1}{2r} E_n$ strebt von unten, die Folge $\frac{1}{2r} U_n$ von oben gegen π; auf Grund der Übersicht ergibt sich

$$3{,}14159 < \pi < 3{,}14160.$$

Eine bessere Methode zur Berechnung von π werden wir in der Reihenlehre (II. 5.4.5) kennenlernen. Da π eine irrationale Zahl ist, können stets nur rationale Näherungswerte ermittelt werden. Für viele Zwecke genügt die schon von ARCHIMEDES[1]) benutzte Näherung von 22/7, welche den Wert von π auf 2 Dezimalen (3,14) richtig wiedergibt.

Die Zahl e als Grenzwert. Von der Folge

$$f(n) = \left(1 + \frac{1}{n}\right)^n$$

kann man allgemein zeigen, daß sie konvergiert. Den Grenzwert bezeichnet man einheitlich als EULERsche[2]) Zahl und kürzt ihn mit e ab:

$$\boxed{e = \lim_{n \to \infty} \left(1 + \frac{1}{n}\right)^n}$$

e ist uns bereits als Basis des Natürlichen Logarithmensystems bekannt (s. I. 1.5.4). Es ist eine transzendent-irrationale Zahl, die auf 12 Dezimalen

$$e = 2{,}718281828459$$

lautet.

$\sqrt{a}$ **als Grenzwert.** Das NEWTONsche Iterationsverfahren (s. I. 1.4.4) ergab für die Berechnung von $\sqrt{a}$ eine Folge von Näherungswerten

$$x_1, x_2, x_3, \ldots, x_n, x_{n+1}, \ldots$$

die „rekursiv‟ mittels

$$f(n+1) = x_{n+1} = \frac{1}{2}\left(x_n + \frac{a}{x_n}\right)$$

bestimmt wurden. Man sagt, das Verfahren konvergiert, wenn die Folge der Näherungswerte gegen die gesuchte Zahl $\sqrt{a}$ als Grenzwert konvergiert, wenn also

$$\boxed{\lim_{n \to \infty} x_n = \sqrt{a}}$$

ist.

----

[1]) ARCHIMEDES von Syrakus (287? $\cdots$ 212), griechischer Mathematiker und Mechaniker.

[2]) L. EULER (1707 $\cdots$ 1783), schweizer Mathematiker.

3.1.2 Grenzwerte von Funktionen

Gegeben sei eine Funktion $y = f(x)$, die an der Stelle $x = a$ näher untersucht werden soll. Hierzu reicht die Kenntnis des Funktionswertes $f(a)$ in vielen Fällen nicht aus, ganz abgesehen davon, daß $f(a)$ gar nicht zu existieren braucht. Um dennoch einen Überblick über das Verhalten der Funktion an dieser Stelle zu bekommen, wird man irgendeine gegen a konvergierende Folge von Argumentwerten

$$x_1, x_2, x_3, \ldots, x_n, \ldots; \quad \lim_{n \to \infty} x_n = a$$

bilden und die Folge der zugehörigen Funktionswerte

$$f(x_1), f(x_2), f(x_3), \ldots, f(x_n), \ldots$$

auf ihre Konvergenz untersuchen. Wenn dann für *jede* gegen a konvergierende Argumentenfolge die zugehörige Ordinatenfolge ebenfalls konvergiert, so erklärt man diesen Grenzwert als Grenzwert der Funktion an der betreffenden Stelle $x = a$.

Definition: *Konvergiert bei jeder Annäherung von x gegen a die zugehörige Folge der Funktionswerte f(x) gegen einen Grenzwert G, so heißt G der Grenzwert der Funktion f(x) an der Stelle x = a und man schreibt*

$$\boxed{\lim_{x \to a} f(x) = G}$$

oder

$$\boxed{f(x) \to G \quad \text{für} \quad x \to a}$$

Der Leser beachte, daß der Funktionswert an der Stelle a und der Grenzwert an der Stelle a zwei ganz verschiedene Begriffe sind! Den Funktionswert $f(a)$ erhält man (sofern er existiert!), indem man für x den Wert a in die Funktionsgleichung einsetzt. Den Grenzwert $\lim\limits_{x \to a} f(x)$ erhält man (sofern er existiert!), indem man einen entsprechenden Grenzübergang ausführt. Was hierbei Schwierigkeiten bereitet, ist die Tatsache, daß es für diesen Grenzübergang keine einfache rechnerische Anweisung gibt[1]). Wir wollen deshalb im folgenden stets den Verlauf der Bildkurve der Funktion zur anschaulichen Unterstützung heranziehen.

Beispiele

1. Man untersuche die Funktion

$$y = \sin \frac{1}{x}$$

an der Stelle $x = 0$!

---

[1]) Vgl. indes Abschnitt 3.6.4 dieses Bandes.

Lösung (Abb. 131): Da die Sinusfunktion für alle Argumente beschränkt ist, so gilt auch hier

$$-1 \leqq \sin \frac{1}{x} \leqq +1.$$

Die Nullstellen liegen bei

$$\frac{1}{x} = \pm \pi,\ \pm 2\pi,\ \pm 3\pi,\ \ldots,$$

d. h. die x-Achse wird unendlich oft geschnitten bei

$$x = \pm \frac{1}{\pi},\ \pm \frac{1}{2\pi},\ \pm \frac{1}{3\pi},\ \ldots$$

Bei Annäherung an den Nullpunkt pendelt die Bildkurve immer schneller auf und ab, so daß die Funktionswerte keinem bestimmten Wert zustreben:

$$\lim_{x \to 0} \sin \frac{1}{x}\ \ \textit{existiert nicht!}$$

Aber auch der Funktionswert an der Stelle $x = 0$ existiert nicht, denn mit $\frac{1}{0}$

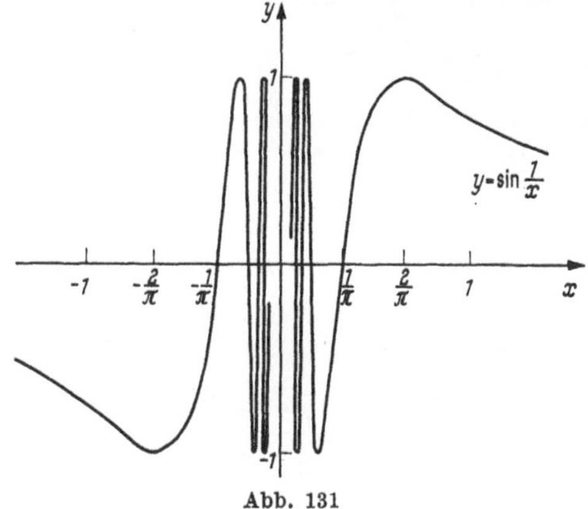

Abb. 131

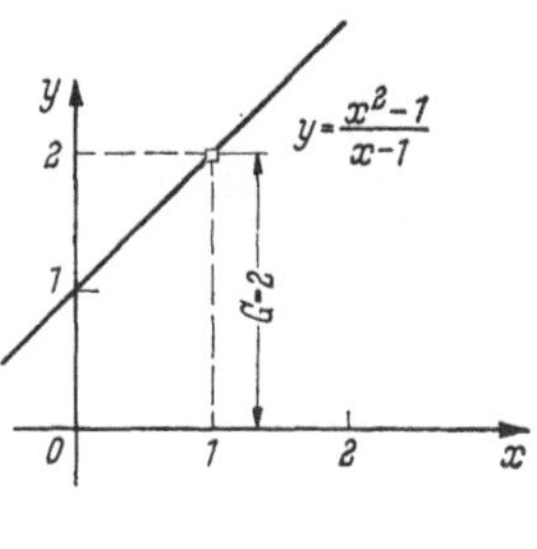

Abb. 132

ist auch $\sin \frac{1}{0}$ sinnlos. Die Funktion $y = \sin \frac{1}{x}$ besitzt also für $x = 0$ weder einen Funktionswert noch einen Grenzwert.

2. Die gebrochen-rationale Funktion[1])

$$y = \frac{x^2 - 1}{x - 1}$$

soll an der Stelle $x = 1$ untersucht werden!

Lösung (Abb. 132): Setzt man $x = 1$ ein, so folgt

$$f(1) = \tfrac{0}{0},$$

d. h. der Funktionswert an dieser Stelle existiert nicht. Für alle $x \neq 1$ kann man den Nenner in den Zähler kürzen

$$y = \frac{(x+1)(x-1)}{x-1} = x + 1.$$

---

[1]) Vgl. I. 3.8.

Wie immer man sich mit x dem Wert 1 nähert, stets wird sich y dem Wert 2 nähern, so daß sich

$$\lim_{x \to 1} \frac{x^2 - 1}{x - 1} = \lim_{x \to 1} (x + 1) = 2$$

als Grenzwert an dieser Stelle ergibt. Das Bild der gegebenen Funktion ist eine *punktierte Gerade*. Der fehlende Kurvenpunkt heißt eine *Lücke*. Für diese ist also der Grenzwert, nicht aber der Funktionswert vorhanden.

3. Die in Abb. 133 dargestellte Funktion

$$f(x) = \begin{cases} \dfrac{x^2 - 1}{x - 1} & \text{für} \quad x \neq 1 \\ 3 & \text{für} \quad x = 1 \end{cases}$$

unterscheidet sich von der im vorigen Beispiel erörterten Funktion lediglich darin, daß sie an der Stelle $x = 1$ einen wohlbestimmten Funktionswert, nämlich nach Erklärung

$$f(1) = 3$$

besitzt, während ihr Grenzwert an dieser Stelle ebenfalls

$$\lim_{x \to 1} f(x) = \lim_{x \to 1} \frac{x^2 - 1}{x - 1} = 2$$

ist. Diese Funktion hat also an der Stelle $x = 1$ sowohl einen Funktionswert als auch einen Grenzwert, aber beide sind voneinander verschieden. Die Bildkurve ist eine punktierte Gerade mit „Einsiedlerpunkt".

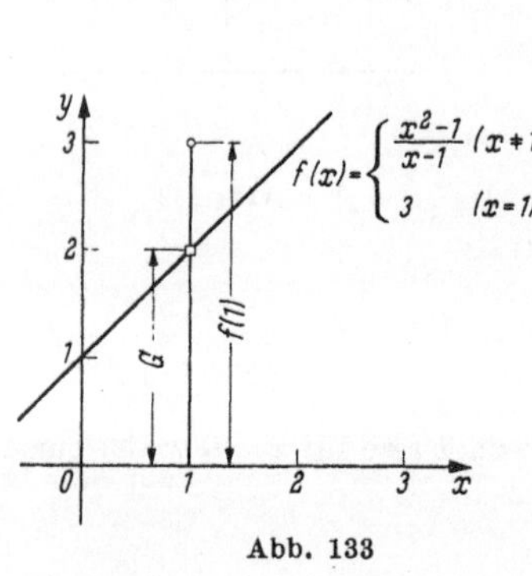

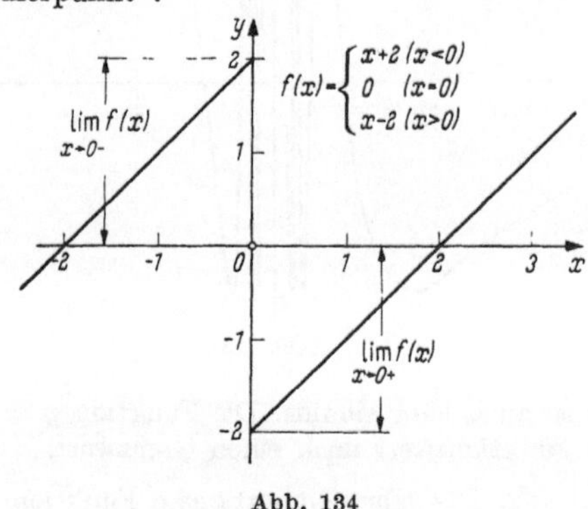

Abb. 133   Abb. 134

4. Man untersuche die Funktion

$$f(x) = \begin{cases} x + 2 & \text{für} \quad x < 0 \\ 0 & \text{für} \quad x = 0 \\ x - 2 & \text{für} \quad x > 0 \end{cases}$$

in der Nähe des Nullpunktes!

Lösung (Abb. 134): Der Funktionswert an der Stelle $x = 0$ ist $f(0) = 0$ nach Erklärung der Funktion. Nähert man sich mit x *von rechts* gegen Null, also $x \to 0+$, so streben die Funktionswerte gegen -2:

$$\lim_{x \to 0+} f(x) = -2,$$

während die Annäherung *von links*

$$\lim_{x \to 0-} f(x) = +2,$$

zur Folge hat. Man spricht hier vom *rechtsseitigen* bzw. *linksseitigen Grenzwert*; beide sind vorhanden, aber hier voneinander verschieden. Nur wenn sie übereinstimmen würden, besäße die Funktion einen Grenzwert schlechthin an dieser Stelle.

Der Grenzwert $\lim\limits_{x \to 0} \dfrac{\sin x}{x}$. Für einen Punkt des Einheitskreises ist die Maßzahl des zugehörigen Lotes durch $\sin x$, des zugehörigen Bogens durch x und des zugehörigen Tangentenabschnittes durch $\tan x$ gegeben (Abb. 135). Für alle x mit $0 < x < \pi/2$ (I. Quadrant) gilt dann die Ungleichung

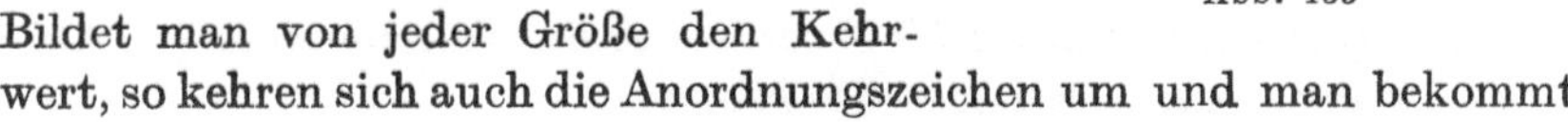

$$\sin x < x < \tan x.$$

Aus ihr folgt bei Division durch $\sin x > 0$

$$1 < \frac{x}{\sin x} < \frac{1}{\cos x}\,.$$

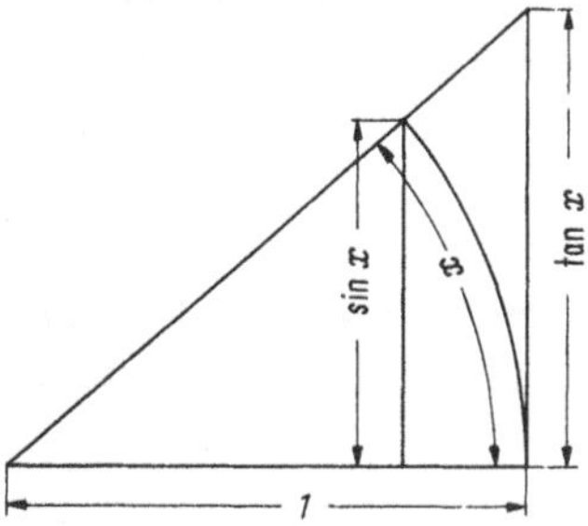

Abb. 135

Bildet man von jeder Größe den Kehrwert, so kehren sich auch die Anordnungszeichen um und man bekommt

$$1 > \frac{\sin x}{x} > \cos x.$$

Läßt man jetzt x gegen Null gehen, so bleibt die obere Schranke 1 konstant, während die untere Schranke mit

$$\cos x \to 1 \quad \text{für} \quad x \to 0 +$$

auf die obere zustrebt. Somit bleibt für den gesuchten Grenzwert nur

$$\lim_{x \to 0+} \frac{\sin x}{x} = 1$$

übrig. Da die Funktion $f(x) = \dfrac{\sin x}{x}$ gerade ist

$$f(-x) = \frac{\sin(-x)}{-x} = \frac{-\sin x}{-x} = f(x),$$

gilt auch

$$\lim_{x \to 0-} \frac{\sin x}{x} = 1$$

und somit allgemein für jede Annäherung $x \to 0$

$$\boxed{\lim_{x \to 0} \frac{\sin x}{x} = 1}$$

Die Funktion $f(x) = \dfrac{\sin x}{x}$ besitzt demnach bei $x = 0$ einen Grenzwert, aber keinen Funktionswert, da

$$f(0) = \frac{\sin 0}{0} = \frac{0}{0}$$

nicht existiert; die Bildkurve hat für $x = 0$ eine Lücke (Abb. 172).

3.1.3 Rechenregeln für Grenzwerte

Ohne Beweis seien die folgenden Sätze, die sich auf das Rechnen mit Grenzwerten beziehen, angeführt und anschließend durch Beispiele erläutert. Von den Grenzwerten selbst sei dabei stets ihre Existenz vorausgesetzt.

Satz (1): *Der Grenzwert der Summe zweier Funktionen ist gleich der Summe der Grenzwerte beider Funktionen*

$$\lim_{x \to a} [f_1(x) + f_2(x)] = \lim_{x \to a} f_1(x) + \lim_{x \to a} f_2(x)$$

Anders ausgedrückt: Summation und Limitation sind (bei endlich vielen Summanden) stets vertauschbar, es gilt also allgemein

$$\lim_{x \to a} \sum_{i=1}^{n} f_i(x) = \sum_{i=1}^{n} \lim_{x \to a} f_i(x).$$

Satz (2): *Der Grenzwert des Produktes zweier Funktionen ist gleich dem Produkt der Grenzwerte beider Funktionen*

$$\lim_{x \to a} [f_1(x) f_2(x)] = \lim_{x \to a} f_1(x) \lim_{x \to a} f_2(x)$$

Mit anderen Worten: Multiplikation und Limitation sind (bei endlich vielen Faktoren) stets vertauschbar, so daß man auch allgemein

$$\lim_{x \to a} \prod_{i=1}^{n} f_i(x) = \prod_{i=1}^{n} \lim_{x \to a} f_i(x)^1)$$

schreiben kann. Ist speziell

$$f_1(x) = C \text{ (konstant)}, \qquad f_2(x) = f(x),$$

so liefert Satz (2)

$$\lim_{x \to a} [C f(x)] = C \lim_{x \to a} f(x),$$

d. h. eine Konstante darf vor den Limes gezogen werden. Setzt man in Satz (1)

$$f_1(x) = f(x), \qquad f_2(x) = C g(x), \qquad C = -1,$$

so bekommt man

$$\lim_{x \to a} [f(x) - g(x)] = \lim_{x \to a} f(x) - \lim_{x \to a} g(x),$$

d. h. der Limes einer Differenz zweier Funktionen ist gleich der Differenz der Limites beider Funktionen.

---

[1]) Es bedeutet $\prod\limits_{i=1}^{n} a_i = a_1 \cdot a_2 \cdot a_3 \cdot \ldots \cdot a_n$, also das Produkt aller Zahlen a_i von $i = 1$ bis $i = n$.

Satz (3): *Der Grenzwert eines Quotienten zweier Funktionen ist gleich dem Quotienten der Grenzwerte beider Funktionen*

$$\lim_{x \to a} \frac{f_1(x)}{f_2(x)} = \frac{\lim\limits_{x \to a} f_1(x)}{\lim\limits_{x \to a} f_2(x)}$$

Voraussetzung ist natürlich, daß $\lim\limits_{x \to a} f_2(x) \neq 0$ ist. Setzt man speziell

$$f_1(x) = 1, \qquad f_2(x) = f(x),$$

so erhält man

$$\lim_{x \to a} \frac{1}{f(x)} = \frac{1}{\lim\limits_{x \to a} f(x)},$$

was oft benötigt wird.

Beispiele

1.
$$\lim_{x \to 0} \frac{\tan x}{x} = \lim_{x \to 0} \frac{\sin x}{x \cos x} = \lim_{x \to 0} \frac{\sin x}{x} \lim_{x \to 0} \frac{1}{\cos x}$$
$$= \lim_{x \to 0} \frac{\sin x}{x} \frac{1}{\lim\limits_{x \to 0} \cos x} = 1 \cdot 1 = 1$$

2.
$$\lim_{x \to \infty} \left(1 + \frac{1}{x}\right) = \lim_{x \to \infty} 1 + \lim_{x \to \infty} \frac{1}{x} = 1 + 0 = 1$$

3.
$$\lim_{x \to \infty} \frac{3x^2 - 4x + 5}{x^2 + 2x - 1} = \lim_{x \to \infty} \frac{3 - \dfrac{4}{x} + \dfrac{5}{x^2}}{1 + \dfrac{2}{x} - \dfrac{1}{x^2}}$$
$$= \frac{\lim\limits_{x \to \infty} \left(3 - \dfrac{4}{x} + \dfrac{5}{x^2}\right)}{\lim\limits_{x \to \infty} \left(1 + \dfrac{2}{x} - \dfrac{1}{x^2}\right)} = \frac{3 - \lim\limits_{x \to \infty} \dfrac{4}{x} + \lim\limits_{x \to \infty} \dfrac{5}{x^2}}{1 + \lim\limits_{x \to \infty} \dfrac{2}{x} - \lim\limits_{x \to \infty} \dfrac{1}{x^2}} = \frac{3}{1} = 3$$

4.
$$\lim_{x \to \infty} \frac{e^x - e^{-x}}{e^x + e^{-x}} = \lim_{x \to \infty} \frac{1 - e^{-2x}}{1 + e^{-2x}} = \frac{1}{1} = 1$$

(d. h. $\lim\limits_{x \to \infty} \tanh x = 1$; vgl. I. 3.13)

5.
$$\lim_{x \to a} \frac{x^3 - a^3}{x - a} = \lim_{x \to a} (x^2 + ax + a^2) = a^2 + a^2 + a^2 = 3a^2$$

6.
$$\lim_{x \to 0} \frac{1 - \cos x}{\sin x} = \lim_{x \to 0} \frac{(1 - \cos x)(1 + \cos x)}{\sin x (1 + \cos x)}$$
$$= \lim_{x \to 0} \frac{1 - \cos^2 x}{\sin x (1 + \cos x)} = \lim_{x \to 0} \frac{\sin x}{1 + \cos x} = \frac{0}{2} = 0.$$

Die Beispiele zeigen, daß es kein allgemeines Rechenverfahren zur Bestimmung von Grenzwerten gibt. Oft führt eine geeignete identische Umformung zum Ziel. Bei gebrochen-rationalen Funktionen, deren Grenzwert für $x \to \pm \infty$ ermittelt werden soll, dividiere man stets zuerst Zähler und Nenner durch die höchste x-Potenz (vgl. Beispiel 3), es ist dann allgemein

$$\lim_{x \to \infty} \frac{a_n x^n + a_{n-1} x^{n-1} + \cdots + a_0}{b_m x^m + b_{m-1} x^{m-1} + \cdots + b_0} = \begin{cases} 0 & \text{für} \quad m > n \\ \dfrac{a_n}{b_m} & \text{für} \quad m = n \\ \pm \infty & \text{für} \quad m < n \end{cases}$$

Im Falle $m < n$ existiert der Grenzwert also nicht.

Will man den Grenzwert für eine Lücke x_0 (gemeinsame Nullstelle von Zähler- und Nennerpolynom) bestimmen, so dividiere man zuerst Zähler und Nenner durch die höchste gemeinsame Potenz von $x - x_0$ und gehe dann mit x gegen x_0 (vgl. Beispiel 5).

3.1.4 Stetigkeit von Funktionen

Im Abschnitt 3.1.2 hatten wir gesehen, daß das Nichtvorhandensein eines Funktions- oder Grenzwertes an einer bestimmten Stelle ein gewisses außergewöhnliches Verhalten der Funktion bedeutet. Der einzige Fall, der einen „normalen" Kurvenverlauf beschrieb, lag dann vor, als Funktionswert und Grenzwert existierten und gleich waren. Solche Funktionen sollen durch folgende Erklärung ausgezeichnet werden:

Definition: *Eine Funktion $y = f(x)$ heißt an einer Stelle $x = a$ stetig, wenn dort Funktionswert und Grenzwert existieren und beide übereinstimmen*

$$\boxed{\lim_{x \to a} f(x) = f(a)}$$

Ist eine Funktion in jedem Punkte eines Intervalls I stetig, so heißt sie im Intervall I stetig. Anschaulich gesehen sind solche Funktionen stetig, deren Bildkurven einen ununterbrochenen Verlauf zeigen, also insbesondere keine Sprünge und Lücken aufweisen. Rechentechnisch gesehen kann bei einer stetigen Funktion der Grenzwert als Funktionswert, d. h. durch formales Einsetzen von $x = a$ in die Funktionsgleichung bestimmt werden.

Die wichtigsten im ganzen Erklärungsbereich stetigen Funktionen sind

1. die ganz-rationalen Funktionen (Polynome)

$$y = a_n x^n + a_{n-1} x^{n-1} + \cdots + a_2 x^2 + a_1 x + a_0,$$

speziell etwa

die linearen Funktionen $y = a_1 x + a_0$,
die quadratischen Funktionen $y = a_2 x^2 + a_1 x + a_0$,
die Potenzfunktionen $y = x^n$ ($n > 0$, ganz),

2. die Exponentialfunktionen

$$y = a^x \ (a > 0, a \neq 1),$$

3. die logarithmischen Funktionen für $x > 0$

$$y = {}^a\!\log x \ (a > 0, a \neq 1),$$

4. die Sinus- und Kosinusfunktion

$$y = \sin x, \quad y = \cos x,$$

5. die Hyperbelfunktionen

$$y = \sinh x, \quad y = \cosh x, \quad y = \tanh x.$$

Der Leser möge sich den Verlauf dieser Funktionen zur Übung selbst verdeutlichen. Für die rationalen Verknüpfungen stetiger Funktionen gilt der wichtige

Satz: *Summe, Differenz und Produkt zweier stetiger Funktionen ist wieder eine stetige Funktion. Der Quotient zweier stetiger Funktionen ist stetig an allen Stellen, an denen die Nennerfunktion nicht verschwindet.*

Aus diesem Satz folgt beispielsweise die Stetigkeit folgender Funktionen

1. $y = \sin x + \cos x$ für alle x

2. $y = x - \sin x$ für alle x

3. $y = e^{-x} \sin x$ für alle x

4. $y = \tan x = \dfrac{\sin x}{\cos x}$ für alle $x \neq (2k + 1)\dfrac{\pi}{2}$, k ganz

5. $y = \cot x = \dfrac{\cos x}{\sin x}$ für alle $x \neq k\pi$, k ganz

6. $y = \coth x = \dfrac{\cosh x}{\sinh x}$ für alle $x \neq 0$

7. $y = \dfrac{2x - 7}{x^2 - 8x + 15}$ für alle $x \neq 3,\, x \neq 5$.

Allgemein ist eine rationale Funktion in allen Punkten stetig, in den das Nennerpolynom ungleich Null ist. Hat also das Nennerpolynom überhaupt keine (reellen) Nullstellen, so ist die entsprechende rationale Funktion für alle x stetig.

Definition: *Ist eine Funktion $y = f(x)$ an einer Stelle $x = a$ nicht stetig, so heißt sie dort unstetig.*

Da die Stetigkeit die Existenz des Funktionswertes, die Existenz des Grenzwertes und die Übereinstimmung beider forderte, so liegt eine Unstetigkeitsstelle in folgenden Fällen vor

1. $f(a)$ existiert nicht, $\lim\limits_{x \to a} f(x)$ existiert nicht; z. B.

$$f(x) = \sin\frac{1}{x} \quad \text{bei} \quad x = 0$$

(vgl. Beispiel 1 in 3.1.2) diese Unstetigkeitsstelle heißt *Oszillationspunkt*; oder

$$f(x) = \frac{1}{x - 1} \quad \text{bei} \quad x = 1,$$

hier ist die Nullstelle des Nenners eine *Unendlichkeitsstelle* der rationalen Funktion (vgl. I. 3.8).

2. $f(a)$ existiert, $\lim\limits_{x \to a} f(x)$ existiert nicht;

$$f(x) = \begin{cases} x + 2 & \text{für} \quad x < 0 \\ 0 & \text{für} \quad x = 0 \\ x - 2 & \text{für} \quad x > 0. \end{cases} \quad \text{bei} \quad x = 0 \quad \text{(vgl. Beispiel 4 in 3.1.2)}$$

Die Funktion macht an dieser Stelle einen *Sprung*.

3. $f(a)$ existiert nicht, $\lim\limits_{x \to a} f(x)$ existiert; z. B.

$$f(x) = \frac{x^2 - 1}{x - 1} \quad \text{bei} \quad x = 1$$

(vgl. Beispiel 2 in 3.1.2). Die rationale Funktion besitzt an dieser Stelle eine *Lücke*.

4. $f(a)$ existiert, $\lim\limits_{x \to a} f(x)$ existiert, aber $\lim\limits_{x \to a} f(x) \neq f(a)$; z. B.

$$f(x) = \begin{cases} \dfrac{x^2 - 1}{x - 1} & \text{für} \quad x \neq 1 \\ 3 & \text{für} \quad x = 1 \end{cases} \quad \text{bei} \quad x = 1$$

(vgl. Beispiel 3 in 3.1.2). Die Funktion besitzt dort einen *Einsiedlerpunkt*.

Übersicht: Unstetigkeitsstellen

Oszillationsstelle	$f(a)$ existiert nicht $\lim\limits_{x \to a} f(x)$ existiert nicht	
Unendlichkeitsstelle (unendlicher Sprung)	$f(a)$ existiert nicht $\lim\limits_{x \to a} f(x)$ existiert nicht	
Sprungstelle (endlicher Sprung)	$f(a)$ existiert $\lim\limits_{x \to a} f(x)$ existiert nicht	
Lücke	$f(a)$ existiert nicht $\lim\limits_{x \to a} f(x)$ existiert	
Einsiedlerpunkt (singulärer Punkt)	$f(a)$ existiert $\lim\limits_{x \to a} f(x)$ existiert $\lim\limits_{x \to a} f(x) \neq f(a)$	

Die Lücken nehmen unter allen Unstetigkeiten eine Sonderstellung ein: man kann sie nämlich „beheben". Hierzu braucht man nur den ausgelassenen Funktionswert per definitionem zusätzlich vorzuschreiben, wodurch die Funktion an dieser Stelle stetig wird. So wird etwa die Funktion (Abb. 172)

$$f(x) = \frac{\sin x}{x},$$

die zunächst nur für $x \neq 0$ erklärt ist und wegen

$$\lim_{x \to 0} \frac{\sin x}{x} = 1$$

an dieser Stelle eine Lücke hat, stetig, indem man den gefundenen Grenzwert als zusätzlichen Funktionswert erklärt:

$$g(x) = \begin{cases} \dfrac{\sin x}{x} & \text{für} \quad x \neq 0 \\ 1 & \text{für} \quad x = 0. \end{cases}$$

3.2 Der Begriff der Ableitungsfunktion

3.2.1 Die Ableitungsfunktion als Steigungsfunktion

Wir gehen von einer Funktion $y = f(x)$ aus, die in einem bestimmten Intervall I erklärt sei und von der wir dort voraussetzen, daß sich in jedem Punkt der Bildkurve eindeutig eine Tangente legen lasse. Den im Gegenzeigersinn gemessenen Winkel zwischen der positiven x-Achse und der Tangente bezeichneten wir als Richtungswinkel der Tangente, der Tangens des Richtungswinkels hieß die Steigung der Tangente. Die Steigung einer Funktion $y = f(x)$ an einer bestimmten Stelle $x = x_1$ ist dann erklärt als die Steigung der Tangente im betreffenden Kurvenpunkt $P_1(x_1, f(x_1))$. Aus der gegebenen Funktion $y = f(x)$, im folgenden auch „Stammfunktion" genannt, können wir nun eine zweite Funktion $y' = f'(x)$ durch folgende Vorschrift herleiten:

Definition: *Jedem Wert von x werde als Funktionswert f'(x) die Steigung der Stammfunktion f(x) in diesem Punkte zugeordnet.*

Die so erklärte Funktion $y' = f'(x)$ heißt die *Steigungsfunktion* zur gegebenen Funktion $y = f(x)$ oder, da sie von dieser her- bzw. abgeleitet wird, die *Ableitungsfunktion* zu $y = f(x)$. Die Bildung einer Ableitungsfunktion verlangt also stets die Kenntnis der Stammfunktion. Der Begriff der Steigungsfunktion soll zunächst an einigen einfachen Beispielen verständlich werden.

Beispiele

1. Die Stammfunktion sei eine Parallele zur x-Achse im Abstand $+2$, ihre Gleichung also $y = f(x) = 2$. Wie lautet die Ableitungsfunktion?

Lösung (Abb. 136): Die Parallele zur x-Achse hat den Richtungswinkel $\alpha = 0°$, und zwar in *jedem* Punkt, also in jedem Punkt die Steigung $\tan 0° = 0$, also ist $y' = f'(x) = 0$ die Steigungsfunktion (d. i. die x-Achse).

2. Die Stammfunktion sei $y = x$, ihr Bild also die Halbierende des I. und III. Quadranten. Wie lautet die zugehörige Ableitungsfunktion?

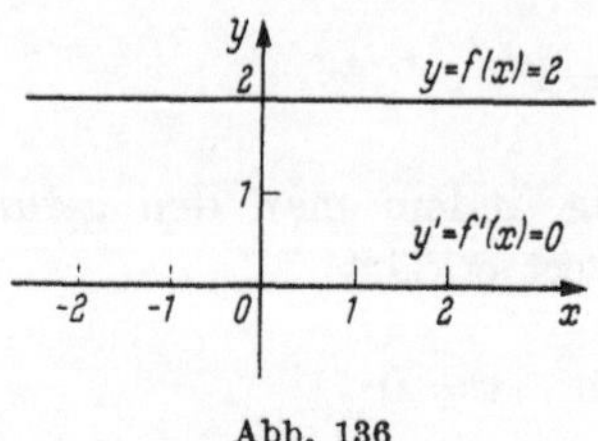

Abb. 136

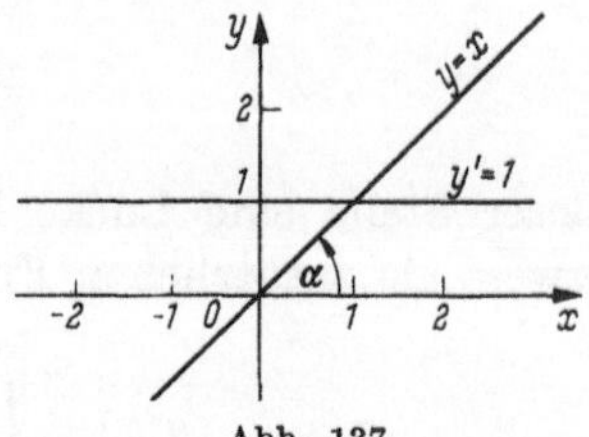

Abb. 137

Lösung (Abb. 137): Die Quadrantenhalbierende hat den Richtungswinkel $\alpha = 45°$, also in jedem Punkte die Steigung $\tan 45° = 1$. Demnach ist die Ableitungsfunktion $y' = f'(x) = 1$.

3. Die Stammfunktion sei eine allgemeine lineare Funktion $y = mx + n$. Man bestimme die Ableitungsfunktion!

Lösung (Abb. 138): Die Steigung der linearen Funktion $y = mx + n$ ist bekanntlich durch den Faktor von x, also m, gegeben. Somit lautet die Gleichung der Ableitungsfunktion $y' = m$. Jede *lineare* Funktion $y = mx + n$ hat also eine *konstante* Steigungsfunktion $y' = m$.

4. Welche Ableitungsfunktion hat die quadratische Funktion $y = x^2$ (Normalparabel)?

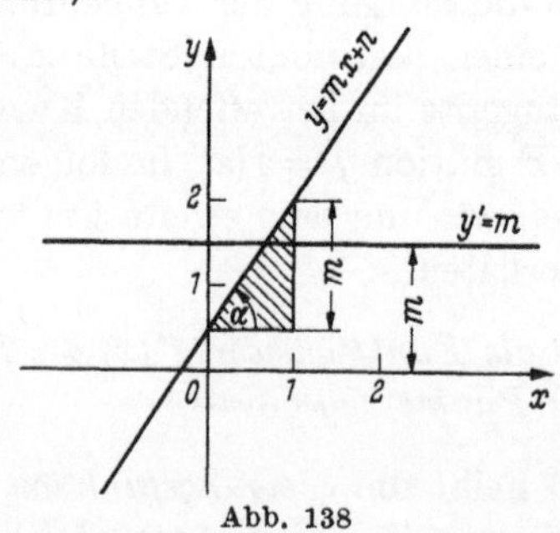

Abb. 138

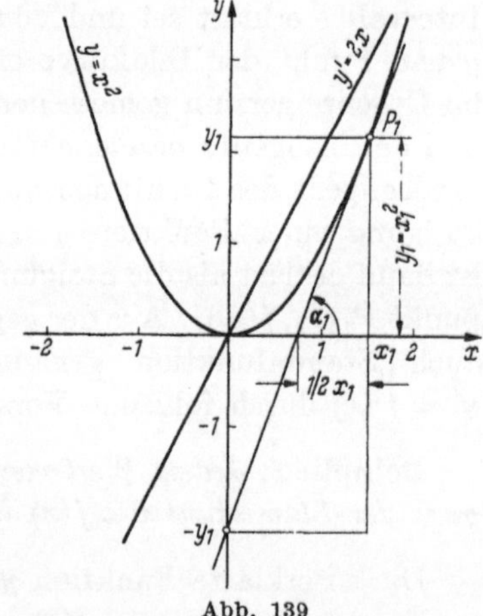

Abb. 139

Lösung (Abb. 139): Wir betrachten den Parabelpunkt $P_1(x_1, x_1^2)$; die Tangente in P_1 schneidet die x-Achse bei $\frac{1}{2}x_1$, also ist die Steigung an dieser Stelle

$$\tan\alpha_1 = \frac{y_1}{\frac{1}{2}x_1} = \frac{x_1^2}{\frac{1}{2}x_1} = 2x_1.$$

Nun halbiert aber die Parabeltangente *stets* die Abszisse des Berührungspunktes[1]), also gilt für *alle* x-Werte, daß die zugehörige Steigung $2x$ ist. Die Steigungsfunktion $y' = f'(x)$ lautet deshalb $y' = 2x$.

5. Man untersuche das Verhalten der Stammfunktion an einer Nullstelle der Ableitungsfunktion!

Lösung: Ist x_0 eine Nullstelle von $y' = f'(x)$, also

$$f'(x_0) = 0,$$

so muß an dieser Stelle die Stammfunktion eine *waagerechte* (x-achsenparallele) Tangente haben:

$$f'(x_0) = \tan\alpha_0 = 0 \Rightarrow \alpha_0 = 0°.$$

Dabei sind drei Fälle zu unterscheiden

a) $f'(x)$ geht *fallend* durch die x-Achse (Abb. 140)

$\Rightarrow f(x)$ hat bei x_0 ein *Maximum*

b) $f'(x)$ geht *steigend* durch die x-Achse (Abb. 141)

$\Rightarrow f(x)$ hat bei x_0 ein *Minimum*

c) $f'(x)$ *berührt* die x-Achse (Abb. 142)

$\Rightarrow f(x)$ hat bei x_0 eine waagerechte „Wendetangente".

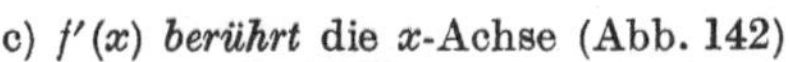

Abb. 140

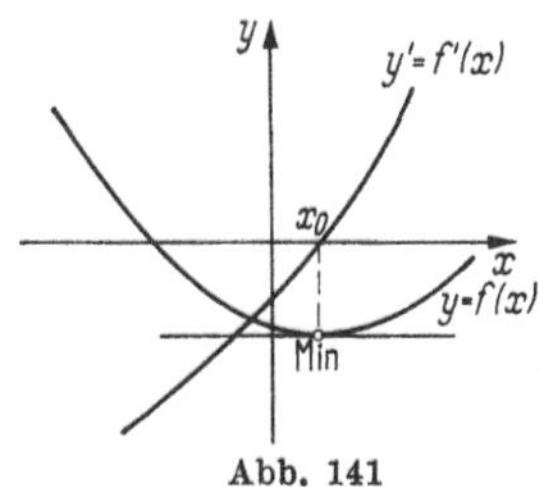

Abb. 141

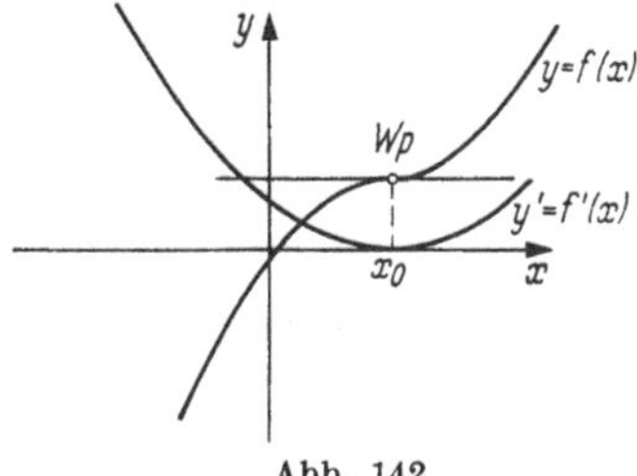

Abb. 142

Man beachte also: $y = f(x)$ steigt dort, wo $y' = f'(x) > 0$ ist und fällt dort, wo $y' = f'(x) < 0$ ist, denn

$$\left.\begin{array}{l} y' > 0 \Rightarrow \tan\alpha > 0 \Rightarrow \alpha \text{ spitz} \\ y' < 0 \Rightarrow \tan\alpha < 0 \Rightarrow \alpha \text{ stumpf} \\ y' = 0 \Rightarrow \tan\alpha = 0 \Rightarrow \alpha = 0° \end{array}\right\} (0° \leqq \alpha < 180°).$$

3.2.2 Die Ableitung als Grenzwert

Wie wir soeben sahen, läuft die Bestimmung der Ableitungsfunktion auf die Bestimmung der Steigung in den einzelnen Kurvenpunkten hinaus. In den einfachsten Fällen konnten wir die Ableitungsfunktion elementar ermitteln, jetzt suchen wir nach einer *allgemeinen Methode* zur Bestimmung der Ableitungsfunktion.

Der Schlüssel für die Lösung dieses „Tangentenproblems", dem man mit elementaren Methoden nicht beikommt, liegt letztlich in einer

---

[1]) Vgl. II. 1.7.2.

geeigneten, bereits auf dem Begriff des Grenzwertes beruhenden Definition des Tangentenbegriffs.

Definition: *Als Tangente im Punkte P einer Kurve ℭ werde die Grenzlage verstanden, welcher die Folge der Sekanten durch P und irgendeinen anderen Kurvenpunkt P_1 zustrebt, falls P_1 sich P unbegrenzt nähert.*

Nur wenn für *jede* Annäherung von P_1 (entlang der Kurve) an P die Sekantenfolge einem eindeutigen Grenzwert zustrebt, spricht man von einer Tangente in P (Abb. 143).

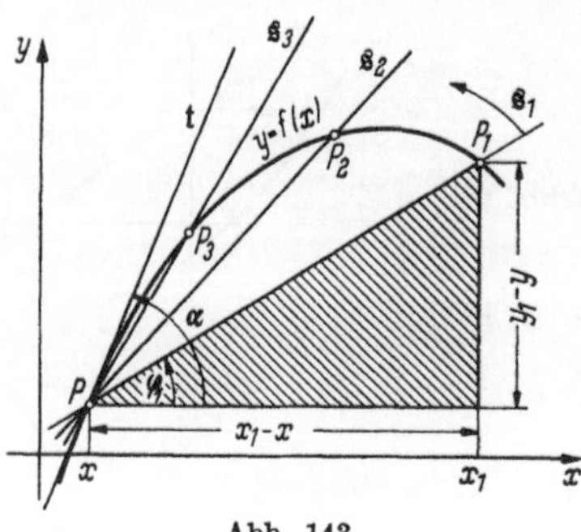

Abb. 143

Vorausgesetzt, daß eine Tangente in P eindeutig existiert, kann man nun folgendermaßen an die Aufgabe, die Steigung der Tangente zu bestimmen, herangehen:

Man ermittelt die Steigung der Sekante $\mathfrak{s}_1 = P P_1$, nämlich

$$\tan \varphi_1 = \frac{y_1 - y}{x_1 - x} = \frac{f(x_1) - f(x)}{x_1 - x}.$$

Dieser Quotient ist uns von der analytischen Geometrie her bereits als Differenzenquotient bekannt (vgl. II. 1.1.3). Läßt man jetzt P_1 auf P zuwandern, so bedeutet dies, daß die variabel zu denkende Abszisse x_1 auf die fest zu denkende Abszisse x zuwandert, $x_1 \to x$, wobei der Differenzenquotient einem Grenzwert

$$\lim_{x_1 \to x} \frac{f(x_1) - f(x)}{x_1 - x}$$

zustreben wird, welcher die gesuchte *Tangentensteigung* im Punkte $P(x, y)$ darstellt. Zugleich ist dieser Grenzwert nach der Definition in II. 3.2.1 der Wert der Ableitungsfunktion oder kurz die Ableitung im Punkte $P(x, y)$. Faßt man x jetzt wieder als Variable auf, so stellt dieser Grenzwert die Ableitungsfunktion $y' = f'(x)$ dar. Wir fassen zusammen

Satz: *Die Ableitungsfunktion $y' = f'(x)$ ist für jeden Wert von x gleich dem Grenzwert des Differenzenquotienten der Stammfunktion*

$$\boxed{y' = f'(x) = \lim_{x_1 \to x} \frac{f(x_1) - f(x)}{x_1 - x}}$$

Für den Differenzenquotienten

$$\frac{f(x_1) - f(x)}{x_1 - x}$$

benutzt man oft eine andere Form, die sich aus der Substitution

$$x_1 - x = h \qquad\qquad (*)$$

ergibt. Es ist damit $x_1 = x + h$ und die den Grenzübergang vollziehende Bewegung $x_1 \to x$ überträgt sich auf das „Inkrement"[1] h auf Grund (*) als

$$h \to 0.$$

Der Differenzenquotient bekommt damit die Form

$$\frac{f(x+h) - f(x)}{h}$$

und die Ableitungsfunktion erscheint in der Gestalt

$$\boxed{y' = f'(x) = \lim_{h \to 0} \frac{f(x+h) - f(x)}{h}}$$

Vergleiche auch Abb. 144!

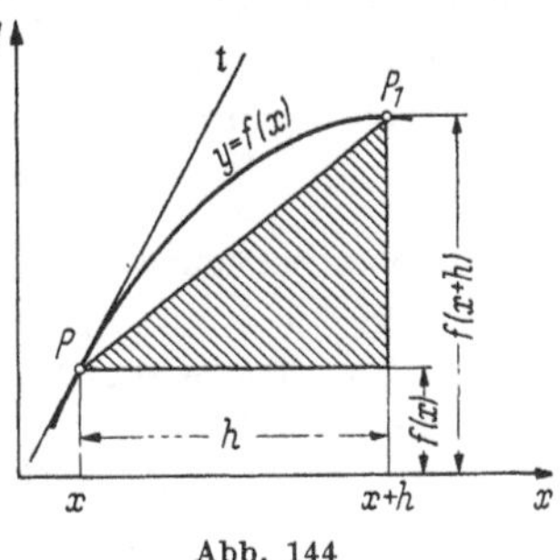

Abb. 144

3.2.3 Bestimmung von Ableitungsfunktionen

Wir wollen zu einer Reihe von Funktionen $y = f(x)$ die Ableitungsfunktion $y' = f'(x)$ durch Ausführung des Grenzüberganges $x_1 \to x$ bestimmen. Dabei wollen wir uns an dieser Stelle auf *rationale* Stammfunktionen beschränken. Der Differenzenquotient in der Form

$$\frac{f(x_1) - f(x)}{x_1 - x}$$

ist dann für jedes feste x_1 selbst eine rationale Funktion von x, die für $x = x_1$ eine Lücke, also eine Unstetigkeitsstelle, besitzt. Durch formales Einsetzen von $x_1 = x$ in den Differenzenquotienten kann also der Grenzwert nicht ermittelt werden, denn der Funktionswert erscheint in der sinnlosen Form

$$\frac{f(x_1) - f(x)}{x_1 - x} = \frac{0}{0} \quad \text{für} \quad x_1 = x.$$

Das *Prinzip* bei der Bestimmung des Grenzwertes des Differenzenquotienten besteht nun darin, statt des Grenzwertes

$$\lim_{x_1 \to x} \frac{f(x_1) - f(x)}{x_1 - x}$$

den Grenzwert einer anderen Funktion $y = g(x)$ zu ermitteln, die an *allen* Stellen $x \neq x_1$ mit

$$\frac{f(x_1) - f(x)}{x_1 - x}$$

übereinstimmt, aber an der Stelle $x = x_1$ *stetig ist und dort den gesuchten Grenzwert als Funktionswert besitzt:*

$$g(x) = \begin{cases} \dfrac{f(x_1) - f(x)}{x_1 - x} & \text{für} \quad x \neq x_1 \\[2ex] \lim\limits_{x_1 \to x} \dfrac{f(x_1) - f(x)}{x_1 - x} & \text{für} \quad x = x_1 \end{cases}$$

---

[1] Inkrement (lat.): Betrag um den eine Größe zunimmt; Gegensatz: Dekrement.

Die „Ersatzfunktion" $g(x)$ entsteht also aus dem Differenzenquotienten durch Stetigmachen auf Grund der Lückenbehebung. Der Grenzwert kann demnach durch *formales Einsetzen* von $x_1 = x$ in die Funktion $y = g(x)$ bestimmt werden. Wie man zur Funktion $g(x)$ gelangt, wird aus den folgenden Beispielen ersichtlich werden.

Beispiele

1. Man bestimme die Ableitungsfunktion $y' = f'(x)$ zu der gegebenen Funktion $y = x^2$.

Lösung: Es ist $y = f(x) = x^2$, also $y_1 = f(x_1) = x_1^2$ und demnach der Differenzenquotient

$$\frac{f(x_1) - f(x)}{x_1 - x} = \frac{x_1^2 - x^2}{x_1 - x} = \frac{(x_1 + x)(x_1 - x)}{x_1 - x}.$$

Die oben genannte Funktion $y = g(x)$ erhält man nun einfach durch Kürzen mit $x_1 - x$; tatsächlich unterscheidet sich die Funktion

$$g(x) = x + x_1$$

von der Funktion

$$\frac{x_1^2 - x^2}{x_1 - x}$$

lediglich an der Stelle $x = x_1$, indem sie dort stetig ist und

$$g(x) = 2x = \lim_{x_1 \to x} \frac{x^2 - x^2}{x_1 - x}$$

ist. Man vergleiche hierzu das Beispiel in II. 3.1.2!

Ergebnis:

$$y = f(x) = x^2 \Rightarrow y' = f'(x) = 2x$$

oder, kurz geschrieben

$$(x^2)' = 2x.$$

2. Gegeben $y = f(x) = -3x + 2$, man bestimme $y' = f'(x)$!

Lösung: Aus $f(x) = -3x + 2$ folgt $f(x_1) = -3x_1 + 2$ und damit

$$\frac{f(x_1) - f(x)}{x_1 - x} = \frac{(-3x_1 + 2) - (-3x + 2)}{x_1 - x} = \frac{-3(x_1 - x)}{x_1 - x}$$

$$\Rightarrow g(x) = -3.$$

$$\Rightarrow \lim_{x_1 \to x} \frac{f(x_1) - f(x)}{x_1 - x} = \lim_{x_1 \to x} (-3) = -3;$$

$$y = -3x + 2 \Rightarrow y' = -3$$

Vergleiche hierzu auch das Beispiel 3 in II. 3.2.1!

3. Gegeben das Polynom 3. Grades $f(x) = x^3 - 4x^2 + 7x - 1$, gesucht ist seine Ableitung $y' = f'(x)$.

Lösung: Mit

$$f(x) = x^3 - 4x^2 + 7x - 1, \quad f(x_1) = x_1^3 - 4x_1^2 + 7x_1 - 1$$

ergibt sich für den Differenzenquotienten

$$\frac{f(x_1) - f(x)}{x_1 - x} = \frac{(x_1^3 - x^3) - 4(x_1^2 - x^2) + 7(x_1 - x)}{x_1 - x}$$

$$= (x_1^2 + x x_1 + x^2) - 4(x_1 + x) + 7, \quad x \neq x_1$$

und damit für den Grenzwert

$$\lim_{x_1 \to x} \frac{f(x_1) - f(x)}{x_1 - x} = \lim_{x_1 \to x} \left[(x^2 + x\,x_1 + x^2) - 4(x_1 + x) + 7 \right] = 3x^2 - 8x + 7.$$

Ergebnis also:

$$f(x) = x^3 - 4x^2 + 7x - 1 \Rightarrow f'(x) = 3x^2 - 8x + 7.$$

4. Wie lautet die Ableitungsfunktion zu $y = 1/x$?

Lösung: Mit $f(x) = 1/x$ und $f(x_1) = 1/x_1$ folgt

$$\frac{f(x_1) - f(x)}{x_1 - x} = \frac{\dfrac{1}{x_1} - \dfrac{1}{x}}{x_1 - x} = \frac{x - x_1}{x\,x_1(x_1 - x)} = -\frac{1}{x\,x_1}\,\frac{x_1 - x}{x_1 - x}$$

$$\lim_{x_1 \to x} \frac{f(x_1) - f(x)}{x_1 - x} = \lim_{x_1 \to x} \left(-\frac{1}{x\,x_1} \right) = -\frac{1}{x^2}$$

$$\Rightarrow \left(\frac{1}{x} \right)' = -\frac{1}{x^2}.$$

Benutzt man den Differenzenquotienten in der Form

$$\frac{f(x + h) - f(x)}{h},$$

so erhält man mit $f(x) = \dfrac{1}{x}$ und $f(x + h) = \dfrac{1}{x + h}$

$$\frac{f(x + h) - f(x)}{h} = \frac{\dfrac{1}{x + h} - \dfrac{1}{x}}{h} = \frac{x - x - h}{(x + h)\,x\,h} = -\frac{h}{h\,x(x + h)},$$

$$\lim_{h \to 0} \frac{f(x + h) - f(x)}{h} = \lim_{h \to 0} \frac{-h}{h\,x(x + h)} = \lim_{h \to 0} \frac{-1}{x(x + h)} = -\frac{1}{x^2}.$$

5. Bestimme die Ableitung zu $y = \dfrac{x + 3}{x - 1}$!

Lösung (1. Weg):

$$\frac{f(x_1) - f(x)}{x_1 - x} = \frac{\dfrac{x_1 + 3}{x_1 - 1} - \dfrac{x + 3}{x - 1}}{x_1 - x}$$

$$= \frac{(x_1 + 3)(x - 1) - (x_1 - 1)(x + 3)}{(x_1 - 1)(x - 1)(x_1 - x)} = \frac{-4(x_1 - x)}{(x_1 - 1)(x - 1)(x_1 - x)}$$

$$\lim_{x_1 \to x} \frac{f(x_1) - f(x)}{x_1 - x} = \lim_{x_1 \to x} \frac{-4}{(x_1 - 1)(x - 1)} = \frac{-4}{(x - 1)^2}.$$

Lösung (2. Weg):

$$\frac{f(x + h) - f(x)}{h} = \frac{\dfrac{x + h + 3}{x + h - 1} - \dfrac{x + 3}{x - 1}}{h} = \frac{-4h}{(x + h - 1)(x - 1)\,h}$$

$$\lim_{h \to 0} \frac{f(x + h) - f(x)}{h} = \lim_{h \to 0} \frac{-4}{(x + h - 1)(x - 1)} = \frac{-4}{(x - 1)^2}.$$

10*

3.2.4 Ableitbarkeit und Stetigkeit

Definition: *Eine Funktion $y = f(x)$ heißt an einer Stelle x ableitbar, wenn dort der Grenzwert*

$$\lim_{x_1 \to x} \frac{f(x_1) - f(x)}{x_1 - x} = \lim_{h \to 0} \frac{f(x + h) - f(x)}{h}$$

(eindeutig) existiert.

Anschaulich interpretiert: Die Funktion $y = f(x)$ ist an einer Stelle ableitbar, wenn die Bildkurve dort eine eindeutige Tangente besitzt.

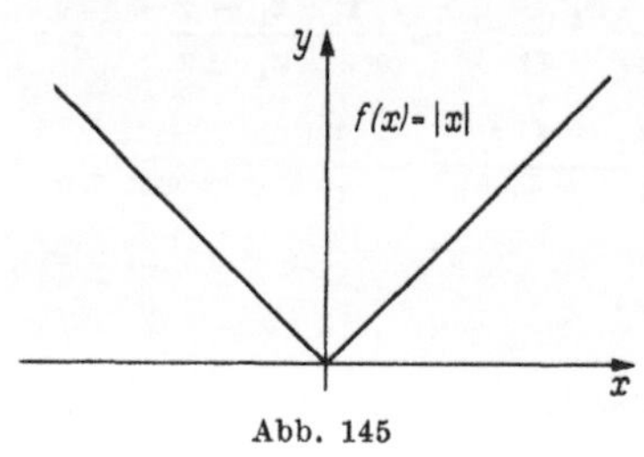

Abb. 145

Hieraus folgt bereits, daß eine Funktion an einer Unstetigkeitsstelle sicher nicht ableitbar ist. Aber auch an einer Stetigkeitsstelle *muß* eine Funktion *nicht notwendig* ableitbar sein, wie etwa die Funktion

$$f(x) = |x| = \begin{cases} x & \text{für} & x \geqq 0 \\ -x & \text{für} & x < 0 \end{cases}$$

an der Stelle $x = 0$ (Abb. 145). Es ist an dieser Knickstelle

$$\lim_{x \to 0} f(x) = 0 = f(0),$$

d. h. die Funktion ist stetig, aber offenbar nicht ableitbar, da dort keine eindeutige Tangentenrichtung existiert.

Satz: *Stetigkeit ist eine notwendige, aber nicht hinreichende Bedingung für Ableitbarkeit.*

Zur Erläuterung der in der Mathematik häufig gebrauchten Begriffe „notwendig" und „hinreichend" sei bemerkt: Ist S ein Sachverhalt und B eine Bedingung für diesen Sachverhalt, so heißt

1. B eine *hinreichende* Bedingung für S, falls aus der Bedingung B der Sachverhalt S folgt;

2. B eine *notwendige* Bedingung für S, falls aus dem Sachverhalt S die Bedingung B folgt;

3. B eine *notwendige und hinreichende* Bedingung für S, falls Bedingung B und Sachverhalt S wechselseitig auseinander folgen

$$
\begin{aligned}
&B \Rightarrow S : B \text{ ist hinreichend für } S \\
&B \Leftarrow S : B \text{ ist notwendig für } S \\
&B \Leftrightarrow S : B \text{ ist notwendig und hinreichend für } S
\end{aligned}
$$

Aus der Teilbarkeit durch $4 (B)$ folgt die Teilbarkeit durch $2 (S)$, also ist (B) hinreichend (aber nicht notwendig) für (S); die Parallelität der

Gegenseiten eines Vierecks (B) ist eine notwendige (aber nicht hinreichende) Bedingung für den Sachverhalt „das Viereck ist ein Rechteck" (S); das „Verschwinden eines Faktors" (B) ist eine notwendige und zugleich hinreichende Bedingung für das „Verschwinden eines Produktes zweier reeller Zahlen" (S). —

Wichtig ist das Verstehen der Schlußrichtung. Aus dem Erfülltsein einer hinreichenden Bedingung kann man stets auf den Sachverhalt schließen; ist eine hinreichende Bedingung jedoch *nicht* erfüllt, so kann aus ihr *kein* Schluß gezogen werden. Aus dem Erfülltsein einer notwendigen Bedingung kann ebenfalls *kein* Schluß gezogen werden. Ist hingegen eine notwendige Bedingung *nicht* erfüllt, so folgt aus ihr das *Nicht*bestehen des Sachverhaltes. In dieser „kontraponierten" Form[1] läßt sich eine notwendige Bedingung anwenden. Faßt man übrigens S als Bedingung für B auf, so wird eine vorher notwendige Bedingung nun hinreichend und umgekehrt. Der Leser suche selbst weitere Beispiele.

3.3 Formale Ableitungsrechnung

3.3.1 Konstanten-, Faktor- und Summenregel

Satz (Konstantenregel): *Die Ableitung einer additiven Konstanten ist gleich Null*

$$\boxed{y = a \Rightarrow y' = 0}$$

Beweis: $y = a$ ist geometrisch eine Parallele zur x-Achse, diese hat in jedem Punkt die Steigung Null, also ist $y' = 0$ die zugehörige Ableitungsfunktion.

Satz (Faktorregel): *Ein konstanter Faktor vor einer Funktion bleibt beim Ableiten unverändert stehen:*

$$\boxed{y = c\,f(x) \Rightarrow y' = c\,f'(x)}$$

Beweis: Mit $y = c\,f(x)$, $y_1 = c\,f(x_1)$ erhält man

$$y' = \lim_{x_1 \to x} \frac{y_1 - y}{x_1 - x} = \lim_{x_1 \to x} \frac{c\,f(x_1) - c\,f(x)}{x_1 - x} = c \lim_{x_1 \to x} \frac{f(x_1) - f(x)}{x_1 - x} = c\,f'(x).$$

---

[1] Als Kontraponierung (Kontraposition, Konversion, Umkehrung) eines logischen Schlusses $A \Rightarrow B$ bezeichnet man den Schluß in der Gegenrichtung. Dieser lautet: Aus dem *Gegenteil* von B (bezeichnet mit $\bar{B}$) folgt das *Gegenteil* von A (bezeichnet mit $\bar{A}$), also $\bar{B} \Rightarrow \bar{A}$. Beispiel: Regnet es (A), so ist der Himmel bewölkt (B). Umkehrung: Ist der Himmel nicht bewölkt $(\bar{B})$, so regnet es nicht $(\bar{A})$. Falsch wäre: Regnet es nicht $(\bar{A})$, so ist der Himmel nicht bewölkt $(\bar{B})$.

Satz (Summenregel): *Eine Summe wird abgeleitet, indem man jeden Summanden einzeln ableitet:*

$$f(x) = f_1(x) + f_2(x) \Rightarrow f'(x) = f_1'(x) + f_2'(x)$$

Andere Formulierung: Die Ableitung einer Summe ist gleich der Summe der Ableitungen.

Beweis:

$$f(x) = f_1(x) + f_2(x), \; f(x+h) = f_1(x+h) + f_2(x+h)$$

$$f'(x) = \lim_{h\to 0} \frac{f(x+h) - f(x)}{h} = \lim_{h\to 0} \frac{f_1(x+h) + f_2(x+h) - f_1(x) - f_2(x)}{h}$$

$$= \lim_{h\to 0} \left[\frac{f_1(x+h) - f_1(x)}{h} + \frac{f_2(x+h) - f_2(x)}{h} \right]$$

$$= \lim_{h\to 0} \frac{f_1(x+h) - f_1(x)}{h} + \lim_{h\to 0} \frac{f_2(x+h) - f_2(x)}{h}$$

$$= f_1'(x) + f_2'(x).$$

Allgemein gilt für n Summanden

$$\left(\sum_{i=1}^{n} f_i(x) \right)' = \sum_{i=1}^{n} f_i'(x).$$

Setzt man speziell

$$f_1(x) = F(x), \quad f_2(x) = c\,G(x), \quad c = -1,$$

so folgt zusammen mit der Faktorregel

$$\big(F(x) - G(x)\big)' = F'(x) - G'(x),$$

d. h. auch eine Differenz wird gliedweise abgeleitet, bzw. die Ableitung einer Differenz ist gleich der Differenz der Ableitungen.

3.3.2 Die Potenzregel für ganze positive Exponenten

Satz (Potenzregel): *Bei der Ableitung einer Potenzfunktion wird der Exponent als Faktor gesetzt und der neue Exponent um 1 erniedrigt*

$$y = x^n \Rightarrow y' = n\,x^{n-1}$$
$$(n > 0, \text{ ganz})$$

Beweis: Es sei n eine ganze positive Zahl.[1] Dann ergibt sich mit $f(x) = x^n$, $f(x_1) = x_1^n$ für die Ableitung

$$f'(x) = \lim_{x_1 \to x} \frac{f(x_1) - f(x)}{x_1 - x} = \lim_{x_1 \to x} \frac{x_1^n - x^n}{x_1 - x}$$

$$= \lim_{x_1 \to x} (x_1^{n-1} + x_1^{n-2} x + x_1^{n-3} x^2 + \cdots + x_1 x^{n-2} + x^{n-1})$$

$$= x^{n-1} + x^{n-1} + x^{n-1} + \cdots + x^{n-1} \quad (n \text{ Summanden})$$

$$= n\,x^{n-1}.$$

---

[1] Später wird bewiesen werden, daß n eine beliebige reelle Zahl sein darf.

Beispiele

1. $y = 7x^4 - 2x^3 + x - 5 \Rightarrow y' = 28x^3 - 6x^2 + 1$

2. $y = \sqrt{3}\, x^2 - 0{,}75x + \pi \Rightarrow y' = 2\sqrt{3}\,x - 0{,}75$

3. $y = \sum_{i=0}^{n} a_i x^i = a_n x^n + a_{n-1} x^{n-1} + \cdots + a_2 x^2 + a_1 x + a_0$

$$\Rightarrow y' = n\, a_n x^{n-1} + (n-1)\, a_{n-1} x^{n-2} + \cdots + 2a_2 x + a_1,$$

d. h. die Ableitung eines Polynoms n-ten Grades ist wieder ein Polynom, aber $(n-1)$-ten Grades.

4. Unter welchen Winkeln schneidet die Parabel mit der Gleichung $f(x) = x^2 - 6x + 7$ die x-Achse?

Lösung: Die gesuchten Winkel α_1 und α_2 sind durch die Gleichungen
$$\tan\alpha_1 = f'(x_1), \qquad \tan\alpha_2 = f'(x_2)$$
bestimmt, falls x_1 und x_2 die reellen Nullstellen der gegebenen Funktion $f(x)$ sind. Sie ergeben sich aus $f(x) = 0$ zu
$$x^2 - 6x + 7 = 0 \Rightarrow x_{1,2} = 3 \pm \sqrt{2}$$
$$x_1 = 4{,}414; \qquad x_2 = 1{,}586$$
$$f(x) = x^2 - 6x + 7 \Rightarrow f'(x) = 2x - 6; \quad f'(x_1) = 2{,}828; \quad f'(x_2) = -2{,}828$$
$$\Rightarrow \tan\alpha_1 = -\tan\alpha_2 = 2{,}828$$
$$\Rightarrow \alpha_1 = 70{,}53°, \quad \alpha_2 = 180° - \alpha_1 = 109{,}47°.$$

5. An welchen Stellen hat die kubische Funktion $f(x) = x^3 + 3x^2 - 9x + 4$ waagerechte (zur x-Achse parallele) Tangenten?

Lösung: Da an den gesuchten Stellen $\alpha = 0$, also $\tan\alpha = 0$ ist, sind die (reellen) Lösungen der Bestimmungsgleichung
$$f'(x) = 0$$
die Abszissen der Punkte mit waagerechter Tangente. Es ergibt sich
$$f'(x) = 3x^2 + 6x - 9 = 0 \Rightarrow x^2 + 2x - 3 = 0 \Rightarrow x_1 = 1, \quad x_2 = -3.$$
Die zugehörigen Ordinaten ergeben sich zu
$$f(1) = -1, \quad f(-3) = 31,$$
so daß die gesuchten Punkte $P_1(1; -1)$ und $P_2(-3; 31)$ sind.

6. In welchem Punkt $P_1(x_1, y_1)$ der Bildkurve der Funktion $f(x) = \dfrac{1}{10} x^4$ schließt die Tangente einen Winkel von $\alpha_1 = 101°$ mit der x-Achse ein?

Lösung: Die Abszisse x_1 ist bestimmt durch die Gleichung
$$f'(x_1) = \tan\alpha_1 = \tan 101° = -5{,}14$$
$$f'(x_1) = 0{,}4x_1^3 = -5{,}14 \Rightarrow x_1 = -2{,}34$$
$$\Rightarrow P_1(-2{,}34; 3{,}00)$$

3.3.3 Produkt- und Quotientenregel

Satz (Produktregel): *Für die Ableitung eines Produktes zweier ableitbarer Funktionen $u = u(x)$ und $v = v(x)$ gilt*

$$\boxed{(u\,v)' = v\,u' + u\,v'}$$

Beweis: Wir setzen $f(x) = u(x)\, v(x)$ und haben

$$(u\,v)' = \lim_{h \to 0} \frac{f(x + h) - f(x)}{h}$$

herzuleiten. Mit $f(x + h) = u(x + h)\, v(x + h)$ erhält man zunächst für den Differenzenquotienten

$$\frac{f(x + h) - f(x)}{h} = \frac{u(x + h)\, v(x + h) - u(x)\, v(x)}{h}$$

$$= \frac{[u(x + h) - u(x)]\, v(x + h) + u(x)\, [v(x + h) - v(x)]}{h}$$

$$= \frac{u(x + h) - u(x)}{h}\, v(x + h) + u(x)\, \frac{v(x + h) - v(x)}{h}$$

und nun für den Grenzwert des Differenzenquotienten

$$\lim_{h \to 0} \frac{f(x + h) - f(x)}{h} = \lim_{h \to 0} \left[\frac{u(x + h) - u(x)}{h}\, v(x + h) \right] +$$

$$+ \lim_{h \to 0} \left[u(x)\, \frac{v(x + h) - v(x)}{h} \right]$$

$$= \lim_{h \to 0} \frac{u(x + h) - u(x)}{h}\, \lim_{h \to 0} v(x + h) +$$

$$+ u(x)\, \lim_{h \to 0} \frac{v(x + h) - v(x)}{h}\,,$$

denn $u(x)$ verhält sich bezüglich des Grenzüberganges $h \to 0$ wie eine Konstante und kann deshalb vor den Limes gesetzt werden. Nun ist aber

$$\lim_{h \to 0} \frac{u(x + h) - u(x)}{h} = u'(x)$$

$$\lim_{h \to 0} v(x + h) = v(x)$$

$$\lim_{h \to 0} \frac{v(x + h) - v(x)}{h} = v'(x)\,,$$

also erhält man

$$(u\,v)' = \lim_{h \to 0} \frac{f(x + h) - f(x)}{h} = u'(x)\, v(x) + u(x)\, v'(x)$$

oder kurz

$$(u\,v)' = v\,u' + u\,v'.$$

Die Produktregel läßt sich leicht auf mehr als zwei Faktoren verallgemeinern; will man etwa das Produkt

$$u(x)\, v(x)\, w(x)$$

ableiten, so setze man vorübergehend $v\,w = z$ und bilde zunächst

$$(u\,z)' = z\,u' + u\,z',$$

um anschließend mit $z' = w\,v' + v\,w'$ zu erhalten

$$(u\,z)' = (u\,v\,w)' = z\,u' + u(w\,v' + v\,w') = u'\,v\,w + u\,v'\,w + u\,v\,w'.$$

Allgemein gilt für n Faktoren $u_1(x), \ldots, u_n(x)$

$$\boxed{(u_1 u_2 \cdot \ldots \cdot u_n)' = u_1' u_2 \cdot \ldots \cdot u_n + u_1 u_2' \cdot \ldots \cdot u_n + \cdots + u_1 u_2 \cdot \ldots \cdot u_n'}$$

Allgemeine Produktregel: *Ein Produkt aus n Funktionenfaktoren wird abgeleitet, indem man nur den ersten Faktor, dann nur den zweiten Faktor und schließlich nur den letzten Faktor ableitet und die entstehenden Produkte addiert.*

Beispiele

1. Bilde die Ableitung der Funktion

$$y = (x^2 - 7x + 5)(x^3 - 1)!$$

Lösung: Es ist mit

$$u(x) = x^2 - 7x + 5, \qquad u'(x) = 2x - 7$$
$$v(x) = x^3 - 1, \qquad\qquad v'(x) = 3x^2$$
$$y' = v\,u' + u\,v' = (x^3 - 1)(2x - 7) + (x^2 - 7x + 5) \cdot 3x^2$$
$$= 5x^4 - 28x^3 + 15x^2 - 2x + 7.$$

2. Wie heißt die Ableitungsfunktion zu $y = (x - 1)(2x - 3)(7 - x)$?

Lösung: Nach der allgemeinen Produktregel gilt

$$y' = 1 \cdot (2x - 3)(7 - x) + (x - 1) \cdot 2(7 - x) + (x - 1)(2x - 3)(-1)$$
$$= -6x^2 + 38x - 38.$$

3. Was ergibt die Ableitung der Funktion $s(t) = (1 + 2t - t^2)^2$?

Lösung: $\quad s(t) = (1 + 2t - t^2)(1 + 2t - t^2)$
$$s'(t) = (1 + 2t - t^2)(2 - 2t) + (1 + 2t - t^2)(2 - 2t)$$
$$= 2(1 + 2t - t^2)(2 - 2t) = 4t^3 - 12t^2 + 4t + 4.$$

Satz (Quotientenregel): *Der Quotient der beiden ableitbaren Funktionen $u = u(x)$ und $v = v(x)$ wird nach der Formel*

$$\boxed{\left(\frac{u}{v}\right)' = \frac{v\,u' - u\,v'}{v^2}}$$

abgeleitet. Sie gilt nur für solche Werte von x, für die $v(x) \neq 0$ ist.

Beweis: Wir formen den Quotienten

$$y(x) = \frac{u(x)}{v(x)}$$

in das Produkt

$$u(x) = y(x)\,v(x)$$

um und leiten dies nach der Produktregel ab

$$u'(x) = v(x)\,y'(x) + y(x)\,v'(x).$$

Die Auflösung nach der gesuchten Ableitung y' ergibt

$$y'(x) = \frac{u'(x) - y(x)\,v'(x)}{v(x)} = \frac{u'(x) - \dfrac{u(x)}{v(x)}\,v'(x)}{v(x)} = \frac{v(x)\,u'(x) - u(x)\,v'(x)}{[v(x)]^2}$$

oder kurz

$$y' = \left(\frac{u}{v}\right)' = \frac{v\,u' - u\,v'}{v^2}\,.$$

Mit der Quotientenregel können wir jetzt die Potenzregel auf beliebige ganze Exponenten verallgemeinern:

Satz (Potenzregel): *Die Ableitung der Potenzfunktion gemäß*

$$\boxed{(x^n)' = n\,x^{n-1}}$$

gilt für beliebige ganze Exponenten n.

Beweis: Ist $-m$ eine negative ganze Zahl, so wird für $x \neq 0$

$$(x^{-m})' = \left(\frac{1}{x^m}\right)' = \frac{x^m \cdot 0 - 1 \cdot m\,x^{m-1}}{(x^m)^2} = -m\,x^{-m-1},$$

d. h. die Ableitung kann auch bei negativen ganzen Exponenten nach der Potenzregel — nämlich Vorsetzen des Exponenten als Faktor und Erniedrigung des neuen Exponenten um 1 — vorgenommen werden. Für $-m = n$ ergibt sich auch formal die eingerahmte Gleichung. Schließlich ist die Potenzregel auch für den Exponenten 0 richtig, denn ihre Anwendung gemäß

$$(x^0)' = 0\,x^{0-1} = 0$$

führt auf das richtige Ergebnis

$$x^0 = 1 \Rightarrow (x^0)' = (1)' = 0\,.$$

Damit gilt die Potenzregel für alle ganzen Exponenten.

Beispiele

1. Bilde die Ableitung der rationalen Funktion

$$y = \frac{x^2 - 3x + 1}{2x - 7}\,!$$

Lösung: Man bekommt mit

$$u = x^2 - 3x + 1, \quad u' = 2x - 3$$
$$v = 2x - 7, \qquad v' = 2$$

$$y' = \frac{v\,u' - u\,v'}{v^2} = \frac{(2x - 7)(2x - 3) - (x^2 - 3x + 1)\cdot 2}{(2x - 7)^2} = \frac{2x^2 - 14x + 19}{(2x - 7)^2}\,.$$

2. $\qquad y = \dfrac{1}{x^2 + 1} \Rightarrow y' = \dfrac{(x^2 + 1)\cdot 0 - 1 \cdot (2x)}{(x^2 + 1)^2} = -\dfrac{2x}{(x^2 + 1)^2}\,.$

3. $\qquad y = x^3 - x + \dfrac{1}{x^4} - \dfrac{2}{x} \Rightarrow y' = 3x^2 - 1 - \dfrac{4}{x^5} + \dfrac{2}{x^2}\,.$

4. Wo und unter welchem Winkel φ schneiden sich die Bildkurven der beiden rationalen Funktionen

$$f_1(x) = \frac{x-1}{x+1} \quad \text{und} \quad f_2(x) = \frac{x+1}{x-1}?$$

Lösung: Die Bestimmungsgleichung für die Abszisse des Schnittpunktes S ist

$$f_1(x) = f_2(x) \Rightarrow \frac{x-1}{x+1} = \frac{x+1}{x-1} \Rightarrow (x-1)^2 = (x+1)^2 \Rightarrow x = 0,$$

$$\Rightarrow S(0; -1).$$

Ist $\tan\alpha_1$ die Steigung von $f_1(x)$, $\tan\alpha_2$ die Steigung von $f_2(x)$ im Schnittpunkt S, so ergibt sich nach II. 1.2.9 der Schnittwinkel φ der beiden Bildkurven als Schnittwinkel der beiden Tangenten aus

$$\tan\varphi = \left| \frac{\tan\alpha_2 - \tan\alpha_1}{1 + \tan\alpha_2 \tan\alpha_1} \right|$$

$$f_1'(x) = \frac{(x+1)\cdot 1 - (x-1)\cdot 1}{(x+1)^2} = \frac{2}{(x+1)^2} \Rightarrow \tan\alpha_1 = f_1'(0) = \frac{2}{1} = 2$$

$$f_2'(x) = \frac{(x-1)\cdot 1 - (x+1)\cdot 1}{(x-1)^2} = \frac{-2}{(x-1)^2} \Rightarrow \tan\alpha_2 = f_2'(0) = -\frac{2}{1} = -2$$

$$\Rightarrow \tan\varphi = \left| \frac{-2-2}{1+(-2)\,2} \right| = \frac{4}{3} \Rightarrow \varphi = 53,13°.$$

Die Bildkurven beider Funktionen liegen übrigens symmetrisch zur y-Achse, denn es ist $f_1(-x) = f_2(x)$ (s. I. 3.2.4).

3.3.4 Ableitungen höherer Ordnung

Sofern die zu einer Stammfunktion $y = f(x)$ gebildete Ableitungsfunktion $y' = f'(x)$ selbst wieder ableitbar ist, steht nichts im Wege, diese nochmals abzuleiten. Man erhält dann die „zweite Ableitungsfunktion" $y'' = f''(x)$ oder die Ableitung zweiter Ordnung. Auch diese kann gegebenenfalls weiter abgeleitet werden und so fort. Wir geben deshalb die folgende

Definition: *Als Ableitungsfunktion k-ter Ordnung oder kurz als k-te Ableitung der Stammfunktion $y = f(x)$ bezeichnet man die durch k-maliges Ableiten von $y = f(x)$ entstehende Funktion*

$$\boxed{y^{(k)} = f^{(k)}(x)}$$

Insbesondere nennt man in diesem Zusammenhang

$$y' \;\; = f'(x) \quad \text{die erste Ableitung von} \quad y = f(x)$$
$$y'' \;\; = f''(x) \quad \text{die zweite Ableitung von} \;\; y = f(x)$$
$$y''' \;\; = f'''(x) \quad \text{die dritte Ableitung von} \;\; y = f(x)$$
$$y^{(4)} = f^{(4)}(x) \quad \text{die vierte Ableitung von} \;\; y = f(x) \;\; \text{usw.}[1]$$

---

[1] Ferner erklärt man für $k = 0$: $y^{(0)} = f^{(0)}(x) \equiv y = f(x)$.

Da $y'' = f''(x)$ zugleich die erste Ableitung von $y' = f'(x)$ ist, kann man mit ihr die Steigungsfunktion $y' = f'(x)$ näher untersuchen. Steigt bzw. fällt $y' = f'(x)$, so ist $y'' = f''(x)$ positiv bzw. negativ, hat $y' = f'(x)$ eine waagerechte Tangente, so ist an dieser Stelle $y'' = 0$ usw. Den genauen geometrischen Zusammenhang zwischen den einzelnen Ableitungen lernen wir im Abschnitt 3.5 kennen.

Beispiele

1. Man bilde die ersten drei Ableitungen der Funktion

$$y = x^4 - x^2 + 2x - 3$$

Lösung:
$$y' = 4x^3 - 2x + 2$$
$$y'' = (y')' = 12x^2 - 2$$
$$y''' = (y'')' = 24x.$$

2. Wie lautet die k-te Ableitung von $y = 1/x$?

Lösung: Man erhält nacheinander

$$y = \frac{1}{x}$$

$$y' = -\frac{1}{x^2} = (-1)^1 \cdot \frac{1!}{x^2}$$

$$y'' = +\frac{2}{x^3} = (-1)^2 \cdot \frac{2!}{x^3}$$

$$y''' = -\frac{6}{x^4} = (-1)^3 \cdot \frac{3!}{x^4}$$

$$y^{(4)} = +\frac{24}{x^5} = (-1)^4 \cdot \frac{4!}{x^5}$$

$$\vdots \qquad \vdots$$

$$\Rightarrow y^{(k)} = (-1)^k \cdot \frac{k!}{x^{k+1}}.$$

3. Welche Struktur hat die n-te Ableitung des Produktes zweier Funktionen $u = u(x)$ und $v = v(x)$?

Lösung: Durch wiederholtes Ableiten bekommt man

$$(uv)' = u'v + uv'$$
$$(uv)'' = u''v + u'v' + u'v' + uv'' = u''v + 2u'v' + uv''$$
$$(uv)''' = u'''v + u''v' + 2u''v' + 2u'v'' + u'v'' + uv'''$$
$$= u'''v + 3u''v' + 3u'v'' + uv'''$$
$$(uv)^{(4)} = u^{(4)}v + u'''v' + 3u'''v' + 3u''v'' + 3u''v'' + 3u'v''' + u'v''' + uv^{(4)}$$
$$= u^{(4)}v + 4u'''v' + 6u''v'' + 4u'v''' + uv^{(4)}.$$

Die hierbei auftretende Struktur ist die des binomischen Satzes, falls man die Exponenten als Bezeichnungen für die Ableitungen versteht (s. I. 1.1.2); allgemein gilt also

$$(uv)^{(n)} = u^{(n)}v + \binom{n}{1} u^{(n-1)}v' + \binom{n}{2} u^{(n-2)}v'' + \cdots + \binom{n}{n} uv^{(n)}.$$

Satz: *Die n-te Ableitung eines Polynoms n-ten Grades ist eine Konstante*

$$P(x) = a_n\, x^n + a_{n-1}\, x^{n-1} + \cdots + a_2\, x^2 + a_1\, x + a_0$$
$$\Rightarrow P^{(n)}(x) = n!\, a_n, \qquad P^{(k)}(x) \equiv 0 \quad \text{für} \quad k > n$$

Beweis: Leitet man $P(x)$ nacheinander ab, so erhält man

$$P'(x) \;= n\,a_n\,x^{n-1} + (n-1)\,a_{n-1}\,x^{n-2} + \cdots + 3a_3\,x^2 + 2a_2\,x + a_1$$
$$P''(x) \;= (n-1)\,n\,a_n\,x^{n-2} + (n-2)\,(n-1)\,a_{n-1}\,x^{n-3} + \cdots + 6a_3\,x + 2a_2$$
$$P'''(x) = (n-2)\,(n-1)\,n\,a_n\,x^{n-3} + (n-3)\,(n-2)\,(n-1)\,a_{n-1}\,x^{n-4} + \cdots + 6a_3$$
$$\vdots$$
$$P^{(n)}(x) = 1 \cdot 2 \cdot 3 \cdot \ldots \cdot (n-2)\,(n-1)\,n\,a_n = n!\,a_n.$$

Da die Ableitung einer Konstanten gleich Null ist, verschwinden alle höheren Ableitungen:

$$P^{(n+1)}(x) = P^{(n+2)}(x) = \cdots \equiv 0.$$

Satz: *Die Koeffizienten eines Polynoms* $P(x) = \sum\limits_{i=0}^{n} a_i\, x^i$ *lassen sich gemäß*

$$a_i = \frac{P^{(i)}(0)}{i!}$$
$$i = 0, 1, 2, \ldots, n$$

darstellen, falls man die ,,nullte Ableitung`` mit der Stammfunktion $P(x)$ *identifiziert. Das Polynom läßt sich dann auch in der Form*

$$P(x) = P(0) + \frac{P'(0)}{1!}\,x + \frac{P''(0)}{2!}\,x^2 + \cdots + \frac{P^{(n)}(0)}{n!}\,x^n$$

schreiben.

Beweis: Es ist

$$P(x) \;= a_n x^n + \cdots + a_3 x^3 + a_2 x^2 + a_1 x + a_0 \Rightarrow P(0) \;= a_0 \;\Rightarrow a_0 = \frac{P(0)}{0!}$$
$$P'(x) \;= n\,a_n x^{n-1} + \cdots + 3a_3 x^2 + 2a_2 x + a_1 \Rightarrow P'(0) \;= a_1 \;\Rightarrow a_1 = \frac{P'(0)}{1!}$$
$$P''(x) \;= (n-1)\,n\,a_n x^{n-2} + \cdots + 6a_3 x + 2a_2 \Rightarrow P''(0) \;= 2a_2 \;\Rightarrow a_2 = \frac{P''(0)}{2!}$$
$$P'''(x) = (n-2)\,(n-1)\,n\,a_n x^{n-3} + \cdots + 6a_3 \Rightarrow P'''(0) = 6a_3 \;\Rightarrow a_3 = \frac{P'''(0)}{3!}$$
$$P^{(n)}(x) = 1 \cdot 2 \cdot 3 \cdot \ldots \cdot (n-2)\,(n-1)\,n\,a_n \;\Rightarrow P^{(n)}(0) = n!\,a_n \Rightarrow a_n = \frac{P^{(n)}(0)}{n!}.$$

Man merke sich, daß der i-te Koeffizient gleich ist der i-ten Ableitung (an der Stelle Null), dividiert durch i-Fakultät. Dieser Sachverhalt wird uns bei den Potenzreihen wieder interessieren.

Satz: *Die Koeffizienten eines Polynoms*

$$P(x) \equiv Q(x - x_0) = \sum_{i=0}^{n} b_i (x - x_0)^i$$

lassen sich nach der Formel

$$\boxed{\begin{array}{c} b_i = \dfrac{P^{(i)}(x_0)}{i!} \\ i = 0, 1, 2, \ldots, n \end{array}}$$

berechnen. Da die b_i zugleich die Schlußelemente des Vollständigen HORNER-Schemas für $P(x)$, entwickelt an der Stelle $x = x_0$, sind, gilt ferner: Die Ableitungen $P^{(i)}(x_0)$ eines Polynoms an der Stelle x_0 sind die mit i-Fakultät multiplizierten Schlußelemente b_i des Vollständigen HORNER-Schemas für $P(x)$ und $x = x_0$.

Beweis: Zunächst ist

$$P(x) \quad = b_n(x - x_0)^n + \cdots + b_3(x - x_0)^3 + b_2(x - x_0)^2 + b_1(x - x_0) + b_0$$

$$\Rightarrow P(x_0) = b_0, \quad b_0 = \frac{P(x_0)}{0!}$$

$$P'(x) \quad = n\, b_n(x - x_0)^{n-1} + \cdots + 3 b_3(x - x_0)^2 + 2 b_2(x - x_0) + b_1$$

$$\Rightarrow P'(x_0) = b_1, \quad b_1 = \frac{P'(x_0)}{1!}$$

$$P''(x) \quad = (n - 1)\, n\, b_n(x - x_0)^{n-2} + \cdots + 2 \cdot 3(x - x_0) b_3 + 2 b_2$$

$$\Rightarrow P''(x_0) = 2 b_2, \quad b_2 = \frac{P''(x_0)}{2!}$$

$$P'''(x_0) = (n - 2)(n - 1)\, n\, b_n(x - x_0)^{n-3} + \cdots + 1 \cdot 2 \cdot 3 b_3$$

$$\Rightarrow P'''(x_0) = 6 b_3, \quad b_3 = \frac{P'''(x_0)}{3!} \quad \text{usw.}$$

Es gilt also

$$P^{(i)}(x_0) = i!\, b_i, \quad b_i = \frac{P^{(i)}(x_0)}{i!} \quad (i = 0, 1, 2, \ldots, n).$$

Andererseits stellt das Polynom $Q(x - x_0)$ das nach Potenzen von $x - x_0$ identisch umgeordnete Polynom $P(x) = \sum_{i=0}^{n} a_i\, x^i$ dar, so daß nach I. 1.2.4 seine Koeffizienten als Schlußelemente aus dem Vollständigen HORNER-Schema für $P(x)$ an der Stelle $x = x_0$ entnommen werden können. Die Ableitungen eines Polynoms an einer bestimmten Stelle können also ohne Zuhilfenahme der Ableitungsrechnung gewonnen werden!

3.3.5 Die Kettenregel

Der Begriff der mittelbaren Funktion. In der formalen Ableitungsrechnung ist es häufig erforderlich, eine gegebene Funktion

$$y = F(x)$$

in eine Reihe einfacherer Funktionen aufzuspalten, da fertige Ableitungsformeln nur für die einfachsten Funktionstypen vorliegen. Zu diesem
Zweck faßt man die Rechenvorschrift F als das „Produkt" mehrerer —
einfacher — Rechenvorschriften auf, die nach und nach aufeinander
anzuwenden sind.

Wir betrachten zunächst den Fall, daß F in zwei einfachere
Vorschriften f und φ aufgespalten wird. Es ist dann auf x zunächst
die Vorschrift φ anzuwenden, und anschließend auf das Ergebnis $\varphi(x)$
noch die Vorschrift f, so daß also

$$F(x) = f[\varphi(x)]$$

ist. Man nennt in diesem Zusammenhang gern φ die innere und f die
äußere Vorschrift und setzt für die „innere Funktion"

$$z = \varphi(x),$$

so daß sich für die „äußere Funktion"

$$y = f(z)$$

ergibt. Die gegebene Funktion $y = F(x)$ heißt dann auch eine zusammengesetzte oder *mittelbare* Funktion von x. Ist die gegebene Funktion
beispielsweise

$$y = F(x) = (x^3 - 4x^2 + 7x - 1)^5,$$

so setzt man für die innere Funktion

$$z = \varphi(x) = x^3 - 4x^2 + 7x - 1$$

und für die äußere Funktion

$$y = f(z) = z^5.$$

Der Grund für diese Aufspaltung liegt in der Möglichkeit, sowohl die
innere Funktion — als kubisches Polynom — als auch die äußere Funktion — als Potenzfunktion — formelmäßig unmittelbar ableiten zu
können. Aber auch bei einer Berechnung des Funktionswertes

$$y_1 = F(x_1)$$

nimmt man diese Aufspaltung zwangsläufig vor, indem man zunächst

$$z_1 = \varphi(x_1) = x_1^3 - 4x_1^2 + 7x_1 - 1$$

etwa mit dem HORNER-Schema bestimmt und anschließend

$$y_1 = f(z_1) = z_1^5$$

berechnet. Zusammenfassend geben wir die

Definition: *Eine Funktion von x mit der Darstellung*

$$\boxed{y = F(x) = f[\varphi(x)]}$$

heißt eine zusammengesetzte oder mittelbare Funktion, man nennt

$$\boxed{\begin{aligned} z &= \varphi(x) \quad \text{die innere Funktion} \\ y &= f(z) \quad \text{die äußere Funktion} \end{aligned}}$$

Beispiele

1. $y = \sqrt{3x^2 - 4}$: $z = \varphi(x) = 3x^2 - 4;$ $y = f(z) = \sqrt{z}$
2. $y = \tan \sqrt[3]{x}$: $z = \varphi(x) = \sqrt[3]{x};$ $y = f(z) = \tan z$
3. $y = e^{\sin x}$: $z = \varphi(x) = \sin x;$ $y = f(z) = e^z$
4. $y = \cosh \dfrac{x}{2}$: $z = \varphi(x) = \dfrac{x}{2};$ $y = f(z) = \cosh z$
5. $y = \ln \cot x$: $z = \varphi(x) = \cot x;$ $y = f(z) = \ln z$
6. $y = \sin x^2$: $z = \varphi(x) = x^2;$ $y = f(z) = \sin z$
7. $y = \sin \cos x$: $z = \varphi(x) = \cos x;$ $y = f(z) = \sin z$
8. $y = 3^{\sqrt{x}}$: $z = \varphi(x) = \sqrt{x};$ $y = f(z) = 3^z$
9. $y = (1 - x)^{-6}$: $z = \varphi(x) = 1 - x;$ $y = f(z) = z^{-6}$
10. $y = \sinh^2 x$: $z = \varphi(x) = \sinh x;$ $y = f(z) = z^2.$

Gelegentlich ist eine Aufspaltung in mehr als zwei Funktionen erforderlich, man kann dann etwa bei drei Funktionen

$$y = F(x) = f\{\varphi[\psi(x)]\}$$

schreiben und hat zu setzen

$$\begin{aligned} z &= \psi(x) \quad \text{als innere Funktion} \\ u &= \varphi(z) \quad \text{als mittlere Funktion} \\ y &= f(u) \quad \text{als äußere Funktion.} \end{aligned}$$

Beispiele

1. $y = e^{\sqrt{2x+5}}$: $z = \psi(x) = 2x + 5;$ $u = \varphi(z) = \sqrt{z};$ $y = f(u) = e^u$
2. $y = \tan \cos 2x$: $z = \psi(x) = 2x;$ $u = \varphi(z) = \cos z;$ $y = f(u) = \tan u$
3. $y = \sinh^2 x^3$: $z = \psi(x) = x^3;$ $u = \varphi(z) = \sinh z;$ $y = f(u) = u^2$
4. $y = \sqrt{\ln(1 + x^2)}$: $z = \psi(x) = 1 + x^2;$ $u = \varphi(z) = \ln z;$ $y = f(u) = \sqrt{u}$
5. $y = \dfrac{1}{\cos \dfrac{1}{x}}$: $z = \psi(x) = \dfrac{1}{x};$ $u = \varphi(z) = \cos z;$ $y = f(u) = \dfrac{1}{u}.$

Die Ableitung einer mittelbaren Funktion

Satz: *Für die Ableitung der mittelbaren Funktion*

$$y = F(x) = f[\varphi(x)]$$

gilt die als **Kettenregel** *bekannte Formel*

$$y' = F'(x) = \varphi'(x)\, f'(z)$$

d.h. $F'(x)$ ist gleich Ableitung der inneren Funktion mal Ableitung der äußeren Funktion.[1])

Beweis: Wir gehen aus von der Identität der Differenzenquotienten

$$\frac{y_1 - y}{x_1 - x} = \frac{y_1 - y}{z_1 - z}\, \frac{z_1 - z}{x_1 - x}$$

$$\frac{F(x_1) - F(x)}{x_1 - x} = \frac{f(z_1) - f(z)}{z_1 - z}\, \frac{\varphi(x_1) - \varphi(x)}{x_1 - x}$$

und bilden beiderseits den Grenzwert für $x_1 \to x$

$$y' = \lim_{x_1 \to x} \frac{F(x_1) - F(x)}{x_1 - x} = \lim_{x_1 \to x} \left[\frac{f(z_1) - f(z)}{z_1 - z}\, \frac{\varphi(x_1) - \varphi(x)}{x_1 - x} \right]$$

$$= \lim_{z_1 \to z} \frac{f(z_1) - f(z)}{z_1 - z}\, \lim_{x_1 \to x} \frac{\varphi(x_1) - \varphi(x)}{x_1 - x} \quad [2])$$

$$= f'(z)\, \varphi'(x).$$

Der Studierende präge sich die Kettenregel besonders gut ein, da sie die am meisten angewandte Formel der Ableitungsrechnung ist. Zur Anwendung dienen die folgenden

Beispiele

1. $y = (1 - 3x)^4, \quad y'(x)?$

$$z = \varphi(x) = 1 - 3x, \quad \varphi'(x) = -3$$
$$y = f(z) = z^4, \quad f'(z) = 4z^3$$
$$\Rightarrow y' = \varphi'(x)\, f'(z) = -3 \cdot 4z^3 = -12(1 - 3x)^3$$

2. $y = (x^3 - 4x^2 + 7x - 1)^5, \quad y'(x)?$

$$z = \varphi(x) = x^3 - 4x^2 + 7x - 1, \quad \varphi'(x) = 3x^2 - 8x + 7$$
$$y = f(z) = z^5, \quad f'(z) = 5z^4$$
$$\Rightarrow y' = \varphi'(x)\, f'(z) = (3x^2 - 8x + 7) \cdot 5z^4$$
$$= 5(3x^2 - 8x + 7) \cdot (x^3 - 4x^2 + 7x - 1)^4$$

3. $y = \dfrac{1}{x^2 + 1}, \quad y'(x)?$

$$z = \varphi(x) = x^2 + 1, \quad \varphi'(x) = 2x$$
$$y = f(z) = \frac{1}{z}; \quad f'(z) = -\frac{1}{z^2}$$
$$\Rightarrow y' = \varphi'(x)\, f'(z) = 2x \left(-\frac{1}{z^2} \right) = \frac{-2x}{(x^2 + 1)^2}$$

---

[1]) Man beachte: Der Ableitungsstrich bedeutet stets die Ableitung nach der in der anschließenden Klammer stehenden Veränderlichen. y' ist stillschweigend $y'(x)$. Weicht man von dieser Regel ab, so hat man dies ausdrücklich zu vermerken.

[2]) Man beachte beim Beweis, daß der $\lim_{x_1 \to x} \ldots$ den $\lim_{z_1 \to z} \ldots$ zur Folge hat, da mit $x_1 \to x$ auch $z_1 \to z$ strebt, was unmittelbar aus der (stillschweigend vorausgesetzten) Ableitbarkeit (und damit Stetigkeit) von $z = \varphi(x)$ folgt.

4. $y = \left(\dfrac{2x - 3}{4x - 7}\right)^6$,　　$y'(x)$?

$$z = \varphi(x) = \frac{2x - 3}{4x - 7}, \quad \varphi'(x) = \frac{-2}{(4x - 7)^2}$$

$$y = f(z) = z^6, \quad f'(z) = 6\,z^5$$

$$\Rightarrow y' = \varphi'(x)\,f'(z) = -12 \cdot \frac{(2x - 3)^5}{(4x - 7)^7}.$$

Satz: *Ist die Funktion $y = f(x)$ gleichwertig mit der Funktion $x = g(y)$, so gilt für $g'(y) \neq 0$*

$$\boxed{y'(x) = \frac{1}{g'(y)}\bigg|_{y = f(x)}}$$

Der senkrechte Strich mit dem Zusatz $y = f(x)$ soll bedeuten, daß nach Ausführung der Ableitung $g'(y)$ nachträglich y wieder durch $f(x)$ zu ersetzen ist (beiderseits steht eine Funktion von x).

Beweis: Nach Voraussetzung gilt die Äquivalenz

$$y = y(x) = f(x) \Longleftrightarrow x = g(y),$$

wofür wir auch die Identität

$$x \equiv g\,[y(x)]$$

schreiben können. Es ist also

$$y = y(x) \text{ die innere Funktion}$$

$$x = g(y) \text{ die äußere Funktion.}$$

Leitet man jetzt $x = g\,[y(x)]$ beiderseits nach x ab, so folgt nach der Kettenregel

$$1 = y'(x)\,g'(y)$$

und daraus

$$y'(x) = \frac{1}{g'(y)}.$$

Die Anwendung dieses Satzes führt zugleich auf eine Ableitungsformel für die Wurzelfunktion.

Satz: *Für die Ableitung der Wurzelfunktion $y = \sqrt[n]{x}$ mit ganzem positiven n gilt die Formel*

$$\boxed{\left(\sqrt[n]{x}\right)' = \frac{1}{n\,\sqrt[n]{x^{n-1}}}}$$

Beweis: Aus $y = \sqrt[n]{x}$ folgt sofort $x = y^n$, und die Ableitung der Identität

$$x \equiv [y(x)]^n$$

gibt mit $y = y(x)$ als innerer und $x = y^n$ als äußerer Funktion

$$1 = y'(x)\, n\, y^{n-1}$$

$$\Rightarrow y' = \frac{1}{n\, y^{n-1}} = \frac{1}{n\, \sqrt[n]{x^{n-1}}}\,.$$

Das Ergebnis hätte man auch unmittelbar mit dem vorhergehenden Satz hinschreiben können, falls man

$$g(y) = y^n, \qquad g'(y) = n\, y^{n-1}$$

eingesetzt hätte.

Eine unmittelbare Folgerung ist nun der

Satz (Potenzregel für rationale Exponenten): *Die Ableitung einer Potenzfunktion mit beliebigem rationalem Exponenten p/q (p, q ganz; $q \neq 0$) kann nach der Potenzregel vorgenommen werden*

$$\boxed{\left(x^{\frac{p}{q}}\right)' = \frac{p}{q}\, x^{\frac{p}{q}-1}}$$

Beweis: Wir schreiben für $x^{p/q} = \left(\sqrt[q]{x}\right)^p$ und leiten unter Beachtung des vorigen Satzes nach der Kettenregel ab $\left(z = \varphi(x) = \sqrt[q]{x};\right.$ $\left. y = f(z) = z^p\right)$:

$$\left(x^{\frac{p}{q}}\right)' = \frac{1}{q\, \sqrt[q]{x^{q-1}}}\, p\, z^{p-1} = \frac{p}{q}\, x^{-\frac{q-1}{q}} \left(x^{\frac{1}{q}}\right)^{p-1}$$

$$= \frac{p}{q}\, x^{\frac{-q+1+p-1}{q}} = \frac{p}{q}\, x^{\frac{p-q}{q}} = \frac{p}{q}\, x^{\frac{p}{q}-1}\,.$$

Wir vermerken noch einen häufig vorkommenden Spezialfall, nämlich die Ableitung einer Quadratwurzelfunktion mit einer beliebigen (ableitbaren) Funktion $\varphi(x)$ als Radikand.

Satz: *Die Ableitung einer „Quadratwurzelfunktion" geht nach der Formel*

$$\boxed{y = \sqrt{\varphi(x)} \Rightarrow y' = \frac{\varphi'(x)}{2\sqrt{\varphi(x)}}}$$

vor sich, kurz gefaßt: Ableitung einer Quadratwurzel ist gleich Ableitung des Radikanden, dividiert durch die doppelte Wurzel.

Beweis: Setzt man $z = \varphi(x)$ für die innere Funktion, $y = \sqrt{z}$ für die äußere Funktion, so erhält man mit der Kettenregel sofort

$$y' = \varphi'(x)\, \frac{1}{2\sqrt{z}} = \frac{\varphi'(x)}{2\sqrt{\varphi(x)}}\,.$$

Selbstverständlich gilt dies nur für solche Werte von x, für welche $\varphi(x) \neq 0$ ist.

Beispiele

1. $\quad y = \sqrt{3x^2 - 7x + 5}; \qquad y' = \dfrac{6x - 7}{2\sqrt{3x^2 - 7x + 5}}$

2. $\quad y = \dfrac{b}{a}\sqrt{a^2 - x^2}; \qquad y' = \dfrac{b}{a}\dfrac{-2x}{2\sqrt{a^2 - x^2}} = \dfrac{-bx}{a\sqrt{a^2 - x^2}}$

3. $\quad y = \sqrt[7]{x^3} = x^{3/7}; \qquad y' = \dfrac{3}{7}x^{-4/7} = \dfrac{3}{7x^{4/7}} = \dfrac{3}{7\sqrt[7]{x^4}}$

4. $\quad y = \sqrt[3]{x^2 - x + 1}; \quad z = \varphi(x) = x^2 - x + 1, \quad y = f(z) = \sqrt[3]{z} = z^{1/3}$

$\quad \Rightarrow y' = (2x - 1)\dfrac{1}{3}z^{-2/3} = \dfrac{2x - 1}{3\sqrt[3]{z^2}} = \dfrac{2x - 1}{3\sqrt[3]{(x^2 - x + 1)^2}}$

5. $\quad y = \sqrt{\dfrac{x}{1 - x^2}}; \quad \varphi(x) = \dfrac{x}{1 - x^2}; \quad \varphi'(x) = \dfrac{1 + x^2}{(1 - x^2)^2}$

$\quad \Rightarrow y' = \dfrac{1 + x^2}{(1 - x^2)^2}\dfrac{1}{2}\sqrt{\dfrac{1 - x^2}{x}}.$

3.3.6 Ableitung der Kreisfunktionen

Satz: *Für die Ableitungen der Kreisfunktionen gilt*

$$\boxed{\begin{aligned}
(\sin x)' &= \cos x \\[4pt]
(\cos x)' &= -\sin x \\[4pt]
(\tan x)' &= \frac{1}{\cos^2 x} = 1 + \tan^2 x, \qquad x \neq (2k + 1)\frac{\pi}{2} \\[4pt]
(\cot x)' &= -\frac{1}{\sin^2 x} = -1 - \cot^2 x, \qquad x \neq k\pi
\end{aligned}}$$

Beweis: Zunächst gilt für die Sinusfunktion

$$\frac{f(x_1) - f(x)}{x_1 - x} = \frac{\sin x_1 - \sin x}{x_1 - x}$$

$$= \frac{2\sin\dfrac{x_1 - x}{2}\cos\dfrac{x_1 + x}{2}}{x_1 - x} = \frac{\sin\dfrac{x_1 - x}{2}}{\dfrac{x_1 - x}{2}}\cos\dfrac{x_1 + x}{2}$$

$$\lim_{x_1 \to x}\frac{f(x_1) - f(x)}{x_1 - x} = \lim_{x_1 \to x}\frac{\sin\dfrac{x_1 - x}{2}}{\dfrac{x_1 - x}{2}}\lim_{x_1 \to x}\cos\frac{x_1 + x}{2} = 1 \cdot \cos x = \cos x.$$

Für die Ableitung der Kosinusfunktion benutzen wir

$$\cos x = \sin\left(\frac{\pi}{2} - x\right),$$

leiten also $\sin(\pi/2 - x)$ nach der Kettenregel ab:

$$\left[\sin\left(\frac{\pi}{2} - x\right)\right]' = \cos\left(\frac{\pi}{2} - x\right)(-1) = -\sin x.$$

Die Tangensfunktion läßt sich über

$$\tan x = \frac{\sin x}{\cos x}$$

mit der Quotientenregel ableiten:

$$(\tan x)' = \frac{\cos x \cos x - \sin x(-\sin x)}{\cos^2 x} = \frac{\cos^2 x + \sin^2 x}{\cos^2 x} = \frac{1}{\cos^2 x}$$

$$= \frac{\cos^2 x}{\cos^2 x} + \frac{\sin^2 x}{\cos^2 x} = 1 + \tan^2 x.$$

Schließlich erhalten wir für die Ableitung der Kotangensfunktion nach der Kettenregel

$$(\cot x)' = (\tan^{-1} x)' = \frac{1}{\cos^2 x}\,\frac{-1}{\tan^2 x} = \frac{-1}{\sin^2 x} = -1 - \cot^2 x.$$

Beispiele

1. $y = 4\sin^2\left(\dfrac{x}{2} - 1\right),$ $y' = 4 \cdot \dfrac{1}{2}\cos\left(\dfrac{x}{2} - 1\right) \cdot 2\sin\left(\dfrac{x}{2} - 1\right) = 2\sin(x - 2)$

2. $y = \sqrt{1 + \cos^2 x},$ $y' = \dfrac{-\sin x \cdot 2\cos x}{2\sqrt{1 + \cos^2 x}} = -\dfrac{\sin x \cos x}{\sqrt{1 + \cos^2 x}}$

3. $y = \cos x^2,$ $y' = 2x\,(-\sin x^2)$

4. Für die höheren Ableitungen von $\sin x$ und $\cos x$ gilt

$$
\begin{aligned}
y &= \sin x & \qquad y &= \cos x \\
y' &= \cos x & y' &= -\sin x \\
y'' &= -\sin x & y'' &= -\cos x \\
y''' &= -\cos x & y''' &= +\sin x \\
y^{(4)} &= \sin x & y^{(4)} &= \cos x \\
&\;\;\vdots & &\;\;\vdots
\end{aligned}
$$

Von $y^{(4)}$ ab wiederholen sich die Ableitungen in der gleichen Reihenfolge. Sowohl für $y = \sin x$ als auch für $y = \cos x$ gelten also die Beziehungen

$$y + y'' = 0, \qquad y - y^{(4)} = 0;$$

die allerdings auch noch von anderen Funktionen $y = y(x)$ erfüllt werden.

5. Unter welchem Winkel φ schneidet die Sinuslinie die x-Achse im Nullpunkt?

Lösung: Setzt man $f(x) = \sin x$, so ist φ bestimmt durch

$$\tan\varphi = f'(0) = \cos 0 = 1$$

$$\Rightarrow \varphi = 45°.$$

6. An welchen Stellen hat die Funktion $y = \sin x + \cos x$ waagerechte Tangenten?

Lösung: Bedingungsgleichung für x ist wegen $\tan \varphi = 0$

$$y'(x) = \cos x - \sin x = 0.$$

Diese trigonometrische Gleichung läßt sich exakt lösen (vgl. I. 6.5), indem man etwa $\sin x = \sqrt{1 - \cos^2 x}$ setzt

$$\cos x - \sqrt{1 - \cos^2 x} = 0 \Rightarrow 2\cos^2 x = 1$$

$$\Rightarrow \cos x = \pm \frac{1}{2}\sqrt{2}.$$

Lösungen sind jedoch nur solche x, für die zugleich $\sin x = \cos x$ ist, also

$$x = \frac{\pi}{4}, \quad \frac{5\pi}{4}, \quad \frac{9\pi}{4}, \ldots; \quad -\frac{3\pi}{4}, \quad -\frac{7\pi}{4}, \quad -\frac{11\pi}{4}, \ldots$$

Der Leser zeichne auch die Kurve (Ordinatenaddition!).

3.3.7 Ableitung der Bogenfunktionen

Nach I. 3.12.1 sind die Hauptwerte der Bogenfunktionen als Umkehrfunktionen der Kreisfunktionen gemäß

$$x = \sin y \Leftrightarrow y = \text{Arc} \sin x, \qquad -\frac{\pi}{2} \leqq y \leqq +\frac{\pi}{2}$$

$$x = \cos y \Leftrightarrow y = \text{Arc} \cos x, \qquad 0 \leqq y \leqq \pi,$$

$$x = \tan y \Leftrightarrow y = \text{Arc} \tan x, \qquad -\frac{\pi}{2} < y < +\frac{\pi}{2}$$

$$x = \cot y \Leftrightarrow y = \text{Arc} \cot x, \qquad 0 < y < \pi$$

erklärt. Für ihre Ableitungen gilt der

Satz: *Die Ableitungen der Hauptwerte der Bogenfunktionen sind bestimmt durch*

$$\boxed{\begin{aligned}
(\text{Arc} \sin x)' &= \frac{1}{\sqrt{1 - x^2}} & (|x| < 1) \\[2mm]
(\text{Arc} \cos x)' &= \frac{-1}{\sqrt{1 - x^2}} & (|x| < 1) \\[2mm]
(\text{Arc} \tan x)' &= \frac{1}{1 + x^2} \\[2mm]
(\text{Arc} \cot x)' &= \frac{-1}{1 + x^2}
\end{aligned}}$$

Beweis: Sind die Gleichungen $y = f(x)$ und $x = g(y)$ gleichwertig, so gilt nach II. 3.3.5 der Zusammenhang

$$f'(x) = \frac{1}{g'(y)}\bigg|_{y = f(x)}.$$

Diese Formel ziehen wir hier zur Ableitung der Bogenfunktionen heran:

1. $y = f(x) = \text{Arc}\sin x \Rightarrow x = \sin y = g(y); \quad g'(y) = \cos y$

$$\Rightarrow (\text{Arc}\sin x)' = \frac{1}{\cos y} = \frac{1}{\sqrt{1 - \sin^2 y}} = \frac{1}{\sqrt{1 - x^2}}$$

2. $y = f(x) = \text{Arc}\cos x \Rightarrow x = \cos y = g(y); \quad g'(y) = -\sin y$

$$\Rightarrow (\text{Arc}\cos x)' = -\frac{1}{\sin y} = -\frac{1}{\sqrt{1 - \cos^2 y}} = -\frac{1}{\sqrt{1 - x^2}}$$

3. $y = f(x) = \text{Arc}\tan x \Rightarrow x = \tan y = g(y); \quad g'(y) = 1 + \tan^2 y$

$$\Rightarrow (\text{Arc}\tan x)' = \frac{1}{1 + \tan^2 y} = \frac{1}{1 + x^2}$$

4. $y = f(x) = \text{Arc}\cot x \Rightarrow x = \cot y = g(y); \quad g'(y) = -1 - \cot^2 y$

$$\Rightarrow (\text{Arc}\cot x)' = \frac{1}{-1 - \cot^2 y} = -\frac{1}{1 + x^2}.$$

Die Beziehungen

$$(\text{Arc}\sin x)' = -(\text{Arc}\cos x)'$$
$$(\text{Arc}\tan x)' = -(\text{Arc}\cot x)'$$

sind übrigens eine unmittelbare Folge der bekannten Identitäten (vgl. I. 3.12.3)

$$\text{Arc}\sin x + \text{Arc}\cos x = \frac{\pi}{2}$$

$$\text{Arc}\tan x + \text{Arc}\cot x = \frac{\pi}{2},$$

aus denen sie sich durch Ableiten ergeben.

Beispiele

1. $y = \text{Arc}\sin\sqrt{1 - x^2}; \quad y' = \dfrac{1}{\sqrt{1 - (\sqrt{1 - x^2})^2}} \dfrac{-2x}{2\sqrt{1 - x^2}} = \dfrac{-1}{\sqrt{1 - x^2}}$

2. $y = \cos\left(\text{Arc}\sin\dfrac{1}{x}\right); \quad y' = \dfrac{-1/x^2}{\sqrt{1 - \left(\dfrac{1}{x}\right)^2}}\left(-\sin\text{Arc}\sin\dfrac{1}{x}\right) = \dfrac{1/x^2}{\sqrt{x^2 - 1}}$

3. $y = \sqrt[3]{\text{Arc}\tan\dfrac{x}{4}}; \quad y' = \dfrac{1}{4}\dfrac{1}{1 + \left(\dfrac{x}{4}\right)^2}\dfrac{1}{3}\left(\text{Arc}\tan\dfrac{x}{4}\right)^{-2/3}$

$$= \frac{1}{3}\frac{4}{16 + x^2}\frac{1}{\sqrt[3]{\left(\text{Arc}\tan\dfrac{x}{4}\right)^2}}.$$

3.3.8 Ableitung von Logarithmus- und Exponentialfunktion

Satz: *Für die Ableitung der logarithmischen Funktion $y = {}^a\!\log x$ mit positiver Basis $a \neq 1$ gilt für alle $x > 0$*

$$({}^a\!\log x)' = \frac{1}{x}\,{}^a\!\log e$$

und speziell für den Natürlichen Logarithmus

$$(\ln x)' = \frac{1}{x}$$

Beweis: Mit $f(x) = {}^a\!\log x$, $f(x + h) = {}^a\!\log(x + h)$ erhält man zunächst für den Differenzenquotienten

$$\frac{f(x + h) - f(x)}{h} = \frac{{}^a\!\log(x + h) - {}^a\!\log x}{h} = \frac{1}{h}\,{}^a\!\log\left(1 + \frac{h}{x}\right)$$

$$= \frac{1}{x}\,\frac{x}{h}\,{}^a\!\log\left(1 + \frac{h}{x}\right) = \frac{1}{x}\,{}^a\!\log\left(1 + \frac{h}{x}\right)^{x/h}.$$

Für die nun folgende Grenzwertbildung sei zunächst vorangeschickt, daß man bei einer stetigen mittelbaren Funktion Limesvorschrift und äußere Funktionsvorschrift miteinander vertauschen darf, so daß also

$$\lim_{h \to 0} \frac{f(x + h) - f(x)}{h} = \lim_{h \to 0}\left[\frac{1}{x}\,{}^a\!\log\left(1 + \frac{h}{x}\right)^{x/h}\right]$$

$$= \frac{1}{x}\lim_{h \to 0}{}^a\!\log\left(1 + \frac{h}{x}\right)^{x/h}$$

$$= \frac{1}{x}\,{}^a\!\log\lim_{h \to 0}\left(1 + \frac{h}{x}\right)^{x/h}$$

wird ($1/x$ verhält sich bez. $h \to 0$ wie eine Konstante!). Setzt man jetzt

$$\frac{x}{h} = z \Rightarrow \frac{h}{x} = \frac{1}{z}; \quad h \to 0 \Rightarrow z \to \infty,$$

so ergibt sich

$$\lim_{h \to 0} \frac{f(x + h) - f(x)}{h} = \frac{1}{x}\,{}^a\!\log\lim_{z \to \infty}\left(1 + \frac{1}{z}\right)^z.$$

Der nun entstandene Grenzwert war bereits für $n \to \infty$ (n natürliche Zahl) als e erklärt worden (II. 3.1.1); ohne Beweis sei gesagt, daß sich an seinem Wert nichts ändert, wenn man n durch die beliebige (reelle) Zahl z ersetzt. Danach ergibt sich nunmehr

$$\lim_{h \to 0} \frac{f(x + h) - f(x)}{h} = ({}^a\!\log x)' = \frac{1}{x}\,{}^a\!\log e.$$

Der besonders wichtige Spezialfall $a = e$ liefert wegen

$${}^e\!\log e = \ln e = 1$$

die einfache Ableitungsformel

$$(\ln x)' = \frac{1}{x}.$$

An dieser Stelle wird der Grund für die Einführung der Zahl e als Basis eines Logarithmensystems verständlich: Logarithmische Funktionen zur Basis e haben den Kehrwert des Numerus als besonders einfache Ableitung.

Satz: *Für die Ableitung der Exponentialfunktion $y = a^x$ mit positiver Basis $a \neq 1$ gilt*

$$\boxed{(a^x)' = a^x \ln a}$$

und speziell für die Basis e

$$\boxed{(e^x)' = e^x}$$

Beweis: $y = a^x \Rightarrow x = {}^a\!\log y = {}^a\!\log y\,(x);$ beiderseitige Ableitung nach x ergibt mit der Kettenregel

$$1 = y'(x)\,\frac{1}{y}\,{}^a\!\log e$$

$$\Rightarrow y' = y\,\frac{1}{{}^a\!\log e} = a^x\,{}^e\!\log a = a^x \ln a.$$

Es sei bemerkt, daß

$$y = c\,e^x \qquad (c \neq 0)$$

die *einzige* (von Null verschiedene) Funktion ist, die mit ihrer Ableitung übereinstimmt

$$y = c\,e^x \Rightarrow y^{(n)} = c\,e^x \qquad (n = 1, 2, 3, \ldots)$$

Beispiele

1. $y = {}^a\!\log(1 + x^2);$ $\qquad y' = \dfrac{2x}{1 + x^2}\,{}^a\!\log e$

2. $y = \lg \cos x;$ $\qquad y' = -\sin x\,\dfrac{1}{\cos x}\,\lg e = -\tan x\,\lg e$

3. $y = \ln \ln x;$ $\qquad y' = \dfrac{1}{x}\,\dfrac{1}{\ln x}$

4. $y = \ln\sqrt[3]{x \cot x};$ $\quad y = \dfrac{1}{3}\,(\ln x + \ln \cot x);$ $\quad y' = \dfrac{1}{3}\left(\dfrac{1}{x} - \dfrac{1}{\sin x \cos x}\right)$

5. $y = \tan\sqrt{\ln x};$ $\quad y' = \dfrac{\frac{1}{x}}{2\sqrt{\ln x}}\,(1 + \tan^2\sqrt{\ln x}) = \dfrac{1 + \tan^2\sqrt{\ln x}}{2x\sqrt{\ln x}}$

6. $y = e^{-k^2 x^2};$ $\qquad y' = -2k^2\,x\,e^{-k^2 x^2}$

7. $y = 2^{\lg x};$ $\qquad y' = \dfrac{1}{x}\,\lg e\,2^{\lg x}\,\ln 2$

8. $y = e^{\sqrt{x}}\cos(a x + b);$ $\quad y' = e^{\sqrt{x}}\,\dfrac{1}{2\sqrt{x}}\,\cos(a x + b) - a\,e^{\sqrt{x}}\,\sin(a x + b)$

9. $y = 10^{\sqrt{\ln \cos x}};$ $\qquad y' = -\dfrac{\ln 10}{2}\,\dfrac{10^{\sqrt{\ln \cos x}}}{\sqrt{\ln \cos x}}\,\tan x$

10. $y = \ln(\ln a^{\cos^3 x});$ $\qquad y = \ln(\cos^3 x \cdot \ln a) = 3\ln \cos x + \ln \ln a$
$\phantom{y = \ln(\ln a^{\cos^3 x});} \qquad y' = -3\tan x.$

Satz (Potenzregel für beliebige reelle Exponenten): *Ist r eine beliebige reelle Zahl, so läßt sich die Potenzfunktion $y = x^r (x > 0)$ ebenfalls nach der Potenzregel ableiten*

$$\boxed{y = x^r \Rightarrow y' = r\,x^{r-1}}$$

Beweis: Durch Logarithmieren von $y = x^r$ erhält man

$$\ln y = r \ln x$$

und daraus durch beiderseitiges Ableiten nach x (links nach der Kettenregel mit $y = y(x)$ als innerer und $\ln y$ als äußerer Funktion!)

$$y'(x)\,\frac{1}{y} = r\,\frac{1}{x}$$

$$\Rightarrow y' = y\,r\,\frac{1}{x} = x^r\,r\,\frac{1}{x} = r\,x^{r-1}.$$

Beispiele

1. $y = x^{\sqrt[3]{a}}, \qquad y' = \sqrt[3]{a}\,x^{\sqrt[3]{a}-1}$
2. $y = a\,x^{\sin\alpha}, \qquad y' = a\,\sin\alpha\,x^{\sin\alpha-1}$
3. $y = x^{\ln a}, \qquad y' = \ln a\,x^{\ln a-1}.$

Für das Produkt von n Funktionen

$$u(x) = \prod_{i=1}^{n} u_i(x) = u_1(x)\,u_2(x) \cdot \ldots \cdot u_n(x)$$

bekommt man nach Logarithmierung

$$\ln u(x) = \sum_{i=1}^{n} \ln u_i(x) = \ln u_1(x) + \ln u_2(x) + \cdots + \ln u_n(x)$$

und nun durch Ableiten

$$\frac{u'(x)}{u(x)} = \frac{u_1'(x)}{u_1(x)} + \frac{u_2'(x)}{u_2(x)} + \cdots + \frac{u_n'(x)}{u_n(x)}.$$

Multipliziert man mit $u(x) = u_1(x)\,u_2(x) \cdot \ldots \cdot u_n(x)$ durch, so kürzt sich beim ersten Bruch $u_1(x)$, beim zweiten $u_2(x)$ usw., beim letzten $u_n(x)$ heraus und man bekommt die *allgemeine Produktregel* (vgl. II. 3.3.3)

$$\left[\prod_{i=1}^{n} u_i(x)\right]' = u_1'\,u_2 \cdot \ldots \cdot u_n + u_1\,u_2' \cdot \ldots \cdot u_n + \cdots + u_1\,u_2 \cdot \ldots \cdot u_n'.$$

3.3.9 Logarithmisches Ableiten

Die Funktion $y = x^x$ läßt sich nach keiner der bisher aufgestellten Regeln ableiten. Hier hilft man sich, indem man zunächst die Funktionsgleichung logarithmiert, wobei bekanntlich die Rechenoperationen um eine Stufe herabgesetzt werden:

$$y = x^x \Rightarrow \ln y = x \ln x.$$

Nun kann man die Gleichung nach x ableiten (links mit $y = y(x)$ als innerer und $\ln y$ als äußerer Funktion nach der Kettenregel, rechts nach der Produktregel):

$$\frac{y'(x)}{y} = 1 \cdot \ln x + x \frac{1}{x} = 1 + \ln x$$

$$\Rightarrow y' = y(1 + \ln x) = x^x(1 + \ln x).$$

Dieses Verfahren heißt logarithmisches Ableiten.

Man kann auch einen formal etwas anderen Weg einschlagen, indem man statt zu logarithmieren rechterseits die logarithmische Identität (vgl. I. 1.5.1)

$$a = e^{\ln a}$$

anwendet und dann nur rechts nach der Kettenregel abzuleiten braucht. Im Beispiel $y = x^x$ ergibt sich so

$$y = x^x = e^{\ln x^x} = e^{x \ln x}$$

$$y' = e^{x \ln x}(x \ln x)' = e^{x \ln x}(1 + \ln x) = x^x(1 + \ln x).$$

Die allgemeine Struktur einer auf diese Weise abzuleitenden Funktion ist offenbar $y = [u(x)]^{v(x)}$. Für sie gilt der folgende

Satz: *Eine Funktion der Gestalt* $y = [u(x)]^{v(x)}$ *kann nach der Formel*

$$\boxed{\{[u(x)]^{v(x)}\}' = [u(x)]^{v(x)} \left\{v'(x) \ln u(x) + v(x) \frac{u'(x)}{u(x)}\right\}}$$

abgeleitet werden.

Beweis: $\qquad y = [u(x)]^{v(x)} \Rightarrow \ln y = v(x) \ln u(x)$

$$\Rightarrow \frac{1}{y} y' = v'(x) \ln u(x) + v(x) \frac{u'(x)}{u(x)}$$

$$\Rightarrow y' = [u(x)]^{v(x)} \left\{v'(x) \ln u(x) + v(x) \frac{u'(x)}{u(x)}\right\}.$$

Der Studierende lerne nicht etwa die Formel auswendig, sondern präge sich die Methode („zuerst beiderseits logarithmieren, dann ableiten") ein!

Beispiele

1. $y = (\sin x)^{\ln x}; \quad y' = (\sin x)^{\ln x}\left(\frac{1}{x} \ln \sin x + \ln x \cot x\right)$

2. $y = \tan(x^{\cos x}); \quad y' = [1 + \tan^2(x^{\cos x})](x^{\cos x})'$

$$\Rightarrow y' = [1 + \tan^2(x^{\cos x})] x^{\cos x}\left(-\sin x \ln x + \frac{1}{x} \cos x\right)$$

3. $y = \sqrt[x]{\cot x}; \qquad y' = \sqrt[x]{\cot x}\left[-\frac{1}{x^2} \ln \cot x - \frac{1}{x \sin x \cos x}\right].$

3.3.10 Ableitung der Hyperbelfunktionen

Satz: *Für die Ableitungen der Hyperbelfunktionen gilt*

$$
\begin{aligned}
(\sinh x)' &= \cosh x \\[4pt]
(\cosh x)' &= \sinh x \\[4pt]
(\tanh x)' &= \frac{1}{\cosh^2 x} = 1 - \tanh^2 x \\[4pt]
(\coth x)' &= \frac{-1}{\sinh^2 x} = 1 - \coth^2 x \qquad (x \neq 0)
\end{aligned}
$$

Beweis: Wir gehen auf die Definitionsgleichungen für die Hyperbelfunktionen (s. I. 3.13) zurück und leiten diese ab:

$$\sinh x = \tfrac{1}{2}(e^x - e^{-x}) \Rightarrow (\sinh x)' = \tfrac{1}{2}(e^x + e^{-x}) = \cosh x$$

$$\cosh x = \tfrac{1}{2}(e^x + e^{-x}) \Rightarrow (\cosh x)' = \tfrac{1}{2}(e^x - e^{-x}) = \sinh x$$

$$\tanh x = \frac{\sinh x}{\cosh x} \Rightarrow (\tanh x)' = \frac{\cosh^2 x - \sinh^2 x}{\cosh^2 x} = 1 - \tanh^2 x$$

$$= \frac{1}{\cosh^2 x} \quad (\cosh^2 x - \sinh^2 x = 1\,!)$$

$$\coth x = \tanh^{-1} x \Rightarrow (\coth x)' = \frac{1}{\cosh^2 x}\left(-\frac{1}{\tanh^2 x}\right) = -\frac{1}{\sinh^2 x}$$

$$= -\frac{\cosh^2 x - \sinh^2 x}{\sinh^2 x} = 1 - \coth^2 x.$$

Beispiele

1. $y = \sinh^3 x;$ 　　$y' = \cosh x \cdot 3 \sinh^2 x$

2. $y = \ln \sqrt{\cosh x};$ 　$y = \dfrac{1}{2} \ln \cosh x;$ 　$y' = \dfrac{1}{2} \sinh x \dfrac{1}{\cosh x} = \dfrac{1}{2} \tanh x$

3. $y = e^{\tanh x^2};$ 　$y' = 2x(1 - \tanh^2 x^2)\, e^{\tanh x^2}$

4. $y = \sqrt{\cosh(\cos x)};$ $y' = \dfrac{-\sin x \sinh(\cos x)}{2\sqrt{\cosh(\cos x)}}$

5. $y = \coth e^{\sqrt{x}};$ 　$y' = \dfrac{1}{2\sqrt{x}} e^{\sqrt{x}}\left(1 - \coth^2 e^{\sqrt{x}}\right).$

6. Zeige, daß die Hyperbelsinus- und Hyperbeltangenskurve die x-Achse unter einem Winkel von 45° schneiden!

Lösung: Die x-Achse wird von beiden Kurven im Ursprung geschnitten, also ist

$$\text{für } y = \sinh x: \quad \tan \alpha = y'(0) = \cosh 0 = 1 \Rightarrow \alpha = 45°$$

$$\text{für } y = \tanh x: \quad \tan \alpha = y'(0) = \frac{1}{\cosh^2 0} = \frac{1}{1} = 1 \Rightarrow \alpha = 45°.$$

7. Die höheren Ableitungen von $\sinh x$ und $\cosh x$ sind

$$y = \sinh x, \quad y' = \cosh x, \quad y'' = \sinh x, \ldots,$$

$$\text{d. h. } (\sinh x)^{(n)} = \begin{cases} \sinh x & \text{für } n > 0 \text{ gerade} \\ \cosh x & \text{für } n > 0 \text{ ungerade} \end{cases}$$

$$y = \cosh x, \quad y' = \sinh x, \quad y'' = \cosh x, \ldots,$$

$$\text{d. h. } (\cosh x)^n = \begin{cases} \cosh x & \text{für } n > 0 \text{ gerade} \\ \sinh x & \text{für } n > 0 \text{ ungerade.} \end{cases}$$

Die Gleichung $y = y''$ wird sicher von $y = \sinh x$ und von $y = \cosh x$, aber auch von $y = A \sinh x + B \cosh x$ erfüllt. Letzteres prüfe der Leser selbst nach.

3.3.11 Ableitung der Areafunktionen

Die Areafunktionen sind definiert als Umkehrfunktionen zu den Hyperbelfunktionen (vgl. I. 3.13), es gelten also die Äquivalenzen

$$x = \sinh y \iff y = \operatorname{ar} \sinh x, \quad \text{alle } x$$
$$x = \cosh y \iff y = \operatorname{ar} \cosh x, \quad x \geqq 1, \quad y \geqq 0\,[1])$$
$$x = \tanh y \iff y = \operatorname{ar} \tanh x, \quad |x| < 1$$
$$x = \coth y \iff y = \operatorname{ar} \coth x, \quad |x| > 1.$$

Für ihre Ableitungen gilt der

Satz: *Die Ableitungen der Areafunktionen sind*

$$
\boxed{
\begin{aligned}
(\operatorname{ar} \sinh x)' &= \frac{1}{\sqrt{1 + x^2}} \\[2mm]
(\operatorname{ar} \cosh x)' &= \frac{1}{\sqrt{x^2 - 1}} \quad & x > 1 \\[2mm]
(\operatorname{ar} \tanh x)' &= \frac{1}{1 - x^2} \quad & |x| < 1 \\[2mm]
(\operatorname{ar} \coth x)' &= \frac{1}{1 - x^2} \quad & |x| > 1
\end{aligned}
}
$$

Beweis: Wir benutzen die nach x aufgelösten Gleichungen für die Ableitung, da wir die Hyperbelfunktionen bereits ableiten können (beachte: $y = y(x)$!)

1. $x = \sinh y \Rightarrow 1 = \cosh y \cdot y'(x) \Rightarrow y' = \dfrac{1}{\cosh y} = \dfrac{1}{\sqrt{1 + \sinh^2 y}}$
$$\Rightarrow y' = \frac{1}{\sqrt{1 + x^2}}$$

2. $x = \cosh y \Rightarrow 1 = \sinh y \cdot y'(x) \Rightarrow y' = \dfrac{1}{\sinh y} = \dfrac{1}{\sqrt{\cosh^2 y - 1}}$
$$\Rightarrow y' = \frac{1}{\sqrt{x^2 - 1}} \quad (x > 1)$$

3. $x = \tanh y \Rightarrow 1 = (1 - \tanh^2 y)\, y'(x) \Rightarrow y' = \dfrac{1}{1 - \tanh^2 y}$
$$\Rightarrow y' = \frac{1}{1 - x^2} \quad (|x| < 1)$$

4. $x = \coth y \Rightarrow 1 = (1 - \coth^2 y)\, y'(x) \Rightarrow y' = \dfrac{1}{1 - \coth^2 y}$
$$\Rightarrow y' = \frac{1}{1 - x^2} \quad (|x| > 1).$$

---

[1]) Mit $\operatorname{ar} \cosh x$ ist der Hauptwert des Areakosinus gemeint, der Nebenwert ist $y = -\operatorname{ar} \cosh x$.

Da die Areafunktion auch durch den Natürlichen Logarithmus dargestellt werden kann, findet man ihre Ableitung auch auf diesem Wege durch Ableiten der Logarithmusfunktion, z. B.

$$y = \operatorname{ar\,sinh} x = \ln\left(x + \sqrt{x^2+1}\right) \Rightarrow y' = \left(1 + \frac{2x}{2\sqrt{x^2+1}}\right)\frac{1}{x+\sqrt{x^2+1}}$$

$$= \frac{\sqrt{x^2+1}+x}{\sqrt{x^2+1}}\,\frac{1}{x+\sqrt{x^2+1}} = \frac{1}{\sqrt{x^2+1}}\,.$$

Der Leser führe die drei übrigen Ableitungen auf diesem Wege zur Übung selbst durch.

Beispiele

1.　$y = \operatorname{ar\,sinh}\sqrt{x^2-1}$;　　$y' = \dfrac{2x}{2\sqrt{x^2-1}}\,\dfrac{1}{\sqrt{1+(\sqrt{x^2-1})^2}} = \dfrac{1}{\sqrt{x^2-1}}$

2.　$y = \operatorname{ar\,coth}\cosh x$;　　$y' = \sinh x\,\dfrac{1}{1-\cosh^2 x} = \dfrac{\sinh x}{-\sinh^2 x} = -\dfrac{1}{\sinh x}$

3.　$y = \ln \operatorname{ar\,cosh}\sqrt{x}$;　　$y' = \dfrac{1}{2\sqrt{x}}\,\dfrac{1}{\sqrt{x-1}}\,\dfrac{1}{\operatorname{ar\,cosh}\sqrt{x}}$

4.　$y = e^{\sqrt{\operatorname{ar\,tanh} x}}$;　　　$y' = \dfrac{1}{1-x^2}\,\dfrac{1}{2\sqrt{\operatorname{ar\,tanh} x}}\,e^{\sqrt{\operatorname{ar\,tanh} x}}$

5.　$y = \operatorname{ar\,coth}\dfrac{1}{1-x^2}$;　　$y' = \dfrac{2x}{(1-x^2)^2}\,\dfrac{(1-x^2)^2}{(1-x^2)^2-1} = \dfrac{2}{x^3-2x}\,.$

3.4 Differentiale. Differentialquotienten. Differentialoperatoren

3.4.1 Der Begriff des Differentials

Sind P und P_1 zwei Punkte der Bildkurve von $y = f(x)$ (Abb. 146), deren Abszissen sich um h unterscheiden, so beträgt der Funktionszuwachs Δy im Punkte P_1 gegenüber P

$$\Delta y = f(x+h) - f(x),$$

während der Zuwachs der in P an die Kurve gelegten Tangente an dieser Stelle

$$h\tan\alpha = h\,f'(x)$$

beträgt. Für diesen Ausdruck erklären wir die

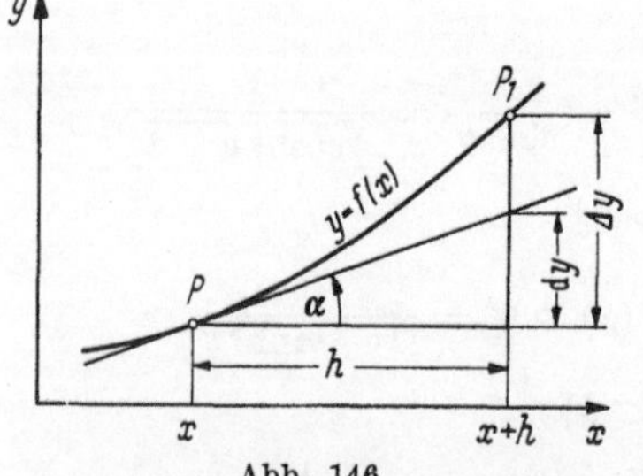

Abb. 146

Definition: *Das Produkt aus einem Inkrement h und der Ableitung $f'(x)$ heißt das Differential der Funktion $y = f(x)$ und man schreibt*

$$\boxed{d\,f(x) = dy = h\,f'(x)}$$

Betrachtet man P als einen festen Punkt der gegebenen Funktion $y = f(x)$, so liegen also x und $f'(x)$ fest und das Differential $df(x)$ ist nur mehr von h abhängig, nämlich proportional h mit $f'(x)$ als Proportionalitätsfaktor oder, anders ausgedrückt, eine homogene lineare Funktion von h.

Analytisch ist die Tangente in P die Linearisierung der gegebenen Funktion $f(x)$ an der Stelle x (vgl. I. 3.15 oder II. 3.6.2). Das Differential einer Funktion ist deshalb an jeder Stelle gleich dem Zuwachs der zugehörigen linearisierten Funktion.

Beispiele

1. Bestimme das Differential der Funktion $y = \sqrt{x}$ bezüglich des Punktes $P(1;1)$ allgemein und speziell für ein Inkrement $h = 3$.

Lösung (Abb. 147): Mit $y = \sqrt{x}$ ist $y' = f'(x) = \dfrac{1}{2\sqrt{x}}$, also wird allgemein

$$dy = d\sqrt{x} = \frac{1}{2\sqrt{x}}\, h$$

und speziell mit $x = 1$, $h = 3$

$$dy = d\sqrt{x} = \tfrac{3}{2} = 1{,}5.$$

Das Differential dy ist in diesem Fall also größer als die Ordinatendifferenz $\varDelta y$, die an dieser Stelle $\varDelta y = 1$ beträgt.

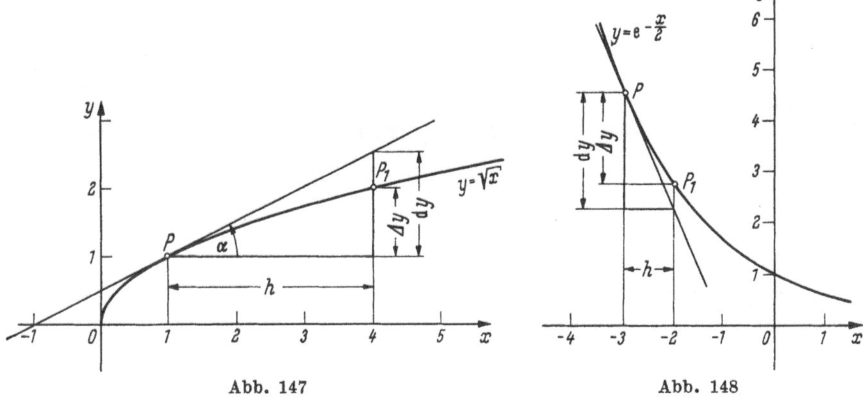

Abb. 147   Abb. 148

2. Wie lautet das Differential der Exponentialfunktion $y = e^{-x/2}$ allgemein und speziell für den Punkt $P(-3; e^{1,5})$ und $h = 1$?

Lösung (Abb. 148): Es ist $f'(x) = -\tfrac{1}{2}e^{-x/2}$, also

$$dy = de^{-x/2} = -\tfrac{1}{2}e^{-x/2}\, h$$

und für $x = -3$, $h = 1$

$$dy = -\tfrac{1}{2}e^{1,5} \cdot 1 = -2{,}24.$$

Für die Ordinatendifferenz $\varDelta y$ ergibt sich

$$\varDelta y = f(-2) - f(-3) = e^{2/2} - e^{3/2} = -1{,}76.$$

3.4.2 Zusammenhang zwischen Differenzen und Differentialen

Für das Differential der linearen Funktion

$$y = m\,x + n$$

erhält man mit $y' = m$

$$dy = m\,h,$$

also einen von x unabhängigen Ausdruck. Spezialisiert man noch die lineare Funktion auf

$$y = x,$$

so ist für diese

$$dy = dx = h,$$

d. h. das Inkrement h kann als das Differential der Funktion $y = x$ geschrieben werden. Da andererseits h gleich der Abszissendifferenz

$$h = x_1 - x = (x + h) - x = \Delta x$$

war, gilt demnach stets

$$\boxed{dx = \Delta x}$$

während im allgemeinen (siehe auch obige Beispiele)

$$\boxed{dy \neq \Delta y}$$

ist. Nun gilt aber auf Grund der Definitionsgleichung für das Differential allgemein

$$dy = f'(x)\,h$$

$$dy \to 0 \quad \text{für} \quad h \to 0$$

bzw.

$$\lim_{h \to 0} dy = \lim_{h \to 0} [f'(x)\,h] = 0$$

und ebenso für die Differenz allgemein

$$\Delta y = f(x + h) - f(x)$$

$$\Delta y \to 0 \quad \text{für} \quad h \to 0$$

bzw.

$$\lim_{h \to 0} \Delta y = \lim_{h \to 0} [f(x + h) - f(x)] = 0,$$

d. h. dy und Δy haben für $h \to 0$ beide den gleichen Grenzwert Null. Man kann demnach für hinreichend kleines $|h|$ die Näherung

$$\boxed{\begin{array}{c} dy \approx \Delta y \\ \textit{für kleines } |h| \end{array}}$$

schreiben.

Beispiel: Wir betrachten die Funktion

$$y = f(x) = x^2 - 2x - 3.$$

Mit $y' = 2x - 2$ erhält man für das Funktions*differential*

$$dy = (2x - 2)\,h,$$

während man für die Funktions*differenz*

$$\Delta y = f(x + h) - f(x)$$
$$= (x + h)^2 - 2(x + h) - 3 - (x^2 - 2x - 3)$$
$$= 2x\,h + h^2 - 2h$$

erhält. Speziell ist für die Stelle $x = 2$

$$dy = 2h; \quad \Delta y = 2h + h^2.$$

Man sieht, daß

$$dy \to 0 \quad \text{für} \quad h \to 0 \quad \text{und} \quad \Delta y \to 0 \quad \text{für} \quad h \to 0$$

geht; insbesondere ist der Unterschied

$$\Delta y - dy = h^2,$$

d. h. die Näherungsgleichheit

$$\Delta y \approx dy$$

ist mit h^2 als absolutem Fehler behaftet; für $h = 0{,}1$ beträgt der Unterschied zwischen Δy und dy nur 10^{-2}; für $h = 0{,}01$ nur noch 10^{-4} usw.

3.4.3 Rechnen mit Differentialen

Satz: *Das Differential einer Konstanten ist gleich Null*

$$\boxed{y = a \Rightarrow da = 0}$$

Beweis: Mit $y = a$ ist $y' = f'(x) = 0$ und demnach

$$dy = f'(x)\,h = 0\,h = 0.$$

Satz: *Ein konstanter Faktor darf beliebig vor oder hinter das Differential einer Funktion gezogen werden.*

Beweis: Wir setzen $y = a\,f(x)$ und erhalten

$$dy = d[a\,f(x)] = a\,f'(x)\,h = a[f'(x)\,h] = a\,df(x)$$
$$\Rightarrow d[a\,f(x)] = a\,df(x).$$

Satz: *Das Differential einer Summe von Funktionen ist gleich der Summe der Differentiale der einzelnen Funktionen*

$$\boxed{d[u_1(x) + u_2(x) + \cdots + u_n(x)] = du_1(x) + du_2(x) + \cdots + du_n(x)}$$

Beweis: Es ist für $i = 1, 2, \ldots, n$

$$du_i(x) = u_i'(x)\,h$$
$$\sum_{i=1}^{n} du_i(x) = \sum_{i=1}^{n} u_i'(x)\,h = \left(\sum_{i=1}^{n} u_i(x)\,h \right)'$$
$$= \left[\sum_{i=1}^{n} u_i(x) \right]' h = d\left[\sum_{i=1}^{n} u_i(x) \right].$$

Satz: *Für das Differential eines Produktes bzw. eines Quotienten zweier Funktionen $u = u(x)$ und $v = v(x)$ gilt*

$$\boxed{\begin{aligned} d(u\,v) &= v\,du + u\,dv \\ d\left(\frac{u}{v}\right) &= \frac{v\,du - u\,dv}{v^2} \end{aligned}}$$

Beweis: Für das Differential des Produktes erhält man

$$d(u\,v) = (u\,v)'\,h = (v\,u' + u\,v')\,h$$
$$= v\,u'\,h + u\,v'\,h = v\,du + u\,dv.$$

Entsprechend ergibt sich für das Differential des Quotienten

$$d\left(\frac{u}{v}\right) = \left(\frac{u}{v}\right)'\,h = \frac{v\,u' - u\,v'}{v^2}\,h = \frac{1}{v^2}(v\,u'\,h - u\,v'\,h) = \frac{1}{v^2}(v\,du - u\,dv).$$

Der Leser wird bemerkt haben, daß diese Sätze über Differentiale eine unmittelbare Folge der entsprechenden Sätze über Ableitungsfunktionen sind. In der Tat kann man jede Ableitungsformel auch in Differentialen anschreiben, so etwa

$$(\sin x)' = \cos x \quad\quad \Rightarrow d\sin x = \cos x\,h = \cos x\,dx$$
$$(\ln x)' = \frac{1}{x} \quad\quad \Rightarrow d\ln x = \frac{1}{x}\,h = \frac{1}{x}\,dx$$
$$(a^x)' = a^x \ln a \quad\quad \Rightarrow d(a^x) = a^x \ln a\,h = a^x \ln a\,dx$$
$$(\tanh x)' = 1 - \tanh^2 x \Rightarrow d\tanh x = (1 - \tanh^2 x)\,h = (1 - \tanh^2 x)\,dx$$
$$(x^n)' = n\,x^{n-1} \quad\quad \Rightarrow d(x^n) = (n\,x^{n-1})\,h = (n\,x^{n-1})\,dx.$$

Wir notieren noch eine weitere Folgerung aus der Definitionsgleichung für das Differential einer Funktion, die uns später in der Integralrechnung gute Dienste leisten wird.

Satz (Differentialtransformation): *Man kann das Differential dx transformieren auf das Differential $df(x)$ einer beliebigen ableitbaren Funktion $f(x)$, wenn man zuvor durch die Ableitung $f'(x) \neq 0$ dividiert*

$$\boxed{dx = \frac{1}{f'(x)}\,df(x)}$$

Beweis: Nach Definition ist

$$dy = df(x) = f'(x)\,h = f'(x)\,dx.$$

Auflösung nach dx ergibt unter der Voraussetzung $f'(x) \neq 0$

$$dx = \frac{1}{f'(x)}\,df(x).$$

Formal handelt es sich also lediglich um eine Umstellung der Definitionsgleichung für $df(x)$, inhaltlich besagt der Satz jedoch etwas

Neues, nämlich die Umwandlung des Differentials dx in das Differential $df(x)$.

Beispiele

1. Transformiere dx auf $d(a\,x)$!

Lösung: $dx = \dfrac{1}{a}\,d(a\,x)$.

2. Transformiere dx auf $d(a\,x + b)$!

Lösung: $dx = \dfrac{1}{a}\,d(a\,x + b)$.

3. Transformiere dx auf $d(x + C)$!
Lösung: $dx = d(x + C)$.

4. Transformiere $\sin x \cos x\,dx$ auf $d \sin x$!

Lösung: $\sin x \cos x\,dx = \dfrac{\sin x \cos x}{\cos x}\,d \sin x = \sin x\,d \sin x$.

5. Transformiere $\cos^3 x \sin x\,dx$ auf $d \cos x$!

Lösung: $\cos^3 x \sin x\,dx = \dfrac{\cos^3 x \sin x}{-\sin x}\,d \cos x = -\cos^3 x\,d \cos x$.

6. Transformiere $\dfrac{(\ln x)^3}{x}\,dx$ auf $d \ln x$!

Lösung: $\dfrac{(\ln x)^3}{x}\,dx = x\,\dfrac{(\ln x)^3}{x}\,d \ln x = (\ln x)^3\,d \ln x$.

7. Transformiere $x\,e^{-x^2/2}\,dx$ auf $d\left(-\dfrac{x^2}{2}\right)$!

Lösung: $x\,e^{-x^2/2}\,dx = \dfrac{1}{-x}\,x\,e^{-x^2/2}\,d\left(-\dfrac{x^2}{2}\right) = -e^{-x^2/2}\,d\left(-\dfrac{x^2}{2}\right)$.

8. Transformiere $\dfrac{2x}{x^2 + 1}\,dx$ auf $d(x^2 + 1)$!

Lösung: $\dfrac{2x}{x^2 + 1}\,dx = \dfrac{1}{2x}\,\dfrac{2x}{x^2 + 1}\,d(x^2 + 1) = \dfrac{d(x^2 + 1)}{x^2 + 1}$.

9. Transformiere $\tan x\,dx$ auf $d\cos x$!

Lösung: $\tan x\,dx = \dfrac{1}{-\sin x}\,\dfrac{\sin x}{\cos x}\,d \cos x = -\dfrac{d \cos x}{\cos x}$.

10. Transformiere $\dfrac{dx}{\sin x}$ auf $d \tan \dfrac{x}{2}$!

Lösung: $\dfrac{dx}{\sin x} = \dfrac{2 \cos^2 \dfrac{x}{2}}{\sin x}\,d \tan \dfrac{x}{2} = \dfrac{2 \cos^2 \dfrac{x}{2}}{2 \sin \dfrac{x}{2} \cos \dfrac{x}{2}}\,d \tan \dfrac{x}{2} = \dfrac{d \tan \dfrac{x}{2}}{\tan \dfrac{x}{2}}$.

3.4.4 Der Differentialquotient

Wir gehen nochmals von der Definitionsgleichung für das Differential einer Funktion $y = f(x)$ aus

$$dy = f'(x)\,h = f'(x)\,dx$$

und lösen diese jetzt nach der Ableitung $f'(x)$ auf:

$$f'(x) = \frac{dy}{dx}.$$

Was entstanden ist, interpretieren wir als eine neue Darstellungsform für die Ableitungsfunktion $f'(x)$, nämlich ein Quotient zweier Differentiale, des Differentials der Stammfunktion $y = f(x)$ und des Differentials der Funktion $y = x$. Für diesen Quotienten geben wir die folgende

Definition: *Der Quotient der Differentiale dy und dx wird der Differentialquotient der Funktion $y = f(x)$ genannt. Differentialquotient und Ableitung sind nur verschiedene Darstellungsformen für die Steigungsfunktion:*

$$\boxed{\frac{dy}{dx} = f'(x)}$$

Statt der Ableitungsregeln und -formeln kann man nun auch Differentiationsregeln und -formeln aufstellen, die also wohlbemerkt nichts Neues bedeuten, sondern nur eine andere Schreibweise eines bereits bekannten Sachverhalts darstellen. So erscheint die Kettenregel

$$y = F(x) = f[\varphi(x)], \qquad y' = F'(x) = \varphi'(x)\,f'(z)$$

mit

$$z = \varphi(x), \qquad y = f(z)$$

jetzt in der Gestalt

$$\boxed{\frac{dy}{dx} = \frac{dz}{dx}\,\frac{dy}{dz}}$$

denn es ist

$$F'(x) = \frac{dy}{dx}, \qquad z' = \varphi'(x) = \frac{dz}{dx}, \qquad f'(z) = \frac{dy}{dz}.$$

Die Differentialquotientenschreibweise ist insofern klarer, als sie genau die Funktion und die Veränderliche, nach der differenziert (abgeleitet) wird, angibt, was bei der Ableitungsschreibweise nicht immer der Fall ist. Andererseits muß man sich vor Irrtümern hüten, wie etwa der Annahme, man könne durch „Kürzen" von dz in der Kettenregel diese sofort beweisen, da dann doch beiderseits dy/dx steht. Vielmehr ist in dz/dx der Zähler das Differential der inneren Funktion $z = \varphi(x)$, während in dy/dz der Nenner das Differential der „unabhängigen" Veränderlichen der äußeren Funktion $y = f(z)$ bedeutet.

In der folgenden Übersicht sind sämtliche Regeln und Formeln noch einmal zusammengestellt, und zwar sowohl in der Ableitungsschreibweise als auch mit Differentialquotienten. Der Studierende präge sich *beide* Darstellungen ein, da sie beide üblich sind.

Konstantenregel	$(a)' = 0$	$\dfrac{da}{dx} = 0$
Faktorregel	$[af(x)]' = af'(x)$	$\dfrac{d[af(x)]}{dx} = a\dfrac{df(x)}{dx}$
Summenregel	$(u+v)' = u' + v'$	$\dfrac{d(u+v)}{dx} = \dfrac{du}{dx} + \dfrac{dv}{dx}$
Produktregel	$(uv)' = vu' + uv'$	$\dfrac{d(uv)}{dx} = v\dfrac{du}{dx} + u\dfrac{dv}{dx}$
Quotientenregel	$\left(\dfrac{u}{v}\right)' = \dfrac{vu' - uv'}{v^2}$	$\dfrac{d\left(\dfrac{u}{v}\right)}{dx} = \dfrac{1}{v^2}\left(v\dfrac{du}{dx} - u\dfrac{dv}{dx}\right)$
Potenzregel (n bel. reell)	$(x^n)' = n\,x^{n-1}$	$\dfrac{d(x^n)}{dx} = n\,x^{n-1}$
Kettenregel	$\{f[\varphi(x)]\}' = \varphi'(x)f'(z)$	$\dfrac{dy}{dx} = \dfrac{dz}{dx}\dfrac{dy}{dz}$
Sinusfunktion	$(\sin x)' = \cos x$	$\dfrac{d\sin x}{dx} = \cos x$
Kosinusfunktion	$(\cos x)' = -\sin x$	$\dfrac{d\cos x}{dx} = -\sin x$
Tangensfunktion	$(\tan x)' = \dfrac{1}{\cos^2 x} = 1 + \tan^2 x$	$\dfrac{d\tan x}{dx} = \dfrac{1}{\cos^2 x} = 1 + \tan^2 x$
Kotangensfunktion	$(\cot x)' = -\dfrac{1}{\sin^2 x}$ $= -1 - \cot^2 x$	$\dfrac{d\cot x}{dx} = -\dfrac{1}{\sin^2 x}$ $= -1 - \cot^2 x$
Arkus Sinus x	$(\text{Arc}\sin x)' = \dfrac{1}{\sqrt{1-x^2}}$	$\dfrac{d\,\text{Arc}\sin x}{dx} = \dfrac{1}{\sqrt{1-x^2}}$
Arkus Kosinus x	$(\text{Arc}\cos x)' = -\dfrac{1}{\sqrt{1-x^2}}$	$\dfrac{d\,\text{Arc}\cos x}{dx} = -\dfrac{1}{\sqrt{1-x^2}}$
Arkus Tangens x	$(\text{Arc}\tan x)' = \dfrac{1}{1+x^2}$	$\dfrac{d\,\text{Arc}\tan x}{dx} = \dfrac{1}{1+x^2}$
Arkus Kotangens x	$(\text{Arc}\cot x)' = -\dfrac{1}{1+x^2}$	$\dfrac{d\,\text{Arc}\cot x}{dx} = -\dfrac{1}{1+x^2}$

Exponentialfunktion	$(a^x)' = a^x \ln a$	$\dfrac{d(a^x)}{dx} = a^x \ln a$
$a = e$	$(e^x)' = e^x$	$\dfrac{d(e^x)}{dx} = e^x$
Logarithmusfunktion	$(^a\log x)' = \dfrac{1}{x} {}^a\log e$	$\dfrac{d\,{}^a\log x}{dx} = \dfrac{1}{x} {}^a\log e$
$a = e$	$(\ln x)' = \dfrac{1}{x}$	$\dfrac{d\ln x}{dx} = \dfrac{1}{x}$
Hyperbelsinus x	$(\sinh x)' = \cosh x$	$\dfrac{d\sinh x}{dx} = \cosh x$
Hyperbelkosinus x	$(\cosh x)' = \sinh x$	$\dfrac{d\cosh x}{dx} = \sinh x$
Hyperbeltangens x	$(\tanh x)' = \dfrac{1}{\cosh^2 x}$ $= 1 - \tanh^2 x$	$\dfrac{d\tanh x}{dx} = \dfrac{1}{\cosh^2 x}$ $= 1 - \tanh^2 x$
Hyperbelkotangens x	$(\coth x)' = \dfrac{-1}{\sinh^2 x}$ $= 1 - \coth^2 x$	$\dfrac{d\coth x}{dx} = \dfrac{-1}{\sinh^2 x}$ $= 1 - \coth^2 x$
$y = \operatorname{ar} \sinh x$	$(\operatorname{ar}\sinh x)' = \dfrac{1}{\sqrt{x^2 + 1}}$	$\dfrac{d\operatorname{ar}\sinh x}{dx} = \dfrac{1}{\sqrt{x^2 + 1}}$
$y = \operatorname{ar} \cosh x$	$(\operatorname{ar}\cosh x)' = \dfrac{1}{\sqrt{x^2 - 1}}\ (x > 1)$	$\dfrac{d\operatorname{ar}\cosh x}{dx} = \dfrac{1}{\sqrt{x^2 - 1}}\ (x > 1)$
$y = \operatorname{ar} \tanh x$	$(\operatorname{ar}\tanh x)' = \dfrac{1}{1 - x^2}\ (|x| < 1)$	$\dfrac{d\operatorname{ar}\tanh x}{dx} = \dfrac{1}{1 - x^2}\ (|x| < 1)$
$y = \operatorname{ar} \coth x$	$(\operatorname{ar}\coth x)' = \dfrac{1}{1 - x^2}\ (|x| > 1)$	$\dfrac{d\operatorname{ar}\coth x}{dx} = \dfrac{1}{1 - x^2}\ (|x| > 1)$

3.4.5 Differentialquotienten höherer Ordnung

Für die zweite Ableitung $y'' = f''(x)$ wird man mit Differentialquotienten

$$y'' = \frac{dy'}{dx} = \frac{d\left(\dfrac{dy}{dx}\right)}{dx} = \frac{d(dy)}{dx\,dx} = \frac{d^2 y}{(dx)^2}$$

schreiben; üblich ist indes

$$y'' = \frac{d^2 y}{dx^2},$$

lies „d — zwei$y$ durch d-x-Quadrat", und allgemein für die Ableitung k-ter Ordnung

$$\boxed{\begin{aligned} y^{(k)} &= \frac{d^k y}{d x^k} \\ k &= 1,\,2,\,3,\,\ldots \end{aligned}}$$

Man läßt also die Klammer im Nenner weg und setzt sie dafür gegebenenfalls im Zähler, um Verwechslungen zu vermeiden. So ist beispielsweise die n-te Ableitung der Potenzfunktion $y = x^n$ nach II. 3.3.4

$$(x^n)^{(n)} = n\,! \,;$$

mit Differentialquotienten schreibt man

$$\frac{d^n (x^n)}{d x^n} = n\,!$$

3.4.6 Grundsätzliche Bemerkungen

Auf der Grundlage des Funktions- und Grenzwertbegriffes schufen NEWTON (1643 $\cdots$ 1727) und LEIBNIZ (1646 $\cdots$ 1716) unabhängig voneinander und etwa zur gleichen Zeit die Differential- und Integralrechnung. In den folgenden Jahrhunderten war man um den Ausbau der Theorie und um eine strengere Begründung derselben bemüht. Dennoch blieben bis in unsere Zeit hinein eine Reihe von falschen Vorstellungen erhalten, die viele Mißverständnisse zur Folge hatten. Hierzu gehören insbesondere die sogenannten unendlich kleinen Größen, mit denen man anstelle klarer Begriffsbildungen über Grenzwert, Konvergenz usw. in scheinbar anschaulicher Weise mathematische Sachverhalte klären wollte. Um diese Dinge für den Studierenden ganz klar zu stellen, sei an dieser Stelle erklärt

1. *Es gibt in der Differentialrechnung keine festen „unendlich kleinen Größen".*

2. *Sowohl die Differenzen Δx, Δy als auch die Differentiale dx und dy sind — sofern sie nicht speziell gleich Null sind — endlich große Ausdrücke, die in numerischen Beispielen stets durch reelle Zahlen angegeben werden können.*

3. *Der Differentialquotient ist ein wirklicher Quotient (und nicht bloß ein Symbol!), seiner Definition nach also kein Grenzwert.*

4. *Mit Differentialen kann man nach bestimmten Vorschriften rechnen, ebenso kann man den Differentialquotienten rechentechnisch wie einen Quotienten behandeln.*

3.4.7 Differentialoperatoren

Außer der Ableitungs- und Differentialquotientenschreibweise ist noch eine dritte Darstellung häufig zu finden, die besonders in einigen angewandten mathematischen Disziplinen benutzt wird. Man setzt die zu differenzierende Funktion $y = f(x)$ rechts neben den Differentialquotienten

$$\frac{dy}{dx} = \frac{df(x)}{dx} = \frac{d}{dx}\, y = \frac{d}{dx}\, f(x)$$

und interpretiert das Zeichen

$$\frac{d}{dx}$$

als „Differentialoperator", der auf die nachstehende Funktion „anzuwenden" ist. Sämtliche Ableitungsregeln können nun auch mit Differentialoperatoren beschrieben werden, etwa

$$\frac{d}{dx}\,[f(x) + g(x)] = \frac{d}{dx}\, f(x) + \frac{d}{dx}\, g(x)$$

$$\frac{d}{dx}\,[f(x)\, g(x)] = g(x)\,\frac{d}{dx}\, f(x) + f(x)\,\frac{d}{dx}\, g(x),$$

was indes weniger üblich ist. Dagegen hat es sich als recht vorteilhaft erwiesen, den Differentialoperator d/dx mit D abzukürzen, also

$$\frac{d}{dx}\, y = Dy$$

und allgemein

$$\boxed{\begin{aligned} &\frac{d^k}{dx^k}\, y = D^k y \\ &k = 0, 1, 2, 3, \ldots \end{aligned}}$$

zu setzen, wobei $D^0 y = y$ sein soll. Damit kann man Ausdrücke der Form

$$L(y) = a_n\, y^{(n)} + a_{n-1}\, y^{(n-1)} + \cdots + a_2\, y'' + a_1\, y' + a_0\, y,$$

in denen die $a_0, \ldots, a_n$ konstante (reelle) Koeffizienten bedeuten, nun in der Gestalt

$$L(y) = a_n\,\frac{d^n}{dx^n}\, y + a_{n-1}\,\frac{d^{n-1}}{dx^{n-1}}\, y + \cdots + a_2\,\frac{d^2}{dx^2}\, y + a_1\,\frac{d}{dx}\, y + a_0\, y$$

$$= a_n\, D^n y + a_{n-1}\, D^{n-1} y + \cdots + a_2\, D^2 y + a_1\, Dy + a_0\, D^0 y$$

schreiben. Klammert man y formal aus, so erhält man

$$L(y) = (a_n\, D^n + a_{n-1}\, D^{n-1} + \cdots + a_2\, D^2 + a_1\, D + a_0)\, y.$$

Den Klammerinhalt kann man als ein Polynom in D auffassen, das auf y angewandt, den Ausdruck $L(y)$ ergibt. Hierzu geben wir die

Definition: *Ein Ausdruck der Form*

$$P(D) = a_n D^n + a_{n-1} D^{n-1} + \cdots + a_2 D^2 + a_1 D + a_0$$

*mit konstanten a_i und $a_n \neq 0$ heiße ein Operatorpolynom n-ter Ordnung,
seine Anwendung auf eine n-mal differenzierbare Funktion $y = y(x)$*

$$L(y) \equiv P(D)\,y = (a_n D^n + a_{n-1} D^{n-1} + \cdots + a_2 D^2 + a_1 D + a_0)\,y$$

ein lineares Differentialpolynom n-ter Ordnung.

Man beachte, daß der höchste auftretende Exponent von D die
Ordnung des Polynoms genannt wird. Das Differentialpolynom heißt
linear, weil sämtliche Ableitungen höchstens in der 1. Potenz vorkom-
men, Ausdrücke wie $(y')^2$, $(y'')^2$, $(y'')^3$ usw. also hierbei nicht auftreten.

Beispiele

1. Mit $y = \sin x$ bedeutet das lineare Differentialpolynom dritter Ordnung

$$\begin{aligned}
L(y) &= (D^3 - 2D^2 + 3D - 5)\,y = (D^3 - 2D^2 + 3D - 5)\sin x \\
&= D^3 \sin x - 2D^2 \sin x + 3D \sin x - 5 \sin x \\
&= \frac{d^3}{dx^3}\sin x - 2\cdot\frac{d^2}{dx^2}\sin x + 3\cdot\frac{d}{dx}\sin x - 5\sin x \\
&= (\sin x)''' - 2(\sin x)'' + 3(\sin x)' - 5\sin x \\
&= -\cos x + 2\sin x + 3\cos x - 5\sin x \\
&= 2\cos x - 3\sin x.
\end{aligned}$$

2. Das Operatorpolynom $D^2 - D - 2$ angewandt auf die Exponentialfunktion
$y = e^{-x}$ ergibt

$$\begin{aligned}
L(y) = L(e^{-x}) &= (D^2 - D - 2)\,e^{-x} \\
&= D^2 e^{-x} - D e^{-x} - 2e^{-x} \\
&= (e^{-x})'' - (e^{-x})' - 2e^{-x} \\
&= e^{-x} + e^{-x} - 2e^{-x} \\
&= 0.
\end{aligned}$$

Die Funktion $y = e^{-x}$ befriedigt also das gegebene Differentialpolynom
$L(y) = (D^2 - D - 2)y = y'' - y' - 2y$ identisch. Diese Eigenschaft haben auch
noch andere Funktionen, so etwa $y = 3e^{2x}$, aber durchaus nicht alle Funktionen.
Der Leser überzeuge sich davon durch selbst gewählte Beispiele!

3. Hat das Operatorpolynom $P(D) = a_2 D^2 + a_1 D + a_0$ des allgemeinen
linearen Differentialpolynoms 2. Ordnung

$$L(y) = P(D)\,y = (a_2 D^2 + a_1 D + a_0)\,y$$

die beiden reellen und voneinander verschiedenen Nullstellen α_1, α_2

$$P(\alpha_i) = a_2 \alpha_i^2 + a_1 \alpha_i + a_0 \equiv 0 \qquad\qquad (i = 1, 2),$$

so erzwingen alle Funktionen der Gestalt

$$y = A_1 e^{\alpha_1 x} + A_2 e^{\alpha_2 x}$$

mit beliebigen Konstanten A_1 und A_2 ein identisches Verschwinden des
Differentialpolynoms.

Beweis: Es ist zu zeigen, daß die Identität

$$(a_2 D^2 + a_1 D + a_0)\, y = a_2\, y'' + a_1\, y' + a_0\, y \equiv 0$$

gilt, falls man für $y = A_1\, e^{\alpha_1 x} + A_2\, e^{\alpha_2 x}$ setzt! Man erhält

$$y = A_1\, e^{\alpha_1 x} + A_2\, e^{\alpha_2 x} \Rightarrow y' = \alpha_1\, A_1\, e^{\alpha_1 x} + \alpha_2\, A_2\, e^{\alpha_2 x}$$

$$y'' = \alpha_1^2\, A_1\, e^{\alpha_1 x} + \alpha_2^2\, A_2\, e^{\alpha_2 x}$$

$$\Rightarrow a_2\, y'' + a_1\, y' + a_0\, y = A_1\, e^{\alpha_1 x}(a_2\, \alpha_1^2 + a_1\, \alpha_1 + a_0) +$$

$$+ A_2\, e^{\alpha_2 x}(a_2\, \alpha_2^2 + a_1\, \alpha_2 + a_0) \equiv 0,$$

da die Klammerinhalte nach Voraussetzung verschwinden.

Wir stellen zum Schluß dieses Abschnittes noch einmal die drei verschiedenen Schreibweisen für die Steigungsfunktion zusammen; zu ihnen wird später noch eine vierte, von NEWTON stammende Darstellung kommen.

Schreibweise	$y' = f'(x)$	$\dfrac{dy}{dx} = \dfrac{df(x)}{dx}$	$\dfrac{d}{dx}\, y = Dy = Df(x)$
Bezeichnung	Ableitung	Differential- quotient	Differential- operator
geht zurück auf	LAGRANGE	LEIBNIZ	HEAVISIDE[1])

3.5 Kurvenuntersuchungen

3.5.1 Steigen und Fallen. Extrempunkte

Will man sich einen Überblick über den Bildkurvenverlauf einer Funktion $y = f(x)$ verschaffen, so kommt es in den meisten Fällen nicht auf eine genaue Konstruktion auf Grund einer vorher angefertigten Wertetabelle an, sondern vielmehr auf eine rasche qualitative Skizzierung der Kurve anhand ihrer wesentlichen Merkmale. Zu den bereits in Band I behandelten und im Abschnitt 3.5.3 von Band II nochmals zusammengestellten Eigenschaften kommen jetzt noch solche Charakteristika, die mit Hilfe der Differentialrechnung gewonnen werden können.

Wir nennen eine Kurve in einem Intervall I *steigend*, wenn in I mit wachsendem x auch die Funktionswerte anwachsen

$$x_2 > x_1 \Rightarrow f(x_2) > f(x_1);$$

umgekehrt heißt eine Kurve in einem Intervall I *fallend*, wenn in I mit wachsendem x die Funktionswerte kleiner werden

$$x_2 > x_1 \Rightarrow f(x_2) < f(x_1).$$

Steigt eine Kurve, so ist dort der Richtungswinkel α der Tangente spitz, also die Steigung positiv und damit auch die Ableitung positiv

---

[1]) HEAVISIDE (1850 $\cdots$ 1925), engl. Telegrapheningenieur und Physiker.

(die Ableitungskurve verläuft oberhalb der x-Achse!). Fällt eine Kurve, so ist der Richtungswinkel der Tangente dort stumpf, die Steigung also negativ (da der Tangens im II. Quadranten negativ ist) und damit die Ableitung negativ[1]) (die Ableitungskurve verläuft unterhalb der x-Achse). Zusammengefaßt gilt also der

Satz: *Die Bildkurve einer Funktion $y = f(x)$ ist für alle x mit $f'(x) > 0$ steigend, für alle x mit $f'(x) < 0$ fallend. Steigen und Fallen einer Kurve werden also durch das Vorzeichen der ersten Ableitung bestimmt.*

Eine Funktion $y = f(x)$ hat an einer Stelle ein *Maximum* bzw. *Minimum*, wenn der zugehörige Funktionswert im Vergleich zu seinen Nachbarwerten der größte bzw. kleinste ist und die Kurve dort eine waagrechte Tangente besitzt. Es ist also

$$f'(x) = 0$$

sicher eine *notwendige* Bedingung für einen Extrempunkt; daß sie nicht hinreichend ist, folgt unmittelbar aus der Existenz waagrechter Wendetangenten, denn dort verschwindet die erste Ableitung, ohne daß ein Maximum oder Minimum vorliegt (Abb. 149). Um nun von der Rechnung

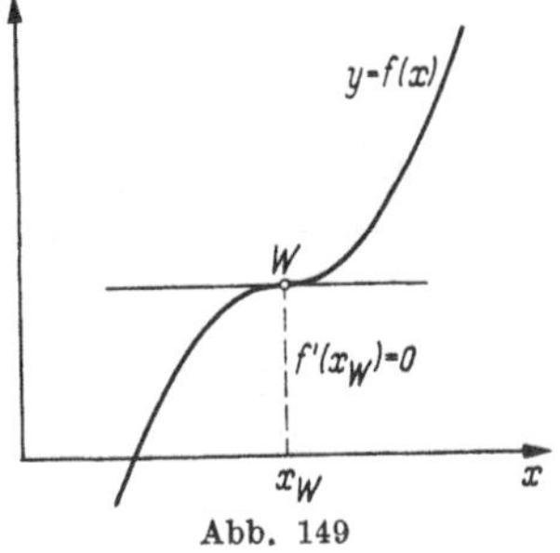

Abb. 149

auf den geometrischen Sachverhalt schließen zu können, benötigen wir eine hinreichende Bedingung für ein Extremum. Ohne Beweis fassen wir zusammen

Satz: 1. *Notwendig für ein Maximum oder Minimum ist das Verschwinden der ersten Ableitung.*

2. *Hinreichend für ein Maximum bzw. Minimum ist, daß die erste nichtverschwindende höhere Ableitung von gerader Ordnung und negativ bzw. positiv ist:*

$$y = f(x) \text{ hat an der Stelle } x_E \begin{cases} \Rightarrow f'(x_E) = 0 \\ \Leftarrow f^{(k)}(x_E) < 0 \; [>0] \\ (k > 1, \; gerade, \; minimal) \end{cases}$$
$$\text{ein } Maximum \; [Minimum]$$

3. *Ergibt sich k ungerade, so hat $f(x)$ an der Stelle x_E kein Extremum.*

Praktisch benutzt man $f'(x) = 0$ als Bestimmungsgleichung für die möglichen Extremstellen und setzt diese in die höheren Ableitungen $f^{(k)}(x)$ ein, bis eine ungleich Null ausfällt. Erfüllt dann k die genannten Bedingungen, so liegt tatsächlich ein Extrempunkt vor. In vielen Fällen

---

[1]) Vgl. auch II. 3.2.1. Beispiel 5.

kann man sich indes das Nachprüfen der hinreichenden Bedingung ersparen und dafür geometrische oder sonstige anschauliche Hilfsmittel heranziehen.

Beispiele sind in den Abschnitten 3.5.4 und 3.5.5 dieses Bandes durchgerechnet.

3.5.2 Links- und Rechtskurven. Wendepunkte

Wir nennen die Bildkurve einer Funktion $y = f(x)$ in einem Intervall I eine *Rechtskurve* (von unten „konkav" oder „hohl"), wenn sich in I mit wachsendem x die Tangente nach rechts (im Uhrzeigersinn)

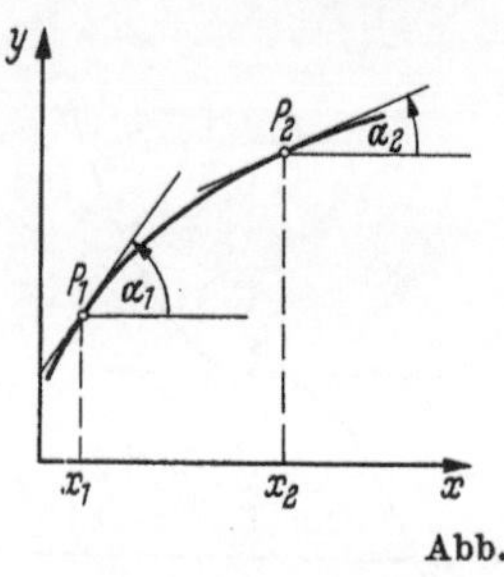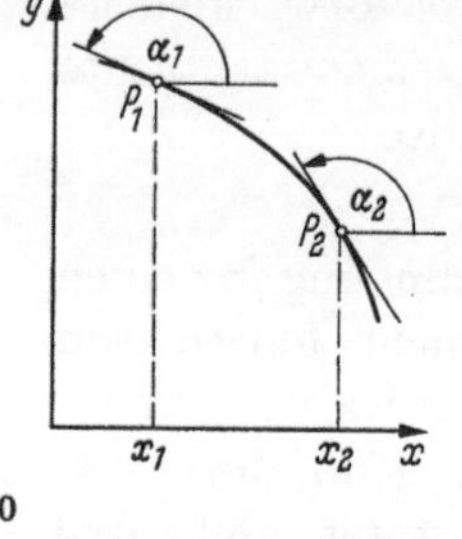

dreht (Abb. 150). Entsprechend spricht man von einer *Linkskurve* (von unten „konvex" oder „bauchig"), wenn sich beim Durchlaufen der Kurve mit wachsendem x die Tangente nach links (also im Gegenzeigersinn) dreht (Abbildung 151). Rechts- oder Linkskurven können sowohl steigend als auch fallend sein. Die analytische Bedingung für Rechts- bzw. Linkskurven ergibt sich jeweils aus folgender Schlußkette

Abb. 150

für Rechtskurven	für Linkskurven
$x_2 > x_1$	$x_2 > x_1$
$\Rightarrow \tan\alpha_2 < \tan\alpha_1$	$\Rightarrow \tan\alpha_2 > \tan\alpha_1$
$\Rightarrow f'(x_2) < f'(x_1)$	$\Rightarrow f'(x_2) > f'(x_1)$
$\Rightarrow f'(x)$ fällt	$\Rightarrow f'(x)$ steigt
$\Rightarrow f''(x) = y'' < 0$	$\Rightarrow f''(x) = y'' > 0\,.$

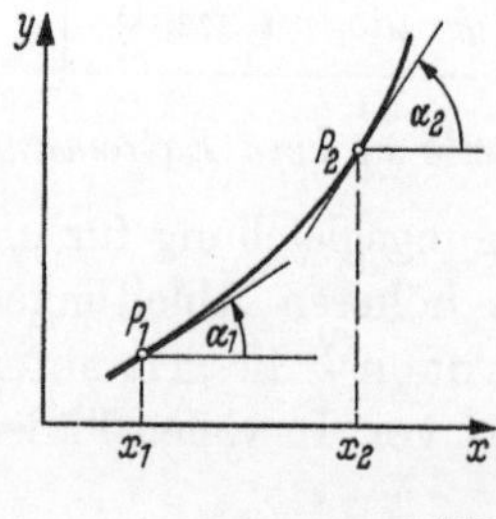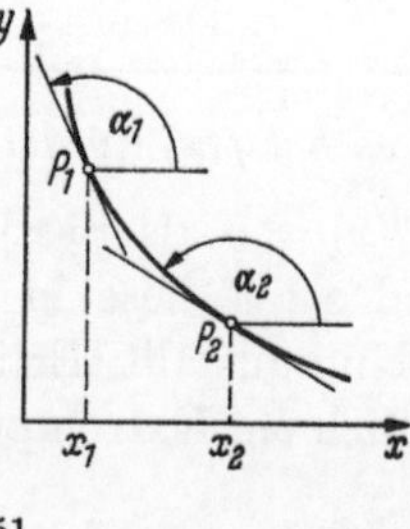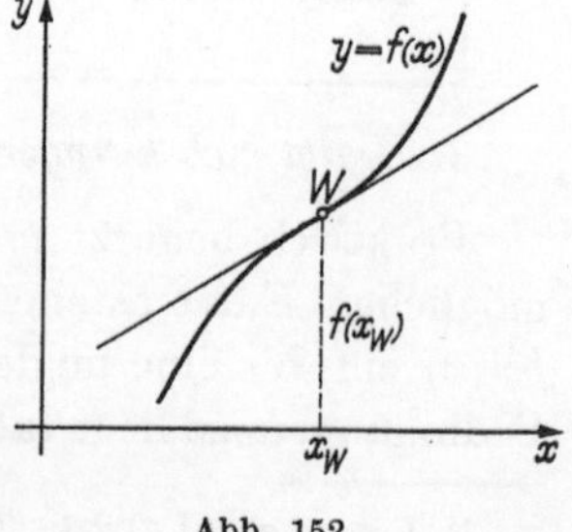

Abb. 151   Abb. 152

Damit erhalten wir den

Satz: *Eine Kurve ist Rechtskurve, wenn $y'' < 0$ ist, sie ist Linkskurve, wenn $y'' > 0$ ist. Rechts- und Linkskurve werden also durch das Vorzeichen der zweiten Ableitung bestimmt.*

Schließlich sind diejenigen Punkte von Interesse, in denen Rechts- und Linkskurve stetig ineinander übergehen. Diese Punkte heißen Wendepunkte und ihre Tangenten Wendetangenten (Abb. 152). Die Wendetangente durchsetzt die Kurve.

Eine notwendige Bedingung für das Vorhandensein eines Wendepunktes ist sicher das Verschwinden der zweiten Ableitung

$$f''(x) = 0;$$

aber diese Bedingung ist nicht hinreichend, da z. B. die Potenzfunktion $y = x^4$ an der Stelle $x = 0$

$$y'' = 12\,x^2, \quad y''(0) = 0$$

die Bedingung erfüllt, indes dort keinen Wendepunkt, sondern ein Minimum hat (Abb. 153). Wir geben beide Bedingungen ohne Beweis an:

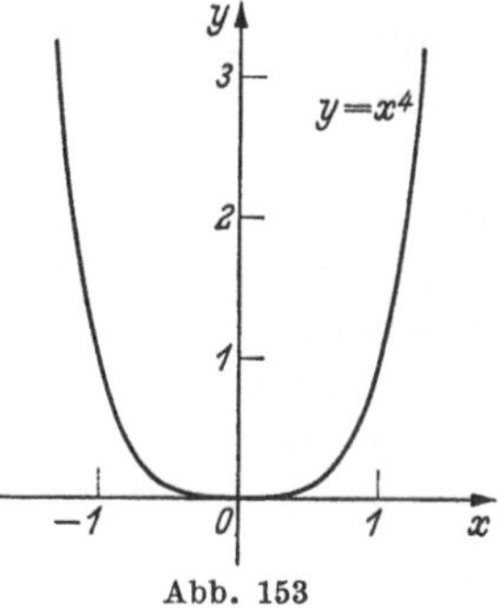

Abb. 153

Satz: 1. *Notwendig für einen Wendepunkt ist das Verschwinden der zweiten Ableitung.*

2. *Hinreichend für einen Wendepunkt ist, daß die erste nichtverschwindende höhere Ableitung von ungerader Ordnung ist:*

$$
\boxed{
\begin{array}{l}
y = f(x)\ \text{hat bei } x_w \\
\text{einen Wendepunkt}
\end{array}
\left\{
\begin{array}{l}
\Rightarrow f''(x_w) = 0 \\
\Leftarrow f^{(k)}(x_w) \neq 0 \\
(k > 2,\ \text{ungerade, minimal})
\end{array}
\right.
}
$$

3. *Ergibt sich k gerade, so hat $f(x)$ bei $x = x_w$ keinen Wendepunkt.*

Praktisch benutzt man $f''(x) = 0$ als Bestimmungsgleichung für die möglichen Stellen, an denen ein Wendepunkt vorliegen kann und prüft diese mit den höheren Ableitungen gemäß der hinreichenden Bedingung nach.

Wendepunkte mit waagrechter Wendetangente werden auch *Stufenpunkte* genannt. In ihnen verschwindet sowohl die erste als auch die zweite Ableitung, aber die erste nichtverschwindende höhere Ableitung ist von ungerader Ordnung.

Beispiele finden sich in den Abschnitten 3.5.4 und 3.5.5 dieses Bandes.

3.5.3 Sonstige geometrische Eigenschaften

Symmetrieeigenschaften[1]**.** Erfüllt eine Funktion $y = f(x)$ die Funktionalgleichung

$$f(-x) = f(x)$$

so heißt sie gerade und ihre Bildkurve verläuft symmetrisch zur y-Achse. Wird von einer Funktion die Funktionalgleichung

$$f(-x) = -f(x)$$

erfüllt, so heißt sie ungerade und ihre Bildkurve verläuft punktsymmetrisch zum Ursprung. Die beiden eingerahmten Beziehungen werden im Einzelfall nachgeprüft, indem man in der Funktionsgleichung x durch $-x$ ersetzt. Bleibt dann die Gleichung erhalten, so handelt es sich um eine gerade Funktion; ändert sich das Vorzeichen der ganzen rechten Seite, also das Vorzeichen von $f(x)$, so ist die betreffende Funktion ungerade.

Gegebenenfalls ist eine Koordinatentransformation (Parallelverschiebung oder Drehung des Koordinatensystems) erforderlich, um die Symmetrieeigenschaften mit diesen Funktionalgleichungen nachprüfen zu können.

Liegt die Funktionsgleichung in der impliziten Form $F(x, y) = 0$ vor, so kann man Symmetrieverhältnisse wie folgt feststellen:

$$F(-x, y) = F(x, y) \Longleftrightarrow \text{Symmetrie zur } y\text{-Achse}$$

$$F(x, -y) = F(x, y) \Longleftrightarrow \text{Symmetrie zur } x\text{-Achse}$$

$$F(-x, -y) = F(x, y) \Longleftrightarrow \text{Symmetrie zum Ursprung}$$

$$F(y, x) = F(x, y) \Longleftrightarrow \text{Symmetrie zu } y = x$$

Nullstellen. Die (reellen) Nullstellen einer Funktion $y = f(x)$ sind die (reellen) Lösungen der Bestimmungsgleichung

$$f(x) = 0$$

Geometrisch wird die x-Achse an einer Nullstelle x_0 von der Bildkurve geschnitten oder berührt. Ist im Berührungsfalle die x-Achse *einseitige* Tangente, so gilt mindestens

$$f(x_0) = f'(x_0) = 0;$$

ist sie Wendetangente, so ist mindestens

$$f(x_0) = f'(x_0) = f''(x_0) = 0.$$

---

[1] Vgl. I. 3.2.4.

Handelt es sich um eine *algebraische Gleichung* $P(x) = 0$, so hat diese eine genau k-fache Wurzel x_0, wenn in der Produktdarstellung der linken Seite der Faktor $(x - x_0)^k$ mit maximalem k auftritt[1])

$$P(x) = (x - x_0)^k S(x)$$

Dann ist aber

$$P'(x) = k(x - x_0)^{k-1} S(x) + (x - x_0)^k S'(x) \Rightarrow P'(x_0) \equiv 0$$
$$P''(x) = (k-1)k(x-x_0)^{k-2} S(x) + 2k(x-x_0)^{k-1} S'(x) + (x-x_0)^k S''(x) \Rightarrow P''(x_0) \equiv 0$$
$$\vdots$$
$$P^{(k)}(x) = k!\, S(x) + \cdots + (x - x_0)^k\, S^{(k)}(x) \Rightarrow P^{(k)}(x_0) \neq 0,$$

d. h. *an einer k-fachen Nullstelle eines Polynoms P(x) verschwinden alle Ableitungen von P(x) bis zur (k — 1)-ten Ordnung.* Je nachdem $k > 1$ gerade oder ungerade ist, ist die x-Achse einseitige Tangente oder Wendetangente.

Asymptoten. Als Asymptote für eine Kurve $\mathfrak{C}$ bezeichnen wir jede Kurve, der sich die Kurve $\mathfrak{C}$ unbegrenzt nähert, ohne sie jedoch zu erreichen. Bei den geradlinigen Asymptoten können wir zwischen ,,waagrechten'', ,,senkrechten'' und ,,schiefen'' Asymptoten unterscheiden[2]).

1. Eine zur x-Achse senkrechte Gerade

$$x = a$$

ist *senkrechte* Asymptote für $y = f(x)$, wenn gilt

$$f(x) \to \pm \infty \quad \text{für} \quad x \to a$$

so etwa $x = 0$ für $f(x) = \ln x$ oder $x = 2$ für $f(x) = \dfrac{1}{2 - x}$ oder $x = -1$ für $f(x) = \operatorname{ar\,tanh} x$ oder $x = \pi/2$ für $f(x) = \tan x$.

2. Eine zur x-Achse parallele Gerade

$$y = b$$

ist *waagrechte* Asymptote für $y = f(x)$, wenn gilt

$$f(x) \to b \quad \text{für} \quad x \to \pm \infty$$

so etwa $y = 3$ für $f(x) = \dfrac{3x^2 - 5}{x^2 + 1}$ oder $y = 0$ für $f(x) = e^{-x}$ oder $y = 1$ für $f(x) = \coth x$.

3. Eine nicht-achsenparallele Gerade

$$y = cx + d \quad (c \neq 0)$$

---

[1]) Vgl. I. 1.2.5.
[2]) Vgl. I. 3.8.

ist *schiefe* Asymptote für $y = f(x)$, wenn sich diese in der folgenden Weise aufspalten läßt

$$f(x) = c\,x + d + g(x)$$
$$mit \quad g(x) \to 0 \quad für \quad x \to \pm\infty$$

Ist $f(x)$ speziell eine (gebrochen) rationale Funktion

$$f(x) = \frac{P(x)}{Q(x)},$$

worin $P(x)$ und $Q(x)$ also Polynome sind, so gelingt diese Aufspaltung, wenn $\operatorname{Grad} P(x) = \operatorname{Grad} Q(x) + 1$ ist, weil sich dann beim „Ausdividieren" $P(x) : Q(x)$ der unechte Polynombruch in ein lineares Polynom plus einen echten Polynombruch zerlegt, so etwa

$$f(x) = \frac{2\,x^2 + 1}{x + 1} = 2x - 2 + \frac{3}{x + 1},$$

woraus $y = 2x - 2$ als schiefe Asymptote folgt.

4. Gelingt in entsprechender Weise eine Aufspaltung der Funktion in

$$f(x) = \varphi(x) + g(x)$$
$$mit \quad g(x) \to 0 \quad für \quad x \to \pm\infty$$

dann ist $\varphi(x)$ eine im allgemeinen *krummlinige* Asymptote für $f(x)$; so ist etwa in

$$f(x) = \frac{x^3 + 1}{x} = x^2 + \frac{1}{x}$$

die Normalparabel $y = x^2$ Asymptote für $f(x)$.

3.5.4 Untersuchung algebraischer Funktionen

Zu den algebraischen Funktionen $y = f(x)$ zählt man bekanntlich[1] die rationalen Funktionen (ganz oder gebrochen rational) und die algebraisch-irrationalen Funktionen. Bei den letzteren beinhaltet die Vorschrift f außer den rationalen Grundrechenoperationen auch noch das Wurzelziehen. Alle übrigen Funktionen heißen transzendent bzw. transzendent-irrational.

Beispiele

1. Man untersuche die ganz-rationale Funktion

$$y = \tfrac{1}{4} x^3 + \tfrac{1}{4} x^2 - 2x - 3$$

und skizziere qualitativ den Kurvenverlauf!

---

[1] Vgl. I. 3.1.5, I. 3.9.

Lösung: Wir untersuchen nacheinander

a) *Nullstellen:* Diese ergeben sich aus $y = 0$:

$$\tfrac{1}{4}x^3 + \tfrac{1}{4}x^2 - 2x - 3 = 0$$
$$x^3 + x^2 - 8x - 12 = 0$$
$$(x + 2)^2 (x - 3) = 0$$
$$\Rightarrow \begin{cases} x_1 = x_2 = -2 \text{ doppelte Nullstelle!} \\ x_3 = 3 \text{ einfache Nullstelle!} \end{cases}$$

b) *Extrempunkte:* Ihre Abszissen müssen unter den Lösungen der Gleichung (notwendige Bedingung!) $y' = 0$ sein:

$$y' = \tfrac{3}{4}x^2 + \tfrac{1}{2}x - 2 = 0$$
$$3x^2 + 2x - 8 = 0$$
$$\Rightarrow x_4 = -2, \quad x_5 = \tfrac{4}{3} = 1,33.$$

Nachprüfung mit der hinreichenden Bedingung:

$$y'' = \tfrac{3}{2}x + \tfrac{1}{2}$$

$$y''(-2) = -3 + \tfrac{1}{2} < 0 \Rightarrow \quad \text{bei} \quad x_4 = -2 \quad \text{ist ein Maximum!}$$
$$y''(\tfrac{4}{3}) = 2 + \tfrac{1}{2} > 0 \quad \Rightarrow \quad \text{bei} \quad x_5 = \tfrac{4}{3} \quad \text{ist ein Minimum!}$$

Die zugehörigen Funktionswerte sind

$$y(x_4) = y(-2) = 0 \quad (\text{Nullstelle!})$$
$$y(x_5) = y\left(\frac{4}{3}\right) = -\frac{125}{27} = -4,63$$
$$\Rightarrow \text{Max}(-2; 0); \quad \text{Min}(1,33; -4,63).$$

c) *Wendepunkte:* Es ist $y'' = 0$ zu setzen:

$$y'' = \tfrac{3}{2}x + \tfrac{1}{2} = 0$$
$$\Rightarrow x_6 = -\tfrac{1}{3}.$$

Nachprüfung mit der hinreichenden Bedingung:

$$y''' = \tfrac{3}{2} \neq 0 \Rightarrow \quad \text{bei} \quad x_6 = -\tfrac{1}{3} \quad \text{liegt ein Wendepunkt!}$$

Seine Ordinate beträgt

$$y(x_6) = y\left(-\frac{1}{3}\right) = -\frac{125}{54} = -2,31$$
$$\Rightarrow \text{Wpt}\,(-0,33; -2,31).$$

d) *Symmetrieverhältnisse:* Es gilt allgemein: *Jede kubische Funktion $y = a\,x^3 + b\,x^2 + c\,x + d$ ist punktsymmetrisch in bezug auf ihren Wendepunkt als Symmetriezentrum.* Da diese Eigenschaft unabhängig von der Lage des Koordinatensystems ist, kann man zu ihrem Beweis den Ursprung des Koordinatensystems in den Wendepunkt legen. Dann muß gelten für den Ursprung

$$y(0) = 0 \Rightarrow d = 0$$

und für die Abszisse x_w des Wendepunktes

$$x_w = -\frac{b}{3a} = 0 \Rightarrow b = 0 \quad (a \neq 0),$$

d. h. die Funktionsgleichung hat die Form

$$y = a\,x^3 + c\,x.$$

Es bleiben also nur ungerade x-Potenzen stehen, so daß
$$y(-x) = -y(x)$$
gilt, womit die Punktsymmetrie gezeigt ist.[1])

e) *Bildkurven von $y(x)$, $y'(x)$, $y''(x)$*: Auf Grund der vorangehenden Rechnung ergeben sich die Kurven in Abb. 154. Man beachte besonders das Zusammenspiel von y, y' und y'', nämlich 1. $y(x)$ steigt für solche x, für die $y'(x)$ oberhalb der x-Achse verläuft und fällt, wo $y'(x)$ negativ ist. An den Nullstellen von y' hat $y(x)$

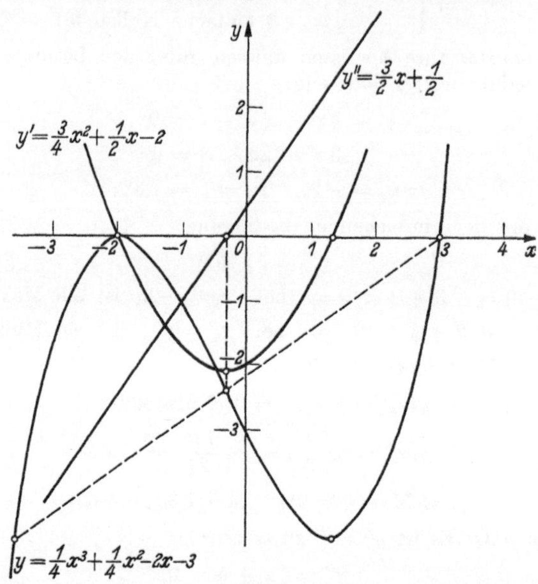

Abb. 154

waagrechte Tangenten mit Maximum bzw. Minimum. Die doppelte Nullstelle bei $x = -2$ bedingt eine Berührung der x-Achse. 2. $y(x)$ ist Rechtskurve (von unten konkav) für solche x, für die y'' unterhalb der x-Achse verläuft und ist Linkskurve (von unten konvex), wo y'' positiv ist. y'' schneidet die x-Achse an der Wendepunktsabszisse. Nach d) ist die Stammkurve $y(x)$ punktsymmetrisch zum Wendepunkt. Dieser ist hier ein Punkt größten Gefälles, da y' an der Stelle x_w ein Minimum besitzt.

f) *Sonstiges*: Asymptoten, Unendlichkeitsstellen, Lücken, ferner Stellen ohne Stetigkeit oder ohne Ableitbarkeit besitzt ein Polynom grundsätzlich nicht.

2. Man untersuche das Polynom vierten Grades
$$P(x) = 0{,}1\,x^4 - 0{,}6\,x^2 - 4$$
und skizziere qualitativ den Bildkurvenverlauf!

Lösung: Wir bestimmen nacheinander

a) *Nullstellen:* $P(x) = 0$ stellt eine „biquadratische" Gleichung dar:
$$0{,}1\,x^4 - 0{,}6\,x^2 - 4 = 0 \Rightarrow x^4 - 6x^2 - 40 = 0$$
$$x^2_{1,2} = 10, \quad x_1 = \sqrt{10} = 3{,}16; \quad x_2 = -\sqrt{10} = -3{,}16$$
$$(x^2 = -4 \text{ liefert keine reellen Lösungen}).$$

---

[1]) Vgl. dazu auch das Beispiel 5 in II. 1.3.2.

b) *Extrempunkte:* Nullsetzen der 1. Ableitung $P'(x)$ ergibt

$$P'(x) = 0{,}4x^3 - 1{,}2x = 0$$

$$x(x^2 - 3) = 0 \Rightarrow x_3 = 0; \quad x_4 = \sqrt{3} = 1{,}73; \quad x_5 = -\sqrt{3} = -1{,}73.$$

Nachprüfung durch die höheren Ableitungen ergibt

$$P''(x) \quad = 1{,}2x^2 - 1{,}2$$

$$P''(0) \quad = -1{,}2 < 0 \Rightarrow \text{bei } x_3 = 0 \qquad \text{liegt ein Maximum}$$

$$P''(\sqrt{3}) \quad = 2{,}4 > 0 \quad \Rightarrow \text{bei } x_4 = \sqrt{3} \qquad \text{liegt ein Minimum}$$

$$P''(-\sqrt{3}) = 2{,}4 > 0 \quad \Rightarrow \text{bei } x_4 = -\sqrt{3} \quad \text{liegt ein Minimum}$$

$$\Rightarrow \text{Max}(0;\ -4); \quad \text{Min}(1{,}73;\ -4{,}90), \quad \text{Min}(-1{,}73;\ -4{,}90).$$

c) *Wendepunkte:* Die Bestimmungsgleichung

$$P''(x) = 1{,}2x^2 - 1{,}2 = 0$$

hat als Lösungen

$$x_5 = 1 \quad \text{und} \quad x_6 = -1.$$

Nachprüfung mit der dritten Ableitung

$$P'''(x) = 2{,}4x \Rightarrow P'''(\pm 1) \neq 0.$$

Es liegen demnach zwei Wendepunkte vor:

$$\text{Wpt}(1;\ -4{,}50), \quad \text{Wpt}(-1;\ -4{,}50).$$

d) *Symmetrieverhältnisse:* $P(x)$ ist eine gerade Funktion, da die Gleichung nur gerade x-Potenzen enthält, d. h. die Bildkurve verläuft symmetrisch zur y-Achse.

e) *Bildkurve:* Siehe hierzu Abb. 155!

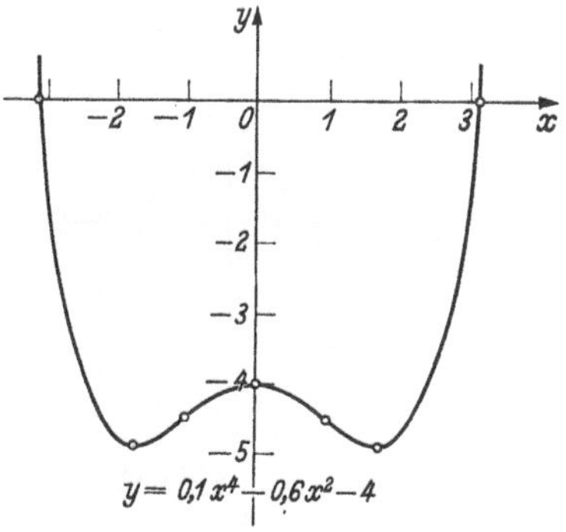

3. Es ist die gebrochen-rationale Funktion

$$f(x) = \frac{x^2 - x - 2}{x - 3}$$

zu untersuchen!

Lösung:

a) *Nullstellen:* Wir setzen das Zählerpolynom gleich Null:

$$x^2 - x - 2 = 0 \Rightarrow x_1 = 2, \quad x_2 = -1.$$

Dies sind die Nullstellen von $f(x)$, da das Nennerpolynom dort nicht verschwindet.

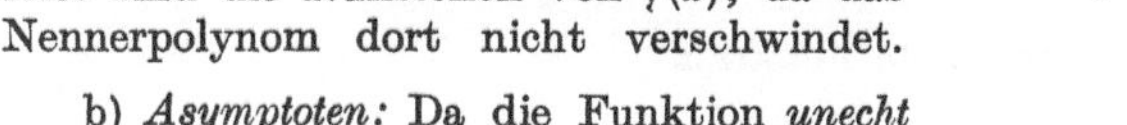

Abb. 155

b) *Asymptoten:* Da die Funktion *unecht* gebrochen-rational ist, wird sie zerlegt (Division mit HORNER-Schema!)

$$\frac{x^2 - x - 2}{x - 3} = x + 2 + \frac{4}{x - 3},$$

d. h. wir erhalten $y = x + 2$ als schiefe Asymptote für $x \to \pm \infty$; außerdem folgt aus der Nullstelle des Nennerpolynoms $x - 3$, daß $x = 3$ eine senkrechte Asymptote ist.

c) *Extrempunkte:* Wir differenzieren die Funktion in der aufgespaltenen Form

$$f'(x) = 1 - \frac{4}{(x - 3)^2},$$

$$f'(x) = 0: \quad (x - 3)^2 = 4 \Rightarrow x_3 = 5; \quad x_4 = 1.$$

Nachprüfung mit der zweiten Ableitung ergibt

$$f''(x) = + \frac{8}{(x-3)^3}$$

$$f''(5) = 1 > 0 \quad \Rightarrow \quad \text{bei} \quad x_3 = 5 \quad \text{liegt ein Minimum}$$

$$f''(1) = -1 < 0 \Rightarrow \quad \text{bei} \quad x_4 = 1 \quad \text{liegt ein Maximum.}$$

$$\Rightarrow \text{Max}(1; 1); \quad \text{Min}(5; 9).$$

d) *Wendepunkte:* Die zweite Ableitung

$$f''(x) = \frac{8}{(x-3)^3}$$

wird sicher für keinen Wert von x gleich Null, da der Zähler eine Konstante ist. Es gibt also keine Wendepunkte.

e) *Symmetrie:* Die Bildkurve ist bezüglich des Ursprungs und der y-Achse nicht symmetrisch. Beim Skizzieren der Bildkurve (Abb. 156) vermutet man jedoch Punktsymmetrie bezüglich des Asymptotenschnittpunktes $S(3; 5)$. Zum Nachweis transformieren wir die Funktionsgleichung mittels

$$\bar{x} = x - 3$$
$$\bar{y} = y - 5$$

auf ein achsenparalleles Koordinatensystem, dessen Ursprung in S liegt. In ihm lautet die Gleichung

$$\bar{y} = \bar{x} + \frac{4}{\bar{x}},$$

d. h. die Funktionalgleichung für ungerade Funktionen

$$\bar{y}(-\bar{x}) = -\bar{y}(\bar{x})$$

ist erfüllt. Man mache sich diese Symmetrie beim Skizzieren zunutze!

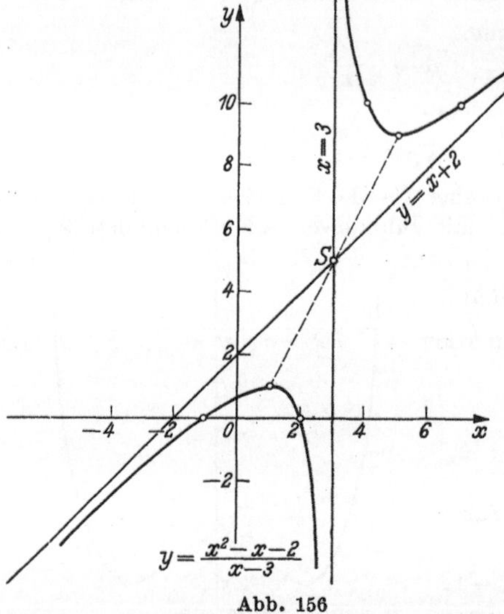

Abb. 156

4. Für die algebraisch-irrationale Funktion

$$y = \frac{x\sqrt{x}+1}{x}$$

erhält man:

a) *Nullstellen:* Keine! Denn wegen $\sqrt{x}$ (im Zähler) und x im Nenner ist die Funktion überhaupt nur für positive x definiert!

b) *Extrempunkte:* Wir spalten zunächst auf

$$y = \sqrt{x} + \frac{1}{x}$$

und differenzieren

$$y' = \frac{1}{2\sqrt{x}} - \frac{1}{x^2}; \quad y' = 0 \Rightarrow x^2 = 2\sqrt{x}.$$

Schreibt man die Gleichung in der Form

$$\sqrt{x}\,(x\sqrt{x} - 2) = 0,$$

so ergibt sich

$$x_1 = \sqrt[3]{4} = 1{,}59$$

als einzige positive Lösung. Nachprüfung mit y'' liefert

$$y'' = -\frac{1}{4}\,x^{-3/2} + 2x^{-3} = -\frac{1}{4}\,\frac{1}{(\sqrt{x})^3} + \frac{2}{x^3}$$

$$y''\!\left(\sqrt[3]{4}\right) = -\tfrac{1}{4}\cdot\tfrac{1}{2} + \tfrac{2}{4} > 0 \Rightarrow \quad \text{bei}\quad x_1 = 1{,}59 \quad \text{liegt ein Minimum}$$
$$\Rightarrow \text{Min}(1{,}59;\quad 1{,}89).$$

c) *Wendepunkte:* Wir schreiben für die zweite Ableitung

$$y'' = -\frac{1}{4\,(\sqrt{x})^3} + \frac{2}{x^3} = \frac{-x\sqrt{x} + 8}{4\,x^3}$$

$$y'' = 0: \; x\sqrt{x} = 8 \Rightarrow x_2 = 4.$$

Nachprüfen mit der dritten Ableitung ergibt

$$y''' = \frac{3}{8}\,\frac{1}{(\sqrt{x})^5} - \frac{6}{x^4}; \quad y'''(4) \neq 0$$
$$\Rightarrow \text{Wpt}(4;\; 2{,}25).$$

d) *Asymptoten:* Die Aufspaltung

$$y = \frac{x\sqrt{x} + 1}{x} = \sqrt{x} + \frac{1}{x}$$

lehrt, daß es zwei Asymptoten gibt: die senkrechte Asymptote $x = 0$, denn

$$\text{für}\quad x \to 0 + \;\Rightarrow\; y \to \infty,$$

und ferner die Parabel $y = \sqrt{x}$ als „krummlinige Asymptote", denn

$$\text{für}\quad x \to \infty \Rightarrow y \to \sqrt{x}.$$

Entsprechend ist die Abb. 157 angelegt.

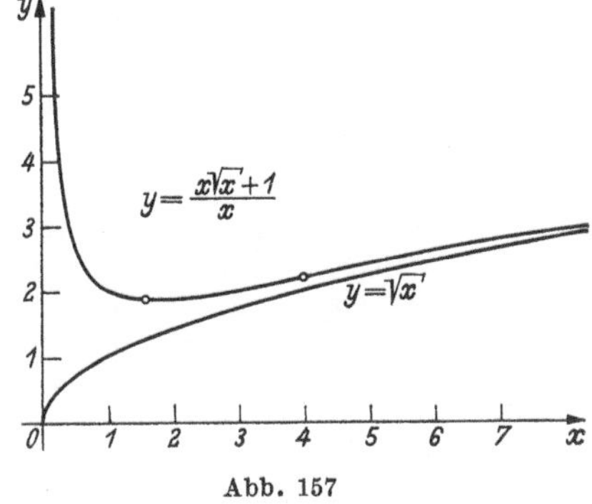

Abb. 157

3.5.5 Untersuchung transzendenter Funktionen

Die zu untersuchenden charakteristischen Eigenschaften sind die gleichen wie bei den algebraischen Funktionen. Treten Kreisfunktionen auf, so empfiehlt es sich, die Funktion auf Periodizität nachzuprüfen. Dazu ist, wie auch bei Symmetrieuntersuchungen, unter Umständen eine Koordinatentransformation erforderlich. In einigen Fällen kann man aus der Funktionsgleichung selbst eine Reihe von Kurvenpunkten sofort ablesen oder die Methode der Ordinatenaddition usw. zum Skizzieren heranziehen (s. Beispiel 1). Es ist praktisch, Rechnung und Zeichnung gleichzeitig zu entwickeln, da sich von beiden Seiten her Anhaltspunkte ergeben.

Beispiele

1. Man untersuche die Funktion

$$y = x + \cos x!$$

a) *Ordinatenaddition.* Wir zeichnen $y_1 = x$ und $y_2 = \cos x$ und addieren die Ordinaten. Für $y_2 = \cos x = 0$, also

$$x = \pm\frac{\pi}{2}, \quad \pm\frac{3\pi}{2}, \quad \pm\frac{5\pi}{2}, \ldots$$

liegen die Kurvenpunkte auf der Geraden $y_1 = x$; bei

$$x = 0, \quad \pm 2\pi, \quad \pm 4\pi, \ldots \quad (\cos x = 1)$$

liegen sie auf der Geraden $y = x + 1$ und bei

$$x = \pm\pi, \quad \pm 3\pi, \quad \pm 5\pi, \ldots \quad (\cos x = -1)$$

liegen sie auf der Geraden $y = x - 1$. Diese Punkte kann man also sofort einzeichnen. Man sieht, daß sich die Kurve um die Gerade $y_1 = x$ windet (Abb. 159).

b) *Nullstellen:* Die Gleichung

$$y = x + \cos x = 0; \quad \cos x = -x$$

ist transzendent, jedoch zeichnerisch schnell lösbar (Abb. 158); man bekommt in erster Näherung

$$x_1 = -0{,}75$$

als einzige Nullstelle der Funktion.

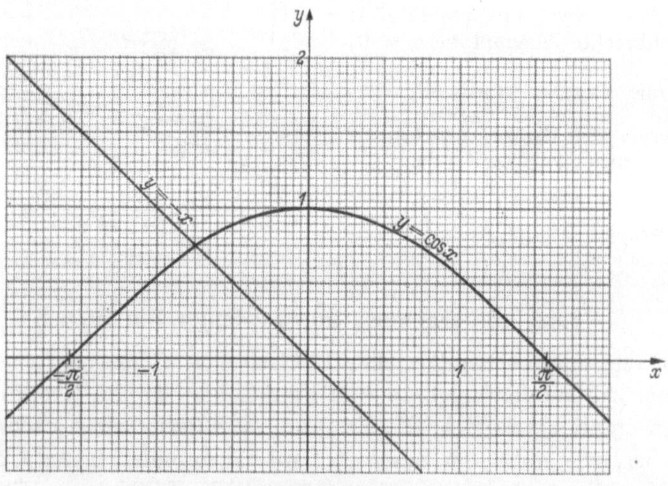

Abb. 158

c) *Extrempunkte:* Aus der ersten Ableitung folgt

$$y' = 1 - \sin x = 0 \Rightarrow \sin x = 1$$

$$\Rightarrow x = \frac{\pi}{2}, \quad \frac{5\pi}{2}, \quad \frac{9\pi}{2}, \ldots; \quad -\frac{3\pi}{2}, \quad -\frac{7\pi}{2}, \quad -\frac{11\pi}{2}, \ldots$$

Nachprüfung durch die höheren Ableitungen:

$$y'' = -\cos x$$

$$y''\left(\frac{\pi}{2}\right) = y''\left(\frac{5\,\pi}{2}\right) = y''\left(\frac{9\,\pi}{2}\right) = \cdots = 0$$

$$y''\left(-\frac{3\,\pi}{2}\right) = y''\left(-\frac{7\,\pi}{2}\right) = y''\left(-\frac{11\,\pi}{2}\right) = \cdots = 0,$$

d. h. die zweite Ableitung gibt noch keine Entscheidung. Wir müssen deshalb die dritte Ableitung bilden

$$y''' = +\sin x$$

$$\Rightarrow y'''\left(\frac{\pi}{2}\right) = y'''\left(\frac{5\,\pi}{2}\right) = \cdots = y'''\left(-\frac{3\,\pi}{2}\right) = y'''\left(-\frac{7\,\pi}{2}\right) = \cdots = 1 \neq 0.$$

Die erste nicht verschwindende höhere Ableitung ist von dritter, also ungerader Ordnung. An diesen Stellen befinden sich demnach Wendepunkte mit waagrechter

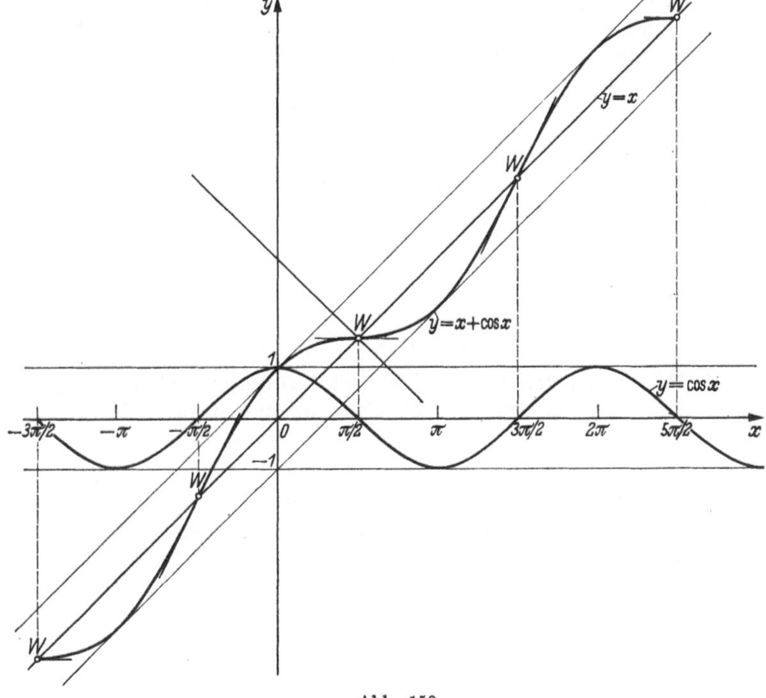

Abb. 159

Tangente. Zugleich folgt daraus, daß die Kurve keine Maxima oder Minima besitzt.

d) *Wendepunkte:* Aus dem Nullsetzen der zweiten Ableitung

$$y'' = -\cos x = 0, \quad \cos x = 0$$

folgen

$$x = \pm\frac{\pi}{2}, \quad \pm\frac{3\,\pi}{2}, \quad \pm\frac{5\,\pi}{2}, \cdots$$

als mögliche Stellen für Wendepunkte. Hierin sind diejenigen Wendepunkte mit waagrechter Tangente aus b) selbstverständlich enthalten; zu prüfen bleiben noch

$$x = \frac{3\pi}{2}, \quad \frac{7\pi}{2}, \quad \frac{11\pi}{2}, \ldots; \quad -\frac{\pi}{2}, \quad -\frac{5\pi}{2}, \quad -\frac{9\pi}{2}, \ldots$$

mit der dritten Ableitung

$$y''' = \sin x:$$

$$y'''\left(\frac{3\pi}{2}\right) = y'''\left(\frac{7\pi}{2}\right) = \cdots = y'''\left(-\frac{\pi}{2}\right) = y'''\left(-\frac{5\pi}{2}\right) = \cdots = -1 \neq 0.$$

An diesen Stellen liegen also Wendepunkte mit nicht x-achsenparallelen Tangenten; für ihren Richtungswinkel α ergibt sich noch

$$\tan\alpha = y'\left(\frac{3\pi}{2}\right) = 1 - \sin\left(\frac{3\pi}{2}\right) = 1 - (-1) = 2; \quad \alpha = 63{,}43°.$$

e) *Symmetrie:* Auf Grund der Bildkurve vermutet man Punktsymmetrie in bezug auf jeden Wendepunkt mit waagrechter Tangente als Symmetriezentrum. Zum Beweis transformieren wir die Funktionsgleichung auf ein achsenparalleles Koordinatensystem etwa mit dem Wendepunkt $W(\pi/2; \pi/2)$ als Ursprung:

$$x = \bar{x} + \frac{\pi}{2}$$

$$y = \bar{y} + \frac{\pi}{2}$$

und erhalten in diesem System

$$\bar{y} + \frac{\pi}{2} = \bar{x} + \frac{\pi}{2} + \cos\left(\bar{x} + \frac{\pi}{2}\right)$$

$$\bar{y} = \bar{x} - \sin\bar{x}$$

$$\Rightarrow \bar{y}(-\bar{x}) = -\bar{y}(\bar{x}),$$

womit die Punktsymmetrie bezüglich W nachgewiesen ist. Daß diese Eigenschaft für jeden der genannten Wendepunkte als Symmetriezentrum gilt, folgt aus der Periodizität (f).

f) *Periodizität:* Transformiert man die gegebene Funktionsgleichung auf ein um $\varphi = 45°$ gedrehtes Koordinatensystem mittels

$$x = x^* \cos\varphi - y^* \sin\varphi = \tfrac{1}{2}\sqrt{2}(x^* - y^*)$$

$$y = x^* \sin\varphi + y^* \cos\varphi = \tfrac{1}{2}\sqrt{2}(x^* + y^*),$$

so erhält man

$$\tfrac{1}{2}\sqrt{2}(x^* + y^*) = \tfrac{1}{2}\sqrt{2}(x^* - y^*) + \cos\left[\tfrac{1}{2}\sqrt{2}(x^* - y^*)\right]$$

oder in impliziter Form

$$F(x^*, y^*) \equiv \sqrt{2}\, y^* - \cos\left[\tfrac{1}{2}\sqrt{2}(x^* - y^*)\right] = 0.$$

Da sich die Periodizität der Kosinuslinie gleichsam projiziert auf die um $45°$ geneigte neue Abszissenachse, vermuten wir eine primitive Periode T von

$$T = \frac{2\pi}{\cos 45°} = 2\pi\sqrt{2}$$

und haben demnach die Funktionalgleichung

$$F(x^* + 2\pi\sqrt{2},\, y^*) = F(x^*, y^*)$$

nachzuprüfen. Tatsächlich ist

$$F(x^* + 2\pi\sqrt{2},\, y^*) = \sqrt{2}\,y^* - \cos[\tfrac{1}{2}\sqrt{2}\,(x^* + 2\pi\sqrt{2} - y^*)]$$
$$= \sqrt{2}\,y^* - \cos[\tfrac{1}{2}\sqrt{2}\,x^* + 2\pi - \tfrac{1}{2}\sqrt{2}\,y^*]$$
$$= \sqrt{2}\,y^* - \cos[\tfrac{1}{2}\sqrt{2}\,(x^* - y^*)]$$
$$= F(x^*, y^*),$$

womit die behauptete Periodizität nachgewiesen ist.

2. Es ist die Funktion

$$y = (\ln x)^2 - \ln x$$

zu untersuchen!

a) *Nullstellen:*

$$y = (\ln x)^2 - \ln x = \ln x\,(\ln x - 1) = 0$$
$$\Rightarrow \ln x = 0 \Rightarrow x_1 = 1$$
$$\Rightarrow \ln x = 1 \Rightarrow x_2 = e = 2{,}72.$$

b) *Extrempunkte:*

$$y' = 2\ln x\,\frac{1}{x} - \frac{1}{x} = 0$$
$$\Rightarrow 2\ln x = 1 \Rightarrow x_3 = \sqrt{e} = 1{,}65.$$

Nachprüfung mit der zweiten Ableitung ergibt

$$y'' = \frac{2}{x^2} - 2\cdot\frac{\ln x}{x^2} + \frac{1}{x^2} = \frac{3 - 2\ln x}{x^2}$$

$$y''(x_3) = \frac{3 - 2\ln\sqrt{e}}{e} = \frac{3 - 1}{e} = \frac{2}{e} > 0,$$

d. h. an der Stelle $x_3 = \sqrt{e} = 1{,}65$ liegt ein Minimum; für seinen Funktionswert erhält man

$$f(x_3) = (\ln\sqrt{e})^2 - \ln\sqrt{e} = \tfrac{1}{4} - \tfrac{1}{2} = -0{,}25.$$

Weitere Extrempunkte liegen sicher nicht vor!

c) *Wendepunkte:*

$$y'' = \frac{3 - 2\ln x}{x^2} = 0$$
$$\Rightarrow \ln x = \tfrac{3}{2}; \quad x_4 = e^{1,5} = 4{,}48.$$

Nachprüfung mit der dritten Ableitung ergibt

$$y''' = \left[\frac{1}{x^2}\,(3 - 2\ln x)\right]' = \frac{4}{x^3}\,(\ln x - 2)$$

$$y'''(x_4) = \frac{4}{e^{4,5}}\,(1{,}5 - 2) \neq 0,$$

d. h. an der Stelle $x_4 = 4{,}48$ liegt sicher ein Wendepunkt vor. Sein Funktionswert beträgt

$$f(x_4) = (1{,}5)^2 - 1{,}5 = 0{,}75.$$

d) *Sonstiges:* Periodisch oder symmetrisch ist die Funktion nicht. Sie besitzt jedoch die positive y-Achse als Asymptote, denn es gilt wegen

$$\operatorname{sgn}\ln x = \operatorname{sgn}(\ln x - 1) \quad \text{für} \quad 0 < x < 1$$

und
auch

$$\left.\begin{array}{r}\ln x \to -\infty \\ \ln x - 1 \to -\infty\end{array}\right\} \quad \text{für} \quad x \to 0+$$

$$\ln x(\ln x - 1) \to +\infty \quad \text{für} \quad x \to 0+.$$

Siehe dazu Abb. 160!

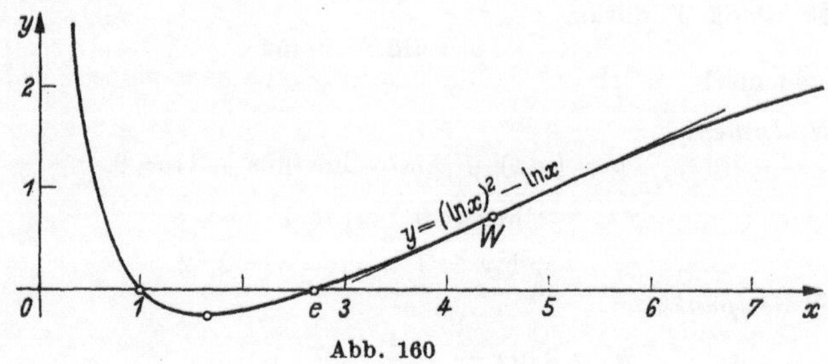

Abb. 160

3. Es ist die Funktion $y = e^{\sin x}$ zu untersuchen!

a) *Kurvenpunkte:* Eine Reihe von Kurvenpunkten bekommt man unmittelbar aus der Funktionsgleichung:

$$x = 0, \quad \pm\pi, \quad \pm 2\pi, \quad \pm 3\pi, \ldots \qquad \Rightarrow y = e^0 = 1$$

$$x = \frac{\pi}{2}, \quad \frac{5\pi}{2}, \ldots; \quad -\frac{3\pi}{2}, \quad -\frac{7\pi}{2}, \ldots \qquad \Rightarrow y = e^1 = 2{,}72$$

$$x = \frac{3\pi}{2}, \quad \frac{7\pi}{2}, \ldots; \quad -\frac{\pi}{2}, \quad -\frac{5\pi}{2}, \ldots \qquad \Rightarrow y = e^{-1} = 0{,}37.$$

Die Funktion ist wegen $-1 \leqq \sin x \leqq +1$ beschränkt:

$$\frac{1}{e} \leqq e^{\sin x} \leqq e.$$

b) *Nullstellen:* Da die Gleichung

$$e^{\sin x} = 0$$

von keinem x-Wert erfüllt wird, hat die Funktion keine Nullstellen. Dies folgt übrigens auch unmittelbar aus der oben angegebenen Beschränktheit (untere Schranke ist positiv!).

c) *Extrempunkte:* Wir müssen die erste Ableitung gleich Null setzen:

$$y' = \cos x \, e^{\sin x} = 0 \Rightarrow \cos x = 0 \Rightarrow x = \pm\frac{\pi}{2}, \quad \pm\frac{3\pi}{2}, \quad \pm\frac{5\pi}{2}, \ldots$$

Nachprüfung mit der zweiten Ableitung

$$y'' = -\sin x \, e^{\sin x} + \cos^2 x \, e^{\sin x}$$

$$y''\left(\frac{\pi}{2}\right) = y''\left(\frac{5\pi}{2}\right) = \cdots = y''\left(-\frac{3\pi}{2}\right) = y''\left(-\frac{7\pi}{2}\right) = \cdots = -e < 0,$$

an diesen Stellen liegen also Maxima;

$$y''\left(\frac{3\pi}{2}\right) = y''\left(\frac{7\pi}{2}\right) = \cdots = y''\left(-\frac{\pi}{2}\right) = y''\left(-\frac{5\pi}{2}\right) = \cdots = \frac{1}{e} > 0,$$

an diesen Stellen liegen also Minima.

Beide Aussagen hätte man in diesem Beispiel auch unmittelbar der Ungleichung für die Beschränktheit der Funktion (zusammen mit deren Ableitbarkeit für alle x) entnehmen können.

d) *Wendepunkte:*

$$y'' = e^{\sin x}(-\sin x + \cos^2 x) = e^{\sin x}(-\sin^2 x - \sin x + 1) = 0.$$

Wir haben also die Lösungen der transzendenten Gleichung

$$\sin^2 x + \sin x = 1$$

zu bestimmen. Diese ist quadratisch in $\sin x$, hat also als Lösung

$$\sin x = -\tfrac{1}{2} \pm \sqrt{\tfrac{1}{4} + 1}$$
$$\sin x = 0{,}618 \quad (|\sin x| \leqq 1!)$$
$$\Rightarrow x_1 = 0{,}666 \quad (f(x_1) = 1{,}855);$$

ferner ist wegen $\sin(\pi - x) = \sin x$ sicher auch

$$x_2 = 2{,}476 \quad (f(x_2) = 1{,}855)$$

eine Lösung. Einsetzen dieser Werte in die dritte Ableitung

$$y''' = e^{\sin x}(\cos^3 x - 3\sin x \cos x - \cos x)$$

ergibt in beiden Fällen

$$y'''(x_1) \neq 0, \quad y'''(x_2) \neq 0.$$

Weitere Wendepunkte erhält man schneller aus e) und f).

e) *Symmetrie:* Die Funktion ist symmetrisch bezüglich jeder Geraden

$$x = \pm\frac{\pi}{2}; \quad \pm\frac{3\pi}{2}; \quad \pm\frac{5\pi}{2}, \cdots$$

Nachweis für $x = \pi/2$: Wir transformieren mittels

$$x = \bar{x} + \frac{\pi}{2}, \quad y = \bar{y}$$

achsenparallel in x-Richtung und erhalten in diesem System

$$\bar{y} = e^{\sin\left(\bar{x} + \frac{\pi}{2}\right)} = e^{\cos \bar{x}}$$

als Funktionsgleichung. Diese erfüllt aber wegen $\cos(-\bar{x}) = \cos \bar{x}$ die Funktionalgleichung der geraden Funktionen

$$\bar{y}(-\bar{x}) = \bar{y}(\bar{x}).$$

f) *Periodizität:* Die Funktion ist periodisch mit der primitiven Periode $T = 2\pi$, denn es ist

$$y(x + 2\pi) = e^{\sin(x + 2\pi)} = e^{\sin x} = y(x).$$

Auf Grund dieser Angaben ist der Funktionsverlauf vollständig zu übersehen (Abb. 161).

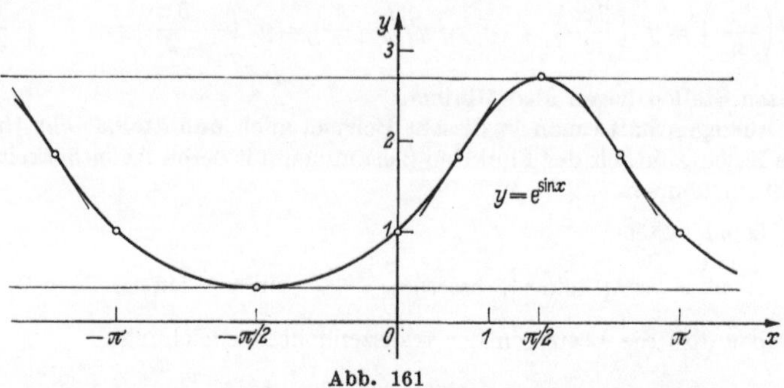

Abb. 161

3.5.6 Angewandte Maxima- und Minimaaufgaben

Bei diesen Aufgaben wird ein geometrisches oder physikalisches Problem vorgelegt und nach dem Maximum oder Minimum einer bestimmten Größe y gefragt, die zunächst von einer endlichen Anzahl anderer Größen $x_1, x_2, \ldots, x_n$ abhängt:

$$y = y(x_1, x_2, \ldots, x_n).$$

Sofern sich die Aufgabe mit den bis jetzt zur Verfügung stehenden Mitteln lösen läßt, sind zwischen den x_i Beziehungen herleitbar, die es ermöglichen, letztlich nur noch eine unabhängige Veränderliche zu führen, also die Funktion

$$y = y(x)$$

zu untersuchen.

Beispiele

1. Welches unter allen Rechtecken mit gegebenem Umfang U hat den größten Flächeninhalt F?

Lösung (Abb. 162): Für den Flächeninhalt F gilt

$$F = a\,b,$$

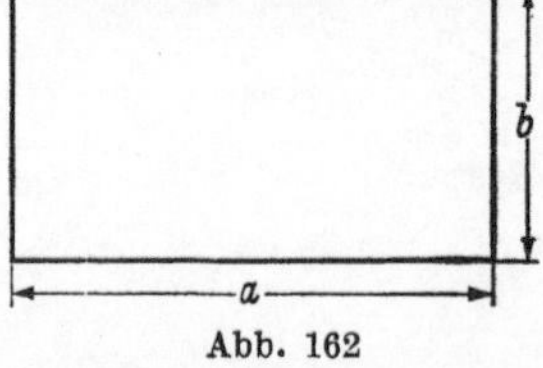

Abb. 162

wenn a und b die Rechtecksseiten sind. Zunächst ist also F eine Funktion der zwei Variablen[1]) a, b:

$$F = F(a, b).$$

Zwischen a und b besteht aber noch die gegebene Beziehung

$$U = 2(a + b) \quad (U = \text{konst.}!),$$

so daß sich eine Variable durch die andere ausdrücken läßt, etwa

$$b = \frac{U}{2} - a.$$

---

[1]) Der Studierende gewöhne sich daran, daß auch andere Zeichen als x, y usw. für Veränderliche und Funktionen benutzt werden.

Setzt man dies in die Gleichung für F ein, so erhält man

$$F = a\,b = a\left(\frac{U}{2} - a\right) = \frac{U}{2}\,a - a^2,$$

wodurch jetzt F nur noch von der einen Variablen a abhängt. — Nach dieser Vorarbeit bilden wir nun die erste Ableitung und bekommen

$$F'(a) = \frac{U}{2} - 2a = 0 \Rightarrow a = \frac{U}{4}.$$

Für b folgt daraus

$$b = \frac{U}{2} - a = \frac{U}{2} - \frac{U}{4} = \frac{U}{4},$$

d. h. es ist

$$a = b,$$

das Rechteck also speziell ein Quadrat! Zur Kontrolle bildet man noch

$$F''(a) = -2 \Rightarrow F''(a) < 0 \Rightarrow \text{Maximum},$$

obgleich hier von der Anschauung her das Maximum klar ist.

2. Einer Kugel von gegebenem Radius R ist ein Kegelstumpf von minimalem Volumen V umzubeschreiben!

Lösung (Abb. 163): Aus der Stereometrie her ist bekannt

$$V = \tfrac{1}{3}\pi\,h(r_1^2 + r_1\,r_2 + r_2^2),$$

d. h. die zu einem Minimum zu machende Größe V ist zunächst eine Funktion der drei Variablen h, r_1 und r_2:

$$V = V(r_1, r_2, h).$$

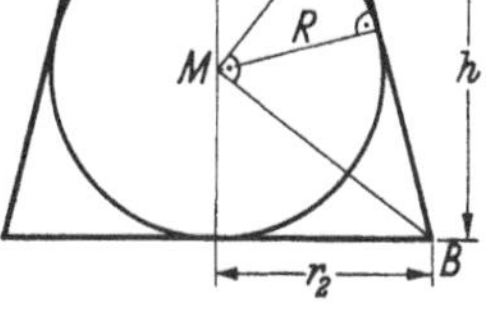

Abb. 163

Wir benötigen deshalb noch zwei Beziehungen zwischen diesen Größen. Die erste ergibt sich nach dem Höhensatz des EUKLID[1]) aus dem rechtwinkligen Dreieck AMB zu

$$R^2 = r_1\,r_2, \qquad (R \text{ konstant, gegeben!})$$

die zweite ist

$$h = 2R.$$

Nunmehr können wir etwa r_2 durch r_1 und R sowie h durch R ausdrücken

$$r_2 = \frac{R^2}{r_1}$$

und in die gegebene Gleichung für V einsetzen:

$$V = \frac{1}{3}\,\pi\,h(r_1^2 + r_1\,r_2 + r_2^2) = \frac{2\pi R}{3}\left(r_1^2 + R^2 + \frac{R^4}{r_1^2}\right),$$

wodurch V zu einer Funktion der einen Veränderlichen r_1 geworden ist: $V = V(r_1)$. Die Ableitung ergibt

$$V'(r_1) = \frac{2\pi R}{3}\left(2r_1 - \frac{2R^4}{r_1^3}\right) = 0 \Rightarrow r_1 = R.$$

Nachprüfung mit der zweiten Ableitung:

$$V''(r_1) = \frac{2\pi R}{3}\left(2 + \frac{6R^4}{r_1^4}\right); \quad V''(R) = \frac{2\pi R}{3}\cdot(+8) > 0!$$

[1]) EUKLID von Alexandria (360? · · · 300?), griechischer Mathematiker.

Für r_2 folgt aus $r_1 r_2 = R^2$ damit ebenfalls

$$r_2 = R,$$

d. h. der Kegelstumpf ist ein Zylinder mit quadratischem Aufriß!

3. Wie hat man die Maße einer zylindrischen Dose (mit Deckel) zu wählen, damit diese für einen gegebenen Inhalt V mit einem Minimum an Material hergestellt werden kann?

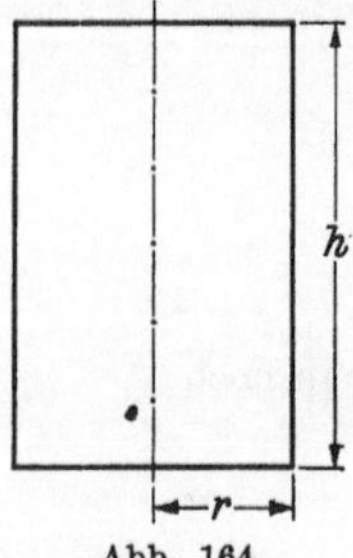

Abb. 164

Lösung (Abb. 164): Die Materialmenge wird durch die gesamte Oberfläche M bestimmt:

$$M = 2r^2 \pi + 2r \pi h = M(r, h).$$

Ferner besteht der Zusammenhang

$$r^2 \pi h = V \Rightarrow h = \frac{V}{r^2 \pi}.$$

Eingesetzt in die Gleichung für M ergibt das

$$M = 2r^2 \pi + 2r \pi \frac{V}{r^2 \pi} = 2r^2\pi + \frac{2V}{r}.$$

Damit ist M nur mehr eine Funktion von r, so daß man die Ableitung $M'(r)$ bilden kann:

$$M'(r) = 4r\pi - \frac{2V}{r^2} = \frac{4r^3\pi - 2V}{r^2} = 0$$

$$\Rightarrow r = \sqrt[3]{\frac{V}{2\pi}}.$$

Nachprüfung mit der zweiten Ableitung ergibt

$$M''(r) = \frac{4V}{r^3} + 4\pi; \quad M''\left(\sqrt[3]{\frac{V}{2\pi}}\right) = 12\pi > 0.$$

Es liegt also an dieser Stelle tatsächlich ein Minimum vor. Für h erhält man mit diesem Wert von r

$$h = \frac{V}{r^2 \pi} = \frac{V}{\pi} \sqrt[3]{\frac{4\pi^2}{V^2}} = 2 \sqrt[3]{\frac{V}{2\pi}} = 2r.$$

Die Abmessungen der Dose sind demnach so vorzunehmen, daß gilt

$$r : h = 1 : 2,$$

d. h. der Aufriß quadratisch ausfällt.

4. Unter welchem Winkel α muß man einen Körper bei gegebener Anfangsgeschwindigkeit vom Betrage v_0 werfen, damit seine Flugweite x_w am größten wird (ohne Berücksichtigung des Luftwiderstandes und bei konstanter Erdbeschleunigung g)?

Lösung (Abb. 165): Zunächst liest man für die Flugbahn folgende Gleichung in Parameterform (t : Zeit) ab

$$x(t) = v_0 t \cos\alpha$$

$$y(t) = v_0 t \sin\alpha - \tfrac{1}{2} g t^2.$$

Ist $t = T$ die Flugzeit, so gilt

$$x(T) = v_0 T \cos\alpha = x_w$$

$$y(T) = v_0 T \sin\alpha - \tfrac{1}{2} g T^2 = 0.$$

Eliminiert man aus beiden Gleichungen die Flugzeit T, indem man etwa mit $T = x_w : v_0 \cos\alpha$ aus der ersten Gleichung in die zweite eingeht, so erhält man

$$v_0 \sin\alpha \, \frac{x_w}{v_0 \cos\alpha} - \frac{1}{2} \, g \, \frac{x_w^2}{v_0^2 \cos^2\alpha} = 0$$

$$x_w \left(2 v_0^2 \sin\alpha \cos\alpha - g \, x_w\right) = 0$$

$$\Rightarrow x_w = x_w(\alpha) = \frac{v_0^2 \sin 2\alpha}{g} \, .$$

Damit ist die Flugweite x_w als Funktion des Startwinkels α dargestellt. Differentiation ergibt

$$x_w'(\alpha) = \frac{2 v_0^2 \cos 2\alpha}{g} = 0$$

$$\Rightarrow \cos 2\alpha = 0 \Rightarrow 2\alpha = 90° \Rightarrow \alpha = 45°,$$

d. h. die Wurfweite wird ein Maximum, wenn man den Körper unter einem Winkel von 45° startet. Die Wurfweite selbst ist dann

$$x_w(45°) = \frac{v_0^2}{g} \sin 90° = \frac{v_0^2}{g} \, ,$$

die zugehörige Flugzeit beträgt

$$T = \frac{x_w}{v_0 \cos 45°} = \frac{v_0 \sqrt{2}}{g} \, .$$

5. Auf welchem Wege gelangt ein Lichtstrahl in der kürzesten Zeit vom Punkte $P_1(x_1, y_1)$ (Medium M_1, Geschwindigkeit v_1) zum Punkte $P_2(x_2, y_2)$ (Medium M_2, Geschwindigkeit v_2)?

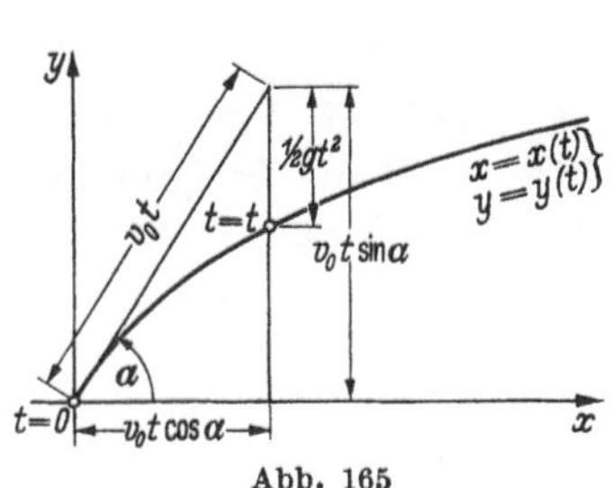

Abb. 165

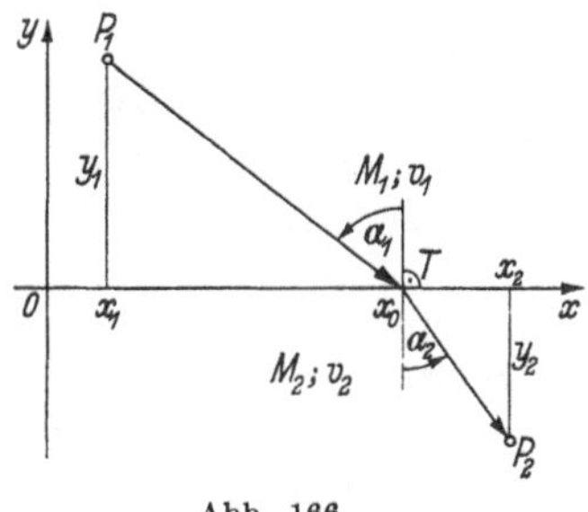

Abb. 166

Lösung (Abb. 166): In jedem Medium bewegt sich das Licht gleichförmig geradlinig, also gilt

$$v_1 = \frac{\overline{P_1 T}}{t_1} = \frac{\sqrt{(x_0 - x_1)^2 + y_1^2}}{t_1} \Rightarrow t_1 = \frac{\sqrt{(x_0 - x_1)^2 + y_1^2}}{v_1}$$

$$v_2 = \frac{\overline{T P_2}}{t_2} = \frac{\sqrt{(x_2 - x_0)^2 + y_2^2}}{t_2} \Rightarrow t_2 = \frac{\sqrt{(x_2 - x_0)^2 + y_2^2}}{v_2} \, .$$

Die Gesamtzeit t beträgt demnach

$$t = t_1 + t_2 = \frac{\sqrt{(x_0 - x_1)^2 + y_1^2}}{v_1} + \frac{\sqrt{(x_2 - x_0)^2 + y_2^2}}{v_2} = t(x_0) \, .$$

denn die Abszisse x_0 des Durchstoßpunktes T ist die einzige noch variable Größe. Differentiation von t nach x_0 ergibt

$$t'(x_0) = \frac{x_0 - x_1}{v_1\,\sqrt{(x_0 - x_1)^2 + y_1^2}} - \frac{x_2 - x_0}{v_2\,\sqrt{(x_2 - x_0)^2 + y_2^2}} = 0\,!$$

Bei Einführung der Winkel α_1 und α_2 gemäß Abb. 166 ist

$$\frac{\sin\alpha_1}{v_1} = \frac{\sin\alpha_2}{v_2}$$

bzw.

$$v_1 : v_2 = \sin\alpha_1 : \sin\alpha_2,$$

d. h. der Lichtstrahl bewegt sich so, daß sich die Geschwindigkeitsbeträge in den beiden Medien verhalten wie die Sinuswerte der Brechungswinkel, der Quotient dieser Sinuswerte also konstant ist (sog. Gesetz von SNELLIUS[1])).

3.6 Weitere Anwendungen der Differentialrechnung

3.6.1 Tangenten und Tangentenabschnitte

Die historische Grundaufgabe der Differentialrechnung, nämlich die Tangente an eine gegebene Kurve in einem ihrer Punkte zu legen, bereitet uns jetzt keine Schwierigkeiten mehr, wenn die Funktionsgleichung der Kurve in der expliziten Form $y = f(x)$ und die Koordinaten x_1, y_1 des Berührungspunktes gegeben sind (Abbildung 167). Wir setzen für die Tangentengleichung die Punkt-Steigungsform der Geradengleichung (vgl. II. 1.2.3) an

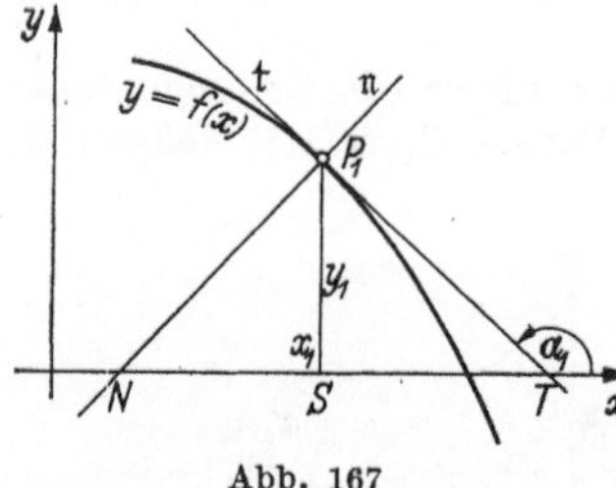

Abb. 167

$$y - y_1 = m_1(x - x_1)$$

und beachten, daß die Steigung m_1 der Tangente t im Berührungspunkt P_1 gleich der Steigung der Funktion $y = f(x)$ an der Stelle $x = x_1$ ist, d. h. gleich der Ableitung $f'(x)$ an der Stelle $x = x_1$,

$$m_1 = \tan\alpha_1 = f'(x_1),$$

womit wir erhalten

$$\boxed{\,y - y_1 = f'(x_1)\,(x - x_1)\,}$$

Tangentengleichung

Da die Steigung der Normalen $n \perp t$ negativ reziprok zur Steigung der Tangente ist, gilt ferner

$$\boxed{\,y - y_1 = -\frac{1}{f'(x_1)}\,(x - x_1)\,}$$

Normalengleichung

---

[1]) W. SNELLIUS (1591 ··· 1626), holländischer Physiker.

Man nennt ferner nach Abb. 167

$\overline{P_1 T}$ den Tangentenabschnitt

$\overline{P_1 N}$ den Normalenabschnitt

und ihre Projektionen auf die x-Achse

$\overline{S T}$ den Subtangentenabschnitt

$\overline{S N}$ den Subnormalenabschnitt.

Sie lassen sich wie folgt berechnen[1])

$$\overline{P_1 T} = \left| \frac{y_1}{\sin(180° - \alpha_1)} \right| = \left| \frac{y_1}{\sin\alpha_1} \right| = \left| \frac{y_1}{\tan\alpha_1} \right| \sqrt{1 + \tan^2\alpha_1}$$

$$= \left| \frac{y_1}{y_1'} \right| \sqrt{1 + y_1'^2}$$

$$\overline{P_1 N} = \overline{P_1 T} \left| \tan(180° - \alpha_1) \right| = \overline{P_1 T} \left| \tan\alpha_1 \right| = |y_1| \sqrt{1 + y_1'^2}$$

$$\overline{S T} = \left| \frac{y_1}{\tan(180° - \alpha_1)} \right| = \left| \frac{y_1}{\tan\alpha_1} \right| = \left| \frac{y_1}{y_1'} \right|$$

$$\overline{S N} = \frac{y_1^2}{\overline{S T}} = y_1^2 \left| \frac{y_1'}{y_1} \right| = |y_1 y_1'|.$$

Zusammengefaßt

$$\boxed{\begin{aligned} \overline{P_1 T} &= \left| \frac{y_1}{y_1'} \right| \sqrt{1 + y_1'^2} \\ \overline{P_1 N} &= |y_1| \sqrt{1 + y_1'^2} \\ \overline{S T} &= \left| \frac{y_1}{y_1'} \right| \\ \overline{S N} &= |y_1 y_1'| \end{aligned}}$$

Beispiel: Man gebe für den im Positiven liegenden Wendepunkt der Funktion $y = e^{-\frac{1}{2}x^2}$ die Tangenten- und Normalengleichung sowie die Tangentenabschnitte an!

Lösung (Abb. 168): Zunächst ergibt sich für den Wendepunkt

$$y = e^{-\frac{1}{2}x^2}$$
$$y' = -x\, e^{-\frac{1}{2}x^2} \qquad (y' = 0 \Rightarrow x = 0)$$
$$y'' = (x^2 - 1)\, e^{-\frac{1}{2}x^2} \qquad (y''(0) < 0 \Rightarrow x = 0 \text{ ist Maximum})$$
$$y'' = 0 \Rightarrow x^2 - 1 = 0 \Rightarrow x_{1,2} = \pm 1$$
$$y''' = (3x - x^3)\, e^{-\frac{1}{2}x^2}, \quad y'''(\pm 1) \neq 0.$$

Wendepunkte liegen also zwei vor: $W_1(1; e^{-\frac{1}{2}})$, $W_2(-1; e^{-\frac{1}{2}})$. Da die Funktion gerade ist und

$$y = e^{-\frac{1}{2}x^2} \to 0 \quad \text{für} \quad x \to \pm\infty,$$

---

[1]) Man beachte dabei, daß diese Streckenabschnitte nichtnegative Größen sind (deshalb werden die Betragsstriche gesetzt!) Ferner bedeutet y_1' stets $y'(x_1)$, also den Wert der Ableitung $y'(x)$ an der Stelle x_1 (und nicht etwa die Ableitung der doch stets konstanten Ordinate y_1!)

läßt sich die Kurve hinreichend gut skizzieren. Mit

$$x_1 = 1, \quad y_1 = e^{-\frac{1}{2}}, \quad y_1' = -e^{-\frac{1}{2}}$$

erhält man

$$y = -\frac{1}{\sqrt{e}}\, x + \frac{2}{\sqrt{e}} \quad \text{bzw.} \quad y = -0{,}6065x + 1{,}213$$

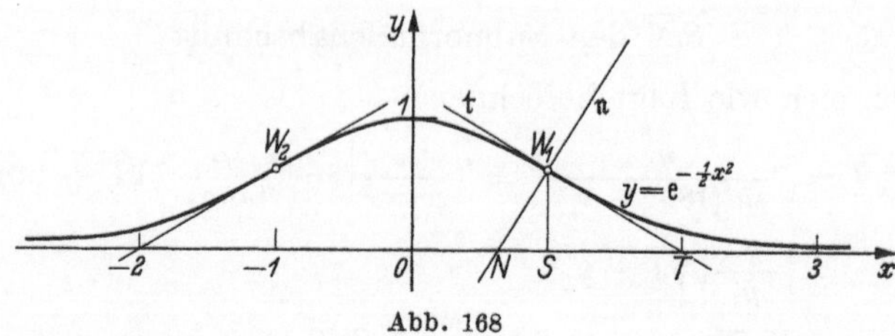

Abb. 168

als Gleichung der Wendetangente in W_1 und

$$y = \sqrt{e}\, x + \frac{1 - e}{\sqrt{e}} \quad \text{bzw.} \quad y = 1{,}649x - 1{,}042$$

als Normalengleichung im Wendepunkt W_1. Für die Tangentenabschnitte bekommt man

$$\overline{P_1T} = 1{,}170; \quad \overline{P_1N} = 0{,}709; \quad \overline{ST} = 1; \quad \overline{SN} = 0{,}368.$$

3.6.2 Linearisierung von Funktionen

Definition: *Eine Funktion $y = f(x)$ an einer Stelle $x = a$ linearisieren heißt, sie dort durch eine lineare Funktion $y = l(x)$ so ersetzen, daß*

$$\boxed{f(a) = l(a), \quad f'(a) = l'(a)}$$

ist. Man nennt $l(x)$ die lineare Näherungsfunktion für $f(x)$ und schreibt

$$\boxed{\begin{array}{c} f(x) \approx l(x) \\ \textit{für kleine } |x - a| \end{array}}$$

Setzt man die lineare Näherungsfunktion $l(x)$ mit

$$l(x) = m\,x + n$$

an, so bestimmen sich m und n gemäß

$$l(a) = m\,a + n = f(a)$$

$$l'(a) = m \qquad\quad = f'(a)$$

zu

$$m = f'(a), \quad n = f(a) - a\,f'(a),$$

und wir erhalten bei Einsetzen in $l(x)$

$$l(x) = f(a) + f'(a)\,(x - a)$$

und damit die **Linearisierungsformel**

$$\boxed{\begin{array}{c} f(x) \approx f(a) + f'(a)\,(x - a) \\ \textit{für kleine } |x - a| \end{array}}$$

Stellt man andererseits die Tangentengleichung $y(x)$ für den Punkt $P(a, f(a))$ der Funktion $y = f(x)$ auf (Abb. 169), so erhält man nach II. 3.6.1

$$y(x) - f(a) = f'(a)\,(x - a)$$
$$y(x) = f(a) + f'(a)\,(x - a)$$

und damit $y(x) = l(x)$, also den

Satz: *Geometrisch bedeutet die Linearisierung der Funktion $y = f(x)$ an der Stelle $x = a$, daß man die Bildkurve im Punkte $P(a, f(a))$ durch die Tangente ersetzt.*

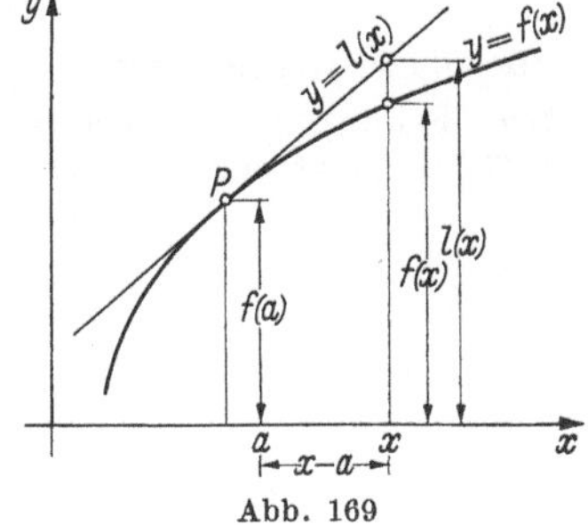

Abb. 169

Beispiele

1. Man linearisiere die Logarithmusfunktion $y = \ln x$ an der Stelle $a = 2$!

Lösung: Mit $f(x) = \ln x$, $f(2) = \ln 2$, $f'(2) = \frac{1}{2}$ ergibt sich

$$\ln x \approx \ln 2 + \tfrac{1}{2}(x - 2)$$
$$\ln x \approx 0{,}500 x - 0{,}307.$$

Für $x = 2{,}1$ liefert die lineare Näherungsfunktion beispielsweise

$$l(2{,}1) = 0{,}500 \cdot 2{,}1 - 0{,}307 = 0{,}743;$$

andererseits liest man vom Rechenstab auf 3 Dezimalen genau den Wert

$$f(2{,}1) = \ln 2{,}1 = 0{,}742$$

ab, so daß der absolute Fehler

$$|\varepsilon| = |f(2{,}1) - l(2{,}1)| = 0{,}001$$

beträgt.

2. Man linearisiere die Wurzelfunktion $f(x) = \sqrt{x}$ an einer Stelle $a > 0$ und gebe den Wertebereich für x an, innerhalb dessen der relative Fehler dem Betrage nach weniger als 10% beträgt.

14*

Lösung: Mit $f(x) = \sqrt{x}$, $f(a) = \sqrt{a}$, $f'(a) = \dfrac{1}{2\sqrt{a}}$ ergibt sich

$$l(x) = \sqrt{a} + \frac{1}{2\sqrt{a}}\,(x - a)$$

$$\Rightarrow \sqrt{x} \approx \frac{1}{2}\,\sqrt{a} + \frac{x}{2\sqrt{a}}\,.$$

Da für alle positiven x-Werte mit $x \neq a$ stets $f(x) < l(x)$ ist, setzen wir für den relativen Fehler

$$\delta = \frac{f(x) - l(x)}{f(x)} = 1 - \frac{1}{2}\sqrt{\frac{a}{x}} - \frac{1}{2}\sqrt{\frac{x}{a}} = -0{,}10$$

an und erhalten mit den Lösungen dieser Gleichung eine untere und obere Schranke für die gesuchten x-Werte:

$$x_1 = 0{,}412a; \quad x_2 = 2{,}428a$$
$$\Rightarrow 0{,}412a < x < 2{,}428a\,.$$

Für alle x, welche dieser Ungleichung genügen, bleibt also der Betrag des relativen Fehlers, der bei Benutzung von $l(x)$ an Stelle von $f(x) = \sqrt{x}$ entsteht, unter 10%. Schreibt man $l(x)$ in der Form

$$l(x) = \frac{1}{2}\left(\sqrt{a} + \frac{x}{\sqrt{a}}\right),$$

so erkennt man die Struktur der Newtonschen Iterationsformel[1]) für $\sqrt{x}$ mit $\sqrt{a}$ als Eingangswert.

Einen besonderen Dienst leistet die Linearisierungsformel bei der Aufstellung von Näherungsformeln zum **Rechnen mit kleinen Größen**. In diesem Falle setzt man

$$a = 0$$

und arbeitet mit der speziellen Formel[2])

$$\boxed{\begin{array}{c} f(x) \approx f(0) + f'(0)\,x \\[4pt] \textit{für kleine } |x| \end{array}}$$

Da sie das Vorhandensein von $f(0)$ und $f'(0)$ voraussetzt, kann man mit dieser Formel nur solche Funktionen linearisieren, die diese Voraussetzung erfüllen. So lassen sich beispielsweise

$$y = \ln x, \quad y = \frac{1}{x}, \quad y = \coth x, \quad y = e^{1/x}, \quad y = \sqrt{x}$$

bei $x = 0$, d. h. für kleine $|x|$-Werte, nicht linearisieren. In solchen Fällen hilft man sich damit, daß man z. B. nicht $\ln x$, sondern $\ln(x_0 + x)$, nicht $\sqrt{x}$, sondern $\sqrt{x_0 + x}$ usw. linearisiert. Wir stellen von beiden

---

1) Vgl. I. 1.4.4; I. 6.4.
2) Vgl. I. 3.15.

Gruppen eine Reihe von Näherungsformeln zusammen, die der Leser im einzelnen nachrechnen mag.

$$\sum_{i=0}^{n} a_i x^i \approx a_0 + a_1 x \qquad \frac{1}{\sum_{i=0}^{n} a_i x^i} \approx \frac{1}{a_0} - \frac{a_1}{a_0^2} x$$

$$\sin x \approx x \qquad\qquad e^{\pm x} \approx 1 \pm x$$

$$\cos x \approx 1 \qquad\qquad a^{\pm x} \approx 1 \pm x \ln a$$

$$\tan x \approx x \qquad\qquad \text{Arc} \sin x \approx x$$

$$\sinh x \approx x \qquad\qquad \text{Arc} \cos x \approx \frac{\pi}{2} - x$$

$$\cosh x \approx 1 \qquad\qquad \text{ar} \sinh x \approx x$$

$$\tanh x \approx x \qquad\qquad \text{ar} \tanh x \approx x$$

$$\text{für kleine } |x|\text{-Werte!}$$

$$(x_0 \pm x)^n \approx x_0^n \pm n\, x_0^{n-1} x \qquad \ln(x_0 + x) \approx \ln x_0 + \frac{x}{x_0}$$

$$\frac{1}{(x_0 \pm x)^n} \approx \frac{1}{x_0^n} \mp \frac{n}{x_0^{n+1}} x \qquad {}^a\log(x_0 + x) \approx {}^a\log x_0 + \frac{x}{x_0}\, {}^a\log e$$

$$\sqrt[n]{x_0 \pm x} \approx \sqrt[n]{x_0} \pm \frac{x}{n\sqrt[n]{x_0^{n-1}}} \qquad \cot(x_0 + x) \approx \cot x_0 - \frac{x}{\sin^2 x_0}$$

$$\frac{1}{\sqrt[n]{x_0 \pm x}} \approx \frac{1}{\sqrt[n]{x_0}} \mp \frac{x}{n\sqrt[n]{x_0^{n+1}}} \qquad \coth(x_0 + x) \approx \coth x_0 - \frac{x}{\sinh^2 x_0}$$

$$\text{für kleine } |x|\text{-Werte und } x_0 \neq 0!$$

Was wir bis jetzt vermissen, ist eine Methode zur Bestimmung des beim Linearisieren entstehenden Fehlers. Diese Frage wird später in allgemeinerer Form behandelt werden. Eine vorläufige Antwort gibt der jetzt folgende Mittelwertsatz.

3.6.3 Der Mittelwertsatz

Vorgegeben sei eine Funktion $y = f(x)$, die im offenen Intervall $x_0 < x < x_0 + h$ ableitbar und an den Rändern noch stetig ist. Aus Abb. 170 ersehen wir dann, daß es im Inneren des genannten Intervalles *mindestens eine* Stelle x_z gibt, an der die Tangente parallel zur Sekante $\overline{P_0 Q}$ verläuft. Fassen wir diesen Sachverhalt analytisch, so erhalten wir mit

$$\tan \varphi = \frac{f(x_0 + h) - f(x_0)}{h}$$

als Sekantensteigung und $f'(x_z) = \tan \varphi$ als Tangentensteigung im Punkte $Z(x_z, y_z)$

$$\frac{f(x_0 + h) - f(x_0)}{h} = f'(x_z).$$

Da stets $x_0 < x_z < x_0 + h$ gilt, kann man für x_z auch

$$x_z = x_0 + \vartheta\, h$$

schreiben, wenn ϑ ein positiver echter Bruch, also

$$0 < \vartheta < 1$$

ist. Damit ergibt sich der

Satz (Mittelwertsatz): *Ist eine Funktion $y = f(x)$ im Intervall $x_0 < x < x_0 + h$ ableitbar und an den Rändern stetig, so existiert mindestens eine Zahl ϑ mit $0 < \vartheta < 1$, für welche*

$$\boxed{\frac{f(x_0 + h) - f(x_0)}{h} = f'(x_0 + \vartheta h)}$$

d. h. der Differenzenquotient gleich der Ableitung ist.

Der Leser beachte, daß es beim Mittelwertsatz nicht auf die konkrete, zahlenmäßige Angabe von ϑ ankommt, sondern darauf, daß es *stets* eine, und zwar mindestens eine solche Zahl ϑ zwischen 0 und 1

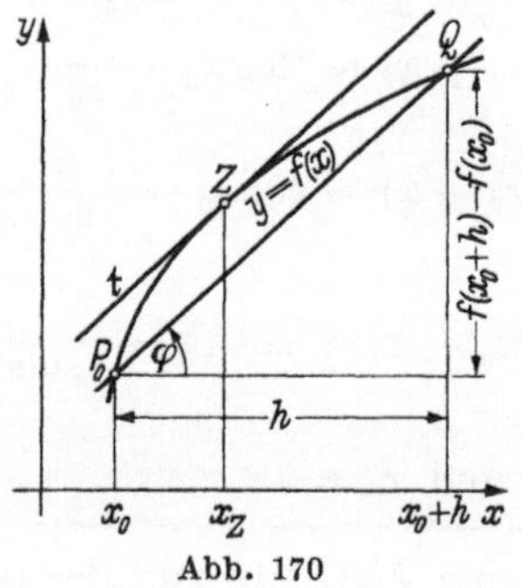

Abb. 170

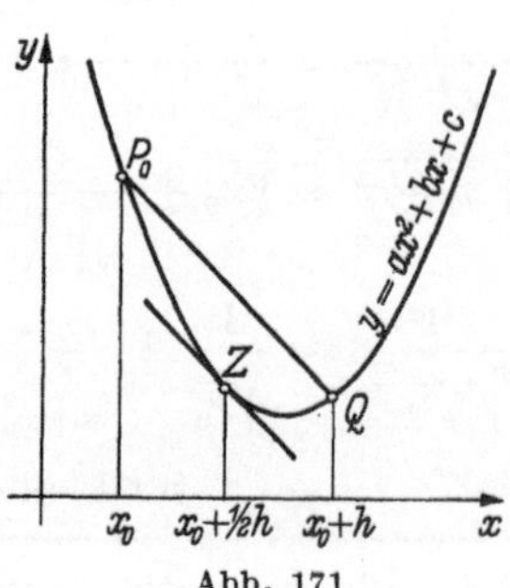

Abb. 171

gibt. Daß ϑ im allgemeinen durchaus nicht genau in der Mitte zwischen 0 und 1 liegt, ersieht man schon aus Abb. 170; der Satz würde deshalb besser „Zwischenwertsatz" heißen. Einzig und allein für quadratische Funktionen gilt der

Satz: *Für eine quadratische Funktion $f(x) = a\,x^2 + b\,x + c$ gilt an jeder Stelle x_0 und für jedes $h \neq 0$*

$$\frac{f(x_0 + h) - f(x_0)}{h} = f'\left(x_0 + \frac{1}{2}\,h\right),$$

d. h. es ist ϑ eine Konstante und gleich $1/2$.

Anschaulich besagt der Satz, daß bei jeder Parabel, deren Achse parallel zur y-Achse verläuft, die Abszissen der Punkte P_0, Z und Q, nämlich

$$x_0, \quad x_0 + \tfrac{1}{2}h, \quad x_0 + h$$

im gleichen Abstand liegen (Abb. 171).

Beweis: Für den Differenzenquotienten ergibt sich

$$f(x_0 + h) = a\,x_0^2 + 2a\,x_0\,h + a\,h^2 + b\,x_0 + b\,h + c$$

$$f(x_0) = a\,x_0^2 + b\,x_0 + c$$

$$\frac{f(x_0 + h) - f(x_0)}{h} = a\,h + 2a\,x_0 + b$$

und für die Ableitung $f'(x_0 + \vartheta\,h)$ mit $f'(x) = 2a\,x + b$

$$f'(x_0 + \vartheta\,h) = 2a\,x_0 + 2a\,\vartheta\,h + b.$$

Gleichsetzung von Differenzenquotient und Ableitung ergibt

$$a\,h + 2a\,x_0 + b = 2a\,x_0 + 2a\,\vartheta\,h + b$$

$$1 = 2\,\vartheta$$

$$\vartheta = \tfrac{1}{2}.$$

Fehlerabschätzung mit Hilfe des Mittelwertsatzes

Eine wichtige Anwendung des Mittelwertsatzes besteht in der Möglichkeit, bei Kenntnis des Funktionswertes an der Stelle x_0 eine ungefähre Angabe über den (unbekannten) Funktionswert an der Stelle $x_0 + h$ (in der Nähe von x_0) zu machen, indem man diesen in Schranken einschließt. Man schreibt zu diesem Zweck den Mittelwertsatz in der Form

$$f(x_0 + h) = f(x_0) + h\,f'(x_0 + \vartheta\,h)$$

und betrachtet $f(x_0)$ als erste Näherung für den unbekannten Funktionswert $f(x_0 + h)$. Wir wollen die Ermittlung von Schranken für den Fall betrachten, daß die gegebene Funktion $f(x)$ im Intervall $x_0 < x < x_0 + h$ nur Links- oder Rechtskurve ist. Im Falle der Linkskurve ist dann $f''(x) > 0$, also $f'(x)$ steigend, so daß $f'(x_0 + \vartheta\,h)$ für $\vartheta = 1$ seinen größten und für $\vartheta = 0$ seinen kleinsten Wert annimmt. Entsprechend ist im Falle der Rechtskurve $f''(x) < 0$, also $f'(x)$ fallend, so daß $f'(x_0 + \vartheta\,h)$ für $\vartheta = 0$ seinen größten und für $\vartheta = 1$ seinen kleinsten Wert annimmt. Wir fassen zusammen in dem

Satz: *Ist eine Funktion $y = f(x)$ im Intervall $I : x_0 < x < x_0 + h$ Links- oder Rechtskurve, so läßt sich bei Kenntnis von $f(x_0)$ der Funktionswert $f(x_0 + h)$ wie folgt in Schranken einschließen*

$$f(x_0) + h\,f'(x_0) < f(x_0 + h) < f(x_0) + h\,f'(x_0 + h)$$
*falls $f(x)$ in I **Linkskurve***

$$f(x_0) + h\,f'(x_0 + h) < f(x_0 + h) < f(x_0) + h\,f'(x_0)$$
*falls $f(x)$ in I **Rechtskurve***

Beispiele

1. Die Logarithmusfunktion $f(x) = \ln x$ ist an der Stelle $x_0 = e$ bekannt: $\ln e = 1$. Man schließe den Wert $\ln 2{,}8$ in Schranken ein und gebe $\ln 2{,}8$ näherungsweise an!

Lösung: Es ist $x_0 = 2{,}718$, $x_0 + h = 2{,}800$; also $h = 0{,}082$. $f(x) = \ln x$ ist für alle $x > 0$ eine Rechtskurve, also gilt mit $f'(x) = 1/x$

$$1 + \frac{0{,}082}{2{,}800} < \ln 2{,}8 < 1 + \frac{0{,}082}{2{,}718}$$

$$1{,}0293 < \ln 2{,}8 < 1{,}0302.$$

Bildet man das arithmetische Mittel aus beiden Schranken, so erhält man

$$\ln 2{,}8 = 1{,}0297.$$

Vergleicht man mit dem auf 6 Dezimalen richtigen Tafelwert

$$\ln 2{,}8 = 1{,}029619,$$

so sieht man, daß der so gefundene Wert von $\ln 2{,}8$ erst in der vierten Dezimalen um eine Einheit falsch ist.

2. Es ist der Wert von Arc $\tan x$ für $x = -\frac{1}{2}$ in Schranken einzuschließen!

Lösung: Bekannt ist

$$\tan\left(-\frac{\pi}{6}\right) = -\frac{1}{3}\sqrt{3}, \quad \text{Arc } \tan\left(-\frac{1}{3}\sqrt{3}\right) = -\frac{\pi}{6}$$

oder dezimal geschrieben

$$\text{Arc } \tan(-0{,}57735) = -0{,}52360.$$

Mit $x_0 = -0{,}57735$, $x_0 + h = -0{,}50000$, $h = 0{,}07735$ und der Eigenschaft, daß $y = $ Arc $\tan x$ für alle $x < 0$ Linkskurve ist, wird mit

$$(\text{Arc } \tan x)' = \frac{1}{1 + x^2}$$

$$-0{,}46559 < \text{Arc } \tan(-\tfrac{1}{2}) < -0{,}46172.$$

Die Mittelbildung liefert mit

$$\text{Arc } \tan(-\tfrac{1}{2}) = -0{,}464$$

einen auf drei Dezimalen richtigen Wert.

3.6.4 Grenzwertbestimmung mit der Regel von Bernoulli und de l'Hospital

Aufgabenstellung. Es sei eine Funktion der Gestalt

$$f(x) = \frac{f_1(x)}{f_2(x)}$$

vorgelegt und es sei ferner x_0 eine gemeinsame Nullstelle von Zähler- und Nennerfunktion

$$f_1(x_0) = f_2(x_0) = 0.$$

Dann ist die gegeben Funktion $y = f(x)$ an der Stelle x_0 sicher nicht vorhanden, da

$$f(x_0) = \tfrac{0}{0}$$

ein sinnloser Ausdruck ist. Es kann jedoch sein, daß der *Grenzwert* der Funktion an dieser Stelle, also

$$\lim_{x \to x_0} f(x) = \lim_{x \to x_0} \frac{f_1(x)}{f_2(x)}$$

existiert. In diesem Fall hat die Funktion bei x_0 eine hebbare Lücke (vgl. II. 3.1.4), und man kann ihr durch eine zusätzliche Definition den Grenzwert als Funktionswert an der Stelle x_0 zuordnen. Die so entstehende neue Funktion ist dann bei x_0 stetig. Existiert der Grenzwert, so kann er in vielen Fällen nach folgendem Satz bestimmt werden

Satz (Regel von Bernoulli[1]) und de l'Hospital[2])): *Es seien $f_1(x)$ und $f_2(x)$ zwei ableitbare Funktionen, die für x_0[3]) verschwinden*

$$f_1(x) \to 0 \quad und \quad f_2(x) \to 0 \quad für \quad x \to x_0,$$

so daß also der Quotient

$$f(x) = \frac{f_1(x)}{f_2(x)}$$

an dieser Stelle keinen Funktionswert besitzt. Hinreichend für die Existenz eines Grenzwertes an dieser Stelle ist dann das Vorhandensein eines Grenzwertes

$$\lim_{x \to x_0} \frac{f_1^{(k)}(x)}{f_2^{(k)}(x)},$$

wobei gilt

$$\boxed{\lim_{x \to x_0} \frac{f_1(x)}{f_2(x)} = \lim_{x \to x_0} \frac{f_1^{(k)}(x)}{f_2^{(k)}(x)}}$$

mit minimalem $k \geq 1$.

Praktische Anweisung: Man leite Zähler- und Nennerfunktion getrennt (also nicht nach der Quotientenregel!) ab und setze $x = x_0$ ein. Ergibt sich dann eine reelle Zahl, so ist diese der gesuchte Grenzwert. Erhält man jedoch wieder den sinnlosen Ausdruck 0/0, so leite man nochmals Zähler und Nenner getrennt ab und setze $x = x_0$ ein und so fort, bis man gegebenfalls einen Grenzwert findet.

Erläuterung: Statt eines Beweises möge die Regel an einem Musterbeispiel erläutert werden. Wir betrachten die Funktion

$$f(x) = \frac{\sin x}{x}.$$

---

[1]) JOHANN BERNOULLI (1667 $\cdots$ 1748), schweizer Mathematiker.

[2]) Marquis DE L'HOSPITAL (1661 $\cdots$ 1704) veröffentlichte als erster die von BERNOULLI gefundene Regel.

[3]) Für x_0 kann auch $\pm\infty$ stehen, deshalb wurde der Strebepfeil $\to$ anstelle des Gleichheitszeichens geschrieben.

Abbildung 172 zeigt ihren Verlauf. Für $x = 0$ werden Zähler- und Nennerfunktion gleich Null, also

$$f(0) = \frac{0}{0} \, .$$

Das bedeutet, $f(0)$ existiert nicht, die vorgelegte Funktion ist dort unstetig. Wir fragen deshalb nach dem *Grenzwert* der Funktion an der Stelle $x = 0$. Dieser ergibt sich hier, indem man Zähler- und Nennerfunktion *getrennt* nach x ableitet und dann $x = 0$ einsetzt:

$$\lim_{x \to 0} \frac{\sin x}{x} = \lim_{x \to 0} \frac{\cos x}{1} = \cos 0 = 1.$$

Durch dieses getrennte Ableiten von Zähler- und Nennerfunktion entsteht eine neue Funktion, hier $\cos x$, deren Bildkurve durch den

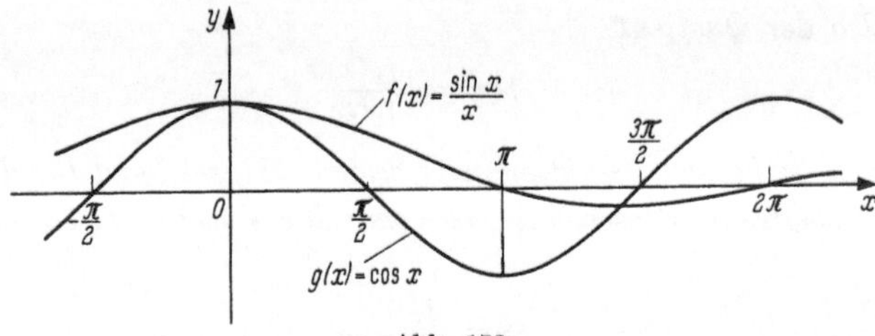

Abb. 172

Punkt 1 der y-Achse verläuft, so daß der gesuchte Grenzwert als Funktionswert dieser Funktion durch formales Einsetzen von $x = 0$ als $\cos 0 = 1$ bestimmt werden kann (Abb. 172).

Dieser Sachverhalt hat immer wieder zu Mißverständnissen Anlaß gegeben. Deshalb erkläre ich hier mit Nachdruck:

1. *Ein Ausdruck der Form* $\frac{0}{0}$ *ist und bleibt sinnlos und wird auch mit vorstehender Regel nicht bestimmt.*

2. *Die genannte Regel gestattet die Bestimmung von Grenzwerten höchstens an solchen Stellen, an denen die gegebene Funktion eine hebbare Unstetigkeit (Lücke) besitzt.*

3. *Führt die Regel bei einer im Endlichen gelegenen Lücke zum Ziel, so läuft ihr Formalismus auf die Erzeugung einer Ersatzfunktion hinaus, die an der fraglichen Stelle stetig ist und dort den gesuchten Grenzwert als Funktionswert besitzt.*

Beispiele

1. $f(x) = \dfrac{x}{\tan x}$ existiert für $x = 0$ nicht. Der Grenzwert an dieser Stelle ergibt sich zu

$$\lim_{x \to 0} \frac{x}{\tan x} = \lim_{x \to 0} \frac{1}{1 + \tan^2 x} = \frac{1}{1} = 1.$$

2. $f(x) = \dfrac{x^2 - 7x + 12}{x^2 - 8x + 15}$ existiert für $x = 3$ nicht, da $f_1(x) = x^2 - 7x + 12$ und auch $f_2(x) = x^2 - 8x + 15$ für $x = 3$ verschwinden und sich so der sinnlose Ausdruck $f(3) = 0/0$ ergibt. Als Grenzwert erhält man

$$\lim_{x \to 3} \frac{x^2 - 7x + 12}{x^2 - 8x + 15} = \lim_{x \to 3} \frac{2x - 7}{2x - 8} = \frac{-1}{-2} = \frac{1}{2} \,.$$

3. $f(x) = \dfrac{1 - \cosh x}{x^2}\,;\quad f(0) = \dfrac{0}{0}$ existiert nicht!

$$\lim_{x \to 0} \frac{1 - \cosh x}{x^2} = \lim_{x \to 0} \frac{-\sinh x}{2x} = \left[\frac{0}{0}\right]^{1)} !$$

Leitet man nochmals Zähler und Nenner getrennt ab, so wird

$$\lim_{x \to 0} \frac{-\cosh x}{2} = -\frac{1}{2},$$

d. h. der gesuchte Grenzwert ist

$$\lim_{x \to 0} \frac{1 - \cosh x}{x^2} = -\frac{1}{2} \,.$$

4. $f(x) = \dfrac{\sin^2 x}{\tanh^2 x}\,,\quad f(0) = \dfrac{0}{0}$ existiert nicht!

$$\lim_{x \to 0} \frac{\sin^2 x}{\tanh^2 x} = \lim_{x \to 0} \frac{2 \sin x \cos x}{2 \tanh x \,(1 - \tanh^2 x)} = \left[\frac{0}{0}\right] !$$

Nochmalige Ableitung von Zähler und Nenner ergibt

$$\lim_{x \to 0} \frac{2 \cos 2x}{2(1 - \tanh^2 x) - 6 \tanh^2 x (1 - \tanh^2 x)} = \frac{2}{2} = 1$$

$$\Rightarrow \lim_{x \to 0} \frac{\sin^2 x}{\tanh^2 x} = 1.$$

5. $f(x) = \dfrac{2 \cos x + x^2 - 2}{\sin x - x - x^3}\,;\quad f(0) = \dfrac{0}{0}$ existiert nicht!

Die erste Ableitung von Zähler und Nenner ergibt mit

$$\lim_{x \to 0} \frac{-2 \sin x + 2x}{\cos x - 1 - 3x^2} = \left[\frac{0}{0}\right]$$

kein Ergebnis! Die zweite Ableitung von Zähler und Nenner liefert mit

$$\lim_{x \to 0} \frac{-2 \cos x + 2}{-\sin x - 6x} = \left[\frac{0}{0}\right]$$

kein Ergebnis! Die dritte Ableitung von Zähler und Nenner ergibt

$$\lim_{x \to 0} \frac{2 \sin x}{-\cos x - 6} = \frac{0}{-7} = 0$$

und damit

$$\lim_{x \to 0} \frac{2 \cos x + x^2 - 2}{\sin x - x - x^3} = 0.$$

---

[1]) Damit ist hier (und in allen entsprechenden Fällen) gemeint, daß auch der neue *Funktions*wert an der fraglichen Stelle wieder die Form $\dfrac{0}{0}$ annimmt (also nicht existiert) und die Regel nochmals anzuwenden ist. Der *Grenz*wert ist hier durchaus nicht $\dfrac{0}{0}$, sondern − wie sich allerdings erst nachträglich herausstellt − wohl vorhanden, also gleich einer bestimmten reellen Zahl.

Ist eine Funktion

$$\boxed{\begin{array}{c} f(x) = \dfrac{f_1(x)}{f_2(x)} \\[2mm] \textit{mit} \quad f_1(x),\ f_2(x) \to \infty \quad \textit{für} \quad x \to x_0 \end{array}}$$

gegeben, so kann deren Grenzwert an der Stelle x_0 (sofern er existiert) ebenfalls nach der Regel von BERNOULLI und DE L'HOSPITAL bestimmt werden. Dabei empfiehlt es sich gegebenenfalls, zunächst die Umformung

$$f(x) = \frac{f_1(x)}{f_2(x)} = \frac{\dfrac{1}{f_2(x)}}{\dfrac{1}{f_1(x)}}$$

vorzunehmen.

Beispiele

1. $f(x) = \dfrac{\ln x}{\cot x}$; $f(0)$ existiert nicht, da gilt

$$\ln x \to -\infty \quad \text{für} \quad x \to 0+$$
$$\cot x \to +\infty \quad \text{für} \quad x \to 0+ .$$

Den (rechtsseitigen) Grenzwert an der Stelle $x = 0$ bekommt man wie folgt

$$\lim_{x \to 0+} \frac{\ln x}{\cot x} = \lim_{x \to 0+} \frac{\dfrac{1}{x}}{\dfrac{-1}{\sin^2 x}} = -\lim_{x \to 0+} \frac{\sin^2 x}{x} = -\lim_{x \to 0+} \frac{2 \sin x \cos x}{1} = 0 .$$

2. $f(x) = \dfrac{x^n}{e^x}$;   wir fragen nach $\lim\limits_{x \to \infty} f(x)$. Wir erhalten

$$\lim_{x \to \infty} \frac{x^n}{e^x} = \lim_{x \to \infty} \frac{n\, x^{n-1}}{e^x} = \cdots = \lim_{x \to \infty} \frac{n!}{e^x} = 0 .$$

Liegt eine Funktion der Gestalt

$$\boxed{\begin{array}{c} f(x) = f_1(x)\, f_2(x) \\[1mm] \textit{mit} \quad f_1(x) \to 0 \quad \textit{für} \quad x \to x_0 \\[1mm] f_2(x) \to \infty \quad \textit{für} \quad x \to x_0 \end{array}}$$

vor, so läßt sich das Produkt der Funktionen stets in einen Quotienten umformen, und zwar entweder

$$f_1(x)\, f_2(x) = \frac{f_1(x)}{\dfrac{1}{f_2(x)}}$$

oder

$$f_1(x)\, f_2(x) = \frac{f_2(x)}{\dfrac{1}{f_1(x)}}$$

und darauf die Regel von BERNOULLI — DE L'HOSPITAL anwenden.

Beispiele

1. $f(x) = \sin x \coth x$; $f(0)$ ist nicht erklärt. Nun ist

$$\sin x \to 0 \quad \text{für} \quad x \to 0$$
$$\coth x \to \infty \quad \text{für} \quad x \to 0+\,.$$

Wir schreiben also $f(x)$ als Quotienten in der Form

$$f(x) = \frac{\sin x}{\tanh x}\,,$$

dann wird

$$\lim_{x \to 0+} \frac{\sin x}{\tanh x} = \lim_{x \to 0+} \frac{\cos x}{1 - \tanh^2 x} = \frac{1}{1} = 1,$$

womit auch gilt

$$\lim_{x \to 0+} (\sin x \coth x) = 1\,.$$

2. $f(x) = \sqrt[3]{(1 - x^2)}\, \text{ar} \tanh x$; $f(1)$ ist nicht erklärt. Wegen

$$\sqrt[3]{1 - x^2} \to 0 \quad \text{für} \quad x \to 1-$$
$$\text{ar} \tanh x \to \infty \quad \text{für} \quad x \to 1-$$

schreiben wir $f(x)$ als Quotienten in der Form

$$f(x) = \frac{\text{ar} \tanh x}{\dfrac{1}{\sqrt[3]{1 - x^2}}}$$

und erhalten für den linksseitigen Grenzwert

$$\lim_{x \to 1-} f(x) = \lim_{x \to 1-} \frac{\dfrac{1}{1 - x^2}}{\dfrac{2x}{3}(1 - x^2)^{-4/3}} = \lim_{x \to 1-} \frac{3}{2x}(1 - x^2)^{1/3} = 0\,.$$

Ist die gegebene Funktion eine Potenz zweier Funktionen:

$$\boxed{\begin{array}{llllll} & \multicolumn{5}{c}{f(x) = [f_1(x)]^{f_2(x)}} \\[4pt] \textit{mit} & \textit{1.} & f_1(x) \to 0 & \textit{und} & f_2(x) \to 0 & \textit{für} \quad x \to x_0 \\ \textit{oder} & \textit{2.} & f_1(x) \to 1 & \textit{und} & f_2(x) \to \infty & \textit{für} \quad x \to x_0 \\ \textit{oder} & \textit{3.} & f_1(x) \to \infty & \textit{und} & f_2(x) \to 0 & \textit{für} \quad x \to x_0 \end{array}}$$

so wende man die logarithmische Identität

$$f(x) \equiv e^{\ln f(x)},$$

also

$$f(x) = e^{f_2(x) \ln f_1(x)}$$

an und beachte, daß auf Grund der Stetigkeit

$$\lim_{x \to x_0} f(x) = e^{\lim\limits_{x \to x_0} [f_2(x) \ln f_1(x)]}$$

gilt. Damit sind diese Fälle auf die vorigen zurückgeführt.

Beispiele

1. $f(x) = x^x$; $f(0)$ ist nicht erklärt. Zur Grenzwertbestimmung für $x \to 0+$ schreiben wir

$$x^x = e^{x \ln x}$$

und erhalten mit

$$x \ln x = \frac{\ln x}{\dfrac{1}{x}}$$

$$\lim_{x \to 0+} x^x = e^{\lim_{x \to 0+} \frac{\ln x}{1 : x}} = e^{\lim_{x \to 0+} \frac{1 : x}{-1 : x^2}} = e^{\lim_{x \to 0+} (-x)} = e^0 = 1 \,.$$

2. $f(x) = \left(1 + \dfrac{1}{x}\right)^x$; $\quad f_1(x) = 1 + \dfrac{1}{x} \to 1$ für $x \to \infty$, $\quad f_2(x) = x \to \infty$

für $x \to \infty$. Wir schreiben

$$\lim_{x \to \infty} \left(1 + \frac{1}{x}\right)^x = e^{\lim_{x \to \infty} [x \ln (1 + 1/x)]} = e^{\lim_{x \to \infty} \frac{\ln (1 + 1/x)}{1/x}}$$

und bekommen durch Ableiten von Zähler und Nenner

$$e^{\lim_{x \to \infty} \frac{\frac{1}{1 + 1/x} \left(-\frac{1}{x^2}\right)}{-\frac{1}{x^2}}} = e^{\lim_{x \to \infty} \frac{1}{1 + 1/x}} = e^1 = e \,.$$

3. $f(x) = (1/x)^{\sin x}$; $f(0)$ ist nicht erklärt. Wir schreiben

$$\left(\frac{1}{x}\right)^{\sin x} = e^{\sin x \ln \frac{1}{x}} = e^{\frac{-\ln x}{1/\sin x}}$$

$$\Rightarrow \lim_{x \to 0} \left(\frac{1}{x}\right)^{\sin x} = e^{\lim_{x \to 0} \frac{-1/x}{-\frac{\cos x}{\sin^2 x}}} = e^{\lim_{x \to 0} \frac{\sin^2 x}{x \cos x}} = e^{\lim_{x \to 0} \frac{2 \sin x \cos x}{-x \sin x + \cos x}} = e^0 = 1 \,.$$

Schließlich kann eine Funktion als Differenz zweier Funktionen in der Gestalt

$$\boxed{\begin{aligned} f(x) &= f_1(x) - f_2(x) \\ mit \quad f_1(x), f_2(x) &\to \infty \quad für \quad x \to x_0 \end{aligned}}$$

vorliegen. Hier kann man stets wie folgt umformen

$$f_1(x) - f_2(x) = f_1(x) f_2(x) \left[\frac{1}{f_2(x)} - \frac{1}{f_1(x)}\right] = \frac{\dfrac{1}{f_2(x)} - \dfrac{1}{f_1(x)}}{\dfrac{1}{f_1(x) f_2(x)}}$$

und damit ein Produkt bzw. Quotienten erhalten, auf welchen die Regel von BERNOULLI — DE L'HOSPITAL angewandt werden kann.

Beispiel: Die Funktion

$$f(x) = \cot x - \coth x$$

ist für $x = 0$ sicher nicht erklärt, da

$$\cot x \to +\infty \quad für \quad x \to 0+$$
$$\coth x \to +\infty \quad für \quad x \to 0+$$

gilt. Wir schreiben als Quotient

$$\cot x - \coth x = \frac{\cos x}{\sin x} - \frac{\cosh x}{\sinh x} = \frac{\cos x \sinh x - \sin x \cosh x}{\sin x \sinh x}$$

(Zähler und Nenner gehen beide gegen Null für $x \to 0$) und erhalten

$$\lim_{x \to 0+} (\cot x - \coth x) = \lim_{x \to 0+} \frac{-2 \sin x \sinh x}{\sin x \cosh x + \cos x \sinh x} = \left[\frac{0}{0}\right]$$

und nach nochmaligem Ableiten von Zähler und Nenner

$$-\lim_{x \to 0+} \frac{\sin x \cosh x + \cos x \sinh x}{\cos x \cosh x} = \frac{0}{1} = 0.$$

3.6.5 Das Newtonsche Iterationsverfahren

Herleitung des Verfahrens. Vorgelegt sei eine beliebige (algebraische oder transzendente) Bestimmungsgleichung für x

$$f(x) = 0,$$

welche die reelle Lösung $\bar{x}$ haben soll:

$$f(\bar{x}) = 0.$$

In der praktischen Gleichungslehre besteht die Ermittlung von $\bar{x}$ nicht in einer exakten Bestimmung dieser Zahl wie man sie etwa bei den quadratischen Gleichungen mittels eines geschlossenen Wurzelausdrucks vornimmt. Vielmehr kommt es darauf an, eine grobe Näherungslösung x_0 zu finden (etwa auf zeichnerischem Wege) und sodann ein Verfahren einzusetzen, welches diese Näherungslösung verbessert, und zwar bis zu jeder vorgeschriebenen Genauigkeit.

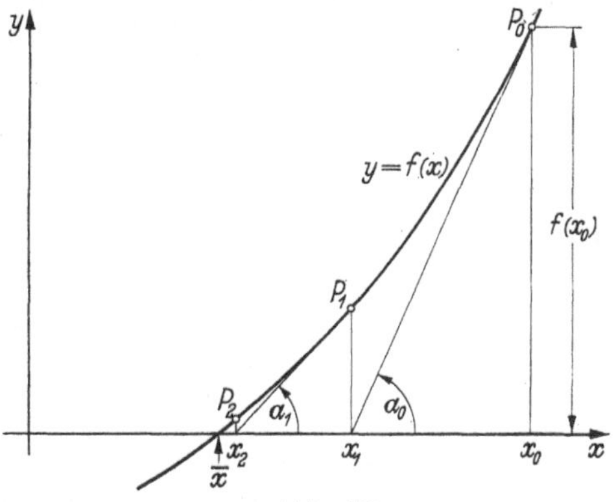

Wir leiten ein solches Verbesserungsverfahren aus Abb. 173 her. Deuten wir die Unbekannte x in $f(x) = 0$ als Variable, so entsteht eine Funktion von x,

$$y = f(x),$$

Abb. 173

und x_0, y_0 sind die Koordinaten eines Punktes P_0 auf der zugehörigen Bildkurve. Der Grundgedanke des Verfahrens besteht nun darin, die Funktion an der Stelle x_0 zu *linearisieren*, d. h. die Kurve in P_0 durch die Tangente zu ersetzen und deren Schnittpunkt x_1 mit der x-Achse zu berechnen. Aus Abb. 173 liest man unmittelbar ab

$$\tan\alpha_0 = f'(x_0) = \frac{f(x_0)}{x_0 - x_1}$$

$$\Rightarrow x_1 = x_0 - \frac{f(x_0)}{f'(x_0)}.$$

Nun kann man mit x_1 das Verfahren wiederholen, indem man $y = f(x)$ an der Stelle x_1 linearisiert, d. h. die Bildkurve in P_1 durch die Tangente ersetzt und diese mit der x-Achse schneidet; man erhält dann wie oben

$$\tan\alpha_1 = f'(x_1) = \frac{f(x_1)}{x_1 - x_2}$$

$$\Rightarrow x_2 = x_1 - \frac{f(x_1)}{f'(x_1)}$$

und so fort, also allgemein

$$\boxed{\begin{array}{c} x_{i+1} = x_i - \dfrac{f(x_i)}{f'(x_i)} \\ i = 0, 1, 2, 3, \ldots \end{array}}$$

Dies ist die **Newtonsche Iterationsformel.** Sie dient wohlbemerkt nicht zur Berechnung von Lösungen, sondern zur *Verbesserung* bereits vorhandener Näherungslösungen. Der iterative (oder rekursive) Charakter der Formel bedeutet, daß jeder Näherungswert x_{i+1} als Funktion des vorangehenden Näherungswertes x_i nach einer gleichbleibenden Vorschrift zu ermitteln ist. Grundsätzlich hat also jedes Iterationsverfahren (für eine Unbekannte) die Gestalt

$$\boxed{x_{i+1} = \varphi(x_i)}$$

wobei die Vorschrift $\varphi(x)$ bei der Newtonschen Formel speziell

$$\varphi(x) = x - \frac{f(x)}{f'(x)}$$

lautet.

Das Verfahren heißt *konvergent*, wenn die Folge der Näherungswerte gegen die exakte Lösung als Grenzwert konvergiert, wenn also

$$\lim_{i \to \infty} x_i = \bar{x}$$

ist. Anschaulich mache man sich klar, daß der Anfangspunkt P_0 nicht in der Nähe eines Extremums liegen darf und daß zwischen P_0 und der Nullstelle keine Extrema oder Wendepunkte liegen dürfen. Bei der *praktischen Durchführung* des Verfahrens bildet man zu jedem x_i den Funktionswert — einerseits zur Kontrolle, andererseits zur Berechnung von x_{i+1} — und beobachtet die Folge

$$f(x_0), f(x_1), f(x_2), \ldots$$

Stellt diese eine *Nullfolge* dar

$$\lim_{i \to \infty} f(x_i) = f(\bar{x}) = 0,$$

so führt das Verfahren sicher zum Ziel. Bei einer einfachen Nullstelle liefert jeder Iterationsschritt die doppelte Stellenzahl an Genauigkeit.

Anwendung auf algebraische Gleichungen. Als algebraische Gleichung bezeichnen wir (vgl. I. 6.1) ein gleich Null gesetztes Polynom

$$f(x) \equiv a_n x^n + a_{n-1} x^{n-1} + \cdots + a_2 x^2 + a_1 x + a_0 = 0.$$

Für dieses gilt nach II. 3.3.4

$$f(x_i) = b_0, \qquad f'(x_i) = b_1$$

$$\boxed{\begin{aligned} x_{i+1} &= x_i - \frac{f(x_i)}{f'(x_i)} = x_i - \left(\frac{b_0}{b_1}\right)_{x=x_i} \\ i &= 0,1,2,3,\ldots \end{aligned}}$$

d.h. die NEWTONsche Korrektur $f(x_i) : f'(x_i)$ kann aus dem *Vollständigen HORNERschema* für $f(x)$, entwickelt jeweils an der Stelle x_i, durch die ersten beiden Schlußelemente entnommen werden. In dieser Gestalt haben wir das Verfahren bereits als NEWTON-HORNERsche Wurzelverbesserung kennengelernt (vgl. I. 6.4). Insbesondere ergibt sich für die Gleichung

$$f(x) \equiv x^n - a = 0 \quad (a > 0)$$
$$f'(x) = n\, x^{n-1}$$
$$x_{i+1} = x_i - \frac{x_i^n - a}{n\, x_i^{n-1}} = \frac{1}{n}\left[(n-1)x_i + \frac{a}{x_i^{n-1}}\right]$$

die bekannte Iterationsformel zur Bestimmung von $\sqrt[n]{a}$ (vgl. I. 1.4.4)[1]).

Der Leser beachte, daß diese früher behandelten Iterationsverfahren nur Spezialfälle der NEWTONschen Iterationsformel sind.

Beispiel: Man bestimme die reellen Wurzeln der Gleichung

$$x^5 + 3x^3 - 2x^2 + x + 1 = 0$$

1. *Schranken für die Wurzeln:*

Ohne Heranziehung der Schrankensätze aus I. 6.4 können wir hier bei Aufspaltung der Gleichung gemäß

$$x^5 + 3x^3 + x + 1 = 2x^2$$

erkennen, daß die reellen Wurzeln im Bereich

$$-1 < x < 0$$

liegen müssen, da für alle anderen x-Werte die linke Seite dem Betrage nach größer ausfällt als die rechte Seite.

---

[1]) Die Bestimmung der positiven Lösung der Gleichung $x^n - a = 0$ ist gleichbedeutend mit der Bestimmung von $\sqrt[n]{a}$ im Reellen.

2. *Ermittlung einer ersten Näherungslösung* x_0:
Wir fertigen eine kleine Wertetafel für den in Betracht kommenden Bereich an

x	0	$-0,2$	$-0,4$	$-0,5$	$-0,8$	-1
$f(x)$	1	0,70	0,08	$-0,41$	$-2,94$	-6

und zeichnen die Funktion $y = f(x)$ gemäß Abb. 174.[1]) Man liest ab

$$x_0 = -0,42$$

und sieht außerdem, daß dies die einzige reelle Wurzel der Gleichung ist.

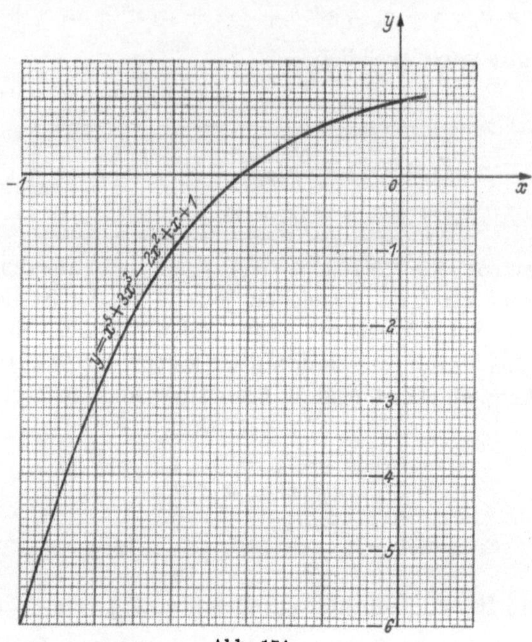

Abb. 174

3. *Erste Verbesserung mit dem Rechenstab:*
Für die nächste Näherungslösung x_1 gilt

$$x_1 = x_0 - \left(\frac{b_0}{b_1}\right)_{x\,=\,x_0}$$

Wir legen also das Vollständige Horner-Schema für die Stelle $x = x_0 = -0,42$
an, benötigen indes nur die beiden ersten Zeilen:

$$
\begin{array}{r|rrrrrr}
 & 1 & 0 & 3 & -2 & 1 & 1 \\
-0,42 & & -0,42 & 0,1764 & -1,334 & 1,400 & -1,008 \\
\hline
 & 1 & -0,42 & 3,1764 & -3,334 & 2,400 & -0,008 = b_0 \\
-0,42 & & -0,42 & 0,3528 & -1,482 & 2,023 & \\
\hline
 & 1 & -0,84 & 3,5292 & -4,816 & 4,423 = b_1 &
\end{array}
$$

$$\Rightarrow x_1 = -0,42 - \frac{-0,008}{4,423} = -0,4182.$$

---

[1]) Der Studierende lege solche Zeichnungen nicht zu klein an, damit er den Anfangswert bereits möglichst genau erhält.

Da die ersten beiden Dezimalen bestätigt werden, können wir den Wert von x_1 auf 4 Dezimalen — wie angeschrieben — als richtig erwarten. Mehr Stellen hier mitzunehmen hat keinen Sinn.

4. Zweite Verbesserung mit der Rechenmaschine:

Für x_2 gilt entsprechend wie bei x_1

$$x_2 = x_1 - \left(\frac{b_0}{b_1}\right)_{x\,=\,x_1}$$

$-0,4182$	1	0	3	-2	1	1
		$-0,4182$	$0,17489124$	$-1,32773952$	$1,39166067$	$-1,00019249$
	1	$-0,4182$	$3,17489124$	$-3,32773952$	$2,39166067$	$\underline{-0,00019249} = b_0$
$-0,4182$		$-0,4182$	$0,34978248$	$-1,47401855$	$2,00809522$	
	1	$-0,8364$	$3,52467372$	$-4,80175807$	$\underline{4,39975589} = b_1$	

$$\Rightarrow x_2 = -0,4182 - \frac{-0,00019249}{4,39975589} = -0,41815625.$$

Da die ersten vier Dezimalen bestätigt werden, können wir x_2 auf 8 Dezimalen richtig erwarten. Zur Kontrolle berechnen wir noch $f(x_2)$ und schätzen die nächste anzubringende Korrektur in der Größenordnung ab:

$-0,41815625$	1	0	3	-2	1	1
		$-0,41815625$	$0,17485465$	$-1,32758531$	$1,39145059$	$-1,0000000108$
	1	$-0,41815625$	$3,17485465$	$-3,32758531$	$2,39145059$	$\underline{-0,0000000108} = b_0$

Die zweite Zeile braucht man nicht zu berechnen, da b_1 größenordnungsmäßig konstant bleibt, etwa $b_1 = 4,4$. Somit wird die Korrektur für x_2 dem Betrage nach

$$\left|\left(\frac{b_0}{b_1}\right)_{x\,=\,x_2}\right| = \frac{0,108 \cdot 10^{-7}}{4,4} = 0,2 \cdot 10^{-8} < \frac{1}{2} \cdot 10^{-8},$$

d. h. die achte Dezimale von x_2 wird nicht mehr beeinflußt.
Weitere Beispiele finden sich in I. 6.4.

Anwendung auf transzendente Gleichungen. Liegt eine transzendente, d. h. nichtalgebraische Gleichung $f(x) = 0$ vor, so setzt das NEWTONsche Verfahren die Ableitbarkeit der Funktion $y = f(x)$ voraus. Zu beachten ist, daß man die Verbesserung der Lösungen nur so weit treiben kann, als die transzendenten Funktionen vertafelt sind. Im allgemeinen wird man sich mit einer einmaligen Verbesserung einer graphisch gefundenen Näherungslösung begnügen.

Beispiele

1. Man bestimme die betragsmäßig kleinste reelle Lösung der transzendenten Gleichung

$$2\tan x + x - 2 = 0!$$

Zeichnerische Ermittlung von x_0: Man spaltet die Gleichung zweckmäßigerweise gemäß

$$\tan x = -\frac{x}{2} + 1$$

15*

auf, da man die Funktionen $f_1(x) = \tan x$ und $f_2(x) = -x/2 + 1$ bequem zeichnen kann (Schablone!). Aus Abb. 175 liest man

ab. $x_0 = 0{,}61$

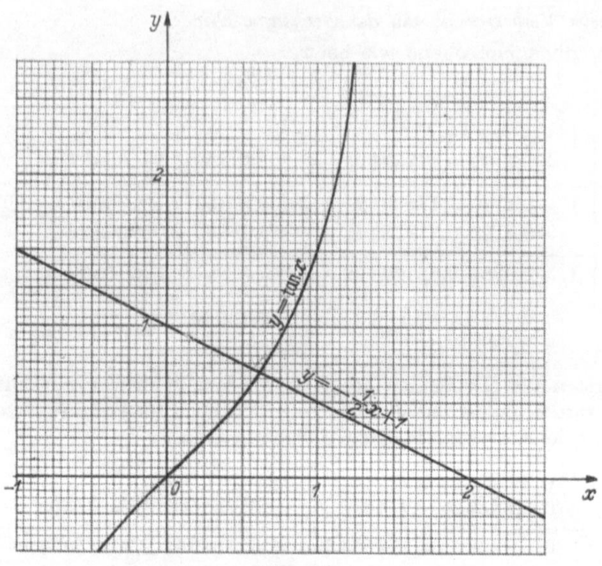

Abb. 175

Erste Verbesserung von x_0 (Zahlentafel[1]))

$$x_1 = x_0 - \frac{f(x_0)}{f'(x_0)}$$

mit
$$f(x) = 2\tan x + x - 2$$
$$f'(x) = 2\tan^2 x + 3$$
$$f(x_0) = 2 \cdot 0{,}6989189 + 0{,}61 - 2 = 0{,}0078378$$
$$f'(x_0) = 2 \cdot 0{,}48848763 + 3 = 3{,}9769753$$
$$\Rightarrow \frac{f(x_0)}{f'(x_0)} = \frac{7{,}8378 \cdot 10^{-3}}{3{,}9769753} = 1{,}9707942 \cdot 10^{-3}$$
$$\Rightarrow x_1 = 0{,}61 - 0{,}0019707942 = 0{,}6080292058$$
$$\Rightarrow x_1 = 0{,}6080.$$

Zweite Verbesserung von x_0:

$$x_2 = x_1 - \frac{f(x_1)}{f'(x_1)}$$
$$f(x_1) = 2 \cdot 0{,}6959460 + 0{,}6080 - 2 = -0{,}0001080$$
$$f'(x_1) = 2 \cdot 0{,}48434083 + 3 = 3{,}9686817$$
$$\Rightarrow \frac{f(x_1)}{f'(x_1)} = -\frac{10{,}8 \cdot 10^{-5}}{3{,}9686817} = -2{,}7213067 \cdot 10^{-5}$$
$$\Rightarrow x_2 = 0{,}6080 + 0{,}000027213067 = 0{,}608027213067$$
$$\Rightarrow x_2 = 0{,}60802721.$$

---

[1]) Lösch, F.: Siebenstellige Tafeln der elementaren transzendenten Funktionen; Berlin/Göttingen/Heidelberg: Springer 1954.

Man beachte, daß man stets nur so viele Stellen für x_i anschreibt, als man für richtig annehmen kann. Es war x_1 auf 5 Stellen ($= 4$ Dezimalen) richtig (was man an x_2 sieht, da dort diese Stellen bestätigt werden!), also wird nach der allgemeinen Regel x_2 auf 10 Stellen (9 Dezimalen) richtig werden. Da eventuell Rundungsfehler die letzte Stelle verwischen, schreiben wir x_2 auf 8 Dezimalen an.

2. Man ermittle die reelle Lösung der Gleichung

$$f(x) \equiv 2\ln x + x^2 - 2x - 3 = 0!$$

Zeichnerische Bestimmung von x_0: Zunächst formt man um

$$f(x) \equiv 2\ln x + (x-1)^2 - 4 = 0$$

und wird gemäß

$$\ln x = -\tfrac{1}{2}(x-1)^2 + 2$$

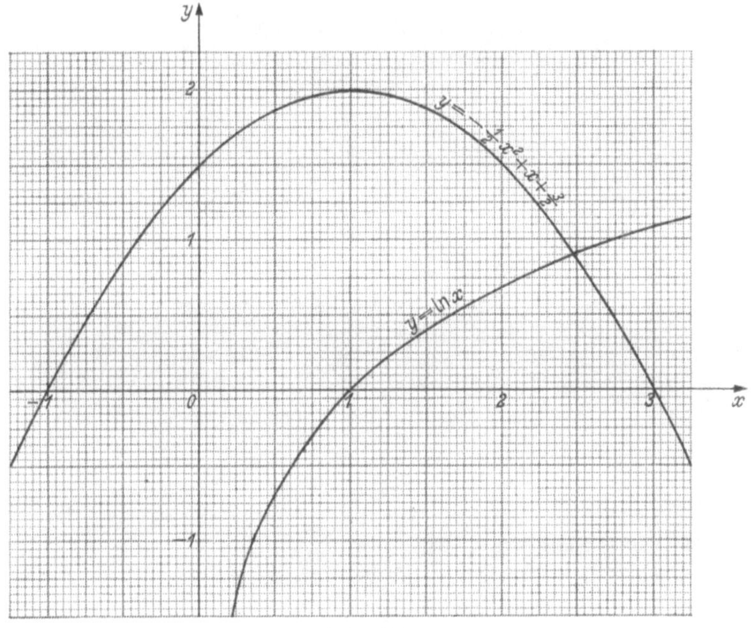

Abb. 176

aufspalten und zeichnen (Abb. 176). Man liest ab als einzige reelle Lösung

$$x_0 = 2{,}48\,.$$

Erste Verbesserung von x_0: Mit

$$f(x) = 2\ln x + (x-1)^2 - 4$$

$$f'(x) = 2\left(\frac{1}{x} + x - 1\right)$$

ergibt sich gemäß

$$x_1 = x_0 - \frac{f(x_0)}{f'(x_0)}$$

$$f(x_0) = 2 \cdot 0{,}9082586 + 2{,}1904 - 4 = 0{,}0069172$$

$$f'(x_0) = 2(0{,}4032258 + 1{,}48) = 3{,}7664516$$

$$\Rightarrow \frac{f(x_0)}{f'(x_0)} = \frac{6{,}9172 \cdot 10^{-3}}{3{,}7664516} = 1{,}8365296 \cdot 10^{-3}$$

$$x_1 = 2{,}48 - 0{,}0018365296 = 2{,}4781634704$$

$$\Rightarrow x_1 = 2{,}47816.$$

Rundet man x_1 auf 3 Stellen (2 Dezimalen), so ergibt sich $x_0 = 2{,}48$, d. h. diese 3 Stellen von x_0 werden bestätigt, und man kann von x_1 sechs richtige Stellen annehmen.

3. Man löse die Gleichung

$$f(x) \equiv e^{-0{,}5\,x} - \text{Arc} \tan x = 0!$$

Zeichnerische Ermittlung von x_0: Man zeichnet

$$f_1(x) = e^{-0{,}5\,x}, \qquad f_2(x) = \text{Arc} \tan x$$

und erhält als Abszisse des Schnittpunktes (Abb. 177)

$$x_0 = 0{,}80.$$

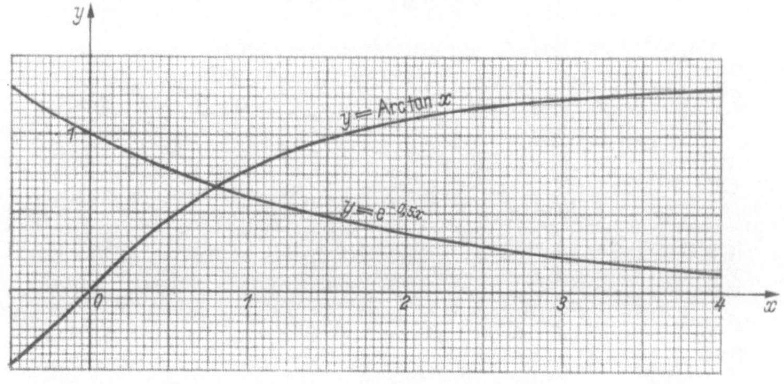

Abb. 177

Erste Verbesserung von x_0: Mit

$$f(x) = e^{-0{,}5\,x} - \text{Arc} \tan x$$

$$f'(x) = -0{,}5\,e^{-0{,}5\,x} - \frac{1}{1 + x^2}$$

erhält man

$$f(x_0) = \quad 0{,}6703200 - 0{,}6747409 = -0{,}0044209$$

$$f'(x_0) = -0{,}5 \cdot 0{,}6703200 - 0{,}6097561 = -0{,}9449161$$

$$\Rightarrow \frac{f(x_0)}{f'(x_0)} = \frac{-4{,}4209 \cdot 10^{-3}}{-0{,}9449161} = 4{,}6786164 \cdot 10^{-3}$$

$$x_1 = 0{,}80 - 0{,}0046786164 = 0{,}7953213836$$

$$\Rightarrow x_1 = 0{,}7953.$$

Kontrollwert $f(x_1)$:

$$f(x_1) = 0{,}6718971 - 0{,}6718685 = 0{,}0000286,$$

x_1 ist demnach sicher auf 4 Dezimalen richtig.

3.7 Funktionen von zwei reellen Veränderlichen

3.7.1 Der Funktionsbegriff

Definition: *Als Funktion der zwei unabhängigen reellen Veränderlichen x und y, in Zeichen*

$$\boxed{z = f(x, y)}$$

bezeichnet man eine Vorschrift, welche jedem Wertepaar (x, y) einen Wert der Veränderlichen z eindeutig zuordnet.

Die Menge aller Wertepaare (x, y), für welche die Funktion erklärt ist, heißt ihr Definitionsbereich, die Menge aller möglichen Funktionswerte der Wertevorrat der Funktion. So hat etwa die Funktion

$$z = \sqrt{x^2 + y^2 - 4}$$

als Definitionsbereich die Menge aller (x, y)-Werte, für welche

$$x^2 + y^2 - 4 \geq 0$$

bzw.

$$x^2 + y^2 \geq 4$$

ist; das ist geometrisch die Menge aller Punkte des Kreises um O mit Radius 2 und sein Äußeres; der Wertevorrat besteht aus allen positiven reellen Zahlen und der Null.

Auch bei Funktionen von zwei Veränderlichen können wir verschiedene Darstellungsformen unterscheiden.

3.7.2 Analytische Darstellungsformen

Von ihnen ist die Funktionsgleichung die häufigste und wichtigste. Sie kann vorliegen

a) in der *expliziten* (entwickelten) Form

$$\boxed{z = f(x, y) \quad oder \quad y = g(x, z) \quad oder \quad x = h(y, z)}$$

b) in der *impliziten* (unentwickelten) Form

$$\boxed{F(x, y, z) = 0}$$

c) in einer *Parameterform*

$$\boxed{\begin{aligned} x &= x(\varphi, \psi) \\ y &= y(\varphi, \psi) \\ z &= z(\varphi, \psi) \end{aligned}}$$

Jede der drei Variablen x, y, z wird dabei zu einer Funktion der zwei Parameter φ und ψ, welche als die unabhängigen Veränderlichen zu betrachten sind.

Von diesen drei Hauptformen müssen nicht immer sämtliche existieren. Die implizite Form gibt es stets, wenn es eine explizite gibt. Eine explizite Form gibt es nur dann, wenn die Auflösung nach wenigstens einer Variablen formal ausführbar ist. Ist aber eine solche Auflösung möglich, so existiert auch eine Parameterdarstellung; etwa bei der expliziten Form $z = f(x, y)$ stets

$$x = \varphi$$

$$y = \psi$$

$$z = f(\varphi, \psi).$$

Gibt es eine Parameterdarstellung, so gibt es bereits unendlich viele. Allerdings wird man bei angewandten Problemen nur solche wählen, bei denen die Parameter eine geometrische oder physikalische Bedeutung besitzen.

Zu einer weiteren analytischen Darstellungsform kommt man auf Grund der Überlegung, daß jeder Punkt $P(x, y, z)$ des Raumes eindeutig einen Vektor $\mathfrak{r}$ bestimmt, dessen Anfangspunkt im Ursprung O liegt und dessen Spitze mit P zusammenfällt:

$$\mathfrak{r} = \overrightarrow{OP}.$$

Gilt für die kartesischen Variablen x, y, z die Parameterdarstellung

$$x = x(\varphi, \psi)$$

$$y = y(\varphi, \psi)$$

$$z = z(\varphi, \psi),$$

so kann diese bei Einführung der orthogonalen Einheitsvektoren (II. 2.3.1) $\mathfrak{i}$, $\mathfrak{j}$ und $\mathfrak{k}$ auch in Form der einen Vektorgleichung

$$\boxed{\mathfrak{r} = \mathfrak{r}(\varphi, \psi) = x(\varphi, \psi)\,\mathfrak{i} + y(\varphi, \psi)\,\mathfrak{j} + z(\varphi, \psi)\,\mathfrak{k}}$$

geschrieben werden. Die Spitze des (variablen) Vektors $\mathfrak{r}(\varphi, \psi)$ beschreibt dabei — falls φ und ψ unabhängig voneinander ihren Definitionsbereich durchlaufen — eine Fläche im Raum. Die eingerahmte Gleichung wird die *vektorielle Darstellungsform* einer Funktion zweier Veränderlicher genannt. *Einer* Vektorgleichung sind also *drei* skalare Gleichungen (etwa diejenigen einer Parameterdarstellung) gleichwertig. Der Übergang von dieser zu jener Darstellungsform (und umgekehrt) ist, im Grunde genommen, nur eine Umschreibung, also jederzeit ausführbar.

Beispiel: Vorgelegt sei die Funktionsgleichung

$$x^2 + y^2 + z^2 = r^2.$$

Wir nehmen vorweg, daß es sich um die „Mittelpunktsgleichung" einer Kugel[1]) vom Radius r handelt. Die expliziten Formen können sämtlich gebildet werden, so etwa

$$z = \begin{cases} \sqrt{r^2 - x^2 - y^2} \\ -\sqrt{r^2 - x^2 - y^2}, \end{cases}$$

wobei die Aufspaltung wegen der geforderten Eindeutigkeit der Zuordnung $z = f(x, y)$ vorzunehmen ist. Man erhält geometrisch zwei Kugelhalbflächen. Die implizite Form lautet

$$F(x, y, z) = x^2 + y^2 + z^2 - r^2 = 0,$$

und eine Parameterform ist

$$\left. \begin{aligned} x &= r \cos\varphi \cos\psi \\ y &= r \sin\varphi \cos\psi \\ z &= r \sin\psi \end{aligned} \right\} \quad \begin{aligned} 0 &\leqq \varphi < 2\pi \\ -\pi &\leqq \psi < +\pi. \end{aligned}$$

Zum Beweis für ihre Richtigkeit eliminieren wir die Parameter wie folgt

$$x^2 + y^2 + z^2 = r^2 \cos^2\psi(\cos^2\varphi + \sin^2\varphi) + r^2 \sin^2\psi = r^2(\cos^2\psi + \sin^2\psi) = r^2,$$

kommen also wieder auf die Mittelpunktsgleichung zurück. Die geometrische Bedeutung von φ und ψ wird weiter unten erläutert.
Die Vektorgleichung der Kugel lautet mit obiger Parameterdarstellung

$$\mathfrak{r}(\varphi, \psi) = (r \cos\varphi \cos\psi)\,\mathfrak{i} + (r \sin\varphi \cos\psi)\,\mathfrak{j} + (r \sin\psi)\,\mathfrak{k}.$$

Läuft φ von 0 bis 2π und unabhängig davon ψ von $-\pi$ bis $+\pi$, so überstreicht die Vektorspitze von $\mathfrak{r} = \mathfrak{r}(\varphi, \psi)$ die gesamte Kugelfläche.

3.7.3 Geometrische Darstellungsformen

Da wir jetzt drei Veränderliche haben, legen wir unseren geometrischen Betrachtungen ein rechtshändiges räumliches kartesisches Koordinatensystem zugrunde. Bei diesem stehen x-, y- und z-Achse paarweise aufeinander senkrecht und bilden in dieser Reihenfolge eine Rechtsschraubung[2]) (Abb. 178). Jedes Wertepaar (x, y) bestimmt einen Punkt P' in der xy-Ebene, von dem aus noch die „Höhe" $z = f(x, y)$ aufzutragen ist. So gelangt man zu dem Raumpunkt P mit den Koordinaten x, y, z. Jedes

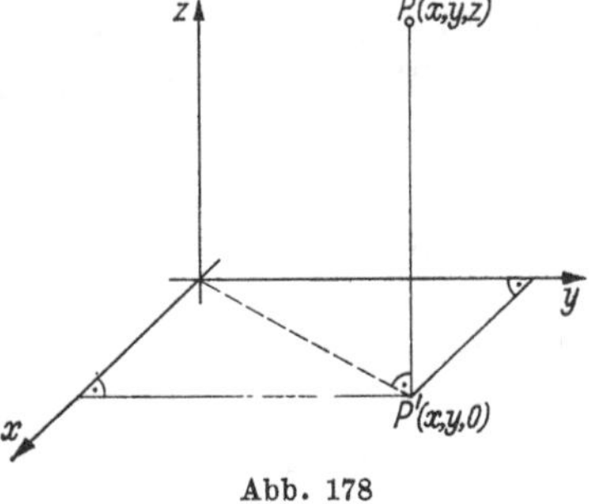

Abb. 178

---

[1]) Gemeint ist damit — analog wie beim Kreis — stets die Kugel*fläche*, nicht etwa die massive Kugel.
[2]) Vgl. II. 2.3.1.

Koordinatentripel (x, y, z) bestimmt eindeutig einen Punkt P des
Raumes und umgekehrt legt jeder Raumpunkt eindeutig ein Tripel von
Zahlen x, y, z fest. Mit anderen Worten, die Zuordnung

$$P \longleftrightarrow (x, y, z)$$

ist umkehrbar eindeutig, so daß man dafür auch

$$P(x, y, z)$$

schreibt. Für die Funktion $z = f(x, y)$ bekommt man auf diese Weise
eine Menge von Punkten, deren Koordinaten die Funktionsgleichung

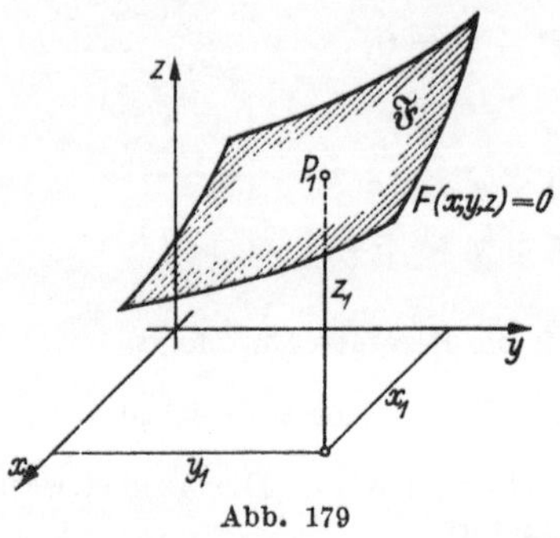

Abb. 179

identisch erfüllen, und die in ihrer
Gesamtheit eine räumliche Fläche
bilden. Diese Fläche kann als das
geometrische Bild oder die geometrische
Darstellungsform der zugrunde liegenden Funktion angesehen werden (Abbildung 179). Wir fassen zusammen:

Satz: *Das geometrische Bild einer
Funktion $F(x, y, z) = 0$ ist eine Fläche $\mathfrak{F}$
im dreidimensionalen Raum, die aus
den und nur den Punkten besteht, deren*
Koordinaten die Funktionsgleichung identisch erfüllen

$$\mathfrak{F} = \{P(x, y, z) \mid F(x, y, z) = 0\}$$
$$P_1(x_1, y_1, z_1) \in \mathfrak{F} \Longleftrightarrow F(x_1, y_1, z_1) = 0$$

Die konkrete Ermittlung der Fläche und ihre zeichnerische Darstellung
ist im einzelnen jedoch gewöhnlich recht schwierig. Wenn man von
Sonderfällen, in denen die Fläche schon auf Grund ihres Namens eine
bekannte Gestalt besitzt — Kugel, Zylinder, Kegel, Ellipsoide, Hyper-
boloide, Paraboloide[1]) usw. — absieht, muß man deshalb einräumen, daß
die Bildfläche zwar die sinngemäße Verallgemeinerung der Bildkurve
bei Funktionen einer Veränderlichen ist, jedoch bei weitem nicht die
gleiche praktische Bedeutung wie diese hat. Aus diesem Grunde wählt
man in den meisten Fällen nicht die Bildfläche selbst zur geometrischen
Veranschaulichung, sondern bestimmt die Kurven, welche beim Schnitt
der gegebenen Bildfläche mit Ebenen, parallel zu den Koordinatenebenen,
entstehen. Auf diese Weise erhält man wieder eine zweidimensionale,
leicht zeichenbare Darstellung, bei welcher die Zuordnung der Variablen

---

[1]) Allgemein: Flächen zweiter Ordnung. Diese stellen eine räumliche Verallgemeinerung der Kegelschnitte dar und können auf analoge Weise klassifiziert
werden. Ihre allgemeine Gleichung ist ein gleich Null gesetztes Polynom zweiten
Grades in x, y, z.

auch quantitativ gut eingesehen werden kann. Oft kann man aus dieser Darstellung auch einen Schluß auf die Gestalt der Bildfläche ziehen, ohne diese dann zeichnen zu müssen. Wir nennen dies die „Schnittliniendarstellung" und geben hierfür folgende

Definition: *Als Schnittliniendarstellung bezeichnet man die Darstellung einer Funktion*

$$F(x, y, z) = 0$$

durch die Kurven, welche beim Schnitt der Bildfläche mit Ebenen parallel zu den Koordinatenebenen entstehen.

Eine Ebene, die parallel zur xy-Ebene im Abstand a verläuft, hat offenbar die Gleichung $z = a$, denn sie stellt doch die Menge genau derjenigen Punkte dar, deren z-Koordinate gleich a ist. Ganz entsprechend ist

$$y = b$$

als Gleichung der zur xz-Ebene parallelen Ebene im Abstand b und

$$x = c$$

als Gleichung der zur yz-Ebene parallelen Ebene im Abstand c anzusehen[1]). Demgemäß haben die Schnittkurven einer Fläche $F(x, y, z) = 0$ mit diesen Parallelebenen die Gleichungen

$$\left. \begin{array}{l} F(x, y, z) = 0 \\ z = a \end{array} \right\} \qquad \left. \begin{array}{l} F(x, y, z) = 0 \\ y = b \end{array} \right\} \qquad \left. \begin{array}{l} F(x, y, z) = 0 \\ x = c \end{array} \right\}$$

Beachte, daß etwa $F(x, y, a) = 0$ allein nicht die Gleichung der Schnittkurve, sondern die Gleichung der in die xy-Ebene projizierten Schnittkurve ist! Da sich jedoch bei dieser Projektion an der Gestalt der Schnittkurve nichts ändert, genügt es, die Kurve $F(x, y, a) = 0$ in der xy-Ebene zu zeichnen *und sie mit der Angabe $z = a$ zu versehen.* Läßt man jetzt z eine Folge diskreter Werte durchlaufen

$$z = a_1, a_2, a_3, \ldots, a_n,$$

so erhält man insgesamt eine *Kurvenschar* in der xy-Ebene, wobei jede Scharkurve eineindeutig einem speziellen Wert von z zugeordnet ist und mit diesem Wert als „Scharparameter" beschriftet wird. Dies nimmt man im allgemeinen für jede Koordinatenebene vor, erhält also drei Scharen von Schnittkurven — in der xy-, xz- und yz-Ebene — die insgesamt die Schnittliniendarstellung bilden.

---

[1]) Es sei darauf hingewiesen, daß die Gleichung $x = c$ je nach der zugrunde gelegten Dimension eine ganz verschiedene Bedeutung haben kann. Im eindimensionalen Fall bedeutet sie den Punkt c auf der x-Achse, im Fall der Ebene die Parallele zur y-Achse im Abstand c, im Dreidimensionalen schließlich die Ebene parallel zur yz-Ebene im Abstand c.

Da die Diagramme gleichsam durch ein Netz von Kurven überzogen sind, nennt man sie auch Netztafeln.

Beispiele

1. Man erläutere die geometrischen Darstellungen der Funktion

$$F(x, y, z) \equiv x^2 + y^2 + z^2 - r^2 = 0 \qquad (r > 0).$$

Lösung: Schnitte mit Ebenen $z = a$ ergeben

$$x^2 + y^2 + a^2 - r^2 = 0$$
$$x^2 + y^2 = r^2 - a^2,$$

das sind für $|a| \leqq r$ konzentrische Kreise vom Radius $\sqrt{r^2 - a^2}$. Völlig entsprechend liefern $y = b$ Kreise vom Radius $\sqrt{r^2 - b^2}$ (falls $|b| \leqq r$) und $x = c$ Kreise vom Radius $\sqrt{r^2 - c^2}$ (falls $|c| \leqq r$). Die Schnittliniendarstellung für z als Scharparameter hat dann die in Abb. 180 gezeigte Gestalt (dabei ist $r = 4$ gesetzt). Die Fläche ist also sicher eine Kugel um den Ursprung vom Radius r. Die oben angeführte Parameterdarstellung der Kugel

$$\left. \begin{array}{l} x = r \cos\varphi \cos\psi \\ y = r \sin\varphi \cos\psi \\ z = r \sin\psi \end{array} \right\}$$

ist an der Abb. 181, welche einen Kugeloktanten zeigt, trigonometrisch ablesbar. Die Parameter φ und ψ bedeuten also Mittelpunktswinkel[1]). Die so definierten

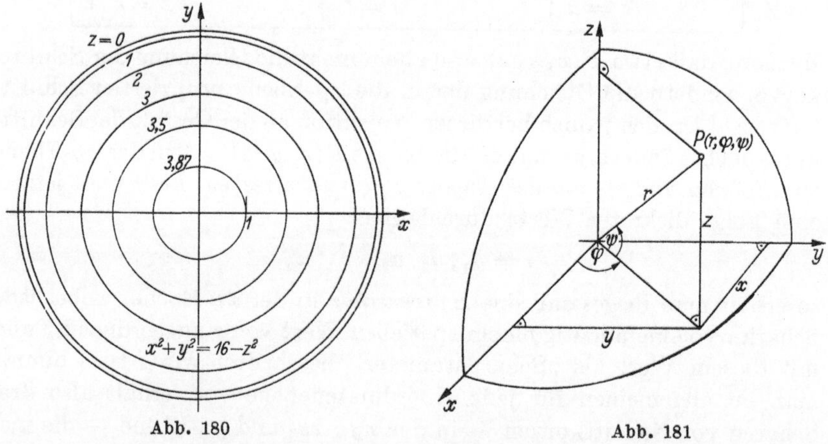

Abb. 180 Abb. 181

Größen heißen *Kugelkoordinaten* oder *räumliche Polarkoordinaten*. Die obige Parameterdarstellung der Kugelgleichung stellt zugleich die Umrechnung $(r, \varphi, \psi) \rightarrow$

---

[1]) Auf der Erdoberfläche bedeuten φ die geographische Länge und ψ die geographische Breite eines Punktes der Erdoberfläche; $\varphi = 0$ ist der Meridian von Greenwich, $\psi = 0$ der Erdäquator (r ist konstant).

$\rightarrow (x, y, z)$ dar. Umgekehrt gilt

$$\left.\begin{array}{l} r = \sqrt{x^2 + y^2 + z^2} \\[2mm] \tan\varphi = \dfrac{y}{x} \\[3mm] \tan\psi = \dfrac{z}{\sqrt{x^2 + y^2}} \end{array}\right\}$$

2. Man diskutiere die Schnittliniendarstellung der Funktion

$$z = x\,y\,!$$

Lösung: Man erhält

a) für $z = a$ die Kurvenschar

$$x\,y = a,$$

welche für jedes $a \neq 0$ eine Hyperbel mit den Koordinatenachsen als Asymptoten darstellt.

b) für $y = b$ die Kurvenschar

$$z = b\,x,$$

welche für jedes b eine Gerade durch den Ursprung des $x\,z$-Systems darstellt.

c) für $x = c$ die Kurvenschar

$$z = c\,y,$$

welche für jedes c eine Gerade durch den Ursprung des $y\,z$-Systems darstellt (Abb. 182).

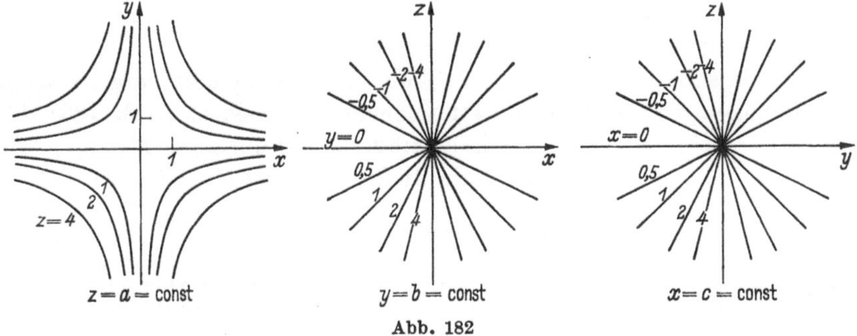

Abb. 182

Die aus der Wärmelehre bekannte *Zustandsgleichung für ideale Gase*

$$p\,V = n\,R\,T$$

(p Druck, V Volumen, T (absolute) Temperatur, n Anzahl der Mole, R universelle Gaskonstante) hat die Struktur der obigen Funktion. Man erhält für konstante Temperaturen eine Isothermenschar (Hyperbeln), für konstanten Druck bzw. konstantes Volumen die Schar der Isobaren bzw. Isochoren (Geraden). Die Bildkurven liegen wegen $T > 0$, $p > 0$, $V > 0$ nur im I. Quadranten.

3.7.4 Skalare Darstellung durch Leitertafeln

Eine für die Praxis besonders wichtige Darstellungsform einer Funktion zweier (und auch allgemein mehrerer) Veränderlicher ist das *Nomogramm*. Darunter versteht man eine graphisch-tabellarische Darstellung, die so angelegt wird, daß man zusammengehörige Variablenwerte leicht ablesen kann. Während bei der geometrischen Darstellung das anschauliche Element im Vordergrund stand, kommt es also bei der nomographischen Darstellung auf eine übersichtliche Anordnung zugeordneter Werte an, so daß ein Berechnen von z als Funktion von x und y entfällt.

Nomogramme haben erst in unserem Jahrhundert Bedeutung erlangt, sind aber dann so rasch und vielseitig entwickelt worden, daß die Technik ihrer Herstellung und ihre Theorie bald einen selbständigen Wissenszweig der Angewandten Mathematik begründeten: die Nomographie. Ihr Studium sei dem Ingenieurstudenten besonders nahegelegt.

Als einfachstes Nomogramm haben wir im I. Band (Abschn. 3.1.4) die Funktionsdoppelleiter kennengelernt. Bei ihr wurde die Zuordnung zweier Veränderlichen $y = f(x)$ bzw. $F(x, y) = 0$ durch eine zweiseitig beschriftete Skala dargestellt. Für die Zuordnung von drei Veränderlichen $z = f(x, y)$ bzw. $F(x, y, z) = 0$ sind neben den Netztafeln die *Fluchtlinien-* oder *Leitertafeln* die wichtigsten Nomogramme. Bei diesen wird für jede Veränderliche eine Skala konstruiert und die gegenseitige Lage der drei Skalen so bemessen, daß je drei zugeordnete Variablenwerte auf einer Geraden, der *Fluchtgeraden*, liegen.

Im einfachsten Fall sind die Skalen geradlinig und parallel zueinander angelegt. Dieser werde im folgenden betrachtet (Abb. 183). Die

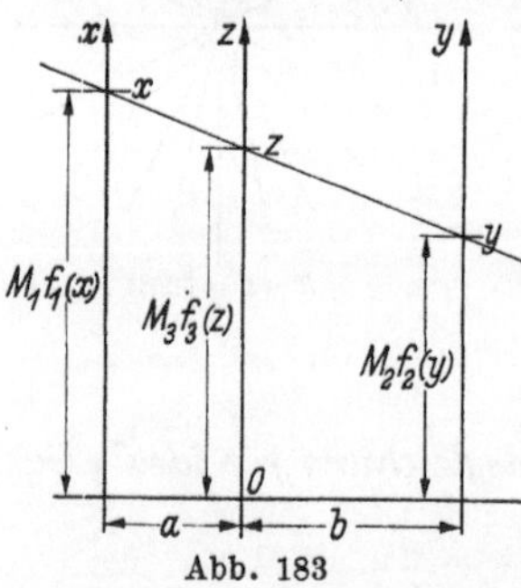

Abb. 183

x-Skala trage die Funktion $M_1 f_1(x)$, die y-Skala die Funktion $M_2 f_2(y)$ und die z-Skala die Funktion $M_3 f_3(z)$; M_1, M_2, M_3 sind hierbei die Maßzahlen von Maßstabsfaktoren. Ferner sei a der Abstand von x- und z-Leiter, b der Abstand von y- und z-Leiter. Für $a > 0$ liege die x-Leiter links, für $a < 0$ rechts von der z-Leiter, entsprechend liege für $b > 0$ ($b < 0$) die y-Leiter rechts (links) von der z-Leiter. Es muß also stets $a \neq -b$, d. h. $a + b \neq 0$ sein, da sonst x- und y-Leiter zusammenfallen. Wir fragen nach der speziellen *Struktur* einer Funktion $F(x, y, z) = 0$, damit diese durch ein solches Fluchtlinien-Nomogramm dargestellt werden kann.

Je drei zugehörige Variablenwerte bestimmen drei kollineare Skalenpunkte. Denkt man sich für einen Augenblick das Nomogramm in ein kartesisches Koordinatensystem mit O als Ursprung und der z-Leiter

als positiver Ordinatenachse eingebettet, so lautet die Kollinearitätsbedingung (vgl. II. 1.1.3)

$$\begin{vmatrix} -a & 0 & b \\ M_1 f_1(x) & M_3 f_3(z) & M_2 f_2(y) \\ 1 & 1 & 1 \end{vmatrix} = 0.$$

Dies ist bereits die gesuchte Struktur für die Funktion $F(x, y, z) = 0$.
Löst man die Determinante, etwa durch Entwicklung nach der ersten
Zeile, auf, so erhält man die **Schlüsselgleichung**

$$\boxed{F(x, y, z) \equiv b M_1 f_1(x) + a M_2 f_2(y) - (a + b) M_3 f_3(z) = 0}$$

d. h. die Variablen müssen additiv getrennt sein: *Additionstyp*. Aber
auch die Struktur

$$\boxed{g_1(x)^\alpha \, g_2(y)^\beta \, g_3(z)^\gamma = 1}$$

der sogenannte *Multiplikationstyp*, kann durch eine Fluchtentafel mit
parallelen Skalen dargestellt werden, denn sie geht durch Logarithmieren (aus numerischen Gründen zur Basis 10) sofort in den Additionstyp über:

$$\alpha \lg g_1(x) + \beta \lg g_2(y) + \gamma \lg g_3(z) = 0$$

$$\text{mit} \quad \lg g_1(x) = f_1(x), \quad \alpha = b M_1$$

$$\lg g_2(y) = f_2(y), \quad \beta = a M_2$$

$$\lg g_3(z) = f_3(z), \quad \gamma = -(a + b) M_3.$$

Hat die Funktion $F(x, y, z) = 0$ keine diesen beiden Typen entsprechende Struktur, so wird man sowohl von der Parallelität als auch
der Geradlinigkeit der Leitern abgehen. Darauf werde hier nicht eingegangen.

Beispiele

1. Man stelle die lineare Funktion

$$F(x, y, z) \equiv 2x + 3y - z = 0$$

nomographisch durch eine Leitertafel dar!

Lösung: Die lineare Funktion gehört zum Additionstyp, wir setzen in der
Schlüsselgleichung

$$b = 2, \quad M_1 = 1$$

$$a = 3, \quad M_2 = 1$$

$$\Rightarrow M_3 = 0{,}2,$$

denn es muß

$$-(a + b) M_3 = -1$$

sein. Die in Abb. 184 eingezeichnete[1]) spezielle Fluchtgerade bestimmt

$$z = 2x + 3y$$

für $x = 2$, $y = 7$; es ist $z = 25$.

2. Man stelle die Funktion

$$z = \sqrt{x^2 - y^2}$$

nomographisch durch eine Leitertafel dar!

Lösung: Wir schreiben die Funktion in der Gestalt

$$-x^2 + y^2 + z^2 = 0$$

und erkennen den Additionstyp. Es ist hier

$$f_1(x) = x^2, \quad f_2(y) = y^2, \quad f_3(z) = z^2$$

und wir setzen im Einklang mit der Schlüsselgleichung

$$b = -2, \quad M_1 = \tfrac{1}{2}$$
$$a = 1, \quad M_2 = 1$$
$$\Rightarrow M_3 = 1,$$

denn es muß gelten

$$-(a + b)\,M_3 = 1.$$

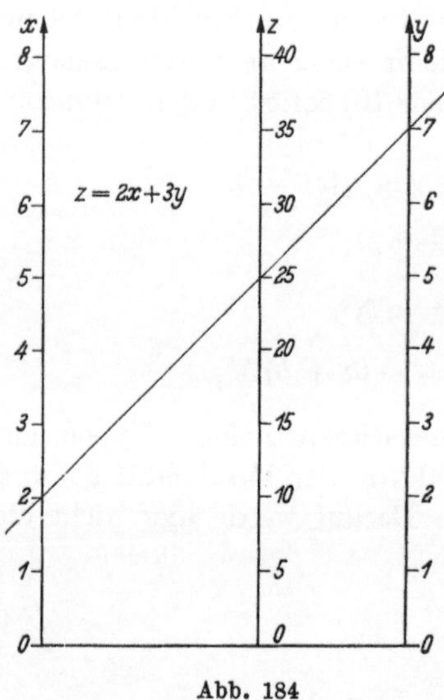

Abb. 184

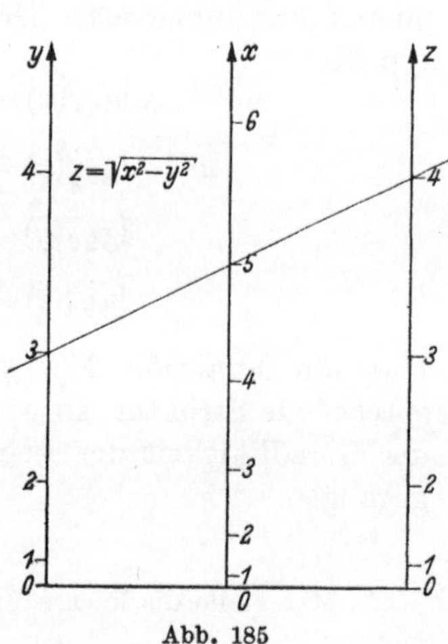

Abb. 185

Die eingezeichnete spezielle Fluchtgerade bestimmt

$$4 = \sqrt{25 - 9}$$

(s. Abb. 185).

---

[1]) Bei der Herstellung des Nomogramms beachte der Leser, daß die Wahl der Maßeinheit für a, b beliebig ist (sie kürzt sich letztlich aus der Schlüsselgleichung wieder heraus). Entsprechendes gilt für die Maßeinheit der M_i, die übrigens unabhängig von der Maßeinheit der a, b gewählt werden kann.

3. Gesucht ist das Fluchtenlinien-Nomogramm für die Funktion

$$z = x\,y\,!$$

Lösung: Schreibt man die Funktion in der Gestalt

$$x\,y\,z\,!\,1 = 1,$$

so erkennt man, daß $F(x, y, z)$ den Multiplikationstyp hat. Wir logarithmieren also und erhalten

$$\lg x + \lg y - \lg z = 0,$$

so daß wir mit

$$f_1(x) = \lg x, \quad f_2(y) = \lg y, \quad f_3(z) = \lg z$$

$$b = 1, \quad M_1 = 10$$

$$a = 1, \quad M_2 = 10$$

$$\Rightarrow M_3 = 5$$

setzen können. Auf den Leitern sind jetzt also logarithmische Skalen aufzutragen, wobei die Länge der logarithmischen Einheit auf der x- und y-Achse 10, auf der z-Achse 5 Einheiten beträgt. Durch Einzeichnen geeigneter Fluchtenlinien lassen sich die Skalen leicht feiner beziffern (Abb. 186).

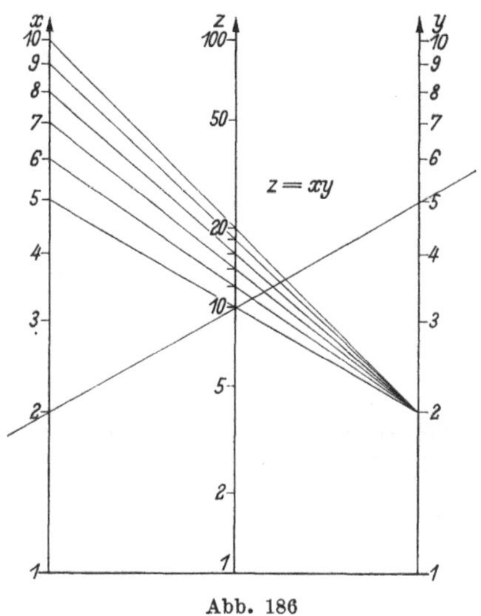

Abb. 186

3.7.5 Raumkurven

Definition: *Der (nicht-leere) Durchschnitt zweier Raumflächen $\mathfrak{F}_1$ und $\mathfrak{F}_2$ heißt eine Raumkurve $\mathfrak{C}$*

$$\mathfrak{C} = \mathfrak{F}_1 \times \mathfrak{F}_2.$$

Auf der Raumkurve $\mathfrak{C}$ liegen also die und nur die Punkte, die zugleich auf $\mathfrak{F}_1$ und $\mathfrak{F}_2$ liegen. Haben die Flächen die Gleichungen

$$F(x, y, z) = 0$$

$$G(x, y, z) = 0,$$

so liegt ein Punkt $P(x, y, z)$ also genau dann auf der Raumkurve, wenn seine Koordinaten sowohl die Gleichung $F(x, y, z) = 0$ als auch die Gleichung $G(x, y, z) = 0$ identisch erfüllen, d. h. aber, das *Simultansystem*

$$\boxed{\begin{aligned} F(x, y, z) &= 0 \\ G(x, y, z) &= 0 \end{aligned}}$$

ist eine analytische Darstellung der Raumkurve $\mathfrak{C} = \mathfrak{F}_1 \times \mathfrak{F}_2$. Setzt man x als Funktion eines Parameters t

$$x = x(t)$$

in die beiden Flächengleichungen ein, so erhält man

$$F(x(t), y, z) = 0$$
$$G(x(t), y, z) = 0,$$

also ein System, mit dem man (unter gewissen Voraussetzungen) y und z als Funktionen von t ausdrücken kann

$$y = y(t)$$
$$z = z(t).$$

Diese drei Funktionen

$$\boxed{\begin{aligned} x &= x(t) \\ y &= y(t) \\ z &= z(t) \end{aligned}}$$

stellen demnach eine **Parameterform der Raumkurve** dar, denn es ist für jedes Tripel (x, y, z)

$$F\big(x(t), y(t), z(t)\big) \equiv 0$$
$$G\big(x(t), y(t), z(t)\big) \equiv 0.$$

In vektorieller Form lautet die Gleichung der Raumkurve also

$$\boxed{\mathfrak{r}(t) = x(t)\,\mathfrak{i} + y(t)\,\mathfrak{j} + z(t)\,\mathfrak{k}}$$

Setzt man speziell

$$x(t) = a_x + b_x\,t$$
$$y(t) = a_y + b_y\,t$$
$$z(t) = a_z + b_z\,t,$$

also jeweils lineare Funktionen in t, so folgt mit

$$\mathfrak{a} = a_x\,\mathfrak{i} + a_y\,\mathfrak{j} + a_z\,\mathfrak{k}$$
$$\mathfrak{b} = b_x\,\mathfrak{i} + b_y\,\mathfrak{j} + b_z\,\mathfrak{k}$$

$$\boxed{\mathfrak{r}(t) = \mathfrak{a} + \mathfrak{b}\,t}$$

als *Vektorgleichung einer Raumgeraden* (vgl. II. 2.3.6).

3.7.6 Partielle Ableitungen

Die Ableitungs- bzw. Differentialrechnung bei Funktionen von zwei unabhängigen Veränderlichen wird grundsätzlich zurückgeführt auf die der Funktionen einer Veränderlichen, indem man jeweils nur nach einer

Veränderlichen ableitet und die andere Veränderliche konstant hält. Sämtliche Ableitungsregeln bleiben dann bestehen, lediglich die Bezeichnungsweisen sind etwas anders. Ausgangspunkt sind die beiden Differenzenquotienten der Funktion $z = f(x, y)$

$$\frac{f(x + h,\, y) - f(x,\, y)}{h}$$

$$\frac{f(x,\, y + k) - f(x,\, y)}{k},$$

deren Grenzwerte für $h \to 0$ bzw. $k \to 0$ zu bilden sind.

Definition: *Der Grenzwert*

$$\lim_{h \to 0} \frac{f(x + h,\, y) - f(x,\, y)}{h} = f_x(x,\, y) = \frac{\partial f}{\partial x} = \frac{\partial}{\partial x} f(x, y)$$

heißt partielle Ableitung bzw. partieller Differentialquotient der Funktion $z = f(x, y)$ *nach* x.
Der Grenzwert

$$\lim_{k \to 0} \frac{f(x,\, y + k) - f(x,\, y)}{k} = f_y(x,\, y) = \frac{\partial f}{\partial y} = \frac{\partial}{\partial y} f(x, y)$$

heißt partielle Ableitung bzw. partieller Differentialquotient von $z = f(x, y)$ *nach* y.

Formal wird die partielle Ableitung nach x wie die gewöhnliche Ableitung nach x ausgeführt, nur muß man beim Ableiten y wie eine Konstante behandeln. Entsprechend ist bei der partiellen Ableitung nach y die Variable x wie eine Konstante zu behandeln. Das geschwungene ∂ weist ausdrücklich auf partielle Differentiation hin.

Beispiele

1. Gegeben sei die Funktion $f(x, y) = x^2 - x y^3 - \sqrt{x + y}$; man bestimme die partiellen Ableitungen f_x und f_y!
Lösung:

$$f_x(x, y) = 2x - y^3 - \frac{1}{2 \sqrt{x + y}}$$

$$f_y(x, y) = -3x y^2 - \frac{1}{2 \sqrt{x + y}}.$$

2. Bestimme die partiellen Ableitungen der Funktion

$$f(x, y) = x^y - y^x - \sin(x y) - x - 1$$

im Punkte $P_1(1; 1)$!
Lösung:

$$f_x(x, y) = y\, x^{y-1} - y^x \ln y - y \cos(x y) - 1$$

$$f_y(x, y) = x^y \ln x - x\, y^{x-1} - x \cos(x y)$$

$$f_x(1; 1) = 1 - 1 \cos 1 - 1 = -\cos 1 = -0{,}540$$

$$f_y(1; 1) = -1 - 1 \cos 1 = -1 - 0{,}540 = -1{,}540.$$

16*

Man beachte auch an dieser Stelle, daß $f_x(x_0, y_0)$ u. ä. stets zuerst die Bildung der partiellen Ableitung $f_x(x, y)$ verlangt und daß *nachträglich* für $x = x_0$ und $y = y_0$ zu setzen ist. Im umgekehrten Falle wäre stets $f_x(x_0, y_0) \equiv 0$!

Höhere partielle Ableitungen. Partielle Ableitungen höherer Ordnung werden formal wie bei Funktionen einer Veränderlichen gebildet und wie folgt bezeichnet

$$\frac{\partial^2 f}{\partial x^2} = \frac{\partial^2 z}{\partial x^2} = f_{xx}(x, y) = \frac{\partial}{\partial x}\left(\frac{\partial f}{\partial x}\right)$$

$$\frac{\partial^2 f}{\partial y^2} = \frac{\partial^2 z}{\partial y^2} = f_{yy}(x, y) = \frac{\partial}{\partial y}\left(\frac{\partial f}{\partial y}\right)$$

$$\frac{\partial^2 f}{\partial x \, \partial y} = \frac{\partial^2 z}{\partial x \, \partial y} = f_{xy}(x, y) = \frac{\partial}{\partial y}\left(\frac{\partial f}{\partial x}\right)$$

$$\frac{\partial^2 f}{\partial y \, \partial x} = \frac{\partial^2 z}{\partial y \, \partial x} = f_{yx}(x, y) = \frac{\partial}{\partial x}\left(\frac{\partial f}{\partial y}\right)$$

Dieses sind die vier möglichen partiellen Ableitungen zweiter Ordnung. Die in der rechten Spalte stehende Operatorschreibweise macht am besten deutlich, wie diese Ableitungen entstanden sind; insbesondere gibt die Reihenfolge der Variablenindizes bei f die Reihenfolge der Differentiationen an. Dies gilt auch für die partiellen Ableitungen dritter Ordnung

$$f_{xxx}, \; f_{xxy}, \; f_{xyx}, \; f_{yxx}, \; f_{xyy}, \; f_{yxy}, \; f_{yyx}, \; f_{yyy}$$

und allgemein höherer Ordnung. Wird nicht nur nach ein und derselben Veränderlichen partiell abgeleitet — wie etwa bei $f_{xx}, f_{yy}, f_{xxx}, f_{yyy}$ — so spricht man von „gemischten partiellen Ableitungen" höherer Ordnung. Für sämtliche gemischte Ableitungen einer bestimmten Ordnung gilt im allgemeinen[1]) der

Satz von Schwarz[2]): *Die gemischten partiellen Ableitungen k-ter Ordnung sind unabhängig von der Reihenfolge der Ableitungen, also*

$$f_{xy} = f_{yx}$$

$$f_{xxy} = f_{xyx} = f_{yxx} \qquad\qquad f_{xyy} = f_{yxy} = f_{yyx}$$

und entsprechend für $k > 3$.

---

[1]) Die genauen Voraussetzungen lassen sich erst formulieren, wenn man die Begriffe Stetigkeit und Differenzierbarkeit für Funktionen mehrerer Veränderlichen definiert, was in diesem Buche nicht geschehen ist.

[2]) H. M. SCHWARZ (1843···1921), deutscher Mathematiker.

Beispiele

1. Man bilde sämtliche partielle Ableitungen zweiter Ordnung der Funktion

$$f(x, y) \equiv x^5 y^3 - \cos x \sin y - e^{x y^2} + 1 \,!$$

Lösung: Man erhält

$$f_x(x, y) \;= 5x^4 y^3 + \sin x \sin y - y^2 e^{x y^2}$$
$$f_y(x, y) \;= 3x^5 y^2 - \cos x \cos y - 2x\, y\, e^{x y^2}$$
$$f_{xx}(x, y) = 20x^3 y^3 + \cos x \sin y - y^4 e^{x y^2}$$
$$f_{yy}(x, y) = 6x^5 y + \cos x \sin y - 2x(1 + 2x y^2) e^{x y^2}$$
$$f_{xy}(x, y) = 15x^4 y^2 + \sin x \cos y - 2y(1 + x y^2) e^{x y^2}$$
$$f_{yx}(x, y) = 15x^4 y^2 + \sin x \cos y - 2y(1 + x y^2) e^{x y^2}.$$

Man beachte die Übereinstimmung der beiden gemischten partiellen Ableitungen zweiter Ordnung!

2. Von der Funktion

$$f(x, y) = \sqrt{y}\, \ln x$$

sind sämtliche partielle Ableitungen bis zur dritten Ordnung zu bilden!

Lösung: Man bekommt

$$f_x = \frac{\sqrt{y}}{x}, \qquad f_y = \frac{\ln x}{2\sqrt{y}}$$

$$f_{xx} = -\frac{\sqrt{y}}{x^2}, \qquad f_{yy} = -\frac{\ln x}{4y\sqrt{y}}, \qquad f_{xy} = \frac{1}{2x\sqrt{y}}, \qquad f_{yx} = \frac{1}{2x\sqrt{y}}$$

$$f_{xxx} = \frac{2\sqrt{y}}{x^3}, \qquad f_{yyy} = \frac{3\ln x}{8y^2\sqrt{y}}$$

$$f_{xxy} = -\frac{1}{2x^2\sqrt{y}}, \qquad f_{xyx} = -\frac{1}{2x^2\sqrt{y}}, \qquad f_{yxx} = -\frac{1}{2x^2\sqrt{y}}$$

$$f_{yyx} = -\frac{1}{4x y\sqrt{y}}, \qquad f_{yxy} = -\frac{1}{4x y\sqrt{y}}, \qquad f_{xyy} = -\frac{1}{4x y\sqrt{y}}.$$

Man beachte auch hier die Gültigkeit des Satzes von SCHWARZ.

Verallgemeinerung auf Funktionen von n Variablen. Mitunter treten funktionale Zusammenhänge zwischen mehr als drei Veränderlichen auf. Es sei deshalb erwähnt, daß sich der in II. 3.7.1 erklärte Funktionsbegriff sinngemäß auf Funktionen von n unabhängigen Veränderlichen $x_1, x_2, \ldots, x_n$ verallgemeinern läßt. Man schreibt etwa

$$y = f(x_1, x_2, \ldots, x_n)$$

und erklärt ganz entsprechend wie zu Beginn dieses Abschnittes die partiellen Ableitungen

$$\boxed{\begin{array}{c} \dfrac{\partial y}{\partial x_i} = \dfrac{\partial f}{\partial x_i} = \dfrac{\partial}{\partial x_i} f(x_1, x_2, \ldots, x_n) = f_{x_i}(x_1, x_2, \ldots, x_n) \\[2mm] i = 1, 2, 3, \ldots, n \end{array}}$$

durch die Vorschrift, daß nach der angegebenen Veränderlichen x_i im gewöhnlichen Sinn zu differenzieren sei und alle übrigen Veränderlichen wie Konstante zu behandeln sind. Entsprechendes gilt für die partiellen Ableitungen höherer Ordnung.

3.7.7 Das totale (vollständige) Differential

Definition: *Unter dem totalen oder vollständigen Differential dz einer Funktion zweier Veränderlicher $z = f(x, y)$ versteht man den Ausdruck*

$$dz = \frac{\partial z}{\partial x}\, dx + \frac{\partial z}{\partial y}\, dy$$

Diese Definition ist eine sinngemäße Verallgemeinerung des Differentials einer Funktion von *einer* Veränderlichen (vgl. II. 3.4.1). Setzt man nämlich $y = 0$, so wird speziell z nur noch eine Funktion der einen Veränderlichen x, also $z = z(x)$ und mit

$$dy = 0$$

$$dz = \frac{\partial z}{\partial x}\, dx = z'(x)\, dx;$$

setzt man andererseits $x = 0$, so ist $z = z(y)$ und mit

$$dx = 0$$

$$dz = \frac{\partial z}{\partial y}\, dy = z'(y)\, dy.$$

In beiden Fällen ergibt sich das Differential einer Funktion *einer* Veränderlichen. Man beachte deshalb, daß für die rechts stehenden Differentiale dx und dy der *unabhängigen* Veränderlichen x und y stets

$$dx = h = \varDelta x, \quad dy = k = \varDelta y$$

gilt, während im allgemeinen für das Differential dz der Funktion $z = f(x, y)$

$$dz \neq \varDelta z$$

gilt. Indes besteht auch hier der wichtige Zusammenhang

$$dz \to 0,$$

falls $\qquad h = dx \to 0 \quad$ und $\quad k = dy \to 0 \qquad$ geht.

Für hinreichend kleine Argumentdifferenzen wird man also die Näherungsgleichheit

$$dz \approx \varDelta z$$
$$\textit{für kleine } |h| \textit{ und } |k|$$

benutzen können.

Beispiel: Für die Funktion

$$z = f(x, y) = x^2 + y^3 - 1$$

ergibt sich zunächst als Funktions*differenz*

$$\Delta z = f(x + h, y + k) - f(x, y) = (x + h)^2 + (y + k)^3 - 1 - (x^2 + y^3 - 1)$$
$$\Delta z = 2x\,h + 3y^2\,k + h^2 + 3y\,k^2 + k^3$$

und sodann für das Funktions*differential*

$$dz = \frac{\partial z}{\partial x}\,dx + \frac{\partial z}{\partial y}\,dy = 2x\,dx + 3y^2\,dy$$

oder mit

$$dx = h, \qquad dy = k$$
$$dz = 2x\,h + 3y^2\,k.$$

Demnach beträgt die Differenz von Δz und dz

$$\Delta z - dz = h^2 + 3y\,k^2 + k^3,$$

und man sieht

$$\Delta z - dz \to 0 \quad \text{für} \quad h \to 0 \quad \text{und} \quad k \to 0,$$

so daß für hinreichend kleine $|h|$ und $|k|$ die Näherung

$$dz \approx \Delta z$$

besteht.

Wir notieren noch die Verallgemeinerung des totalen Differentials auf Funktionen von n Veränderlichen

$$y = f(x_1, x_2, \ldots, x_n).$$

Für diese gilt entsprechend

$$\boxed{\,dy = \frac{\partial f}{\partial x_1}\,dx_1 + \frac{\partial f}{\partial x_2}\,dx_2 + \cdots + \frac{\partial f}{\partial x_n}\,dx_n\,}$$

wobei auch hier der wichtige Zusammenhang besteht

$$\Delta x_i = dx_i = h_i \qquad\qquad (i = 1, 2, \ldots, n)$$
$$dy \approx \Delta y,$$

letzteres für hinreichend kleine $|h_i|$ $(i = 1, 2, \ldots, n)$.

3.7.8 Anwendungen in der Fehlerrechnung

Eine wichtige Anwendung der partiellen Ableitungen und des totalen Differentials findet der Ingenieurstudent in der Fehlerrechnung. Hierzu stellen wir zunächst einige Begriffsbildungen zusammen, die für das Folgende von Bedeutung sind:

a) Von einer Meßgröße α wurden in k Messungen die Werte

$$\alpha_1, \alpha_2, \ldots, \alpha_k$$

bestimmt. Bildet man dann die Abweichungen

$$v_i = \alpha_i - \bar{\alpha} \qquad\qquad (i = 1, 2, \ldots, k),$$

worin $\bar{\alpha}$ durch das arithmetische Mittel (auch Durchschnitt genannt)

$$\bar{\alpha} = \frac{\alpha_1 + \alpha_2 + \cdots + \alpha_k}{k}$$

gegeben ist, so heißt

$$\sigma = \sqrt{\frac{\sum\limits_{i=1}^{k} v_i^2}{k}} = \sqrt{\frac{[v\,v]}{k}}$$

der *mittlere Fehler der Einzelmessung* oder die *Streuung* der Einzelmessung x_i. Hierbei wird das zuerst von GAUSS in die Fehlerrechnung eingeführte Klammersymbol für die Summe der Quadrate

$$[v\,v] = v_1^2 + v_2^2 + \cdots + v_k^2$$

benutzt.

b) Wichtiger noch als die Streuung σ ist der *mittlere Fehler* (oder die *Streuung*) *des Mittelwertes* einer Meßreihe. Er wird mit σ_D bezeichnet und ist durch

$$\sigma_D = \frac{1}{\sqrt{k}}\,\sigma$$

bestimmt. Dieser Fehler nimmt also mit der Quadratwurzel aus der Anzahl k der Messungen ab.

c) Der Quotient aus der Streuung des Mittelwertes σ_D und dem Mittelwert $\bar{\alpha}$ wird als *relativer mittlerer Fehler des Mittelwertes* (oder relative Unsicherheit des Durchschnittes) bezeichnet

$$f_r = \frac{\sigma_D}{\bar{\alpha}}\,.$$

Wir wenden uns jetzt der **Fehlerfortpflanzung** zu. Darunter versteht man die Frage, wie sich die Fehler einzelner, voneinander unabhängiger Meßgrößen

$$x_1, x_2, \ldots, x_n$$

auf den Fehler einer gesuchten, der Messung nicht unmittelbar zugänglichen Größe y, welche von den x_i funktional abhängig ist, übertragen. Nehmen wir an, daß dieser Zusammenhang analytisch durch die Funktionsgleichung

$$y = f(x_1, x_2, \ldots, x_n)$$

gegeben ist, so kann deren totales Differential

$$dy = f_{x_1}\,dx_1 + f_{x_2}\,dx_2 + \cdots + f_{x_n}\,dx_n$$

zur Lösung der Aufgabe dienen. Da die Meßgrößen x_i im allgemeinen in der Form

$$x_i = \bar{x}_i \pm \Delta x_i \qquad (i = 1, 2, \ldots, n)$$

vorliegen ($\bar{x}_i$ sei dabei der Mittelwert und Δx_i der mittlere Fehler des Mittelwertes), so kann man auf Grund der Kleinheit der Δx_i

$$dy \approx \Delta y \qquad (i = 1, 2, \ldots, n)$$

setzen und erhält im ungünstigsten Fall — wenn sich alle Fehler addieren — als *maximalen Fehler* $\Delta y_{\max}$ der gesuchten Größe y

$$\boxed{\Delta y_{\max} = |f_{x_1} \Delta x_1| + |f_{x_2} \Delta x_2| + \cdots + |f_{x_n} \Delta x_n|}$$

Hierbei sind die partiellen Ableitungen für die Mittelwerte zu berechnen, d. h. es bedeutet

$$f_{x_i} = f_{x_i}(\bar{x}_1, \bar{x}_2, \ldots, \bar{x}_n) \qquad (i = 1, 2, \ldots, n).$$

Der Ausdruck für den Größtfehler $\Delta y_{\max}$ wird auf Grund seiner Linearität in den Δx_i auch *lineares Fehlerfortpflanzungsgesetz* genannt. Das Resultat pflegt man ebenfalls in der Form

$$y = \bar{y} \pm \Delta y_{\max}$$

anzugeben, wobei der Mittelwert $\bar{y}$ mittels

$$\bar{y} = f(\bar{x}_1, \bar{x}_2, \ldots, \bar{x}_n)$$

bestimmt wird.

Wichtiger als das lineare ist das *quadratische Fehlerfortpflanzungsgesetz*, da es den mittleren Fehler des Mittelwertes $\bar{y}$, geschrieben Δy, zu berechnen gestattet. Es hat die Gestalt

$$\boxed{\Delta y = \sqrt{f_{x_1}^2 \Delta x_1^2 + f_{x_2}^2 \Delta x_2^2 + \cdots + f_{x_n}^2 \Delta x_n^2}}$$

wobei wieder

$$f_{x_i} = f_{x_i}(\bar{x}_1, \bar{x}_2, \ldots, \bar{x}_n) \qquad (i = 1, 2, \ldots, n)$$

zu nehmen ist. Die Δx_i bedeuten dabei wieder die mittleren Fehler des Mittelwertes $\bar{x}_i$; das Resultat wird in der Form

$$y = \bar{y} \pm \Delta y$$

geschrieben, wobei auch hier

$$\bar{y} = f(\bar{x}_1, \bar{x}_2, \ldots, \bar{x}_n)$$

gilt. Im Falle einer Veränderlichen, $y = f(x)$, liefern wegen

$$\sqrt{f_x^2 \Delta x^2} = |f_x \Delta x|$$

beide Fehlerfortpflanzungsgesetze den gleichen Wert, d. h. es ist dann $\Delta y = \Delta y_{\max}$.

Beispiele

1. Für den elektrischen Leitwert L gilt

$$L = \frac{1}{R},$$

wenn R der OHMsche Widerstand ist. Wie groß ist der Fehler ΔL des Leitwertes, wenn der Widerstand zu

$$R = (1000 \pm 3)\ \Omega$$

gemessen wurde?

Lösung: Es ist L eine Funktion der einen Veränderlichen R, $L = L(R)$, also gilt

$$\Delta L = \sqrt{\left(\frac{\partial L}{\partial R}\,\Delta R\right)^2} = \left|\frac{\partial L}{\partial R}\,\Delta R\right| = \frac{|\Delta R|}{\bar{R}^2}$$

$$= \frac{3}{10^6}\,\Omega^{-1} = 3 \cdot 10^{-6}\,\text{S (Siemens)}$$

$$\Rightarrow L = \bar{L} \pm \Delta L = (10^{-3} \pm 3 \cdot 10^{-6})\,\text{S}.$$

2. Vier Endmaße mit den Längen $l_i = \bar{l}_i \pm \Delta l_i$ $(i = 1, \ldots, 4)$ werden zu einem Gesamtmaß L zusammengesetzt. Wie groß ist das Maß L und sein Fehler ΔL? Gemessen seien

$$l_1 = 50\ \text{mm} \pm 0{,}450\ \mu\text{m}$$
$$l_2 = 4\ \text{mm} \pm 0{,}220\ \mu\text{m}$$
$$l_3 = 1{,}3\ \text{mm} \pm 0{,}206\ \mu\text{m}$$
$$l_4 = 1{,}04\ \text{mm} \pm 0{,}205\ \mu\text{m}.$$

Lösung: Es ist

$$L = \bar{l}_1 + \bar{l}_2 + \bar{l}_3 + \bar{l}_4 \pm \sqrt{(\Delta l_1)^2 + (\Delta l_2)^2 + (\Delta l_3)^2 + (\Delta l_4)^2}$$
$$L = 56{,}34\ \text{mm} \pm 0{,}579\ \mu\text{m}.$$

3. Mit einem Sphärometer wird der Krümmungsradius r einer sphärischen Fläche dadurch gemessen, daß man den Hub p eines Taststiftes S ermittelt, wenn die Fläche in einer zylindrischen Bohrung mit dem Durchmesser $2R$ ruht (Abb. 187). Wie groß ist der Krümmungsradius r der Fläche, wenn gemessen wurde

$$p = 1{,}05\ \text{mm} \pm 0{,}005\ \text{mm}$$
$$R = 50\ \text{mm} \pm 0{,}04\ \text{mm}?$$

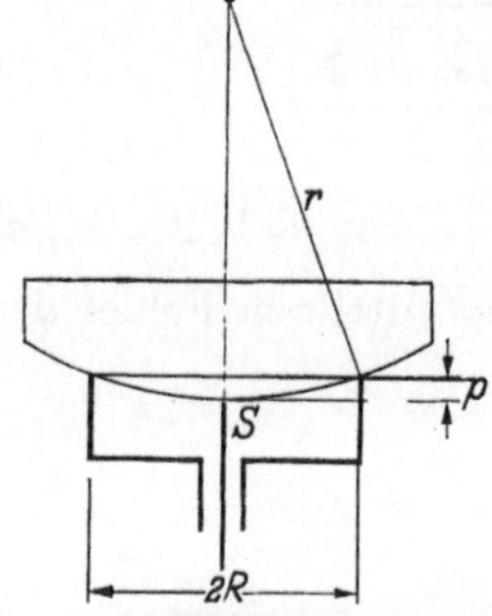

Abb. 187

Lösung: Aus Abb. 187 liest man ab

$$r^2 = R^2 + (r - p)^2$$
$$\Rightarrow r = \frac{1}{2}\left(p + \frac{R^2}{p}\right).$$

Die partiellen Ableitungen der Funktion $r = r(p, R)$ sind

$$\frac{\partial r}{\partial p}\,(\bar{p}, \bar{R}) = \frac{1}{2}\left(1 - \frac{\bar{R}^2}{\bar{p}^2}\right) = \frac{1}{2}\left(1 - \frac{2500}{1{,}05^2}\right) = -1134$$

$$\frac{\partial r}{\partial R}\,(\bar{p}, \bar{R}) = \frac{1}{2}\left(\frac{2\bar{R}}{\bar{p}}\right) = \frac{\bar{R}}{\bar{p}} = \frac{50}{1{,}05} = 47{,}6.$$

Damit ergibt sich für den mittleren Fehler des Mittelwertes $\bar{r}$ gemäß

$$\Delta r = \sqrt{\left(\frac{\partial r}{\partial p}\,\Delta p\right)^2 + \left(\frac{\partial r}{\partial R}\,\Delta R\right)^2}$$

$$= \sqrt{5{,}67^2 + 1{,}90^2}\ \text{mm} = 5{,}98\ \text{mm}$$

$$\Rightarrow r = \bar{r} \pm \Delta r = (1191 \pm 5{,}98)\ \text{mm}.$$

Für den maximalen Fehler Δr_{max} findet man hingegen

$$\Delta r_{max} = \left|\frac{\partial r}{\partial p}\,\Delta p\right| + \left|\frac{\partial r}{\partial R}\,\Delta R\right|$$

$$\Delta r_{max} = (5,67 + 1,90)\ \text{mm} = 7,57\ \text{mm}.$$

4. Bei der Ermittlung des Torsionsmoduls G eines Stahldrahtes durch Beobachtungen von Drehschwingungen einer am Draht angehängten Masse seien folgende Größen gemessen

Trägheitsmoment
der schwingenden Masse $\qquad \Theta = (148 \pm 2)\ \text{p cm s}^2$

Drahtlänge $\qquad\qquad\qquad l = (200,0 \pm 0,1)\ \text{mm}$

Drahtdicke $\qquad\qquad\quad 2r = (0,500 \pm 0,002)\ \text{mm}$

Schwingungsdauer $\qquad\quad T = (15,40 \pm 0,01)\ \text{s}.$

Man bestimme damit den Torsionsmodul G auf Grund der Formel

$$G = \frac{8\,\pi\,\Theta\,l}{r^4\,T^2}\,.$$

Lösung: Zunächst wird der Mittelwert $\bar{G}$ von G

$$\bar{G} = \frac{8\,\pi\,\bar{\Theta}\,\bar{l}}{\bar{r}^4\,\bar{T}^2} = 8030 \cdot \frac{\text{kp}}{\text{mm}^2}\,.$$

Für die partiellen Ableitungen ergibt sich

$$\frac{\partial G}{\partial \Theta}\,\Delta\Theta = \frac{8\,\pi\,\bar{l}}{\bar{r}^4\,\bar{T}^2}\,\Delta\Theta = 108,5 \cdot \frac{\text{kp}}{\text{mm}^2}$$

$$\frac{\partial G}{\partial l}\,\Delta l = \frac{8\,\pi\,\bar{\Theta}}{\bar{r}^4\,\bar{T}^2}\,\Delta l = 4,0 \cdot \frac{\text{kp}}{\text{mm}^2}$$

$$\frac{\partial G}{\partial r}\,\Delta r = -\frac{32\,\pi\,\bar{\Theta}\,\bar{l}}{\bar{r}^5\,\bar{T}^2}\,\Delta r = -128,5 \cdot \frac{\text{kp}}{\text{mm}^2}$$

$$\frac{\partial G}{\partial T}\,\Delta T = -\frac{16\,\pi\,\bar{\Theta}\,\bar{l}}{\bar{r}^4\,\bar{T}^3}\,\Delta T = -10,4 \cdot \frac{\text{kp}}{\text{mm}^2}$$

und damit für den Größtfehler

$$\Delta G_{max} = 251 \cdot \frac{\text{kp}}{\text{mm}^2}$$

und für den mittleren Fehler ΔG von $\bar{G}$

$$\Delta G = \sqrt{1177 \cdot 10^7 + 1616 \cdot 10^4 + 1651 \cdot 10^7 + 1090 \cdot 10^5} \cdot \frac{\text{p}}{\text{mm}^2}$$

$$= \sqrt{284 \cdot 10^8} \cdot \frac{\text{p}}{\text{mm}^2}$$

$$= 169 \cdot \frac{\text{kp}}{\text{mm}^2}\,.$$

Damit lautet das Resultat

$$G = \bar{G} \pm \Delta G = (8030 \pm 169) \cdot \frac{\text{kp}}{\text{mm}^2}\,.$$

3.7.9 Ableitung impliziter Funktionen

Vorgelegt sei eine Funktion zwischen zwei Veränderlichen in der impliziten Form

$$F(x, y) = 0.$$

Um ihre Ableitung y' zu bilden, waren wir bis jetzt gezwungen, zunächst die Funktion nach y aufzulösen und an der expliziten Form

$$y = f(x)$$

die Ableitung formal vorzunehmen. Indes ist in vielen Fällen die Auflösung weder nach y noch nach x möglich, z. B. bei

$$F(x, y) \equiv y \sin x - x \cos y - x + y - 1 = 0,$$
$$F(x, y) \equiv x^5 - 2x^3 y^2 - x y^4 - y^5 + x^y + 1 = 0.$$

Um auch in solchen Fällen die Ableitung y' bestimmen zu können, gehen wir von

$$z = F(x, y)$$

aus und bilden ihr totales Differential

$$dz = \frac{\partial F}{\partial x} dx + \frac{\partial F}{\partial y} dy.$$

Setzen wir jetzt wieder $z = F(x, y) = 0$, so folgt mit $dz = 0$

$$\frac{\partial F}{\partial x} dx + \frac{\partial F}{\partial y} dy = 0$$

und nach Division durch $dx \neq 0$

$$\frac{\partial F}{\partial x} + \frac{\partial F}{\partial y} \frac{dy}{dx} = 0.$$

Satz: *Um die Ableitung y' einer impliziten Funktion $F(x, y) = 0$ zu erhalten, bilde man zuerst die partielle Ableitung nach x und addiere dazu die mit y' multiplizierte partielle Ableitung nach y:*

$$\boxed{F_x + F_y\, y' = 0}$$

Löst man nach y' auf, so wird

$$y' = - \frac{F_x}{F_y},$$

wobei zu beachten ist, daß hierbei F_y ungleich Null sein muß, andernfalls die Ableitung y' nicht existiert.

Um die *zweite Ableitung y''* zu erhalten, leiten wir den Quotienten

$$y' = - \frac{F_x}{F_y}$$

nach der gleichen Regel nochmals ab, wobei sowohl für die partielle Ableitung nach x als auch für die partielle Ableitung nach y die Quotientenregel heranzuziehen ist:

$$y'' = \frac{\partial}{\partial x}\left(-\frac{F_x}{F_y}\right) + \frac{\partial}{\partial y}\left(-\frac{F_x}{F_y}\right)y'$$

$$= -\frac{F_y F_{xx} - F_x F_{yx}}{F_y^2} + \frac{F_y F_{xy} - F_x F_{yy}}{F_y^2}\,\frac{F_x}{F_y}\,.$$

Schreibt man beide Brüche mit gemeinsamem Nenner und setzt die Gültigkeit des Satzes von SCHWARZ (vgl. II. 3.7.6) voraus, so wird

$$y'' = -\frac{F_{xx} F_y^2 - 2F_x F_y F_{xy} + F_{yy} F_x^2}{F_y^3}$$

oder mit symmetrischer Determinante geschrieben

$$y'' = \frac{1}{F_y^3}\begin{vmatrix} 0 & F_x & F_y \\ F_x & F_{xx} & F_{xy} \\ F_y & F_{xy} & F_{yy} \end{vmatrix}$$

Auch hierbei muß $F_y \neq 0$ sein. Man beachte, daß y' und y'' als Funktionen von x und y erscheinen:

$$y' = y'(x, y), \qquad y'' = y''(x, y),$$

indes nur für solche Wertepaare (x_1, y_1) erklärt sind, welche die gegebene implizite Funktion identisch erfüllen:

$$F(x_1, y_1) \equiv 0.$$

Die Ermittlung solcher Wertepaare kann in vielen Fällen nur durch Probieren erfolgen, falls die Funktion nach keiner Veränderlichen auflösbar ist.

Beispiele

1. Man bestimme die ersten beiden Ableitungen der Funktion

$$F(x, y) \equiv x \sin y + y - 3 = 0.$$

Lösung: Es ist mit

$$F_x = \sin y, \qquad F_y = x \cos y + 1$$

$$\Rightarrow y' = -\frac{\sin y}{x \cos y + 1}$$

$$F_{xx} = 0, \qquad F_{xy} = \cos y = F_{yx}, \qquad F_{yy} = -x \sin y$$

$$\Rightarrow y'' = \frac{x \sin^3 y + 2x \sin y \cos^2 y + \sin 2y}{(x \cos y + 1)^3}\,.$$

2. Wie lautet die Gleichung der im Ursprung an die Bildkurve der Funktion

$$F(x, y) \equiv e^{xy} - y + x - 1 = 0$$

gelegten Tangente?

Lösung: Man bestätigt zunächst $F(0, 0) \equiv 0$. Mit

$$F_x = y\,e^{xy} + 1, \qquad F_y = x\,e^{xy} - 1$$

ergibt sich

$$y' = -\frac{F_x}{F_y} = -\frac{y\,e^{xy} + 1}{x\,e^{xy} - 1}\,, \quad y'(0,0) = +1$$

und damit für die Gleichung der Tangente in O

$$y = y'\,x \Rightarrow y = x.$$

3. Die allgemeine algebraische Funktion zweiten Grades (Kegelschnittsgleichung)

$$F(x,y) \equiv A\,x^2 + B\,x\,y + C\,y^2 + D\,x + E\,y + F = 0$$

ist zwar sowohl nach x als auch y auflösbar, doch ist es viel bequemer, die Funktion implizit zu differenzieren:

$$F_x + F_y\,y' = (2A\,x + B\,y + D) + (B\,x + 2C\,y + E)\,y' = 0$$

$$\Rightarrow y' = -\frac{2A\,x + B\,y + D}{2C\,y + B\,x + E}\,.$$

Auf diese Weise bestätigt man sofort

$$b^2\,x^2 + a^2\,y^2 - a^2\,b^2 = 0 \qquad \text{(Ellipse)}: y' = -\frac{b^2\,x}{a^2\,y}$$

$$b^2\,x^2 - a^2\,y^2 - a^2\,b^2 = 0 \qquad \text{(Hyperbel)}: y' = \frac{b^2\,x}{a^2\,y}$$

$$y^2 - 2p\,x = 0 \qquad \text{(Parabel)}: y' = \frac{p}{y}$$

3.7.10 Ableiten von Parameterdarstellungen

Die Differentiationsregel für implizite Funktionen kann als eine Verallgemeinerung der Kettenregel aufgefaßt werden. Schreibt man statt

$$y = y(x)$$
$$F(x,y) = F\big(x, y(x)\big) \equiv 0,$$

so ergibt sich mit F als äußerer und y als innerer Funktion

$$\frac{dF}{dx} = \frac{\partial F}{\partial x}\,\frac{dx}{dx} + \frac{\partial F}{\partial y}\,\frac{dy}{dx} = 0$$

$$\Rightarrow F_x + F_y\,y' = 0.$$

Dies kommt noch deutlicher bei der Parameterdarstellung einer Funktion

$$x = x(t), \quad y = y(t)$$

zum Ausdruck. Denkt man sich x und y als Funktionen von t in die implizite Form eingesetzt,

$$F\big(x(t), y(t)\big) \equiv 0,$$

so liefert die Ableitung nach der Kettenregel mit F als äußerer und $x(t)$ bzw. $y(t)$ als innerer Funktion

$$\frac{dF}{dt} \equiv 0 = \frac{\partial F}{\partial x}\,\frac{dx}{dt} + \frac{\partial F}{\partial y}\,\frac{dy}{dt},$$

woraus nach Division durch $F_y \neq 0$

$$-\frac{F_x}{F_y} = y' = \frac{\dfrac{dy}{dt}}{\dfrac{dx}{dt}}$$

folgt.

Satz: *Bezeichnet man die Ableitungen nach einem Parameter durch*

$$\frac{dx}{dt} = \dot{x}(t), \qquad \frac{dy}{dt} = \dot{y}(t),$$

so ergibt sich die Ableitung von y nach x gemäß

$$\boxed{\frac{dy}{dx} = y' = \frac{\dot{y}}{\dot{x}}}$$

Die Ableitungen nach dem Parameter[1]) werden also durch einen Punkt angedeutet, während der Strich wie bisher die Ableitung nach x bezeichnet. Man beachte jedoch, daß in der oben eingerahmten Formel y' als Funktion von t erscheint, denn es steht ja auch rechts eine Funktion von t.

Für die zweite Ableitung y'' einer in der Parameterform gegebenen Funktion bekommen wir einerseits nach der Kettenregel

$$\frac{dy'(x(t))}{dt} = \frac{dy'}{dx}\frac{dx}{dt} = y'' \dot{x}$$

und andererseits mit obigem Satz

$$\frac{dy'}{dt} = \frac{d\left(\dfrac{\dot{y}}{\dot{x}}\right)}{dt} = \frac{\dot{x}\,\ddot{y} - \dot{y}\,\ddot{x}}{\dot{x}^2},$$

woraus durch Gleichsetzen folgt

$$\boxed{y'' = \frac{\dot{x}\,\ddot{y} - \dot{y}\,\ddot{x}}{\dot{x}^3} = \frac{1}{\dot{x}^3}\begin{vmatrix} \dot{x} & \dot{y} \\ \ddot{x} & \ddot{y} \end{vmatrix}}$$

Hierin bedeuten also

$$\ddot{x} = \frac{d^2x}{dt^2}, \qquad \ddot{y} = \frac{d^2y}{dt^2}, \qquad y'' = \frac{d^2y}{dx^2}$$

jeweils als Funktionen des Parameters t.

Definition: *Rollt ein Kreis auf einer Geraden ab, so beschreibt jeder starr mit dem Kreis verbundene Punkt eine Zykloide (Radkurve).*

---

[1]) Die Bezeichnung stammt von NEWTON.

Je nach Lage des die Zykloide beschreibenden Punktes P unterscheidet man drei Typen

a) die *gespitzte* (*gewöhnliche*) Zykloide (P liegt auf dem Rollkreis),

b) die *gestreckte* (*verkürzte*) Zykloide (P liegt innerhalb des Rollkreises),

c) die *verlängerte* (*verschlungene*) Zykloide (P liegt außerhalb des Rollkreises).

Zur Herleitung der Zykloidengleichung ist es gleichgültig, ob man den Punkt innerhalb oder außerhalb des Kreises annimmt. Setzt man gemäß Abb. 188 für $\overline{RM} = r$, $\overline{PM} = e$ und bezeichnet t den Wälzungswinkel, so ist $\widehat{RB} = \overline{OB}$ und man erhält für die Koordinaten (x, y) des Punktes P

$$x = \overline{OA} = \overline{OB} - \overline{AB} = \widehat{RB} - \overline{PC} = r\,t - e\sin t$$

$$y = \overline{PA} = \overline{MB} - \overline{MC} = r - e\cos t.$$

Sowohl x als auch y erscheinen nur als Funktionen von t, also ist

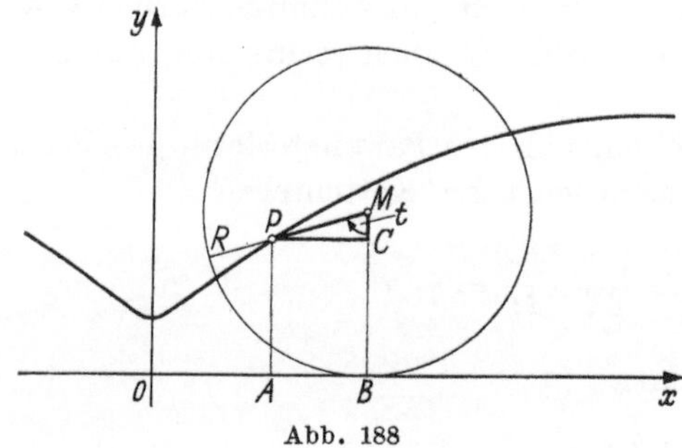

Abb. 188

$$\boxed{\begin{aligned} x(t) &= r\,t - e\sin t \\ y(t) &= r - e\cos t \end{aligned}}$$

eine **Parameterdarstellung der Zykloidengleichung.** Speziell ergibt sich mit $e = r$ hieraus

$$\boxed{\begin{aligned} x(t) &= r(t - \sin t) \\ y(t) &= r(1 - \cos t) \end{aligned}}$$

als Gleichung der *gewöhnlichen Zykloide.*

Zur Aufstellung der *Tangentengleichung*

$$y(t) - y(t_1) = \frac{\dot{y}(t_1)}{\dot{x}(t_1)}\,[x - x(t_1)],$$

wofür man übrigens kürzer

$$y - y_1 = \frac{\dot{y}_1}{\dot{x}_1}\,(x - x_1)$$

zu schreiben pflegt, bilden wir von der gewöhnlichen Zykloide

$$\dot{x}(t_1) = \dot{x}_1 = r(1 - \cos t_1), \quad \dot{y}(t_1) = \dot{y}_1 = r\sin t_1$$

und erhalten

$$y - r(1 - \cos t_1) = \frac{\sin t_1}{1 - \cos t_1}\,[x - r(t_1 - \sin t_1)]$$

$$\Rightarrow y = \frac{\sin t_1}{1 - \cos t_1}\,x + \frac{2r(1 - \cos t_1) - r\,t_1\sin t_1}{1 - \cos t_1}.$$

Für die *Normalengleichung*

$$y - y_1 = - \frac{\dot{x}_1}{\dot{y}_1}\,(x - x_1)$$

ergibt sich auf dieselbe Weise

$$y = - \frac{1 - \cos t_1}{\sin t_1}\,x + \frac{r\,t_1(1 - \cos t_1)}{\sin t_1}\,.$$

Die Normale schneidet die x-Achse für $y = 0$ bei

$$x = r\,t_1\,.$$

Andererseits hat sich der Rollkreis für $t = t_1$ um den Bogen $r\,t_1$ abgewickelt, so daß die Normale durch den jeweiligen Berührungspunkt des Rollkreises mit der Geraden (momentanen Drehpol) geht. Auf diese Weise ist eine einfache Tangentenkonstruktion möglich (Abb. 189).

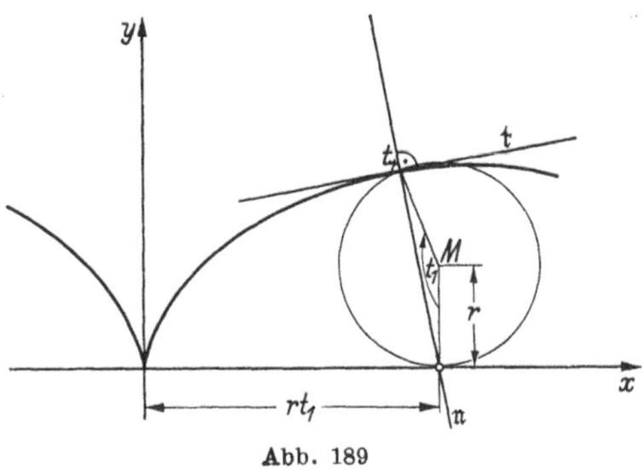

Abb. 189

3.7.11 Ableiten von Vektorfunktionen

Wir haben gesehen, daß die Parameterdarstellung einer räumlichen Kurve $\mathfrak{C}$

$$\left.\begin{array}{l} x = x(t) \\ y = y(t) \\ z = z(t) \end{array}\right\}$$

lediglich durch eine Umschreibung in die Vektorgleichung

$$\mathfrak{r}(t) = x(t)\,\mathfrak{i} + y(t)\,\mathfrak{j} + z(t)\,\mathfrak{k}$$

mit den orthogonalen Einheitsvektoren $\mathfrak{i}$, $\mathfrak{j}$, $\mathfrak{k}$ in Richtung der drei Koordinatenachsen übergeht. Bildet man den Differenzenvektor

$$\mathfrak{r}(t + h) - \mathfrak{r}(t) = [x(t + h) - x(t)]\,\mathfrak{i} + [y(t + h) - y(t)]\,\mathfrak{j} +$$
$$+ [z(t + h) - z(t)]\,\mathfrak{k}$$

und nun den Grenzwert des vektoriellen Differenzenquotienten

$$\lim_{h \to 0} \frac{\mathfrak{r}(t + h) - \mathfrak{r}(t)}{h} = \lim_{h \to 0} \frac{x(t + h) - x(t)}{h}\,\mathfrak{i} + \lim_{h \to 0} \frac{y(t + h) - y(t)}{h}\,\mathfrak{j} +$$
$$+ \lim_{h \to 0} \frac{z(t + h) - z(t)}{h}\,\mathfrak{k},$$

so schreibt man dafür

$$\dot{\mathfrak{r}}(t) = \dot{x}(t)\,\mathfrak{i} + \dot{y}(t)\,\mathfrak{j} + \dot{z}(t)\,\mathfrak{k}.$$

Anschaulich hat $\dot{\mathfrak{r}}(t)$ die Richtung der Tangente an die Raumkurve $\mathfrak{C}$ (Abb. 190). Der zugehörige Einsvektor $\mathfrak{t} = \dot{\mathfrak{r}}^0(t)$ heißt Tangentenvektor.

Satz: *Die Ableitung einer Vektorfunktion $\mathfrak{r}(t)$ nach dem skalaren Parameter t kann gliedweise an den Komponenten vorgenommen werden*

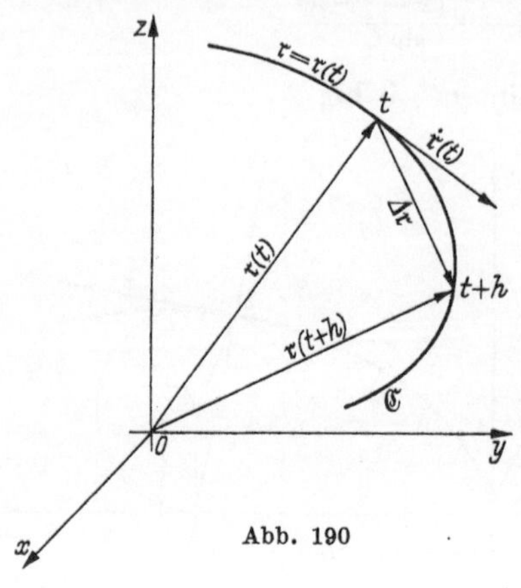

Abb. 190

$$\boxed{\begin{aligned} \mathfrak{r}(t) &= x(t)\,\mathfrak{i} + y(t)\,\mathfrak{j} + z(t)\,\mathfrak{k} \\ \dot{\mathfrak{r}}(t) &= \dot{x}(t)\,\mathfrak{i} + \dot{y}(t)\,\mathfrak{j} + \dot{z}(t)\,\mathfrak{k} \end{aligned}}$$

$\dot{\mathfrak{r}} = \dot{\mathfrak{r}}(t)$ *ist die Vektorgleichung der zugehörigen Ableitungsfunktion.* Deutet man den Parameter t als die Zeit, so ist

$$\mathfrak{r} = \mathfrak{r}(t)$$

die Vektorgleichung für die *Bahn* eines bewegten Punktes, ferner ist

$$\dot{\mathfrak{r}} = \dot{\mathfrak{r}}(t)$$

der *Geschwindigkeitsvektor* und

$$\ddot{\mathfrak{r}} = \ddot{\mathfrak{r}}(t)$$

der *Beschleunigungsvektor*. Als variable Ortsvektoren beschreiben ihre Spitzen Raumkurven, die als Geschwindigkeits- bzw. Beschleunigungshodograph der betreffenden Bewegung bezeichnet werden.

Satz: *Summe und Differenz zweier Vektorfunktionen werden gliedweise differenziert; skalares und vektorielles Produkt werden nach der Produktregel abgeleitet*

$$\boxed{\begin{aligned} \frac{d}{dt}\,(m\,\mathfrak{r}_1 + n\,\mathfrak{r}_2) &= m\,\dot{\mathfrak{r}}_1 + n\,\dot{\mathfrak{r}}_2 \\ \frac{d}{dt}\,(\mathfrak{r}_1 \cdot \mathfrak{r}_2) &= \dot{\mathfrak{r}}_1 \cdot \mathfrak{r}_2 + \mathfrak{r}_1 \cdot \dot{\mathfrak{r}}_2 \\ \frac{d}{dt}\,(\mathfrak{r}_1 \times \mathfrak{r}_2) &= \dot{\mathfrak{r}}_1 \times \mathfrak{r}_2 + \mathfrak{r}_1 \times \dot{\mathfrak{r}}_2 \end{aligned}}$$

$(m, n \text{ Skalare}; \ \mathfrak{r}_1 = \mathfrak{r}_1(t), \ \mathfrak{r}_2 = \mathfrak{r}_2(t)).$

Beweis: Setzt man

$$\mathfrak{r}_1(t) = x_1(t)\,\mathfrak{i} + y_1(t)\,\mathfrak{j} + z_1(t)\,\mathfrak{k}$$
$$\mathfrak{r}_2(t) = x_2(t)\,\mathfrak{i} + y_2(t)\,\mathfrak{j} + z_2(t)\,\mathfrak{k},$$

so hat die Vektorfunktion

$$\mathfrak{r}(t) = m\,\mathfrak{r}_1(t) + n\,\mathfrak{r}_2(t)$$

die Koordinaten bzw. skalaren Komponenten (vgl. II. 2.3.1)

$$m\,x_1(t) + n\,x_2(t), \quad m\,y_1(t) + n\,y_2(t), \quad m\,z_1(t) + n\,z_2(t),$$

deren Ableitung bekanntlich

$$m\,\dot{x}_1(t) + n\,\dot{x}_2(t), \qquad m\,\dot{y}_1(t) + n\,\dot{y}_2(t), \qquad m\,\dot{z}_1(t) + n\,\dot{z}_2(t)$$

ist. Somit wird ihre Zusammenfassung

$$\dot{\mathfrak{r}}(t) = m\,\dot{\mathfrak{r}}_1(t) + n\,\dot{\mathfrak{r}}_2(t).$$

Für das skalare Produkt ergibt sich mit

$$\mathfrak{r}_1 \cdot \mathfrak{r}_2 = x_1 x_2 + y_1 y_2 + z_1 z_2$$

$$\frac{d}{dt}(\mathfrak{r}_1 \cdot \mathfrak{r}_2) = \dot{x}_1 x_2 + x_1 \dot{x}_2 + \dot{y}_1 y_2 + y_1 \dot{y}_2 + \dot{z}_1 z_2 + z_1 \dot{z}_2$$

$$= (\dot{x}_1 x_2 + \dot{y}_1 y_2 + \dot{z}_1 z_2) + (x_1 \dot{x}_2 + y_1 \dot{y}_2 + z_1 \dot{z}_2)$$

$$= \dot{\mathfrak{r}}_1 \cdot \mathfrak{r}_2 + \mathfrak{r}_1 \cdot \dot{\mathfrak{r}}_2.$$

Schließlich hat das Vektorprodukt $\mathfrak{r}_1 \times \mathfrak{r}_2$ die Koordinaten (vgl. II. 2.3.4)

$$y_1 z_2 - z_1 y_2, \qquad z_1 x_2 - x_1 z_2, \qquad x_1 y_2 - y_1 x_2,$$

mit den Ableitungen

$$(\dot{y}_1 z_2 - \dot{z}_1 y_2) + (y_1 \dot{z}_2 - z_1 \dot{y}_2), \qquad (\dot{z}_1 x_2 - \dot{x}_1 z_2) + (z_1 \dot{x}_2 - x_1 \dot{z}_2),$$

$$(\dot{x}_1 y_2 - \dot{y}_1 x_2) + (x_1 \dot{y}_2 - y_1 \dot{x}_2),$$

womit sich ergibt

$$\frac{d}{dt}(\mathfrak{r}_1 \times \mathfrak{r}_2) = \dot{\mathfrak{r}}_1 \times \mathfrak{r}_2 + \mathfrak{r}_1 \times \dot{\mathfrak{r}}_2.$$

Man beachte, daß die Reihenfolge der Vektoren im vektoriellen Produkt nicht ohne weiteres geändert werden darf!

3.7.12 Krümmungskreise und Schmiegungsparabeln

Anschaulich nennen wir eine Kurve um so stärker gekrümmt, je mehr sich die Tangente beim Fortschreiten auf der Kurve dreht. Bezeichnet man gemäß Abb. 191 die Kurvensehne $\overline{P_1 P_2}$ mit $\varDelta s$, so hat sich die Tangente nach Durchlaufen von $\overset{\frown}{P_1 P_2}$ um den Winkel

$$\varDelta \alpha = \alpha_2 - \alpha_1$$

gedreht und der Differenzenquotient

$$\frac{\varDelta \alpha}{\varDelta s}$$

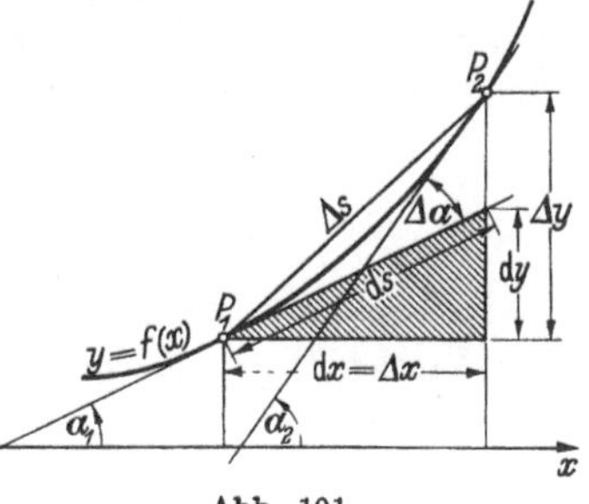

Abb. 191

kann dann als *mittlere Krümmung* des Kurvenstückes $\overset{\frown}{P_1 P_2}$ bezeichnet werden. Für seinen Grenzwert bei $\varDelta s \to 0$ gibt man die folgende

Definition: *Der Differentialquotient der Tangentenrichtung nach der Bogenlänge wird die Krümmung der Bildkurve genannt*

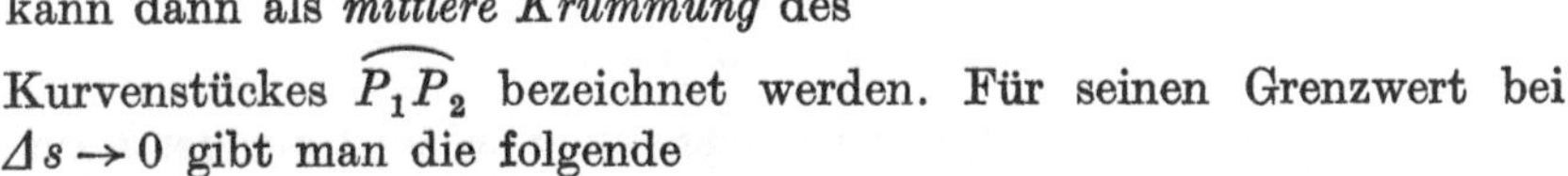

$$\boxed{k = \lim_{\varDelta s \to 0} \frac{\varDelta \alpha}{\varDelta s} = \frac{d\alpha}{ds}}$$

Heißt die vorgelegte Funktionsgleichung $y = f(x)$, so sind sowohl $d\alpha$ als auch ds Funktionen von x, nämlich

1. $\tan\alpha = f'(x) = y' \Rightarrow \alpha = \text{Arc } \tan y'(x)$

$$\Rightarrow d\alpha = \frac{1}{1 + y'^2}\, y''\, dx \quad (\text{Kettenregel!})$$

2. $ds^2 = dx^2 + dy^2$ (Abb. 191[1]); schraffiertes Dreieck)

$$= \left[1 + \left(\frac{dy}{dx}\right)^2\right] dx^2$$

$$\Rightarrow ds = \sqrt{1 + y'^2}\, dx.$$

Demnach ergibt sich für den Differentialquotienten $d\alpha/ds$ als Funktion von x

$$k = \frac{\dfrac{y''}{1 + y'^2}\, dx}{\sqrt{1 + y'^2}\, dx} = \frac{y''}{(1 + y'^2)^{3/2}}$$

$$\boxed{\; k(x) = \frac{y''}{(1 + y'^2)^{3/2}} \;}$$

Die Krümmung $k(x)$ ist demnach für alle x des Definitionsbereiches einer zweimal differenzierbaren Funktion $y(x)$ erklärt, da $1 + y'^2$ stets ungleich Null ist. Sie ist speziell gleich Null für $y'' = 0$, d. h. für jede lineare Funktion (Gerade!)

$$y(x) = l(x) = a x + b \Rightarrow l''(x) \equiv 0,$$

ferner etwa bei einer beliebigen Funktion an einem Wendepunkt, denn dort ist nach II. 3.5.2 die zweite Ableitung identisch gleich Null. Weiter besagt die eingerahmte Formel, daß das Vorzeichen der Krümmung gleich dem der zweiten Ableitung y'' ist: $\operatorname{sgn} k = \operatorname{sgn} y''$, d. h.

Krümmung positiv $\Longleftrightarrow$ Linkskurve

Krümmung negativ $\Longleftrightarrow$ Rechtskurve.

Haben die Bildkurven zweier Funktionen $y = f(x)$ und $y = g(x)$ den Punkt $P_1(x_1, y_1)$ gemeinsam, so ist

$$f(x_1) = g(x_1);$$

haben sie ferner in P_1 gleiche Steigung, so gilt noch

$$f'(x_1) = g'(x_1);$$

haben sie schließlich in P_1 gleiche Krümmung, so folgt aus der Formel für $k(x)$ außerdem

$$f''(x_1) = g''(x_1).$$

---

[1]) Man beachte die Analogie in den Bezeichnungen: Δs ist Hypotenuse im „Sekantendreieck" $P_1 Q P_2$ mit den Katheten Δx und Δy; ds ist Hypotenuse im „Tangentendreieck" $P_1 Q T$ mit den Katheten $dx(= \Delta x)$ und dy.

Anschaulich sprechen wir in den beiden letzten Fällen von einer Berührung beider Kurven (Abb. 192). Bei der sogleich folgenden Definition dieses Begriffes präzisiert man den letzten Fall als „Berührung zweiter Ordnung" und fordert für eine Berührung n-ter Ordnung in sinngemäßer Verallgemeinerung die Übereinstimmung beider Funktionen bis zur n-ten Ableitung ($n \geq 1$). Je größer n ist, desto enger wird die Berührung sein.

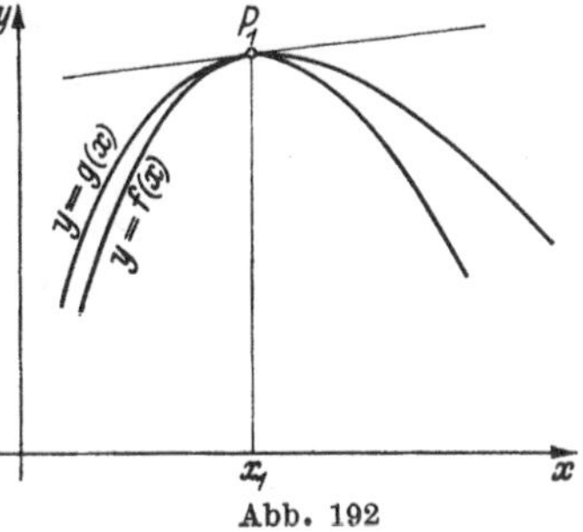

Abb. 192

Definition: *Die Bildkurven zweier Funktionen $y = f(x)$ und $y = g(x)$ berühren einander im Punkte $P_1(x_1, y_1)$ von n-ter Ordnung, wenn beide Funktionen dort bis zur n-ten Ableitung übereinstimmen:*

$$\boxed{\begin{aligned} f(x_1) &= g(x_1) \\ f'(x_1) &= g'(x_1) \\ f''(x_1) &= g''(x_1) \\ &\vdots \\ f^{(n)}(x_1) &= g^{(n)}(x_1) \end{aligned}}$$

Wir betrachten zunächst die Berührung zweiter Ordnung einer Kurve $y = y(x)$ mit einem Kreis im Punkte $P_1(x_1, y_1)$. Der Kreis wird in einem solchen Falle der *Krümmungskreis* der Kurve für den Punkt P_1 genannt. Hat dieser den Mittelpunkt $M(x_M, y_M)$ und den Radius ϱ, so folgt aus seiner Mittelpunktsgleichung (vgl. II. 1.4.1)

$$(x - x_M)^2 + (y - y_M)^2 = \varrho^2$$

die explizite Form

$$y = g(x) = y_M + \sqrt{\varrho^2 - (x - x_M)^2}$$

sowie die Ableitungen

$$g'(x) = -\frac{x - x_M}{\sqrt{\varrho^2 - (x - x_M)^2}}$$

$$g''(x) = -\frac{\varrho^2}{[\varrho^2 - (x - x_M)^2]^{3/2}} \,.$$

Die Definition fordert sodann

$$y(x_1) = y_1 = g(x_1): \quad y_1 = y_M + \sqrt{\varrho^2 - (x_1 - x_M)^2}$$

$$y'(x_1) = y_1' = g'(x_1): \quad y_1' = -\frac{x_1 - x_M}{\sqrt{\varrho^2 - (x_1 - x_M)^2}} = -\frac{x_1 - x_M}{y_1 - y_M}$$

$$y''(x_1) = y_1'' = g''(x_1): \quad y_1'' = -\frac{\varrho^2}{[\varrho^2 - (x_1 - x_M)^2]^{3/2}} \,.$$

Das sind drei Gleichungen für x_M, y_M und ϱ; bringt man sie auf die Form[1])

$$\left.\begin{aligned}
(x_1 - x_M)^2 + (y_1 - y_M)^2 - \varrho^2 &= 0 \\
x_1 - x_M \;\; + (y_1 - y_M)\, y_1' \;\;\;\; &= 0 \\
1 + y_1'^2 \;\; + (y_1 - y_M)\, y_1'' \;\;\;\; &= 0
\end{aligned}\right\},$$

so folgt zunächst aus der letzten Gleichung y_M, damit aus der mittleren x_M und schließlich aus der ersten ϱ:

$$\boxed{\begin{aligned}
x_M &= x_1 - \frac{y_1'}{y_1''}\,(1 + y_1'^2) \\[2ex]
y_M &= y_1 + \frac{1}{y_1''}\,(1 + y_1'^2) \\[2ex]
\varrho &= \frac{(1 + y_1'^2)^{3/2}}{y_1''}
\end{aligned}}$$

Krümmungskreis für $y = y(x)$ im Punkte $P_1(x_1, y_1)$

Ist die Funktion in der Parameterdarstellung

$$\left.\begin{aligned}
x &= x(t) \\
y &= y(t)
\end{aligned}\right\} \quad \text{mit} \quad \left.\begin{aligned}
x_1 &= x(t_1) \\
y_1 &= y(t_1)
\end{aligned}\right\}$$

gegeben, so erhält man mit

$$1 + y_1'^2 = 1 + \frac{\dot{y}_1^2}{\dot{x}_1^2} = \frac{\dot{x}_1^2 + \dot{y}_1^2}{\dot{x}_1^2}$$

$$y_1'' = \frac{1}{\dot{x}_1^3}\begin{vmatrix} \dot{x}_1 & \dot{y}_1 \\ \ddot{x}_1 & \ddot{y}_1 \end{vmatrix} \equiv \frac{1}{\dot{x}_1^3}\,\varDelta$$

$$\boxed{\begin{aligned}
x_M &= x_1 - \frac{\dot{y}_1(\dot{x}_1^2 + \dot{y}_1^2)}{\varDelta} \\[2ex]
y_M &= y_1 + \frac{\dot{x}_1(\dot{x}_1^2 + \dot{y}_1^2)}{\varDelta} \\[2ex]
\varrho &= \frac{(\dot{x}_1^2 + \dot{y}_1^2)^{3/2}}{\varDelta}
\end{aligned}}$$

Krümmungskreis für $\left.\begin{aligned} x &= x(t) \\ y &= y(t) \end{aligned}\right\}$ im Punkte $P_1(x_1, y_1)$

Liegt die gegebene Funktion schließlich in der impliziten Form

$$F(x, y) = 0$$

---

[1]) Die zweite und dritte Gleichung bekommt man auch unmittelbar durch implizite Ableitung der Mittelpunktsgleichung. Der Studierende prüfe dies zur Übung nach!

vor, so ergibt sich mit

$$1 + y_1'^2 = 1 + \frac{F_x^2}{F_y^2} = \frac{F_x^2 + F_y^2}{F_y^2}$$

$$y_1'' = \frac{1}{F_y^3} \begin{vmatrix} 0 & F_x & \cdot & F_y \\ F_x & F_{xx} & & F_{xy} \\ F_y & F_{xy} & & F_{yy} \end{vmatrix} \equiv \frac{1}{F_y^3} D$$

$$\boxed{\begin{aligned} x_M &= x_1 + \frac{F_x(F_x^2 + F_{y}^2)}{D} \Bigg|_{\substack{x=x_1 \\ y=y_1}} \\[2ex] y_M &= y_1 + \frac{F_y(F_x^2 + F_y^2)}{D} \Bigg|_{\substack{x=x_1 \\ y=y_1}} \\[2ex] \varrho &= \frac{(F_x^2 + F_y^2)^{3/2}}{D} \Bigg|_{\substack{x=x_1 \\ y=y_1}} \end{aligned}}$$

Krümmungskreis für $F(x, y) = 0$ im Punkte $P_1(x_1, y_1)$

Der Krümmungskreisradius ϱ hat hier wieder das Vorzeichen von y'' und ist der Reziprokwert zur Krümmung

$$\boxed{\varrho = \frac{1}{k}}$$

Für eine lineare Funktion ist ϱ nicht erklärt, es sei denn, man sagt, die Gerade sei der Grenzfall eines Kreises mit unendlich groß werdendem Radius.

Ordnet man jedem Kurvenpunkt von $y = y(x)$ den zugehörigen Krümmungskreismittelpunkt zu, so bildet deren Menge eine neue Kurve, die sogenannte Evolute zu $y = y(x)$. Nennt man die Koordinaten eines laufenden Punktes auf ihr

$$x_M = \xi, \quad y_M = \eta$$

und ersetzt y_1 durch $y(x)$, so sind die oben stehenden Formeln für x_M und y_M zugleich eine Parameterdarstellung der Evolute (Parameter ist x). Demnach gilt der

Satz: *Die Menge aller Krümmungskreismittelpunkte zu einer gegebenen Kurve $y = y(x)$ heißt deren Evolute. Sie hat die Parameterdarstellung*

$$\boxed{\begin{aligned} \xi(x) &= x - \frac{y'}{y''}(1 + y'^2) \\[1ex] \eta(x) &= y + \frac{1}{y''}(1 + y'^2) \end{aligned}}$$

Schmiegungsparabeln. Der Krümmungskreis dient oft zur zeichnerischen Annäherung von Kurvenbögen, insbesondere bei den Kegelschnitten (siehe Beispiele!). Es sei aber mit Nachdruck darauf hingewiesen, daß man dazu auch andere Funktionen benutzt, vor allem die *Polynome*. Approximiert man eine (wenigstens k-mal differenzierbare) Funktion $y = y(x)$ durch ein Polynom k-ten Grades, so fordert man von beiden Bildkurven eine Berührung k-ter Ordnung, da man zur Bestimmung der $k + 1$ Koeffizienten des Polynoms

$$P(x) = a_k\, x^k + a_{k-1}\, x^{k-1} + \cdots + a_2\, x^2 + a_1\, x + a_0$$

genau $k + 1$ Gleichungen benötigt. Handelt es sich um die Berührung im Punkte $P_1(x_1, y_1)$, so lauten diese $k + 1$ Gleichungen nach der in diesem Abschnitt gegebenen Definition

$$\begin{aligned}
y(x_1) \;\; &= P(x_1) \\
y'(x_1) \;\; &= P'(x_1) \\
y''(x_1) \;\; &= P''(x_1) \\
&\;\;\vdots \\
y^{(k)}(x_1) &= P^{(k)}(x_1).
\end{aligned}$$

Nun sind doch nach II. 3.3.4 die Koeffizienten b_i des nach Potenzen von $x - x_1$ identisch umgeordneten Polynoms

$$P(x) = \sum_{i=0}^{k} b_i (x - x_1)^i$$

gegeben durch

$$b_i = \frac{P^{(i)}(x_1)}{i!} \qquad (i = 0, 1, 2, \ldots, k)$$

und damit durch

$$b_i = \frac{y^{(i)}(x_1)}{i!} \qquad (i = 0, 1, 2, \ldots, k),$$

also lautet das approximierende Polynom

$$P(x) = \sum_{i=0}^{k} \frac{y^{(i)}(x_1)}{i!} (x - x_1)^i.$$

Da sich die Bildkurve des Polynoms der gegebenen Bildkurve besonders gut anpaßt — und zwar um so besser, je größer k ist — spricht man von einer Schmiegungsparabel k-ten Grades. Zusammengefaßt gilt der

Satz: *Eine wenigstens k-mal differenzierbare Funktion $y = f(x)$ wird an der Stelle $x = x_1$ von einem Polynom k-ten Grades approximiert, wenn dieses die Darstellung*

$$\boxed{P(x) = f(x_1) + \frac{f'(x_1)}{1!}(x - x_1) + \frac{f''(x_1)}{2!}(x - x_1)^2 + \cdots + \frac{f^{(k)}(x_1)}{k!}(x - x_1)^k}$$

*hat. Die Schmiegungsparabel des Polynoms $P(x)$ und die Bildkurve der
vorgelegten Funktion $f(x)$ berühren einander von der k-ten Ordnung.
$P(x)$ heißt das T_{AYLOR}-Polynom[1]) k-ten Grades für $f(x)$ an der Stelle x_1.*

Das so definierte Polynom $P(x)$, welches also durch die Funktion $f(x)$
und ihre Ableitungen bis zur k-ten Ordnung an der Stelle x_1 eindeutig
festgelegt ist, dient insbesondere auch zur näherungsweisen Berechnung
der Funktion $f(x)$ in der Nähe der Stelle x_1, doch bedarf es dazu noch
eines Mittels zur Fehlerabschätzung. Wir werden bei den unendlichen
Reihen (vgl. II. 5.4.6) auf dieses Polynom noch ausführlich zurück-
kommen.

Für $k = 1$ lautet das Polynom

$$P(x) = f(x_1) + f'(x_1)\,(x - x_1)$$

und es liegt geometrisch eine Berührung 1. Ordnung vor. Das Polynom
ist in diesem Fall linear, die Schmiegungsparabel eine Gerade, und zwar
die Tangente an die Bildkurve von $f(x)$ im Punkte $P_1(x_1, y_1)$. Dieser
Sonderfall ist uns bereits als *Linearisierung* der Funktion $f(x)$ an der
Stelle x_1 bekannt (vgl. II. 3.6.2).

Beispiele

1. Man bestimme den Scheitelkrümmungskreis der Parabel $y = \tfrac{1}{4}x^2$ und
ihre Evolute!

Lösung: Der Scheitel als Berührungspunkt hat die Koordinaten $x_1 = y_1 = 0$,
ferner ist

$y' = \tfrac{1}{2}x,\quad y_1' = 0;\quad y'' = \tfrac{1}{2} = y_1'',$

womit sich sofort ergibt

$x_M = 0,\quad y_M = 2,\quad \varrho = 2.$

Für die Evolute erhält man zunächst die Parameterdarstellung

$$\xi(x) = -\tfrac{1}{4}x^3$$

$$\eta(x) = 2 + \tfrac{3}{4}x^2.$$

Die Elimination des Parameters x

ergibt mit $x = -\sqrt[3]{4\xi}$

$$\eta = 2 + \tfrac{3}{4}\sqrt[3]{16}\,\xi^{2/3}$$

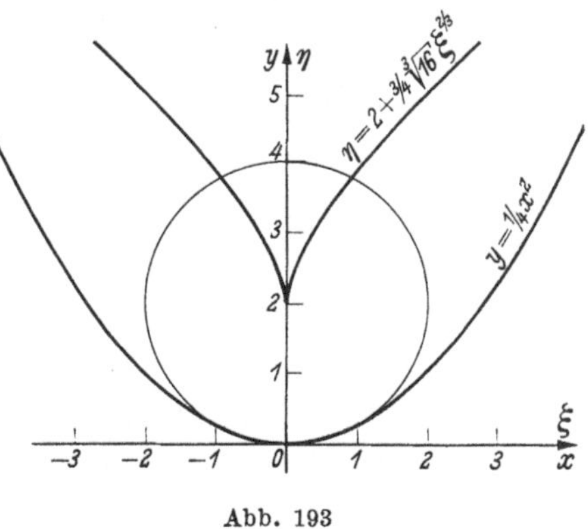

Abb. 193

(Abb. 193). Die Kurve heißt *semikubische* oder N_{EIL}sche Parabel[2]).

---

[1]) B. T_{AYLOR} (1685 ··· 1731), englischer Mathematiker.
[2]) W. N_{EIL} (1637 ··· 1670), englischer Mathematiker.

2. Wie lautet die Evolute der gespitzten Zykloide

$$x = r(t - \sin t)$$

$$y = r(1 - \cos t)?$$

Lösung: Man bestimmt zunächst

$$\dot{x} = r(1 - \cos t) \qquad \ddot{x} = r \sin t$$

$$\dot{y} = r \sin t \qquad \ddot{y} = r \cos t,$$

womit sich zunächst

$$\frac{\dot{x}^2 + \dot{y}^2}{\varDelta} = \frac{\dot{x}^2 + \dot{y}^2}{\dot{x}\,\ddot{y} - \dot{y}\,\ddot{x}} = \frac{2r^2(1 - \cos t)}{r^2(\cos t - 1)} = -2$$

und damit

$$\xi(t) = r(t + \sin t)$$

$$\eta(t) = -r(1 - \cos t)$$

ergibt. Zur Identifizierung dieser Kurve bestätige man

$$\xi(t + \pi) = x(t) + r\,\pi$$

$$\eta(t + \pi) = y(t) - 2r,$$

d. h. die Zykloidenevolute ist wieder eine Zykloide, die um $r\,\pi$ Einheiten in x-Achsenrichtung und um $-2r$ Einheiten in y-Achsenrichtung gegenüber der ur-

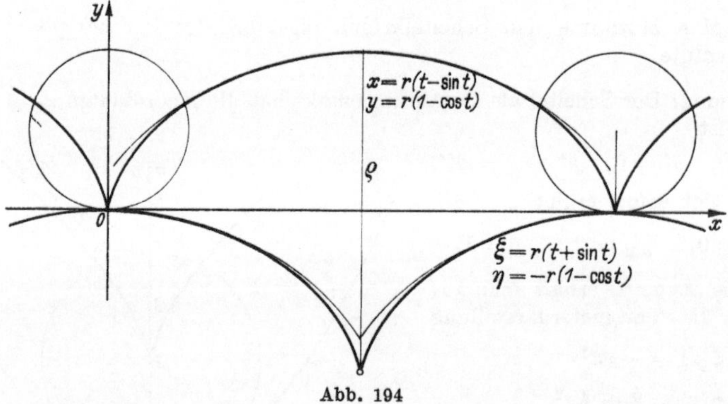

Abb. 194

sprünglichen Zykloide verschoben ist. Speziell erhält man für die Maxima der gegebenen Zykloide Krümmungskreise vom Radius $\varrho = 4r$, deren Mittelpunkt jeweils in einer Spitze der Evolutenzykloide liegt (Abb. 194).

3. Wie lautet die Gleichung der Schmiegungsparabel, welche die Sinuslinie im Punkte $P_1(\pi/2; 1)$ von der zweiten Ordnung berührt?

Lösung: Es ist $f(x) = \sin x$, und wir setzen das approximierende Polynom $P(x)$ mit

$$P(x) = f(x_1) + \frac{f'(x_1)}{1!}(x - x_1) + \frac{f''(x_1)}{2!}(x - x_1)^2$$

an. Für die Koeffizienten erhalten wir

$$f(x) = \sin x, \qquad f(x_1) = \sin\frac{\pi}{2} \;=1$$

$$f'(x) = \cos x, \qquad f'(x_1) = \cos\frac{\pi}{2} \;=0$$

$$f''(x) = -\sin x, \quad f''(x_1) = -\sin\frac{\pi}{2} = -1, \quad \frac{f''(x_1)}{2!} = -\frac{1}{2}$$

und damit für die Schmiegungsparabel

$$P(x) = 1 - \frac{1}{2}\left(x - \frac{\pi}{2}\right)^2.$$

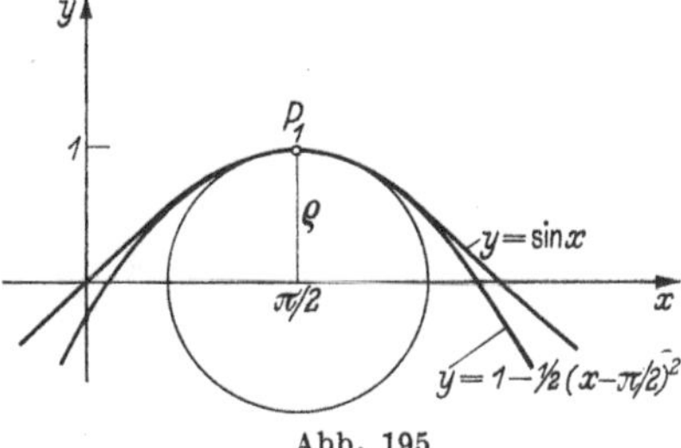

Abb. 195

Das ist eine mit dem Faktor $\frac{1}{2}$ gestauchte, nach unten geöffnete Normalparabel, deren Scheitel im Punkte $S(\pi/2; 1)$ liegt. Zum Vergleich ist in Abb. 195 noch der Krümmungskreis für P_1 eingezeichnet (nachrechnen!).

3.7.13 Ableiten von Funktionen in Polarkoordinaten

Wir betrachten Funktionen einer Veränderlichen in Polarkoordinaten r, φ (vgl. II. 1.1.4). Dabei unterscheiden wir wieder die drei Hauptformen der Funktionsgleichung, nämlich

$$r = f(\varphi) \quad \text{explizite Form}$$

$$F(r, \varphi) = 0 \qquad \text{implizite Form}$$

$$\left.\begin{aligned} r &= r(t) \\ \varphi &= \varphi(t) \end{aligned}\right\} \text{Parameterform}.$$

Die formale Berechnung der Ableitungsfunktion $r' = f'(\varphi)$ geschieht in Polarkoordinaten nach den gleichen Regeln wie in kartesischen Koordinaten. Entsprechend schreibt man bei den drei Darstellungstypen

$$r' = f'(\varphi) = \frac{dr}{d\varphi} = \frac{d}{d\varphi} f(\varphi)$$

$$\frac{\partial F}{\partial \varphi} + \frac{\partial F}{\partial r} \cdot \frac{dr}{d\varphi} \equiv F_\varphi + F_r r' = 0$$

$$r' = \frac{dr}{dt} : \frac{d\varphi}{dt} \equiv \frac{\dot r}{\dot\varphi}.$$

Im Gegensatz zu dieser Analogie im Analytischen darf man jedoch geometrische Sachverhalte nicht auf Polarkoordinaten übertragen! So ist insbesondere r' *nicht* etwa die Steigung der Kurve gegen die Polarachse. Auch der von kartesischen Koordinaten her bekannte Verlauf von linearen, quadratischen und sonstigen Funktionen sieht in Polarkoordinaten ganz anders aus. *Gleiche Zuordnungsvorschriften* $r = f(\varphi)$ und $y = f(x)$ haben ganz *verschiedene Bilder*, und umgekehrt hat ein und dieselbe Bildkurve in kartesischen und Polarkoordinaten eine verschiedene Funktionsgleichung. Ist eine davon bekannt, so kann man die andere mit Hilfe der Umrechnungsformeln

$$r = \sqrt{x^2 + y^2} \quad \left.\begin{array}{l}\\ \tan\varphi = \dfrac{y}{x}\end{array}\right\} \quad \text{bzw.} \quad \left.\begin{array}{l} x = r\cos\varphi \\ y = r\sin\varphi \end{array}\right\}$$

ermitteln.

Die in der folgenden Übersicht aufgeführten Kurven sind dadurch gekennzeichnet, daß sie in kartesischen und Polarkoordinaten dieselbe

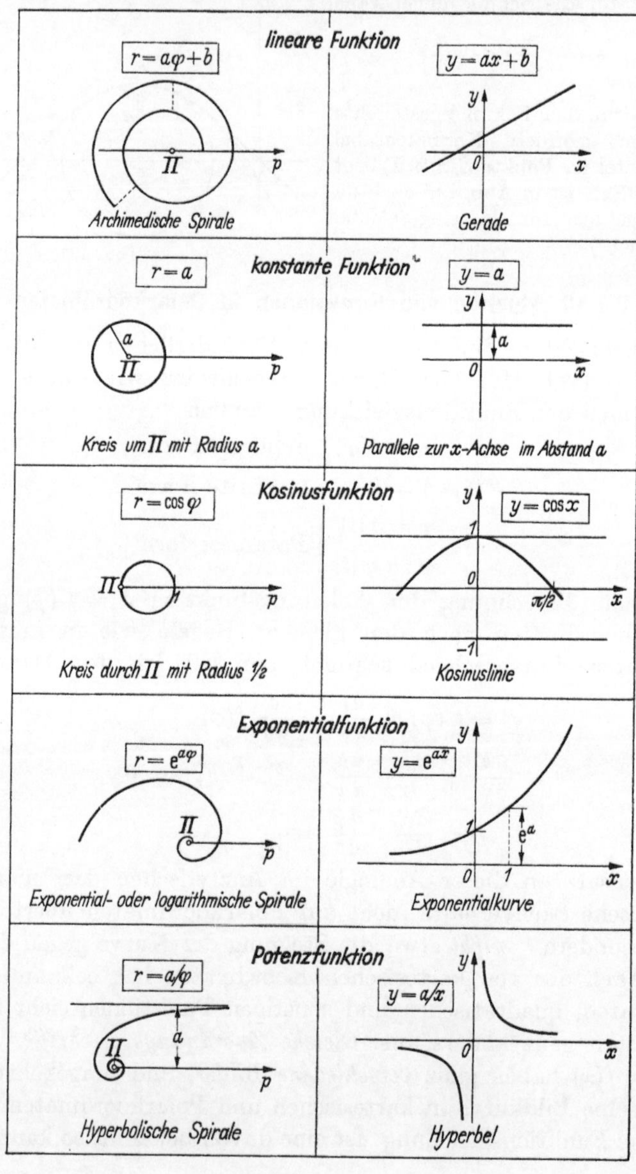

Funktionsgleichung haben, m. a. W., die Zuordnungsvorschrift zwischen den Variablen ist die gleiche. Der Leser mache sich den Kurvenverlauf im Polarkoordinatensystem eindringlich klar.

Aus Abb. 196 können wir folgenden wichtigen Zusammenhang zwischen der Ableitung r' und dem Winkel ψ zwischen Tangente und dem verlängerten Fahrstrahl $\varPi P$ ablesen: Es ist zunächst

$$\tan\psi_1 \approx \frac{r\,\Delta\varphi}{\Delta r}$$

$$\psi_1 \to \psi \quad \text{für} \quad \Delta\varphi \to 0$$

$$\frac{r\,\Delta\varphi}{\Delta r} \to \frac{r\,d\varphi}{dr} \quad \text{für} \quad \Delta\varphi \to 0,$$

und damit wird in der Grenze

$$\boxed{\tan\psi = \frac{r\,d\varphi}{dr} = \frac{r}{r'}}$$

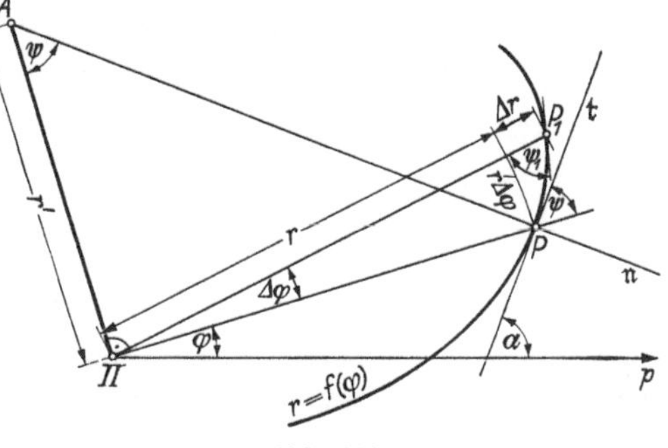

Abb. 196

Satz: *Die logarithmische (Exponential-)Spirale schneidet sämtliche Fahrstrahlen unter dem gleichen Winkel ψ.*

Beweis: Die Ableitung der Exponentialfunktion

$$r = e^{a\varphi}$$

ergibt

$$r' = a\,e^{a\varphi} = a\,r.$$

Also wird

$$\tan\psi = \frac{r}{r'} = \frac{1}{a} = \text{konst}!$$

Bezeichnet man die Projektion $\overline{\varPi A}$ der Polarnormalen $\mathfrak{n}$ in Abb. 196 auf die durch $\varPi$ verlaufende Senkrechte zum Fahrstrahl $\overline{\varPi P}$ als den *Polarsubnormalen-Abschnitt*, so gilt für diesen allgemein

$$\tan\psi = \frac{\overline{\varPi P}}{\overline{\varPi A}} = \frac{r}{\overline{\varPi A}}$$

$$\frac{r}{\overline{\varPi A}} = \frac{r}{r'}$$

$$\boxed{\overline{\varPi A} = r'}$$

und damit der

Satz: *Die Ableitung $r' = f'(\varphi)$ ist gleich dem Polar-Subnormalen-Abschnitt.*

Dieser geometrische Sachverhalt steht an Stelle des für kartesische Koordinaten gültigen Satzes: Die Ableitung y' ist gleich der Steigung der Kurve. Die Anschaulichkeit von r' steht also der von y' durchaus nach. Dies schmälert jedoch nicht die Bedeutung der Polarkoordinaten, die für viele geometrische und technische Aufgaben zweckmäßiger sind als kartesische Koordinaten.

Satz: *Die Archimedische Spirale besitzt eine konstante Ableitung, d. h. einen für alle Punkte gleichen Polarsubnormalen-Abschnitt.*

Beweis: Die Ableitung der linearen Funktion

$$r = a\,\varphi + b$$

ist (wie auch in kartesischen Koordinaten) eine Konstante

$$r' = a\,.$$

Sowohl die Archimedische als auch die logarithmische Spirale werden für die Profilierung von Kurvenscheiben an Werkzeugmaschinen (Drehautomaten) benötigt.

Beispiele

1. Man bestimme die Steigung $\tan\alpha$ einer Kurve in Polarkoordinaten (α ist der Winkel zwischen der Tangente und der Polarachse).

Lösung (Abb. 196): Nach dem „Außenwinkelsatz" ist

$$\alpha = \varphi + \psi$$
$$\Rightarrow \tan\alpha = \tan(\varphi + \psi) = \frac{\tan\varphi + \tan\psi}{1 - \tan\varphi\,\tan\psi}$$
$$\tan\psi = \frac{r}{r'}$$
$$\Rightarrow \tan\alpha = \frac{\tan\varphi + \dfrac{r}{r'}}{1 - \dfrac{r}{r'}\tan\varphi} = \frac{r'\tan\varphi + r}{r' - r\tan\varphi}\,.$$

2. Die Funktionsgleichung

$$r(\varphi) = \frac{p}{1 - \varepsilon\cos\varphi}$$

stellt für $\varepsilon > 1$ eine Hyperbel, für $\varepsilon = 1$ eine Parabel und für $0 < \varepsilon < 1$ eine Ellipse in Polarkoordinaten dar (p bedeutet die halbe achsensenkrechte Brennpunktssehne). Man bestimme $r'(\varphi)$ und $r''(\varphi)$!

Lösung: Es empfiehlt sich, $r(\varphi)$ in der Form

$$r(\varphi) = p(1 - \varepsilon\cos\varphi)^{-1}$$

zu schreiben und nun nach der Kettenregel abzuleiten:

$$r'(\varphi) = -p(1 - \varepsilon\cos\varphi)^{-2}\,\varepsilon\sin\varphi$$
$$\Rightarrow r'(\varphi) = \frac{-p\,\varepsilon\sin\varphi}{(1 - \varepsilon\cos\varphi)^2}\,.$$

Für die zweite Ableitung erhält man mit der Quotientenregel

$$r''(\varphi) = \frac{p\,\varepsilon\,(2\,\varepsilon - \varepsilon\cos^2\varphi - \cos\varphi)}{(1 - \varepsilon\cos\varphi)^3}\,.$$

3. Die Menge aller Punkte der Ebene, für welche das Produkt der Abstände von zwei festen Punkten eine Konstante ist, ergibt eine *Lemniskate* (Abb. 197). Ihre Gleichung lautet in kartesischen Koordinaten

$$F(x, y) \equiv (x^2 + y^2)^2 - 2a^2(x^2 - y^2) = 0.$$

Man transformiere die Gleichung in Polarkoordinaten!

Lösung: Die Umrechnungsformeln lauten

$$x = r\cos\varphi, \quad y = r\sin\varphi$$

$$\Rightarrow x^2 + y^2 = r^2, \quad x^2 - y^2 = r^2(\cos^2\varphi - \sin^2\varphi) = r^2\cos 2\varphi$$

$$\Rightarrow F(x, y) \equiv G(r, \varphi) \equiv r^4 - 2a^2 r^2 \cos 2\varphi = 0.$$

Die explizite Form lautet nach Division durch $r^2 \neq 0$

$$r = a\,\sqrt{2\cos 2\varphi}\,.$$

Die Bedingung $\cos 2\varphi \geqq 0$ führt auf

$$-\frac{\pi}{4} \leqq \varphi \leqq +\frac{\pi}{4}$$

$$\frac{3\pi}{4} \leqq \varphi \leqq \frac{5\pi}{4}\,.$$

Nur in diesen Winkelräumen gibt es also Kurvenpunkte; $r_{\max}$ ergibt sich für $\varphi = 0$ und $\varphi = 180°$ zu $a\sqrt{2}$. Die Kurve ist punktsymmetrisch bez. II.

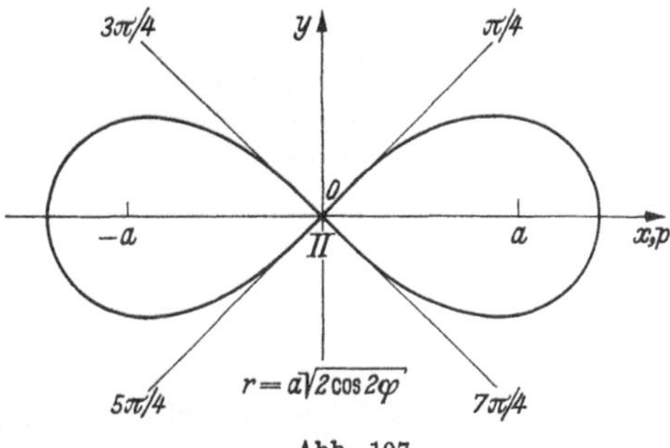

Abb. 197

4 Integralrechnung

4.1 Das unbestimmte Integral

4.1.1 Begriff des unbestimmten Integrals

Die Aufgabe der Differentialrechnung bestand im wesentlichen darin, von einer gegebenen (differenzierbaren) Funktion $y = f(x)$ die Ableitung $y' = f'(x)$ zu ermitteln. Die Aufgabe der Integralrechnung ist die umgekehrte: Zu einer gegebenen (stetigen) Ableitungsfunktion $f(x) = F'(x)$ soll die ursprüngliche Stammfunktion $F(x)$, aus der die gegebene Funktion also durch Ableiten hervorgegangen ist, ermittelt werden. In den einfachsten Fällen kann man $F(x)$ sofort anschreiben, wenn $F'(x)$ gegeben ist:

$F'(x)$ gegeben	$F(x)$ gesucht
e^x	e^x
$2x$	x^2
$\sin x + \cos x$	$-\cos x + \sin x$
$1/x$	$\ln x$
a	$a\,x$

Im allgemeinen indes wird die Bestimmung von Stammfunktionen nicht so einfach sein. Hat man $F(x)$ gefunden, so ist damit auch $F(x) + C$, worin C eine beliebige Konstante ist, eine Stammfunktion, denn beim Ableiten fällt diese wieder heraus

$$[F(x) + C]' = F'(x) + C' = F'(x).$$

Definition: *Jede differenzierbare Funktion $F(x)$, deren Ableitung $F'(x)$ gleich einer gegebenen stetigen Funktion $f(x)$ ist, heißt eine Stamm- oder Integralfunktion von $f(x)$ und man schreibt*

$$\boxed{F'(x) = f(x) \Longleftrightarrow F(x) = \int f(x)\,dx}$$

Die Menge aller Integralfunktionen von $f(x)$ ist

$$\boxed{\{F(x) + C \mid C \text{ bel. reelle Zahl}\}}$$

und heißt das unbestimmte Integral von $f(x)$. C wird Integrationskonstante genannt.

Hierzu noch folgende **Erläuterungen:**

1. Die beiden Schreibweisen $F'(x) = f(x)$ und $F(x) = \int f(x)\,dx$ beinhalten äquivalente Aussagen. Das Integralzeichen $\int$ ist ein langgezogenes, stilisiertes S und wird „Integral über $f(x)\,dx$" gelesen. $f(x)$ heißt auch der *Integrand*; die Rechenoperation wird *Integrieren* genannt.

2. Differenzieren und Integrieren sind umgekehrte Aufgabenstellungen. Wird eine Funktion $f(x)$ zuerst integriert,

$$\int f(x)\,dx = F(x),$$

und das Ergebnis, nämlich die Integralfunktion $F(x)$, anschließend wieder differenziert, so erhält man mit

$$F'(x) = f(x)$$

wieder die ursprüngliche Funktion. Dies macht man sich als Probe beim Integrieren zunutze.

3. Schreibt man die Ableitung $F'(x)$ als Differentialquotient

$$\frac{d\,F(x)}{d\,x} = f(x),$$

so folgt bei Multiplikation mit dx

$$dF(x) = f(x)\,dx.$$

Beiderseitige Integration ergibt dann

$$\int dF(x) = \int f(x)\,dx.$$

Andererseits war aber auch

$$F(x) = \int f(x)\,dx,$$

so daß sich für das Integral- und Differentialzeichen die *Identität*

$$\boxed{\int dF(x) \equiv F(x)}$$

ergibt. Man beachte, daß sich Integral- und Differentialzeichen jedoch nur dann aufheben, wenn der *gesamte* Integrand die Struktur eines Differentials einer Funktion besitzt. Es ist also etwa

$$\int dx = x, \qquad \int d\sin x = \sin x, \qquad \int d\ln x = \ln x.$$

Kann man den Integranden als Differential einer Funktion $F(x)$ schreiben, so hat man damit also die Integralfunktion bereits gefunden.

4. Der Gesamtheit der Funktionen des unbestimmten Integrals $F(x) + C$ entspricht geometrisch eine Menge von Bildkurven (Integralkurven). Dabei wird jedem speziellen C-Wert eineindeutig eine Integralkurve zugeordnet. Da sich zwei Kurven

$$F(x) + C_1 \quad \text{und} \quad F(x) + C_2$$

durch Parallelverschiebung in y-Achsen-Richtung zur Deckung bringen lassen, stellt das unbestimmte Integral demnach geometrisch eine *Schar unendlich vieler untereinander kongruenter Integralkurven* dar.

    Beispiel: Vorgelegt sei die lineare Funktion
$$f(x) = 2x.$$
Man erläutere analytisch und geometrisch ihr unbestimmtes Integral!

    Lösung: Wir suchen *alle* Funktionen $F(x)$ mit der Eigenschaft
$$F'(x) = 2x \quad \text{bzw.} \quad F(x) = \int 2x\,dx.$$
Dies sind die quadratischen Funktionen
$$F(x) = x^2 + C,$$
geometrisch also eine Schar von Normalparabeln, deren Scheitel sämtlich auf der y-Achse liegen (Abb. 198). Jeder Normalparabel ist ein Wert von C zugeordnet: Zu $C = 3$ gehört beispielsweise die Normalparabel mit der Gleichung $y = x^2 + 3$; die durch den Punkt $P(x_1; y_1)$ verlaufende Normalparabel besitzt wegen

$$y = x^2 + C$$
$$y_1 = x_1^2 + C \Rightarrow C = y_1 - x_1^2$$

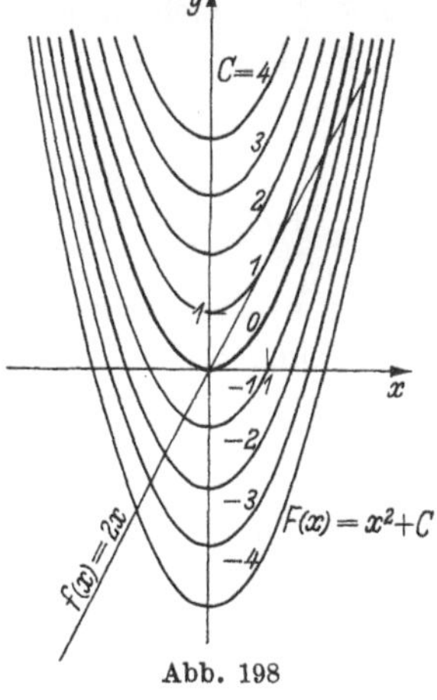

Abb. 198

die Integrationskonstante $C = y_1 - x_1^2$. Die Schar der Parabeln überdeckt die gesamte Ebene lückenlos, ohne daß zwei Parabeln einander schneiden.

4.1.2 Zwei Integrationsregeln

Satz (Faktorregel): *Ein konstanter Faktor kann beliebig vor oder hinter das Integral gesetzt werden:*

$$\int a\,f(x)\,dx = a \int f(x)\,dx$$

Beweis: Wir setzen

$$F'(x) = a\,f(x) \Rightarrow F(x) = \int a\,f(x)\,dx$$

und erhalten mit der Faktorregel der Differentialrechnung (vgl. II. 3.3.1)

$$\frac{1}{a}F'(x) = \left[\frac{1}{a}F(x)\right]' = f(x) \Rightarrow \frac{1}{a}F(x) = \int f(x)\,dx$$

$$\Rightarrow F(x) = a \int f(x)\,dx = \int a\,f(x)\,dx.$$

Satz (Summenregel): *Eine Summe von Funktionen kann man gliedweise integrieren, bzw. das Integral einer Summe ist gleich der Summe der Integrale*

$$\int [f(x) + g(x)]\,dx = \int f(x)\,dx + \int g(x)\,dx$$

Beweis: Setzt man hier

$$F'(x) = f(x) \Rightarrow F(x) = \int f(x)\,dx$$
$$G'(x) = g(x) \Rightarrow G(x) = \int g(x)\,dx,$$

so ergibt sich mit der Summenregel der Ableitungsrechnung (vgl. II. 3.3.1)

$$F'(x) + G'(x) = [F(x) + G(x)]' = f(x) + g(x)$$
$$\Rightarrow F(x) + G(x) = \int [f(x) + g(x)]\,dx$$
$$\Rightarrow \int f(x)\,dx + \int g(x)\,dx = \int [f(x) + g(x)]\,dx.$$

Diese beiden Sätze sind eine unmittelbare Folge der entsprechenden Ableitungsregeln, also, im Grunde genommen, gar keine neuen Aussagen.

4.1.3 Die Grundintegrale

Die in II. 3.4.4 zusammengestellten Differentiationsformeln ergeben durch einfaches Umschreiben die grundlegenden Integrationsformeln. Man nennt sie Grundintegrale, weil man beim formalen Integrieren letztlich auf sie zurückgeführt wird. Ihre Richtigkeit kann unmittelbar (d. h. ohne schriftliche Rechnung) durch Bilden der Ableitung bestätigt werden. Der Studierende präge sich die Grundintegrale deshalb besonders gut ein.

$$\int x^n \, dx = \frac{x^{n+1}}{n+1} + C \qquad (n \neq -1)$$

$$\int \frac{dx}{x} = \ln|x| + C \qquad (x \neq 0)$$

$$\int \sin x \, dx = -\cos x + C$$

$$\int \cos x \, dx = \sin x + C$$

$$\int \frac{dx}{\cos^2 x} = \tan x + C \qquad \left(x \neq \pm \frac{\pi}{2}, \, \pm \frac{3\pi}{2}, \dots \right)$$

$$\int \frac{dx}{\sin^2 x} = -\cot x + C \qquad (x \neq 0, \, \pm \pi, \, \pm 2\pi, \dots)$$

$$\int e^x \, dx = e^x + C$$

$$\int a^x \, dx = \frac{a^x}{\ln a} + C \qquad (a \neq 1, \, a > 0)$$

$$\int \frac{dx}{\sqrt{1-x^2}} = \operatorname{Arc} \sin x + C = -\operatorname{Arc} \cos x + K \qquad (|x| < 1)$$

$$\int \frac{dx}{1+x^2} = \operatorname{Arc} \tan x + C = -\operatorname{Arc} \cot x + K$$

$$\int \sinh x \, dx = \cosh x + C$$

$$\int \cosh x \, dx = \sinh x + C$$

$$\int \frac{dx}{\cosh^2 x} = \tanh x + C$$

$$\int \frac{dx}{\sinh^2 x} = -\coth x + C \qquad (x \neq 0)$$

$$\int \frac{dx}{\sqrt{x^2+1}} = \operatorname{ar} \sinh x + C$$

$$= \ln\left(x + \sqrt{x^2+1}\right) + C$$

$$\int \frac{dx}{\sqrt{x^2-1}} = \operatorname{ar} \cosh x + C \qquad (x > 1)$$

$$= \ln\left|x + \sqrt{x^2-1}\right| + C \qquad (|x| > 1)\,[1]$$

$$\int \frac{dx}{1-x^2} = \operatorname{ar} \tanh x + C$$

$$= \frac{1}{2} \ln \frac{1+x}{1-x} + C \qquad \left.\right\} \quad (|x| < 1)$$

$$\int \frac{dx}{1-x^2} = \operatorname{ar} \coth x + C$$

$$= \frac{1}{2} \ln \frac{x+1}{x-1} + C \qquad \left.\right\} \quad (|x| > 1)$$

---

[1]) Die Darstellung der Integralfunktion durch den Natürlichen Logarithmus reicht also weiter als die durch den Areakosinus, da sie noch für negative $x < -1$ erklärt ist.

Beispiele[1])

1. $\displaystyle \int \left(x^3 + 4x + \frac{1}{x^2} - 3 \right) dx = \int x^3\, dx + 4 \int x\, dx + \int \frac{dx}{x^2} - 3 \int dx$

$\displaystyle = \frac{1}{4}\, x^4 + 2x^2 - \frac{1}{x} - 3x + C$

2. $\displaystyle \int \left(\sqrt{x} - \sqrt[3]{x} - \frac{1}{\sqrt[4]{x}} + \sqrt[5]{\frac{1}{x^3}} \right) dx = \int x^{1/2}\, dx - \int x^{1/3}\, dx - \int x^{-1/4}\, dx +$

$\displaystyle + \int x^{-3/5}\, dx = \tfrac{2}{3} x^{3/2} - \tfrac{3}{4} x^{4/3} - \tfrac{4}{3} x^{3/4} + \tfrac{5}{2} x^{2/5} + C = \tfrac{2}{3} x \sqrt{x} -$

$\displaystyle - \tfrac{3}{4} x \sqrt[3]{x} - \tfrac{4}{3} \sqrt[4]{x^3} + \tfrac{5}{2} \sqrt[5]{x^2} + C$

3. $\displaystyle \int \frac{\cos \alpha}{1 + t^2}\, dt = \cos \alpha \int \frac{dt}{1 + t^2} = \cos \alpha \; \mathrm{Arc} \tan t + C$

4. $\displaystyle \int \frac{1 - x\, e^{\alpha + x}}{x}\, dx = \int \frac{dx}{x} - \int e^{\alpha + x}\, dx = \ln |x| - e^\alpha \int e^x\, dx = \ln |x| -$

$\displaystyle - e^\alpha\, e^x + C = \ln |x| - e^{\alpha + x} + C$

5. $\displaystyle \int \sinh (a\, \omega)\, d(a\, \omega) = \cosh (a\, \omega) + C$

6. $\displaystyle \int \frac{d\, 2\varphi}{\sqrt{1 - 4\varphi^2}} = \int \frac{d\, 2\varphi}{\sqrt{1 - (2\varphi)^2}} = \mathrm{Arc} \sin 2\varphi + C$

7. $\displaystyle \int \sin (a + x)\, dx = \int [\sin a \cos x + \cos a \sin x]\, dx = \sin a \int \cos x\, dx +$

$\displaystyle + \cos a \int \sin x\, dx = \sin a \sin x - \cos a \cos x + C = -\cos (a + x) + C$

8. $\displaystyle \int \frac{x}{\sqrt{1 + x^2}}\, dx = \int d\, \sqrt{1 + x^2} = \sqrt{1 + x^2} + C.$

4.2 Formale Integrationsmethoden

Vorbemerkung: Von der Ableitungsrechnung her sind wir gewöhnt,
jede differenzierbare und in geschlossener Form vorliegende Funktion
$y = f(x)$ mit Hilfe der Ableitungsformeln und -regeln auch differenzieren
zu können und das Ergebnis $y' = f'(x)$ wieder in geschlossener Form
anzuschreiben. Dieser Sachverhalt findet in der Integralrechnung *keine*
Entsprechung! Das heißt, *nicht jede* stetige (und damit integrierbare[2]))
Funktion kann auch formal nach den Integrationsregeln integriert und
die Integralfunktion in geschlossener Form angeschrieben werden.
Damit ist die formale Integralrechnung wesentlich schwieriger als die
formale Ableitungsrechnung.

Im folgenden betrachten wir die wichtigsten formalen Integrationsmethoden. Diese führen jeweils für bestimmte Typen von Funktionen

---

[1]) Um die Rechnungen nicht unnötig zu erschweren, ist die Angabe des Definitionsbereiches weggelassen.

[2]) Siehe dazu II. 4.3.1.

zum Ziele. Der Studierende merke sich diese Typen. Führt keine dieser Methoden zum Ziel, so muß man die in II. 4.4 erläuterten Näherungsmethoden einsetzen.

4.2.1 Die Substitutionsmethode

Prinzip: In vielen Fällen kann ein gegebenes Integral

$$\int f(x)\, dx$$

auf ein einfacheres oder sogar ein bekanntes Integral (im günstigsten Fall auf ein Grundintegral) zurückgeführt werden, wenn man statt der ursprünglichen Integrationsveränderlichen x mittels der *Substitutionsgleichung*

$$\boxed{\begin{aligned} x &= \varphi(t) \\ \Rightarrow dx &= \varphi'(t)\, dt \end{aligned}}$$

eine neue Variable t einführt. Es wird dann

$$\int f(x)\, dx = \int f[\varphi(t)]\, \varphi'(t)\, dt = \int g(t)\, dt$$

$$\text{mit} \quad g(t) = f[\varphi(t)]\, \varphi'(t).$$

Hat man das auf t transformierte Integral formal gelöst, so daß also etwa

$$\int g(t)\, dt = G(t) + C$$

ist, so muß man anschließend wieder von t auf x *resubstituieren*.[1]) Dies geschieht anhand der Substitutionsgleichung, die nach t aufzulösen ist

$$x = \varphi(t) \Longleftrightarrow t = \psi(x)$$

$$\Rightarrow \int f(x)\, dx = \int g(t)\, dt = G[\psi(x)] + C.$$

Man darf also nur solche Funktionen $\varphi(t)$ substituieren, welche eine auch formal herstellbare Umkehrfunktion besitzen.

1. Typus: $\int f(a\,x + b)\, dx$

$$\boxed{\begin{aligned} Substitution: \; a\,x + b &= t \\ \Rightarrow dx &= \frac{1}{a}\, dt \end{aligned}}$$

Damit ergibt sich

$$\int f(a\,x + b)\, dx = \frac{1}{a} \int f(t)\, dt,$$

was in der Regel leichter zu behandeln ist. Ist speziell $\int f(t)\, dt$ ein Grundintegral, so ist damit die Aufgabe bereits gelöst.

---

[1]) Bei bestimmten Integralen kann man statt der Resubstitution die Integrationsgrenzen auf die neue Variable transformieren. Siehe dazu II. 4.3.1.

Beispiele

1. $\displaystyle\int (5x - 7)^4\, dx = \frac{1}{5} \int t^4\, dt = \frac{1}{25}\, t^5 + C = \frac{1}{25}\, (5x - 7)^5 + C$

$$\text{Substitution:}\ 5x - 7 = t$$
$$dx = \tfrac{1}{5}\, dt$$

2. $\displaystyle\int \frac{dx}{\sqrt[3]{1 - 2x}} = -\frac{1}{2} \int t^{-1/3}\, dt = -\frac{3}{4}\, t^{2/3} + C = -\frac{3}{4}\, \sqrt[3]{(1 - 2x)^2} + C$

$$\text{Substitution:}\ 1 - 2x = t$$
$$dx = -\tfrac{1}{2}\, dt$$

3. $\displaystyle\int \cos(a\varphi - \varphi_0)\, d\varphi = \frac{1}{a} \int \cos t\, dt = \frac{1}{a} \sin t + C = \frac{1}{a} \sin(a\varphi - \varphi_0) + C$

$$\text{Substitution:}\ a\varphi - \varphi_0 = t$$
$$d\varphi = \frac{1}{a}\, dt$$

4. $\displaystyle\int \frac{3\,a\,\pi}{2 - \dfrac{1}{3}\,u}\, du = -9\,a\,\pi \int \frac{dt}{t} = -9\,a\,\pi \ln|t| + C = -9\,a\,\pi \ln\left|2 - \frac{1}{3}\,u\right| + C$

$$\text{Substitution:}\ 2 - \tfrac{1}{3}u = t$$
$$du = -3\,dt$$

5. $\displaystyle\int \frac{dy}{\sinh^2 \dfrac{y}{2}} = 2 \int \frac{dt}{\sinh^2 t} = -2 \coth t + C = -2 \coth \frac{y}{2} + C.$

$$\text{Substitution:}\ \frac{y}{2} = t$$
$$dy = 2\,dt.$$

Man kann sich in diesen und einer Reihe weiterer Fällen die Substitution ersparen, falls man sich der Methode der **Differentialtransformation** (vgl. II. 3.4.3) bedient. Liegen Integrale vom Typus

$$\int f(a\,x + b)\, dx$$

vor, so transformiert man das Differential dx auf das Differential der linearen Funktion $a\,x + b$, indem man zugleich durch die Ableitung $(a\,x + b)' = a$ dividiert:

$$\boxed{\begin{array}{c} \textit{Differential-Transformation:} \\[4pt] \displaystyle\int f(a\,x + b)\, dx = \frac{1}{a} \int f(a\,x + b)\, d(a\,x + b) \end{array}}$$

Auf diesem Wege sind die folgenden Beispiele 6 bis 10 behandelt; der Leser wende die Methode aber auch auf die Beispiele 1 bis 5 an.

Beispiele

6. $\int 4e^{2x-3}\,dx = 4\cdot\tfrac{1}{2}\int e^{2x-3}\,d(2x-3) = 2e^{2x-3}+C$

7. $\int \sqrt[n]{(1-x)^m}\,dx = -\int (1-x)^{m/n}\,d(1-x) = -\dfrac{n}{m+n}\sqrt[n]{(1-x)^{m+n}}+C$

8. $\int \sin\dfrac{\alpha}{3}\,d\alpha = 3\int \sin\dfrac{\alpha}{3}\,d\dfrac{\alpha}{3} = -3\,\cos\dfrac{\alpha}{3}+C$

9. $\int \dfrac{3\,dt}{4t-5} = \dfrac{3}{4}\int \dfrac{d(4t-5)}{4t-5} = \dfrac{3}{4}\ln|4t-5|+C$

10. $\int \dfrac{d\varphi}{\cos^2 2\varphi} = \dfrac{1}{2}\int \dfrac{d2\varphi}{\cos^2 2\varphi} = \dfrac{1}{2}\tan 2\varphi+C.$

2. Typus: $\int f[\varphi(x)]\,\varphi'(x)\,dx$

Der Integrand besteht hier aus einer mittelbaren Funktion, multipliziert mit der Ableitung ihrer inneren Funktion. Letztere wird als neue Integrationsveränderliche eingeführt.

$$\boxed{\begin{aligned} &\textit{Substitution}:\ \ \varphi(x)=t\\ &\quad \Rightarrow \varphi'(x)\,dx = dt \end{aligned}}$$

Damit ergibt sich für das Integral

$$\int f[\varphi(x)]\,\varphi'(x)\,dx = \int f(t)\,dt.$$

Noch schneller führt die Transformation des Differentials dx auf das Differential $d\varphi(x)$ zum Ziel; hierbei kürzt sich der Faktor $\varphi'(x)$ heraus und man erhält

$$\boxed{\begin{aligned} &\textit{Differential-Transformation}:\\ &\int f[\varphi(x)]\,\varphi'(x)\,dx = \int f[\varphi(x)]\,d\varphi(x) \end{aligned}}$$

Beispiele (mit Substitution[1]))

1. $\int \sin x\,\cos x\,dx = \int t\,dt = \tfrac{1}{2}t^2+C = \tfrac{1}{2}\sin^2 x+C$

$\qquad$ Substitution: $\sin x = t$

$\qquad\qquad \cos x\,dx = dt$

2. $\int \cos^5 x\,\sin x\,dx = -\int t^5\,dt = -\tfrac{1}{6}t^6+C = -\tfrac{1}{6}\cos^6 x+C$

$\qquad$ Substitution: $\cos x = t$

$\qquad\qquad -\sin x\,dx = dt$

---

[1]) Der Studierende führe die Beispiele 1 bis 5 auch mit Differentialtransformation und die Beispiele 6 bis 10 auch mit Substitution zur Übung durch!

3. $\displaystyle\int \frac{\sqrt{\ln x}}{x}\,dx = \int \sqrt{t}\,dt = \int t^{1/2}\,dt = \frac{2}{3}\,t\,\sqrt{t} + C = \frac{2}{3}\ln x\,\sqrt{\ln x} + C$

$$\text{Substitution: } \ln x = t$$
$$\frac{dx}{x} = dt$$

4. $\displaystyle\int \frac{(\text{Arc}\tan x)^2}{1 + x^2}\,dx = \int t^2\,dt = \frac{1}{3}\,t^3 + C = \frac{1}{3}\,(\text{Arc}\tan x)^3 + C$

$$\text{Substitution: Arc}\tan x = t$$
$$\frac{dx}{1 + x^2} = dt$$

5. $\displaystyle\int \frac{dx}{\cos^4 x} = \int (1 + \tan^2 x)\,\frac{1}{\cos^2 x}\,dx = \int (1 + t^2)\,dt = t + \frac{1}{3}\,t^3 + C$

$$= \tan x + \frac{1}{3}\tan^3 x + C$$

$$\text{Substitution: } \tan x = t$$
$$\frac{dx}{\cos^2 x} = dt.$$

Beispiele (mit Differential-Transformation)

6. $\displaystyle\int \sinh^5 x \cosh x\,dx = \int \sinh^5 x\,d\sinh x = \tfrac{1}{6}\sinh^6 x + C$

7. $\displaystyle\int 6x\,e^{-x^2}\,dx = -3\int e^{-x^2}\,d(-x^2) = -3e^{-x^2} + C$

8. $\displaystyle\int \frac{\sin(\ln x)}{x}\,dx = \int \sin(\ln x)\,d\ln x = -\cos(\ln x) + C$

9. $\displaystyle\int \frac{\tan^3 x - 4\sqrt{\tan x} + \cot x - 2\sqrt[3]{\cot x}}{\cos^2 x}\,dx = \int (\tan^3 x - 4\tan^{1/2} x +$

$\displaystyle + \tan^{-1} x - 2\tan^{-1/3} x)\,d\tan x = \frac{1}{4}\tan^4 x - \frac{8}{3}\tan x\sqrt{\tan x} +$

$\displaystyle + \ln|\tan x| - 3\sqrt[3]{\tan^2 x} + C$

10. $\displaystyle\int \tan x\,dx = \int \frac{\sin x}{\cos x}\,dx = -\int \frac{d\cos x}{\cos x} = -\ln|\cos x| + C.$

3. Typus: $\displaystyle\int \frac{f'(x)}{f(x)}\,dx$

$$\boxed{\int \frac{f'(x)}{f(x)}\,dx = \ln|f(x)| + C}$$

Ist die zu integrierende Funktion ein Bruch, dessen Zähler gleich der Ableitung des Nenners ist, so ist der Logarithmus des Nenners eine Integralfunktion.

Zum Beweis beachte man lediglich

$$\int \frac{f'(x)}{f(x)}\,dx = \int \frac{df(x)}{f(x)} = \ln|f(x)| + C.$$

Beispiele

1. $\displaystyle \int \cot x\, dx = \int \frac{\cos x}{\sin x}\, dx = \ln |\sin x| + C$

2. $\displaystyle \int \frac{2x}{x^2 + 1}\, dx = \ln(x^2 + 1) + C$

3. $\displaystyle \int \frac{dx}{x \ln x} = \int \frac{\frac{1}{x}\, dx}{\ln x} = \ln |\ln x| + C$

4. $\displaystyle \int \frac{2x^3 + x}{x^4 + x^2 + 1}\, dx = \frac{1}{2} \int \frac{4x^3 + 2x}{x^4 + x^2 + 1}\, dx = \frac{1}{2} \ln(x^4 + x^2 + 1) + C$

5. $\displaystyle \int \frac{dx}{\sinh x} = \frac{1}{2} \int \frac{dx}{\sinh \frac{x}{2} \cosh \frac{x}{2}}$

$$= \frac{1}{2} \int \frac{\frac{1}{\cosh^2 \frac{x}{2}}\, dx}{\tanh \frac{x}{2}} = 2 \cdot \frac{1}{2} \int \frac{\frac{1}{\cosh^2 \frac{x}{2}}\, d\frac{x}{2}}{\tanh \frac{x}{2}}$$

$$= \ln \left| \tanh \frac{x}{2} \right| + C$$

6. $\displaystyle \int \frac{4x - 7}{1 - x^2}\, dx = -2 \int \frac{-2x}{1 - x^2} - 7 \int \frac{dx}{1 - x^2}$

$$= -2 \ln(1 - x^2) - 7 \operatorname{ar\,tanh} x + C \qquad\qquad (|x| < 1).$$

4. Typus: $\int \sin^2 x\, dx,\ \int \cos^2 x\, dx,\ \int \sinh^2 x\, dx,\ \int \cosh^2 x\, dx$

$$\boxed{\begin{aligned}
\int \sin^2 x\, dx &= \tfrac{1}{2}(x - \sin x \cos x) + C \\
\int \cos^2 x\, dx &= \tfrac{1}{2}(x + \sin x \cos x) + C \\
\int \sinh^2 x\, dx &= \tfrac{1}{2}(\sinh x \cosh x - x) + C \\
\int \cosh^2 x\, dx &= \tfrac{1}{2}(\sinh x \cosh x + x) + C
\end{aligned}}$$

Beweis:

1. Wir benutzen die Identität (vgl. I. 2.3.2)

$$\sin^2 x = \tfrac{1}{2}(1 - \cos 2x)$$

und können damit das Integral wie folgt aufspalten

$$\int \sin^2 x\, dx = \tfrac{1}{2}\int (1 - \cos 2x)\, dx = \tfrac{1}{2}\int dx - \tfrac{1}{4}\int \cos 2x\, d2x$$
$$= \tfrac{1}{2} x - \tfrac{1}{4} \sin 2x + C.$$

Beachtet man noch

$$\sin 2x = 2 \sin x \cos x,$$

so kann man dem Ergebnis die Form geben

$$\int \sin^2 x\, dx = \tfrac{1}{2}(x - \sin x \cos x) + C.$$

2. Für das zweite Integral verwenden wir lediglich

$$\cos^2 x = 1 - \sin^2 x$$

und erhalten damit

$$\int \cos^2 x \, dx = \int (1 - \sin^2 x) \, dx = x - \tfrac{1}{2}(x - \sin x \cos x) + C$$
$$= \tfrac{1}{2}(x + \sin x \cos x) + C.$$

3. Für Hyperbelfunktionen gilt nach I. 4.8

$$\cosh^2 x - \sinh^2 x = 1$$
$$\cosh^2 x + \sinh^2 x = \cosh 2x, ^1)$$

woraus durch Subtraktion der ersten von der zweiten Gleichung folgt

$$\sinh^2 x = \tfrac{1}{2}(\cosh 2x - 1)$$
$$\Rightarrow \int \sinh^2 x \, dx = \tfrac{1}{2}\int \cosh 2x - \tfrac{1}{2}\int dx = \tfrac{1}{4}\sinh 2x - \tfrac{1}{2}x + C$$

und bei Beachtung der Identität[1])

$$\sinh 2x = 2 \sinh x \cosh x$$
$$\int \sinh^2 x \, dx = \tfrac{1}{2}(\sinh x \cosh x - x) + C.$$

4. In Analogie zum zweiten Integral dieser Gruppe folgt hier mit

$$\cosh^2 x = 1 + \sinh^2 x$$
$$\int \cosh^2 x \, dx = \int (1 + \sinh^2 x) \, dx = x + \tfrac{1}{2}(\sinh x \cosh x - x) + C$$
$$= \tfrac{1}{2}(\sinh x \cosh x + x) + C.$$

5. **Typus:** $\int \sqrt{a^2 - x^2} \, dx, \qquad \int \dfrac{dx}{\sqrt{a^2 - x^2}}$

$$\boxed{\begin{aligned}
Substitution: \quad & x = a \sin t \\
\Rightarrow \; & dx = a \cos t \, dt \\
\Rightarrow \quad & t = \text{Arc} \sin \frac{x}{a}
\end{aligned}}$$

1. Mit diesem Ansatz[2]) erhält man für das Integral

$$\int \sqrt{a^2 - x^2} \, dx = \int \sqrt{a^2 - a^2 \sin^2 t} \; a \cos t \, dt = a^2 \int \cos^2 t \, dt$$
$$= \frac{a^2}{2}(t + \sin t \cos t) + C.$$

Resubstituiert man wieder auf x, so ist

$$\cos t = \sqrt{1 - \sin^2 t} = \sqrt{1 - \frac{x^2}{a^2}} = \frac{1}{a}\sqrt{a^2 - x^2},$$

---

[1]) Die Formeln für $\sinh 2x = 2 \sinh x \cosh x$ und $\cosh 2x = \cosh^2 x + \sinh^2 x$ ergeben sich unmittelbar aus den in I. 4.8 angeführten Additionstheoremen für $\sinh(x_1 + x_2)$ bzw. $\cosh(x_1 + x_2)$, wenn man darin $x_1 = x_2 = x$ setzt.

[2]) Zum gleichen Ergebnis führt der Ansatz $x = a \cos t$, da $a^2 - x^2 = a^2 - a^2 \cos^2 t = a^2 \sin^2 t$ ebenfalls ein vollständiges Quadrat wird, welches die Wurzel beseitigt.

damit ergibt sich

$$\int \sqrt{a^2 - x^2}\, dx = \frac{a^2}{2} \left(\text{Arc}\sin \frac{x}{a} + \frac{x}{a^2} \sqrt{a^2 - x^2} \right) + C.$$

2. Mit der gleichen Substitution folgt für das zweite Integral

$$\int \frac{dx}{\sqrt{a^2 - x^2}} = \int \frac{a \cos t\, dt}{a \cos t} = \int dt = t + C = \text{Arc}\sin \frac{x}{a} + C.$$

Man beachte, daß man dieses Ergebnis auch unmittelbar über das Grundintegral bekommt, falls man rechnet:

$$\int \frac{dx}{\sqrt{a^2 - x^2}} = \frac{1}{a} \int \frac{dx}{\sqrt{1 - \left(\frac{x}{a}\right)^2}} = \int \frac{d\frac{x}{a}}{\sqrt{1 - \left(\frac{x}{a}\right)^2}}$$

$$= \text{Arc}\sin \frac{x}{a} + C = - \text{Arc}\cos \frac{x}{a} + C_1.\,^1)$$

Beispiele

1. Man ermittle das unbestimmte Integral

$$I = \int 3x \sqrt{5 - x^2}\, dx\,!$$

Lösung: Mit der oben angegebenen Substitution

$$x = \sqrt{5}\,\sin t$$
$$dx = \sqrt{5}\,\cos t\, dt$$

ergibt sich

$$I = 3 \int \sqrt{5}\,\sin t \sqrt{5 - 5\sin^2 t}\, \sqrt{5}\,\cos t\, dt = 15\sqrt{5} \int \cos^2 t \sin t\, dt$$

$$= -15\sqrt{5} \int \cos^2 t\, d\cos t = -5\sqrt{5}\,\cos^3 t + C.$$

Für die Resubstitution beachte man

$$\cos^3 t = \cos t\,(1 - \sin^2 t) = \sqrt{1 - \sin^2 t}\,(1 - \sin^2 t)$$

$$\Rightarrow I = -5\sqrt{5} \sqrt{1 - \frac{x^2}{5}}\left(1 - \frac{x^2}{5}\right) + C = -\sqrt{5 - x^2}\,(5 - x^2) + C.$$

2. Man ermittle das Integral

$$I = \int \sqrt{-4x^2 + 12x + 7}\, dx.$$

Lösung: Zunächst forme man den Radikanden wie folgt um

$$-4x^2 + 12x + 7 = -(2x - 3)^2 + 16;$$

dann ergibt sich wie im 1. Beispiel die Form

$$\int \sqrt{-4x^2 + 12x + 7}\, dx = \int \sqrt{4^2 - (2x - 3)^2}\, dx = \tfrac{1}{2} \int \sqrt{4^2 - t^2}\, dt,$$

falls man
$$2x - 3 = t$$
$$dx = \tfrac{1}{2}\, dt$$

$^1)$ Wegen $\text{Arc}\sin x + \text{Arc}\cos x = \pi/2$ (vgl. I. 3.12.3) besteht zwischen C und C_1 hier der Zusammenhang $C_1 - C = \pi/2$.

setzt. Nun wird substituiert

$$t = 4\sin\varphi$$
$$\Rightarrow dt = 4\cos\varphi\, d\varphi$$
$$\Rightarrow \varphi = \text{Arc}\sin\frac{t}{4},$$

und es folgt

$$I = \tfrac{1}{2}\int \sqrt{4^2 - 4^2\sin^2\varphi}\cdot 4\cos\varphi\, d\varphi = 8\int\cos^2\varphi\, d\varphi$$
$$= 4(\varphi + \sin\varphi\cos\varphi) + C \quad (\text{nach Typus 4}).$$

Resubstitution auf t ergibt

$$I = 4\left(\text{Arc}\sin\frac{t}{4} + \frac{t}{4}\sqrt{1 - \frac{t^2}{16}}\right) + C = 4\,\text{Arc}\sin\frac{t}{4} + \frac{t}{4}\sqrt{16 - t^2} + C.$$

Resubstitution auf x ergibt schließlich

$$I = 4\,\text{Arc}\sin\frac{2x - 3}{4} + \frac{2x - 3}{4}\sqrt{-4x^2 + 12x + 7} + C.$$

3. Für das unbestimmte Integral

$$I = \int\frac{dx}{x^2\sqrt{1 - 3x^2}}$$

machen wir die Substitution

$$\sqrt{3}\,x = \sin t$$
$$dx = \frac{1}{\sqrt{3}}\cos t\, dt,$$

denn so wird der Radikand zu einem vollständigen Quadrat und beseitigt die Wurzel:

$$I = \frac{3}{\sqrt{3}}\int\frac{\cos t\, dt}{\sin^2 t\,\sqrt{1 - \sin^2 t}} = \sqrt{3}\int\frac{dt}{\sin^2 t} = -\sqrt{3}\cot t + C$$
$$= -\sqrt{3}\cot(\text{Arc}\sin\sqrt{3}\,x) + C = -\frac{1}{x}\sqrt{1 - 3x^2} + C,$$

wobei verwendet wurde[1]

$$\cot(\text{Arc}\sin\sqrt{3}\,x) = \frac{\cos(\text{Arc}\sin\sqrt{3}\,x)}{\sin(\text{Arc}\sin\sqrt{3}\,x)} = \frac{\sqrt{1 - [\sin(\text{Arc}\sin\sqrt{3}\,x)]^2}}{\sqrt{3}\,x}$$
$$= \frac{\sqrt{1 - 3x^2}}{\sqrt{3}\,x}.$$

6. Typus: $\int\sqrt{x^2 - a^2}\,dx,\ \int\dfrac{dx}{\sqrt{x^2 - a^2}}$

$$\boxed{\begin{aligned} \textit{Substitution}:\ x &= a\cosh t\\ \Rightarrow dx &= a\sinh t\, dt\\ \Rightarrow\ t &= \text{ar}\cosh\frac{x}{a} \end{aligned}}$$

---

[1] Oder man rechnet $\cot t = \dfrac{\cos t}{\sin t} = \dfrac{\sqrt{1 - \sin^2 t}}{\sin t} = \dfrac{\sqrt{1 - 3x^2}}{\sqrt{3}\,x}$, also $-\sqrt{3}\cot t$
$= -\dfrac{1}{x}\sqrt{1 - 3x^2}$.

Wie die trigonometrische Substitution beim 5. Typus, so wird hier die Substitution einer hyperbolischen Funktion deshalb vorgenommen, um den Radikanden in ein vollständiges Quadrat zu verwandeln und damit die Wurzel zu beseitigen:

$$\sqrt{x^2 - a^2} = \sqrt{a^2 \cosh^2 t - a^2} = a\sqrt{\cosh^2 t - 1} = a\sqrt{\sinh^2 t} = a\sinh t,$$

denn es gilt nach I. 3.13 die fundamentale Identität

$$\cosh^2 t - \sinh^2 t = 1$$

$$(\Rightarrow \cosh^2 t - 1 = \sinh^2 t).$$

1. Für das erste Integral ergibt sich damit

$$\int \sqrt{x^2 - a^2}\,dx = \int a\sinh t\, a\sinh t\, dt = a^2 \int \sinh^2 t\, dt$$

$$= \frac{a^2}{2}(\sinh t \cosh t - t) + C$$

und nach Resubstitution von t auf x

$$\int \sqrt{x^2 - a^2}\,dx = \frac{a^2}{2}\left(\sqrt{\frac{x^2}{a^2} - 1}\,\frac{x}{a} - \operatorname{ar}\cosh\frac{x}{a}\right) + C$$

$$= \frac{a^2}{2}\left(\frac{x}{a^2}\sqrt{x^2 - a^2} - \operatorname{ar}\cosh\frac{x}{a}\right) + C \qquad (x \geqq a).$$

Beachtet man noch die Darstellung der Areafunktionen als Logarithmusfunktionen (vgl. I. 3.13), hier

$$\operatorname{ar}\cosh\frac{x}{a} = \ln\left(\frac{x}{a} + \frac{1}{a}\sqrt{x^2 - a^2}\right),$$

so ergibt sich

$$\int \sqrt{x^2 - a^2}\,dx = \frac{x}{2}\sqrt{x^2 - a^2} - \frac{a^2}{2}\ln\left|\frac{x}{a} + \frac{1}{a}\sqrt{x^2 - a^2}\right| + C$$

$$= \frac{x}{2}\sqrt{x^2 - a^2} - \frac{a^2}{2}\ln\left|x + \sqrt{x^2 - a^2}\right| + C_1 \qquad (|x| \geqq a)$$

mit $C_1 = C + \dfrac{a^2}{2}\ln|a|$.

2. Mit der gleichen Substitution folgt für das zweite Integral

$$\int \frac{dx}{\sqrt{x^2 - a^2}} = \int \frac{a\sinh t\, dt}{\sqrt{a^2\cosh^2 t - a^2}} = \int dt = t + C = \operatorname{ar}\cosh\frac{x}{a} + C$$

$$(x > a)$$

$$\int \frac{dx}{\sqrt{x^2 - a^2}} = \ln\left|x + \sqrt{x^2 - a^2}\right| + C_1 \qquad (\text{mit } C_1 = C - \ln|a|,\ |x| > a).$$

Schneller noch gelangt man zum Ziel, wenn man auf das entsprechende Grundintegral umformt:

$$\int \frac{dx}{\sqrt{x^2 - a^2}} = \int \frac{d\left(\dfrac{x}{a}\right)}{\sqrt{\left(\dfrac{x}{a}\right)^2 - 1}} = \operatorname{ar}\cosh\frac{x}{a} + C.$$

Beispiele

1.
$$\int \frac{x^2\,dx}{\sqrt{x^2-a^2}} = \int \frac{a^2\cosh^2 t\; a\,\sinh t\,dt}{\sqrt{a^2\cosh^2 t - a^2}} = a^2\int \cosh^2 t\,dt$$

$$= \frac{a^2}{2}\,(\sinh t\,\cosh t + t) + C = \frac{a^2}{2}\left(\frac{x}{a}\,\sqrt{\frac{x^2}{a^2}-1} + \operatorname{ar\,cosh}\frac{x}{a}\right) + C$$

$$= \frac{a^2}{2}\left(\frac{x}{a^2}\,\sqrt{x^2-a^2} + \ln\left|x + \sqrt{x^2-a^2}\right|\right) + C_1$$

2.
$$\int \sqrt{x^2-6x+4}\,dx = \int \sqrt{(x-3)^2-5}\,dx = \int \sqrt{t^2-(\sqrt{5})^2}\,dt$$

$$\text{mit}\quad x-3=t,\quad dx=dt.$$

Mit der Substitution

$$t = \sqrt{5}\,\cosh\varphi$$

$$\Rightarrow dt = \sqrt{5}\,\sinh\varphi\,d\varphi$$

ergibt sich für das Integral

$$\int \sqrt{5\cosh^2\varphi - 5}\,\sqrt{5}\,\sinh\varphi\,d\varphi = 5\int \sinh^2\varphi\,d\varphi$$

$$= \frac{5}{2}\,(\sinh\varphi\,\cosh\varphi - \varphi) + C = \frac{5}{2}\left(\frac{t}{\sqrt{5}}\,\sqrt{\frac{t^2}{5}-1} - \operatorname{ar\,cosh}\frac{t}{\sqrt{5}}\right) + C$$

$$= \frac{t}{2}\,\sqrt{t^2-5} - \frac{5}{2}\ln\left|t + \sqrt{t^2-5}\right| + C_1$$

$$= \frac{x-3}{2}\,\sqrt{x^2-6x+4} - \frac{5}{2}\ln\left|x-3 + \sqrt{x^2-6x+4}\right| + C_1$$

3.
$$\int \frac{3x}{\sqrt{x^2-8}}\,dx = 3\int \frac{2x}{2\sqrt{x^2-8}}\,dx = 3\int d\sqrt{x^2-8} = 3\sqrt{x^2-8} + C.$$

In diesem Falle ist also die Substitution überflüssig, da der Integrand unmittelbar als Differential der im Nenner stehenden Wurzel geschrieben werden kann (vgl. II. 3.3.5; Ableitung einer Quadratwurzel-Funktion).

7. Typus: $\int \sqrt{x^2 + a^2}\,dx, \int \dfrac{dx}{\sqrt{x^2 + a^2}}$

$$\boxed{\begin{aligned} \textit{Substitution}:\; & x = a\,\sinh t \\ \Rightarrow\; & dx = a\,\cosh t\,dt \\ \Rightarrow\; & t = \operatorname{ar\,sinh}\frac{x}{a} \end{aligned}}$$

Damit ergibt sich für den Radikanden

$$x^2 + a^2 = a^2\sinh^2 t + a^2 = a^2(\sinh^2 t + 1) = a^2\cosh^2 t,$$

also ein vollständiges Quadrat, welches die Wurzel beseitigt:

$$\sqrt{x^2 + a^2} = a\,\cosh t.$$

1. Für das erste Integral folgt damit

$$\int \sqrt{x^2 + a^2}\, dx = \int a \cosh t\, a \cosh t\, dt = a^2 \int \cosh^2 t\, dt$$

$$= \frac{a^2}{2} (\sinh t\, \cosh t + t) + C$$

$$= \frac{a^2}{2} \left(\frac{x}{a} \sqrt{\frac{x^2}{a^2} + 1} + \operatorname{ar\,sinh} \frac{x}{a} \right) + C$$

$$= \frac{a^2}{2} \left(\frac{x}{a^2} \sqrt{x^2 + a^2} + \operatorname{ar\,sinh} \frac{x}{a} \right) + C$$

oder bei Verwendung der logarithmischen Darstellung

$$\int \sqrt{x^2 + a^2}\, dx = \frac{a^2}{2} \left(\frac{x}{a^2} \sqrt{x^2 + a^2} + \ln \left(x + \sqrt{x^2 + a^2} \right) \right) + C_1 .$$

2. Für das zweite Integral folgt ebenso

$$\int \frac{dx}{\sqrt{x^2 + a^2}} = \int \frac{a \cosh t\, dt}{a \cosh t} = \int dt = t + C = \operatorname{ar\,sinh} \frac{x}{a} + C$$

oder durch Zurückgehen auf das zugehörige Grundintegral

$$\int \frac{dx}{\sqrt{x^2 + a^2}} = \int \frac{d\left(\dfrac{x}{a} \right)}{\sqrt{\left(\dfrac{x}{a} \right)^2 + 1}} = \operatorname{ar\,sinh} \frac{x}{a} + C .$$

Beispiele

1. Für das Integral

$$I = \int \frac{dx}{x^2 \sqrt{x^2 + 2}}$$

erhält man mit der Substitution

$$x = \sqrt{2} \sinh t$$

$$\Rightarrow dx = \sqrt{2} \cosh t\, dt$$

$$\Rightarrow x^2 + 2 = 2 \sinh^2 t + 2 = 2 \cosh^2 t$$

$$I = \int \frac{\sqrt{2} \cosh t\, dt}{2 \sinh^2 t \sqrt{2 \cosh^2 t}} = \frac{1}{2} \int \frac{dt}{\sinh^2 t} = -\frac{1}{2} \coth t + C$$

$$= -\frac{1}{2} \frac{\sqrt{\sinh^2 t + 1}}{\sinh t} + C = -\frac{1}{2} \frac{\sqrt{\dfrac{x^2}{2} + 1}}{\dfrac{x}{\sqrt{2}}} + C = -\frac{1}{2} \frac{\sqrt{x^2 + 2}}{x} + C .$$

2. Zur Lösung des Integrals

$$I = \int \sqrt{9x^2 - 6x + 10}\, dx$$

wird man zunächst den Radikanden gemäß

$$9x^2 - 6x + 10 = (3x - 1)^2 + 9$$

umformen und substituieren

$$3x - 1 = t$$
$$dx = \tfrac{1}{3}\, dt .$$

Damit nimmt das Integral die Form

$$I = \tfrac{1}{3} \int \sqrt{t^2 + 9}\, dt$$

an und kann nun mit der Substitution

$$t = 3 \sinh \varphi$$

$$dt = 3 \cosh \varphi\, d\varphi$$

weiter behandelt werden:

$$I = \tfrac{1}{3} \int 3 \cosh \varphi \cdot 3 \cosh \varphi\, d\varphi = \tfrac{3}{2} (\sinh \varphi \cosh \varphi + \varphi) + C$$

$$\Rightarrow \int \sqrt{9x^2 - 6x + 10}\, dx = \frac{3x - 1}{6} \sqrt{9x^2 - 6x + 10} + \frac{3}{2} \operatorname{ar\,sinh} \frac{3x - 1}{3} + C$$

bzw. bei logarithmischer Darstellung

$$\int \sqrt{9x^2 - 6x + 10}\, dx = \frac{3x - 1}{6} \sqrt{9x^2 - 6x + 10} +$$

$$+ \frac{3}{2} \ln (3x - 1 + \sqrt{9x^2 - 6x + 10}) + C_1.$$

Mit diesen Typen ist die Menge der Integrale, welche sich mit der Substitutionsmethode behandeln lassen, bei weitem noch nicht erschöpft. Vielmehr ist gerade diese Methode auf Grund ihrer Flexibilität die am häufigsten angewandte und am weitesten reichende formale Integrationsmethode.

4.2.2 Die Methode der Produktintegration

Diese Integrationsregel[1]) ist eine unmittelbare Folge der Ableitungsregel für ein Produkt zweier Funktionen $u = u(x)$ und $v = v(x)$ (sog. Produktregel); in Differentialen geschrieben lautete diese (vgl. II. 3.4.3)

$$d(u\,v) = v\,du + u\,dv.$$

Beiderseitige Integration ergibt

$$\int d(u\,v) = u\,v = \int v\,du + \int u\,dv$$

$$\boxed{\int u\,dv = u\,v - \int v\,du}$$

Dies ist die Formel der *Produktintegration*. Mit ihr kann man das Integral

$$\int u\,dv \equiv \int u(x)\,v'(x)\,dx$$

zurückführen auf die Bestimmung des Integrals

$$\int v\,du \equiv \int v(x)\,u'(x)\,dx,$$

falls die Funktionen $u(x)$ und $v(x)$ differenzierbar sind und die Funktion $v' = v'(x)$ geschlossen integriert werden kann. Man wird diese Regel

---

[1]) Andere Bezeichnungen sind Teilintegration oder partielle Integration.

immer dann anwenden, wenn man von dem zweiten Integral eine einfachere Lösung erwarten kann.

Eine allgemeine Regel für die Aufteilung des Integranden in u und dv gibt es nicht. Tritt eine Potenzfunktion als Faktor auf, so wird man diese im allgemeinen gleich u setzen, damit beim Differenzieren der Exponent um 1 erniedrigt wird. Sofern das verbleibende Integral noch nicht lösbar ist, wird man dies weiter behandeln müssen und dabei gegebenenfalls wieder die Methode der Produktintegration heranziehen. Erst durch eine größere Anzahl von Beispielen kann der Studierende hier zu einer hinreichenden Sicherheit im Integrieren gelangen.

Beispiele

1. Gesucht ist $\int x \cos x \, dx$.

Lösung: Man setze

$$\left. \begin{array}{l} u = x \\ dv = \cos x \, dx \end{array} \right\} \Rightarrow \begin{array}{l} du = dx \\ v = \sin x \end{array}$$

und erhält nach der Formel der Produktintegration

$$\int x \cos x \, dx = x \sin x - \int \sin x \, dx = x \sin x + \cos x + C.$$

2. Gesucht ist $\int (3x - 7) \, e^{-x} \, dx$.

Lösung: Man setze

$$\left. \begin{array}{l} u = 3x - 7 \\ dv = e^{-x} \, dx \end{array} \right\} \Rightarrow \begin{array}{l} du = 3 \, dx \\ v = -e^{-x} \end{array}$$

und bekommt

$$\int (3x - 7) \, e^{-x} \, dx = -(3x - 7) \, e^{-x} + \int 3 e^{-x} \, dx = -(3x - 7) \, e^{-x} - 3 e^{-x} + C$$
$$= -(3x - 4) \, e^{-x} + C.$$

3. $\int \sin^2 x \, dx = ?$

Lösung: Wir schreiben $\int \sin^2 x \, dx = \int \sin x \sin x \, dx$ und setzen

$$\left. \begin{array}{l} u = \sin x \\ dv = \sin x \, dx \end{array} \right\} \Rightarrow \begin{array}{l} du = \cos x \, dx \\ v = -\cos x; \end{array}$$

damit folgt

$$\int \sin^2 x \, dx = -\sin x \cos x + \int \cos^2 x \, dx = -\sin x \cos x + \int dx - \int \sin^2 x \, dx$$
$$\Rightarrow 2 \int \sin^2 x \, dx = -\sin x \cos x + x + C$$
$$\int \sin^2 x \, dx = \tfrac{1}{2} (x - \sin x \cos x) + C_1 \qquad \text{(vgl. II. 4.2.1).}$$

4. $\int e^{mx} \cos n \, x \, dx = ?$

Lösung: Wir setzen

$$\left. \begin{array}{l} u = e^{mx} \\ dv = \cos n \, x \, dx \end{array} \right\} \Rightarrow \begin{array}{l} du = m \, e^{mx} \, dx \\ v = \dfrac{1}{n} \sin n \, x \end{array}$$

und erhalten zunächst

$$\int e^{mx} \cos n \, x \, dx = \frac{1}{n} \, e^{mx} \sin n \, x - \int \frac{m}{n} \, e^{mx} \sin n \, x \, dx.$$

Das verbleibende Integral hat eine ähnliche Struktur wie das gegebene, wir behandeln es deshalb auch mit der Methode der Produktintegration, indem wir setzen

$$\left.\begin{array}{l} u = e^{mx} \\[2mm] dv = \sin n\,x\,dx \end{array}\right\} \Rightarrow \quad \begin{array}{l} du = m\,e^{mx}\,dx \\[2mm] v = -\dfrac{1}{n}\cos n\,x \end{array}$$

$$\Rightarrow \int e^{mx}\sin n\,x\,dx = -\frac{1}{n}\,e^{mx}\cos n\,x + \int \frac{m}{n}\,e^{mx}\cos n\,x\,dx$$

$$\Rightarrow -\frac{m}{n}\int e^{mx}\sin n\,x\,dx = \frac{m}{n^2}\,e^{mx}\cos n\,x - \frac{m^2}{n^2}\int e^{mx}\cos n\,x\,dx.$$

Das nunmehr entstandene Integral ist gleich dem gegebenen Integral und wird mit diesem auf der linken Seite zusammengefaßt:

$$\left(1 + \frac{m^2}{n^2}\right)\int e^{mx}\cos n\,x\,dx = \frac{1}{n}\,e^{mx}\sin n\,x + \frac{m}{n^2}\,e^{mx}\cos n\,x + C$$

$$\Rightarrow \int e^{mx}\cos n\,x\,dx = e^{mx}\,\frac{m\cos n\,x + n\sin n\,x}{m^2 + n^2} + C_1.$$

5. $\int x^3 \cosh x\,dx = ?$

Lösung: Um die Potenz x^3 zu erniedrigen, setzen wir

$$\left.\begin{array}{l} u = x^3 \\[2mm] dv = \cosh x\,dx \end{array}\right\} \Rightarrow \quad \begin{array}{l} du = 3x^2\,dx \\[2mm] v = \sinh x \end{array}$$

und erhalten

$$I \equiv \int x^3 \cosh x\,dx = x^3 \sinh x - 3\int x^2 \sinh x\,dx.$$

In der gleichen Weise bekommen wir für das verbleibende Integral mit

$$\left.\begin{array}{l} u = x^2 \\[2mm] dv = \sinh x\,dx \end{array}\right\} \Rightarrow \quad \begin{array}{l} du = 2x\,dx \\[2mm] v = \cosh x \end{array}$$

$$I_1 \equiv \int x^2 \sinh x\,dx = x^2 \cosh x - 2\int x \cosh x\,dx$$

und schließlich nochmals mit

$$\left.\begin{array}{l} u = x \\[2mm] dv = \cosh x\,dx \end{array}\right\} \Rightarrow \quad \begin{array}{l} du = dx \\[2mm] v = \sinh x \end{array}$$

$$I_2 \equiv \int x \cosh x\,dx = x \sinh x - \int \sinh x\,dx = x \sinh x - \cosh x + C.$$

Damit ergibt sich für das vorgelegte Integral I

$$I = x^3 \sinh x - 3I_1 = x^3 \sinh x - 3x^2 \cosh x + 6I_2$$

$$I = x^3 \sinh x - 3x^2 \cosh x + 6x \sinh x - 6\cosh x + C_1.$$

6. $\int \text{Arc}\tan x\,dx = ?$

Lösung: Der Integrand ist hier als das Produkt der Funktion $u(x) = \text{Arc}\tan x$ und des Differentials $dx = dv$ aufzufassen:

$$\left.\begin{array}{l} u = \text{Arc}\tan x \\[4mm] dv = dx \end{array}\right\} \Rightarrow \quad \begin{array}{l} du = \dfrac{1}{1+x^2}\,dx \\[4mm] v = x \end{array}$$

$$\Rightarrow \int \text{Arc}\tan x\,dx = x\,\text{Arc}\tan x - \int \frac{x}{1+x^2}\,dx$$

$$\int \text{Arc}\tan x\,dx = x\,\text{Arc}\tan x - \frac{1}{2}\int \frac{2x}{1+x^2}\,dx$$

$$\int \text{Arc}\tan x\,dx = x\,\text{Arc}\tan x - \tfrac{1}{2}\ln(1+x^2) + C.$$

7. $\int \text{Arc} \sin x \, dx = \, ?$

Lösung: Wir setzen analog zum vorigen Beispiel

$$\left.\begin{array}{l} u = \text{Arc} \sin x \\[2ex] dv = dx \end{array}\right\} \Rightarrow \begin{array}{l} du = \dfrac{dx}{\sqrt{1-x^2}} \\[2ex] v = x \end{array}$$

$$\Rightarrow \int \text{Arc} \sin x \, dx = x \, \text{Arc} \sin x - \int \frac{x \, dx}{\sqrt{1-x^2}}$$

$$\int \text{Arc} \sin x \, dx = x \, \text{Arc} \sin x + \int d\sqrt{1-x^2}$$

$$\int \text{Arc} \sin x \, dx = x \, \text{Arc} \sin x + \sqrt{1-x^2} + C.$$

8. $\int \ln x \, dx = \, ?$

Lösung: Auch hier wird gesetzt

$$\left.\begin{array}{l} u = \ln x \\[2ex] dv = dx \end{array}\right\} \Rightarrow \begin{array}{l} du = \dfrac{1}{x} \, dx \\[2ex] v = x \end{array}$$

und es folgt

$$\int \ln x \, dx = x \ln x - x \int \frac{1}{x} \, dx = x(\ln x - 1) + C \qquad (x > 0).$$

4.2.3 Integration durch Rekursion

Ist der Integrand eine Potenzfunktion von einer Funktion mit allgemeinen ganzzahligen Exponenten, wie etwa

$$\int \sin^n x \, dx, \quad \int \cosh^n x \, dx, \quad \int (\ln x)^n \, dx,$$

so gestattet die Methode der Produktintegration eine Zurückführung (Rekursion) auf jeweils ein Integral gleicher Struktur, jedoch mit erniedrigtem Exponenten. Behandelt man dies in der gleichen Weise und fährt so fort, so kommt man nach endlich vielen Rekursionsschritten schließlich auf ein Grundintegral zurück, das man sofort anschreiben kann.

Beispiele

1. Man stelle eine Rekursionsformel für

$$\int \cosh^n x \, dx$$

auf! Hierbei sei n eine positive ganze Zahl.

Lösung: Wir schreiben zunächst

$$\int \cosh^n x \, dx = \int \cosh^{n-1} x \, \cosh x \, dx$$

und setzen

$$\left.\begin{array}{l} u = \cosh^{n-1} x \\[2ex] dv = \cosh x \, dx \end{array}\right\} \Rightarrow \begin{array}{l} du = (n-1) \cosh^{n-2} x \, \sinh x \, dx \\[2ex] v = \sinh x. \end{array}$$

Damit ergibt sich

$$\int \cosh^n x \, dx = \sinh x \, \cosh^{n-1} x - (n-1) \int \cosh^{n-2} x \, \sinh^2 x \, dx.$$

19*

Unter Heranziehung des „hyperbolischen Pythagoras"

$$\cosh^2 x - \sinh^2 x = 1$$

$$\Rightarrow \sinh^2 x = \cosh^2 x - 1$$

erhalten wir für das verbleibende Integral

$$\int \cosh^{n-2} x \,(\cosh^2 x - 1)\, dx = \int \cosh^n x \, dx - \int \cosh^{n-2} x \, dx$$

und damit für das gegebene Integral

$$\int \cosh^n x \, dx = \sinh x \cosh^{n-1} x - (n-1) \int \cosh^n x \, dx + (n-1) \int \cosh^{n-2} x \, dx$$

$$\boxed{\int \cosh^n x \, dx = \frac{1}{n} \sinh x \cosh^{n-1} x + \frac{n-1}{n} \int \cosh^{n-2} x \, dx}$$

Bezeichnet man das gegebene Integral mit I_n, wobei der Index für den Exponenten von $\cosh x$ steht, so ist das verbleibende Integral mit I_{n-2} zu bezeichnen und die Rekursionsformel hat die Gestalt

$$\boxed{I_n = \frac{1}{n} \sinh x \cosh^{n-1} x + \frac{n-1}{n} I_{n-2} \quad (n > 0,\ \text{ganz})}$$

Betrachten wir als Anwendung

$$\int \cosh^5 x \, dx\,!$$

Es ist hier $n = 5$ zu setzen. Die Rekursionsformel liefert

$$I_5 = \tfrac{1}{5} \sinh x \cosh^4 x + \tfrac{4}{5} I_3.$$

Nun liefert dieselbe Formel für $n = 3$

$$I_3 = \tfrac{1}{3} \sinh x \cosh^2 x + \tfrac{2}{3} I_1$$

$$\tfrac{2}{3} I_1 = \tfrac{2}{3} \int \cosh x \, dx = \tfrac{2}{3} \sinh x + C$$

$$\Rightarrow I_5 = \tfrac{1}{5} \sinh x \cosh^4 x + \tfrac{4}{15} \sinh x \cosh^2 x + \tfrac{8}{15} \sinh x + C_1.$$

2. Man gebe für das Integral

$$\int (\ln x)^n \, dx, \quad (n > 0,\ \text{ganz})$$

eine Rekursionsformel an!

Lösung: Wir setzen

$$\left.\begin{array}{l} u = (\ln x)^n \\[2mm] dv = dx \end{array}\right\} \Rightarrow \begin{array}{l} du = n(\ln x)^{n-1} \dfrac{1}{x}\, dx \\[2mm] v = x \end{array}$$

und bekommen damit

$$\int (\ln x)^n \, dx = x(\ln x)^n - n \int (\ln x)^{n-1} \, dx.$$

Die Struktur dieser Rekursionsformel ist, wenn man

$$I_n = \int (\ln x)^n \, dx$$

setzt

$$\boxed{I_n = x(\ln x)^n - n\, I_{n-1} \quad (n > 0,\ \text{ganz})}$$

Als Anwendung berechnen wir $\int (\ln x)^3 \, dx$! Es ist $n = 3$:

$$I_3 = x(\ln x)^3 - 3\,I_2$$
$$I_2 = x(\ln x)^2 - 2\,I_1$$
$$I_1 = x\ln x - x \quad \left(I_0 = \int (\ln x)^0 \, dx = x\right).$$

Setzt man I_1 in I_2 und dann I_2 in I_3 ein, so wird

$$I_2 = x(\ln x)^2 - 2x\ln x + 2x$$
$$I_3 = x(\ln x)^3 - 3x(\ln x)^2 + 6x\ln x - 6x + C.$$

4.2.4 Integration durch Partialbruchzerlegung

Diese Integrationsmethode kommt stets dann zum Einsatz, wenn der Integrand eine *rationale Funktion*, also ein Quotient zweier Polynome (Polynombruch) ist:

$$I = \int \frac{P(x)}{Q(x)} \, dx$$

$$P(x) = \sum_{i=0}^{m} a_i\, x^i, \quad Q(x) = \sum_{i=0}^{n} b_i\, x^i.$$

Handelt es sich um eine unecht gebrochen-rationale Funktion, bei welcher also der Grad des Zählerpolynoms größer oder gleich dem Grad des Nennerpolynoms ist,

$$\operatorname{Grad} P(x) \geqq \operatorname{Grad} Q(x),$$

so wird der Polynombruch durch Ausdividieren zunächst in ein Polynom und eine echt gebrochen-rationale Funktion zerlegt (vgl. I. 1.2.2), also

$$\frac{P(x)}{Q(x)} = S(x) + \frac{R(x)}{Q(x)},$$

worin $S(x)$ und $R(x)$ Polynome sind und

$$\operatorname{Grad} R(x) < \operatorname{Grad} Q(x)$$

gilt. Die Integration eines Polynoms bereitet keine Schwierigkeiten, wir wenden uns deshalb der Integration echter Polynombrüche zu.

Prinzip: *Der (echte) Polynombruch wird in eine Summe von Partialbrüchen zerlegt und jeder Partialbruch einzeln integriert.*

Die Aufspaltung in Partialbrüche erfordert zunächst die Bestimmung der Nullstellen des Nennerpolynoms. Je nachdem diese reell oder komplex einerseits, sämtlich einfach oder zum Teil auch mehrfach sind, fällt der Ansatz für die Partialbruchzerlegung verschieden aus. Wir haben deshalb aus methodischen Gründen für das Folgende eine Fallunterscheidung vorzunehmen.

1. Fall: Das Nennerpolynom hat lauter einfache reelle Nullstellen

$$\textit{Vorgelegt}: \int \frac{P(x)}{Q(x)}\,dx \quad \textit{mit} \quad \operatorname{Grad} P(x) < \operatorname{Grad} Q(x)$$

$$Q(x) = (x - x_1)(x - x_2) \cdot \ldots \cdot (x - x_n)^{\,1)}$$

$$\textit{Ansatz}: \frac{P(x)}{Q(x)} \equiv \frac{A_1}{x - x_1} + \frac{A_2}{x - x_2} + \cdots + \frac{A_n}{x - x_n}$$

Die Koeffizienten $A_1, A_2, \ldots, A_n$ werden in diesem Fall am leichtesten dadurch bestimmt, daß man die Ansatzgleichung mit dem Hauptnenner durchmultipliziert und dann für x nacheinander die Nullstellen $x_1, x_2, \ldots, x_n$ einsetzt (vgl. I. 1.2.6). Sind die A_i bestimmt, so lautet das Ergebnis

$$\int \frac{P(x)}{Q(x)}\,dx = \int \frac{A_1}{x - x_1}\,dx + \int \frac{A_2}{x - x_2}\,dx + \cdots + \int \frac{A_n}{x - x_n}\,dx$$

$$= A_1 \ln |x - x_1| + A_2 \ln |x - x_2| + \cdots + A_n \ln |x - x_n| + C$$

Beispiele

1. Man ermittle das unbestimmte Integral

$$\int \frac{4x - 9}{x^2 - 8x + 15}\,dx\,!$$

Lösung: Der Integrand ist bereits ein echter Polynombruch.

1. Schritt: Nullstellenbestimmung des Nennerpolynoms:

$$x^2 - 8x + 15 = 0 \Rightarrow x_1 = 5, \quad x_2 = 3$$
$$\Rightarrow x^2 - 8x + 15 = (x - 5)(x - 3).$$

2. Schritt: Ansatz für die Partialbruchzerlegung

$$\frac{4x - 9}{x^2 - 8x + 15} \equiv \frac{A_1}{x - 5} + \frac{A_2}{x - 3}$$

und Koeffizientenbestimmung

$$4x - 9 \equiv A_1(x - 3) + A_2(x - 5)$$
$$x = 5: \quad 11 = 2A_1 \quad \Rightarrow A_1 = \frac{11}{2}$$
$$x = 3: \quad 3 = -2A_2 \Rightarrow A_2 = -\frac{3}{2}$$
$$\Rightarrow \frac{4x - 9}{x^2 - 8x + 15} = \frac{11}{2} \frac{1}{x - 5} - \frac{3}{2} \frac{1}{x - 3}.$$

3. Schritt: Integration der Partialbrüche

$$\int \frac{4x - 9}{x^2 - 8x + 15}\,dx = \frac{11}{2} \int \frac{dx}{x - 5} - \frac{3}{2} \int \frac{dx}{x - 3}$$
$$= \frac{11}{2} \ln |x - 5| - \frac{3}{2} \ln |x - 3| + C.$$

---

[1]) Das Nennerpolynom $Q(x)$ wird in „normierter Form" (Koeffizient der höchsten x-Potenz gleich 1) vorausgesetzt. Dies ist keine Einschränkung der Allgemeinheit, da sich durch Ausklammern des ersten Koeffizienten und Herausrücken desselben vor das Integral diese Form stets herstellen läßt.

2. $\displaystyle\int\frac{2x^4-x^2-5x+1}{x^3-x^2-2x}\,dx = ?$

Lösung: Der Integrand ist unecht-gebrochen rational, muß also zunächst aufgespalten werden. Deshalb

1. Schritt: Ausführung der Division:

$$(2x^4-x^2-5x+1):(x^3-x^2-2x)=2x+2+\frac{5x^2-x+1}{x^3-x^2-2x}.$$

2. Schritt: Nullstellenbestimmung:

$$x^3-x^2-2x=0 \Rightarrow x_1=0,\quad x_2=2,\quad x_3=-1$$
$$x^3-x^2-2x=x(x-2)(x+1).$$

3. Schritt: Ansatz für Partialbruchzerlegung

$$\frac{5x^2-x+1}{x^3-x^2-2x}=\frac{A_1}{x}+\frac{A_2}{x-2}+\frac{A_3}{x+1}$$

und Koeffizientenbestimmung

$$5x^2-x+1=A_1(x-2)(x+1)+A_2\,x(x+1)+A_3\,x(x-2)$$

$$x=0:\quad 1=-2A_1 \Rightarrow A_1=-\frac{1}{2}$$
$$x=2:\quad 19=6A_2 \Rightarrow A_2=\frac{19}{6}$$
$$x=-1:\ 7=3A_3 \Rightarrow A_3=\frac{7}{3}$$

$$\Rightarrow \frac{5x^2-x+1}{x^3-x^2-2x}=-\frac{1}{2x}+\frac{19}{6(x-2)}+\frac{7}{3(x+1)}.$$

4. Schritt: Integration

$$\int\frac{2x^4-x^2-5x+1}{x^3-x^2-2x}\,dx=\int(2x+2)\,dx-\int\frac{1}{2x}\,dx+\int\frac{19\,dx}{6(x-2)}+\int\frac{7\,dx}{3(x+1)}$$

$$=x^2+2x-\frac{1}{2}\ln|x|+\frac{19}{6}\ln|x-2|+\frac{7}{3}\ln|x+1|+C.$$

2. Fall: Das Nennerpolynom hat lauter reelle Nullstellen, die auch mehrfach auftreten

$$\boxed{\begin{array}{l}
Vorgelegt:\int\dfrac{P(x)}{Q(x)}\,dx\quad mit\quad \operatorname{Grad}P(x)<\operatorname{Grad}Q(x)\\[2mm]
\qquad Q(x)=(x-x_1)^{k_1}(x-x_2)^{k_2}\cdot\ldots\cdot(x-x_r)^{k_r}\\[2mm]
\qquad (k_1+k_2+\cdots+k_r=\operatorname{Grad}Q(x))\\[2mm]
Ansatz:\dfrac{P(x)}{Q(x)}=\dfrac{A_{11}}{x-x_1}+\dfrac{A_{12}}{(x-x_1)^2}+\cdots+\dfrac{A_{1k_1}}{(x-x_1)^{k_1}}+\\[3mm]
\qquad\quad +\dfrac{A_{21}}{x-x_2}+\dfrac{A_{22}}{(x-x_2)^2}+\cdots+\dfrac{A_{2k_2}}{(x-x_2)^{k_2}}+\\[3mm]
\qquad\qquad\vdots\qquad\qquad\vdots\qquad\qquad\qquad\vdots\\[3mm]
\qquad\quad +\dfrac{A_{r1}}{x-x_r}+\dfrac{A_{r2}}{(x-x_r)^2}+\cdots+\dfrac{A_{rk_r}}{(x-x_r)^{k_r}}
\end{array}}$$

Der erste Index bei A_{ik} gibt den Index der Nullstelle, der zweite den Exponenten des Nennerbinoms an; zu A_{ik} gehört also der Nenner $(x - x_i)^k$. Die Bestimmung der A_{ik} ist hier nicht ganz so einfach wie im ersten Fall. Man multipliziert die Ansatzgleichung wieder mit dem Hauptnenner durch, setzt nacheinander für x die Nullstellen und außerdem noch so viele weitere x-Werte ein, als zur vollständigen Bestimmung sämtlicher Koeffizienten nötig sind. Man erhält zunächst eine Anzahl von Koeffizienten unmittelbar und dann ein lineares Gleichungssystem zur Bestimmung der übrigen.

Beispiele

1. $\int \dfrac{2x + 3}{(x - 1)^2 (x + 1)} \, dx = ?$

Lösung: Das Nennerpolynom hat die Nullstelle $x_1 = 1$ doppelt und die Nullstelle $x_2 = -1$ einfach. Der Ansatz lautet demnach

$$\frac{2x + 3}{(x - 1)^2 (x + 1)} \equiv \frac{A_{11}}{x - 1} + \frac{A_{12}}{(x - 1)^2} + \frac{A_{21}}{x + 1}$$

$$\Rightarrow 2x + 3 \equiv A_{11}(x - 1)(x + 1) + A_{12}(x + 1) + A_{21}(x - 1)^2$$

$$x = x_1 = 1: \quad 5 = 2A_{12} \Rightarrow A_{12} = \frac{5}{2}$$

$$x = x_2 = -1: \quad 1 = 4A_{21} \Rightarrow A_{21} = \frac{1}{4}$$

$$x = 0\,(\text{bel.}): \quad 3 = -A_{11} + A_{12} + A_{21} \Rightarrow A_{11} = -\frac{1}{4}$$

$$\Rightarrow \frac{2x + 3}{(x - 1)^2 (x + 1)} = -\frac{1}{4} \cdot \frac{1}{x - 1} + \frac{5}{2} \cdot \frac{1}{(x - 1)^2} + \frac{1}{4} \cdot \frac{1}{x + 1}$$

$$\Rightarrow \int \frac{(2x + 3) \, dx}{(x - 1)^2 (x + 1)} = -\frac{1}{4} \ln|x - 1| - \frac{5}{2} \cdot \frac{1}{x - 1} + \frac{1}{4} \ln|x + 1| + C.$$

2. $\int \dfrac{x^3 - 2x^2 + x - 4}{x^4 - 8x^3 + 24x^2 - 32x + 16} \, dx = ?$

Lösung: Das Nennerpolynom kann als Binompotenz in der Form

$$x^4 - 8x^3 + 24x^2 - 32x + 16 = (x - 2)^4$$

geschrieben werden. Demzufolge machen wir den Ansatz

$$\frac{x^3 - 2x^2 + x - 4}{(x - 2)^4} \equiv \frac{A_{11}}{x - 2} + \frac{A_{12}}{(x - 2)^2} + \frac{A_{13}}{(x - 2)^3} + \frac{A_{14}}{(x - 2)^4}$$

$$\Rightarrow x^3 - 2x^2 + x - 4 \equiv A_{11}(x - 2)^3 + A_{12}(x - 2)^2 + A_{13}(x - 2) + A_{14}.$$

Macht man sich die geringfügige Mehrarbeit, rechterseits nach Potenzen von x zu ordnen, so folgt aus der Identität beider Polynome

$$x^3 - 2x^2 + x - 4 \equiv A_{11} x^3 + (-6A_{11} + A_{12}) x^2 + (12A_{11} - 4A_{12} + A_{13}) x +$$
$$+ (-8A_{11} + 4A_{12} - 2A_{13} + A_{14})$$

durch Koeffizientenvergleich das „gestaffelte" lineare System

$$
\begin{aligned}
A_{11} &&&= 1 \\
-6A_{11} + A_{12} &&&= -2 \\
12A_{11} - 4A_{12} + A_{13} &&&= 1 \\
-8A_{11} + 4A_{12} - 2A_{13} + A_{14} &&&= -4,
\end{aligned}
$$

aus dem die Koeffizienten nacheinander, beginnend bei der ersten, dann der zweiten Gleichung usw. folgen:

$$A_{11} = 1, \quad A_{12} = 4, \quad A_{13} = 5, \quad A_{14} = -2$$

$$
\int \frac{x^3 - 2x^2 + x - 4}{x^4 - 8x^3 + 24x^2 - 32x + 16}\, dx = \int \frac{dx}{x-2} + 4\int \frac{dx}{(x-2)^2} + 5\int \frac{dx}{(x-2)^3} -
$$

$$
- 2\int \frac{dx}{(x-2)^4} = \ln|x-2| - \frac{4}{x-2} - \frac{5}{2(x-2)^2} + \frac{2}{3(x-2)^3} + C.
$$

3. Fall: Das Nennerpolynom besitzt lauter einfache komplexe Nullstellen

In diesem Fall werden je zwei zueinander konjugiert komplexe Nullstellen zu einem quadratischen Faktor zusammengefaßt

$$
\left.\begin{aligned}
x_1 &= \alpha_1 + j\beta_1 \\
x_2 &= \alpha_1 - j\beta_1 \equiv \bar{x}_1
\end{aligned}\right\} (\alpha_1, \beta_1 \text{ reell}; \ j^2 = -1)
$$

$$(x - x_1)(x - x_2) = (x - \alpha_1 - j\beta_1)(x - \alpha_1 + j\beta_1) = (x - \alpha_1)^2 + \beta_1^2$$

und Teilbrüche mit solchen quadratischen Nennerpolynomen abgespalten.

$Vorgelegt:\ \displaystyle\int \frac{P(x)}{Q(x)}\, dx \quad mit \quad \operatorname{Grad} P(x) < \operatorname{Grad} Q(x)$

$$Q(x) = [(x - \alpha_1)^2 + \beta_1^2]\,[(x - \alpha_2)^2 + \beta_2^2] \cdot \ldots \cdot [(x - \alpha_p)^2 + \beta_p^2]$$

$Ansatz:\ \displaystyle\frac{P(x)}{Q(x)} \equiv \frac{A_1 x + B_1}{(x - \alpha_1)^2 + \beta_1^2} + \frac{A_2 x + B_2}{(x - \alpha_2)^2 + \beta_2^2} + \cdots + \frac{A_p x + B_p}{(x - \alpha_p)^2 + \beta_p^2}$

Das Ergebnis ist dann

$$
\int \frac{P(x)}{Q(x)}\, dx = \int \frac{A_1 x + B_1}{(x - \alpha_1)^2 + \beta_1^2}\, dx +
$$

$$
+ \int \frac{A_2 x + B_2}{(x - \alpha_2)^2 + \beta_2^2}\, dx + \cdots + \int \frac{A_p x + B_p}{(x - \alpha_p)^2 + \beta_p^2}\, dx.
$$

Hierbei hat jedes einzelne Integral die gleiche Struktur und wird wie folgt behandelt: Zunächst wird der Zähler so umgeformt, daß die Ableitung des Nenners mit im Zähler erscheint und dann aufgespalten

$$
\frac{A x + B}{(x - \alpha)^2 + \beta^2} \equiv \frac{2C(x - \alpha) + D}{(x - \alpha)^2 + \beta^2} = C\frac{2(x - \alpha)}{(x - \alpha)^2 + \beta^2} + \frac{D}{(x - \alpha)^2 + \beta^2}.
$$

Die Konstanten C und D bestimmen sich eindeutig aus

$$
A x + B \equiv 2C(x - \alpha) + D
$$

$$
\Rightarrow A x + B \equiv 2C x + (-2C\alpha + D)
$$

durch Koeffizientenvergleich zu

$$\boxed{\begin{aligned} C &= \tfrac{1}{2} A \\ D &= \alpha\,A + B \end{aligned}}$$

Formt man den zweiten Bruch noch wie folgt um

$$\frac{D}{(x-\alpha)^2+\beta^2} = \frac{D}{\beta^2}\,\frac{1}{\left(\dfrac{x-\alpha}{\beta}\right)^2+1},$$

so sieht man, daß die Integration des ersten Bruches auf einen Logarithmus (Typus 3 in II. 4.2.1), die des zweiten Bruches auf einen Arkustangens (Grundintegral!), führt:

$$\int\frac{A\,x+B}{(x-\alpha)^2+\beta^2}\,dx = C\int\frac{2\,(x-\alpha)\,dx}{(x-\alpha)^2+\beta^2} + \frac{D}{\beta^2}\int\frac{dx}{\left(\dfrac{x-\alpha}{\beta}\right)^2+1}$$

$$= C\ln[(x-\alpha)^2+\beta^2] + \frac{D}{\beta}\,\text{Arc tan}\,\frac{x-\alpha}{\beta} + K$$

oder nach Einsetzen von $C = \tfrac{1}{2}A$ und $D = \alpha\,A + B$

$$\boxed{\int\frac{A\,x+B}{(x-\alpha)^2+\beta^2}\,dx = \frac{1}{2}A\ln[(x-\alpha)^2+\beta^2] + \frac{\alpha\,A+B}{\beta}\,\text{Arc tan}\,\frac{x-\alpha}{\beta} + K}$$

Die Koeffizienten A_i, B_i der einzelnen Teilbrüche können wieder durch Multiplikation der Ansatzgleichung mit dem Hauptnenner und nachfolgendes Einsetzen spezieller x-Werte oder, nach vorangegangenem Ordnen nach Potenzen von x, durch Koeffizientenvergleich gewonnen werden.

Beispiele

1. $\displaystyle\int\frac{6x-11}{x^2-8x+25}\,dx = ?$

Lösung: Durch Bilden der quadratischen Ergänzung beim Nennerpolynom erhält man

$$x^2-8x+25 = (x-4)^2+9,$$

also eine Summe zweier Quadrate, was gleichbedeutend mit konjugiert komplexen Nullstellen ist (diese selbst interessieren nicht, sondern nur obige Zerlegung!). Eine Partialbruchzerlegung entfällt demnach, der Integrand wird lediglich vom Zähler her so in zwei (gleichnamige) Brüche aufgespalten, daß beim ersten Bruch der Zähler die Ableitung des Nenners wird:

$$\frac{6x-11}{(x-4)^2+9} = 3\,\frac{2\,(x-4)}{(x-4)^2+9} + \frac{13}{(x-4)^2+9}$$

$$\Rightarrow\int\frac{(6x-11)\,dx}{(x-4)^2+9} = 3\int\frac{2\,(x-4)\,dx}{(x-4)^2+9} + \frac{13}{3}\int\frac{d\left(\dfrac{x-4}{3}\right)}{\left(\dfrac{x-4}{3}\right)^2+1}$$

$$\int\frac{(6x-11)\,dx}{(x-4)^2+9} = 3\ln(x^2-8x+25) + \frac{13}{3}\,\text{Arc tan}\,\frac{x-4}{3} + K.$$

Selbstverständlich kann man auch unmittelbar mit

$$A = 6, \quad B = -11, \quad \alpha = 4, \quad \beta = 3$$

in die oben eingerahmte Formel eingehen und damit das Ergebnis ohne Zwischenrechnung erhalten.

2. $\displaystyle\int \frac{(2x - 7)\, dx}{(x^2 + 1)\, (x^2 - 2x + 4)} = ?$

Lösung: Das Nennerpolynom hat wegen

$$(x^2 + 1)\, (x^2 - 2x + 4) = (x^2 + 1)\, [(x - 1)^2 + 3]$$

ausschließlich komplexe einfache Nullstellen. Der Ansatz für die Partialbruchzerlegung lautet deshalb

$$\frac{2x - 7}{(x^2 + 1)\, [(x - 1)^2 + 3]} \equiv \frac{A_1\, x + B_1}{x^2 + 1} + \frac{A_2\, x + B_2}{(x - 1)^2 + 3}.$$

Für die Koeffizienten erhält man mit

$$2x - 7 \equiv (A_1 + A_2)\, x^3 + (-2A_1 + B_1 + B_2)\, x^2 + (4A_1 + A_2 - 2B_1)\, x + (4B_1 + B_2)$$

durch Vergleich

$$A_1 = -\frac{8}{13}, \quad A_2 = \frac{8}{13}, \quad B_1 = -\frac{25}{13}, \quad B_2 = \frac{9}{13}$$

$$\Rightarrow \int \frac{(2x - 7)\, dx}{(x^2 + 1)\, (x^2 - 2x + 4)} = -\frac{1}{13} \int \frac{8x + 25}{x^2 + 1}\, dx + \frac{1}{13} \int \frac{8x + 9}{(x - 1)^2 + 3}\, dx.$$

Die rechts stehenden Integrale werden wie im ersten Beispiel behandelt:

$$\frac{1}{13} \int \frac{8x + 25}{x^2 + 1}\, dx = \frac{4}{13} \int \frac{2x}{x^2 + 1}\, dx + \frac{25}{13} \int \frac{dx}{x^2 + 1}$$

$$= \frac{4}{13} \ln(x^2 + 1) + \frac{25}{13} \operatorname{Arc\,tan} x$$

$$\frac{1}{13} \int \frac{8x + 9}{(x - 1)^2 + 3}\, dx = \frac{4}{13} \int \frac{2(x - 1)\, dx}{(x - 1)^2 + 3} + \frac{17}{13} \int \frac{dx}{(x - 1)^2 + 3}$$

$$= \frac{4}{13} \ln(x^2 - 2x + 4) + \frac{17}{13\sqrt{3}} \operatorname{Arc\,tan} \frac{x - 1}{\sqrt{3}}$$

$$\Rightarrow \int \frac{(2x - 7)\, dx}{(x^2 + 1)\, (x^2 - 2x + 4)} = \frac{4}{13} \ln \frac{x^2 - 2x + 4}{x^2 + 1} -$$

$$- \frac{25}{13} \operatorname{Arc\,tan} x + \frac{17}{13\sqrt{3}} \operatorname{Arc\,tan} \frac{x - 1}{\sqrt{3}} + K.$$

4. Fall: Das Nennerpolynom besitzt komplexe mehrfache Nullstellen

Wir wollen voraussetzen, daß das Nennerpolynom lediglich die konjugiert komplexen Nullstellen

$$x = \alpha + \beta\, j, \quad \bar{x} = \alpha - \beta\, j$$

k-fach hat (und sonst keine weiteren Nullstellen), damit also in der Form

$$Q(x) = [(x - \alpha)^2 + \beta^2]^k$$

geschrieben werden kann:

$$\textit{Vorgelegt:} \int \frac{P(x)}{Q(x)}\, dx \quad \textit{mit} \quad \operatorname{Grad} P(x) < \operatorname{Grad} Q(x)$$

$$Q(x) = [(x-\alpha)^2 + \beta^2]^k$$

$$\textit{Ansatz:} \frac{P(x)}{[(x-\alpha)^2 + \beta^2]^k}$$

$$= \frac{A_1 x + B_1}{(x-\alpha)^2 + \beta^2} + \frac{A_2 x + B_2}{[(x-\alpha)^2 + \beta^2]^2} + \cdots + \frac{A_k x + B_k}{[(x-\alpha)^2 + \beta^2]^k}$$

Bei der Integration wird man auf Integrale der Form

$$\int \frac{A_k x + B_k}{[(x-\alpha)^2 + \beta^2]^k}\, dx \qquad\qquad (k = 2, 3, \ldots)$$

geführt, die wir uns zunächst einmal ansehen wollen. Zuerst wird das Integral wie folgt aufgespalten[1])

$$\int \frac{(A x + B)\, dx}{[(x-\alpha)^2 + \beta^2]^k} = \frac{A}{2} \int \frac{2(x-\alpha)\, dx}{[(x-\alpha)^2 + \beta^2]^k} + (B + \alpha A) \int \frac{dx}{[(x-\alpha)^2 + \beta^2]^k}$$

$$\equiv \frac{A}{2} I_1 + (B + \alpha A)\, I_2.$$

Das erste Integral I_1 läßt sich leicht durch Substitution lösen:

$$I_1 = \int \frac{2(x-\alpha)\, dx}{[(x-\alpha)^2 + \beta^2]^k}$$

$$\text{Substitution:} \quad (x-\alpha)^2 + \beta^2 = t$$

$$\Rightarrow 2(x-\alpha)\, dx = dt$$

$$\Rightarrow I_1 = \int \frac{dt}{t^k} = -\frac{1}{k-1} t^{1-k} = -\frac{1}{(k-1)\,[(x-\alpha)^2 + \beta^2]^{k-1}}\,.$$

Das zweite Integral I_2 läßt sich (für $k > 1$) nicht in geschlossener Form lösen, wohl aber kann man eine Rekursionsformel angeben, mit der sich der Exponent k sukzessive erniedrigen läßt. Zu diesem Zweck schreiben wir

$$I_2 = \int \frac{dx}{[(x-\alpha)^2 + \beta^2]^k} = \frac{1}{\beta^{2k}} \int \frac{dx}{\left[\left(\dfrac{x-\alpha}{\beta}\right)^2 + 1\right]^k}$$

$$\text{Substitution:} \quad \frac{x-\alpha}{\beta} = s$$

$$\Rightarrow dx = \beta\, ds$$

$$\Rightarrow I_2 = \frac{1}{\beta^{2k-1}} \int \frac{ds}{(1 + s^2)^k} = \frac{1}{\beta^{2k-1}} \left[\int \frac{(1 + s^2)\, ds}{(1 + s^2)^k} - \int \frac{s^2\, ds}{(1 + s^2)^k} \right]$$

$$= \frac{1}{\beta^{2k-1}} \left[\int \frac{ds}{(1 + s^2)^{k-1}} - \int \frac{s^2\, ds}{(1 + s^2)^k} \right].$$

---

[1]) Im folgenden wird $A_k = A$, $B_k = B$ gesetzt.

Das erste Integral ist bereits auf den Exponenten $k - 1$ im Nenner erniedrigt; für das zweite wenden wir die Regel der Produktintegration (II. 4.2.3) an, indem wir

$$u = \tfrac{1}{2} s \atop dv = \dfrac{2s}{(1 + s^2)^k} \Bigg\} \;\Rightarrow\; {du = \tfrac{1}{2}\, ds \atop v = -\,\dfrac{1}{(k - 1)\,(1 + s^2)^{k-1}}} \qquad \text{(wie } I_1\text{!)}$$

ansetzen. Es ergibt sich

$$\int \frac{s^2\, ds}{(1 + s^2)^k} = \frac{-s}{2\,(k - 1)\,(1 + s^2)^{k-1}} + \frac{1}{2\,(k - 1)} \int \frac{ds}{(1 + s^2)^{k-1}} \,,$$

d. h. man wird auf ein Integral derselben Struktur aber mit einem um 1 erniedrigten Exponenten geführt. Insgesamt ergibt sich für I_2

$$I_2 = \frac{1}{\beta^{2k-1}} \left[\frac{s}{2\,(k - 1)\,(1 + s^2)^{k-1}} + \frac{2k - 3}{2\,(k - 1)} \int \frac{ds}{(1 + s^2)^{k-1}} \right].$$

Nach endlich vielen — nämlich $k - 1$ — Rekursionsschritten kommt man also bei I_2 auf ein Grundintegral zurück. Zusammengefaßt gilt für jedes ganze $k > 1$ und $\beta \neq 0$

$$\boxed{\begin{aligned} &\int \frac{A\,x + B}{[(x - \alpha)^2 + \beta^2]^k}\, dx = \frac{A}{2}\, I_1 + (B + \alpha A)\, I_2 \\[2mm] &\qquad I_1 = -\,\frac{1}{(k - 1)\,[(x - \alpha)^2 + \beta^2]^{k-1}} \\[2mm] &I_2 = \frac{1}{\beta^{2k-1}} \left[\frac{s}{2\,(k - 1)\,(1 + s^2)^{k-1}} + \frac{2k - 3}{2k - 2} \int \frac{ds}{(1 + s^2)^{k-1}} \right] \\[2mm] &\qquad\qquad mit \quad s = \frac{x - \alpha}{\beta} \end{aligned}}$$

Beispiel: Man ermittle

$$I = \int \frac{x^3 - 2x + 1}{[(x - 1)^2 + 5]^2}\, dx!$$

Lösung: Der Ansatz für die Partialbruchzerlegung lautet

$$\frac{x^3 - 2x + 1}{[(x - 1)^2 + 5]^2} = \frac{A_1\, x + B_1}{(x - 1)^2 + 5} + \frac{A_2\, x + B_2}{[(x - 1)^2 + 5]^2}$$

$$x^3 - 2x + 1 \equiv A_1\, x^3 + (-2A_1 + B_1)\, x^2 + (6A_1 - 2B_1 + A_2)\, x + (6B_1 + B_2)$$

$$\Rightarrow A_1 = 1, \quad B_1 = 2, \quad A_2 = -4, \quad B_2 = -11$$

$$\Rightarrow \int \frac{x^3 - 2x + 1}{[(x - 1)^2 + 5]^2}\, dx = \int \frac{x + 2}{(x - 1)^2 + 5}\, dx - \int \frac{4x + 11}{[(x - 1)^2 + 5]^2}\, dx.$$

Das erste Integral gehört zum „3. Fall" und ergibt

$$\int \frac{x + 2}{(x - 1)^2 + 5}\, dx = \frac{1}{2} \int \frac{2\,(x - 1)}{(x - 1)^2 + 5}\, dx + 3 \int \frac{dx}{(x - 1)^2 + 5}$$

$$= \frac{1}{2} \ln(x^2 - 2x + 6) + \frac{3}{\sqrt{5}} \,\text{Arc tan}\, \frac{x - 1}{\sqrt{5}}.$$

Für das zweite Integral folgt nach der soeben beschriebenen Methode

$$\int \frac{4x+11}{[(x-1)^2+5]^2}\,dx = 2\int \frac{2(x-1)\,dx}{[(x-1)^2+5]^2} + 15\int \frac{dx}{[(x-1)^2+5]^2} \equiv 2I_1 + 15I_2$$

$$\Rightarrow I_1 = -\frac{1}{(x-1)^2+5}$$

$$\Rightarrow I_2 = \frac{1}{10}\,\frac{x-1}{(x-1)^2+5} + \frac{\sqrt{5}}{50}\,\mathrm{Arc\,tan}\,\frac{x-1}{\sqrt{5}}$$

$$\Rightarrow \int \frac{4x+11}{[(x-1)^2+5]^2}\,dx = -\frac{\tfrac{1}{2}(3x-7)}{(x-1)^2+5} + \frac{3\sqrt{5}}{10}\,\mathrm{Arc\,tan}\,\frac{x-1}{\sqrt{5}}\,.$$

Insgesamt ergibt sich also für das gegebene Integral

$$\int \frac{x^3-2x+1}{[(x-1)^2+5]^2}\,dx = \frac{1}{2}\ln(x^2-2x+6) - \frac{3x-7}{2[(x-1)^2+5]} +$$

$$+\frac{3}{2\sqrt{5}}\,\mathrm{Arc\,tan}\,\frac{x-1}{\sqrt{5}} + C\,.$$

Im allgemeinen wird das Nennerpolynom reelle und komplexe Nullstellen zum Teil einfach und zum Teil mehrfach enthalten. Dann ist für jede Nullstelle der in den obigen Fällen vorgeschriebene Ansatz zu machen. Die Arbeit kann dabei gegebenenfalls recht umfangreich werden, doch führt das Verfahren der Partialbruchzerlegung dafür bei jeder echt gebrochen-rationalen Funktion zu einer *geschlossenen* Lösung. Hat man diesen Vorzug nicht im Auge, so führen Näherungsmethoden (vgl. II. 4.4) unter Umständen schneller zum Ziel.

4.3 Das bestimmte Integral

4.3.1 Definition des bestimmten Integrals

Das unbestimmte Integral einer Funktion $y = f(x)$ war durch die Gleichung

$$\int f(x)\,dx = F(x) + C$$

erklärt, falls für die Funktion $F(x)$ die damit gleichwertige Beziehung

$$F'(x) = f(x)$$

besteht. Die unbestimmte Integrationskonstante C, die dem Integral den Namen gibt, fällt heraus, wenn man nacheinander für x zwei feste Werte, etwa a und b, einsetzt und anschließend subtrahiert:

$$x = a:\ \int f(x)\,dx\big|_{x=a} = F(a) + C$$

$$x = b:\ \int f(x)\,dx\big|_{x=b} = F(b) + C$$

$$\overline{\int f(x)\,dx\big|_{x=b} - \int f(x)\,dx\big|_{x=a} = F(b) - F(a)}$$

Man erhält auf diese Weise einen eindeutigen Zahlenwert, wobei für die links stehende Integraldifferenz abkürzend

$$\int f(x)\,dx\big|_{x=b} - \int f(x)\,dx\big|_{x=a} = \int_a^b f(x)\,dx$$

und für die rechts stehende Funktionsdifferenz abkürzend

$$F(b) - F(a) = [F(x)]_a^b$$

geschrieben wird.

Definition: *Der eindeutige Ausdruck*

$$\boxed{\int_a^b f(x)\,dx = [F(x)]_a^b = F(b) - F(a)}$$

wird das bestimmte Integral der Funktion $f(x)$ genannt; a heißt die untere, b die obere Integrationsgrenze.

Beispiele

1. $\displaystyle\int_1^2 (3x^2 + 1)\,dx = [x^3 + x]_1^2 = (8 + 2) - (1 + 1) = 8$

2. $\displaystyle\int_0^\pi \cos x\,dx = [\sin x]_0^\pi = \sin\pi - \sin 0 = 0$

3. $\displaystyle\int_{-1}^{+1} e^{-2x}\,dx = -\tfrac{1}{2}[e^{-2x}]_{-1}^{+1} = -\tfrac{1}{2}(e^{-2} - e^2) = 3{,}627$

4. $\displaystyle\int_a^b \frac{1}{\sqrt{x}}\,dx = 2[\sqrt{x}]_a^b = 2(\sqrt{b} - \sqrt{a})$ (a, b positiv)

5. $\displaystyle\int_{-3}^{-1} \frac{dx}{2x + 7} = \frac{1}{2}\int_{-3}^{-1} \frac{d(2x + 7)}{2x + 7} = \frac{1}{2}[\ln|2x + 7|]_{-3}^{-1} = \frac{1}{2}\ln 5 = 0{,}8047$

6. $\displaystyle\int_{-1}^{1} \frac{dx}{x^2}$

kann auf diese Weise *nicht* behandelt werden, da der Integrand $f(x) = 1/x^2$ im Intervall $-1 \leqq x \leqq +1$ nicht durchweg stetig ist (bei $x = 0$ liegt eine Unendlichkeitsstelle!)

Sätze über Integrationsgrenzen: Für die Grenzen des bestimmten Integrals gelten einige wichtige Sätze, die im folgenden erläutert seien. Sie werden insbesondere bei der Flächenberechnung (II. 4.3.2) Bedeutung erlangen.

Satz: *Vertauscht man die Integrationsgrenzen, so ändert der Integralwert sein Vorzeichen:*

$$\boxed{\int_a^b f(x)\,dx = -\int_b^a f(x)\,dx}$$

Beweis: Ist

$$\int\limits_a^b f(x)\,dx = F(b) - F(a),$$

so ergibt sich für

$$\int\limits_b^a f(x)\,dx = F(a) - F(b) = -[F(b) - F(a)] = -\int\limits_a^b f(x)\,dx.$$

Schreibt man beide Integrale auf eine Seite, so kann die Gleichung

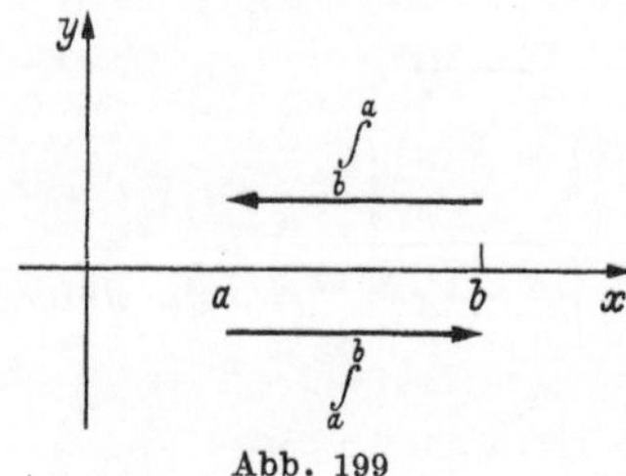

$$\int\limits_a^b f(x)\,dx + \int\limits_b^a f(x)\,dx = 0$$

wie folgt verstanden werden:
Integriert man zuerst von a nach b und anschließend von b nach a, also auf der x-Achse die Strecke $\overline{a\,b}$ einmal hin und zurück, so ist für diesen geschlossenen

Abb. 199

Integrationsweg der Wert des Integrals gleich Null (Abb. 199).

Satz: *Man kann den Integrationsweg in beliebig endlich viele Teilwege aufspalten und über jeden Teilweg einzeln integrieren, ohne daß sich dadurch der Wert des Integrals ändert*

$$\boxed{\int\limits_a^b f(x)\,dx = \int\limits_a^c f(x)\,dx + \int\limits_c^b f(x)\,dx}$$

Beweis: Gilt für die linke Seite

$$\int\limits_a^b f(x)\,dx = F(b) - F(a),$$

so folgt für die rechte Seite

$$\int\limits_a^c f(x)\,dx + \int\limits_c^b f(x)\,dx = F(c) - F(a) + F(b) - F(c) = F(b) - F(a),$$

womit die Übereinstimmung bereits gezeigt ist (Abb. 200). Übrigens darf c auch außerhalb der Strecke $\overline{a\,b}$ liegen. Setzt man $c = a$, so folgt hieraus speziell

$$\int\limits_a^b f(x)\,dx = \int\limits_a^a f(x)\,dx + \int\limits_a^b f(x)\,dx$$

$$\Rightarrow \int\limits_a^a f(x)\,dx = 0,$$

d. h. ein Integral ist identisch gleich Null, wenn die obere Integrationsgrenze gleich der unteren ist (Integrationsweg gleich Null!).

Satz: *Wird bei einem bestimmten Integral die Veränderliche x auf Grund der Substitution*

$$x = \varphi(t) \Longleftrightarrow t = \Phi(x)$$

auf die Veränderliche t transformiert, so gilt

$$\int\limits_{x=a}^{x=b} f(x)\,dx = \int\limits_{t=\Phi(a)}^{t=\Phi(b)} f[\varphi(t)]\,\varphi'(t)\,dt$$

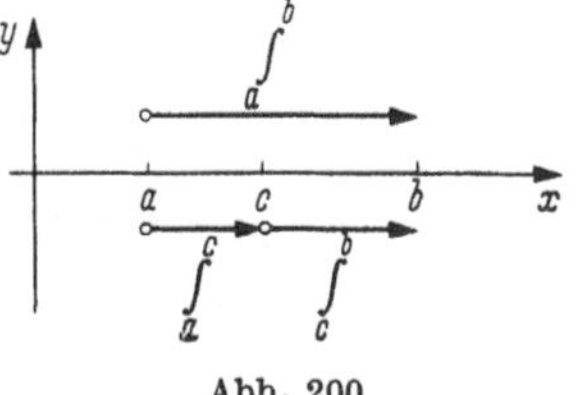

Abb. 200

Beweis: Die Funktion $x = \varphi(t)$ stellt zusammen mit $t = \Phi(x)$ eine umkehrbar eindeutige Zuordnung von x- und t-Werten dar. Zu $x = a$ und $x = b$ gehören deshalb eindeutig bestimmte t-Werte, die sich aus $t = \Phi(x)$ mittels

$$x = a \Rightarrow t = \Phi(a)$$
$$x = b \Rightarrow t = \Phi(b)$$

berechnen lassen. Auf diese Weise werden also die zunächst auf x bezogenen Integrationsgrenzen ebenfalls auf t mittransformiert, und eine Resubstitution auf x entfällt.

4.3.2 Der Hauptsatz der Integralrechnung. Flächenbestimmungen

Das klassische geometrische Problem, welches zum Begriff des bestimmten Integrals führte, ist das sogenannte *Flächenproblem*. Darunter versteht man die Aufgabe, den Inhalt einer beliebig begrenzten Fläche zu bestimmen. Für geradlinig begrenzte Flächen war dies bereits den alten Griechen gelungen, indem sie etwa eine Zerlegung in Dreiecksflächen vornahmen. Bei krummlinig begrenzten Flächenstücken kommt man indes ohne den Begriff des Grenzwertes nicht aus.

Um die Flächenbestimmung einer leichten Berechnung zugängig zu machen, betrachten wir nur solche Flächen, die von einem Kurvenstück, zwei zur x-Achse senkrechten Geraden und der x-Achse begrenzt werden (Abb. 201). Für sie gilt der

Satz (Hauptsatz der Integralrechnung): *Ist $y = f(x)$ eine in $a \leq x \leq b$ stetige Funktion, die in diesem Intervall keine reelle Nullstelle hat, so wird der von der Bildkurve, den Ordinaten $f(a) > 0$ und $f(b) > 0$ sowie der x-Achse eingeschlossene Flächeninhalt I durch das bestimmte Integral*

$$I = \int\limits_{a}^{b} f(x)\,dx$$

angegeben.

Beweis: Wir nehmen an, daß $y = f(x)$ in $a \leqq x \leqq b$ monoton steigend ist. Zunächst betrachten wir die zwischen den senkrechten Geraden $x = a$ und $x = x$ liegende Fläche. Denkt man sich a fest und x variabel, so ist der Inhalt offenbar eine Funktion von x und kann mit $F(x)$ bezeichnet werden (sog. Flächenfunktion). Für $x = a$ ist dann $F(x) = F(a) = 0$, für $x = b$ wird $F(x)$ gleich der gesuchten Fläche $F(b) = I$.

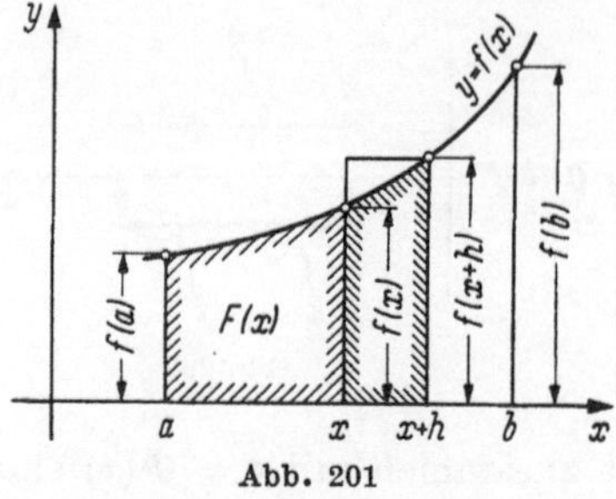

Abb. 201

Wir wollen jetzt den analytischen Zusammenhang zwischen der „Kurvenfunktion" $f(x)$ und der „Flächenfunktion" $F(x)$ herstellen. Zu diesem Zwecke entnehmen wir aus Abb. 201 die Ungleichung

$$h\,f(x) < F(x + h) - F(x) < h\,f(x + h).$$

Anschaulich besagt diese, daß der zwischen x und $x + h$ liegende (schraffierte) Flächenstreifen zwischen dem einbeschriebenen Rechteck der Höhe $f(x)$ und dem umbeschriebenen Rechteck der Höhe $f(x + h)$ liegt. Dividiert man die Ungleichung auf allen Seiten durch das Inkrement h, so wird

$$f(x) < \frac{F(x + h) - F(x)}{h} < f(x + h).$$

In der Mitte steht jetzt der Differenzenquotient der Flächenfunktion $F(x)$. Läßt man h gegen Null streben, so gilt auf Grund der Stetigkeit von $f(x)$

$$\lim_{h \to 0} f(x) = f(x)$$

$$\lim_{h \to 0} f(x + h) = f(x)$$

und mit

$$\lim_{h \to 0} \frac{F(x + h) - F(x)}{h} = F'(x)$$

also

$$F'(x) = f(x)$$

$$F(x) = \int f(x)\,dx + C.$$

Die Integrationskonstante C ist in diesem Fall jedoch eindeutig bestimmbar, denn es handelt sich um eine konkrete Fläche. Bildet man die Differenz für $x = b$ und $x = a$, so wird

$$F(b) - F(a) = \int_a^b f(x)\,dx = F(b) = I,$$

d. h. es ist

$$I = \int\limits_a^b f(x)\,dx.$$

Bemerkungen und Ergänzungen

1. Der Beweis kann auf beliebige, in $a \leqq x \leqq b$ stetige Funktionen erweitert werden, sofern $f(x)$ dort keine reellen Nullstellen hat.

2. Nimmt man $a < b$ an, so ergibt sich der Flächeninhalt I *positiv*, wenn die Bildkurve in $a \leqq x \leqq b$ *ganz über* der x-Achse liegt und *negativ*, wenn die Bildkurve in $a \leqq x \leqq b$ ganz unter der x-Achse liegt. Im letzteren Fall ist der absolute Flächeninhalt[1])

$$I = \left| \int\limits_a^b f(x)\,dx \right|$$

3. Liegt die Bildkurve der Funktion $y = f(x)$ im Innern des Integrationsweges *teils über und teils unter* der x-Achse, so hat man zunächst

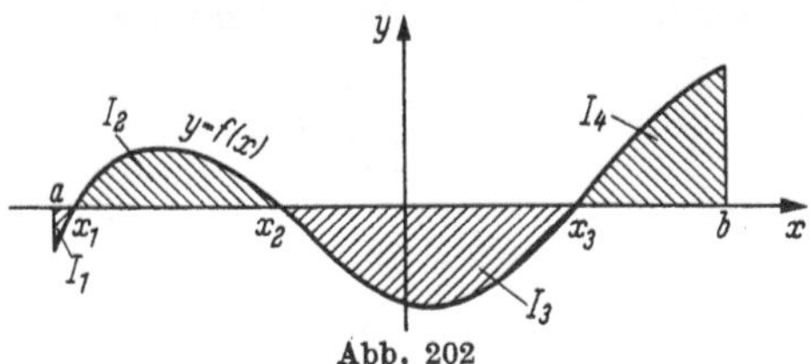

Abb. 202

sämtliche in $a < x < b$ gelegenen reellen Nullstellen von $f(x)$ zu bestimmen und dann über jede zwischen diesen liegende Teilfläche einzeln zu integrieren. Für die in Abb. 202 schraffierte Fläche I ist demnach

$$I = I_1 + I_2 + I_3 + I_4$$

$$I = \left| \int\limits_a^{x_1} f(x)\,dx \right| + \int\limits_{x_1}^{x_2} f(x)\,dx + \left| \int\limits_{x_2}^{x_3} f(x)\,dx \right| + \int\limits_{x_3}^{b} f(x)\,dx$$

zu setzen, falls x_1, x_2, x_3 die drei zwischen a und b liegenden reellen Nullstellen von $f(x)$ sind.

4. Wird eine zwischen $x = a$ und $x = b$ gelegene Fläche von den Bildkurven der Funktionen $y = f_1(x)$ und $y = f_2(x)$ begrenzt (Abb. 203), so gilt für deren Inhalt

$$I = \int\limits_a^b [f_1(x) - f_2(x)]\,dx$$

---

[1]) Es sei jedoch darauf hingewiesen, daß es bei manchen Anwendungen, in denen die Fläche eine physikalische Bedeutung hat, sinnvoll ist, das Vorzeichen zu belassen.

20*

unabhängig davon, ob die zwei Kurven teilweise oder ganz über oder
unter der x-Achse liegen. Wird eine gesuchte Fläche nur von zwei

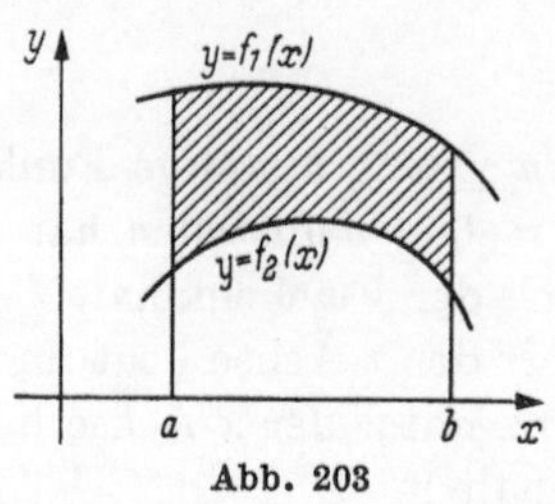

Abb. 203

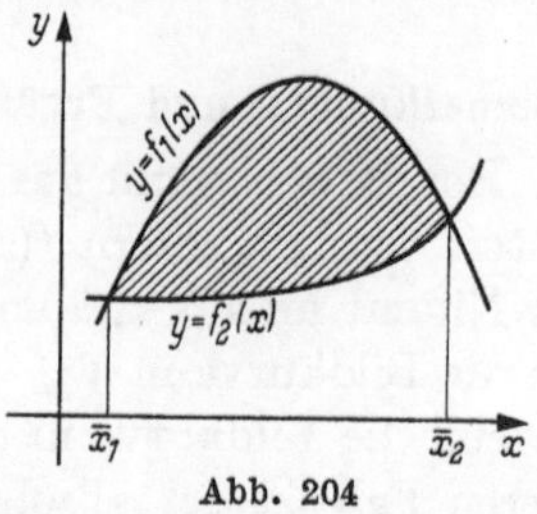

Abb. 204

Kurvenbögen begrenzt (Abb. 204), so sind die Schnittpunktsabszissen
$\bar{x}_1$ und $\bar{x}_2$ zu ermitteln und als Integrationsgrenzen zu nehmen

$$I = \int\limits_{\bar{x}_1}^{\bar{x}_2} [f_1(x) - f_2(x)]\, dx.$$

5. Ist die Kurvenfunktion in einer *Parameterdarstellung*

$$\left. \begin{array}{l} x = x(t) \\ y = y(t) \end{array} \right\}$$

gegeben, so ist zunächst

$$f(x)\, dx = y(t)\, \dot{x}(t)\, dt,$$

und für die Integrationsgrenzen a und b sind jetzt diejenigen Werte t_1
bzw. t_2 zu setzen, für welche (Abb. 205)

$$x(t_1) = a, \qquad x(t_2) = b$$

gilt. Demnach lautet die Formel

$$\boxed{I = \int\limits_{t_1}^{t_2} y(t)\, \dot{x}(t)\, dt}$$

6. Liegt die Kurvenfunktion explizit in *Polarkoordinaten*

$$r = r(\varphi)$$

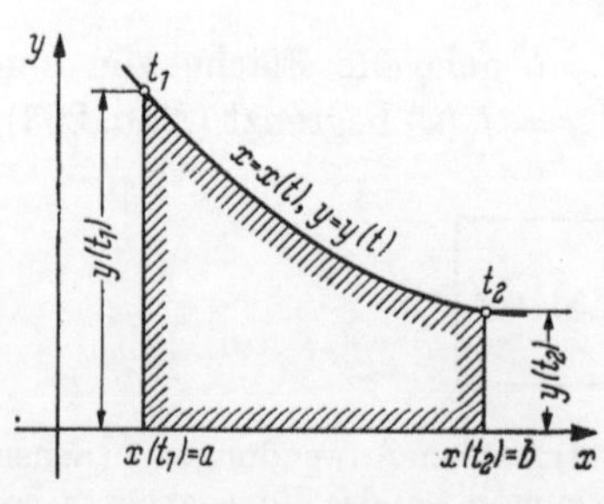

Abb. 205

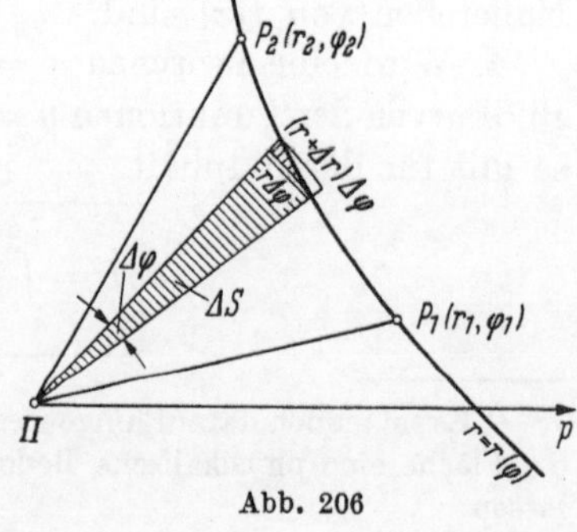

Abb. 206

vor, so kann die Sektorfläche $\Pi P_1 P_2$ (Abb. 206) mit Hilfe des Integrals

$$S = \tfrac{1}{2} \int\limits_{\varphi_1}^{\varphi_2} r^2 \, d\varphi$$

bestimmt werden. Für die „Sektorflächenfunktion" $S(\varphi)$ gilt nämlich (Abb. 206) die Ungleichung

$$\tfrac{1}{2} r^2 \, \varDelta \varphi < S(\varphi + \varDelta \varphi) - S(\varphi) < \tfrac{1}{2}(r + \varDelta r)^2 \, \varDelta \varphi$$

$$\frac{1}{2} r^2 < \frac{S(\varphi + \varDelta \varphi) - S(\varphi)}{\varDelta \varphi} < \frac{1}{2}(r + \varDelta r)^2,$$

aus welcher beim Grenzübergang $\varDelta \varphi \to 0$ im Falle der Stetigkeit von $r(\varphi)$ folgt

$$S'(\varphi) = \frac{dS}{d\varphi} = \frac{1}{2} r^2$$

$$\Rightarrow S = \tfrac{1}{2} \int\limits_{\varphi_1}^{\varphi_2} r^2 \, d\varphi.$$

Rechnet man die Formel mittels

$$x = r \cos\varphi$$

$$y = r \sin\varphi$$

$$\Rightarrow \begin{cases} dx = dr \cos\varphi - r \sin\varphi \, d\varphi \\ dy = dr \sin\varphi + r \cos\varphi \, d\varphi \end{cases}$$

in kartesische Koordinaten um, so ergibt sich

$$y \, dx - x \, dy = -r^2 \, d\varphi$$

und mit

$$r_1 \cos\varphi_1 = x_1 = b, \qquad r_2 \cos\varphi_2 = x_2 = a$$

$$S = \int\limits_{\varphi_1}^{\varphi_2} r^2 \, d\varphi = - \int\limits_{\varphi_2}^{\varphi_1} r^2 \, d\varphi = \int\limits_{a}^{b} (y \, dx - x \, dy).$$

Ist die Kurve schließlich in einer kartesischen Parameterform gegeben, so wird

$$y \, dx = y \, \dot{x} \, dt, \qquad x \, dy = x \, \dot{y} \, dt$$

und damit

$$S = \tfrac{1}{2} \int\limits_{a}^{b} (y \, dx - x \, dy) = \tfrac{1}{2} \int\limits_{t_1}^{t_2} (x \, \dot{y} - y \, \dot{x}) \, dt$$

(**Leibnizsche Sektorformel**). Man beachte hierbei, daß jetzt

$$t_1 \leftrightarrow P_1, \quad \text{also} \quad x_1 = x(t_1) = b$$

$$t_2 \leftrightarrow P_2, \quad \text{also} \quad x_2 = x(t_2) = a$$

gesetzt wurde und deshalb

$$\int\limits_{a}^{b} (y\,dx - x\,dy) = \int\limits_{t_2}^{t_1} (y\,\dot{x} - x\,\dot{y})\,dt = \int\limits_{t_1}^{t_2} (x\,\dot{y} - y\,\dot{x})\,dt$$

zu schreiben ist.

Beispiele

1. Das von der Normalparabel und der x-Achse zwischen $x = 0$ und $x = a > 0$ eingeschlossene Flächenstück F (Abb. 207) ergibt sich zu

$$F = \int\limits_{0}^{a} y\,dx = \int\limits_{0}^{a} x^2\,dx = \left[\frac{x^3}{3}\right]_0^a = \frac{a^3}{3}.$$

Andererseits hat das Rechteck $OABC$ den Inhalt $a \cdot a^2 = a^3$. Also wird das Rechteck von der Parabel im Verhältnis $1 : 2$ geteilt[1]).

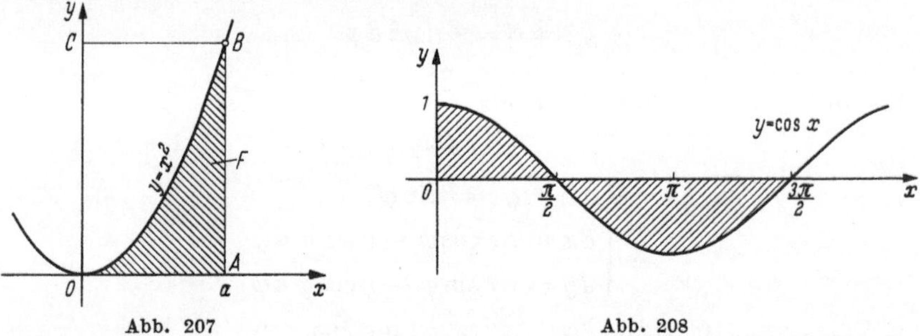

Abb. 207   Abb. 208

2. Welche Fläche schließt die Kosinuslinie zwischen $x = 0$ und $x = 3\pi/2$ mit der x-Achse ein?

Lösung (Abb. 208): Auf Grund der Symmetrie ist die gesuchte Fläche

$$F = 3\int\limits_{0}^{\pi/2} \cos x\,dx = 3[\sin x]_0^{\pi/2} = 3.$$

Grobe Nachprüfung an der Zeichnung!

3. Welche Fläche wird von der Wurzelfunktion

$$y = \sqrt[3]{10(x + 2)} - 2$$

zwischen $x = -2$ und $x = 3$ mit der x-Achse eingeschlossen?

Lösung (Abb. 209): Man bestimme zuerst die Nullstelle der Funktion:

$$\sqrt[3]{10x + 20} - 2 = 0 \Rightarrow x = -\sqrt[3]{1{,}2} = -1{,}0627.$$

---

[1]) Zu diesem Ergebnis gelangte bereits ARCHIMEDES in seiner Arbeit „Die Quadratur der Parabel" mit Hilfe der elementaren Exhaustionsmethode.

Damit ergibt sich für die gesuchte Fläche F

$$F = \left| \int_{-2}^{-1,0627} \left(\sqrt[3]{10(x+2)} - 2 \right) dx \right| + \int_{-1,0627}^{3} \left(\sqrt[3]{10(x+2)} - 2 \right) dx$$

$$= \left| \left[\frac{3}{40}(10x+20)^{4/3} - 2x \right]_{-2}^{-1,0627} \right| + \left[\frac{3}{40}(10x+20)^{4/3} - 2x \right]_{-1,0627}^{3}$$

$$= 0,39 + 4,21 \Rightarrow F = 4,60.$$

4. Gesucht ist der Flächeninhalt der Ellipse mit den Halbachsen a und b!

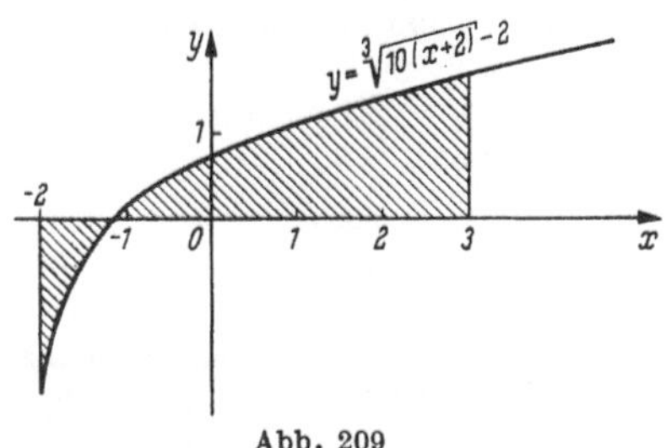

Abb. 209

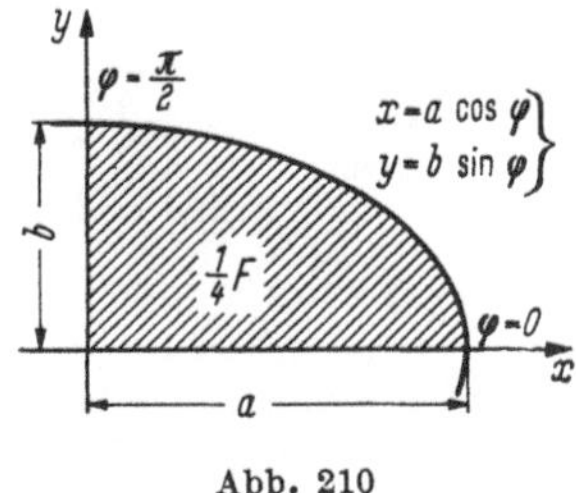

Abb. 210

Lösung (Abb. 210): Wir benutzen die Parameterdarstellung

$$\left. \begin{aligned} x &= a\cos\varphi \\ y &= b\sin\varphi \end{aligned} \right\}$$

und bekommen auf Grund der Symmetrie der Ellipse

$$\frac{1}{4}F = \int_{0}^{\pi/2} a\,b\,\sin^2\varphi\,d\varphi = \frac{a\,b}{2}\left[\varphi - \sin\varphi\cos\varphi\right]_0^{\pi/2}$$

$$\Rightarrow F = a\,b\,\pi.$$

5. Den Flächeninhalt eines Kreises vom Radius R kann man durch Spezialisierung des Ellipseninhaltes

$$a = b = R \Rightarrow F = R^2\,\pi$$

erhalten. Unabhängig von der Ellipse kommt man am schnellsten zu diesem Ergebnis, wenn man den Kreis um 0 mit Radius R in Polarkoordinaten anschreibt und dann die Sektorflächenformel heranzieht (Abb. 211)

$$r = R, \qquad F = \tfrac{1}{2}\int_{0}^{2\pi} R^2\,d\varphi = \tfrac{1}{2}R^2[\varphi]_0^{2\pi} = R^2\,\pi.$$

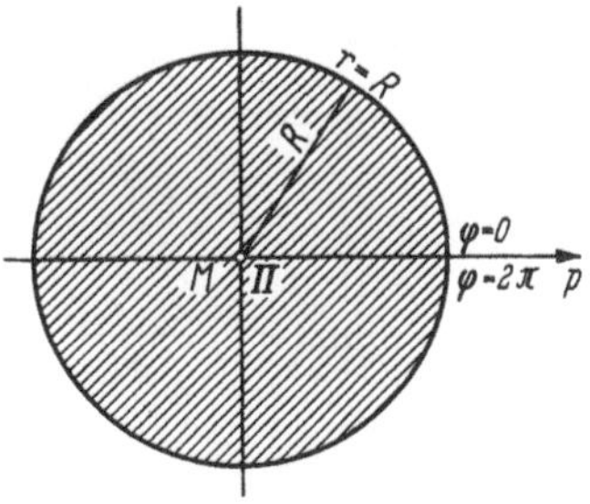

Abb. 211

6. Gesucht ist die in Abb. 212 dargestellte Sektorfläche $O\overset{\frown}{P_1P_2}$ für die gleichseitige Einheitshyperbel $x^2 - y^2 = 1$!

Lösung: Wir setzen die Hyperbelgleichung in der Parameterdarstellung an

$$\left. \begin{aligned} x &= \cosh t \\ y &= \sinh t \end{aligned} \right\} \text{(rechter Ast!)}$$

und integrieren mit der Sektorformel zwischen $t_1 = 0$ (Punkt A) und $t_2 = \tau$ (Punkt P_2); auf Grund der Symmetrie bezüglich der x-Achse gilt dann mit

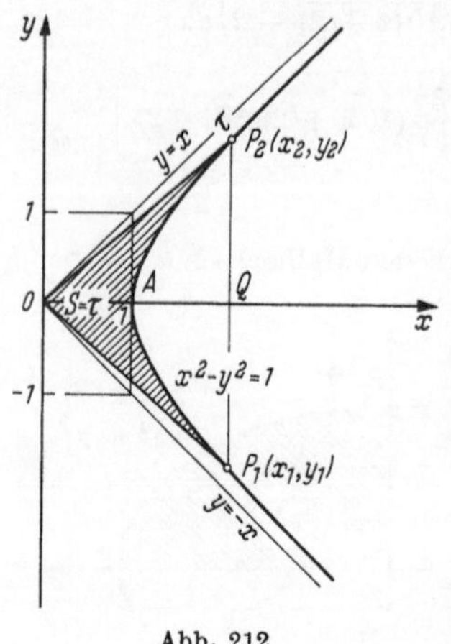

Abb. 212

$$\dot{x} = \sinh t, \quad \dot{y} = \cosh t$$

$$S = 2 \cdot \tfrac{1}{2} \int_0^\tau (\cosh^2 t - \sinh^2 t)\, dt = \int_0^\tau dt = [t]_0^\tau = \tau.$$

Andererseits folgt aus

$$\cosh \tau = x_2 \Rightarrow \tau = S = \operatorname{ar} \cosh x_2,$$

d. h. *die gesuchte Hyperbelsektorfläche wird durch die Areafunktion $y = \operatorname{ar} \cosh x$ gemessen* (daher der Name Areafunktion = Flächenfunktion!). Ferner lehren die Gleichungen

$$x_2 = \cosh S$$

$$y_2 = \sinh S,$$

daß sich diese Hyperbelfunktionen als Maßzahlen von Strecken an der gleichseitigen Einheitshyperbel $x^2 - y^2 = 1$ darstellen lassen, falls als Argument die Maßzahl der zugehörigen Hyperbelsektorfläche S verstanden wird. Diese Darstellung ist völlig analog derjenigen der Kreisfunktionen am Einheitskreis. In Abb. 213 sind beide gegenübergestellt (analoge

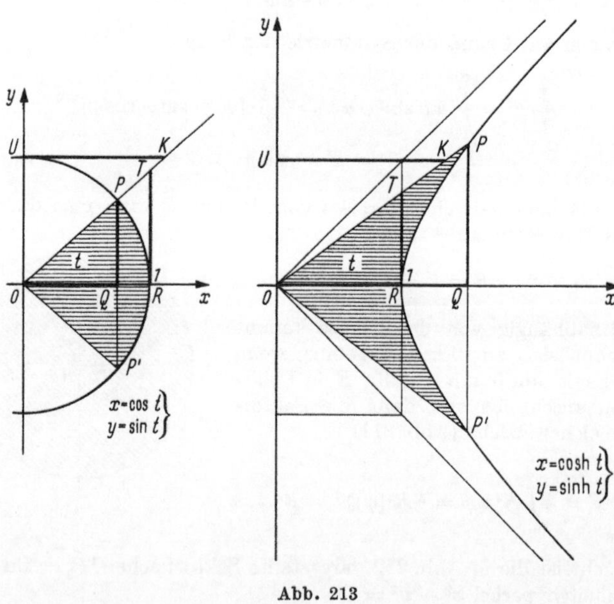

Abb. 213

Größen mit gleichen Benennungen!); der Studierende mache sich den Vergleich eindringlich klar!

Einheitskreis	Einheitshyperbel
$x^2 + y^2 = 1$	$x^2 - y^2 = 1$
$\cos^2 t + \sin^2 t = 1$	$\cosh^2 t - \sinh^2 t = 1$
$\overline{PQ} = \sin t$	$\overline{PQ} = \sinh t$
$\overline{OQ} = \cos t$	$\overline{OQ} = \cosh t$
$\overline{RT} = \tan t$	$\overline{RT} = \tanh t$
$\overline{UK} = \cot t$	$\overline{UK} = \coth t$
$t = \text{Kreissektor } O\,\overset{\frown}{P\,P'}$	$t = \text{Hyperbelsektor } O\,\overset{\frown}{P\,P'}$

7. Man berechne die Fläche, welche von der Parabel $y = -x^2 + 2$ und der Kosinuslinie $y = \cos x$ eingeschlossen wird!

Lösung (Abb. 214): Es sind zunächst die Abszissen der Schnittpunkte zu ermitteln; diese ergeben sich zeichnerisch zu

$$\bar{x}_1 = -1{,}33, \quad \bar{x}_2 = 1{,}33.$$

Für die Fläche können wir aus Symmetriegründen ansetzen

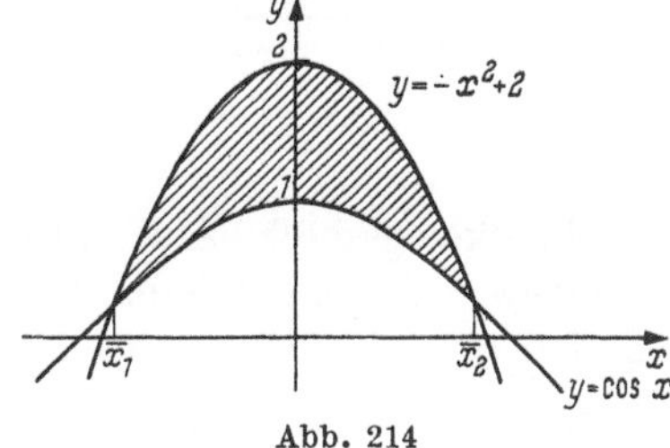

Abb. 214

$$F = 2 \int\limits_0^{1,33} (-x^2 + 2 - \cos x)\, dx = 2 \left[-\frac{x^3}{3} + 2x - \sin x \right]_0^{1,33} = 1{,}81.$$

8. Welchen Flächeninhalt schließt die Lemniskate mit der Gleichung

$$r^2 = a^2 \cos 2\varphi$$

ein? (vgl. II. 3.7.13, Abb. 197).

Lösung: Integriert man von $\varphi = 0$ bis $\varphi = \pi/4$, so überstreicht der Fahrstrahl ein Viertel der Lemniskatenfläche. Für die Gesamtfläche ergibt sich deshalb

$$F = 4 \cdot \tfrac{1}{2} \int\limits_0^{\pi/4} r^2\, d\varphi = 2a^2 \int\limits_0^{\pi/4} \cos 2\varphi\, d\varphi = a^2 \int\limits_0^{\pi/4} \cos 2\varphi\, d2\varphi$$

$$= a^2 \left[\sin 2\varphi \right]_0^{\pi/4} = a^2 \sin \frac{\pi}{2} = a^2.$$

4.3.3 Das bestimmte Integral als Grenzwert einer Summe

Vorgegeben sei wie im vorigen Abschnitt eine in $a \leqq x \leqq b$ stetige Funktion $y = f(x)$, deren Bildkurve etwa den in Abb. 215 gezeigten Verlauf haben möge. Wir fragen wieder nach dem Inhalt der von der Kurve, der x-Achse und den Senkrechten $x = a$ und $x = b$ eingeschlossenen Fläche.

Der oben eingeschlagene Weg über die Flächenfunktion ist *eine* Möglichkeit zur Lösung. Ein anderer, für viele angewandte Aufgaben nützlicher Weg geht von dem Gedanken aus, die gesuchte Fläche in

eine Anzahl von Teilflächen bekannten Inhalts zu zerlegen und diese
zu summieren. Hierzu nimmt man zunächst eine Anzahl von Teil-
punkten

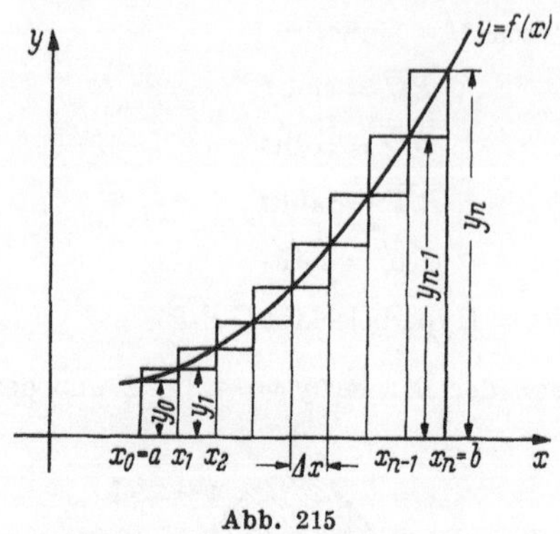

Abb. 215

$$x_0 = a, x_1, x_2, \ldots, x_{n-1}, x_n = b$$

im Integrationsintervall an, wobei
wir der Einfachheit halber gleiche
Abstände $\Delta x = (b - a) : n$ voraussetzen wollen, und bildet die zugehörigen Ordinaten:

$$f(x_0), f(x_1), f(x_2), \ldots, f(x_n).$$

Wählt man nun als Teilflächen
Rechtecke, so kann man einmal
die Summe S_E der *ein*beschriebenen
Rechtecke, zum anderen die
Summe S_U der *um*beschriebenen
Rechtecke gemäß Abb. 215 berechnen und auf diese Weise den
gesuchten Flächeninhalt I zwischen zwei Schranken einschließen.
Es ist

$$S_E = y_0 \Delta x + y_1 \Delta x + \cdots + y_{n-2} \Delta x + y_{n-1} \Delta x$$
$$= [f(x_0) + f(x_1) + \cdots + f(x_{n-2}) + f(x_{n-1})] \Delta x = \sum_{i=0}^{n-1} f(x_i) \Delta x$$
$$S_U = y_1 \Delta x + y_2 \Delta x + \cdots + y_{n-1} \Delta x + y_n \Delta x$$
$$= [f(x_1) + f(x_2) + \cdots + f(x_{n-1}) + f(x_n)] \Delta x = \sum_{i=1}^{n} f(x_i) \Delta x$$
$$\Rightarrow S_E < I < S_U.$$

Jede der Summen S_E und S_U stellt bereits einen Näherungswert für I
dar und wird, wie wir später (II. 4.4) sehen werden, tatsächlich zur
numerischen Berechnung herangezogen. Für die vorliegende Betrach-
tung kommt es darauf an, daß man den Unterschied zwischen der
„Obersumme" S_U und der „Untersumme S_E" kleiner als jede (noch
so kleine positive) Zahl halten kann, wenn man nur die Zahl der Teilflächen genügend groß und damit die Breite der Rechteckstreifen
genügend klein wählt. Dies ist für eine in $a \leq x \leq b$ *stetige* Funktion
stets möglich. Mit anderen Worten: Vollzieht man den Grenzübergang für $n \to \infty$, so verschwindet der Unterschied zwischen S_U und
S_E und der Grenzwert stellt die gesuchte Fläche I, d. h. aber das
bestimmte Integral zwischen den Grenzen a und b dar:

$$\boxed{I = \lim_{n \to \infty} \sum_{i=0}^{n-1} f(x_i) \Delta x = \lim_{n \to \infty} \sum_{i=1}^{n} f(x_i) \Delta x = \int_a^b f(x)\, dx}$$

Satz: *Das bestimmte Integral kann als Grenzwert einer Summe dargestellt werden, für welche die Anzahl der Summanden gegen unendlich, jeder einzelne Summand aber gegen Null strebt.*

Die Existenz der obigen Grenzwerte ist von Lage und Gestalt der Bildkurve unabhängig, sofern nur $f(x)$ in $a \leq x \leq b$ stetig ist. Indes ist diese Stetigkeitsbedingung zwar hinreichend, aber nicht notwendig, d. h. die Grenzwerte können auch existieren (und übereinstimmen), falls $f(x)$ nicht im ganzen Intervall $a \ldots b$ stetig ist[1]). Falls überhaupt die o. a. Grenzwerte (für jede nur mögliche Zerlegung der betreffenden Fläche) existieren und übereinstimmen, d. h. falls das bestimmte Integral

$$\int\limits_a^b f(x)\,dx$$

existiert, so heißt die Stammfunktion $f(x)$ in $a \leq x \leq b$ *integrierbar* oder *integrabel*. Von dieser Summendarstellung des bestimmten Integrals rührt das Integralzeichen als langgezogenes S (lateinisch summa) her.

4.3.4 Bestimmung von Bogenlängen

Wir fragen nach der Länge eines Kurvenbogens $\overset{\frown}{AB} = s$ mit der Funktionsgleichung $y = f(x)$[2]). Zerlegt man den Bogen $\overset{\frown}{AB}$ in eine Summe von Teilbögen mit gleicher Projektion $\varDelta x$ auf der x-Achse

$$\overset{\frown}{AB} = \overset{\frown}{P_0 P_1} + \overset{\frown}{P_1 P_2} + \cdots + \overset{\frown}{P_i P_{i+1}} + \cdots + \overset{\frown}{P_{n-1} P_n};$$
$$P_0 = A, \qquad P_n = B,$$

so gilt für die zum Teilbogen $\overset{\frown}{P_i P_{i+1}}$ gehörende Teilsehne $\varDelta s_i$ nach Abb. 216

$$\varDelta s_i^2 = \varDelta x^2 + \varDelta y_i^2$$
$$\frac{\varDelta s_i}{\varDelta x} = \sqrt{1 + \left(\frac{\varDelta y_i}{\varDelta x}\right)^2}.$$

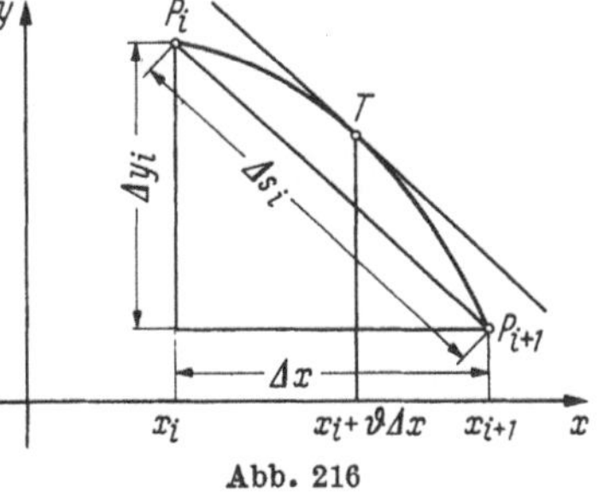

Abb. 216

Nach dem Mittelwertsatz (vgl. II. 3.6.3) gibt es in jedem Teilbogen mindestens eine Zwischenstelle $x_i + \vartheta \varDelta x (0 < \vartheta < 1)$, an der die Sekantensteigung gleich der Tangentensteigung ist, für die also

$$\frac{\varDelta y_i}{\varDelta x} = f'(x_i + \vartheta \varDelta x), \qquad \varDelta s_i = \sqrt{1 + [f'(x_i + \vartheta \varDelta x)]^2}\,\varDelta x$$

---

[1]) Zum Beispiel genügt es schon, wenn $f(x)$ in $a \leq x \leq b$ beschränkt und stückweise stetig ist.

[2]) $f(x)$ soll ableitbar und die Ableitung $f'(x)$ noch stetig sein.

gilt. Bildet man die Summe dieser Teilsehnen

$$\sum_{i=0}^{n-1} \Delta s_i = \sum_{i=0}^{n-1} \sqrt{1 + [f'(x_i + \vartheta \Delta x)]^2}\, \Delta x$$

und geht mit $n \to \infty$ $(\Delta x \to 0)$, so wird der Grenzwert (falls er existiert) die gesuchte Bogenlänge darstellen. Nach der Summendarstellung des bestimmten Integrals ist dieser Grenzwert aber gleich $(x_0 = a,\ x_n = b)$

$$\lim_{n \to \infty} \sum_{i=0}^{n-1} \Delta s_i = s$$

$$\boxed{\,s = \int_a^b \sqrt{1 + y'^2}\, dx\,}$$

Liegt die Kurvengleichung in einer *Parameterform*

$$\left.\begin{array}{l} x = x(t) \\ y = y(t) \end{array}\right\}$$

vor, so ist

$$1 + y'^2 = 1 + \frac{\dot{y}^2}{\dot{x}^2} = \frac{\dot{x}^2 + \dot{y}^2}{\dot{x}^2}, \quad dx = \dot{x}\, dt$$

und folglich

$$\boxed{\,s = \int_{t_1}^{t_2} \sqrt{\dot{x}^2 + \dot{y}^2}\, dt\,}$$

falls man $x(t_1) = a$ und $x(t_2) = b$ setzt. Ist schließlich die Kurvengleichung explizit in Polarkoordinaten

$$r = r(\varphi)$$

gegeben, so liefert die Beziehung (vgl. 3.7.12; Abb. 191)

$$ds^2 = dx^2 + dy^2:$$
$$x = r\cos\varphi \Rightarrow dx = dr\cos\varphi - r\sin\varphi\, d\varphi$$
$$y = r\sin\varphi \Rightarrow dy = dr\sin\varphi + r\cos\varphi\, d\varphi$$
$$ds^2 = dr^2 + r^2\, d\varphi^2$$
$$= \left[\left(\frac{dr}{d\varphi}\right)^2 + r^2\right] d\varphi^2$$
$$ds = \sqrt{r^2 + r'^2}\, d\varphi$$

$$\boxed{\,s = \int_{\varphi_1}^{\varphi_2} \sqrt{r^2 + r'^2}\, d\varphi\,}$$

Beispiele

1. Man berechne den Bogen der Normalparabel $y = x^2$ von $x = 0$ bis $x = 2$.
Lösung: $\qquad y = x^2 \Rightarrow y' = 2x, \quad 1 + y'^2 = 1 + 4x^2$

$$s = \int_0^2 \sqrt{1 + 4x^2}\, dx.$$

Nach II. 4.2.1 (7. Typus) machen wir die Substitution

$$2x = \sinh t$$
$$\Rightarrow dx = \tfrac{1}{2}\cosh t\, dt$$

und erhalten

$$s = \tfrac{1}{2} \int \sqrt{1 + \sinh^2 t}\,\cosh t\, dt = \tfrac{1}{2} \int \cosh^2 t\, dt = \tfrac{1}{4}(t + \sinh t\,\cosh t).$$

Die Integrationsgrenzen sind absichtlich nicht angeschrieben. Es gibt hier wie in allen entsprechenden Fällen zwei Möglichkeiten:

1. Weg: Man beläßt die Grenzen und muß deshalb resubstituieren (wie beim unbestimmten Integral);

2. Weg: Man transformiert die Grenzen auf die neue Integrationsveränderliche; die Resubstitution entfällt dann.

Wir wollen zur Übung nach beiden Methoden rechnen. Im vorliegenden Fall ergibt sich[1])

1. Weg: $s = \tfrac{1}{4}(t + \sinh t\,\cosh t) = \tfrac{1}{4}\left[\operatorname{ar\,sinh} 2x + 2x\sqrt{1 + 4x^2}\right]_{x=0}^{x=2}$
$$= \tfrac{1}{4}(\operatorname{ar\,sinh} 4 + 4\sqrt{17}) = \tfrac{1}{4}(2{,}095 + 16{,}492) = 4{,}65.$$

2. Weg: Transformation der Grenzen:

$$x = 2: \ \sinh t = 4 \Rightarrow t = 2{,}095$$
$$x = 0: \ \sinh t = 0 \Rightarrow t = 0$$
$$\Rightarrow s = \tfrac{1}{4}[t + \sinh t\,\cosh t]_{t=0}^{t=2{,}095} = \tfrac{1}{4}(2{,}095 + 4\sqrt{17}) = 4{,}65.$$

2. Man berechne den Umfang eines Kreises vom Radius R!

Lösung: Der einfachste Weg besteht darin, die Kreisgleichung in Polarkoordinaten anzuschreiben:

$$r = R, \quad r' = 0$$
$$\Rightarrow s = \int_0^{2\pi} \sqrt{R^2 + 0}\, d\varphi = R \int_0^{2\pi} d\varphi = R[\varphi]_0^{2\pi} = 2R\pi.$$

Der Studierende rechne das Beispiel für die Fälle durch, daß die Kreisgleichung in der expliziten oder einer Parameterform in kartesischen Koordinaten gegeben ist.

3. Man berechne den Umfang der gleichseitigen *Astroide* (Sternkurve) mit der Gleichung

$$x(t) = a\cos^3 t \ \Big]$$
$$y(t) = a\sin^3 t \ \Big]$$

Lösung: Die Kurve hat den in Abb. 217 gezeigten Verlauf. Sie ist insbesondere symmetrisch bezüglich beider Koordinatenachsen. Wir können deshalb für den Umfang

$$s = 4\int_0^{\pi/2} \sqrt{\dot{x}^2 + \dot{y}^2}\, dt$$

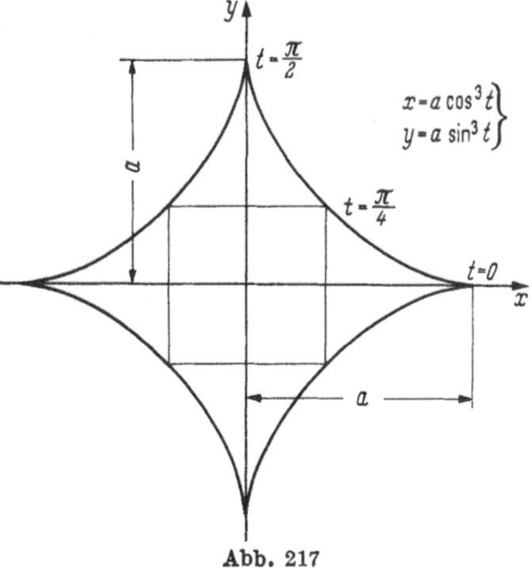

Abb. 217

---

[1]) Hat man keine Tafel für die Areafunktionen zur Verfügung, so geht man auf die logarithmische Darstellung dieser Funktionen zurück und liest die Werte auf dem Rechenstab ab.

ansetzen. Dabei wird

$$\dot{x} = -3a\cos^2 t \sin t, \quad \dot{x}^2 = 9a^2\cos^4 t \sin^2 t \ \Big\}$$
$$\dot{y} = \ \ 3a\sin^2 t \cos t, \quad \dot{y}^2 = 9a^2\sin^4 t \cos^2 t \ \Big\} \Rightarrow \dot{x}^2 + \dot{y}^2 = 9a^2\sin^2 t \cos^2 t$$

$$\Rightarrow s = 4\int_0^{\pi/2} 3a\sin t \cos t\, dt = 12a\int_0^{\pi/2}\sin t\, d\sin t = 6a[\sin^2 t]_0^{\pi/2} = 6a.$$

4.3.5 Bestimmung von Rauminhalten und Mantelflächen

Ein zwischen $x = a$ und $x = b$ liegendes Kurvenstück mit der Funktionsgleichung $y = f(x)$ möge um die x-Achse rotieren. Dabei entsteht ein Umdrehungs- oder Rotationskörper, dessen Volumen V und Mantel M bestimmt werden sollen. Zu diesem Zwecke denken wir uns den Körper in eine Summe von Scheiben oder Schichten zerlegt (Abb. 218). Jede solche Scheibe habe zum Volumen dV (sog. Volumendifferential), als Mantel dM (sog. Manteldifferential); ferner sei die Scheibendicke dx und die Mantelstreifenbreite ds. Dann ist

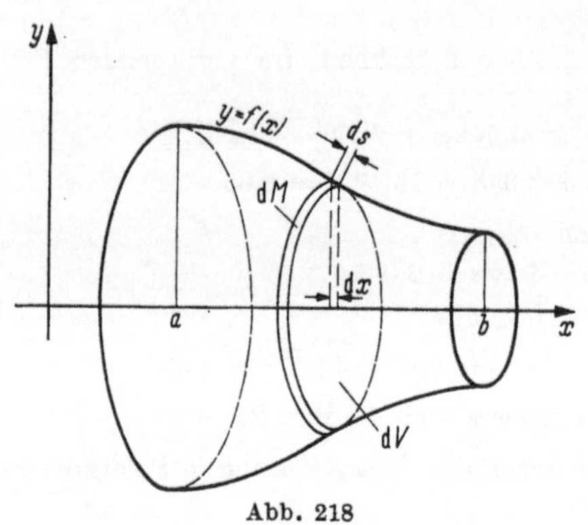

Abb. 218

$$dV = y^2\pi\, dx \Rightarrow V = \pi\int_a^b y^2\, dx$$

$$dM = 2y\pi\, ds, \quad ds = \sqrt{1 + y'^2}\, dx \Rightarrow M = 2\pi\int_a^b y\sqrt{1 + y'^2}\, dx$$

$$\boxed{\begin{aligned} V &= \pi\int_a^b y^2\, dx \\[2mm] M &= 2\pi\int_a^b y\sqrt{1 + y'^2}\, dx \end{aligned}}$$

Für eine in der Parameterdarstellung

$$x = x(t) \ \Big\}$$
$$y = y(t) \ \Big\}$$

gegebene Kurvengleichung lauten die Formeln

$$\boxed{\begin{aligned} V &= \pi\int_{t_1}^{t_2} [y(t)]^2\, \dot{x}\, dt \\[2mm] M &= 2\pi\int_{t_1}^{t_2} y(t)\sqrt{\dot{x}^2 + \dot{y}^2}\, dt \end{aligned}}$$

Beispiele

1. Man bestimme Volumen und Oberfläche einer Kugel vom Radius R!

Lösung: Wir lassen einen Halbkreis gemäß Abb. 219 vom Radius R um die x-Achse rotieren. Seine Gleichung ist

$$y = \sqrt{R^2 - x^2};$$

demnach ergibt sich

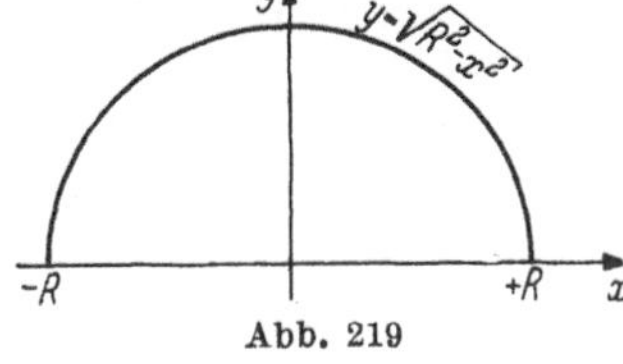

Abb. 219

a) für das Volumen

$$V = \pi \int\limits_{-R}^{+R} (R^2 - x^2)\, dx = \pi \left[R^2 x - \frac{x^3}{3} \right]_{-R}^{+R} = \pi \left[\left(R^3 - \frac{R^3}{3} \right) - \left(-R^3 + \frac{R^3}{3} \right) \right]$$

$$= \pi \left(2R^3 - 2\frac{R^3}{3} \right) = \frac{4\pi}{3} R^3.$$

b) für die Oberfläche mit

$$y' = -\frac{x}{y}, \qquad 1 + y'^2 = \frac{x^2 + y^2}{y^2} = \frac{R^2}{y^2}$$

$$O = M = 2\pi \int\limits_{-R}^{+R} y\, \frac{R}{y}\, dx = 2\pi R \int\limits_{-R}^{+R} dx = 2\pi R[x]_{-R}^{+R} = 2\pi R[R - (-R)] = 4\pi R^2.$$

2. Die Kettenlinie $y = \cosh x$ rotiere um die x-Achse. Man berechne Volumen und Mantel des entstehenden Umdrehungskörpers zwischen $x = 0$ und $x = a$ (speziell für $a = 1,5$)!

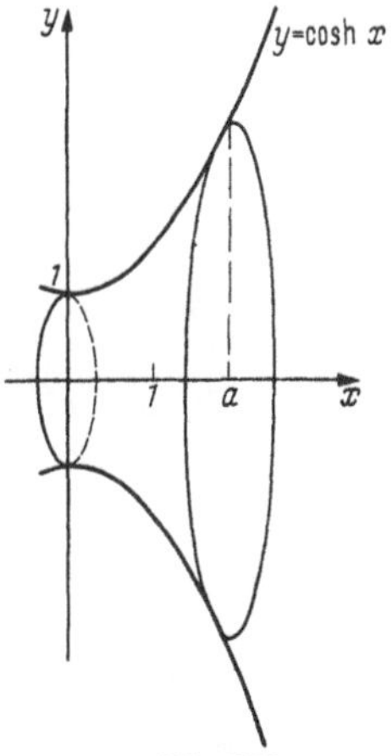

Lösung (Abb. 220): Es ergibt sich

a) für das Volumen

$$V = \pi \int\limits_0^a \cosh^2 x\, dx = \frac{\pi}{2} [x + \cosh x \sinh x]_0^a$$

$$V = \frac{\pi}{2} (a + \cosh a \sinh a) = 10,22$$

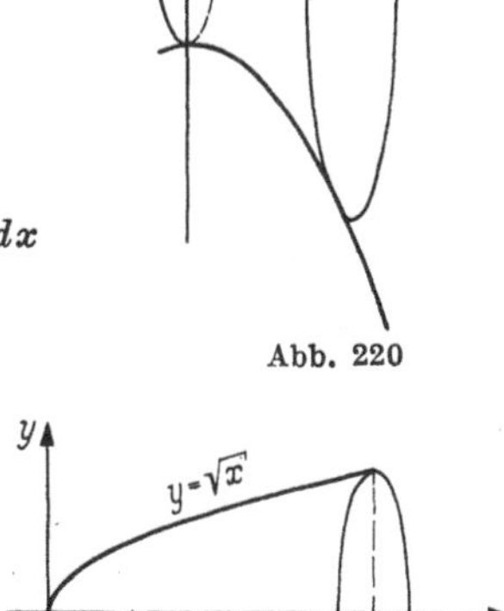

b) für die Mantelfläche

$$M = 2\pi \int\limits_0^a \cosh x \sqrt{1 + \sinh^2 x}\, dx = 2\pi \int\limits_0^a \cosh^2 x\, dx$$

$$= \pi (a + \cosh a \sinh a) = 20,44 \Rightarrow M = 2V\,{}^1)$$

Abb. 220

3. Die Normalparabel $y = \sqrt{x}$ ergibt bei Rotation um die x-Achse einen Rotationsparaboloiden. Bestimme sein Volumen und seinen Mantel zwischen $x = 0$ und $x = a$!

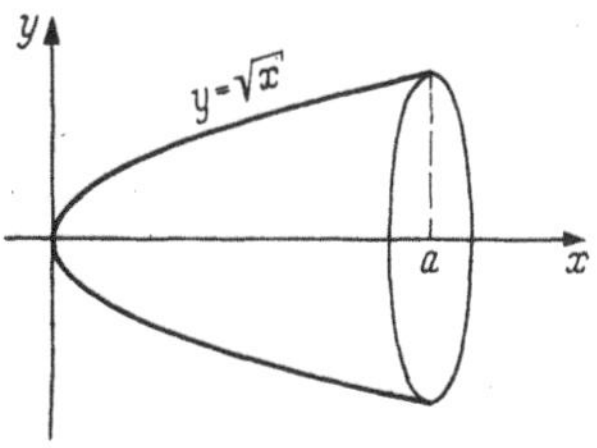

Lösung (Abb. 221): Wir erhalten

a) für das Volumen

$$V = \pi \int\limits_0^a (\sqrt{x})^2\, dx = \pi \left[\frac{x^2}{2} \right]_0^a = \frac{a^2 \pi}{2}$$

Abb. 221

$^1)$ Diese Beziehung ist selbstverständlich als *Maßzahl*gleichheit zu verstehen.

b) für die Mantelfläche

$$M = 2\pi \int_0^a \sqrt{x}\,\sqrt{1 + \frac{1}{4x}}\,dx = 2\pi \int_0^a \sqrt{x + \frac{1}{4}}\,dx = 2\pi \int_0^a \sqrt{x + \frac{1}{4}}\,d\left(x + \frac{1}{4}\right)$$

$$= \frac{4\pi}{3}\left[\left(x + \frac{1}{4}\right)\sqrt{x + \frac{1}{4}}\right]_0^a = \frac{\pi}{6}\,(4a + 1)\,\sqrt{4a + 1}.$$

4.3.6 Bestimmung geometrischer Schwerpunkte

In der Mechanik werden die Koordinaten x_S, y_S des Schwerpunktes[1] S eines ebenen Flächenstückes gemäß Abb. 222 durch

$$x_S = \frac{\int_a^b x\,y\,dx}{\int_a^b y\,dx}\,, \qquad y_S = \frac{\frac{1}{2}\int_a^b y^2\,dx}{\int_a^b y\,dx}$$

erklärt. Hierbei ist $y = f(x)$ die Funktionsgleichung des die Fläche begrenzenden Kurvenstückes. Die in den Zählern stehenden Ausdrücke

$$\int_a^b x\,y\,dx \equiv M_y\,, \qquad \frac{1}{2}\int_a^b y^2\,dx \equiv M_x$$

heißen die *statischen Momente* des Flächenstückes in bezug auf die y- bzw. x-Achse. Im Nenner steht jeweils der Inhalt I des betreffenden Flächenstückes.

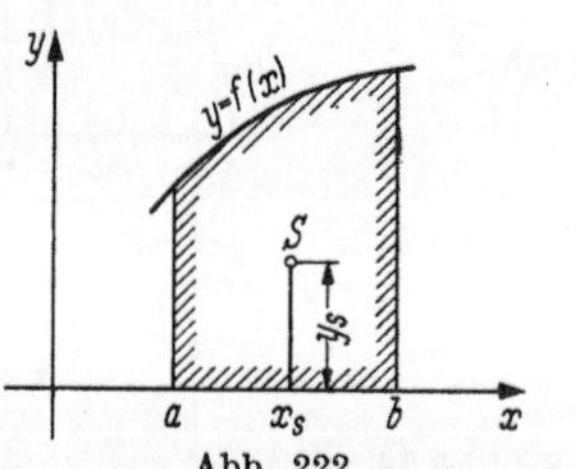

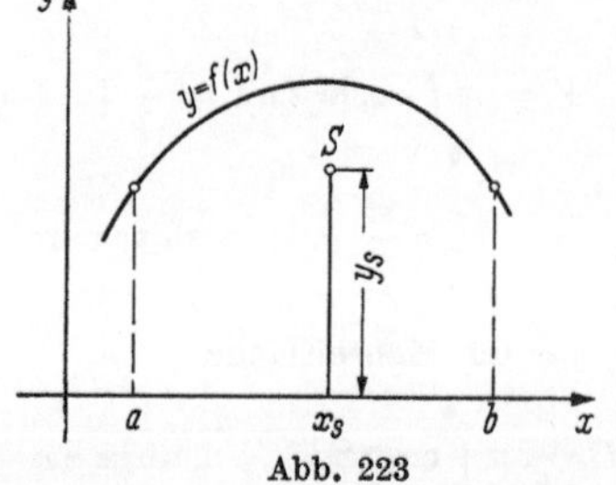

Entsprechend erklärt man den Schwerpunkt S eines ebenen Kurvenstückes mit der Gleichung $y = f(x)$ durch die Koordinaten (Abb. 223)

$$x_S = \frac{\int_a^b x\,ds}{\int_a^b ds}\,, \qquad y_S = \frac{\int_a^b y\,ds}{\int_a^b ds}$$

---

[1] Statt Flächenschwerpunkt und Linienschwerpunkt würde man besser „Flächenmittelpunkt" bzw. „Linienmittelpunkt" sagen, da es sich um einen rein geometrisch bestimmten Punkt handelt, der, ähnlich wie der Massenmittelpunkt eines homogenen Körpers, eine vom Schwerefeld unabhängige Bedeutung besitzt.

Beachtet man noch

$$ds = \sqrt{1 + y'^2}\, dx = \sqrt{\dot{x}^2 + \dot{y}^2}\, dt,$$

so schreiben sich die Kurvenschwerpunktskoordinaten

$$x_S = \frac{\displaystyle\int_a^b x\sqrt{1+y'^2}\,dx}{\displaystyle\int_a^b \sqrt{1+y'^2}\,dx} = \frac{\displaystyle\int_{t_1}^{t_2} x(t)\sqrt{\dot{x}^2+\dot{y}^2}\,dt}{\displaystyle\int_{t_1}^{t_2} \sqrt{\dot{x}^2+\dot{y}^2}\,dt},$$

$$y_S = \frac{\displaystyle\int_a^b y\sqrt{1+y'^2}\,dx}{\displaystyle\int_a^b \sqrt{1+y'^2}\,dx} = \frac{\displaystyle\int_{t_1}^{t_2} y(t)\sqrt{\dot{x}^2+\dot{y}^2}\,dt}{\displaystyle\int_{t_1}^{t_2} \sqrt{\dot{x}^2+\dot{y}^2}\,dt}$$

Auch hier stehen in den Zählern die statischen Momente bezüglich der y- bzw. x-Achse und im Nenner jeweils die Bogenlänge des betreffenden Kurvenstückes.

Zwischen den Schwerpunktskoordinaten einerseits und dem Volumen bzw. der Mantelfläche des entsprechenden Rotationskörpers andererseits besteht ein einfacher Zusammenhang, der durch die GULDINschen[1]) Regeln zum Ausdruck kommt:

Satz (1. Guldinsche Regel): *Das Volumen eines Rotationskörpers ist gleich dem Produkt aus dem Inhalt der erzeugenden Fläche und dem Weg ihres Schwerpunktes bei einer Umdrehung.*

Beweis: Nach Abb. 222 ist der vom Schwerpunkt während einer Drehung zurückgelegte Weg gleich dem Umfang des Kreises vom Radius y_S (die Rotation finde um die x-Achse statt), also $2\pi\, y_S$, andererseits ist die Fläche durch das Integral

$$\int_a^b y\,dx$$

gegeben. Das Produkt beider Ausdrücke ergibt dann

$$2\pi\, y_S \int_a^b y\,dx = 2\pi\, \frac{\frac{1}{2}\int_a^b y^2\,dx}{\int_a^b y\,dx} \int_a^b y\,dx = \pi \int_a^b y^2\,dx = V.$$

Satz (2. Guldinsche Regel): *Die Oberfläche eines Rotationskörpers ist gleich dem Produkt aus der Bogenlänge der erzeugenden Kurve und dem Weg ihres Schwerpunktes bei einer Umdrehung.*

---

[1]) P. GULDIN (1577 ··· 1643), schweizer Mathematiker.

Beweis: Der Weg des Schwerpunktes ist wieder $2\pi\,y_S$, die Länge des Kurvenstückes wird durch

$$s = \int\limits_a^b \sqrt{1 + y'^2}\,dx$$

angegeben. Also ergibt sich für ihr Produkt

$$2\pi\,y_S \int\limits_a^b \sqrt{1 + y'^2}\,dx = 2\pi\,\frac{\int\limits_a^b y\sqrt{1 + y'^2}\,dx}{\int\limits_a^b \sqrt{1 + y'^2}\,dx} \int\limits_a^b \sqrt{1 + y'^2}\,dx$$

$$= 2\pi \int\limits_a^b y\,\sqrt{1 + y'^2}\,dx = M.$$

Beispiele

1. Man bestimme den Schwerpunkt des in Abb. 224 dargestellten Viertelkreisbogens vom Radius R!

Lösung: Die Kreisgleichung für diesen Bogen ist

$$y = \sqrt{R^2 - x^2}$$

$$\Rightarrow y' = -\frac{x}{y}, \quad \sqrt{1 + y'^2} = \frac{1}{y}\sqrt{x^2 + y^2} = \frac{R}{y} = \frac{R}{\sqrt{R^2 - x^2}}$$

$$\Rightarrow \begin{cases} x_S = \dfrac{1}{\frac{1}{2}R\pi} \int\limits_0^R \dfrac{x\,R}{\sqrt{R^2 - x^2}}\,dx = -\dfrac{2}{\pi}\left[\sqrt{R^2 - x^2}\right]_0^R = \dfrac{2R}{\pi} \\[3ex] y_S = \dfrac{1}{\frac{1}{2}R\pi} \int\limits_0^R \dfrac{\sqrt{R^2 - x^2}\,R}{\sqrt{R^2 - x^2}}\,dx = \dfrac{2}{\pi}\left[x\right]_0^R = \dfrac{2R}{\pi}. \end{cases}$$

Wesentlich schneller wäre man mit der zweiten GULDINschen Regel zum Ziele gekommen, da im vorliegenden Fall die Mantelfläche als Halbkugelfläche mit

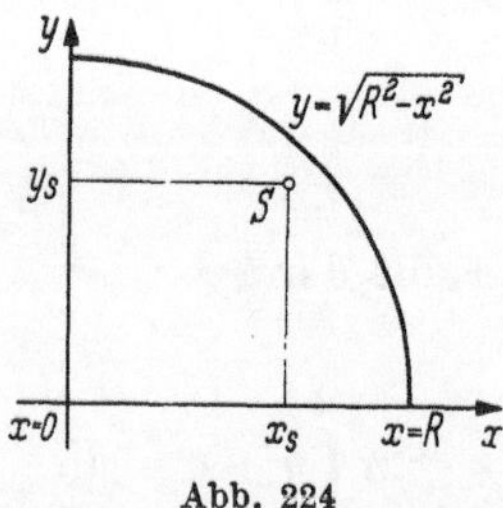

Abb. 224

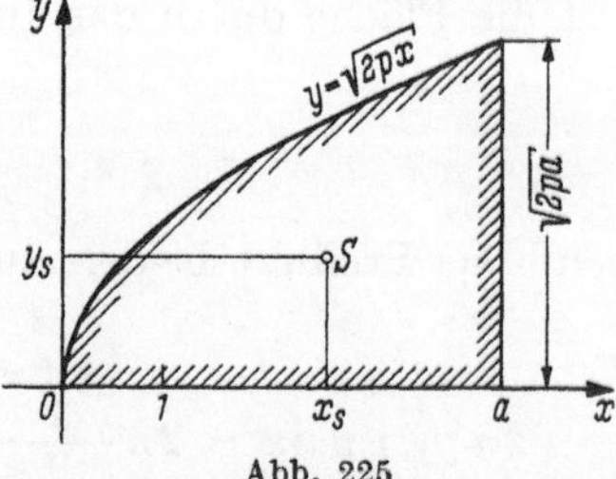

Abb. 225

$M = 2R^2\pi$ und die Länge des Viertelkreisbogens mit $\frac{1}{2}R\pi$ bekannt sind. Damit folgt sofort

$$M = 2R^2\pi = \frac{1}{2}R\pi\,2\pi\,y_S \Rightarrow y_S = \frac{2R}{\pi}$$

und aus Symmetriegründen $x_S = y_S$.

2. Wie lauten die Schwerpunktskoordinaten für die Fläche, welche die Parabel $y = \sqrt{2px}$ mit der x-Achse zwischen $x = 0$ und der Ordinate $\sqrt{2pa}$ einschließt (Abb. 225)?

Lösung: Zunächst ergibt sich die Parabelfläche zu

$$F = \int\limits_0^a \sqrt{2 p\, x}\; dx = \sqrt{2p}\,\frac{2}{3}\,[x\sqrt{x}]_0^a = \frac{2a}{3}\sqrt{2p\,a}.$$

Damit folgt für die Koordinaten von S

$$x_S = \frac{1}{F}\int\limits_0^a x\sqrt{2p\,x}\; dx = \frac{\sqrt{2p}}{F}\,\frac{2}{5}\,[x^2\sqrt{x}]_0^a = \frac{3a}{5}$$

$$y_S = \frac{1}{F}\,\frac{1}{2}\int\limits_0^a 2p\,x\,dx = \frac{p}{F}\left[\frac{x^2}{2}\right]_0^a = \frac{p\,a^2}{2F} = \frac{3}{8}\sqrt{2p\,a}.$$

3. Es ist der Schwerpunkt der von einem Zykloidenbogen und der x-Achse begrenzten Fläche zu bestimmen!

Lösung (Abb. 226): Zunächst ist aus Symmetriegründen die Abszisse des Schwerpunktes

$$x_S = \pi\, r,$$

wenn r der Radius des Rollkreises ist. Lautet die Gleichung des Zykloidenbogens (vgl. II. 3.7.10) in Parameterform

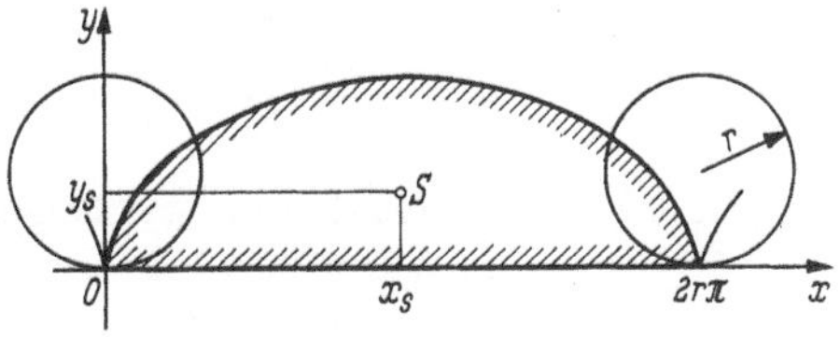

$$\left.\begin{array}{l} x = r(t - \sin t) \\ y = r(1 - \cos t) \end{array}\right\} \; 0 \leqq t \leqq 2\pi,$$

Abb. 226

so folgt zunächst für den Inhalt F der Zykloidenfläche

$$F = \int\limits_0^{2\pi} y(t)\,\dot{x}(t)\,dt = r^2 \int\limits_0^{2\pi} (1 - 2\cos t + \cos^2 t)\,dt$$

$$= r^2[t - 2\sin t + \tfrac{1}{2}t + \tfrac{1}{2}\sin t \cos t]_0^{2\pi} = 3r^2\,\pi$$

und für das statische Moment M_x

$$M_x = \frac{1}{2}\int\limits_0^{2\pi}[y(t)]^2\,\dot{x}\,dt = \frac{1}{2}r^3\int\limits_0^{2\pi}(1-\cos t)^3\,dt = \frac{1}{2}r^3\int\limits_0^{2\pi}(1 - 3\cos t + 3\cos^2 t - \cos^3 t)\,dt$$

$$= \frac{1}{2}r^3\left[t - 3\sin t + \frac{3}{2}t + \frac{3}{2}\sin t \cos t - \sin t + \frac{1}{3}\sin^3 t\right]_0^{2\pi} = \frac{5}{2}r^3\,\pi.$$

Damit folgt für die Ordinate y_S des Schwerpunktes

$$y_S = \frac{M_x}{F} = \frac{\dfrac{5}{2}r^3\,\pi}{3r^2\,\pi} = \frac{5}{6}\,r.$$

4.4 Numerische Integration

4.4.1 Aufgabenstellung. Übersicht

Während jede differenzierbare Funktion auch formal differenziert werden kann, läßt sich bekanntlich nicht jede integrierbare Funktion auch formal integrieren, d. h. die Integralfunktion kann in vielen Fällen

nicht in geschlossener Form angeschrieben werden. Diese Eigenschaft
der Integralrechnung erfordert die Aufstellung von Näherungsverfah-
ren, welche die formelmäßige Integration ersetzen und in jedem einzelnen Fall ein Ergebnis mit hinreichender Genauigkeit erzielen. Dabei
können wir zwischen numerischen und graphischen Methoden unterscheiden.

Das *Prinzip der numerischen Integration* besteht darin, für die gegebene Funktion (den Integranden) eine Ersatzfunktion zu wählen, die
mit dieser in einer Anzahl von Punkten („Stützstellen") übereinstimmt
und an der sich die Integration leicht ausführen läßt. Als Ersatzfunk-
tionen nimmt man grundsätzlich Polynome. Dabei wird aber im all-

Formel	Ersatzfunktion (Stützpolynom)	Ersatzbild	Ersatzfläche
1. Rechtecks- formel R_1	konstantes Polynom	Treppenzug	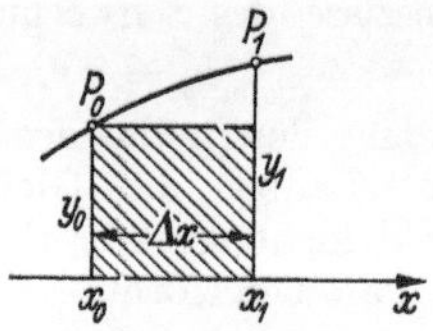
2. Rechtecks- formel R_2	konstantes Polynom	Treppenzug	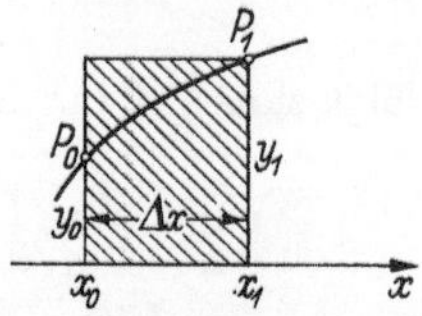
1. Trapezformel T_1	lineares Polynom	Sehnenzug	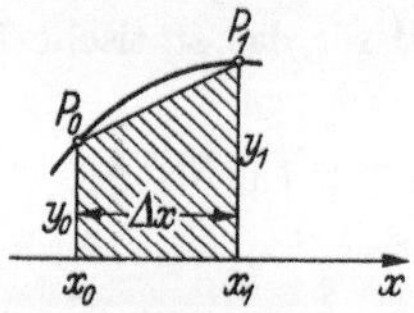
2. Trapezformel T_2	lineares Polynom	Tangenten- zug	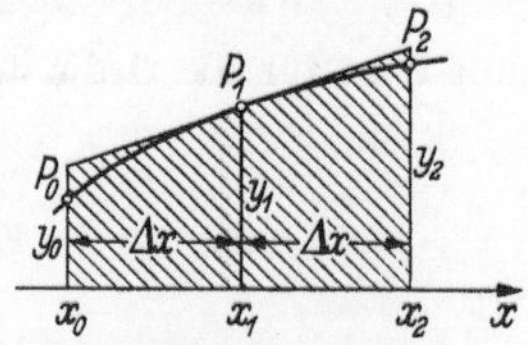
SIMPSON- Formel S	quadratisches Polynom	Parabelzug	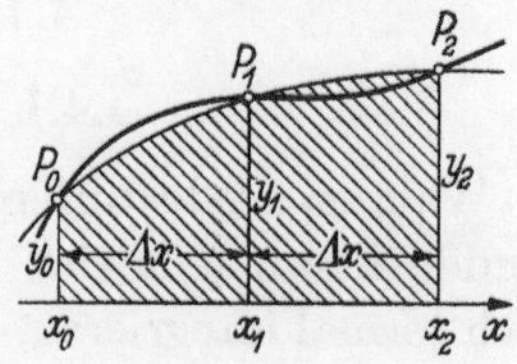

gemeinen nicht der Integrand im ganzen Integrationsintervall durch ein Polynom ersetzt, sondern zunächst in — der Einfachheit halber äquidistante — Teilbereiche zerlegt und in jedem Teilbereich einzeln ersetzt. Die Genauigkeit der Rechnung wird dabei einerseits proportional der Menge der Stützstellen, andererseits proportional dem Polynomgrad sein.

Im folgenden betrachten wir drei Typen von Näherungsformeln, die beziehentlich auf der Wahl eines konstanten, linearen oder quadratischen Polynoms als Ersatzfunktion beruhen. Ihren Namen haben sie zum Teil von der Gestalt der Fläche, die anstelle der gesuchten Fläche berechnet wird. Wir stellen sie in der nebenstehenden Übersicht zunächst vom Geometrischen her zusammen.

4.4.2 Aufstellung der Näherungsformeln

Vorgelegt sei das bestimmte Integral

$$I = \int_a^b f(x)\, dx,$$

gesucht ist die analytische Struktur der durch die obige Übersicht charakterisierten Näherungsformeln. Hierzu legen wir zunächst $n+1$ äquidistante Stützstellen

$$x_0 = a, x_1, x_2, \ldots, x_{n-1}, x_n = b$$

fest und berechnen über den Integranden $y = f(x)$ die zugehörigen Ordinaten

$$y_0 = f(a), y_1, y_2, \ldots, y_{n-1}, y_n = f(b).$$

Für die beiden **Rechtecksformeln** R_1 und R_2 erhält man damit (in Übereinstimmung mit II. 4.3.3 — dort mit S_E und S_U bezeichnet)

$$\boxed{\begin{aligned} R_1 &= \Delta x \,(y_0 + y_1 + y_2 + \cdots + y_{n-1}) \\ R_2 &= \Delta x \,(y_1 + y_2 + y_3 + \cdots + y_n) \end{aligned}}$$

wobei Δx die überall gleiche Streifenbreite

$$\Delta x = x_1 - x_0 = x_2 - x_1 = \cdots = x_n - x_{n-1}$$

$$\Delta x = \frac{x_n - x_0}{n} = \frac{b - a}{n}$$

bedeutet. Der gesuchte Integralwert I wird stets zwischen R_1 und R_2 liegen.

Für die **erste Trapezformel** T_1, welche auf einer stückweisen Linearisierung des Integranden durch die Sehne beruht, erhält man zunächst für die (in der Übersicht schraffierte) Teilfläche

$$\Delta F_1 = \frac{y_0 + y_1}{2} \Delta x$$

und damit für die Summe der Teilflächen

$$T_1 = \frac{\Delta x}{2}\left[(y_0 + y_1) + (y_1 + y_2) + (y_2 + y_3) + \cdots + (y_{n-1} + y_n)\right]$$

oder

$$\boxed{T_1 = \frac{\Delta x}{2}\,(y_0 + 2y_1 + 2y_2 + 2y_3 + \cdots + 2y_{n-1} + y_n)}$$

Die zweite **Trapezformel** T_2 linearisiert den Integranden durch die Tangente und zwar im Endpunkt der mittleren von je drei benachbarten Ordinaten. Die Anzahl n der Stützstellen ist hier also *gerade* zu wählen, da man mit *Doppelstreifen* der Breite $2\Delta x$ arbeitet. Für eine schraffierte Teilfläche ΔF_1 liest man aus der Übersicht ab

$$\Delta F_1 = y_1\, 2\Delta x,$$

woraus durch Summierung über alle Doppelstreifen

$$T_2 = y_1\, 2\Delta x + y_3\, 2\Delta x + \cdots + y_{n-1}\, 2\Delta x$$

$$\boxed{T_2 = 2\Delta x\,(y_1 + y_3 + y_5 + \cdots + y_{n-1})}$$

entsteht.

Bei der **Simpsonschen**[1]) **Formel** wird laut Übersicht die Stützstellenzahl ebenfalls gerade gewählt, also auch mit Doppelstreifen gearbeitet. Die Ersatzfunktion ist hier jeweils ein quadratisches Polynom

$$P(x) = a_2\, x^2 + a_1\, x + a_0,$$

das in den drei Punkten eines Doppelstreifens mit der gegebenen Funktion $y = f(x)$ übereinstimmt. Auf diese Weise ist jede solche Parabel für einen Doppelstreifen eindeutig definiert, denn durch drei Punkte läßt sich genau eine solche Parabel legen. Wir bestimmen zunächst den Inhalt der schraffierten Teilfläche mittels Integration

$$\Delta F_1 = \int\limits_{x_0}^{x_2} (a_2\, x^2 + a_1\, x + a_0)\, dx = \frac{a_2}{3}\,(x_2^3 - x_0^3) + \frac{a_1}{2}\,(x_2^2 - x_0^2) + {} $$
$$ + a_0\,(x_2 - x_0)$$

und formen die rechte Seite wie folgt um

$$\Delta F_1 = \frac{x_2 - x_0}{6}\,[2a_2(x_2^2 + x_2 x_0 + x_0^2) + 3a_1(x_2 + x_0) + 6a_0]$$
$$ = \frac{\Delta x}{3}\,[(a_2\, x_2^2 + a_1\, x_2 + a_0) + 4(a_2\, x_1^2 + a_1\, x_1 + a_0) + {}$$
$$ + (a_2\, x_0^2 + a_1\, x_0 + a_0)].$$

---

[1]) T. SIMPSON (1710 $\cdots$ 1761), englischer Mathematiker.

Den letzten Schritt prüfe der Leser dadurch nach, daß er in der letzten
Zeile für

$$x_1 = \frac{x_0 + x_2}{2}$$

setzt und für die in den eckigen Klammern stehenden Ausdrücke die
Identität nachweist. Daß x_1 gleich dem arithmetischen Mittel von x_0
und x_2 ist, folgt aus der Äquidistanz der Stützstellen.

Aus den Punktbedingungen für die approximierende Parabel $\mathfrak{P}$

$$P_0(x_0, y_0) \in \mathfrak{P} : y_0 = a_2\, x_0^2 + a_1\, x_0 + a_0$$
$$P_1(x_1, y_1) \in \mathfrak{P} : y_1 = a_2\, x_1^2 + a_1\, x_1 + a_0$$
$$P_2(x_2, y_2) \in \mathfrak{P} : y_2 = a_2\, x_2^2 + a_1\, x_2 + a_0$$

folgt damit für die Fläche ΔF_1 des ersten Doppelstreifens

$$\Delta F_1 = \frac{\Delta x}{3}\, (y_0 + 4y_1 + y_2).$$

Die Aufsummierung über alle Doppelstreifen ergibt

$$\frac{\Delta x}{3} \left\{ \begin{aligned}
& y_0 + 4y_1 + y_2 \\
& \quad\; + y_2 + 4y_3 + y_4 \\
& \qquad\;\; + y_4 + 4y_5 + y_6 \\
& \qquad\qquad + \\
& \qquad\qquad\quad \ddots \\
& \qquad\qquad\qquad + y_{n-4} + 4y_{n-3} + y_{n-2} \\
& \qquad\qquad\qquad\quad + y_{n-2} + 4y_{n-1} + y_n
\end{aligned} \right.$$

$$\boxed{S = \frac{\Delta x}{3}\, (y_0 + 4y_1 + 2y_2 + 4y_3 + 2y_4 + 4y_5 + \cdots + 2y_{n-2} + 4y_{n-1} + y_n)}$$

Der Sonderfall für $n = 2$, oben mit ΔF_1 bezeichnet, ist vor SIMPSON
bereits von KEPLER aufgestellt worden und wird nach ihm die *KEPLER-
sche Faßregel* genannt

$$\boxed{K = \frac{\Delta x}{3}\, (y_0 + 4y_1 + y_2)}$$

Mit ihr erhält man bei außerordentlich geringem Rechenaufwand ein
für viele Zwecke ausreichendes Ergebnis.

Wir erwähnen noch, daß die fünf Näherungsformeln

$$R_1,\, R_2,\, T_1,\, T_2,\, S$$

nicht unabhängig voneinander sind. Der Studierende bestätige selbst,
daß die Sehnentrapezformel T_1 durch arithmetische Mittelbildung aus

den Rechtecksformeln gemäß

$$T_1 = \frac{R_1 + R_2}{2}$$

hervorgeht und die SIMPSONsche Formel mit den beiden Trapezformeln gemäß

$$S = \frac{2\,T_1 + T_2}{3}$$

verknüpft ist.

4.4.3 Eigenschaften der Simpsonschen Formel

Schon von der geometrischen Anschauung her sieht man, daß die SIMPSONsche Formel den gesuchten Flächeninhalt bzw. das bestimmte Integral am besten von den fünf Formeln approximiert. Diese Formel ist deshalb auch die wichtigste von ihnen. Da sie als Ersatzfunktion ein quadratisches Polynom nimmt, wird also jede quadratische Funktion von der SIMPSONschen Formel exakt wiedergegeben. Darüber hinaus gilt aber überraschenderweise der

Satz: *Die SIMPSONsche Formel liefert den Wert des bestimmten Integrals*

$$I = \int\limits_{x_0}^{x_2} f(x)\,dx$$

sogar dann exakt, wenn der Integrand eine ganz-rationale Funktion dritten Grades (ein kubisches Polynom) ist:

$$f(x) = a_3\,x^3 + a_2\,x^2 + a_1\,x + a_0.$$

Beweis: Für die formale Integration erhält man

$$I = \int\limits_{x_0}^{x_2} (a_3\,x^3 + a_2\,x^2 + a_1\,x + a_0)\,dx = \int\limits_{x_0}^{x_2} a_3\,x^3\,dx + \int\limits_{x_0}^{x_2} (a_2\,x^2 + a_1\,x + a_0)\,dx$$

$$= \frac{a_3}{4}\,[x^4]_{x_0}^{x_2} + I_2 = \frac{a_3}{4}\,(x_2^4 - x_0^4) + I_2.$$

Das zweite Integral I_2 brauchen wir nicht mit in die Betrachtungen hineinzunehmen, da der Integrand ein quadratisches Polynom ist, also der Integralwert nach Definition von der SIMPSONschen Formel exakt wiedergegeben wird. Wir schreiben noch mit $x_2 - x_0 = 2\Delta x$

$$I = \frac{a^3}{4}\,(x_2 - x_0)\,(x_2 + x_0)\,(x_2^2 + x_0^2) + I_2$$

$$I = \frac{a_3\,\Delta x}{2}\,(x_2^3 + x_2^2\,x_0 + x_2\,x_0^2 + x_0^3) + I_2.$$

Andererseits liefert die SIMPSONsche Formel mit $y = a_3 x^3$

$$y_0 = a_3 x_0^3, \quad y_1 = a_3 x_1^3, \quad y_2 = a_3 x_2^3$$

$$S = \frac{\Delta x}{3}(a_3 x_0^3 + 4 a_3 x_1^3 + a_3 x_2^3) + I_2$$

$$= \frac{a_3 \Delta x}{3}\left(x_0^3 + 4\frac{(x_0 + x_2)^3}{8} + x_2^3\right) + I_2$$

$$= \frac{a_3 \Delta x}{3}\left(\frac{3}{2} x_0^3 + \frac{3}{2} x_0^2 x_2 + \frac{3}{2} x_0 x_2^2 + \frac{3}{2} x_2^3\right) + I_2$$

$$= \frac{a_3 \Delta x}{2}(x_2^3 + x_2^2 x_0 + x_2 x_0^2 + x_0^3) + I_2$$

und damit den exakt gleichen Wert wie I.

Wir geben noch eine Formel an, mit welcher eine *obere Schranke für den absoluten Fehler*

$$\varepsilon = \left| \int\limits_a^b f(x)\, dx - S \right|,$$

der bei Benutzung der SIMPSONschen Formel anstelle des exakten Integralwertes entsteht, bestimmt werden kann. Dazu ist erforderlich, daß man die vierte Ableitung

$$f^{(4)}(x)$$

des Integranden bildet und deren betragsmäßig größten Wert im Integrationsintervall $a \ldots b$ ermittelt. Nennen wir diesen

$$\left| f^{(4)}(\xi) \right|,$$

so daß also

$$\left| f^{(4)}(\xi) \right| \geqq \left| f^{(4)}(x) \right| \text{ für alle } x \text{ aus } a \leqq x \leqq b$$

gilt, so lautet die **Fehlerabschätzung**

$$\boxed{\left| \int\limits_a^b f(x)\, dx - S \right| < \frac{(b-a)^5}{2880\, n^4}\left| f^{(4)}(\xi) \right|}$$

Hierin bedeuten n die Anzahl der verwendeten *Doppel*streifen, a und $b > a$ die Integrationsgrenzen und ξ diejenige Stelle im Integrationsintervall, an der die vierte Ableitung ihren betragsmäßig größten Wert annimmt. Falls $f^{(4)}(x)$ in $a \leqq x \leqq b$ unstetig ist, kann die Fehlerabschätzung so nicht vorgenommen werden.

Beispiele

1. Wir wählen als erstes ein Integral, das sich auch formal lösen läßt, nämlich

$$I = \int\limits_0^{0,5} \frac{x}{1 - x^2}\, dx,$$

so daß wir die Güte der einzelnen Näherungsformeln ohne Fehlerabschätzung durch Vergleich mit dem exakten Wert untersuchen können.

a) Geschlossene Lösung:

$$\int\limits_0^{0,5} \frac{x}{1-x^2}\,dx = -\frac{1}{2}\int\limits_0^{0,5} \frac{-2x}{1-x^2}\,dx = -\frac{1}{2}\left[\ln(1-x^2)\right]_0^{0,5} = -\frac{1}{2}\ln 0,75.$$

Auf 6 richtige Dezimalen wird das Ergebnis laut Tafel

$$I = 0,143841.$$

b) Numerische Integration:

Wir wählen 10 Streifen, also für die Streifenbreite

$$\Delta x = \frac{0,5}{10} = 0,05$$

und legen das folgende Rechenschema an[1])

x_i	$1-x_i^2$	$y_i = \dfrac{x_i}{1-x_i^2}$	R_1	R_2	T_1	T_2	S	K
$x_0 = 0,00$	1,0000000	0,0000000	1	0	0,5	0	1	1
$x_1 = 0,05$	0,9975000	0,0501253	1	1	1	1	4	
$x_2 = 0,10$	0,9900000	0,1010101	1	1	1	0	2	
$x_3 = 0,15$	0,9775000	0,1534527	1	1	1	1	4	
$x_4 = 0,20$	0,9600000	0,2083333	1	1	1	0	2	
$x_5 = 0,25$	0,9375000	0,2666667	1	1	1	1	4	4
$x_6 = 0,30$	0,9100000	0,3296703	1	1	1	0	2	
$x_7 = 0,35$	0,8775000	0,3988604	1	1	1	1	4	
$x_8 = 0,40$	0,8400000	0,4761905	1	1	1	0	2	
$x_9 = 0,45$	0,7975000	0,5642633	1	1	1	1	4	
$x_{10} = 0,50$	0,7500000	0,6666667	0	1	0,5	0	1	1
Faktor:			Δx	Δx	Δx	$2\Delta x$	$\dfrac{\Delta x}{3}$	$\dfrac{5\Delta x}{3}$

Die in den 6 letzten Spalten stehenden Zahlen bedeuten die Koeffizienten der in der betreffenden Näherungsformel verwendeten Stützordinaten y_i, falls man die Summe mit dem in der untersten Zeile stehenden Faktor multipliziert.

Im vorliegenden Fall erhält man mit den einzelnen Formeln folgende Ergebnisse (angeschrieben jeweils auf sechs Dezimalen)

$$R_1 = 0,127429$$
$$R_2 = 0,160762$$
$$T_1 = 0,144095$$
$$T_2 = 0,143337$$
$$S \ = 0,143843$$
$$K = 0,144445.$$

---

[1]) Hierzu wurde eine Rechenmaschine mit achtstelligem Umdrehungszählwerk eingesetzt.

Vergleicht man mit dem auf sechs Dezimalen richtigen Integralwert (s. o.), so ergeben sich folgende Beträge für die absoluten Fehler

$$\varepsilon_{R_1} = 0{,}016412$$

$$\varepsilon_{R_2} = 0{,}016921$$

$$\varepsilon_{T_1} = 0{,}000254$$

$$\varepsilon_{T_2} = 0{,}000504$$

$$\varepsilon_S = 0{,}000002$$

$$\varepsilon_K = 0{,}000604,$$

die besonders deutlich die Leistungsfähigkeit der SIMPSONschen Formel zeigen. Zur groben Nachprüfung kann man in Abb. 227 die Anzahl der Quadrate (Kantenlänge 0,1) der stark umrandeten Fläche abzählen. Der Leser zeichne sich zu diesem Zweck die Fläche (nicht zu klein!) auf Millimeterpapier.

2. Man ermittle das bestimmte Integral

$$I = \int\limits_0^1 \sqrt{\cos x}\, dx$$

mit der SIMPSONschen Formel bei Benutzung von 5 Doppelstreifen!

Lösung: Die Breite eines Streifens ist gemäß Aufgabenstellung

$$\Delta x = \frac{b - a}{10} = 0{,}1;$$

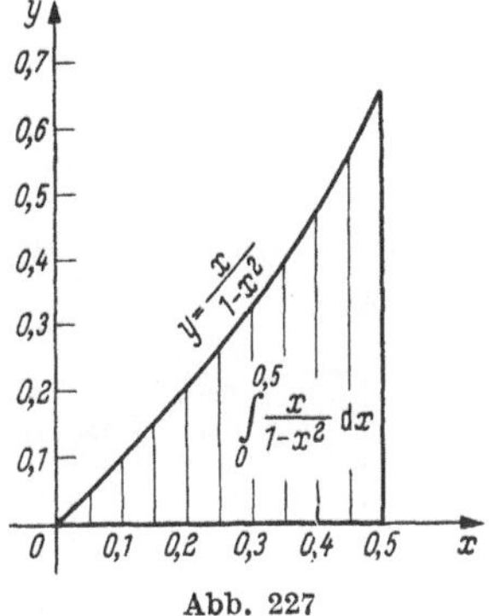

Abb. 227

dies ist also die Schrittweite für die Argumentwerte x_i. Wir erhalten damit folgende Werte

x_i	$\cos x_i$	$y_i = \sqrt{\cos x_i}$	S
0,0	1,0000000	1,0000000	1
0,1	0,9950042	0,9974990	4
0,2	0,9800666	0,9899831	2
0,3	0,9553365	0,9774132	4
0,4	0,9210610	0,9597192	2
0,5	0,8775826	0,9367938	4
0,6	0,8253356	0,9084798	2
0,7	0,7648422	0,8745526	4
0,8	0,6967067	0,8346896	2
0,9	0,6216100	0,7884225	4
1,0	0,5403023	0,7350524	1

$$\text{Faktor:} \quad \frac{\Delta x}{3}$$

$$\Rightarrow S = \frac{0{,}1}{3} \cdot 27{,}4195202 = 0{,}913984.$$

Eine grobe Kontrolle ergibt wieder die in Abb. 228 dargestellte Fläche, deren Inhalt dem Integralwert entspricht. Durch Abzählen von Quadraten findet man aus ihr

$$I \approx (100 - 9)\, 10^{-2} = 0{,}91.$$

Für eine genauere Fehlerabschätzung bedarf es der 4. Ableitung der gegebenen
Funktion $y = \sqrt{\cos x}$. Sie ergibt sich zu

$$y^{(4)}(x) = -\frac{1}{16}\,\frac{4 + 12\sin^2 x - \sin^4 x}{\cos^3 x\,\sqrt{\cos x}}.$$

Um sie im Integrationsintervall $0 \leqq x \leqq 1$ nach oben abzuschätzen, vergrößern
wir den Zähler des zweiten Bruches durch Weglassen von $-\sin^4 x$; dann stellt

$$\frac{1}{16}\,\frac{4 + 12\sin^2 x}{\cos^3 x\,\sqrt{\cos x}}$$

eine in $0 \leqq x \leqq 1$ monoton steigende Funktion von x dar, diese nimmt ihren größten
Wert am rechten Rand des Integrationsintervalls an:

$$|y^{(4)}| < \frac{4 + 12\cdot 0{,}71}{16\cdot 0{,}54^{3{,}5}} < 7.$$

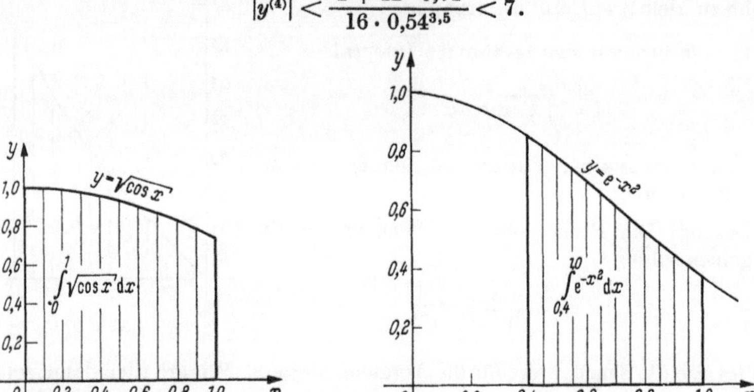

Abb. 228   Abb. 229

Damit ergibt sich als obere Schranke für den begangenen Fehler ($n = 5$)

$$\left|\int\limits_0^1 \sqrt{\cos x}\,dx - S\right| < \frac{1}{2880\cdot 5^4}\cdot 7 < 4\cdot 10^{-6},$$

d. h. unser Resultat

$$S = 0{,}913984$$

kann *höchstens* um 4 Einheiten in der sechsten Dezimalen falsch sein.

3. Es ist das bestimmte Integral

$$I = \int\limits_{0,4}^{1,0} e^{-x^2}\,dx$$

mit der Simpsonschen Formel zu berechnen. Man wähle 6 Doppelstreifen.

Lösung (Abb. 229): Das Integrationsintervall $0{,}4\ldots 1{,}0$ wird nach Vorgabe
in $2\cdot 6 = 12$ Streifen zerlegt, also ist die Schrittweite

$$\Delta x = \frac{1{,}0 - 0{,}4}{12} = 0{,}05.$$

Es ergibt sich folgende Wertetafel

x_i	x_i^2	$y_i = e^{-x_i^2}$	S
0,40	0,1600	0,8521438	1
0,45	0,2025	0,8166865	4
0,50	0,2500	0,7788008	2
0,55	0,3025	0,7389685	4
0,60	0,3600	0,6976763	2
0,65	0,4225	0,6554063	4
0,70	0,4900	0,6126264	2
0,75	0,5625	0,5697828	4
0,80	0,6400	0,5272924	2
0,85	0,7225	0,4855369	4
0,90	0,8100	0,4448581	2
0,95	0,9025	0,4055545	4
1,00	1,0000	0,3678794	1

$$\text{Faktor:}\quad \frac{\Delta x}{3}$$

$$\Rightarrow S = \frac{0,05}{3} \cdot 22,0302732 = 0,3671712.$$

Zur Fehlerabschätzung bilden wir vom Integranden $y = e^{-x^2}$ die vierte Ableitung

$$y^{(4)} = 16\,e^{-x^2}\,(x^4 - 3x^2 + 0,75)$$

und ermitteln — hier etwa durch Aufzeichnen von $y^{(4)}$ im Intervall $0,4 \leq x \leq 1,0$ mittels einer Wertetabelle — als obere Schranke

$$|y^{(4)}| < 8.$$

Damit folgt für den Fehler unseres Näherungswertes

$$\left| \int\limits_{0,4}^{1,0} e^{-x^2}\,dx - S \right| < \frac{0,6^5}{2880 \cdot 6^4} \cdot 8 < 2 \cdot 10^{-7},$$

d. h. ein Fehler tritt frühestens in der 7. Dezimalen auf. Unser auf 7 Dezimalen angeschriebener Integralwert

$$S = 0,3671712$$

kann also in der letzten Dezimalen höchstens um 2 Einheiten falsch sein, ist also sicher auf 6 Dezimalen richtig.

Vereinfachte Fehlerabschätzung

Der Leser wird beim Durcharbeiten der beiden letzten Beispiele bemerkt haben, daß bei der Bildung und Abschätzung der vierten Ableitung $y^{(4)}(x)$ ein recht erheblicher Arbeitsaufwand entsteht. Es erhebt sich deshalb zu Recht die Frage, ob sich diese doch recht mühsame Fehlerabschätzung nicht etwas einfacher gestalten läßt.

Dazu sei bemerkt, daß man die Aufstellung der vierten Ableitung näherungsweise ersetzen kann durch den vierten Differenzenquotienten. Dies ist vor allem dann nötig, wenn die Funktion $y(x)$ nicht in geschlossener Form, sondern nur tabellarisch vorliegt. Arbeitet man mit der SIMPSONschen Formel, so gibt es einen besonders einfachen Weg zur Fehlerabschätzung. Man berechnet hierzu den Näherungswert S einmal für die Streifenbreite Δx (wie bisher) und dann zusätzlich den Näherungswert S^* bei der *doppelten* Streifenbreite $2\Delta x$, indem man also nur jede zweite Ordinate als Stützwert benutzt. Für den Fehler von S ergibt sich dann

$$\left| \int_a^b f(x)\,dx - S \right| < \frac{|S - S^*|}{15}$$

Man beachte, daß hierzu die Streifenzahl ein (ganzes positives) Vielfaches von 4 sein muß, damit sich für S^* noch eine gerade Anzahl von Streifen ergibt (was ja für jede SIMPSONsche Formel Voraussetzung ist). Die Formel hat den großen Vorzug, daß sie sowohl die Bildung als auch die Abschätzung der vierten Ableitung $y^{(4)}(x)$ umgeht. Zur Übung rechnen wir noch ein Beispiel durch und nehmen die Fehlerabschätzung nach dieser Formel vor.

Beispiel: Das bestimmte Integral

$$I = \int_{0,6}^{1,4} \sqrt{\ln(x + \sqrt{x^2 + 1})}\,dx = \int_{0,6}^{1,4} \sqrt{\operatorname{ar\,sinh} x}\,dx$$

ist mit der SIMPSONschen Formel zu berechnen!

Lösung: Wir wählen als Streifenanzahl 8, so daß also die Streifenbreite

$$\Delta x = \frac{b - a}{8} = \frac{0,8}{8} = 0,1$$

wird. Damit ergibt sich

x_i	ar sinh x_i	$y_i = \sqrt{\operatorname{ar\,sinh} x_i}$	S	S^*
0,6	0,568 824 9	0,754 204 8	1	1
0,7	0,652 666 6	0,807 877 8	4	
0,8	0,732 668 3	0,855 960 5	2	4
0,9	0,808 866 9	0,899 370 3	4	
1,0	0,881 373 6	0,938 815 0	2	2
1,1	0,950 346 9	0,974 857 4	4	
1,2	1,015 973 1	1,007 954 9	2	4
1,3	1,078 451 1	1,038 485 0	4	
1,4	1,137 982 0	1,066 762 4	1	1
		Faktoren:	$\dfrac{\Delta x}{3}$	$\dfrac{2\Delta x}{3}$

Man erhält auf 6 Dezimalen

$$S = 0,743\,626$$

$$S^* = 0,743\,617$$

und damit als Fehlerabschätzung

$$|I - S| < \frac{1}{15}\,|S - S^*| \approx 0,6 \cdot 10^{-6};$$

das bedeutet, die sechste Dezimale von S kann sich noch um eine Einheit verschieben.

Zur Kontrolle oder zur groben Bestimmung des Integralwertes kann man gemäß Abb. 230 verfahren und die *Ausgleichsstrecke* $\overline{AB}$ einzeichnen, welche mit der x-Achse und den Begrenzungsordinaten den gleichen Flächeninhalt einschließt wie die gegebene Kurve (die beiden schraffierten Teilflächen sind nach Augenmaß abzugleichen). Im vorliegenden Beispiel ergibt sich damit

$$F = 0,8 \cdot 0,93 = 0,74,$$

also wenigstens ein auf 2 Dezimalen richtiger Wert[1]).

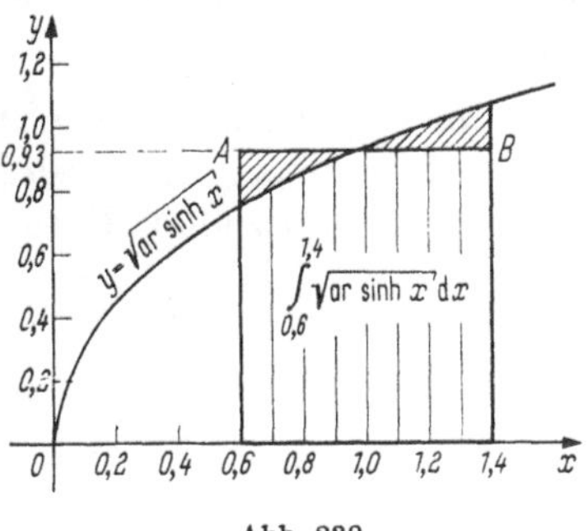

Abb. 230

4.5 Graphische Integration und Differentiation

Vorbetrachtung. Eine abschnittsweise lineare Funktion $y = F(x)$ sei durch ihr geometrisches Bild — einen *Streckenzug* — gegeben (Abb. 231). Ihre Ableitungsfunktion $F'(x) \equiv f(x)$ ist dann abschnittsweise konstant, geometrisch also ein *Treppenzug*. Man erhält ihn leicht, indem man den Punkt A im Abstand 1 vom Ursprung auf der x-Achse festlegt und die einzelnen Strecken $\overline{P_1 P_2}$, $\overline{P_2 P_3}$, $\overline{P_3 P_4}$ parallel durch A abschiebt. Ihre Abschnitte auf der y-Achse, nämlich $\overline{OT_1}$, $\overline{OT_2}$ und $\overline{OT_3}$, geben dann die Höhe des zugehörigen Treppenstückes an, etwa

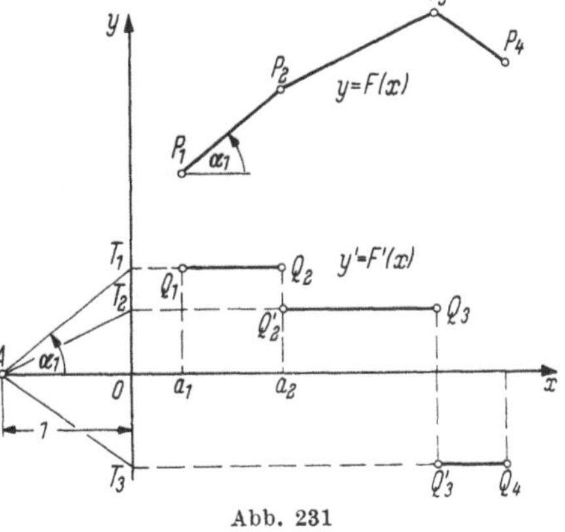

Abb. 231

$$\tan \alpha_1 = \frac{\overline{OT_1}}{\overline{OA}} = \overline{OT_1} = F'(x) \quad \text{in} \quad a_1 \leqq x \leqq a_2.$$

---

[1]) Bei jedem stetigen Integranden $f(x)$ gibt es im Innern des Integrationsintervalls eine Zwischenstelle ξ, für welche die gesuchte Fläche gleich der Rechtecksfläche $(b - a)\,f(\xi)$ ist:

$$\int_a^b f(x)\,dx = (b - a)\,f(\xi)$$

(sog. *Mittelwertsatz der Integralrechnung*).

Umgekehrt läßt sich aber auch bei gegebenem Treppenzug und Vorgabe des Punktes P_1 der Streckenzug zeichnen, indem man jetzt die waagrechten Treppenabschnitte $\overline{Q_1Q_2}$, $\overline{Q_2'Q_3}$, $\overline{Q_3'Q_4}$ auf die y-Achse hinüberlotet und mit $\overline{AT}_1$, $\overline{AT}_2$ und $\overline{AT}_3$ die Richtungen der zugehörigen Abschnitte des Streckenzuges erhält.

Der Treppenzug ist die Ableitungskurve zum Streckenzug, umgekehrt ist der Streckenzug die durch P_1 gehende Integralkurve zum Treppenzug. Für diesen Spezialfall können wir jetzt bereits graphisch integrieren

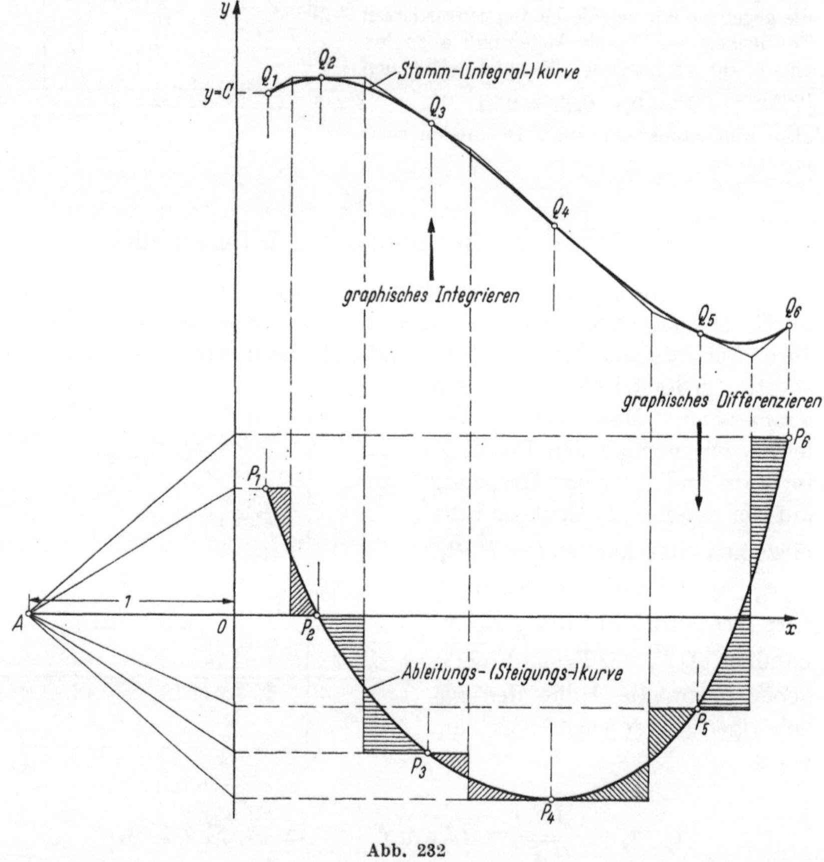

Abb. 232

und ableiten. Den allgemeinen Fall, daß beide Kurven beliebige Gestalt haben, werden wir sogleich auf diesen Sonderfall zurückführen..

Graphisches Integrieren. Vorgelegt ist eine Ableitungs-(Steigungs-)-funktion durch ihre Bildkurve, gesucht die durch einen vorgegebenen Punkt laufende zugehörige Integralkurve. Grundsätzlich wird die gegebene Kurve durch einen Treppenzug ersetzt, der mit der x-Achse und der Anfangs- und Endordinate $f(a)$ bzw. $f(b)$ denselben Flächeninhalt einschließt wie die gegebene Kurve.

Konstruktionsbeschreibung (Abb. 232)

1. Zwischen Anfangs- und Endpunkt legt man eine Anzahl von Punkten $P_1, P_2, P_3, \ldots$ auf der Kurve fest (wobei man nach Möglichkeit Extrema und Wendepunkte mit einbezieht) und legt durch diese die waagrechten Treppenabschnitte. Danach zieht man vertikale Geraden nach Augenmaß so, daß die Flächeninhalte unter der Treppenkurve und der gegebenen Kurve abschnittsweise gleich werden (schraffierte Teilflächen sind somit jeweils gleich!).

2. Konstruktion des zugehörigen Streckenzuges durch den vorgegebenen Punkt Q_1 gemäß der Vorbetrachtung.

3. Man ersetzt den Streckenzug durch einen Kurvenzug derart, daß dieser in den Punkten $Q_1, Q_2, Q_3, \ldots$ tangiert. Diese Kurve ist die gesuchte Integralkurve.

4. Die Ordinatendifferenz von End- und Anfangspunkt der gefundenen Integralkurve stellt das bestimmte Integral

$$\int\limits_a^b f(x)\, dx$$

dar.

Graphisches Differenzieren. Voigelegt sei eine Stamm(Integral-)kurve, gesucht die zugehörige Ableitungs-(Steigungs-)kurve. Das Konstruktionsverfahren verläuft genau umgekehrt zum graphischen Integrieren.

Konstruktionsbeschreibung (Abb. 232)

1. Die gegebene Kurve wird durch einen Streckenzug ersetzt, indem man in den Punkten $Q_1, Q_2, Q_3, \ldots$ die Tangenten an die Kurve legt.

2. Konstruktion des zugehörigen Treppenzuges gemäß der Vorbetrachtung.

3. Man ersetze den Treppenzug durch einen Kurvenzug so durch die Punkte $P_1, P_2, P_3, \ldots$, daß der mit der x-Achse und den Begrenzungsordinaten eingeschlossene Flächeninhalt der gleiche bleibt.

Auch das Konstruktions*prinzip* ist beim graphischen Differenzieren wie Integrieren gleich. Es besteht in einer Linearisierung der Aufgabe, darauf folgender Lösung des linearisierten Problems und zum Schluß wieder in einer Entlinearisierung der Lösung. Die konstante Funktion ist dabei als Sonderfall einer linearen anzusehen.

5 Unendliche Reihen

5.1 Der Begriff der unendlichen Reihe

Definition: *Ein Ausdruck der Gestalt*

$$a_1 + a_2 + a_3 + \cdots + a_n + \cdots = \sum_{n=1}^{\infty} a_n$$

wird eine unendliche Reihe genannt. Die Glieder $a_1, a_2, a_3, \ldots$ seien vorerst reelle Konstanten.
Die (endlichen) Summen

$$s_1 = a_1$$
$$s_2 = a_1 + a_2$$
$$s_3 = a_1 + a_2 + a_3$$
$$\vdots \qquad \vdots$$
$$s_n = a_1 + a_2 + a_3 + \cdots + a_n$$

heißen die Partial- oder Teilsummen der Reihe[1]).
Besitzt die Folge der Teilsummen

$$s_1, s_2, s_3, \ldots, s_n, \ldots$$

einen Grenzwert S, so nennt man die Reihe konvergent und S ihre Summe:

$$\lim_{n \to \infty} s_n = S = \sum_{n=1}^{\infty} a_n$$

Existiert dieser Grenzwert nicht, so heißt die Reihe divergent.

Erläuterung: Zunächst wird in vorstehender Definition die unendliche Reihe von der Schreibweise her, also in mathematischen Zeichen, vorgestellt. Sodann wird der Begriff der Teilsummenfolge herangezogen (dieser ist nichts Neues, da uns Folgen bereits von II. 3.1.1 her bekannt sind!) und nun der neue Begriff „Summe der unendlichen Reihe" identifiziert mit dem Grenzwert S der Teilsummenfolge (vorausgesetzt, daß S existiert!). Ist dieser Grenzwert nicht vorhanden, so kann die Identifizierung nicht vollzogen werden, die Reihe heißt divergent und das Zeichen

$$\sum_{n=1}^{\infty} a_n$$

hat dann keinen Sinn. Eine konvergente unendliche Reihe hingegen stellt stets eine reelle Zahl dar, eben den Grenzwert S.

---

[1]) Reihe bedeutet im folgenden stets unendliche Reihe.

Mitunter wird von Studierenden gefragt, was sich denn ergäbe, wenn man in gewohnter Weise alle Glieder der Reihe aufsummieren würde. Diese Frage ist gegenstandslos! Die uns von früher bekannte Summenbildung bezieht sich stets nur auf *endlich* viele Summanden und darf nicht auf mehr als endlich viele Glieder ausgedehnt werden. Man kann aber sagen — und hierin liegt das Wesentliche — daß man mit den Teilsummen (die stets nur aus endlich vielen Gliedern bestehen und deshalb in gewohnter Weise gebildet werden können) der Summe S der unendlichen Reihe (falls S vorhanden ist) *beliebig nahe*kommen kann, wenn man nur die Zahl n der Summanden genügend groß wählt. Mit anderen Worten: Eine unendliche Reihe konvergiert dann und nur dann, wenn eine Zahl S so gefunden werden kann, daß die Differenz

$$R_{n+1} = S - s_n$$

für hinreichend großes n dem Betrage nach *beliebig klein* gehalten werden kann. Nennt man R_{n+1} den „Rest der Reihe", so lautet die eben beschriebene Erläuterung: Eine unendliche Reihe konvergiert genau dann, wenn ihr Rest mit unbegrenzt wachsendem n gegen Null geht, d. h. wenn

$$\boxed{\lim_{n \to \infty} R_{n+1} = 0}$$

gilt.

Grundsätzlich treten demnach bei allen unendlichen Reihen zwei Hauptprobleme auf

1. die Frage nach der *Existenz* von S (*Konvergenzproblem*),

2. die Frage nach dem *Wert* von S (*Summenproblem*),

wobei selbstverständlich die zweite Frage nur dann einen Sinn hat, wenn die erste positiv beantwortet wurde.

Beispiel: Man untersuche die unendliche Reihe

$$\frac{1}{1 \cdot 3} + \frac{1}{3 \cdot 5} + \frac{1}{5 \cdot 7} + \cdots + \frac{1}{(2n-1)(2n+1)} + \cdots$$
$$= \sum_{n=1}^{\infty} \frac{1}{(2n-1)(2n+1)}$$

auf Konvergenz und ermittle gegebenenfalls ihre Summe!

Lösung: Wir schreiben die Glieder der Reihe in der Form

$$\frac{1}{2}\left(1 - \frac{1}{3}\right) + \frac{1}{2}\left(\frac{1}{3} - \frac{1}{5}\right) + \frac{1}{2}\left(\frac{1}{5} - \frac{1}{7}\right) + \cdots +$$
$$+ \frac{1}{2}\left(\frac{1}{2n-1} - \frac{1}{2n+1}\right) + \cdots$$

und bilden die Teilsumme s_n der ersten n Glieder

$$s_n = \frac{1}{2}\left(1 - \frac{1}{3} + \frac{1}{3} - \frac{1}{5} + \frac{1}{5} - \frac{1}{7} + \frac{1}{7} - + \cdots + \frac{1}{2n-1} - \frac{1}{2n+1}\right)$$

$$= \frac{1}{2}\left(1 - \frac{1}{2n+1}\right).$$

Maßgebend für die Konvergenz und Summe der Reihe ist der Grenzwert

$$\lim_{n\to\infty} s_n = \lim_{n\to\infty}\left[\frac{1}{2}\left(1 - \frac{1}{2n+1}\right)\right] = \frac{1}{2}\left(1 - \lim_{n\to\infty}\frac{1}{2n+1}\right) = \frac{1}{2}.$$

Er lehrt, daß die Reihe konvergiert und ihre Summe $S = \frac{1}{2}$ ist.

5.2 Geometrische Reihen

Wir betrachten zunächst eine spezielle Klasse von Reihen, bei denen sich das Konvergenz- und Summenproblem in besonders leichter Weise lösen läßt.

Definition: *Eine unendliche Reihe der Gestalt*

$$\boxed{a + a\,q + a\,q^2 + \cdots + a\,q^{n-1} + \cdots = \sum_{n=1}^{\infty} a\,q^{n-1}}$$

heißt eine geometrische Reihe mit dem Anfangsglied a und dem Quotienten q. Bei ihr ergibt sich jedes Glied aus dem vorangehenden durch Multiplikation mit q.

Durch Vorgabe von Anfangsglied a und Quotient q liegt also eine geometrische Reihe eindeutig fest. Dividiert man irgendein Glied der Reihe durch seinen Vorläufer, so ergibt sich stets der Quotient q.

Ihren Namen haben die geometrischen Reihen von der Eigenschaft, daß jedes Glied (mit Ausnahme des Anfangsgliedes) gleich ist dem *geometrischen Mittel* aus seinen beiden Nachbargliedern:

$$a_n = a\,q^{n-1}, \quad a_{n+1} = a\,q^n, \quad a_{n+2} = a\,q^{n+1}$$

$$\Rightarrow \sqrt{a_n\,a_{n+2}} = \sqrt{a^2\,q^{2n}} = \sqrt{(a\,q^n)^2} = a\,q^n = a_{n+1}.$$

Für die Teilsumme s_n einer geometrischen Reihe ergibt sich

$$s_n = a + a\,q + a\,q^2 + \cdots + a\,q^{n-2} + a\,q^{n-1}$$

$$\Rightarrow q\,s_n = \quad\quad a\,q + a\,q^2 + \cdots + a\,q^{n-2} + a\,q^{n-1} + a\,q^n$$

$$\Rightarrow s_n - q\,s_n = a - a\,q^n = a(1 - q^n)$$

$$\boxed{s_n = a\,\frac{1 - q^n}{1 - q} \quad (q \neq 1)}$$

Diese Formel heißt oft auch „Summe der endlichen geometrischen Reihe". Sie liegt allen Berechnungen zugrunde, bei denen Posten zu addieren sind, die selbst in geometrischer Progression stehen, d. h. durch Multiplikation mit einem gleichbleibenden Faktor q auseinander hervorgehen, wie etwa in der Zinseszins- oder Rentenrechnung. Aber auch bei der Festlegung von Normzahlen zum Stufen von Größen technischer Gegenstände benutzt man geometrische Folgen. Berühmtheit hat die ,,Schachbrettaufgabe'' erlangt, nach welcher sich der Erfinder des Schachspieles, SESSA, von dem indischen König SCHERAM als Belohnung diejenige Summe von Weizenkörnern erbeten haben soll, die sich ergibt, wenn man auf das erste der 64 Felder ein Korn und auf jedes weitere Feld die jeweils doppelte Zahl von Körnern legt. Es ergibt sich die Teilsumme s_n einer geometrischen Reihe mit

$$a = 1, \quad q = 2, \quad n = 64$$

$$\Rightarrow s_n = \frac{1 - 2^{64}}{1 - 2} \approx 2^{64} = 10^{64 \lg 2} \approx 10^{19},$$

also eine in der Größenordnung von 10 Trillionen liegende Zahl, die alle etwa getroffenen Schätzungen weit übertrifft.

Wir fragen nun nach dem Konvergenzverhalten und der Summe einer (unendlichen) geometrischen Reihe und beantworten beides zugleich in dem folgenden

Satz: *Eine geometrische Reihe*

$$a + a\,q + a\,q^2 + \cdots + a\,q^{n-1} + \cdots$$

konvergiert genau dann, wenn der Quotient dem Betrage nach kleiner als 1,

$$\boxed{|q| < 1}$$

ist und hat dann zur Summe

$$\boxed{S = \frac{a}{1 - q}}$$

Beweis: Wir gehen aus von der Teilsumme s_n einer geometrischen Reihe und haben deren Grenzwert für gegen unendlich gehendes n zu bilden:

$$\lim_{n \to \infty} s_n = \lim_{n \to \infty} a\,\frac{1 - q^n}{1 - q} = \frac{a}{1 - q} \lim_{n \to \infty} (1 - q^n) = \frac{a}{1 - q} - \frac{a}{1 - q} \lim_{n \to \infty} q^n.$$

Der letzte Grenzwert ist offenbar genau dann vorhanden, wenn q eine Zahl ist, die dem Betrage nach kleiner als 1, also ein echter Bruch ist. Dann strebt nämlich die Folge der q-Potenzen

$$q, q^2, q^3, \ldots, q^{n-1}$$

gegen Null, und zwar für $0 < q < 1$ vom Positiven her und für $-1 < q < 0$ alternierend. Mit

$$\lim_{n \to \infty} q^n = 0 \quad \text{für} \quad |q| < 1$$

folgt dann für den gesuchten Grenzwert

$$\lim_{n \to \infty} s_n = \frac{a}{1 - q}.$$

Man beachte, daß die Gleichheit

$$a + a\,q + a\,q^2 + \cdots + a\,q^{n-1} + \cdots = \frac{a}{1 - q}$$

nur für $|q| < 1$ gilt, obgleich die rechte Seite für alle $q \neq 1$ erklärt ist! So kann man für die geometrische Reihe

$$1 + 2 + 4 + 8 + \cdots + 2^{n-1} + \cdots$$

mit $a = 1$, $q = 2$ den Ausdruck

$$\frac{a}{1 - q} = \frac{1}{1 - 2} = -1$$

durchaus bilden, aber es ergibt sich nicht die Summe der Reihe! Man sieht dies der Reihe sofort an bzw. schließt aus $q = 2$ auf die Divergenz der Reihe, nach der also eine Summe S gar nicht existiert.

Für den Rest der geometrischen Reihe ergibt sich

$$R_{n+1} = S - s_n = \frac{a}{1 - q} - a\,\frac{1 - q^n}{1 - q}$$

$$\boxed{R_{n+1} = \frac{a\,q^n}{1 - q}}$$

aus dem wie oben folgt

$$\lim_{n \to \infty} R_{n+1} = \lim_{n \to \infty} \frac{a\,q^n}{1 - q} = 0 \Longleftrightarrow |q| < 1.$$

Andererseits kann aber die numerische Bestimmung des Restes auch zur Angabe oder Abschätzung des Fehlers dienen, den man bei Abbrechen einer Reihe nach dem n-ten Glied, also bei Benutzung von s_n anstelle von S, begeht.

Beispiele

1. Die geometrische Reihe

$$1 + \frac{1}{2} + \frac{1}{4} + \frac{1}{8} + \cdots = \sum_{n=1}^{\infty} \frac{1}{2^{n-1}}$$

hat den Quotienten

$$q = \tfrac{1}{2} \Rightarrow |q| < 1,$$

ist also konvergent und hat mit $a = 1$ die Summe

$$S = \frac{1}{1 - \tfrac{1}{2}} = 2.$$

2. Die alternierende geometrische Reihe

$$1 - \frac{1}{2} + \frac{1}{4} - \frac{1}{8} + - \cdots = \sum_{n=1}^{\infty} \frac{1}{(-2)^{n-1}}$$

ist ebenfalls konvergent, da mit

$$q = -\tfrac{1}{2} \Rightarrow |q| < 1$$

folgt. Ihre Summe ist mit $a = 1$

$$S = \frac{1}{1 + \tfrac{1}{2}} = \frac{2}{3}.$$

3. Die geometrische Reihe

$$1 + x + x^2 + x^3 + \cdots = \sum_{n=0}^{\infty} x^n$$

hat als Quotient

$$q = x$$

und konvergiert demnach unter der Bedingung

$$|x| < 1.$$

Nur für solche x ergibt sich als Summe

$$1 + x + x^2 + \cdots = \frac{1}{1 - x}.$$

4. *Jeder periodische unendliche Dezimalbruch kann als konvergente geometrische Reihe geschrieben werden.* Die Summe der Reihe ist seine Darstellung als gemeiner Bruch.

a) $\quad 0,\overline{6} = \dfrac{6}{10} + \dfrac{6}{100} + \dfrac{6}{1000} + \cdots = \sum_{n=1}^{\infty} 6 \cdot 10^{-n}$

$$a = \frac{6}{10}, \quad q = \frac{1}{10} \Rightarrow S = \frac{\dfrac{6}{10}}{1 - \dfrac{1}{10}} = \frac{6}{9} = \frac{2}{3}$$

b) $\quad 0,\overline{13} = \dfrac{13}{100} + \dfrac{13}{10\,000} + \dfrac{13}{1\,000\,000} + \cdots = \sum_{n=1}^{\infty} 13 \cdot 100^{-n}$

$$a = \frac{13}{100}, \quad q = \frac{1}{100} \Rightarrow S = \frac{13}{99}$$

c) $\quad 3,2\overline{7} = 3,2 + 0,0\overline{7} = 3,2 + \dfrac{7}{100} + \dfrac{7}{1000} + \dfrac{7}{10\,000} + \cdots = 3,2 + \sum_{n=2}^{\infty} 7 \cdot 10^{-n}$

$$a = \frac{7}{100}, \quad q = \frac{1}{10} \Rightarrow S = \frac{7}{90}$$

$$\Rightarrow 3,2\overline{7} = \frac{16}{5} + \frac{7}{90} = \frac{59}{18}.$$

Die Konvergenz jeder solchen geometrischen Reihe ist gesichert, da $|q|$ stets kleiner oder gleich $\dfrac{1}{10}$ ist. Die Summe ist stets eine *rationale* Zahl, da in

$$S = \frac{a}{1 - q}$$

im Zähler eine ganze und im Nenner eine (von Null verschiedene) rationale Zahl steht (vgl. I. 1.3.3). Dies ist also die exakte Methode zur Umwandlung eines unendlichen periodischen Zehnerbruches in einen gemeinen Bruch.

5. Folgende geometrische Reihen sind divergent

a) $\quad 1 + 3 + 9 + 27 + \cdots;$ $\qquad\qquad\quad q = 3 \;\Rightarrow |q| > 1$

b) $\quad +1 - 1 + 1 - 1 + - \cdots;$ $\qquad\quad q = -1 \;\Rightarrow |q| = 1$

c) $\quad 0,5 + 0,55 + 0,605 + 0,6655 + \cdots;$ $\quad q = 1,1 \Rightarrow |q| > 1$

6. Wie groß ist der Fehler gegenüber der Summe folgender Reihe, wenn man
diese nach 5 Gliedern abbricht:

$$27 - 9 + 3 - 1 + \frac{1}{3} - \frac{1}{9} + - \cdots ?$$

Lösung: Zu bestimmen ist das Restglied R_6 gemäß

$$R_6 = S - s_5 = \frac{a\,q^5}{1 - q}.$$

Mit $a = 27$ und $q = -\frac{1}{3}$ ($\Rightarrow$ Konvergenz!) folgt dafür

$$R_6 = 27 \cdot \frac{(-\frac{1}{3})^5}{1 + \frac{1}{3}} = -\frac{1}{12}.$$

5.3 Reihen mit konstanten Gliedern. Konvergenzkriterien

5.3.1 Reihen mit lauter positiven Gliedern

Die in diesem Abschnitt zu betrachtenden Reihen sollen vereinbarungsgemäß nur positive Glieder besitzen. Wir wenden uns für diese
Reihen dem ersten Hauptproblem, nämlich der Konvergenzuntersuchung, zu. Sätze, mit denen man Aussagen über das Konvergenzverhalten von Reihen macht, werden *Konvergenzkriterien* genannt. Wir
wollen hier nur die wichtigsten ohne Beweisführung erwähnen und
an einigen Beispielen erläutern.

Satz (Notwendiges Konvergenzkriterium): *Notwendig (aber nicht
hinreichend) für die Konvergenz einer Reihe ist*

$$\boxed{a_n \to 0 \;\; \text{für} \;\; n \to \infty \;\; \text{bzw.} \;\; \lim_{n \to \infty} a_n = 0}$$

d. h. die Glieder der Reihe müssen eine Nullfolge bilden.

Konvergiert eine Reihe, so ist das Kriterium stets erfüllt. Aber aus
dem Bestehen der Bedingung $\lim\limits_{n \to \infty} a_n = 0$ kann nicht auf die Konvergenz
der Reihe geschlossen werden. Ist indes die Bedingung $\lim\limits_{n \to \infty} a_n = 0$ *nicht
erfüllt*, so kann daraus mit Sicherheit auf die *Divergenz* der Reihe
geschlossen werden[1]).

---

[1]) Der Satz könnte deshalb ebensogut Divergenzkriterium genannt werden, da
stets nur auf die Divergenz einer Reihe geschlossen wird: Anwendung einer notwendigen Bedingung in der kontraponierten Form. Vergleiche dazu nochmals
II. 3.2.4.

Beispiele

1. $\quad 1 + \dfrac{1}{3} + \dfrac{1}{5} + \dfrac{1}{7} + \cdots + \dfrac{1}{2n-1} + \cdots$?

Es ist $a_n = \dfrac{1}{2n-1}$ und damit $\lim\limits_{n\to\infty} \dfrac{1}{2n-1} = 0$. Das Kriterium ist also erfüllt, ein Schluß auf Konvergenz oder Divergenz ist *nicht* möglich!

2. $\quad 1{,}1 + 1{,}01 + 1{,}001 + 1{,}0001 + \cdots$?

Die Glieder der Reihe werden zwar immer kleiner, streben jedoch nicht gegen Null, sondern haben als Grenzwert

$$\lim_{n\to\infty} a_n = \lim_{n\to\infty} (1 + 10^{-n}) = 1 + \lim_{n\to\infty} \frac{1}{10^n} = 1.$$

Das notwendige Kriterium ist demnach nicht erfüllt, die Reihe divergiert!

Satz (Majorantenkriterium): *Es seien*

$$a_1 + a_2 + \cdots + a_n + \cdots = \sum_{n=1}^{\infty} a_n$$

$$b_1 + b_2 + \cdots + b_n + \cdots = \sum_{n=1}^{\infty} b_n$$

zwei unendliche Reihen, bei denen von einer Stelle $n = k$ ab jedes Glied der a-Reihe größer oder gleich dem entsprechenden Glied der b-Reihe ist

$$a_n \geq b_n \qquad\qquad (n \geq k).$$

Dann gilt

$$\boxed{\;\begin{aligned}\text{Konvergenz von } \sum_{n=1}^{\infty} a_n &\Rightarrow \text{Konvergenz von } \sum_{n=1}^{\infty} b_n\\[2mm]\text{Divergenz von } \sum_{n=1}^{\infty} b_n &\Rightarrow \text{Divergenz von } \sum_{n=1}^{\infty} a_n\end{aligned}\;}$$

Im ersten Falle heißt die a-Reihe eine *konvergente Majorante* für die b-Reihe, im zweiten Fall die b-Reihe eine *divergente Minorante* für die a-Reihe. Die Schlüsse sind nicht umkehrbar. Diese auf dem Prinzip des Reihenvergleichs beruhenden Aussagen werden Majoranten- bzw. Minorantenkriterium[1]) genannt. Beide besagen rein logisch dasselbe (indem sie durch Kontraposition wechselseitig auseinander hervorgehen), werden aber in beiden Formen angewandt, je nachdem die bekannte Reihe konvergiert oder divergiert und auf Konvergenz- bzw. Divergenz geschlossen wird. Besonders die geometrischen Reihen werden zum Vergleich herangezogen.

---

[1]) major (lat.) der Größere, minor (lat.) der Kleinere.

Beispiele

1. Wir wollen die beiden unendlichen Reihen

$$1 + \frac{1}{3} + \frac{1}{9} + \frac{1}{27} + \cdots \qquad (a\text{-Reihe})$$

$$1 + \frac{1}{4} + \frac{1}{13} + \frac{1}{36} + \cdots \qquad (b\text{-Reihe})$$

miteinander vergleichen (die b-Reihe sei vorgelegt und die a-Reihe als Vergleich herangezogen). Die a-Reihe ist geometrisch mit dem Quotienten $q = \frac{1}{3}$, also konvergent. Vergleicht man jetzt die allgemeinen Glieder beider Reihen miteinander

$$a_n = \frac{1}{3^n} \quad (a\text{-Reihe}), \quad b_n = \frac{1}{3^n + n^2} \quad (b\text{-Reihe}),$$

so folgt wegen $3^n < 3^n + n^2$ für alle $n \geqq 1$ sofort

$$a_n \geqq b_n \qquad\qquad\qquad (n \geqq 1),$$

d. h. die a-Reihe ist eine konvergente Majorante für die b-Reihe und folglich diese ebenfalls konvergent.

2. Es soll die *harmonische Reihe*

$$1 + \frac{1}{2} + \frac{1}{3} + \frac{1}{4} + \frac{1}{5} + \cdots + \frac{1}{n} + \cdots$$

auf Konvergenz bzw. Divergenz untersucht werden! Hierzu schreiben wir die Reihe in der Form

$$\left(1 + \frac{1}{2}\right) + \left(\frac{1}{3} + \frac{1}{4}\right) + \left(\frac{1}{5} + \frac{1}{6} + \frac{1}{7} + \frac{1}{8}\right) + \left(\frac{1}{9} + \frac{1}{10} + \cdots + \frac{1}{16}\right) +$$

$$+ \left(\frac{1}{17} + \frac{1}{18} + \cdots + \frac{1}{32}\right) + \cdots$$

und vergleichen sie glied(klammer-)weise mit der Reihe

$$\left(\frac{1}{2} + \frac{1}{2}\right) + \left(\frac{1}{4} + \frac{1}{4}\right) + \left(\frac{1}{8} + \frac{1}{8} + \frac{1}{8} + \frac{1}{8}\right) + \left(\frac{1}{16} + \frac{1}{16} + \cdots + \frac{1}{16}\right) +$$

$$+ \left(\frac{1}{32} + \frac{1}{32} + \cdots + \frac{1}{32}\right) + \cdots$$

Die n-te Klammer ($n > 1$) habe hierbei 2^{n-1} gleiche Summanden 2^{-n}. Diese letzte Reihe schreibt sich auch

$$\tfrac{1}{2} + \tfrac{1}{2} + \left(\tfrac{1}{2}\right) + \left(\tfrac{1}{2}\right) + \left(\tfrac{1}{2}\right) + \left(\tfrac{1}{2}\right) + \cdots,$$

ist also sicher divergent, da die Glieder keine Nullfolge bilden (notwendiges Konvergenzkriterium!). Andererseits ist bei obiger Zusammenfassung jedes Glied der harmonischen Reihe *größer* als das entsprechende Glied der Vergleichsreihe. Also ist letztere eine divergente Minorante für die harmonische Reihe und folglich auch diese *divergent*.

Das Beispiel der harmonischen Reihe belegt überdies, daß das Kriterium $\lim\limits_{n \to \infty} a_n = 0$ tatsächlich nur notwendig, nicht aber hinreichend ist, denn hier ist

$$\lim_{n \to \infty} \frac{1}{n} = 0 \text{ und die Reihe divergiert!}$$

3. Die Reihe

$$2 + \frac{3}{2} + \frac{4}{3} + \frac{5}{4} + \cdots = \sum_{n=1}^{\infty} \frac{n+1}{n}$$

gestattet einen unmittelbaren Vergleich mit der soeben als divergent nachgewiesenen harmonischen Reihe

$$1 + \frac{1}{2} + \frac{1}{3} + \frac{1}{4} + \cdots = \sum_{n=1}^{\infty} \frac{1}{n}.$$

Es ist nämlich

$$\frac{n+1}{n} > \frac{1}{n} \quad \text{für alle} \quad n \geq 1,$$

d. h. die harmonische Reihe ist eine divergente Minorante für die gegebene Reihe, diese selbst also gleichfalls divergent. Übrigens hätte man wegen

$$\lim_{n \to \infty} \frac{n+1}{n} = \lim_{n \to \infty} \left(1 + \frac{1}{n}\right) = 1 \neq 0$$

auch mit dem „Divergenzkriterium" das Ergebnis erschließen können.

Satz (Quotientenkriterium[1])):

$$\boxed{\lim_{n \to \infty} \frac{a_{n+1}}{a_n} \begin{cases} < 1 \Rightarrow \textit{Konvergenz von } \sum a_n \\ > 1 \Rightarrow \textit{Divergenz von } \sum a_n \\ = 1 \quad \textit{keine Aussage!} \end{cases}}$$

Das Kriterium versagt, falls obiger Grenzwert gleich 1 ist; in diesem Fall ist die Reihe mit anderen Kriterien zu untersuchen. Da hier aus einer *Bedingung* — nämlich dem Grenzwert — auf das Konvergenz- bzw. Divergenzverhalten der Reihe geschlossen wird, handelt es sich um ein *hinreichendes* Kriterium.

Beispiele

1. Für eine geometrische Reihe

$$a + a q + a q^2 + \cdots + a q^{n-1} + \cdots$$

liefert das Quotientenkriterium mit

$$a_n = a q^{n-1}, \quad a_{n+1} = a q^n$$

die bekannte Bedingung

$$\lim_{n \to \infty} \frac{a_{n+1}}{a_n} = q < 1 \Rightarrow \text{Konvergenz}$$

(da hier alle Glieder als positiv vorausgesetzt sind, entfallen die Betragsstriche).

2. Man untersuche die Reihe

$$1 + \frac{4}{2!} + \frac{7}{3!} + \frac{10}{4!} + \cdots$$

auf Konvergenz!

---

[1]) Auch Kriterium von D'ALEMBERT (französischer Mathematiker und Enzyklopädist, 1717 $\cdots$ 1783) genannt.

Lösung: Für das allgemeine Glied a_n der Reihe erhält man

$$a_n = \frac{3n-2}{n!} \Rightarrow a_{n+1} = \frac{3(n+1)-2}{(n+1)!} = \frac{3n+1}{(n+1)!}.$$

Damit ergibt sich für den Quotienten

$$\frac{a_{n+1}}{a_n} = \frac{3n+1}{(n+1)!}\frac{n!}{3n-2} = \frac{3n+1}{(n+1)(3n-2)} = \frac{3n+1}{3n^2+n-2}$$

und für seinen Grenzwert nach Division durch n im Zähler und Nenner[1])

$$\lim_{n\to\infty}\frac{3n+1}{3n^2+n-2} = \lim_{n\to\infty}\frac{3+\dfrac{1}{n}}{3n+1-\dfrac{2}{n}} = 0.$$

Nach dem Quotientenkriterium konvergiert damit die Reihe.

3. Für die Reihe

$$\frac{5}{12} + \frac{25}{48} + \frac{125}{108} + \cdots$$

lautet das allgemeine Glied

$$a_n = \frac{5^n}{12n^2} \Rightarrow a_{n+1} = \frac{5^{n+1}}{12(n+1)^2}$$

$$\lim_{n\to\infty}\frac{a_{n+1}}{a_n} = \lim_{n\to\infty}\frac{5^{n+1}}{12(n+1)^2}\frac{12n^2}{5^n} = \lim_{n\to\infty}5\frac{n^2}{(n+1)^2} = 5 > 1,$$

woraus die Divergenz der Reihe folgt.

4. Untersucht man die harmonische Reihe

$$1 + \frac{1}{2} + \frac{1}{3} + \cdots = \sum_{n=1}^{\infty}\frac{1}{n}$$

mit dem Quotientenkriterium, so folgt mit

$$a_n = \frac{1}{n}, \qquad a_{n+1} = \frac{1}{n+1}$$

$$\lim_{n\to\infty}\frac{a_{n+1}}{a_n} = \lim_{n\to\infty}\frac{n}{n+1} = \lim_{n\to\infty}\frac{1}{1+\dfrac{1}{n}} = 1,$$

d. h. man erhält keine Auskunft über Konvergenz oder Divergenz.

Satz (Wurzelkriterium):

$$\lim_{n\to\infty}\sqrt[n]{a_n}\begin{cases} < 1 \Rightarrow \textit{Konvergenz von } \sum a_n \\ > 1 \Rightarrow \textit{Divergenz von } \sum a_n \\ = 1 \textit{ keine Aussage!} \end{cases}$$

Auch dieses Kriterium ist *hinreichend* und versagt für den Fall, daß der Grenzwert gleich 1 ist. Man wird es gegenüber dem Quotientenkriterium dann bevorzugen, wenn die Struktur des allgemeinen Gliedes a_n durch Ziehen der n-ten Wurzel vereinfacht wird und der Grenzwert leicht gebildet werden kann.

---

[1]) Beachte hierzu nochmals II. 3.1.3 (Beispiele!).

Beispiele

1. Für die Reihe

$$1 + \left(\frac{3}{4}\right)^2 + \left(\frac{4}{6}\right)^3 + \left(\frac{5}{8}\right)^4 + \cdots$$

lautet das allgemeine Glied

$$a_n = \left(\frac{n+1}{2n}\right)^n$$

$$\Rightarrow \sqrt[n]{a_n} = \frac{n+1}{2n}.$$

Somit ergibt sich für den Grenzwert

$$\lim_{n \to \infty} \sqrt[n]{a_n} = \lim_{n \to \infty} \frac{n+1}{2n} = \lim_{n \to \infty} \left(\frac{1}{2} + \frac{1}{2n}\right) = \frac{1}{2} < 1,$$

d. h. die vorgelegte Reihe konvergiert.

2. Für die Reihe

$$\sum_{n=1}^{\infty} \left(\frac{3}{2}\right)^{n^2} = \frac{3}{2} + \left(\frac{3}{2}\right)^4 + \left(\frac{3}{2}\right)^9 + \cdots$$

liefert das Wurzelkriterium

$$\lim_{n \to \infty} \sqrt[n]{a_n} = \lim_{n \to \infty} \sqrt[n]{\left(\frac{3}{2}\right)^{n^2}} = \lim_{n \to \infty} \left(\frac{3}{2}\right)^n = \infty\,^1)$$

und damit die Divergenz der Reihe.

3. Für die harmonische Reihe

$$\sum_{n=1}^{\infty} \frac{1}{n}$$

erhält man mit dem Wurzelkriterium

$$\lim_{n \to \infty} \sqrt[n]{a_n} = \lim_{n \to \infty} \sqrt[n]{\frac{1}{n}} = \lim_{n \to \infty} \left(\frac{1}{n}\right)^{1/n} = \lim_{m \to 0} m^m = 1,$$

wenn man $\dfrac{1}{n} = m$ setzt und die Regel von Bernoulli und de l'Hospital
(II. 3.6.4) beachtet. Im Falle der harmonischen Reihe versagt also sowohl das
Quotienten- als auch das Wurzelkriterium.

5.3.2 Alternierende Reihen

Definition: *Eine unendliche Reihe heißt alternierend, wenn ihre
Glieder abwechselnd verschiedenes Vorzeichen haben*

$$\boxed{a_1 - a_2 + a_3 - a_4 + - \cdots = \sum_{n=1}^{\infty} (-1)^{n+1} a_n}$$

($a_n > 0$ *für alle* n).

---

[1]) Mit dieser Schreibweise soll hier lediglich abkürzend zum Ausdruck gebracht
werden, daß $\left(\dfrac{3}{2}\right)^n \to \infty$ geht für $n \to \infty$.

Satz (Leibnizsches Konvergenzkriterium): *Hinreichend für die Konvergenz einer alternierenden Reihe sind folgende Bedingungen*

1. *die Beträge der Glieder bilden eine monoton fallende Folge[1]):*

$$\boxed{a_1 > a_2 > a_3 > \cdots > a_n > a_{n+1} > \cdots}$$

2. *die Glieder bilden eine Nullfolge, d. h.*

$$\boxed{\lim_{n \to \infty} a_n = 0}$$

Hieran schließen sich noch zwei weitere Begriffsbildungen. Konvergiert eine alternierende Reihe, so *kann* es sein, daß auch noch die Reihe der absoluten Beträge, also

$$a_1 + a_2 + a_3 + \cdots + a_n + \cdots = \sum_{n=1}^{\infty} a_n$$

konvergiert. In diesem Fall heißt die alternierende Reihe *absolut konvergent[2])*. Die absolute Konvergenz schließt die einfache Konvergenz stets ein, nicht aber umgekehrt. Für die Feststellung der absoluten Konvergenz sind die im vorigen Abschnitt angeführten Kriterien heranzuziehen. Ferner sei erwähnt, daß die Summe einer konvergenten alternierenden Reihe im allgemeinen von der Reihenfolge der Glieder abhängt. Stellt man die Glieder um, so ändert sich ggf. der Summenwert oder es kann sogar die Konvergenz verlorengehen. Alternierende Reihen, deren Summe von der Reihenfolge der Glieder abhängt, heißen *bedingt konvergent*; ergibt sich bei *jeder* Anordnung die *gleiche* Summe, so heißt die Reihe *unbedingt konvergent*. Es läßt sich nachweisen, daß jede absolut konvergente Reihe zugleich auch unbedingt konvergent ist (und entsprechend jede einfach, aber nicht absolut konvergente Reihe nur bedingt konvergiert). Absolute und unbedingte Konvergenz sind also gleichwertig.

Beispiel

1. Die alternierende Reihe

$$1 - \frac{1}{2} + \frac{1}{3} - \frac{1}{4} + - \cdots = \sum_{n=1}^{\infty} (-1)^{n+1} \frac{1}{n}$$

erfüllt beide Bedingungen des LEIBNIZ-Kriteriums:

a) $\quad 1 > \dfrac{1}{2} > \dfrac{1}{3} > \dfrac{1}{4} > \cdots > \dfrac{1}{n} > \dfrac{1}{n+1} > \cdots$

b) $\quad \lim\limits_{n \to \infty} \dfrac{1}{n} = 0.$

---

[1]) Es genügt, wenn dieses Verhalten der Reihe von einer Stelle $k \geqq 1$ ab eintritt.

[2]) Reihen mit lauter positiven Gliedern sind trivialerweise absolut konvergent. Ihre Glieder können beliebig umgestellt werden.

Sie ist also konvergent. Die zugehörige Reihe der absoluten Beträge

$$1 + \frac{1}{2} + \frac{1}{3} + \frac{1}{4} + \cdots = \sum_{n=1}^{\infty} \frac{1}{n}$$

ist die harmonische Reihe, also divergent. Die vorgelegte alternierende Reihe ist demnach konvergent, aber nicht absolut konvergent, d. h. sie ist bedingt konvergent.

2. Für die alternierende Reihe

$$1 - \frac{5}{6} + \frac{7}{9} - \frac{9}{12} + \frac{11}{15} - + \cdots$$

ergibt sich mit

$$a_n = \frac{2n+1}{3n}, \qquad a_{n+1} = \frac{2n+3}{3n+3}$$

a) es ist $a_n > a_{n+1}$ für alle $n \geqq 1$, denn

$$\Leftarrow\Rightarrow \frac{2n+1}{3n} > \frac{2n+3}{3n+3}$$

$$\Leftarrow\Rightarrow 6n^2 + 9n + 3 > 6n^2 + 9n$$

$$\Leftarrow\Rightarrow 3 > 0$$

b) $\displaystyle \lim_{n\to\infty} a_n = \lim_{n\to\infty} \frac{2n+1}{3n} = \lim_{n\to\infty} \left(\frac{2}{3} + \frac{1}{3n} \right) = \frac{2}{3} \neq 0,$

d. h. die erste Bedingung des LEIBNIZ-Kriteriums ist zwar erfüllt, nicht aber die zweite. Also ist die Reihe divergent.

3. Jede alternierende geometrische Reihe ist, sofern sie konvergiert, stets zugleich absolut konvergent. Denn ist in

$$a + aq + aq^2 + aq^3 + \ldots + aq^{n-1} + \cdots$$

$|q| < 1$ erfüllt, so sind stets *beide* Bedingungen des LEIBNIZschen Kriteriums erfüllt.

5.4 Potenzreihen

5.4.1 Begriff der Potenzreihe

In den folgenden unendlichen Reihen sind die Glieder keine Konstanten mehr, sondern Funktionen von x:

$$f_1(x) + f_2(x) + f_3(x) + \cdots = \sum_{n=1}^{\infty} f_n(x).$$

Man nennt diese Reihen auch Funktionsreihen. Aus ihrer Menge greifen wir jedoch nur solche heraus, bei denen die Glieder Potenzen von x sind. Für diese geben wir die folgende

Definition: *Eine unendliche Reihe der Gestalt*

$$\boxed{a_0 + a_1 x + a_2 x^2 + \cdots + a_n x^n + \cdots = \sum_{n=0}^{\infty} a_n x^n}$$

heißt eine Potenzreihe. Die Koeffizienten $a_0, a_1, \ldots$ seien hierbei reelle Zahlen, x eine stetige Veränderliche.

Die Teilsumme einer Potenzreihe ist ein Ausdruck der Form

$$a_0 + a_1 x + a_2 x^2 + \cdots + a_n x^n = P(x),$$

also ein Polynom in x vom Grade der höchsten x-Potenz.

Bei Potenzreihen besteht das Konvergenzproblem nicht mehr in der einfachen Alternative „Konvergenz oder Divergenz" sondern in der Frage: Für welche Werte der Veränderlichen x konvergiert die Reihe?

Definition: *Die Menge $\mathfrak{B}$ aller derjenigen Werte von x, für welche die Potenzreihe konvergiert, heißt ihr Konvergenzbereich.*

Wir fragen nun nach der Bestimmung des Konvergenzbereiches. Hierzu bedienen wir uns des Quotientenkriteriums, wobei wir hier aber vom Betrag des Quotienten ausgehen müssen, da die Glieder auch negativ sein können. Wir haben zu setzen

für das n-te Glied $a_n x^n$
für das $(n+1)$-te Glied $a_{n+1} x^{n+1}$,

falls wir, was hier geeignet erscheint, die Glieder von Null an zählen ($a_i x^i$ ist dann also das i-te Glied). Aus

$$\lim_{n \to \infty} \frac{|a_{n+1} x^{n+1}|}{|a_n x^n|} = |x| \lim_{n \to \infty} \left| \frac{a_{n+1}}{a_n} \right| < 1$$

folgt

$$|x| < \frac{1}{\lim\limits_{n \to \infty} \left| \frac{a_{n+1}}{a_n} \right|} = \lim_{n \to \infty} \left| \frac{a_n}{a_{n+1}} \right|.$$

Setzt man für den letzten Grenzwert (sofern er existiert) gleich r, so ergibt sich der

Satz: *Eine Potenzreihe* $\displaystyle\sum_{n=0}^{\infty} a_n x^n$

$$\boxed{\begin{aligned} &\textit{konvergiert für alle } |x| < r \\ &\textit{divergiert für alle } |x| > r, \end{aligned}}$$

falls man den Konvergenzradius r durch den Grenzwert

$$\boxed{\,r = \lim_{n \to \infty} \left| \frac{a_n}{a_{n+1}} \right|\,}$$

ermittelt. An den Stellen $x = +r$ und $x = -r$ muß das Konvergenzverhalten auf anderem Wege untersucht werden.

Der Konvergenzbereich $\mathfrak{B}$ besteht demnach aus einem symmetrisch zum Nullpunkt gelegenen Teil der x-Achse, oder, falls $r \to \infty$ geht, aus der ganzen x-Achse. Grundsätzlich kann Abb. 233 zur Verdeutlichung dienen.

Übrigens kann $\mathfrak{B}$ niemals leer sein: Für $x = 0$, also im Nullpunkt, konvergiert *jede* Potenzreihe. Solche „triviale Konvergenz" ist allerdings wenig interessant, man sagt deshalb im Falle, daß $\mathfrak{B} = \{0\}$ ist, die Reihe konvergiert für *kein*

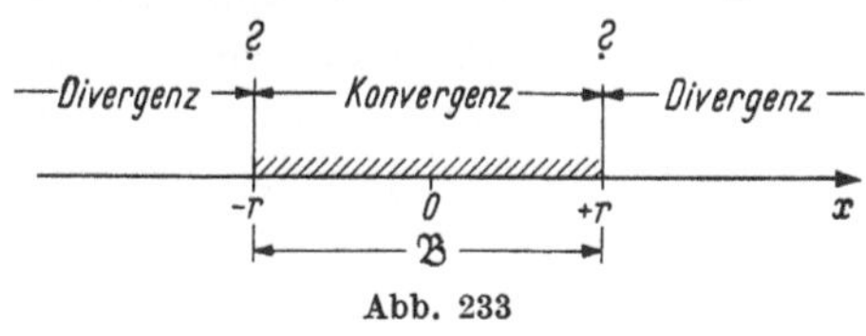

Abb. 233

$x\,(\neq 0)$. Das Gegenstück, in welchem die Reihe für *alle* x konvergiert, $\mathfrak{B}$ also die ganze x-Achse ausmacht, wird *beständige Konvergenz* genannt.

Beispiele

1. Für die Potenzreihe

$$1 + x + \frac{x^2}{2!} + \frac{x^3}{3!} + \cdots + \frac{x^n}{n!} + \cdots = \sum_{n=0}^{\infty} \frac{x^n}{n!}$$

ergibt sich als Konvergenzradius

$$r = \lim_{n \to \infty} \left| \frac{a_n}{a_{n+1}} \right| = \lim_{n \to \infty} \frac{(n+1)!}{n!} = \lim_{n \to \infty} (n+1) = \infty.$$

Die Potenzreihe konvergiert also für alle x, d. h. ist beständig konvergent.

2. Für die Potenzreihe

$$1 + x + \frac{x^2}{2} + \frac{x^3}{3} + \cdots + \frac{x^n}{n} + \cdots = 1 + \sum_{n=1}^{\infty} \frac{x^n}{n}$$

wird der Konvergenzradius

$$r = \lim_{n \to \infty} \left| \frac{a_n}{a_{n+1}} \right| = \lim_{n \to \infty} \frac{n+1}{n} = \lim_{n \to \infty} \left(1 + \frac{1}{n} \right) = 1.$$

Die Reihe ist also sicher für $|x| < 1$ konvergent und für $|x| > 1$ divergent. Wir untersuchen jetzt noch das Konvergenzverhalten der Reihe auf dem „Rand des Konvergenzbereiches", d. h. für $x = \pm 1$. Für $x = +1$ ergibt sich nach Einsetzen in die Potenzreihe

$$1 + 1 + \frac{1}{2} + \frac{1}{3} + \frac{1}{4} + \cdots + \frac{1}{n} + \cdots$$

also die (um 1 vermehrte[1])) harmonische Reihe. An der Stelle $x = 1$ ist die Potenzreihe also divergent.

Für $x = -1$ ergibt sich die alternierende Reihe

$$1 - 1 + \frac{1}{2} - \frac{1}{3} + \frac{1}{4} - + \cdots,$$

die nach dem LEIBNIZ-Kriterium konvergent ist.

Der genaue Konvergenzbereich $\mathfrak{B}$ der vorgelegten Potenzreihe ist demnach

$$\mathfrak{B} = \{x \mid -1 \leq x < +1\};$$

für alle übrigen x divergiert die Reihe.

----

[1]) An dieser Stelle sei bemerkt, daß sich an der Konvergenz bzw. Divergenz einer unendlichen Reihe nichts ändert, wenn man beliebig *endlich* viele Glieder hinzunimmt oder wegstreicht.

5.4.2 Potenzreihendarstellung von Funktionen

Im vorigen Abschnitt haben wir den wichtigen Begriff des Konvergenzbereiches $\mathfrak{B}$ einer Potenzreihe kennengelernt. Für genau diejenigen Werte der Variablen x, welche dem Konvergenzbereich angehören, ist die Potenzreihe konvergent. Ist x_1 ein spezieller Wert von x aus $\mathfrak{B}$, so ist die zugehörige spezielle, nun aus konstanten Gliedern bestehende Reihe

$$a_0 + a_1\,x_1 + a_2\,x_1^2 + a_3\,x_1^3 + \cdots = \sum_{n=0}^{\infty} a_n\,x_1^n$$

konvergent und stellt eine bestimmte reelle Zahl y_1 dar:

$$y_1 = \sum_{n=0}^{\infty} a_n\,x_1^n.$$

Auf diese Weise kann man nun *jedem* Wert x aus $\mathfrak{B}$ einen Wert einer Veränderlichen y zuordnen, nämlich den jeweiligen Summenwert der Reihe. Das bedeutet aber, y ist eine Funktion von x, wobei die Zuordnungsvorschrift die Potenzreihe ist:

$$f(x) = \sum_{n=0}^{\infty} a_n\,x^n, \quad x \in \mathfrak{B}.$$

Damit haben wir eine neue, nicht-elementare Darstellungsform für eine Funktion kennengelernt, die besonders in der praktischen Mathematik eine große Rolle spielt. Für sie gilt zusammengefaßt der

Satz: *Jede Potenzreihe stellt im Innern ihres Konvergenzbereiches eine Funktion von x dar:*

$$\boxed{\sum_{n=0}^{\infty} a_n\,x^n = f(x), \quad x \in \mathfrak{B}}$$

Differentiation und Integration von $f(x)$ können für alle $x \in \mathfrak{B}$ gliedweise an der Potenzreihe vorgenommen werden

$$\boxed{\begin{aligned}
f'(x) &= \frac{d}{dx}\left(\sum_{n=0}^{\infty} a_n\,x^n\right) = \sum_{n=1}^{\infty} a_n\,n\,x^{n-1}, & x \in \mathfrak{B} \\[2mm]
\int f(x)\,dx &= \int\left(\sum_{n=0}^{\infty} a_n\,x^n\right) dx = \sum_{n=0}^{\infty} a_n\,\frac{x^{n+1}}{n+1} + C, & x \in \mathfrak{B}
\end{aligned}}$$

Zur Erläuterung betrachten wir die Potenzreihe

$$1 - x + x^2 - x^3 + - \cdots = \sum_{n=0}^{\infty} (-x)^n.$$

Sie ist geometrisch mit dem Anfangsglied $a = 1$ und dem Quotienten $q = -x$, also ist

$$1 - x + x^2 - x^3 + - \cdots = \frac{1}{1+x} \quad \text{für} \quad |x| < 1.$$

Die angeschriebene Potenzreihe ist die für alle $|x| < 1$ gültige Reihendarstellung der rationalen Funktion

$$f(x) = \frac{1}{1+x}\,.$$

Benötigt man eine Reihendarstellung für $|x| > 1$, so bedarf es lediglich der Umformung

$$f(x) = \frac{1}{1+x} = \frac{1}{x}\,\frac{1}{1+\dfrac{1}{x}}\,.$$

Jetzt stellt der zweite Bruch die Summe einer geometrischen Reihe mit dem Anfangsglied $a = 1$ und dem Quotienten $q = -\dfrac{1}{x}$ dar, die für

$$\left|-\frac{1}{x}\right| < 1 \Longleftrightarrow |x| > 1$$

konvergiert und damit die Gestalt

$$f(x) = \frac{1}{x}\left(1 - \frac{1}{x} + \frac{1}{x^2} - \frac{1}{x^3} + - \cdots\right)$$

$$\Rightarrow \frac{1}{1+x} = \frac{1}{x} - \frac{1}{x^2} + \frac{1}{x^3} - \frac{1}{x^4} + - \cdots \quad \text{für} \quad |x| > 1$$

besitzt[1]).

Differenziert man die *gegebene* Potenzreihe, so entsteht

$$f'(x) = -\frac{1}{(1+x)^2} = -1 + 2x - 3x^2 + 4x^3 - + \cdots,$$

und man erhält die für $|x| < 1$ gültige Potenzreihendarstellung der Ableitungsfunktion $f'(x)$. Zur Kontrolle kann man etwa die Division $1 : (1 + 2x + x^2)$ elementar ausführen.

Integriert man die Funktion $f(x)$, so erhält man einerseits in geschlossener Form

$$\int f(x)\,dx = \int \frac{dx}{1+x} = \ln(1+x),$$

andererseits durch gliedweise Integration der Potenzreihe

$$\int \sum_{n=0}^{\infty} (-x)^n\,dx = x - \frac{x^2}{2} + \frac{x^3}{3} - \frac{x^4}{4} + \frac{x^5}{5} - + \cdots + C.$$

Die Integrationskonstante C kann man etwa dadurch bestimmen, daß man $x = 0 \in \mathfrak{B}$ einsetzt:

$$\ln 1 = C \Rightarrow C = 0.$$

---

[1]) Diese Funktionsreihe ist gemäß unserer Definition keine Potenzreihe in x mehr, wohl aber eine Potenzreihe in $\bar{x} = \dfrac{1}{x}$.

Damit haben wir die für $|x| < 1$ gültige Potenzreihendarstellung der logarithmischen Funktion $\ln(1 + x)$ erhalten

$$\ln(1 + x) = x - \frac{x^2}{2} + \frac{x^3}{3} - \frac{x^4}{4} + - \cdots,$$

die übrigens auch noch für $x = 1$ (vgl. II. 5.3.2) konvergiert:

$$\ln 2 = 1 - \frac{1}{2} + \frac{1}{3} - \frac{1}{4} + - \cdots.$$

Hiermit könnte man $\ln 2$ näherungsweise berechnen, doch erhält man bei Berücksichtigung von 20 Gliedern erst einen auf eine Dezimale richtigen Näherungswert[1])

$$\ln 2 = 0{,}7.$$

Wir werden später (vgl. II. 5.4.5) geeignetere Reihen zur numerischen Berechnung von Logarithmen aufstellen.

5.4.3 Maclaurin-Reihen und Maclaurin-Polynome

Zuletzt hatten wir gezeigt, daß jede konvergente Potenzreihe in ihrem Konvergenzbereich eine (differenzierbare) Funktion von x darstellt. Jetzt wenden wir uns der Frage zu, wie man grundsätzlich die Potenzreihendarstellung einer Funktion gewinnen kann. Man spricht dann von der „Entwicklung einer gegebenen Funktion in eine Potenzreihe". Dabei wollen wir die genauen Voraussetzungen, unter denen eine Potenzreihenentwicklung möglich ist, hier nicht weiter untersuchen und uns dafür gleich der Frage nach der Herstellung der Potenzreihe zuwenden.

Satz: *Sofern eine Funktion $y = f(x)$ überhaupt in eine konvergente Potenzreihe der Gestalt*

$$f(x) = a_0 + a_1 x + a_2 x^2 + \cdots + a_n x^n + \cdots$$

entwickelt werden kann, so ist dies auf genau eine Weise mittels der **Maclaurin-Reihe**[2])*.*

$$\boxed{f(x) = f(0) + \frac{f'(0)}{1!} x + \frac{f''(0)}{2!} x^2 + \cdots + \frac{f^{(n)}(0)}{n!} x^n + \cdots}$$

möglich.

Beweis: Das Charakteristische der MACLAURIN-Reihe sind ihre Koeffizienten, die durch die gegebene Funktion und ihre sämtlichen

---

[1]) Fehlerabschätzung bei einer alternierenden Reihe: Bricht man die Reihe nach dem n-ten Gliede ab (berechnet also s_n), so liegt der begangene Fehler unter dem Betrage des $(n + 1)$ten Gliedes: $|R_{n+1}| = |S - s_n| < |a_{n+1}|$. Im vorliegenden Falle ist $|R_{21}| < a_{21} = \dfrac{1}{21} = 0{,}048$.

[2]) C. MACLAURIN (1698 $\cdots$ 1746), schottischer Mathematiker.

Ableitungen an der Stelle $x = 0$ eindeutig bestimmt sind. Die Existenz und beliebig oftmalige Ableitbarkeit der vorgelegten Funktion bei $x = 0$ ist also sicher eine notwendige Bedingung für ihre Entwickelbarkeit in eine solche Potenzreihe.

Wir haben demnach zu zeigen

$$a_n = \frac{f^{(n)}(0)}{n!} \quad \text{für} \quad n = 0, 1, 2, \ldots$$

Dies geschieht wie folgt

$$f(x) \quad = a_0 + a_1 x + a_2 x^2 + a_3 x^3 + a_4 x^4 + \cdots \Rightarrow f(0) = a_0, \quad a_0 = \frac{f(0)}{0!}$$

$$f'(x) \quad = \quad a_1 + 2a_2 x + 3a_3 x^2 + 4a_4 x^3 + \cdots \Rightarrow f'(0) = a_1, \quad a_1 = \frac{f'(0)}{1!}$$

$$f''(x) \quad = \quad 2a_2 + 6a_3 x + 12a_4 x^2 + \cdots \Rightarrow f''(0) = 2a_2, \quad a_2 = \frac{f''(0)}{2!}$$

$$f'''(x) = \quad 6a_3 + 24a_4 x + \cdots \Rightarrow f'''(0) = 6a_3, \quad a_3 = \frac{f'''(0)}{3!}$$

$$f^{(4)}(x) = \quad 24a_4 + \cdots \Rightarrow f^{(4)}(0) = 24a_4, \quad a_4 = \frac{f^{(4)}(0)}{4!}$$

$$\vdots \qquad\qquad \vdots \qquad\qquad \vdots \qquad\qquad \vdots$$

Setzt man die so gefundenen Ausdrücke für die Koeffizienten in die Potenzreihe ein, so ergibt sich die gesuchte MACLAURIN-Reihe. Für x sind dabei stets *unbenannte* Zahlen, insbesondere Winkelwerte im Bogenmaß, einzusetzen.

Hat man eine Funktion formal in eine Potenzreihe entwickelt, so muß grundsätzlich untersucht werden, für welche Werte von x die Reihe konvergiert und ob sie die vorgelegte Funktion auch wirklich darstellt[1]). Das „Konvergenzproblem" läßt sich in einfachen Fällen durch Bestimmung des Konvergenzbereichs gemäß II. 5.4.2 verhältnismäßig leicht erledigen. Das „Darstellungsproblem" wird durch eine Untersuchung des Restgliedes R_{n+1} gelöst. Faßt man im folgenden mit R_{n+1} den „Rest" der Reihe von der $(n+1)$-ten *Potenz* an zusammen

$$R_{n+1} = \frac{f^{(n+1)}(0)}{(n+1)!} x^{n+1} + \frac{f^{(n+2)}(0)}{(n+2)!} x^{n+2} + \cdots,$$

so kann man für die Reihe

$$\boxed{\sum_{n=0}^{\infty} \frac{f^{(n)}(0)}{n!} x^n = \sum_{i=0}^{n} \frac{f^{(i)}(0)}{i!} x^i + R_{n+1}}$$

---

[1]) Es gibt tatsächlich Funktionen, die formal in eine konvergente MACLAURIN-sche Reihe entwickelt werden können und bei denen die Reihe die Funktion *nicht* darstellt. Ein Beispiel hierfür ist die Funktion $f(x) = e^{-\frac{1}{x^2}}$ $(x \neq 0;\ f(0) = 0)$; ihre Entwicklung in eine MACLAURIN-Reihe liefert die Funktion $\varphi(x) \equiv 0 \neq f(x)$.

schreiben. Nennt man das Polynom

$$P(x) = \sum_{i=0}^{n} \frac{f^{(i)}(0)}{i!}\, x^i$$

das **Maclaurin-Polynom** n-ten Grades für die Funktion $f(x)$, so gilt der einfache Zusammenhang

$$\boxed{\;\textit{MACLAURIN-Reihe} = \textit{MACLAURIN-Polynom} + \textit{Restglied}\;}$$

Die **Bedeutung des Restgliedes** besteht nun in folgenden zwei Punkten:

1. *Soll eine konvergente MACLAURIN-Reihe innerhalb ihres Konvergenzbereichs die Funktion $f(x)$ gemäß*

$$f(x) = \sum_{n=0}^{\infty} \frac{f^{(n)}(0)}{n!}\, x^n$$

darstellen, so ist dafür notwendig und hinreichend

$$\boxed{\;\lim_{n \to \infty} R_{n+1} = 0\;}$$

2. *Wird eine Funktion $f(x)$ durch ein MACLAURIN-Polynom näherungsweise dargestellt*

$$f(x) \approx \sum_{i=0}^{n} \frac{f^{(i)}(0)}{i!}\, x^i,$$

so ermöglicht das Restglied R_{n+1} eine Abschätzung des begangenen Fehlers gemäß

$$R_{n+1} = f(x) - \sum_{i=0}^{n} \frac{f^{(i)}(0)}{i!}\, x^i.$$

Hierzu noch folgende Bemerkungen: Der bei jeder Reihenentwicklung zu erbringende Nachweis für $\lim R_{n+1} = 0$ bedarf zunächst einer brauchbaren Form des Restgliedes und ist nicht ganz leicht durchzuführen[1]). Etwas einfacher ist die Fehlerabschätzung. Hierzu benutzt man die **Lagrangesche Form des Restgliedes**

$$\boxed{\;R_{n+1} = \frac{x^{n+1}}{(n+1)!}\, f^{(n+1)}(\vartheta\, x) \quad (0 < \vartheta < 1)\;}$$

und schätzt dieses so ab, daß man eine *obere Schranke* für den Fehler erhält. Grundsätzlich wird das MACLAURIN-Polynom die Funktion $f(x)$ um so besser approximieren, je höher der Grad n des Polynoms gewählt wird und je weniger x vom „Mittelpunkt 0" des Konvergenzbereichs entfernt ist (d. h. je kleiner $|x|$ ist).

------

[1]) Er wird vom Ingenieur-Studenten *nicht* verlangt und ist deshalb hier auch nicht im einzelnen durchgeführt. Der Studierende muß sich aber des Sachverhaltes (1) und speziell der Tatsache bewußt sein, daß zu jeder Potenzreihenentwicklung einer Funktion stets eine *konkrete Angabe des Gültigkeitsbereichs für x* gehört, andernfalls kann man mit der Entwicklung praktisch nichts anfangen.

Wählt man speziell ein *lineares* MACLAURIN-Polynom zur Approximation, arbeitet also mit der Näherung

$$f(x) \approx f(0) + f'(0)\, x,$$

so haben wir die aus II. 3.6.2 bereits bekannte spezielle *Linearisierungsformel* vor uns[1]).

Für jedes MACLAURIN-Polynom folgt nach der in II. 3.7.12 gegebenen Definition der Berührung zweier Kurven: *Eine Funktion $y = f(x)$ und ihr MACLAURINsches Polynom n-ten Grades berühren einander von der n-ten Ordnung.* Oder: Die Schmiegungsparabel n-ter Ordnung für eine Funktion $y = f(x)$ an der Stelle $x = 0$ ist zugleich die Bildkurve des MACLAURIN-Polynoms n-ten Grades für die Funktion $y = f(x)$. Für die Funktionen

$$y = f(x)$$
$$P(x) = f(0) + \frac{f'(0)}{1!}\, x + \cdots + \frac{f^{(n)}(0)}{n!}\, x^n$$

ist nämlich die von der Definition geforderte Bedingung

$$f(0) = P(0), \qquad f'(0) = P'(0),\, f''(0) = P''(0), \ldots, f^{(n)}(0) = P^{(n)}(0)$$

genau erfüllt.

Die Bedeutung der Potenzreihenentwicklungen von Funktionen in der praktischen Mathematik beruht nach dem oben Gesagten in der Möglichkeit, jede Funktion — sofern sie durch eine Potenzreihe darstellbar ist — durch ein Polynom zu ersetzen, wobei durch Wahl des Polynomgrades der entstehende Fehler unter jeder Schranke gehalten werden kann. Handelt es sich um die Potenzreihenentwicklung für kleine $|x|$, so sind dies die MACLAURIN-Polynome, mit denen als Ersatzfunktionen gearbeitet wird.

Beispiele

1. Man diskutiere die MACLAURINsche Reihenentwicklung der **Kosinusfunktion**!
Lösung: Zunächst sind die Koeffizienten der Reihe zu bestimmen:

$$
\begin{array}{llll}
f(x) &= \cos x, & f(0) &= \cos 0 = 1 \\
f'(x) &= -\sin x, & f'(0) &= -\sin 0 = 0 \quad : 1! \\
f''(x) &= -\cos x, & f''(0) &= -\cos 0 = -1 \quad : 2! \\
f'''(x) &= \sin x, & f'''(0) &= \sin 0 = 0 \quad : 3! \\
f^{(4)}(x) &= \cos x, & f^{(4)}(0) &= \cos 0 = 1 \quad : 4! \\
\vdots & & \vdots &
\end{array}
$$

$$\boxed{\cos x = 1 - \frac{x^2}{2!} + \frac{x^4}{4!} - \frac{x^6}{6!} + - \cdots}$$

---

[1]) Man vergleiche auch I.3.15, wo die Linearisierung für kleine $|x|$ bei einigen Funktionen ohne Kenntnis der Differentialrechnung vorgenommen wurde.

Die Reihe ist beständig konvergent und stellt für alle x die Kosinusfunktion dar. Da die Reihe nur *gerade* Potenzen von x aufweist, so folgt aus ihr die bekannte Formel

$$\cos(-x) = \cos x,$$

und es wird die Bezeichnung *gerade Funktion* jetzt verständlich[1]).
Die einzelnen MACLAURIN-Polynome für $f(x) = \cos x$ sind[2])

$$P_0(x) = 1$$

$$P_2(x) = 1 - \frac{x^2}{2}$$

$$P_4(x) = 1 - \frac{x^2}{2} + \frac{x^4}{24}$$

$$P_6(x) = 1 - \frac{x^2}{2} + \frac{x^4}{24} - \frac{x^6}{720} \quad \text{usw.,}$$

ihre Bilder sind zugleich die Schmiegungsparabeln an die Kosinuslinie (Abb. 234).

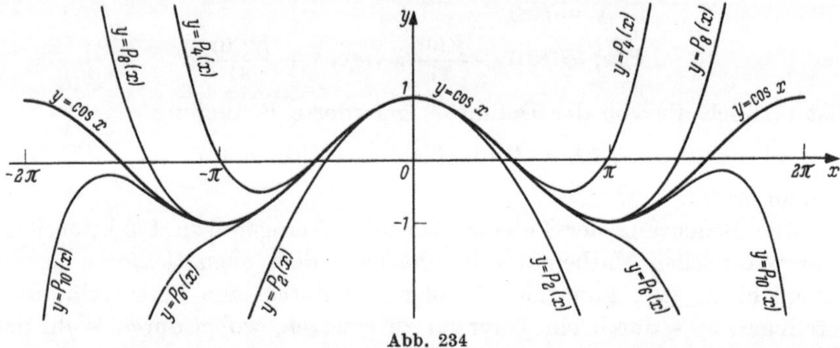

Abb. 234

Anwendung: Es werde $\cos 15°$ mit dem MACLAURIN-Polynom 6. Grades berechnet und der entstehende Fehler abgeschätzt!

Zunächst ist im Bogenmaß

$$15° \triangleq \frac{\pi}{12} = 0{,}261\,799\,39$$

$$\Rightarrow P_6\left(\frac{\pi}{12}\right) = 1 - \frac{1}{2}\left(\frac{\pi}{12}\right)^2 + \frac{1}{24}\left(\frac{\pi}{12}\right)^4 - \frac{1}{720}\left(\frac{\pi}{12}\right)^6 = 0{,}965\,926.$$

Zur *Fehlerabschätzung* wird das Restglied R_8 [3]) in der Form von LAGRANGE herangezogen:

$$R_8 = \frac{f^{(8)}(\vartheta x)}{8!} x^8 = \frac{\cos\left(\vartheta\,\frac{\pi}{12}\right)}{8!}\left(\frac{\pi}{12}\right)^8 < \frac{1}{8!}\left(\frac{\pi}{12}\right)^8,$$

wenn man für $\cos\left(\vartheta\,\frac{\pi}{12}\right) = 1$, also den größten Wert, einsetzt.

---

[1]) Gerade Funktionen besitzen also eine Reihenentwicklung mit nur geraden x-Potenzen und entsprechend treten in der Potenzreihenentwicklung ungerader Funktionen ausschließlich ungerade x-Potenzen auf.

[2]) $P_0(x)$ und $P_2(x)$ wurden elementar bereits in I. 3.15 hergeleitet.

[3]) Mit $P_6(x)$ ist in diesem Falle auch $P_7(x)$ bestimmt; deshalb ist das Restglied für $n + 1 = 8$, d. h. R_8, abzuschätzen.

Numerisch wird mit $8! = 40\,320$

$$R_8 < 0,6 \cdot 10^{-9},$$

d. h. von der Reihenentwicklung kommt ein Fehler frühestens in der 9. Dezimale ins Ergebnis. Unser auf 6 Dezimalen angeschriebener Wert

$$\cos 15^\circ = 0,965\,926$$

ist deshalb so sicher richtig.

2. Man entwickle die **Sinusfunktion** in ihre MACLAURIN-Reihe!
Lösung: Für die Koeffizienten erhält man

$$
\begin{array}{llll}
f(x) & = & \sin x, & f(0) = \sin 0 = 0 \\
f'(x) & = & \cos x, & f'(0) = \cos 0 = 1 \quad : 1! \\
f''(x) & = & -\sin x, & f''(0) = -\sin 0 = 0 \quad : 2! \\
f'''(x) & = & -\cos x, & f'''(0) = -\cos 0 = -1 \quad : 3! \\
f^{(4)}(x) & = & \sin x, & f^{(4)}(0) = \sin 0 = 0 \quad : 4! \text{ usw.}
\end{array}
$$

und damit die Potenzreihe

$$\sin x = x - \frac{x^3}{3!} + \frac{x^5}{5!} - \frac{x^7}{7!} + - \cdots,$$

deren Gültigkeitsbereich alle x-Werte umfaßt.

Da nur ungerade x-Potenzen auftreten, ist die Sinusfunktion eine *ungerade Funktion*:

$$\sin(-x) = -\sin x.$$

Das lineare MACLAURIN-Polynom

$$P_1(x) = x$$

ist uns von der Linearisierung her bereits bekannt.

Anwendung: Was erhält man für $\sin 1$ bei Benutzung des kubischen MACLAURIN-Polynoms? Es ist

$$\sin 1 = 1 - \frac{1}{3!} = \frac{5}{6} = 0,833\,33.$$

Die Fehlerabschätzung mittels R_5 ergibt hier

$$R_5 = \frac{f^{(5)}(\vartheta x)}{5!} x^5 = \frac{\cos \vartheta}{5!} \Rightarrow 0 < R_5 < \frac{1}{5!} = 0,008\,33;$$

so daß der richtige Wert in den Schranken

$$0,8333 < \sin 1 < 0,8417$$

eingeschlossen ist. Der auf 4 Dezimalen richtige Tafelwert ist 0,8415. Die geringere Genauigkeit gegenüber der im vorigen Beispiel durchgeführten Rechnung hat hier zwei Ursachen: einerseits wurde nur mit dem kubischen Näherungspolynom gearbeitet, andererseits liegt der x-Wert mit $1 \triangleq 57,3^\circ$ weiter vom Nullpunkt als

Mittelpunkt des Konvergenzbereichs entfernt als $\dfrac{\pi}{12} \triangleq 15^\circ$.

3. Gesucht ist die MACLAURINsche Reihenentwicklung der **Exponentialfunktion** $y = e^x$!
Lösung: Die Koeffizienten ergeben sich aus

$$f^{(n)}(x) = e^x, \quad f^{(n)}(0) = e^0 = 1$$
$$(n = 0, 1, 2, 3, \ldots)$$

zu
$$a_n = \frac{f^{(n)}(0)}{n!} = \frac{1}{n!},$$

womit die Potenzreihe die Gestalt

$$e^x = 1 + x + \frac{x^2}{2!} + \frac{x^3}{3!} + \frac{x^4}{4!} + \cdots$$

erhält. Sie gilt für alle Werte von x.

Jede Potenzreihe ist im Innern ihres Konvergenzbereiches absolut konvergent. Man kann also die Glieder beliebig umordnen, ohne daß sich etwas an der Summenfunktion ändert. Im vorliegenden Fall ordnen wir die Glieder wie folgt an

$$e^x = \left(1 + \frac{x^2}{2!} + \frac{x^4}{4!} + \cdots\right) + \left(x + \frac{x^3}{3!} + \frac{x^5}{5!} + \cdots\right).$$

Die erste Klammer enthält sämtliche geraden, die zweite sämtliche ungeraden Potenzen von x. Nun kennen wir aber (vgl. I. 3.2.4 und I. 3.13) die Zerlegung der e-Funktion in geraden und ungeraden Anteil gemäß

$$e^x = \cosh x + \sinh x.$$

Vergleicht man beide Darstellungen, so folgen daraus die MACLAURIN-Reihen

$$\cosh x = 1 + \frac{x^2}{2!} + \frac{x^4}{4!} + \frac{x^6}{6!} + \cdots$$
$$\sinh x = x + \frac{x^3}{3!} + \frac{x^5}{5!} + \frac{x^7}{7!} + \cdots,$$

die beide beständig konvergent und für alle x gültig sind.

Anwendung: Man berechne die EULERsche Zahl e auf 6 Dezimalen genau! Zu diesem Zweck setzen wir in der e^x-Reihe $x = 1$ und erhalten

$$e = 1 + 1 + \frac{1}{2!} + \frac{1}{3!} + \frac{1}{4!} + \cdots = \sum_{n=0}^{\infty} \frac{1}{n!}$$

Damit wir eine Genauigkeit von 6 Dezimalen bekommen, ist n so groß zu wählen, daß das Restglied

$$R_{n+1} < 0{,}5 \cdot 10^{-6}$$

wird. Für $x = 1$, $f^{(n+1)}(\vartheta x) = e^{\vartheta x}$ fordern wir also

$$R_{n+1} = \frac{e^{\vartheta x}}{(n+1)!}\, x^{n+1} = \frac{e^{\vartheta}}{(n+1)!} < \frac{3}{(n+1)!} < 0{,}5 \cdot 10^{-6}, \qquad (*)$$

denn wegen $0 < \vartheta < 1$ wird

$$e^{\vartheta} < e < 3.$$

Löst man $(*)$ nach n auf, so wird

$$(n+1)! > 6 \cdot 10^{+6} \quad \text{für} \quad n + 1 \geqq 11, \quad n \geqq 10$$
$$((n+1)! = 39916800 > 6 \cdot 10^6).$$

Schreiben wir die Glieder der e-Reihe bis zur 10. Potenz an

$$
\begin{aligned}
1 \quad &= 1,0000000 \\
1 \quad &= 1,0000000 \\
1 : 2! \quad &= 0,5000000 \\
1 : 3! \quad &= 0,1666667 \\
1 : 4! \quad &= 0,0416667 \\
1 : 5! \quad &= 0,0083333 \\
1 : 6! \quad &= 0,0013889 \\
1 : 7! \quad &= 0,0001984 \\
1 : 8! \quad &= 0,0000248 \\
1 : 9! \quad &= 0,0000028 \\
1 : 10! \quad &= 0,0000003,
\end{aligned}
$$

so erhalten wir den auf 6 Dezimalen richtigen Wert

$$
e = 2,718282.
$$

Ohne Restgliedabschätzung sieht man auch an der obigen Aufstellung, daß die folgenden Glieder (von $1 : 11!$ ab) keinen Einfluß mehr auf die 6. Dezimale nehmen können.

4. Man stelle die Potenzreihen-Entwicklung für die **Potenzfunktion** $f(x) = (1 + x)^n$ (n bel. reell) auf!

Lösung: Für die Koeffizienten ergibt sich

$$
\begin{aligned}
f(x) \quad &= (1 + x)^n & &\Rightarrow f(0) \quad = 1 \\
f'(x) \quad &= n(1 + x)^{n-1} & &\Rightarrow f'(0) \quad = n \\
f''(x) \quad &= (n - 1)\, n(1 + x)^{n-2} & &\Rightarrow f''(0) \quad = (n - 1)\, n \\
f'''(x) \quad &= (n - 2)\,(n - 1)\, n\,(1 + x)^{n-3} & &\Rightarrow f'''(0) = (n - 2)\,(n - 1)\, n,
\end{aligned}
$$

allgemein für jedes $k = 1, 2, 3, \ldots$

$$
f^{(k)}(x) = (n - k + 1) \cdot \ldots \cdot (n - 2)\,(n - 1)\, n(1 + x)^{n-k} \Rightarrow
$$

$$
\Rightarrow f^{(k)}(0) = (n - k + 1) \cdot \ldots \cdot (n - 2)\,(n - 1)\, n
$$

$$
\Rightarrow a_k = \frac{f^{(k)}(0)}{k!} = \frac{(n - k + 1) \ldots (n - 2)\,(n - 1)\, n}{k!}.
$$

Für diesen Bruch hatten wir in I. 1.1.2 unter der Voraussetzung ganzer positiver n und k die Binomialkoeffizienten-Schreibweise von EULER

$$
\binom{n}{k}
$$

eingeführt. Da n jetzt eine beliebige reelle Zahl sein kann, *erweitern* wir dieses Zeichen auf *reelle n*, so daß sich die gesuchte Potenzreihe in der Form

$$
\boxed{\,(1 + x)^n = 1 + \binom{n}{1} x + \binom{n}{2} x^2 + \cdots + \binom{n}{k} x^k + \cdots = \sum_{k=0}^{\infty} \binom{n}{k} x^k\,}
$$

Binomische Reihe

schreibt. Der Gültigkeitsbereich der Reihe ist $|x| < 1$. Ist n speziell eine positive ganze Zahl, so bricht die Reihe nach dem Gliede x^n ab, da dann

$$\binom{n}{k} = 0 \quad \text{für alle} \quad k > n$$

ist, und man erhält den aus I. 1.1.2 bekannten *binomischen Satz*

$$(1 + x)^n = \sum_{k=0}^{n} \binom{n}{k} x^k.$$

Die binomische Reihe ist also die Verallgemeinerung des binomischen Satzes, falls der Exponent eine beliebige reelle Zahl ist.

Für $n = -1$ geht die binomische Reihe in die geometrische Reihe

$$\frac{1}{1 + x} = 1 - x + x^2 - x^3 + - \cdots$$

über, da für jedes ganze positive k

$$\binom{-1}{k} = (-1)^k$$

ist.

Die bereits aus I. 1.1.2, I. 3.15, II. 3.6.2 bekannte *Linearisierungsformel*

$$(1 + x)^n \approx 1 + n x$$

findet nunmehr eine für alle reellen n gültige korrekte Begründung.

1. Anwendung. Man entwickle den Wurzelausdruck $\sqrt[3]{4 - 9x}$ in eine Potenzreihe! Hierzu ist zunächst wie folgt umzuformen

$$\sqrt[3]{4 - 9x} = \sqrt[3]{4\left(1 - \frac{9}{4}x\right)} = \sqrt[3]{4} \cdot \sqrt[3]{1 + t}$$

$$\text{mit} \quad t = -\frac{9}{4}x.$$

Für $|t| < 1$, d. h.

$$\left| -\frac{9}{4}x \right| < 1 \Rightarrow |x| < \frac{4}{9}$$

erhält man folgende binomische Reihe $\left(n = \tfrac{1}{3}\right)$

$$\sqrt[3]{1 + t} = 1 + \frac{1}{3}t - \frac{1}{9}t^2 + \frac{5}{81}t^3 - + \cdots$$

$$\Rightarrow \sqrt[3]{4 - 9x} = \sqrt[3]{4}\left(1 - \frac{3}{4}x - \frac{9}{16}x^2 - \frac{45}{64}x^3 - \cdots\right).$$

2. Anwendung. Zur Berechnung von $\sqrt{10}$ kann man

$$\sqrt{10} = \sqrt{9 + 1} = \sqrt{9\left(1 + \frac{1}{9}\right)} = 3\sqrt{1 + \frac{1}{9}}$$

schreiben und die verbleibende Wurzel in eine binomische Reihe entwickeln

$$\sqrt{10} = 3\left(1 + \frac{1}{2} \cdot \frac{1}{9} - \frac{1}{8}\left(\frac{1}{9}\right)^2 + \frac{1}{16}\left(\frac{1}{9}\right)^3 - + \cdots\right).$$

Bricht man nach der dritten Potenz ab, so erhält man bereits einen auf 5 Stellen (4 Dezimalen) richtigen Näherungswert

$$\sqrt{10} = 3{,}1623.$$

5. Die Funktionen

$$f(x) = \sqrt[n]{x} \qquad (n > 0,\ \text{ganz})$$
$$f(x) = \ln x$$
$$f(x) = \cot x$$
$$f(x) = 1/x^n \qquad (n > 0)$$
$$f(x) = \frac{1}{\sinh x}$$

besitzen *keine* MACLAURINsche Reihenentwicklung, da die notwendige Voraussetzung, nämlich Existenz und Ableitbarkeit beliebiger Ordnung im Nullpunkt

$$f(0), \quad f'(0), \quad f''(0),\ldots, \quad f^{(n)}(0),\ldots$$

nicht erfüllt ist. Der Studierende suche selbst weitere Beispiele.

5.4.4 Potenzreihenentwicklung durch unbestimmten Ansatz

In vielen Fällen bereitet die Entwicklung einer Funktion $f(x)$ in ihre MACLAURIN-Reihe mit der im vorigen Abschnitt gezeigten Methode unerwartete Schwierigkeiten, da die Bildung der höheren Ableitungen auf immer kompliziertere Ausdrücke führt und damit der Arbeitsaufwand unverhältnismäßig groß wird. Hier hilft oft der Ansatz einer MACLAURIN-Reihe mit zunächst noch *unbestimmten Koeffizienten*

$$\boxed{f(x) = a_0 + a_1 x + a_2 x^2 + \cdots + a_n x^n + \cdots,}$$

sofern man über $f(x)$ noch gewisse Beziehungen zu anderen Funktionen und deren Reihenentwicklungen herstellen kann. Hiervon betrachten wir zwei Fälle

1. $f(x)$ ist darstellbar als Quotient zweier Funktionen $g(x)$ und $h(x)$, deren Potenzreihenentwicklungen bekannt sind:

$$f(x) = \frac{g(x)}{h(x)} = \frac{b_0 + b_1 x + b_2 x^2 + \cdots + b_n x^n + \cdots}{c_0 + c_1 x + c_2 x^2 + \cdots + c_n x^n + \cdots}.$$

Dann setzt man gemäß

$$a_0 + a_1 x + a_2 x^2 + \cdots + a_n x^n + \cdots$$
$$= \frac{b_0 + b_1 x + b_2 x^2 + \cdots + b_n x^n + \cdots}{c_0 + c_1 x + c_2 x^2 + \cdots + c_n x^n + \cdots}$$

$$(a_0 + a_1 x + a_2 x^2 + \cdots)(c_0 + c_1 x + c_2 x^2 + \cdots)$$
$$= b_0 + b_1 x + b_2 x^2 + \cdots,$$

multipliziert linkerseits aus, ordnet nach Potenzen von x und vergleicht beiderseits die Koeffizienten gleicher x-Potenzen[1]). Für die ersten drei

---

[1]) Die von Polynomidentitäten her bekannte Methode des Koeffizientenvergleichs (vgl. I. 1.2.2) findet hier also eine Verallgemeinerung auf konvergente Potenzreihen.

ergibt sich

$$a_0\, c_0 = b_0 \Rightarrow a_0 = \frac{b_0}{c_0}$$

$$a_0\, c_1 + a_1\, c_0 = b_1 \Rightarrow a_1 = \frac{b_1\, c_0 - b_0\, c_1}{c_0^2}$$

$$a_0\, c_2 + a_1\, c_1 + a_2\, c_0 = b_2 \Rightarrow a_2 = \frac{b_2\, c_0^2 - b_0\, c_2\, c_0 - b_1\, c_1\, c_0 + b_0\, c_1^2}{c_0^3}.$$

2. $f(x)$ ist darstellbar als Kehrwert einer anderen Funktion $h(x)$, deren Potenzreihenentwicklung bekannt ist[1])

$$f(x) = \frac{1}{h(x)} = \frac{1}{c_0 + c_1\, x + c_2\, x^2 + \cdots + c_n\, x^n + \cdots}.$$

Aus dem Ansatz

$$(a_0 + a_1\, x + a_2\, x^2 + \cdots + a_n\, x^n + \cdots)(c_0 + c_1\, x + c_2\, x^2 + \cdots$$
$$+ c_n\, x^n + \cdots) \equiv 1$$

folgen durch „Koeffizientenvergleich" wie oben die gesuchten $a_0, a_1, a_2, \ldots$, so etwa

$$a_0 = \frac{1}{c_0}$$

$$a_1 = - \frac{c_1}{c_0^2}$$

$$a_2 = \frac{c_1^2 - c_2\, c_0}{c_0^3}.$$
$$\vdots$$

Man beachte, daß dieses Verfahren stets zum gleichen Ergebnis führt wie die Bestimmung der Koeffizienten über die Ableitungen, da die Entwicklung einer Funktion in eine konvergente Potenzreihe

$$f(x) = a_0 + a_1\, x + a_2\, x^2 + \cdots + a_n\, x^n + \cdots$$

— sofern sie überhaupt möglich ist — *eindeutig* ist. Das Resultat ist stets die MACLAURINsche Reihe

$$f(x) = \sum_{n=0}^{\infty} \frac{f^{(n)}(0)}{n!}\, x^n.$$

Beispiele

1. Man entwickle die Hyperbelfunktion

$$f(x) = \tanh x$$

in ihre MACLAURINsche Reihe!

---

[1]) Dieser Fall ist natürlich nur ein Sonderfall des ersten, falls man dort $g(x) \equiv 1$, also $b_0 = 1$, $b_1 = b_2 = \cdots = b_n = \cdots = 0$, setzt.

Lösung: Bekannt ist

$$\tanh x = \frac{\sinh x}{\cosh x} = \frac{x + \dfrac{x^3}{3!} + \dfrac{x^5}{5!} + \cdots}{1 + \dfrac{x^2}{2!} + \dfrac{x^4}{4!} + \cdots};$$

also führt der Ansatz

$$\tanh x = a_1 x + a_3 x^3 + a_5 x^5 + \cdots,$$

bei dem wir bereits die Kenntnis, daß $\tanh x$ eine *ungerade* Funktion ist, durch $a_0 = a_2 = \cdots = a_{2n} = \cdots = 0$ ausgebeutet haben, auf

$$(a_1 x + a_3 x^3 + a_5 x^5 + \cdots)\left(1 + \frac{x^2}{2!} + \frac{x^4}{4!} + \cdots\right) \equiv x + \frac{x^3}{3!} + \frac{x^5}{5!} + \cdots$$

$$a_1 = 1$$

$$\frac{a_1}{2!} + a_3 = \frac{1}{3!} \Rightarrow a_3 = -\frac{1}{3}$$

$$\frac{a_1}{4!} + \frac{a_3}{2!} + a_5 = \frac{1}{5!} \Rightarrow a_5 = \frac{2}{15}$$

$$\boxed{\tanh x = 1 - \frac{1}{3} x^3 + \frac{2}{15} x^5 - + \cdots}$$

Die Reihe konvergiert für alle $|x| < \pi/2$ und stellt dort die Funktion dar.

2. Wie lautet die MACLAURIN-Reihe für die Funktion

$$f(x) = \frac{1}{\cos x}\,?$$

Lösung: Die Funktion ist gerade, also kann

$$(a_0 + a_2 x^2 + a_4 x^4 + a_6 x^6 + \cdots)\left(1 - \frac{x^2}{2!} + \frac{x^4}{4!} - \frac{x^6}{6!} + - \cdots\right) \equiv 1$$

angesetzt werden. Damit folgt für die Koeffizienten das gestaffelte System

$$a_0 = 1$$

$$-\frac{a_0}{2!} + a_2 = 0 \Rightarrow a_2 = \frac{1}{2}$$

$$\frac{a_0}{4!} - \frac{a_2}{2!} + a_4 = 0 \Rightarrow a_4 = \frac{5}{24}$$

$$-\frac{a_0}{6!} + \frac{a_2}{4!} - \frac{a_4}{2!} + a_6 = 0 \Rightarrow a_6 = \frac{61}{720}$$

$$\boxed{\frac{1}{\cos x} = 1 + \frac{1}{2} x^2 + \frac{5}{24} x^4 + \frac{61}{720} x^6 + \cdots}$$

der Gültigkeitsbereich der Reihe ist $|x| < \pi/2$.

5.4.5 Potenzreihenentwicklung durch Integration

Eine weitere Möglichkeit zur Entwicklung einer Funktion $f(x)$ in ihre MACLAURIN-Reihe ist dann gegeben, wenn man die Potenzreihenentwicklung ihrer Ableitungsfunktion $f'(x)$ kennt. Indem man diese gliedweise aufintegriert, erhält man die gesuchte Reihendarstellung:

$$f(x) = \sum_{n=0}^{\infty} a_n x^n \text{ gesucht}$$

$$f'(x) = \sum_{n=0}^{\infty} b_n x^n \text{ bekannt}$$

$$\Rightarrow f(x) = \int f'(x)\,dx = \int \sum_{n=0}^{\infty} b_n x^n\,dx = \sum_{n=0}^{\infty} \int b_n x^n\,dx \equiv \sum_{n=0}^{\infty} a_n x^n,$$

was selbstverständlich nur für alle x im Innern des Konvergenzbereichs möglich ist.

Zur Erläuterung betrachten wir die Reihenentwicklung der **logarithmischen Funktion** (vgl. II. 5.4.2)

$$f(x) = \ln(1 + x).$$

Von ihrer Ableitungsfunktion

$$f'(x) = \frac{1}{1 + x}$$

ist uns die Potenzreihenentwicklung bekannt,

$$f'(x) = \frac{1}{1 + x} = 1 - x + x^2 - x^3 + - \cdots \qquad (|x| < 1).$$

Integriert man links geschlossen, rechts gliedweise, so wird

$$\int f'(x)\,dx = \ln(1 + x) = x - \frac{x^2}{2} + \frac{x^3}{3} - \frac{x^4}{4} + - \cdots$$

die für $-1 < x \leqq 1$ gültige MACLAURIN-Reihe für $f(x)$.

Wir wollen noch eine für die *numerische Berechnung* von Logarithmen geeignetere Potenzreihe herleiten. Zu diesem Zweck ersetzen wir in

$$\ln(1 + x) = x - \frac{x^2}{2} + \frac{x^3}{3} - \frac{x^4}{4} + - \cdots$$

x durch $-x$ und erhalten damit die in $-1 \leqq x < 1$ gültige Reihe

$$\ln(1 - x) = -x - \frac{x^2}{2} - \frac{x^3}{3} - \frac{x^4}{4} - \cdots.$$

Subtrahiert man die untere Reihe von der oberen, so wird

$$\ln(1 + x) - \ln(1 - x) = 2\left(x + \frac{x^3}{3} + \frac{x^5}{5} + \cdots\right)$$

$$\frac{1}{2}\ln\frac{1 + x}{1 - x} = x + \frac{x^3}{3} + \frac{x^5}{5} + \cdots \,^1).$$

Diese Reihe ist im gemeinsamen Konvergenzbereich $|x| < 1$ gültig.

---

[1]) Wegen $\frac{1}{2}\ln\frac{1 + x}{1 - x} = \operatorname{ar\,tanh} x\,(|x| < 1)$ ist diese Potenzreihe zugleich die MACLAURIN-Reihe für die Funktion $y = \operatorname{ar\,tanh} x$.

Setzt man nun

$$\frac{1+x}{1-x} = \frac{u}{v}$$

$$\Rightarrow x = \frac{u-v}{u+v},$$

so ist $|x| < 1$ gleichwertig mit $\operatorname{sgn} u = \operatorname{sgn} v$, weil bei Vorzeichengleichheit die Differenz zweier Zahlen stets betragsmäßig kleiner ist als ihre Summe (der Quotient von Differenz und Summe also betragsmäßig kleiner als 1).

Für die Reihe erhält man damit

$$\boxed{\ln \frac{u}{v} = 2\left[\frac{u-v}{u+v} + \frac{1}{3}\left(\frac{u-v}{u+v}\right)^3 + \frac{1}{5}\left(\frac{u-v}{u+v}\right)^5 + \cdots\right] \atop \operatorname{sgn} u = \operatorname{sgn} v}$$

die wesentlich schneller konvergiert als die obige Reihe für $\ln(1+x)$

Will man etwa $\ln 2$ berechnen, so braucht man nur

$$u = 2, \quad v = 1$$

zu setzen und erhält die Reihe

$$\ln 2 = 2\left[\frac{1}{3} + \frac{1}{3}\left(\frac{1}{3}\right)^3 + \frac{1}{5}\left(\frac{1}{3}\right)^5 + \frac{1}{7}\left(\frac{1}{3}\right)^7 + \cdots\right]$$

$$\frac{1}{3} \quad : 0{,}333\,333\,3$$

$$\frac{1}{3}\left(\frac{1}{3}\right)^3 \quad : 0{,}012\,345\,6$$

$$\frac{1}{5}\left(\frac{1}{3}\right)^5 \quad : 0{,}000\,823\,0$$

$$\frac{1}{7}\left(\frac{1}{3}\right)^7 \quad : 0{,}000\,065\,3$$

$$\frac{1}{9}\left(\frac{1}{3}\right)^9 \quad : 0{,}000\,005\,6$$

$$\frac{1}{11}\left(\frac{1}{3}\right)^{11} \quad : 0{,}000\,000\,5$$

$$\text{Summe} : 0{,}346\,573\,3$$

$$\Rightarrow \ln 2 = 2 \cdot 0{,}346\,573\,3 = 0{,}693\,146\,6.$$

Dieser Wert ist sicher auf 6 Dezimalen richtig, da die folgenden Potenzen keinen Einfluß mehr auf diese Stellen nehmen:

$$\Rightarrow \ln 2 = 0{,}693\,147.$$

Beispiele

1. Um die MACLAURIN-Reihe für $f(x) = \operatorname{Arc\,tan} x$ zu gewinnen, gehen wir von ihrer Ableitungsfunktion aus

$$f'(x) = \frac{1}{1+x^2} = 1 - x^2 + x^4 - x^6 + - \cdots \qquad (|x| < 1)$$

und erhalten durch Integration

$$\int \frac{dx}{1 + x^2} = \text{Arc tan}\, x = x - \frac{x^3}{3} + \frac{x^5}{5} - \frac{x^7}{7} + - \cdots + C.$$

Setzt man $x = 0$, so folgt auch $C = 0$ und wir haben mit

$$\boxed{\begin{array}{c} \text{Arc tan}\, x = x - \dfrac{x^3}{3} + \dfrac{x^5}{5} - \dfrac{x^7}{7} + - \cdots \\[2mm] |x| \leqq 1 \end{array}}$$

die gesuchte Arc tan-Reihe gefunden. Sie zeigt, daß

$$\text{Arc tan}\,(-x) = -\text{Arc tan}\, x$$

ist, $y = \text{Arc tan}\, x$ also eine ungerade Funktion darstellt.

Nun ist bekanntlich

$$\text{Arc tan}\, 1 = \frac{\pi}{4}$$

und damit

$$\boxed{\ \frac{\pi}{4} = 1 - \frac{1}{3} + \frac{1}{5} - \frac{1}{7} + - \cdots\ }$$

eine allerdings nur sehr langsam konvergierende Reihe für π ($x = 1$ ist der Rand des Konvergenzbereichs!). Setzt man hingegen $x = \frac{1}{3}\sqrt{3}$, so wird

$$\text{Arc tan}\, \frac{1}{3}\sqrt{3} = \frac{\pi}{6} \quad \left(\Longleftarrow\Rightarrow \tan\frac{\pi}{6} = \tan 30° = \frac{1}{3}\sqrt{3}\right)$$

und damit

$$\boxed{\ \pi = \frac{6}{\sqrt{3}}\left(1 - \frac{1}{3 \cdot 3^1} + \frac{1}{5 \cdot 3^2} - \frac{1}{7 \cdot 3^3} + - \cdots\right)\ }$$

eine wesentlich schneller konvergierende Reihe für π.

2. Um die Funktion $y = \text{ar sinh}\, x$ in ihre MACLAURIN-Reihe zu entwickeln, bilden wir die Ableitungsfunktion

$$(\text{ar sinh}\, x)' = \frac{1}{\sqrt{1 + x^2}} = (1 + x^2)^{-1/2}$$

$$= 1 - \frac{1}{2}x^2 + \frac{3}{8}x^4 - \frac{5}{16}x^6 + - \cdots \quad (|x| < 1)$$

und integrieren die entstandene binomische Reihe wieder auf:

$$\boxed{\begin{array}{c} \text{ar sinh}\, x = x - \dfrac{1}{6}x^3 + \dfrac{3}{40}x^5 - \dfrac{5}{112}x^7 + - \cdots \\[2mm] |x| < 1 \end{array}}$$

Wegen $\text{ar sinh}\, 0 = 0$ ergibt sich die Integrationskonstante $C = 0$. Da nur ungerade Potenzen auftreten, ist

$$\text{ar sinh}\,(-x) = -\text{ar sinh}\, x.$$

5.4.6 Taylor-Reihen

Besitzt eine Funktion $y = f(x)$ überhaupt eine Darstellung als konvergente Potenzreihe der Form

$$f(x) = a_0 + a_1 x + a_2 x^2 + a_3 x^3 + \cdots + a_n x^n + \cdots,$$

so ist diese auf Grund der Eindeutigkeit der Darstellung ihre MACLAURINsche Reihenentwicklung

$$f(x) = f(0) + \frac{f'(0)}{1!} x + \frac{f''(0)}{2!} x^2 + \cdots + \frac{f^{(n)}(0)}{n!} x^n + \cdots.$$

Sie besagt, daß die Funktion $f(x)$ allein durch ihren Wert an der Stelle $x = 0$ sowie die Werte ihrer sämtlichen Ableitungen an der Stelle $x = 0$ für alle x des Darstellungsbereichs vollständig bestimmt ist. Numerisch können die Funktionswerte für jedes x des Darstellungsbereichs als Polynomwerte mit jeder beliebigen Genauigkeit berechnet werden. Hierbei ist $x = 0$ der Mittelpunkt des symmetrisch zu $x = 0$ liegenden Konvergenzbereichs $-r < x < +r$.

Wir wollen jetzt davon ausgehen, daß die Funktion $f(x)$ an einer *beliebigen* Stelle $x = x_0$ samt ihren Ableitungen bekannt ist und fragen, wie nun die Funktion durch diese Angaben bestimmt wird und wie sich benachbarte Funktionswerte berechnen lassen.

Zunächst beachten wir, daß die Aufgabenstellung die gleiche ist wie bei der MACLAURINschen Reihenentwicklung, nur daß die entscheidende Stelle nicht $x = 0$, sondern $x = x_0$ und die Nachbarstelle nicht im Abstand x, sondern im Abstand $x - x_0 = h$ liegt (Abb. 235).

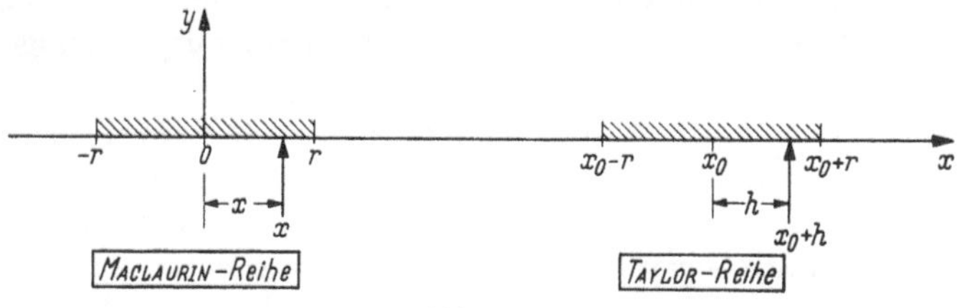

Abb. 235

Tatsächlich bedarf es keiner neuen Überlegungen, sondern nur einer Umschreibung der MACLAURINschen Reihe auf die neuen x-Werte. Es wird x_0 zum Mittelpunkt des Konvergenzbereichs $x_0 - r < x < x_0 + r$, ferner $x_0 + h$ zur Nachbarstelle und die bekannten Ausdrücke

$$f(x_0), f'(x_0), f''(x_0), \ldots, f^{(n)}(x_0), \ldots$$

werden maßgebend für die Koeffizienten der Potenzreihe. Die Umschreibung der MACLAURINschen Reihe ergibt damit

$$f(x_0 + h) = f(x_0) + \frac{f'(x_0)}{1!} h + \frac{f''(x_0)}{2!} h^2 + \cdots + \frac{f^{(n)}(x_0)}{n!} h^n + \cdots$$

die sog. **Taylor-Reihe** für die Funktion $f(x)$. Sie steigt nach Potenzen des Abstandes h von x_0, so wie die MACLAURINsche Reihe nach Potenzen des Abstandes x von 0 steigt. Der Leser mache sich diese Analogie beider Reihendarstellungen besonders deutlich.

Anschaulich gesehen haben wir lediglich eine Parallelverschiebung des Konvergenzbereichmittelpunktes von 0 nach x_0 längs der x-Achse vorgenommen. Setzt man umgekehrt wieder $x_0 = 0$, also $h = x$ (und folglich $x_0 + h = x$), so folgt aus der TAYLOR-Reihe wieder die MAC-LAURIN-Reihe. Man beachte, daß der Aussagegehalt beider Reihen der gleiche ist, wenngleich natürlich in der formalen Anwendung die TAYLOR-Reihe als die allgemeinere zu gelten hat, da x_0 beliebig gewählt werden kann.

Wir geben noch das **Restglied** R_{n+1} in der Form von LAGRANGE für die TAYLOR-Reihe an

$$\boxed{\begin{array}{c} R_{n+1} = \dfrac{f^{(n+1)}(x_0 + \vartheta h)}{(n+1)!}\, h^{n+1} \\ 0 < \vartheta < 1 \end{array}}$$

und bemerken, daß man die Teilsumme der ersten n Potenzen, also

$$\boxed{P(x_0 + h) = f(x_0) + \frac{f'(x_0)}{1!}\, h + \frac{f''(x_0)}{2!}\, h^2 + \cdots + \frac{f^{(n)}(x_0)}{n!}\, h^n}$$

das **Taylor-Polynom** n-ten Grades in h nennt. Für alle Stellen des Konvergenzbereichs approximiert das TAYLOR-Polynom die zugehörige Funktion mit beliebiger Genauigkeit, wenn man nur n genügend groß wählt.

Bei praktischen Anwendungen wird man stets darauf bedacht sein, daß die Nachbarstelle $x_0 + h$ *möglichst nahe* an x_0 liegt. Dann ist $|h|$ klein und die TAYLOR-Reihe konvergiert schnell bzw. man benötigt für eine bestimmte Genauigkeit nicht allzu viele Potenzen des TAYLOR-Polynoms.

Sinn und Zweck der TAYLOR-Reihenentwicklung ist es also, sich bei der Berechnung von Funktionswerten eine günstige Ausgangsposition zu verschaffen, indem man die Stelle x_0 [an der $f(x)$ samt Ableitungen bekannt sein muß!] als Mittelpunkt des Konvergenzbereichs möglichst nahe an die Berechnungsstelle $x_0 + h$ legt.

Beispiele

1. Man berechne $\sin 50°$ auf 4 Dezimalen genau!
Lösung: Wir wollen ausgehen von dem uns bekannten Wert

$$\sin 45° = \tfrac{1}{2}\sqrt{2}$$

$$\Rightarrow x_0 = 45°; \quad x_0 + h = 50°, \quad h = 0{,}08727 \ (\triangleq 5°).$$

Über das Restglied R_{n+1}, das nach Vorgabe

$$|R_{n+1}| < 0{,}5 \cdot 10^{-4}$$

sein muß, bestimmen wir zunächst den *Grad* des zu verwendenden TAYLOR-Polynoms. Es ist hier

$$|R_{n+1}| = \left| \frac{f^{(n+1)}(x_0 + \vartheta h)}{(n+1)!} h^{n+1} \right| < \frac{h^{n+1}}{(n+1)!},$$

denn unter den Ableitungen von $\sin x$ tritt nur wieder $\pm \sin x$ oder $\pm \cos x$ auf, die beide betragsmäßig durch 1 ersetzt werden können. Damit ist n aus der Ungleichung

$$\frac{0{,}087\,27^{n+1}}{(n+1)!} < 0{,}5 \cdot 10^{-4}$$

bzw. $0{,}8727^{n+1} < 0{,}5\,(n+1)!\,10^{n-3}$

zu bestimmen. Für $n = 2$ ist noch

$$0{,}66 > 0{,}3;$$

für $n = 3$ wird indes mit

$$0{,}58 < 12$$

die Ungleichung zum ersten Male erfüllt. Demnach ist das TAYLOR-Polynom *dritten Grades* anzusetzen:

$$P(x_0 + h) = f(x_0) + f'(x_0)\,h + \frac{f''(x_0)}{2!}\,h^2 + \frac{f'''(x_0)}{3!}\,h^3$$

$$\begin{aligned}
f(x_0) &= \sin 45^\circ = \tfrac{1}{2}\sqrt{2} \\
f'(x_0) &= \cos 45^\circ = \tfrac{1}{2}\sqrt{2} \\
f''(x_0) &= -\sin 45^\circ = -\tfrac{1}{2}\sqrt{2} \\
f'''(x_0) &= -\cos 45^\circ = -\tfrac{1}{2}\sqrt{2}
\end{aligned}$$

$$\Rightarrow P\left(\frac{\pi}{4} + h\right) = \frac{1}{2}\sqrt{2}\left(1 + h - \frac{1}{2}\,h^2 - \frac{1}{6}\,h^3\right).$$

Um das auf 4 Dezimalen richtig zu erwartende Ergebnis nicht durch Rundungsfehler zu verwischen, müssen wir mit mindestens 5 Dezimalen rechnen:

$$\sin 50^\circ = 0{,}707\,11\,(1 + 0{,}087\,27 - 0{,}003\,81 - 0{,}000\,11) = 0{,}7660.$$

2. Man berechne $e^{1{,}4}$ mit dem TAYLOR-Polynom 4. Grades und schätze den begangenen Fehler ab!

Lösung: Wir kennen $e = 2{,}718\,28\ldots$, nehmen also

$$x_0 = 1, \quad x_0 + h = 1{,}4 \Rightarrow h = 0{,}4.$$

Da für alle $n = 0, 1, 2, \ldots$

$$f^{(n)}(x_0) = e^{x_0} = e$$

ist, lautet das TAYLOR-Polynom vierten Grades hier

$$P(1{,}4) = e\left(1 + 0{,}4 + \frac{0{,}4^2}{2} + \frac{0{,}4^3}{6} + \frac{0{,}4^4}{24}\right)$$

$$= e\,(1 + 0{,}4 + 0{,}08 + 0{,}010\,67 + 0{,}001\,07)$$

$$= 2{,}718\,28 \cdot 1{,}491\,74$$

$$= 4{,}054\,97.$$

Die Abschätzung des Fehlers mit Hilfe des Restgliedes ergibt

$$R_{n+1} = \frac{e^{x_0 + \vartheta h}}{(n+1)!} \, h^{n+1}; \quad e^{x_0 + \vartheta h} < e^{x_0 + h} = e^{1,4}$$

$$\Rightarrow R_5 < \frac{e^{1,4}}{5!} \cdot 0,4^5 = \frac{4,05}{120} \cdot 0,010 < 0,5 \cdot 10^{-3}, {}^{1})$$

d. h. unser Ergebnis ist auf 3 Dezimalen sicher richtig:

$$\Rightarrow e^{1,4} = 4,055.$$

Sonderfälle der Taylor-Reihe. Ergänzungen.

1. Bricht man die TAYLOR-Reihe bereits nach dem ersten Glied ab und faßt alle übrigen Potenzen mit dem Restglied R_1 zusammen, so ergibt sich

$$\boxed{\begin{aligned} f(x_0 + h) &= f(x_0) + f'(x_0 + \vartheta h)\, h \\ 0 &< \vartheta < 1 \end{aligned}}$$

oder anders geschrieben

$$\frac{f(x_0 + h) - f(x_0)}{h} = f'(x_0 + \vartheta h).$$

Das ist aber der uns bereits bekannte *Mittelwertsatz* (vgl. II. 3.6.3), der somit als ein Spezialfall der TAYLOR-Reihe erscheint.

2. Wir wollen noch der TAYLOR-Reihe eine etwas andere Form geben. Zu diesem Zwecke ersetzen wir in

$$f(x_0 + h) = f(x_0) + \frac{f'(x_0)}{1!}\, h + \frac{f''(x_0)}{2!}\, h^2 + \cdots + \frac{f^{(n)}(x_0)}{n!}\, h^n + \cdots$$

das Argument $x_0 + h$ durch x, also h durch $x - x_0$ und bekommen

$$\boxed{\begin{aligned} f(x) &= f(x_0) + \frac{f'(x_0)}{1!}\,(x - x_0) + \\ &+ \frac{f''(x_0)}{2!}\,(x - x_0)^2 + \cdots + \frac{f^{(n)}(x_0)}{n!}\,(x - x_0)^n + \cdots \end{aligned}}$$

In dieser Form gibt die TAYLOR-Reihe an, wie man eine Funktion $f(x)$ in eine Reihe nach Potenzen von $x - x_0$ zu entwickeln hat. Will man diese Gestalt der TAYLOR-Reihe *unabhängig* von der früheren herleiten, so setzt man für $f(x)$ eine Potenzreihe gemäß

$$f(x) = b_0 + b_1(x - x_0) + b_2(x - x_0)^2 + \cdots + b_n(x - x_0)^n + \cdots$$

an und bestimmt die Koeffizienten $b_0, b_1, b_2, \ldots$, indem man in $f(x)$, $f'(x)$, $f''(x), \ldots$ jeweils $x = x_0$ setzt. Man erhält damit

$$f^{(n)}(x_0) = n!\, b_n$$

$$\Rightarrow b_n = \frac{f^{(n)}(x_0)}{n!}$$

${}^{1})$ Ohne die umseitig stehende Rechnung kann man $e^{1,4}$ mit Hilfe des Mittelwertsatzes (vgl. II. 3.6.3) zu $e^{1,4} < 4,5$ nach oben abschätzen.

für alle $n = 0, 1, 2, \ldots$ und daraus die obige Form. Der Leser führe dies zur Übung durch!

3. Ist $f(x)$ speziell eine ganz-rationale Funktion n-ten Grades (Polynom n-ten Grades)

$$f(x) = a_0 + a_1 x + a_2 x^2 + \cdots + a_n x^n = \sum_{i=0}^{n} a_i x^i,$$

so sind bekanntlich alle Ableitungen höher als n-ter Ordnung identisch Null

$$f^{(i)}(x) \equiv 0, \quad i > n$$

und die TAYLOR-Reihe bricht nach der n-ten Potenz ab:

$$\sum_{i=0}^{n} a_i x^i = f(x_0) + \frac{f'(x_0)}{1!} (x - x_0) +$$

$$+ \frac{f''(x_0)}{2!} (x - x_0)^2 + \cdots + \frac{f^{(n)}(x_0)}{n!} (x - x_0)^n.$$

Entstanden ist wieder ein Polynom n-ten Grades in Potenzen von $x - x_0$:

Satz: *Die TAYLOR-Reihen-Entwicklung eines Polynoms bedeutet lediglich eine Umordnung des Polynoms nach Potenzen von $x - x_0$. Die Koeffizienten können aus dem Vollständigen HORNER-Schema entnommen werden:*

$$
\begin{array}{c|llllll}
 & a_n & a_{n-1} & a_{n-2} \cdots & a_2 & a_1 & a_0 \\
x_0 & & x_0 a_n & x_0 a'_{n-1} \cdots x_0 a'_3 & x_0 a'_2 & x_0 a'_1 \\
\hline
 & a_n & a'_{n-1} & a'_{n-2} \cdots & a'_2 & a'_1 & \;\left| a'_0 = f(x_0) = b_0 \right. \quad {}^{1)} \\
x_0 & & x_0 a_n & x_0 a''_{n-1} \cdots x_0 a''_3 & x_0 a''_2 \\
\hline
 & a_n & a''_{n-1} & a''_{n-2} \cdots & a''_2 & \;\left| a''_1 = \dfrac{f'(x_0)}{1!} = b_1 \right. \\
x_0 & & x_0 a_n & x_0 a'''_{n-1} \cdots x_0 a'''_3 \\
\hline
 & a_n & a'''_{n-1} & a'''_{n-2} \cdots & \;\left| a'''_2 = \dfrac{f''(x_0)}{2!} = b_2 \right.
\end{array}
$$

$$
\begin{array}{c|l}
 & a_n \\
x_0 & \\
\hline
 & a_n = \dfrac{f^{(n)}(x_0)}{n!} = b_n
\end{array}
$$

Das Restglied R_{n+1} ist hier speziell identisch Null, d. h. das entstehende TAYLOR-Polynom stellt *exakt* das gegebene Polynom dar, was nicht anders zu erwarten ist, da es sich hier lediglich um eine identische Umformung des gegebenen Polynoms handelt.

---

[1]) Die Striche an den Koeffizienten a_i bedeuten hier keine Ableitungen, sondern sind reine Anzeigemarken. Im übrigen sei auf I. 1.2.4 hingewiesen.

4. Schließlich sei noch darauf hingewiesen, daß wir das TAYLOR-Polynom in der zweiten Form

$$P(x) = f(x_0) + \frac{f'(x_0)}{1!}(x - x_0) + \frac{f''(x_0)}{2!}(x - x_0)^2 + \cdots +$$
$$+ \frac{f^{(n)}(x_0)}{n!}(x - x_0)^n$$

bereits als Gleichung der *Schmiegungsparabel* n-ter Ordnung für die Funktion $f(x)$ kennengelernt haben. Die Bildkurve von $f(x)$ und die Schmiegungsparabel von $P(x)$ berühren einander an der Stelle x_0 von n-ter Ordnung (vgl. II. 3.7.12).

Ersetzt man eine Funktion $f(x)$ speziell durch ihr *lineares* TAYLOR-Polynom, schreibt also

$$f(x) \approx f(x_0) + f'(x_0)(x - x_0),$$

so bedeutet dies nach II. 3.6.2 die *Linearisierung* von $f(x)$ an der Stelle $x = x_0$, geometrisch also die Ersetzung durch die Tangente in diesem Punkte. Der früher stets getroffene Zusatz „für kleine $|x - x_0|$" kann jetzt etwas konkreter ersetzt werden durch die Bemerkung „falls $|R_2|$ unter einer vorgeschriebenen Schranke bleibt".

5.5 Integration durch Potenzreihenentwicklung

Die Potenzreihenentwicklung einer Funktion $f(x)$ leistet gute Dienste, wenn das Integral

$$\int f(x)\, dx$$

zu ermitteln ist, die Integralfunktion aber nicht in geschlossener Form dargestellt werden kann. Hat man $f(x)$ in ihre MACLAURIN-Reihe entwickelt, so kann diese für alle x des Gültigkeitsbereichs gliedweise integriert werden. Die Integralfunktion erscheint dann ebenfalls als Potenzreihe.

Dieses Integrieren durch Reihenentwicklung des Integranden hat gegenüber den in II. 4.4 erläuterten Näherungsmethoden den Vorzug, daß das Ergebnis in allgemeinerer Form erscheint, also die Integrationsgrenzen erst nachträglich eingesetzt werden. Hierbei müssen die Integrationsgrenzen innerhalb des Gültigkeitsbereichs der Potenzreihe liegen. Bei unbestimmten Integralen kann die entstehende Potenzreihe aber auch zur Definition der Integralfunktion herangezogen werden.

Beispiele

1. Das Integral

$$I = \int \frac{\sin x}{x}\, dx$$

ist in geschlossener Form nicht lösbar. Entwickelt man den Integranden in eine Potenzreihe gemäß

$$\frac{1}{x}\sin x = \frac{1}{x}\left(x - \frac{x^3}{3!} + \frac{x^5}{5!} - \frac{x^7}{7!} + \frac{x^9}{9!} - + \cdots\right)$$

$$= 1 - \frac{x^2}{3!} + \frac{x^4}{5!} - \frac{x^6}{7!} + \frac{x^8}{9!} - + \cdots$$

und integriert nun gliedweise, so wird

$$\int \frac{\sin x}{x}\,dx = x - \frac{x^3}{3\cdot 3!} + \frac{x^5}{5\cdot 5!} - \frac{x^7}{7\cdot 7!} + \frac{x^9}{9\cdot 9!} - + \cdots$$

Die Entwicklung ist für alle x gültig[1]). Man kann die Potenzreihe als Definition der Integralfunktion nehmen; in diesem Falle schreibt man das Integral als Funktion der oberen Grenze

$$Si(x) = \int_0^x \frac{\sin t}{t}\,dt = x - \frac{x^3}{3\cdot 3!} + \frac{x^5}{5\cdot 5!} - \frac{x^7}{7\cdot 7!} + - \cdots$$

und nennt $Si(x)$ den *Integralsinus*[2]) oder die *Integralsinusfunktion*. Man kann aber auch das bestimmte Integral

$$\int_a^b \frac{\sin x}{x}\,dx = Si(b) - Si(a)$$

berechnen; so erhält man beispielsweise für

$$\int_0^2 \frac{\sin x}{x}\,dx = 2 - \frac{2^3}{3\cdot 3!} + \frac{2^5}{5\cdot 5!} - \frac{2^7}{7\cdot 7!} + \frac{2^9}{9\cdot 9!} - + \cdots$$

bei Berücksichtigung von 5 Gliedern den auf 4 Dezimalen genauen Wert

$$Si(2) = 1{,}6054.$$

2. Man berechne das bestimmte Integral

$$I = \int_0^{0,5} \frac{\cos x}{\sqrt{1 - x^2}}\,dx!$$

Lösung: Der Integrand kann zunächst als Quotient zweier konvergenter Potenzreihen geschrieben werden

$$\frac{\cos x}{\sqrt{1-x^2}} = \frac{1 - \dfrac{x^2}{2!} + \dfrac{x^4}{4!} - \dfrac{x^6}{6!} + - \cdots}{1 - \dfrac{x^2}{2} - \dfrac{x^4}{8} - \dfrac{x^6}{16} - \cdots}.$$

Machen wir für den Quotienten den Reihenansatz mit unbestimmten Koeffizienten (II. 5.4.4) und berücksichtigen, daß der Quotient zweier gerader Funktionen wieder

---

[1]) Hierzu ist erforderlich, daß der Integrand noch für $x = 0$ den Wert 1 zugeordnet bekommt (Lückenbehebung).

[2]) $Si(x)$ von lat.: sinus integralis.

gerade ist, so haben wir anzusetzen[1])

$$1 - \frac{x^2}{2} + \frac{x^4}{24} - \frac{x^6}{720} + - \cdots \equiv (a_0 + a_2\,x^2 + a_4\,x^4 + a_6\,x^6 + \cdots) \times$$

$$\times \left(1 - \frac{x^2}{2} - \frac{x^4}{8} - \frac{x^6}{16} - \cdots\right)$$

$$\Rightarrow a_0 = 1, \quad a_2 = 0, \quad a_4 = \frac{1}{6}, \quad a_6 = \frac{11}{80}, \ldots$$

$$\int\limits_0^{0,5} \frac{\cos x}{\sqrt{1 - x^2}}\,dx = \int\limits_0^{0,5} \left(1 + \frac{x^4}{6} + \frac{11}{80}\,x^6 + \cdots\right) dx = \left[x + \frac{x^5}{30} + \frac{11}{560}\,x^7 + \cdots\right]_0^{0,5}.$$

Bei Berücksichtigung der ersten drei Glieder erhält man den auf 3 Dezimalen richtigen Wert

$$I = 0,501.$$

5.6 Elliptische Integrale

Definition: *Die Integrale*

$$F(k,\,\varphi) = \int\limits_0^{\varphi} \frac{d\psi}{\sqrt{1 - k^2 \sin^2\psi}}$$

$$E(k,\,\varphi) = \int\limits_0^{\varphi} \sqrt{1 - k^2\sin^2\psi}\,d\psi$$

werden das elliptische Integral erster bzw. zweiter Gattung genannt. Für den Modul k muß

$$k^2 < 1$$

erfüllt sein.

Setzt man

$$\sin\psi = t \Rightarrow \cos\psi\,d\psi = \sqrt{1 - t^2}\,d\psi = dt,$$

so kann man die beiden elliptischen Integrale auf die Form

$$F(k,\,x) = \int\limits_0^{x} \frac{dt}{\sqrt{(1 - t^2)(1 - k^2 t^2)}}$$

$$E(k,\,x) = \int\limits_0^{x} \sqrt{\frac{1 - k^2 t^2}{1 - t^2}}\,dt$$

bringen (und umgekehrt).

---

[1]) Die Reihe konvergiert im Durchschnitt beider Konvergenzbereiche, nämlich für $|x| < 1$.

Die elliptischen Integrale lassen sich nicht in geschlossener Form lösen. Man entwickelt ihre Integranden in Potenzreihen und integriert diese gliedweise. Ihren Namen haben diese Integrale vom Umfang der Ellipse, bei dessen Bestimmung man auf das elliptische Integral zweiter Gattung geführt wird. Das elliptische Integral erster Gattung tritt bei der Bestimmung der Schwingungsdauer eines Pendels (für beliebige Ausschläge) auf.

Beispiele

1. Man berechne die Länge eines Sinusbogens!

Lösung (Abb. 236): Nach II. 4.3.4 ist

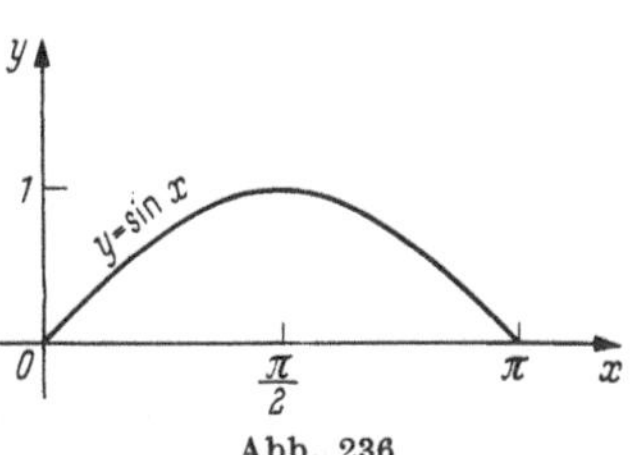

Abb. 236

$$s = \int\limits_{x_1}^{x_2} \sqrt{1 + y'^2}\, dx = \int\limits_0^\pi \sqrt{1 + \cos^2 x}\, dx$$

anzusetzen. Nun ist

$$\int\limits_0^\pi \sqrt{1 + \cos^2 x}\, dx = \int\limits_0^\pi \sqrt{1 + 1 - \sin^2 x}\, dx = \sqrt{2} \int\limits_0^\pi \sqrt{1 - \tfrac{1}{2} \sin^2 x}\, dx,$$

womit man mit $k^2 = \tfrac{1}{2}$ auf ein elliptisches Integral zweiter Gattung gekommen ist. Wegen

$$k^2 \sin^2 x < 1$$

kann der Integrand stets in eine binomische Reihe entwickelt werden; im vorliegenden Falle ergibt sich

$$s = \sqrt{2} \int\limits_0^\pi \left(1 - \frac{1}{4} \sin^2 x - \frac{1}{32} \sin^4 x - \frac{1}{128} \sin^6 x - \frac{5}{2048} \sin^8 x - \cdots\right) dx.$$

Mit Hilfe der Rekursionsformel (vgl. II. 4.2.3)

$$\int \sin^n x\, dx = -\frac{1}{n} \sin^{n-1} x \cos x + \frac{n-1}{n} \int \sin^{n-2} x\, dx$$

ergibt sich recht schnell

$$\int\limits_0^\pi \sin^2 x\, dx = \frac{\pi}{2}; \quad \int\limits_0^\pi \sin^4 x\, dx = \frac{3\pi}{8}; \quad \int\limits_0^\pi \sin^6 x\, dx = \frac{5\pi}{16}; \quad \int\limits_0^\pi \sin^8 x\, dx = \frac{35\pi}{128},$$

falls wir nach der 8. Potenz abbrechen wollen. Für s folgt damit

$$s = \pi \sqrt{2}\,(1{,}00000 - 0{,}12500 - 0{,}01172 - 0{,}00244 - 0{,}00067)$$

$$\Rightarrow s = 3{,}82.$$

Mehr Stellen anzuschreiben hat keinen Sinn, da die dritte Dezimale durch Rundungen bereits verwischt wird.

2. Ein um eine ortsfeste, nicht durch den Massenmittelpunkt gehende Achse drehbarer starrer Körper der Masse m sei um den Winkel α aus der Gleichgewichtslage ausgelenkt. Überläßt man ihn danach sich selbst, so führt er Schwingungen um die Gleichgewichtslage aus. Man berechne seine Schwingungsdauer T!

Lösung (Abb. 237): Vernachlässigt man die Dämpfung, so lautet der *Energiesatz*

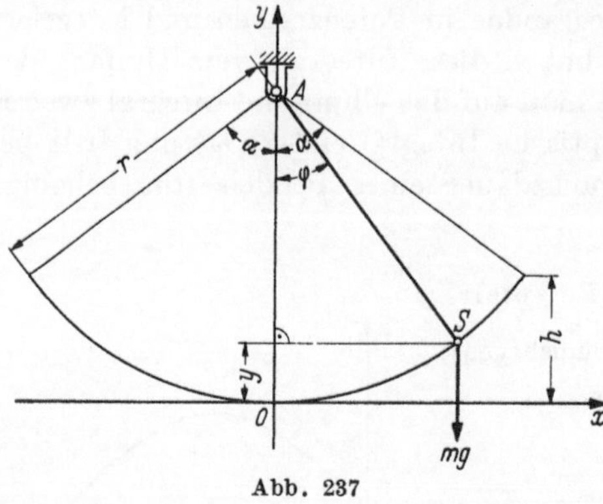

$$\frac{\Theta_A}{2}\,\omega_{max}^2 = \frac{\Theta_A}{2}\,\omega^2 + mg\,y,$$

wenn ω_{max} den Betrag der Winkelgeschwindigkeit beim Durchgang durch die Gleichgewichtslage und Θ_A das Massenträgheitsmoment bezüglich der Drehachse A darstellen. Es folgt

$$\omega^2 = \omega_{max}^2 - 2\,\frac{mg}{\Theta_A}\,y. \qquad (*)$$

Nun ist bekanntlich

$$\omega = \frac{d\varphi}{dt},$$

woraus mit der aus Abb. 237 ersichtlichen Beziehung

$$y = r(1 - \cos\varphi) = 2r\sin^2\frac{\varphi}{2}$$

$$dt = \frac{d\varphi}{\sqrt{\omega_{max}^2 - 4r\,\dfrac{mg}{\Theta_A}\sin^2\dfrac{\varphi}{2}}}$$

$$t = \int\limits_{\varphi=0}^{\varphi=\alpha} \frac{d\varphi}{\sqrt{\omega_{max}^2 - 4r\,\dfrac{mg}{\Theta_A}\sin^2\dfrac{\varphi}{2}}}$$

als Dauer einer *Viertelschwingung* folgt.

Da der Körper ohne Anfangswinkelgeschwindigkeit freigegeben werden soll, ergibt sich mit $\omega = 0$ und $y = h$ aus (*)

$$\omega_{max}^2 = 2\,\frac{mg}{\Theta_A}\,h = 2\,\frac{mg}{\Theta_A}\,r(1 - \cos\alpha) = 4\,\frac{mg}{\Theta_A}\,r\sin^2\frac{\alpha}{2}$$

$$t = \frac{1}{2}\sqrt{\frac{\Theta_A}{mg\,r}}\int\limits_0^\alpha \frac{d\varphi}{\sqrt{\sin^2\dfrac{\alpha}{2} - \sin^2\dfrac{\varphi}{2}}}.$$

Substituiert man

$$\sin\frac{\varphi}{2} = \sin\frac{\alpha}{2}\sin\psi$$

$$\Rightarrow \frac{1}{2}\cos\frac{\varphi}{2}\,d\varphi = \sin\frac{\alpha}{2}\cos\psi\,d\psi$$

$$\Rightarrow d\varphi = \frac{2\sin\dfrac{\alpha}{2}\cos\psi}{\sqrt{1 - \sin^2\dfrac{\varphi}{2}}}\,d\psi = \frac{2\sin\dfrac{\alpha}{2}\cos\psi}{\sqrt{1 - \sin^2\dfrac{\alpha}{2}\sin^2\psi}}\,d\psi,$$

so folgt nach Anpassung der neuen Integrationsgrenzen

$$\varphi = \alpha \Rightarrow \sin\psi = 1 \Rightarrow \psi = \frac{\pi}{2}$$

$$\varphi = 0 \Rightarrow \sin\psi = 0 \Rightarrow \psi = 0$$

$$t = \sqrt{\frac{\Theta_A}{mgr}} \int\limits_0^{\pi/2} \frac{\sin\frac{\alpha}{2}\cos\psi\, d\psi}{\sqrt{1 - \sin^2\frac{\alpha}{2}\sin^2\psi}\ \sqrt{\sin^2\frac{\alpha}{2}(1 - \sin^2\psi)}}$$

$$= \sqrt{\frac{\Theta_A}{mgr}} \int\limits_0^{\pi/2} \frac{d\psi}{\sqrt{1 - k^2\sin^2\psi}}$$

$$\Rightarrow T = 4t = 4\sqrt{\frac{\Theta_A}{mgr}} \int\limits_0^{\pi/2} \frac{d\psi}{\sqrt{1 - k^2\sin^2\psi}},$$

also ein elliptisches Integral *erster* Gattung mit $k^2 = \sin^2\frac{\alpha}{2} < 1$ als Modul. Entwickelt man den Integranden in seine Potenzreihe (binomische Reihe für $n = -\frac{1}{2}$), so folgt

$$T = 4\sqrt{\frac{\Theta_A}{mgr}} \int\limits_0^{\pi/2} \left(1 + \frac{1}{2}k^2\sin^2\psi + \frac{3}{8}k^4\sin^4\psi + \frac{5}{16}k^6\sin^6\psi + \cdots\right) d\psi$$

$$= 4\sqrt{\frac{\Theta_A}{mgr}} \left(\frac{\pi}{2} + \frac{\pi}{8}k^2 + \frac{9\pi}{128}k^4 + \frac{25\pi}{512}k^6 + \cdots\right)$$

$$\Rightarrow \boxed{T = 2\pi\sqrt{\frac{\Theta_A}{mgr}} \left(1 + \frac{1}{4}k^2 + \frac{9}{64}k^4 + \frac{25}{256}k^6 + \cdots\right)}$$

Für kleine Schwingungsausschläge ergibt sich damit die für viele technische Anwendungen genügend genaue Formel:

$$T = 2\pi\sqrt{\frac{\Theta_A}{mgr}}.$$

5.7 Fourier-Reihen

Die Darstellung einer Funktion durch eine Taylor-Reihe ist nicht die einzige Möglichkeit, unendliche Reihen als Darstellungsform zu benutzen. Ist die Funktion periodisch, beschreibt sie etwa mechanische oder elektrische Schwingungsvorgänge, so eignen sich Sinus- und Kosinusfunktionen auf Grund ihrer Periodizität weit besser als Potenzfunktionen für die Glieder der Reihe. Hat die gegebene Funktion die primitive Periode 2π, genügt sie also der Funktionalgleichung

$$f(x + 2\pi) = f(x),$$

so wird man ansetzen

$$f(x) = a_0 + a_1\cos x + a_2\cos 2x + \cdots + a_n\cos nx + \cdots$$
$$+ b_1\sin x + b_2\sin 2x + \cdots + b_n\sin nx + \cdots,$$

weil *sämtliche* hier auftretenden Glieder periodisch mit 2π sind. Man spricht bei $\sin x$ und $\cos x$ gern von Grundschwingungen, während die nächstfolgenden Glieder „Oberschwingungen" sind. Ihre primitive Periode wird mit zunehmendem n immer kleiner, allgemein hat, wie man unmittelbar sieht, $\cos n\,x$ bzw. $\sin n\,x$ die primitive Periode $2\pi/n$.

Definition: *Ein Ausdruck der Form*

$$s_n(x) = \frac{a_0}{2} + \sum_{i=1}^{n} (a_i \cos i\,x + b_i \sin i\,x)$$

heißt eine **trigonometrische Summe**[1]), *eine Reihe der Form*

$$\frac{a_0}{2} + \sum_{n=1}^{\infty} (a_n \cos n\,x + b_n \sin n\,x)$$

wird eine **trigonometrische Reihe** *genannt.*

Bei der Bestimmung der Koeffizienten a_0, a_n, $b_n (n = 1, 2, \ldots)$ geht man von der *Forderung* aus, daß die Annäherung der gegebenen Funktion durch die trigonometrische Summe „überall möglichst gut" sein soll. Damit meint man, der mittlere quadratische Fehler

$$\frac{1}{2\pi} \int\limits_0^{2\pi} [f(x) - s_n(x)]^2\,dx$$

soll ein Minimum werden[2]). Auf Grund dieser Minimalforderung ergeben sich die Koeffizienten zu

$$a_0 = \frac{1}{\pi} \int\limits_0^{2\pi} f(x)\,dx$$

$$a_n = \frac{1}{\pi} \int\limits_0^{2\pi} f(x) \cos n\,x\,dx$$

$$b_n = \frac{1}{\pi} \int\limits_0^{2\pi} f(x) \sin n\,x\,dx$$

$$n = 1, 2, 3, \ldots$$

Definition: *Die durch vorstehende Integrale bestimmten Zahlen a_0, a_n, b_n heißen* **Fourier**[3])**-Koeffizienten,** *die mit ihnen gebildete trigonometrische Reihe die* **Fourier-Reihe** *der gegebenen Funktion $f(x)$.*

---

[1]) Auch trigonometrisches Polynom genannt ($\cos n\,x$ bzw. $\sin n\,x$ lassen sich nach I.4.10 als Polynome n-ten Grades in $\cos x$ bzw. $\sin x$ darstellen!)

[2]) Diese Forderung ist also anders als bei den TAYLOR-Reihen; dort ergaben sich „Schmiegungsparabeln", hier dagegen „Ausgleichsparabeln" für die $s_n(x)$.

[3]) J. B. FOURIER (1768 ... 1830), französischer Mathematiker.

Bemerkungen

1. Liegt die gegebene Kurve symmetrisch zur y-Achse, ist $f(x)$ also eine gerade Funktion,

$$f(-x) = f(x),$$

so enthält die Fourier-Reihe nur Kosinusfunktionen (denn diese sind ihrerseits gerade!)

$$b_1 = b_2 = \cdots = b_n = \cdots = 0.$$

2. Verläuft die gegebene Kurve punktsymmetrisch zum Ursprung, ist $f(x)$ also ungerade,

$$f(-x) = -f(x),$$

so enthält die Fourier-Reihe ausschließlich Sinusfunktionen (denn diese sind ihrerseits ungerade!)

$$a_0 = a_1 = a_2 = \cdots = a_n = \cdots = 0.$$

3. Hat $f(x)$ die beliebige Periode T, gilt also für alle x

$$f(x + T) = f(x),$$

so lautet die Fourier-Reihe

$$\frac{a_0}{2} + \sum_{n=1}^{\infty} \left[a_n \cos \frac{2\pi n}{T} x + b_n \sin \frac{2\pi n}{T} x \right]$$

und ihre Koeffizienten bestimmen sich gemäß

$$a_0 = \frac{2}{T} \int_0^T f(x)\,dx, \quad a_n = \frac{2}{T} \int_0^T f(x) \cos \frac{2\pi n}{T}\,dx, \quad b_n = \frac{2}{T} \int_0^T f(x) \sin \frac{2\pi n}{T}\,dx.$$

4. Nicht jede Funktion kann durch eine Fourier-Reihe dargestellt werden. *Hinreichend* für Konvergenz und Darstellbarkeit ist, daß sich der Grundbereich der primitiven Periode in eine endliche Anzahl von Teilbereichen zerlegen läßt, in denen jeweils $f(x)$ monoton und stetig ist (sog. Dirichlet[1])-Bedingung).

Beispiele

1. Man gebe die Fourier-Reihendarstellung der Funktion

$$f(x) = \begin{cases} x & \text{für} \quad -\pi < x < +\pi \\ 0 & \text{für} \quad x = \pm\pi \end{cases}$$

$$f(x + 2\pi) = f(x) \quad \text{für alle} \quad x$$

an (Abb. 238).

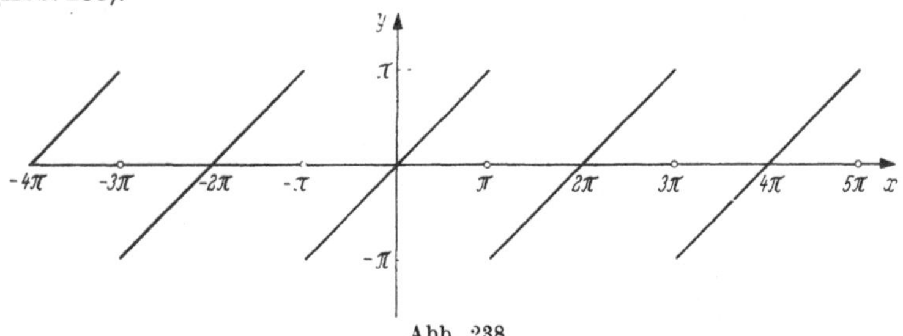

Abb. 238

---

[1]) P. G. L. Dirichlet (1805 ... 1859), deutscher Mathematiker.

Lösung: Die vorgelegte Funktion ist ungerade, also gilt
$$a_n = 0 \quad (n = 0, 1, 2, \ldots).$$

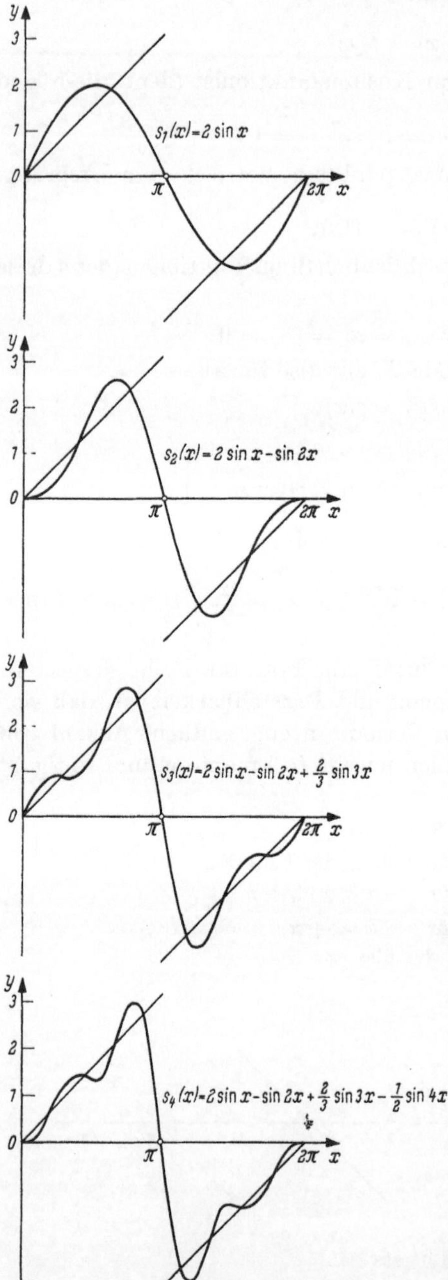

Abb. 239

Für die übrigen Koeffizienten b_n folgt nach Bemerkung 3 mittels Produktintegration (vgl. II. 4.2.2)

$$b_n = \frac{1}{\pi} \int\limits_{-\pi}^{\pi} x \sin n\, x \, dx = \frac{1}{\pi} \times$$

$$\times \left[-\frac{x \cos n\, x}{n} + \frac{\sin n\, x}{n^2} \right]_{-\pi}^{+\pi}$$

$$= \frac{1}{\pi} \left(-\frac{\pi \cos n\, \pi}{n} - \frac{\pi \cos n\, \pi}{n} \right)$$

$$= -\frac{2}{n} \cdot \begin{cases} -1 & \text{für} \quad n = 1, 3, 5, \ldots \\ +1 & \text{für} \quad n = 2, 4, 6, \ldots \end{cases}$$

$$= (-1)^{n+1} \frac{2}{n}.$$

Damit lautet die gesuchte FOURIER-Reihe

$$f(x) = 2 \left(\frac{\sin x}{1} - \frac{\sin 2x}{2} + \right.$$

$$\left. + \frac{\sin 3x}{3} - \frac{\sin 4x}{4} + - \cdots \right)$$

In Abb. 239 sind die ersten vier trigonometrischen Teilsummen

$$s_1(x) = 2 \sin x$$

$$s_2(x) = 2 \sin x - \sin 2x$$

$$s_3(x) = 2 \sin x - \sin 2x + \tfrac{2}{3} \sin 3x$$

$$s_4(x) = 2 \sin x - \sin 2x + \tfrac{2}{3} \sin 3x - \tfrac{1}{2} \sin 4x$$

für $0 \leqq x \leqq 2\pi$ aufgezeichnet. Man beachte, wie die Approximation umso besser ausfällt, je mehr Oberschwingungen berücksichtigt werden.

2. Entwickle die Funktion

$$f(x) = \begin{cases} -a & \text{für} \quad -\pi < x < 0 \\ a & \text{für} \quad 0 < x < \pi \\ 0 & \text{für} \quad x = 0, \pm \pi \end{cases}$$

$$f(x + 2\pi) = f(x) \quad \text{für alle} \quad x$$

in eine FOURIER-Reihe (Abb. 240).

Lösung: Alle a_n sind gleich Null, da $f(x)$ ungerade ist. Für die b_n bekommt man unter Beachtung der

Unstetigkeit bei $x = 0$, welche eine Aufspaltung in zwei Integrale erfordert,

$$b_n = \frac{1}{\pi} \int\limits_{-\pi}^{0} (-a) \sin n\, x\, dx + \frac{1}{\pi} \int\limits_{0}^{\pi} a \sin n\, x\, dx$$

$$= \frac{a}{\pi} \left(- \int\limits_{-\pi}^{0} \sin n\, x\, dx + \int\limits_{0}^{\pi} \sin n\, x\, dx \right)$$

$$= \frac{a}{\pi} \left(- \left[-\frac{1}{n} \cos n\, x \right]_{-\pi}^{0} + \left[-\frac{1}{n} \cos n\, x \right]_{0}^{\pi} \right)$$

$$= \frac{a}{\pi\, n} \begin{cases} 0 & \text{für} \quad n = 2,\, 4,\, 6,\, \ldots \\ 4 & \text{für} \quad n = 1,\, 3,\, 5,\, \ldots \end{cases}$$

$$\Rightarrow f(x) = \frac{4a}{\pi} \left(\frac{\sin x}{1} + \frac{\sin 3x}{3} + \frac{\sin 5x}{5} + \cdots \right)$$

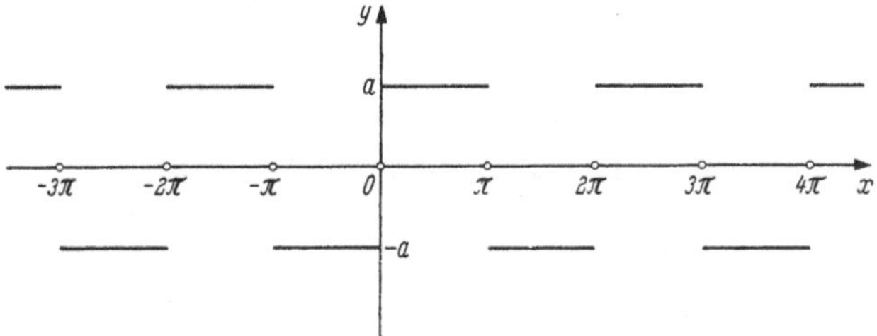

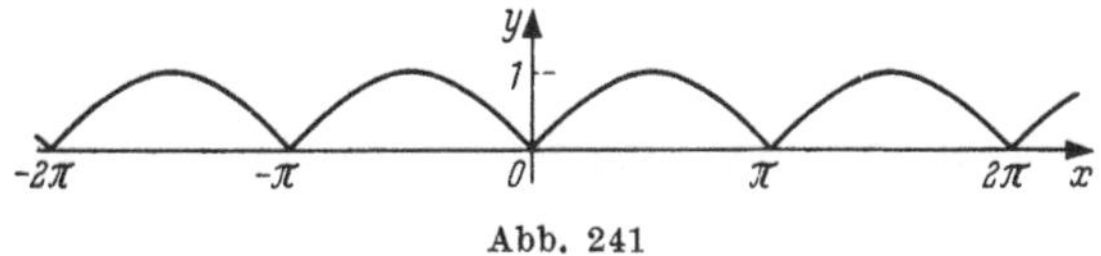

Abb. 240

3. Man ermittle die Fourier-Reihenentwicklung der Funktion („kommutierter Sinusstrom")

$$f(x) = \begin{cases} -\sin x & \text{für} \quad -\pi \leq x < 0 \\ \sin x & \text{für} \quad 0 \leq x < \pi \end{cases}$$

$$f(x + 2\pi) = f(x) \quad \text{für alle} \quad x$$

Lösung (Abb. 241): Die überall stetige Funktion ist gerade, also gilt

$$b_n = 0 \qquad\qquad (n = 1,\, 2,\, 3,\, \ldots).$$

Abb. 241

Für die a_n bekommt man

$$a_0 = \frac{1}{\pi} \int\limits_{-\pi}^{0} (-\sin x)\, dx + \frac{1}{\pi} \int\limits_{0}^{\pi} \sin x\, dx = \frac{4}{\pi}$$

$$a_n = \frac{1}{\pi} \int\limits_{-\pi}^{0} (-\sin x) \cos n\, x\, dx + \frac{1}{\pi} \int\limits_{0}^{\pi} \sin x \cos n\, x\, dx.$$

Zur formalen Integration verwandelt man die unter den Integralen stehenden Produkte mit der aus der Goniometrie (vgl. I.2.3.3) bekannten Identität

$$\sin x \cos n\, x = \tfrac{1}{2} [\sin (1 + n) x + \sin (1 - n) x]$$

zunächst jeweils in eine Summe und integriert diese gliedweise. Dabei erhält man

$$a_n = -\frac{1}{2\pi} \int\limits_{-\pi}^{0} [\sin(1+n)\,x + \sin(1-n)\,x]\,dx +$$

$$+\frac{1}{2\pi} \int\limits_{0}^{\pi} [\sin(1+n)\,x + \sin(1-n)\,x]\,dx$$

$$= -\frac{1}{2\pi} \left[-\frac{\cos(1+n)\,x}{1+n} - \frac{\cos(1-n)\,x}{1-n} \right]_{-\pi}^{0} +$$

$$+\frac{1}{2\pi} \left[-\frac{\cos(1+n)\,x}{1+n} - \frac{\cos(1-n)\,x}{1-n} \right]_{0}^{\pi}$$

$$= \begin{cases} \dfrac{4}{\pi(1-n^2)} & \text{für} \quad n = 2, 4, 6, \ldots \\[2mm] 0 & \text{für} \quad n = 1, 3, 5, \ldots \end{cases}$$

Damit lautet die gesuchte FOURIER-Reihe

$$f(x) = \frac{2}{\pi} - \frac{4}{\pi} \left(\frac{\cos 2x}{3} + \frac{\cos 4x}{15} + \frac{\cos 6x}{35} + \cdots \right).$$

6 Gewöhnliche Differentialgleichungen

6.1 Allgemeine Begriffsbildungen

Definition: *Eine gewöhnliche Differentialgleichung ist eine Bestimmungsgleichung für eine gesuchte Funktion $y = y(x)$, falls die gegebene Gleichung Ableitungen von y enthält.*
Die Ordnung der höchsten auftretenden Ableitung wird die Ordnung der Differentialgleichung[1]) genannt.

Die allgemeine Differentialgleichung n-ter Ordnung für eine Funktion $y = y(x)$ kann demnach wie folgt geschrieben werden

$$\boxed{\begin{aligned} &F(x, y, y', y'', \ldots, y^{(n)}) = 0 : \textit{implizite Form} \\ &y^{(n)} = f(x, y, y', \ldots, y^{(n-1)}) : \textit{explizite Form} \end{aligned}}$$

Als *Lösungsfunktion*, *Lösung* oder *Integral* einer Differentialgleichung bezeichnet man jede Funktion $y = y(x)$, die, samt ihren Ableitungen in die Differentialgleichung eingesetzt, diese identisch erfüllt. So ist $y(x)$

---

[1]) Differentialgleichung steht im folgenden stets für gewöhnliche Differentialgleichung. Nichtgewöhnliche, sog. partielle Differentialgleichungen, mit denen Funktionen von mehreren Veränderlichen bestimmt werden, finden hier keine Erläuterung.

eine Lösung von

$$F(x, y, y', y'', \ldots, y^{(n)}) = 0,$$

wenn

$$F(x, y(x), y'(x), y''(x), \ldots, y^{(n)}(x)) \equiv 0$$

gilt. Die Differentialgleichung zweiter Ordnung,

$$y'' - y = 0,$$

besitzt beispielsweise die Lösung

$$y = A \sinh x + B \cosh x,$$

denn setzt man diese samt ihrer zweiten Ableitung in die Gleichung ein, so ergibt sich die Identität

$$A \sinh x + B \cosh x - A \sinh x - B \cosh x \equiv 0,$$

und zwar für alle reellen A und B. Auf diese Weise kann man von einer gefundenen Lösung also stets die *Probe* machen.

Man betrachtet eine Differentialgleichung allgemein als gelöst (oder integriert), wenn sie auf die Bestimmung von Integralen (Quadraturen) zurückgeführt ist. Die Integrale müssen dabei nicht in geschlossener Form lösbar, die Lösungsfunktionen also nicht notwendig in elementarer Form herstellbar sein. In komplizierteren Fällen muß man sich mit numerischen Näherungslösungen oder mit approximierenden TAYLOR-Polynomen begnügen.

Treten in einer Differentialgleichung die gesuchte Funktion samt ihren Ableitungen *höchstens in der ersten Potenz* und nicht miteinander multipliziert auf, so heißt sie *linear* und kann in folgender Form geschrieben werden

$$y^{(n)} + \varphi_{n-1}(x) y^{(n-1)} + \varphi_{n-2}(x) y^{(n-2)} + \cdots + \varphi_1(x) y' + \varphi_0(x) y = \psi(x)$$

Hierin sind die Koeffizienten $\varphi_i(x)$ stetige Funktionen von x. Lineare Differentialgleichungen spielen in Theorie und Praxis eine besonders große Rolle (vgl. II. 6.3.3).

Beim Integrieren treten Integrationskonstanten auf. Eine Differentialgleichung n-ter Ordnung verlangt n Integrationen, so daß die Lösungsfunktion n Konstanten enthalten wird.

Definition: *Bei einer Differentialgleichung unterscheidet man drei Typen von Lösungen*

1. *die* **allgemeine Lösung;** *sie enthält n unbestimmte und unabhängig voneinander wählbare Konstanten*:

$$y = y(x, C_1, C_2, \ldots, C_n),$$

falls die Differentialgleichung von n-ter Ordnung ist;

25*

*2. **partikuläre (spezielle) Lösungen;** sie gehen durch spezielle Wahl der C_i aus der allgemeinen Lösung hervor;*

*3. **singuläre Lösungen;** das sind Lösungen der Differentialgleichung, die in 1. nicht enthalten sind.*

Die Differentialgleichung erster Ordnung

$$y' = 2\sqrt{y}$$

hat die allgemeine Lösung

$$y = (x + C)^2,$$

was man durch Einsetzen in die Gleichung sofort bestätigt. Geometrisch ist dies eine Schar von Normalparabeln, welche die x-Achse berühren und nach oben geöffnet sind (Abb. 242). Für jeden speziellen Wert von C erhält man eine partikuläre Lösung, geometrisch also eine spezielle Lösungskurve der Schar. Schließlich hat die Differentialgleichung noch die singuläre Lösung

$$y = 0,$$

die durch keine Wahl von C aus der allgemeinen hervorgeht und geometrisch nicht

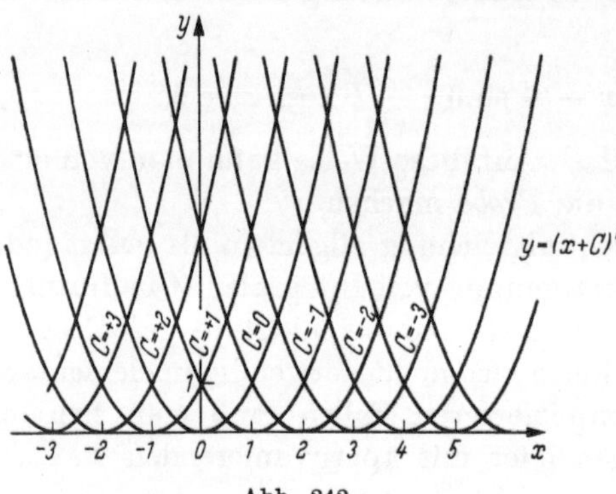

Abb. 242

der Parabelschar angehört. Sie ist aber „Einhüllende" der Schar, da sie jede Parabel im Scheitel berührt.

Allgemein gilt der

Satz: *Die allgemeine Lösung einer Differentialgleichung n-ter Ordnung stellt geometrisch eine n-parametrige Kurvenschar dar.*

Umgekehrt kann jede n-parametrige Kurvenschar durch eine Differentialgleichung n-ter Ordnung beschrieben werden.

Ist die n-parametrige Kurvenschar durch die Gleichung

$$y = y(x, C_1, C_2, \ldots, C_n)$$

gegeben, so gelangt man zur Differentialgleichung, indem man die n Ableitungen hinzunimmt und aus dem System von $n + 1$ Gleichungen

$$\left. \begin{aligned} y\ \ &= y(x, C_1, C_2, \ldots, C_n) \\ y'\ &= y'(x, C_1, C_2, \ldots, C_n) \\ y''\ &= y''(x, C_1, C_2, \ldots, C_n) \\ &\ \ \vdots \qquad\qquad \vdots \\ y^{(n)} &= y^{(n)}(x, C_1, C_2, \ldots, C_n) \end{aligned} \right\}$$

die n Parameter $C_1, C_2, \ldots, C_n$ eliminiert.

Die Schar aller Geraden durch den Ursprung hat beispielsweise die Gleichung

$$y = C\,x\,,$$

worin C den Scharparameter (jede reelle Zahl) bedeutet. Zusammen mit der Ableitung

$$y' = C$$

folgt damit als zugehörige Differentialgleichung

$$y = y'\,x\,.$$

Die zweiparametrige Schar sämtlicher Einheitskreise der xy-Ebene hat offenbar die Gleichung

$$(x - C_1)^2 + (y - C_2)^2 = 1\,.$$

Durch zweimaliges Ableiten der impliziten Form erhält man

$$2(x - C_1) + 2(y - C_2)\,y' = 0$$
$$2x + 2y'^2 + 2(y - C_2)\,y'' = 0\,,$$

woraus man zunächst

$$y - C_2 = -\,\frac{x + y'^2}{y''}$$
$$x - C_1 = -\,\frac{(x + y'^2)\,y'}{y''}$$

und nach Einsetzen in die Schargleichung

$$(1 + y'^2)^3 = y''^2$$

als zugehörige Differentialgleichung bekommt.[1])

Es sei darauf hingewiesen, daß eine auf diesem Wege gewonnene Differentialgleichung unter Umständen mehr Lösungen besitzen kann, als die ursprüngliche Kurvenschar aufwies. So bestimmt man etwa für die Schar von Exponentialkurven

$$y = C\,e^x, \quad C \neq 0$$

mit

$$y' = C\,e^x$$

die Differentialgleichung

$$y = y'\,.$$

Andererseits hat diese neben der allgemeinen Lösung

$$y = C\,e^x, \quad C \neq 0$$

noch die singuläre Lösung

$$y = 0\,,$$

d. h. die x-Achse, die unter den Exponentialkurven nicht vorkommt.

---

[1]) Das ist die Formel für den Krümmungskreisradius ϱ (vgl. II. 3.7.12), falls man $\varrho = 1$ setzt! Hier ist die Formel als Differentialgleichung für $y(x)$ zu verstehen, d. h. als Aufforderung, sämtliche Einheitskreise der Ebene zu suchen und ihre Schargleichung anzugeben.

6.2 Differentialgleichungen erster Ordnung

6.2.1 Trennung der Veränderlichen

Läßt sich die rechte Seite der Differentialgleichung

$$y' = f(x, y)$$

in der Produktform

$$\boxed{y' = f_1(x)\, f_2(y)}$$

schreiben — wobei also der eine Faktor nur von x, der andere nur von y abhängt — so kann man die Veränderlichen trennen, indem man sie auf verschiedene Seiten der Gleichung verteilt ($f_2(y) \neq 0$ vorausgesetzt):

$$\frac{dy}{dx} = f_1(x)\, f_2(y) \Rightarrow \frac{dy}{f_2(y)} = f_1(x)\, dx.$$

Beiderseitige Integration ergibt dann

$$\boxed{\int \frac{dy}{f_2(y)} = \int f_1(x)\, dx + C}$$

als allgemeine Lösung. Man nennt dieses Verfahren „Integration durch Trennung der Veränderlichen".

Bei angewandten Aufgaben sucht man meistens nicht die allgemeine Lösung

$$y = y(x) + C,$$

sondern eine spezielle, durch den Punkt $P_1(x_1, y_1)$ verlaufende Lösungskurve. Diese Forderung kommt durch die

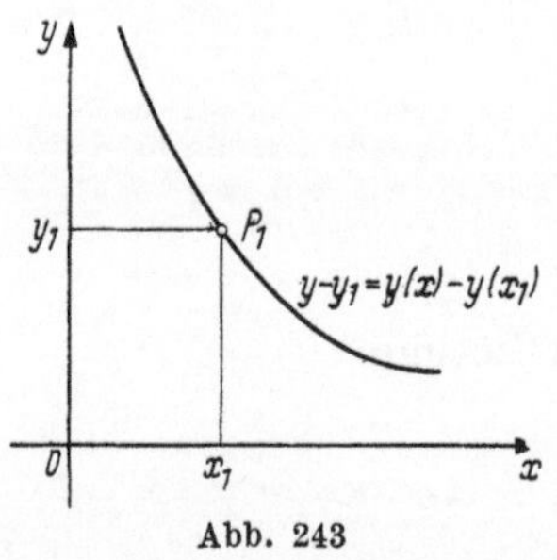

Abb. 243

Anfangsbedingung $\boxed{y(x_1) = y_1}$

zum Ausdruck. Mit ihr folgt

$$y_1 = y(x_1) + C \Rightarrow C = y_1 - y(x_1)$$

und damit

$$\boxed{y - y_1 = y(x) - y(x_1)}$$

als gesuchte Integralkurve (Abb. 243).

Beispiele

1. Die Differentialgleichung

$$y\, y' + x = 0$$

läßt sich in der Form

$$y' = -\frac{1}{y}\, x$$

schreiben, also durch Trennen der Veränderlichen lösen:

$$y\,dy = -x\,dx$$
$$\int y\,dy = -\int x\,dx$$
$$\tfrac{1}{2}\,y^2 = -\tfrac{1}{2}\,x^2 + C$$
$$\Rightarrow x^2 + y^2 = R^2 \quad (R^2 = 2C, \quad C > 0).$$

Es ergibt sich eine zum Ursprung konzentrische Kreisschar.

2. Gesucht ist die durch den Punkt $P_1(0; -1)$ verlaufende Integralkurve der Differentialgleichung

$$y' - (x + 2)\,y = 0.$$

Lösung: Nach Trennung der Veränderlichen

$$\frac{d\,y}{y} = (x + 2)\,dx$$

ergibt die Integration

$$\ln|y| = \tfrac{1}{2}\,x^2 + 2x + C$$
$$|y| = e^{\frac{1}{2}x^2 + 2x}\,e^{C}$$
$$y = K e^{\frac{1}{2}x^2 + 2x},$$

wenn man

$$K = \pm e^{C}$$

setzt. Die Berücksichtigung der Anfangsbedingung liefert

$$-1 = K$$

und damit

$$y = -e^{\frac{1}{2}x^2 + 2x}$$

als gesuchte spezielle Integralkurve.

3. Für welche den Ursprung enthaltende Kurve ist der Subnormalenabschnitt (vgl. II. 3.6.1) überall gleich dem geometrischen Mittel aus den Koordinaten des zugehörigen Punktes?

Lösung: Es ist der Subnormalenabschnitt durch $y\,y'$, das geometrische Mittel durch $\sqrt{x\,y}$ gegeben, also lautet die Bedingungsgleichung

$$y\,y' = \sqrt{x\,y}.$$

Schließen wir die triviale Lösung $y \equiv 0$ aus, so wird mit $y \not\equiv 0$

$$\sqrt{y}\,dy = \sqrt{x}\,dx$$
$$\frac{2}{3}\,y^{3/2} = \frac{2}{3}\,x^{3/2} + C$$
$$y = \sqrt[3]{(x\sqrt{x} + K)^2} \quad \left(K = \frac{3}{2}\,C\right)$$

als allgemeine Lösung. Die Anfangsbedingung

$$y(0) = 0$$

erzwingt $K = 0$ und damit

$$y = x$$

als gesuchte Kurve. Man kontrolliere den Sachverhalt an Abb. 244!

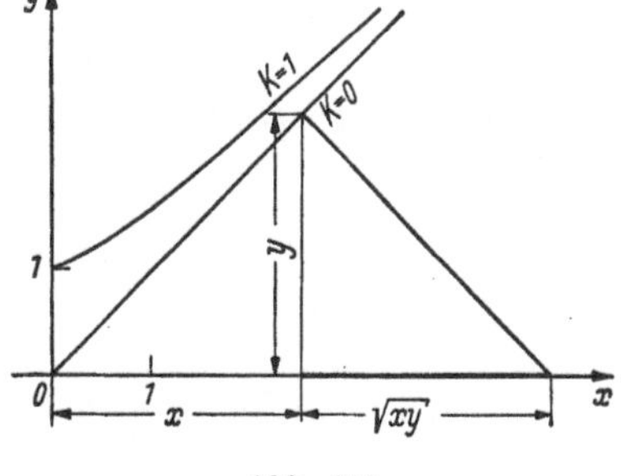

Abb. 244

4. Für welche Kurven hat der Tangentenabschnitt (vgl. II. 3.6.1) überall die konstante Länge l?

Lösung: Als Bedingungsgleichung ergibt sich

$$\frac{y}{y'}\sqrt{1+y'^2}=l.$$

Führen wir hier

$$x'=\frac{dx}{dy}=\frac{1}{y'}$$

ein, so kann man die Variablen leicht trennen:

$$y\sqrt{1+x'^2}=l$$

$$1+x'^2=\frac{l^2}{y^2}$$

$$x'=\sqrt{\frac{l^2-y^2}{y^2}}$$

$$x=\int\sqrt{\frac{l^2-y^2}{y^2}}\,dy.$$

Das Integral läßt sich in geschlossener Form lösen. Hierzu setze man etwa

$$y=l\sin\alpha,\quad dy=l\cos\alpha\,d\alpha,$$

bekommt damit

$$l\int\frac{\cos^2\alpha}{\sin\alpha}\,d\alpha=l\left[\int\frac{d\alpha}{\sin\alpha}-\int\sin\alpha\,d\alpha\right]=l\left(\ln\tan\frac{\alpha}{2}+\cos\alpha\right)+C$$

und nach Resubstitution

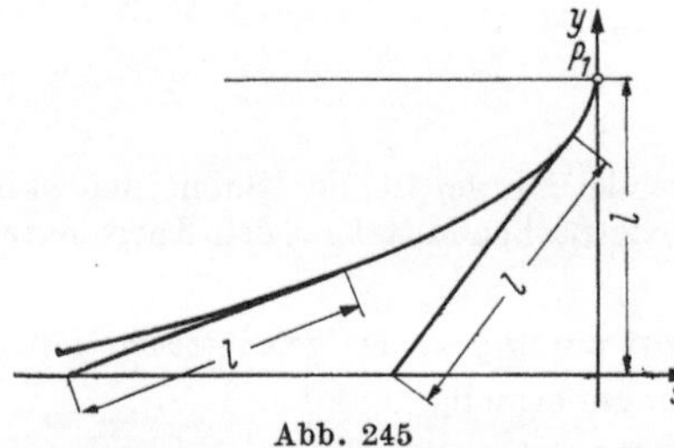

$$x=\sqrt{l^2-y^2}+\frac{l}{2}\ln\frac{l-\sqrt{l^2-y^2}}{l+\sqrt{l^2-y^2}}+C.$$

Die durch den Punkt $P(0,l)$ gehende Integralkurve hat die Gleichung ($C=0$)

$$x=\sqrt{l^2-y^2}+\frac{l}{2}\ln\frac{l-\sqrt{l^2-y^2}}{l+\sqrt{l^2-y^2}}.$$

Abb. 245

Kurven dieser Art heißen *Schleppkurven*. Die durch $P_1(0;l)$ gehende Schleppkurve hat den in Abb. 245 dargestellten Verlauf[1]). Für $y\to0$ geht $x\to-\infty$.

6.2.2 Homogene Differentialgleichungen

Definition: *Eine Funktion $f(x,y)$ heißt homogen vom Grade k, wenn*

$$\boxed{f(t\,x,t\,y)=t^k\,f(x,y)}$$

für jedes $t>0$ gilt.

---

[1]) Ein zum Punkte P_1 strebender Hund, der von einem sich längs der x-Achse bewegenden Jäger an einer Leine der festen Länge l gehalten wird, läuft entlang der Schleppkurve (vorausgesetzt, daß die Leine stets gespannt ist).

Beispielsweise ist

$$f(x,\,y) = a\,x^2 + b\,x\,y + c\,y^2$$

homogen vom Grade 2, da

$$f(t\,x,\,t\,y) = a\,t^2\,x^2 + b\,t^2\,x\,y + c\,t^2\,y^2 = t^2\,f(x,\,y)$$

gilt. Hingegen ist die Funktion

$$f(x,\,y) = \ln\frac{x}{y}$$

homogen vom Grade 0, da

$$f(t\,x,\,t\,y) = \ln\frac{tx}{ty} = \ln\frac{x}{y} = t^0\,f(x,\,y) = f(x,\,y)$$

ist. Jede Funktion $f(x,\,y)$, die homogen vom Grade 0 ist, läßt sich als Funktion des *Quotienten beider Veränderlichen* schreiben, denn aus

$$f(t\,x,\,t\,y) = f(x,\,y)$$

folgt nach beiden Seiten

$$f(x,\,y) = \varphi\left(\frac{x}{y}\right) = \psi\left(\frac{y}{x}\right),$$

und genau dann kürzt sich jedes solches t heraus. Differentialgleichungen erster Ordnung $y' = f(x,\,y)$, deren rechte Seite homogen vom Grade Null ist, nennt man Homogene Differentialgleichungen.

Satz: *Ist $f(x,\,y)$ homogen vom Grade Null, so kann die* **Homogene Differentialgleichung**

$$\boxed{\;y' = f(x,\,y) = \varphi\left(\frac{y}{x}\right)\;}$$

mittels der Substitution

$$\boxed{\;\frac{y}{x} = z \Rightarrow y = z\,x \Rightarrow \frac{dy}{dx} = \frac{dz}{dx}\,x + z\;}$$

durch Trennung der Veränderlichen gelöst werden.

Beweis: Geht man mit

$$\frac{y}{x} = z,\; \frac{dy}{dx} = y' = \frac{dz}{dx}\,x + z$$

in die gegebene Differentialgleichung ein, so erhält man

$$\frac{dz}{dx}\,x + z = \varphi(z)$$

$$\frac{dz}{dx}\,x \qquad = \varphi(z) - z$$

1. Fall: $\varphi(z) - z \neq 0 \; (x \neq 0)$.

Dann ergibt die Trennung der Veränderlichen

$$\frac{dz}{\varphi(z) - z} = \frac{dx}{x}$$

$$\int \frac{dz}{\varphi(z) - z} = \ln |C\,x| \; ^{1)}$$

$$|C\,x| = e^{\int \frac{dz}{\varphi(z)-z}}$$

$$C\,x = \pm\, e^{\int \frac{dz}{\varphi(z)-z}}$$

$$\boxed{x = K\, e^{\int \frac{dz}{\varphi(z)-z}}} \qquad \left(K = \pm \frac{1}{C} \neq 0\right).$$

Damit ist die allgemeine Lösung gefunden; selbstverständlich ist nachträglich z wieder durch $\frac{y}{x}$ zu ersetzen.

2. Fall: $\varphi(z) - z = 0 \quad (x \neq 0)$

Hier ergibt sich aus

$$\frac{dz}{dx}\, x = 0 \Rightarrow \frac{dz}{dx} = 0$$

$$z = C = \frac{y}{x}$$

$$\boxed{y = C\,x}$$

also ein Geradenbüschel mit dem Ursprung als Träger.

Beispiel: Die Differentialgleichung

$$(x^2 - y^2)\, dx + 2x\,y\,dy = 0$$

lautet in der expliziten Form

$$\frac{dy}{dx} = y' = \frac{-x^2 + y^2}{2x\,y} = \frac{\left(\dfrac{y}{x}\right)^2 - 1}{2\,\dfrac{y}{x}}$$

ist also homogen. Der Ansatz

$$\frac{y}{x} = z, \quad y = z\,x, \quad \frac{dy}{dx} = \frac{dz}{dx}\,x + z$$

führt auf

$$\frac{dx}{x} = -\,\frac{2z}{1 + z^2}\,dz$$

$$\ln |C\,x| = -\ln(1 + z^2);$$

$$\pm C\,x = \frac{1}{1 + z^2} = \frac{x^2}{x^2 + y^2},$$

$^{1)}$ Hier wurde rechterseits zunächst $\ln |C|$ als Integrationskonstante geschrieben und diese anschließend mit $\ln |x|$ zu $\ln |C\,x|$ zusammengefaßt.

woraus nach Division mit $x \neq 0$ und $2K = \pm \dfrac{1}{C}$ folgt

$$x^2 + y^2 = 2K\,x$$
$$(x - K)^2 + y^2 = K^2.$$

Das ist geometrisch eine einparametrige Schar von Kreisen, bei denen die x-Achse zum Träger der Mittelpunkte und die y-Achse zur gemeinsamen Tangente wird.

6.2.3 Exakte Differentialgleichungen

Die Differentialgleichung erster Ordnung

$$y' = f(x, y)$$

läßt sich stets in der Form

$$P(x, y)\,dx + Q(x, y)\,dy = 0$$

schreiben. Hierzu braucht man nur $f(x) = -P : Q$ zu setzen und mit Q durchzumultiplizieren.

Definition: *Die Differentialgleichung*

$$P(x, y)\,dx + Q(x, y)\,dy = 0$$

heißt exakt (total), wenn eine Funktion $F(x, y)$ so existiert, daß für ihr vollständiges Differential

$$\boxed{dF(x, y) = P(x, y)\,dx + Q(x, y)\,dy}$$

gilt.

Wir fragen zunächst nach einer Bedingung, mit der man die *Existenz* einer solchen Funktion $F(x, y)$ leicht nachweisen kann, d. h. also, mit der man nachprüfen kann, ob die vorgelegte Differentialgleichung exakt ist. Dazu brauchen wir nur das vollständige Differential der Funktion $F(x, y)$ anzuschreiben (vgl. II. 3.7.7)

$$dF(x, y) = \frac{\partial F}{\partial x}\,dx + \frac{\partial F}{\partial y}\,dy$$

und mit

$$dF(x, y) = P(x, y)\,dx + Q(x, y)\,dy$$

zu vergleichen. Es ergibt sich

$$\frac{\partial F}{\partial x} = P(x, y), \qquad \frac{\partial F}{\partial y} = Q(x, y).$$

Leiten wir diese Beziehungen noch nach y bzw. x partiell ab und wenden den Satz von SCHWARZ an[1] (vgl. II. 3.7.6), so wird

$$\frac{\partial P}{\partial y} = \frac{\partial^2 F}{\partial x\,\partial y} = \frac{\partial^2 F}{\partial y\,\partial x} = \frac{\partial Q}{\partial x}.$$

---

[1] Auf die genauen Stetigkeitsbedingungen werde hier nicht eingegangen, sie mögen hier — wie im ganzen Abschnitt über Differentialgleichungen — als erfüllt angesehen werden.

Der Schluß gilt aber auch in umgekehrter Richtung, was hier ohne Beweis angeführt sei. Damit gilt der

Satz: *Die Differentialgleichung*

$$P(x, y)\, dx + Q(x, y)\, dy = 0$$

ist exakt genau dann, wenn die **Integrabilitätsbedingung**

$$\boxed{\frac{\partial P}{\partial y} = \frac{\partial Q}{\partial x}}$$

erfüllt ist.

Hat man sich vom Bestehen der Identität

$$\frac{\partial P}{\partial y} = \frac{\partial Q}{\partial x}$$

überzeugt, dann existiert also eine Funktion $F(x, y)$ so, daß

$$dF(x, y) = P(x, y)\, dx + Q(x, y)\, dy = 0$$
$$dF(x, y) = 0$$

gilt und es ist dann

$$\boxed{F(x, y) = C}$$

die gesuchte allgemeine Lösung.

Die Funktion $F(x, y)$ kann man wie folgt ermitteln:

1. Man bilde gemäß

$$\frac{\partial F}{\partial x} = P(x, y): \quad F(x, y) = \int P(x, y)\, dx + \varphi(y)$$

(y beim Integrieren wie eine Konstante behandeln!)

2. Man bilde gemäß

$$\frac{\partial F}{\partial y} = Q(x, y): \quad F(x, y) = \int Q(x, y)\, dy + \psi(x)$$

(x beim Integrieren wie eine Konstante behandeln!)

3. Durch Gleichsetzen beider Ausdrücke $F(x, y)$ können $\varphi(y)$ bzw. $\psi(x)$ angegeben werden.

Beispiele

1. Man löse die Differentialgleichung

$$(3x^2 + 6x\, y^2)\, dx + (6x^2\, y - 5y^2)\, dy = 0!$$

Lösung: Nachprüfen der Integrabilitätsbedingung:

$$\left.\begin{array}{ll} P(x, y) = 3x^2 + 6x\, y^2, & \dfrac{\partial P}{\partial y} = 12x\, y \\[2ex] Q(x, y) = 6x^2\, y - 5y^2, & \dfrac{\partial Q}{\partial x} = 12x\, y \end{array}\right\} \Rightarrow \frac{\partial P}{\partial y} = \frac{\partial Q}{\partial x};$$

die Differentialgleichung ist also exakt.

Bestimmung der Stammfunktion $F(x, y)$:

$$F = \int (3x^2 + 6x\,y^2)\,dx + \varphi(y) = x^3 + 3x^2\,y^2 + \varphi(y)$$

$$F = \int (6x^2\,y - 5y^2)\,dy + \psi(x) = 3x^2\,y^2 - \tfrac{5}{3}y^3 + \psi(x).$$

Der Vergleich beider Integrationen ergibt

$$x^3 + \varphi(y) = -\tfrac{5}{3}y^3 + \psi(x)$$
$$\Rightarrow \varphi(y) = -\tfrac{5}{3}y^3$$
$$\Rightarrow \psi(x) = x^3.$$

Damit lautet die allgemeine Lösung

$$F(x, y) \equiv x^3 + 3x^2\,y^2 - \tfrac{5}{3}y^3 = C.$$

2. Die Differentialgleichung

$$\sin x \cos y\,dx + \cos x \sin y\,dy = 0$$

ist wegen

$$\frac{\partial}{\partial y}(\sin x \cos y) = -\sin x \sin y = \frac{\partial}{\partial x}(\cos x \sin y)$$

exakt. Als Stammfunktion $F(x, y)$ ergibt sich

$$F = \int \sin x \cos y\,dx + \varphi(y) = -\cos x \cos y + \varphi(y)$$
$$F = \int \cos x \sin y\,dy + \psi(x) = -\cos x \cos y + \psi(x)$$
$$\Rightarrow \varphi(y) = \psi(x) \equiv 0.$$

Die allgemeine Lösung ist deshalb

$$-\cos x \cos y = C.$$

6.2.4 Lineare Differentialgleichungen erster Ordnung

Definition: *Die lineare Differentialgleichung erster Ordnung hat die Gestalt*

$$\boxed{y' + f(x)\,y = g(x)}$$

und heißt

a) *homogen[1]), wenn die ,,Störfunktion`` $g(x) \equiv 0$ ist,*

b) *inhomogen, wenn $g(x) \not\equiv 0$ ist.*

Diese Differentialgleichungen lassen sich stets lösen. Wir erläutern hierfür die Methode von LAGRANGE. Sie besteht aus den folgenden drei Schritten.

1. Schritt: *Bestimmung der allgemeinen Lösung y_H der homogenen Gleichung durch Trennung der Veränderlichen:*

$$y' + f(x)\,y = 0; \quad y \neq 0$$
$$\Rightarrow \frac{dy}{y} = -f(x)\,dx$$
$$\Rightarrow y_H = C\,e^{-\int f(x)\,dx} \qquad (C \neq 0).$$

---

[1]) Homogen heißt hier, daß *jedes* Glied die Funktion y oder ihre Ableitung y' als Faktor enthält.

2. Schritt: *Bestimmung einer partikulären Lösung y_P der inhomogenen Gleichung durch „Variation der Konstanten":*

Die „Variation der Konstanten" bedeutet: Es wird die Konstante C ersetzt durch eine ableitbare Funktion $C(x)$ und diese so bestimmt, daß

$$y_P = C(x)\, e^{-\int f(x)\,dx} \tag{*}$$

eine partikuläre Lösung der inhomogenen Gleichung wird. Geht man mit dem Ansatz (*) in die inhomogene Gleichung ein, so wird mit

$$y'_P = C'(x)\, e^{-\int f(x)\,dx} + C(x)\, e^{-\int f(x)\,dx}\,(-f(x))$$

bei Einsetzen in die gegebene Differentialgleichung

$$C'(x)\, e^{-\int f(x)\,dx} - C(x)\, f(x)\, e^{-\int f(x)\,dx} + f(x)\, C(x)\, e^{-\int f(x)\,dx} = g(x)$$

$$\Rightarrow C'(x)\, e^{-\int f(x)\,dx} = g(x)$$

$$C'(x) = g(x)\, e^{\int f(x)\,dx}$$

$$C(x) = \int g(x)\, e^{\int f(x)\,dx}\,dx. ^{1)}$$

Damit ist $C(x)$ bestimmt. Eingesetzt in (*) erhält man

$$y_P = \int g(x)\, e^{\int f(x)\,dx}\,dx \cdot e^{-\int f(x)\,dx}$$

als eine partikuläre Lösung der inhomogenen Gleichung.

3. Schritt: *Bestimmung der allgemeinen Lösung y_A der inhomogenen Gleichung durch Überlagerung (Addition) von y_H und y_P:*

$$y_A = y_H + y_P$$

$$y_A = C\, e^{-\int f(x)\,dx} + e^{-\int f(x)\,dx} \int g(x)\, e^{\int f(x)\,dx}\,dx$$

$$\boxed{\;y_A = e^{-\int f(x)\,dx}\left(C + \int g(x)\, e^{\int f(x)\,dx}\,dx\right)\;}$$

Der Studierende lerne nicht etwa diese Formel auswendig, sondern präge sich die Methode ein! Im Einzelfall gestaltet sich die Rechnung meistens einfacher und übersichtlicher.

Beispiele

1. Wie lautet die allgemeine Lösung der Differentialgleichung

$$y' = 4y - e^x ?$$

Lösung: Die Gleichung ist vom Typ der linearen Differentialgleichung:

$$y' - 4y = -e^x$$

1. Schritt: $y' - 4y = 0 \Rightarrow \dfrac{dy}{y} = 4\,dx, \quad y_H = C\, e^{4x}.$

$^{1)}$ Hier wird keine Integrationskonstante hinzugefügt, da nur eine partikuläre Lösung y_P gesucht wird. Die (einzige) Integrationskonstante ist in y_H enthalten.

2. Schritt: Ansatz $y_P = C(x)\, e^{4x}$; setzt man in die inhomogene Gleichung ein, so ergibt sich

$$C'(x)\, e^{4x} + 4C(x)\, e^{4x} - 4C(x)\, e^{4x} = -e^x$$

$$C'(x)\, e^{4x} = -e^x$$

$$C'(x) = -e^{-3x}$$

$$\Rightarrow C(x) = \tfrac{1}{3}\, e^{-3x}$$

$$\Rightarrow y_P = \tfrac{1}{3}\, e^{-3x}\, e^{4x} = \tfrac{1}{3}\, e^x .$$

3. Schritt: $y_A = y_H + y_P = Ce^{4x} + \tfrac{1}{3} e^x .$

2. $\quad y' + y \tan x = \sin x .$

1. Schritt: $\quad y' + y \tan x = 0$

$$\frac{dy}{y} = -\tan x\, dx$$

$$y_H = C\, e^{-\int \tan x\, dx} = C\, e^{+\ln\cos x} = C\cos x .$$

2. Schritt: $\quad$ Ansatz $y_P = C(x) \cos x$;

$$\Rightarrow C'(x) \cos x - C(x) \sin x + C(x) \cos x \cdot \tan x = \sin x$$

$$C'(x) \cos x = \sin x$$

$$C'(x) = \tan x$$

$$C(x) = -\ln |\cos x|$$

$$\Rightarrow y_P = -\cos x \ln |\cos x| .$$

3. Schritt: $\quad y_A = y_H + y_P = C \cos x - \cos x \ln |\cos x|$

$$y_A = \cos x\, (C - \ln |\cos x|) .$$

3. Man bestimme die durch den Punkt $P(0;1)$ gehende Integralkurve der Differentialgleichung

$$(x^2 + 3)\, y' + 2x\, y = 24x^2 - 12x + 7 .$$

Lösung: Die Differentialgleichung ist linear:

$$y' + \frac{2x}{x^2 + 3}\, y = \frac{24x^2 - 12x + 7}{x^2 + 3} .$$

1. Schritt: $\quad y' + \dfrac{2x}{x^2 + 3}\, y = 0$

$$\frac{dy}{y} = -\frac{2x}{x^2 + 3}\, dx$$

$$\Rightarrow y_H = \frac{C}{x^2 + 3} .$$

2. Schritt: Ansatz $y_P = \dfrac{C(x)}{x^2 + 3}$

$$\Rightarrow \frac{C'(x^2 + 3) - 2Cx}{(x^2 + 3)^2} + \frac{2x}{x^2 + 3}\, \frac{C(x)}{x^2 + 3} = \frac{24x^2 - 12x + 7}{x^2 + 3}$$

$$\Rightarrow C(x) = \int (24x^2 - 12x + 7)\, dx$$

$$C(x) = 8x^3 - 6x^2 + 7x$$

$$\Rightarrow \quad y_P = \frac{8x^3 - 6x^2 + 7x}{x^2 + 3} .$$

3. Schritt: $\quad y_A = y_H + y_P;\quad y_A = \dfrac{1}{x^2 + 3}\, (C + 8x^3 - 6x^2 + 7x) .$

Mit der Anfangsbedingung

$$y(0) = 1$$

ergibt sich als Wert der Integrationskonstanten für diese spezielle Integralkurve

$$C = 3$$

und damit als gesuchte partikuläre Lösung

$$y \doteq \frac{1}{x^2 + 3} (8x^3 - 6x^2 + 7x + 3).$$

6.2.5 Die Bernoullische Differentialgleichung

Definition: *Differentialgleichungen der Gestalt*

$$\boxed{y' + f(x)\, y = g(x)\, y^n}$$

werden BERNOULLI*sche Differentialgleichungen genannt.*

Für $n = 0$ ergibt sich eine inhomogene lineare Differentialgleichung

$$y' + f(x)\, y = g(x),$$

für $n = 1$ speziell eine homogene lineare Differentialgleichung

$$y' + [f(x) - g(x)]\, y = 0.$$

Diese Fälle brauchen also nicht behandelt zu werden, da sie bereits bekannt sind.

Satz: *Für jedes $n \neq 1$ läßt sich mittels der Substitution*

$$\boxed{y^{1-n} = z}$$

die BERNOULLI*sche Differentialgleichung auf eine lineare zurückführen.*

Beweis: Wir gehen aus von unserem Ansatz

$$y^{1-n} = z,$$

differenzieren denselben beiderseits nach x,

$$(1 - n)\, y^{-n}\, y' = z',$$

und setzen in die gegebene Differentialgleichung, nachdem wir sie beiderseits durch y^n dividiert haben, ein:

$$y^{-n}\, y' + f(x)\, y^{1-n} = g(x)$$

$$\frac{1}{1 - n}\, z' + f(x)\, z = g(x)$$

$$z' + (1 - n)\, f(x)\, z = (1 - n)\, g(x).$$

Damit haben wir eine *lineare* (inhomogene) Differentialgleichung für die Funktion $z = z(x)$ erhalten. Ihre Lösung bestimmt man nach II. 6.2.4, zum Schluß muß man noch resubstituieren gemäß

$$y = z^{n-1}.$$

Beispiel: Die BERNOULLIsche Differentialgleichung

$$y' - \frac{y}{x} = y^3 \qquad\qquad (x \neq 0)$$

wird mit der Substitution

$$z = y^{-2} \Rightarrow z' = -2y^{-3}\, y'$$

auf die lineare Differentialgleichung

$$z' + \frac{2}{x}\, z = -2$$

zurückgeführt. Für diese erhält man mit den Bezeichnungen des vorigen Abschnittes

$$\left. \begin{array}{l} z_H = \dfrac{C}{x^2} \\[3mm] C(x) = -\dfrac{2}{3}\, x^3 \\[3mm] z_P = -\dfrac{2}{3}\, x \end{array} \right\} \Rightarrow z_A = \frac{C}{x^2} - \frac{2}{3}\, x$$

und damit als allgemeine Lösung der gegebenen Gleichung

$$y = \sqrt{\frac{1}{z_A}} = \sqrt{\frac{3\,x^2}{3\,C - 2\,x^3}}\,.$$

6.2.6 Geometrische Lösungsmethode

Die in den vorangehenden Abschnitten behandelten Typen von Differentialgleichungen erster Ordnung dürfen nicht den Eindruck erwecken, als wäre jede Differentialgleichung erster Ordnung auf Quadraturen zurückführbar. Im Gegenteil, bei den meisten Differentialgleichungen kommt man nur mit Näherungsmethoden zum Ziel.

Eine sehr einfache — wenn auch nicht sonderlich genaue — zeichnerische Lösungsmethode für Differentialgleichungen erster Ordnung in der expliziten Form beruht auf der Konstruktion des *Richtungsfeldes*: Jedem Punkt $P(x, y)$ des Definitionsbereichs von $f(x, y)$ wird durch die Differentialgleichung

$$y' = f(x, y)$$

eindeutig eine Steigung

$$\tan\alpha = y'$$

und damit eine Richtung zugeordnet (Abb. 246). Die Menge aller diese Richtungen, die man durch ein Tangentenstück („Richtungselement“) in jedem Punkt aufzeichnet, bildet dann das Richtungsfeld der Differentialgleichung.

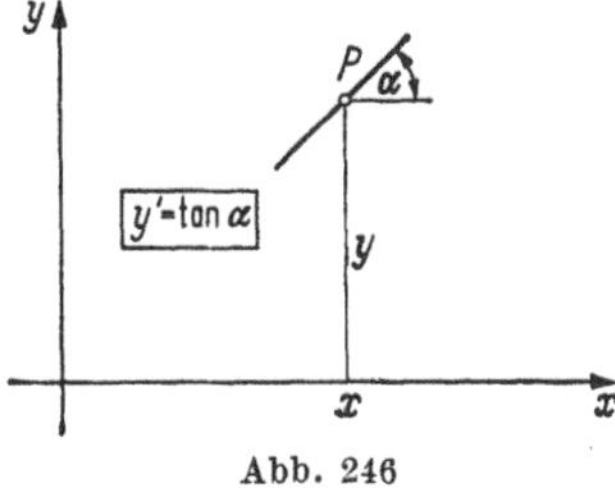

Abb. 246

Die Differentialgleichung lösen heißt jetzt, Integralkurven nach Augenmaß so zeichnen, daß sie in jedem Punkt die durch das Richtungsfeld vorgeschriebene Richtung haben.

Zur Aufzeichnung des Richtungsfeldes bedarf es zunächst der Berechnung der einzelnen Steigungen bzw. Richtungen. Diese Arbeit kann man sich aber weitgehend ersparen, wenn man alle Richtungselemente mit der gleichen Steigung zusammenfaßt. Die Menge aller Punkte, welchen die *gleiche Richtung* zugeordnet wird, bilden eine *Isokline*. Setzt man

$$y' = k = f(x, y),$$

so ist

$$f(x, y) = k \quad \text{bzw.} \quad y = y(x, k)$$

die Gleichung der Isoklinenschar mit k als Scharparameter. Man gibt sich also eine Anzahl geeigneter Werte von k vor, zeichnet die zugehörigen Isoklinen und kann auf jeder einzelnen Isokline die Richtungselemente mit der Steigung

$$\tan \alpha = k$$

parallel eintragen. So ist etwa die Isoklinenschar der Homogenen Differentialgleichung (II. 6.2.2)

$$y' = f\left(\frac{y}{x}\right)$$

ein Geradenbüschel mit dem Ursprung als Träger, denn mit $y' = k$ folgt aus

$$k = f\left(\frac{y}{x}\right)$$

$$\frac{y}{x} \equiv g(k) \equiv K$$

$$y = K x.$$

Beispiel: Man konstruiere die durch den Punkt $P(0{,}5; 1)$ verlaufende Integralkurve der Differentialgleichung

$$2y\, y' - 1 = 0.$$

Lösung: Man setzt in

$$y' = \frac{1}{2y}, \quad y' = k;$$

dann ist

$$\frac{1}{2y} = k, \quad y = \frac{1}{2k} \qquad\qquad (k \neq 0)$$

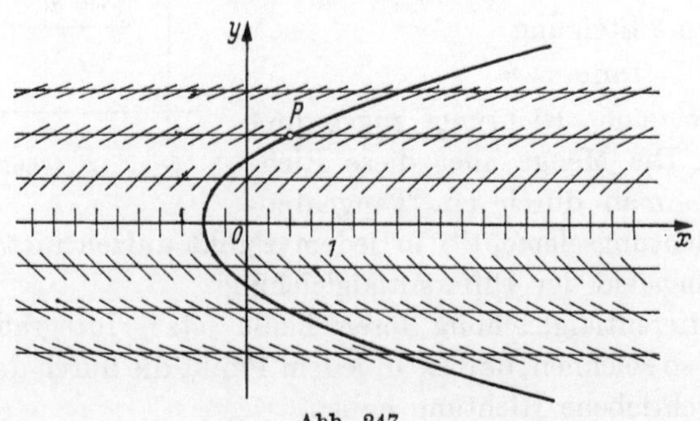

Abb. 247

die Isoklinenschar (zur x-Achse parallele Geraden). Wir setzen:

$$k = 1 \Rightarrow y = \frac{1}{2} \text{ (Isokline)}; \quad k = \tan\alpha = 1, \quad \alpha = 45°$$

$$k = \frac{1}{2} \Rightarrow y = 1 \text{ (Isokline)}; \quad k = \tan\alpha = \frac{1}{2}, \quad \alpha = 26{,}6°$$

$$k = \frac{1}{3} \Rightarrow y = \frac{3}{2} \text{ (Isokline)}; \quad k = \tan\alpha = \frac{1}{3}, \quad \alpha = 18{,}4°$$

$$k \to \infty \Rightarrow y \to 0 \text{ (Isokline)}; \quad \frac{1}{k} = \cot\alpha = 0, \quad \alpha = 90°.$$

Man erhält die in Abb. 247 dargestellte symmetrisch zur x-Achse liegende Kurve.

6.3 Differentialgleichungen zweiter Ordnung

6.3.1 Anfangs- und Randbedingungen

Die Differentialgleichung zweiter Ordnung hat die explizite Form

$$y'' = f(x, y, y').$$

Ihre allgemeine Lösung muß zwei willkürlich wählbare Konstanten enthalten und stellt geometrisch demnach eine *zweiparametrige Kurvenschar* dar. Im einfachsten Fall

$$y'' = 0$$

wird nach einer Integration

$$y' = C_1$$

und nach einer nochmaligen Integration

$$y = C_1 x + C_2.$$

Dies ist eine zweiparametrige Schar von Geraden, welche die xy-Ebene lückenlos überdecken.

Fragt man nach einer speziellen Lösungskurve, so ist jetzt die Angabe beider Konstanten notwendig. Im allgemeinen definiert man jedoch eine Lösungskurve nicht durch Vorgabe des Konstantenpaares (C_1, C_2), sondern durch eine der folgenden Bedingungen:

1. Anfangsbedingungen. *Es wird diejenige Integralkurve $y = y(x)$ gesucht, die durch einen bestimmten Punkt $P_0(x_0, y_0)$ läuft und dort eine bestimmte Steigung hat*

$$\boxed{\begin{aligned} y(x_0) &= y_0 \\ y'(x_0) &= y_0' \end{aligned}}$$

Diese zwei Bedingungen ergeben ein System von zwei Gleichungen für C_1 und C_2. Kann man aus diesem C_1 und C_2 eindeutig bestimmen, so ist das „Anfangswertproblem" eindeutig lösbar (Abb. 248).

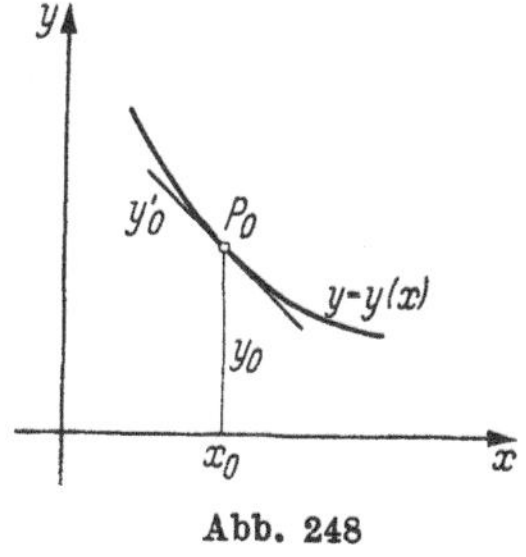

Abb. 248

26*

2. Randbedingungen: *Es wird diejenige Integralkurve $y = y(x)$ gesucht, die durch zwei bestimmte Punkte $P_0(x_0, y_0)$ und $P_1(x_1, y_1)$ hindurchläuft*

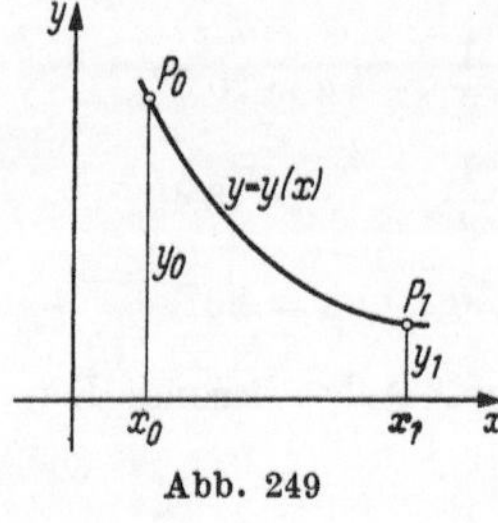

Abb. 249

$$\boxed{\begin{aligned} y(x_0) &= y_0 \\ y(x_1) &= y_1 \end{aligned}}$$

Das „Randwertproblem" ist eindeutig lösbar, wenn durch diese beiden Gleichungen die Konstanten C_1 und C_2 eindeutig bestimmt sind (Abb. 249).

6.3.2 Integrable Typen

1. Typus: $y'' = f(x)$: Beiderseitiges Integrieren führt zunächst auf

$$y' = \int f(x)\, dx + C_1,$$

nochmaliges Integrieren gibt

$$y = \int \left[\int f(x)\, dx + C_1 \right] dx + C_2$$

$$y = \int \left[\int f(x)\, dx \right] dx + C_1 x + C_2$$

als allgemeine Lösung.

2. Typus: $y'' = f(y)$: Wir substituieren

$$\boxed{y' = p \Rightarrow y'' = \frac{dp}{dx} = \frac{dp}{dy}\frac{dy}{dx} = \frac{dp}{dy}\, p}$$

und erhalten in

$$\frac{dp}{dy}\, p = f(y)$$

eine durch Veränderlichen-Trennung lösbare Differentialgleichung

$$p\, dp = f(y)\, dy$$

$$\tfrac{1}{2} p^2 = \int f(y)\, dy + c_1$$

$$p = \sqrt{2 \int f(y)\, dy + C_1} \quad (C_1 \equiv 2c_1).$$

Die Resubstitution auf x erfolgt gemäß

$$p = \frac{dy}{dx} = \sqrt{2 \int f(y)\, dy + C_1}$$

$$dx = \frac{dy}{\sqrt{2 \int f(y)\, dy + C_1}}$$

$$x = \int \frac{dy}{\sqrt{2 \int f(y)\, dy + C_1}} + C_2.$$

3. Typus: $y'' = f(y')$: Die Substitution

$$y' = p \Rightarrow y'' = \frac{dp}{dx}$$

führt auf die Gleichung

$$\frac{dp}{dx} = f(p)$$

$$dx = \frac{dp}{f(p)}$$

$$\Rightarrow x = \int \frac{dp}{f(p)} + C_1 \qquad (f(p) \neq 0),$$

Andererseits ergibt die Ableitung der Substitutionsgleichung

$$y'' = \frac{dp}{dx} = p\,\frac{dp}{dy}$$

bei Einsetzen in die gegebene Differentialgleichung

$$p\,\frac{dp}{dy} = f(p)$$

$$\frac{p}{f(p)}\,dp = dy$$

$$\Rightarrow y = \int \frac{p}{f(p)}\,dp + C_2.$$

Die beiden Gleichungen

$$\left.\begin{aligned}
x(p) &= \int \frac{dp}{f(p)} + C_1 \\
y(p) &= \int \frac{p}{f(p)}\,dp + C_2
\end{aligned}\right\}$$

sind eine *Parameterdarstellung* der allgemeinen Lösung. Sofern sich p eliminieren läßt, kann daraus die explizite oder implizite Form gewonnen werden.

Läßt sich insbesondere

$$x(p) = \int \frac{dp}{f(p)} + C_1$$

nach ausgeführter Integration nach p auflösen, etwa

$$p = g(x, C_1),$$

so folgt daraus sofort

$$p = \frac{dy}{dx} = g(x, C_1) \Rightarrow y = \int g(x, C_1)\,dx + C_2$$

als allgemeine Lösung von $y'' = f(y')$.

4. Typus: $y'' = f(x, y')$: Die Substitution

$$y' = p, \qquad y'' = \frac{dp}{dx}$$

führt auf die Differentialgleichung erster Ordnung

$$\frac{dp}{dx} = f(x, p).$$

Falls diese eine geschlossene Lösung

$$p = \varphi(x, C_1)$$

hat — was nicht notwendig der Fall zu sein braucht! — kann man nun durch Variablentrennung

$$p = \frac{dy}{dx} = \varphi(x, C_1), \quad dy = \varphi(x, C_1)\, dx$$

$$y = \int \varphi(x, C_1)\, dx + C_2$$

als allgemeine Lösung gewinnen.

5. Typus: $y'' = f(y, y')$: Die Substitution

$$\boxed{y' = p \Rightarrow y'' = \frac{dp}{dx} = \frac{dp}{dy}\, p}$$

führt auf die Differentialgleichung erster Ordnung

$$p\,\frac{dp}{dy} = f(y, p).$$

Falls sich daraus p als Funktion von y explizit gemäß

$$p = \varphi(y, C_1)$$

gewinnen läßt — was nicht notwendig der Fall zu sein braucht! — folgt daraus

$$p = \frac{dy}{dx} = \varphi(y, C_1)$$

$$dx = \frac{dy}{\varphi(y, C_1)}$$

$$x = \int \frac{dy}{\varphi(y, C_1)} + C_2$$

als allgemeine Lösung.

Beispiel

Bei welcher durch die Anfangsbedingung

$$y(0) = 1$$
$$y'(0) = 0$$

bestimmten Kurve ist der Krümmungsradius gleich dem Normalenabschnitt?

Lösung: Nach II. 3.6.1 und II. 3.7.12 haben wir

$$\varrho = \frac{(1 + y'^2)^{3/2}}{y''} = y\,\sqrt{1 + y'^2}$$

anzusetzen. Auflösung nach y'' ergibt

$$y'' = \frac{1 + y'^2}{y},$$

also eine Differentialgleichung 2. Ordnung vom 5. Typus. Wir setzen $y' = p$ und bekommen

$$p \frac{dp}{dy} = \frac{1 + p^2}{y}$$

$$\int \frac{p}{1 + p^2}\, dp = \int \frac{dy}{y} \Rightarrow y = C_1 \sqrt{1 + p^2}.$$

Auflösung nach p ist möglich:

$$p = \frac{dy}{dx} = \sqrt{\left(\frac{y}{C_1}\right)^2 - 1}, \quad (C_1 \neq 0)$$

$$\Rightarrow \int \frac{dy}{\sqrt{\left(\frac{y}{C_1}\right)^2 - 1}} = x + C_2$$

$$C_1 \operatorname{ar\,cosh}\left(\frac{y}{C_1}\right) = x + C_2$$

$$\Rightarrow y = C_1 \cosh \frac{x + C_2}{C_1}.$$

Berücksichtigt man die Anfangsbedingung, so wird

$$\left.\begin{array}{r} C_1 \cosh \dfrac{C_2}{C_1} = 1 \\[2mm] \sinh \dfrac{C_2}{C_1} = 0 \end{array}\right\}$$

das Bestimmungssystem für die Konstanten. Wegen $C_1 \neq 0$ ergibt sich

$$C_1 = 1, \quad C_2 = 0$$

und damit die einfache Kettenlinie

$$y = \cosh x$$

zur gesuchten Kurve (Abb. 250).

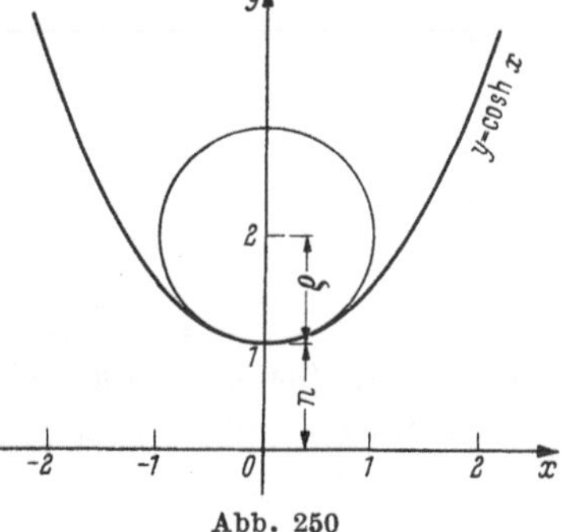

Abb. 250

6.3.3 Homogene lineare Differentialgleichungen

Die homogene lineare Differentialgleichung zweiter Ordnung hat die Gestalt

$$y'' + \varphi_1(x)\, y' + \varphi_0(x)\, y = 0,$$

wobei $\varphi_1(x)$ und $\varphi_0(x)$ stetige Funktionen von x sind. Die Funktion $y \equiv 0$ ist hier stets Lösung (sog. triviale Lösung); sie interessiert uns nicht. — Für diese Gleichungen gelten folgende wichtige Sätze

Satz: *Sind $y_1(x)$ und $y_2(x)$ zwei Lösungsfunktionen, so ist auch ihre Linearkombination*

$$\boxed{y(x) = C_1 y_1(x) + C_2 y_2(x)}$$

eine Lösung der Gleichung.

Beweis: Man benötigt nur die Sätze „Eine Summe wird gliedweise differenziert" und „Ein konstanter Faktor bleibt beim Differenzieren unverändert":

$$y^{(n)}(x) = [C_1\,y_1(x) + C_2\,y_2(x)]^{(n)} = C_1\,y_1^{(n)}(x) + C_2\,y_2^{(n)}(x)$$
$$(n = 1, 2, 3, \ldots).$$

Daraus folgt, wenn wir die Differentialgleichung in der Form

$$L(y) \equiv y'' + \varphi_1\,y' + \varphi_0\,y = 0$$

schreiben, $y = C_1\,y_1 + C_2\,y_2$ einsetzen und wie folgt ordnen

$$(C_1\,y_1'' + C_1\,\varphi_1\,y_1' + C_1\,\varphi_0\,y_1) + (C_2\,y_2'' + C_2\,\varphi_1\,y_2' + C_2\,\varphi_0\,y_2) = 0$$

die Linearitätsbeziehung

$$L(C_1\,y_1 + C_2\,y_2) = C_1 L(y_1) + C_2 L(y_2),$$

aus der sich sofort

$$L(y_1) \equiv 0 \quad \text{und} \quad L(y_2) \equiv 0 \Rightarrow L(C_1\,y_1 + C_2\,y_2) \equiv 0$$

ergibt (vgl. auch II. 3.4.7).

Beispiel: Die lineare Differentialgleichung

$$y'' + y = 0$$

hat, wie man unmittelbar sieht, die Lösungen

$$y_1 = \sin x, \quad y_2 = \cos x.$$

Nach obigem Satz ist damit auch die Linearkombination

$$y = C_1\,y_1 + C_2\,y_2 = C_1 \sin x + C_2 \cos x$$

eine Lösung. Der Leser prüfe dies zur Übung nach (Einsetzen!).

Definition: *Zwei Lösungsfunktionen $y_1(x)$ und $y_2(x)$ der homogenen linearen Differentialgleichung zweiter Ordnung heißen linear unabhängig voneinander, wenn die „WRONSKISche[1]) Determinante"*

$$\boxed{\begin{vmatrix} y_1 & y_2 \\ y_1' & y_2' \end{vmatrix} \neq 0}$$

ist.

Umgekehrt nennt man y_1 und y_2 linear abhängig, falls die WRONSKIsche Determinante identisch verschwindet:

$$\begin{vmatrix} y_1 & y_2 \\ y_1' & y_2' \end{vmatrix} \equiv 0.$$

Dies ist aber genau dann der Fall, wenn

$$y_1 = k\,y_2$$
$$\Rightarrow y_1' = k\,y_2' \qquad\qquad (k \neq 0)$$

---

[1]) WRONSKI (1775 $\cdots$ 1853), deutsch-polnischer Mathematiker.

gilt, d. h. wenn der Quotient $y_1 : y_2$ eine Konstante ist. Schreibt man für

$$k = - \frac{C_2}{C_1},$$

so folgt im Fall der linearen Abhängigkeit

$$C_1 y_1 + C_2 y_2 \equiv 0$$

mit $C_1 \neq 0$ und $C_2 \neq 0$.

Zusammengefaßt: Zwei Funktionen y_1 und y_2 sind linear *abhängig* genau dann, wenn sich die Identität

$$C_1 y_1 + C_2 y_2 \equiv 0$$

mit $C_1 \neq 0$ und $C_2 \neq 0$ erfüllen läßt. Umgekehrt sind y_1 und y_2 linear *unabhängig* voneinander genau dann, wenn es zwei solche Konstanten $C_1 \neq 0$, $C_2 \neq 0$ *nicht* gibt, d. h. wenn die Identität nur durch $C_1 = C_2 = 0$ erfüllt werden kann:

$$\boxed{\begin{array}{c} y_1,\, y_2 \quad \text{linear unabhängig} \\ C_1 y_1 + C_2 y_2 \equiv 0 \Longleftrightarrow C_1 = C_2 = 0 \end{array}}$$

Sind y_1 und y_2 linear unabhängig und besteht die Identität

$$C_1 y_1 + C_2 y_2 \equiv K_1 y_1 + K_2 y_2,$$

so folgt daraus mit

$$(C_1 - K_1)\, y_1 + (C_2 - K_2)\, y_2 \equiv 0$$
$$C_1 - K_1 = 0 \Rightarrow C_1 = K_1$$
$$C_2 - K_2 = 0 \Rightarrow C_2 = K_2,$$

d. h. man kann sofort die Koeffizienten gleicher Funktionen rechts und links gleichsetzen **(Methode des Koeffizientenvergleichs)**.

Satz: *Sind $y_1(x)$ und $y_2(x)$ zwei linear unabhängige Lösungsfunktionen der Differentialgleichung*

$$y'' + \varphi_1(x)\, y' + \varphi_0(x)\, y = 0,$$

so stellt

$$\boxed{y = C_1 y_1(x) + C_2 y_2(x)}$$

ihre allgemeine Lösung dar.

Beweis: Die allgemeine Lösung umfaßt bekanntlich genau sämtliche spezielle Lösungen der Gleichung, d. h. jede spezielle Lösung $y(x)$ muß sich durch geeignete Wahl der Konstanten C_1 und C_2 in der Form

$$y(x) = C_1 y_1(x) + C_2 y_2(x) \tag{*}$$

darstellen lassen. Legen wir die Lösungsfunktion $y(x)$ etwa durch die Anfangsbedingungen

$$y(x_0) = y_0, \qquad y'(x_0) = y_0'$$

eindeutig fest, so erhalten wir bei Einsetzen in (*) sowie die differenzierte Gleichung (*)

$$y(x_0) = y_0 = C_1\, y_1(x_0) + C_2\, y_2(x_0)$$
$$y'(x_0) = y_0' = C_1\, y_1'(x_0) + C_2\, y_2'(x_0).$$

Aus diesem inhomogenen linearen System können wir aber C_1 und C eindeutig bestimmen, da seine Determinante

$$\begin{vmatrix} y_1(x_0) & y_2(x_0) \\ y_1'(x_0) & y_2'(x_0) \end{vmatrix} \neq 0$$

ist (WRONSKISche Determinante!) und $y(x)$ mit den nunmehr bestimmten C_1 und C_2 gemäß

$$y(x) = C_1\, y_1(x) + C_2\, y_2(x)$$

anschreiben.

Die lineare Unabhängigkeit der Lösungsfunktionen y_1 und y_2 ist gleichbedeutend damit, daß sich die zwei Konstanten nicht auf eine einzige zurückführen lassen. Kann man also C_1 und C_2 zu *einer* Konstanten zusammenfassen, so hat man noch nicht die allgemeine Lösung gefunden.

Beispiele

1. Die Differentialgleichung

$$y'' + y = 0$$

hat die Lösungen

$$y_1 = \sin x, \qquad y_2 = \cos x$$

wie man durch Einsetzen sofort bestätigt. Ihre WRONSKISche Determinante ist

$$\begin{vmatrix} y_1 & y_2 \\ y_1' & y_2' \end{vmatrix} = \begin{vmatrix} \sin x & \cos x \\ \cos x & -\sin x \end{vmatrix} = -\sin^2 x - \cos^2 x = -1 \neq 0,$$

also sind sie linear unabhängig und ist

$$y = C_1 \sin x + C_2 \cos x$$

die allgemeine Lösung der Gleichung.

2. Die Differentialgleichung

$$y'' - 3y' + 2y = 0$$

hat die Lösungen

$$y_1 = e^{2x}, \qquad y_2 = e^{2x-5},$$

was der Leser durch Einsetzen bestätigen wolle. Es ist aber

$$y = C_1\, e^{2x} + C_2\, e^{2x-5}$$

nicht die allgemeine Lösung, da der Quotient

$$\frac{y_1}{y_2} = \frac{e^{2x}}{e^{2x-5}} = e^5$$

eine Konstante ist (bzw. die WRONSKIsche Determinante identisch verschwindet), die Lösungen also linear *abhängig* sind. Die zwei Konstanten C_1 und C_2 lassen sich auf *eine* zurückführen:

$$y = C_1\, e^{2x} + C_2\, e^{2x-5} = (C_1 + C_2\, e^{-5})\, e^{2x} = C_1^*\, e^{2x}$$
$$\text{mit}\quad C_1^* = C_1 + C_2\, e^{-5}.$$

Die zweite, von y_1 linear *unabhängige* Lösung ist e^x; also

$$y = C_1\, e^{2x} + C_2\, e^x$$

die allgemeine Lösung dieser Differentialgleichung (nachprüfen!).

Satz: *Ist die komplexe Funktion*

$$y = u(x) + j\, v(x)$$

Lösung von $L(y) = 0$, *so sind dies auch die reellen Funktionen* $u(x)$ *und* $v(x)$

$$\boxed{L(u + j\, v) \equiv 0 \Longleftrightarrow L(u) \equiv 0 \ \text{ und } \ L(v) \equiv 0}$$

Beweis: Die Linearität von L bedingt

$$L(u + j\, v) = L(u) + j\, L(v).$$

Die komplexe Funktion $L(u) + j L(v)$ verschwindet aber dann und nur dann, wenn Realteil und Imaginärteil für sich gleich Null sind:

$$L(u) + j\, L(v) \equiv 0 \Longleftrightarrow L(u) \equiv 0, \quad L(v) \equiv 0,$$

womit der Satz bereits bewiesen ist.

Satz: *Kennt man eine Lösung* $y_1(x)$ *der homogenen linearen Differentialgleichung zweiter Ordnung, so kann die Gleichung auf eine ebensolche erster Ordnung reduziert werden*[1]).

Beweis: Die vorgelegte Differentialgleichung[2])

$$y'' + \varphi_1\, y' + \varphi_0\, y = 0$$

wird von y_1 identisch erfüllt:

$$y_1'' + \varphi_1\, y_1' + \varphi_0\, y_1 \equiv 0.$$

Wir machen den Ansatz

$$y \ = y_1\, u$$
$$\Rightarrow y' \ = y_1'\, u + y_1\, u'$$
$$\Rightarrow y'' \ = y_1''\, u + 2 y_1'\, u' + y_1\, u''$$

---

[1]) Dieser Satz, der überdies für lineare Differentialgleichungen beliebiger Ordnung gilt (Erniedrigung der Ordnung um 1, falls eine partikuläre Lösung der homogenen Gleichung bekannt ist), ist ein Gegenstück zu dem aus der Algebra bekannten Satz, nach dem man den Grad einer algebraischen Gleichung um 1 erniedrigen kann, falls man eine Lösung kennt (vgl. I. 6.1).

[2]) Das Argument wurde der Einfachheit halber weggelassen.

und erhalten nach Einsetzen in die gegebene Gleichung

$$y_1'' u + 2 y_1' u' + y_1 u'' + \varphi_1 y_1' u + \varphi_1 y_1 u' + \varphi_0 y_1 u = 0$$

$$y_1 u'' + (2 y_1' + \varphi_1 y_1) u' + (y_1'' + \varphi_1 y_1' + \varphi_0 y_1) u \quad = 0$$

$$y_1 u'' + (2 y_1' + \varphi_1 y_1) u' \qquad\qquad = 0.$$

Setzt man noch

$$u' = v,$$

so hat man schließlich in

$$y_1 v' + (2 y_1' + \varphi_1 y_1)\, v = 0$$

eine Differentialgleichung erster Ordnung gewonnen, die homogen linear in v ist und durch Variablentrennung sofort integriert werden kann:

$$\frac{dv}{v} = - \frac{2 y_1' + \varphi_1 y_1}{y_1}$$

$$v = C_1 e^{-\int \frac{2 y_1' + \varphi_1 y_1}{y_1}\, dx}$$

$$u' = v \Rightarrow u = \int v(x)\, dx + C_2$$

$$y = y_1 u \Rightarrow y = y_1 \left[\int v(x)\, dx + C_2 \right],$$

womit die allgemeine Lösung der Gleichung gewonnen ist.

6.3.4 Homogene lineare Differentialgleichungen mit konstanten Koeffizienten

Grundregel: *Bei jeder homogenen linearen Differentialgleichung mit konstanten Koeffizienten führt der Ansatz der Exponentialfunktion*

$$\boxed{y = e^{\alpha x}}$$

zu einer Lösungsfunktion.

Vorgelegt sei die Differentialgleichung zweiter Ordnung

$$y'' + a_1 y' + a_0 y = 0$$

mit konstanten a_0 und a_1. Einsetzen von

$$y = e^{\alpha x}$$
$$y' = \alpha\, e^{\alpha x}$$
$$y'' = \alpha^2\, e^{\alpha x}$$

in die gegebene Gleichung liefert

$$e^{\alpha x}(\alpha^2 + a_1 \alpha + a_0) = 0. \qquad\qquad (*)$$

Soll $y = e^{\alpha x}$ eine Lösungsfunktion sein, so muß sie die Differentialgleichung identisch erfüllen, d. h. $(*)$ muß identisch Null werden. Dies kann aber durch passende Wahl von α erreicht werden: bestimmen wir α so, daß

$$\alpha^2 + a_1\,\alpha + a_0 \equiv 0$$

wird ($e^{\alpha x}$ verschwindet bekanntlich nirgends), so genügen wir genau dieser Forderung.

Definition: *Man nennt*

$$\boxed{\alpha^2 + a_1\,\alpha + a_0 = 0}$$

die **charakteristische Gleichung** *der Differentialgleichung*

$$y'' + a_1\,y' + a_0\,y = 0.$$

Das Integrieren der gegebenen Differentialgleichung ist damit auf das Lösen einer algebraischen Gleichung zurückgeführt:

$$\alpha^2 + a_1\,\alpha + a_0 = 0$$

$$\Rightarrow \alpha_{1,2} = -\frac{a_1}{2} \pm \sqrt{\frac{a_1^2}{4} - a_0}\,.$$

Hierbei haben wir folgende, vom Vorzeichen der Diskriminante regierte Fallunterscheidung vorzunehmen.

1. Fall: α_1, α_2 **reell und** $\alpha_1 \neq \alpha_2$. Die allgemeine Lösung lautet hier

$$\boxed{y = C_1\,e^{\alpha_1 x} + C_2\,e^{\alpha_2 x}}$$

Gemäß dem Ansatz sind nämlich

$$y_1 = e^{\alpha_1 x}, \qquad y_2 = e^{\alpha_2 x}$$

Lösungen der Gleichung; ihre lineare Unabhängigkeit folgt nach II. 6.3.3 aus der WRONSKI-Determinante

$$\begin{vmatrix} y_1 & y_2 \\ y_1' & y_2' \end{vmatrix} = \begin{vmatrix} e^{\alpha_1 x} & e^{\alpha_2 x} \\ \alpha_1\,e^{\alpha_1 x} & \alpha_2\,e^{\alpha_2 x} \end{vmatrix} = e^{\alpha_1 x}\,e^{\alpha_2 x} \begin{vmatrix} 1 & 1 \\ \alpha_1 & \alpha_2 \end{vmatrix} = e^{(\alpha_1 + \alpha_2)x}\,(\alpha_2 - \alpha_1) \neq 0,$$

da nach Voraussetzung $\alpha_1 \neq \alpha_2$ ist und die Exponentialfunktion keine Nullstelle hat (oder einfacher durch den Nachweis, daß ihr Quotient

$$\frac{e^{\alpha_1 x}}{e^{\alpha_2 x}} = e^{(\alpha_1 - \alpha_2)\,x}$$

für $\alpha_1 \neq \alpha_2$ keine Konstante ist). Damit ist ihre Linearkombination mit beliebigen C_1 und C_2 die allgemeine Lösung der Gleichung.

2. Fall: α_1, α_2 **reell und** $\alpha_1 = \alpha_2$. Zunächst ist

$$y_1 = e^{\alpha x} \qquad (\alpha = \alpha_1 = \alpha_2)$$

eine Lösungsfunktion. Nach II. 6.3.3 können wir die andere Lösung aus einer linearen Differentialgleichung erster Ordnung gewinnen, wenn wir den Ansatz

$$y = y_1\, u = e^{\alpha x}\, u$$

vornehmen. Setzen wir diesen samt seinen Ableitungen

$$y' = \alpha\, e^{\alpha x} u + e^{\alpha x} u'$$

$$y'' = \alpha^2\, e^{\alpha x} u + 2\alpha\, e^{\alpha x} u' + e^{\alpha x} u''$$

in die gegebene Differentialgleichung ein, so ergibt sich

$$e^{\alpha x}[u'' + (2\alpha + a_1)\, u' + (\alpha^2 + a_1\, \alpha + a_0)\, u] = 0$$

$$\Rightarrow u'' = 0$$

$$\Rightarrow u = C_1\, x + C_2,$$

denn es ist

$$2\alpha + a_1 \equiv 0$$

$$\alpha^2 + a_1\, \alpha + a_0 \equiv 0,$$

ersteres, da im Falle der Doppelwurzel

$$\alpha = -\,\frac{a_1}{2}$$

ist, letzteres, da α als Lösung eben dieser Gleichung, der charakteristischen Gleichung, bestimmt wurde. Damit hat sich

$$\boxed{y = (C_1\, x + C_2)\, e^{\alpha x}}$$

als allgemeine Lösung ergeben, denn die WRONSKI-Determinante ergibt sich auch hier zu

$$\begin{vmatrix} y_1 & y_2 \\ y_1' & y_2' \end{vmatrix} = \begin{vmatrix} e^{\alpha x} & x\, e^{\alpha x} \\ \alpha\, e^{\alpha x} & (\alpha\, x + 1)e^{\alpha x} \end{vmatrix} = e^{\alpha x} e^{\alpha x} \begin{vmatrix} 1 & x \\ \alpha & \alpha\, x + 1 \end{vmatrix} = e^{2\alpha x} \neq 0.$$

3. Fall: α_1, α_2 sind konjugiert komplex. Für α_1 und α_2 schreiben wir wegen $4a_0 > a_1^2$

$$\alpha_{1,2} = -\,\frac{a_1}{2} \pm j\sqrt{a_0 - \frac{a_1^2}{4}} \equiv a \pm j\,b$$

und erhalten mit der Formel von EULER (vgl. I. 4.7)

$$y_1 = e^{(a+bj)x} = e^{ax}\, e^{(bx)j} = e^{ax}(\cos b\, x + j \sin b\, x)$$

$$y_2 = e^{(a-bj)x} = e^{ax}\, e^{-(bx)j} = e^{ax}(\cos b\, x - j \sin b\, x)$$

$$\Rightarrow y = c_1 y_1 + c_2 y_2 = e^{ax}[(c_1 + c_2) \cos b\, x + j\,(c_1 - c_2) \sin b\, x].$$

Nun sind nach II. 6.3.3 Real- und Imaginärteil *für sich* Lösungen

$$\mathrm{Re}\, y = e^{ax}(c_1 + c_2) \cos b\, x = C_1\, e^{ax} \cos b\, x, \quad C_1 \equiv c_1 + c_2$$

$$\mathrm{Im}\, y = e^{ax}(c_1 - c_2) \sin b\, x = C_2\, e^{ax} \sin b\, x, \quad C_2 \equiv c_1 - c_2,$$

die zudem linear unabhängig sind, da ihre WRONSKIsche Determinante ungleich Null bzw. — was gleichwertig ist — ihr Quotient keine Konstante ist:

$$\frac{\mathrm{Re}\,y}{\mathrm{Im}\,y} = \frac{C_1 \cos b\,x}{C_2 \sin b\,x} = \frac{C_1}{C_2} \cot b\,x.$$

Damit ist ihre Summe

$$\boxed{y = e^{a\,x}(C_1 \cos b\,x + C_2 \sin b\,x)}$$

die allgemeine Lösung für diesen Fall.

Beispiele

1. Vorgelegt: $y'' + 4y' - 5y = 0$

Charakteristische Gleichung: $\alpha^2 + 4\alpha - 5 = 0$

$$\Rightarrow \alpha_1 = 1, \quad \alpha_2 = -5$$

Allgemeine Lösung: $y = C_1 e^x + C_2 e^{-5\,x}$.

2. Vorgelegt: $y'' - 6y' + 9y = 0$

Charakteristische Gleichung: $\alpha^2 - 6\alpha + 9 = 0$

$$\Rightarrow \alpha_1 = \alpha_2 = 3$$

Allgemeine Lösung: $y = (C_1 x + C_2)\, e^{3\,x}$.

3. Vorgelegt: $y'' + 4y' + 13y = 0$

Charakteristische Gleichung: $\alpha^2 + 4\alpha + 13 = 0$

$$\Rightarrow \alpha_1 = -2 + 3j, \quad \alpha_2 = -2 - 3j$$

Allgemeine Lösung: $y = e^{-2\,x}(C_1 \cos 3\,x + C_2 \sin 3\,x)$.

4. Vorgelegt: $y'' - y = 0; \quad y(0) = 1, \quad y'(0) = 0$

Charakteristische Gleichung: $\alpha^2 - 1 = 0 \Rightarrow \alpha_1 = 1, \quad \alpha_2 = -1$

Allgemeine Lösung: $y = C_1 e^x + C_2 e^{-x}$.

Anfangsbedingungen:

$$\left. \begin{array}{l} y\ = C_1 e^x + C_2 e^{-x} \Rightarrow C_1 + C_2 = 1 \\ y' = C_1 e^x - C_2 e^{-x} \Rightarrow C_1 - C_2 = 0 \end{array} \right\} \Rightarrow C_1 = C_2 = \tfrac{1}{2}$$

Spezielle Lösung: $y = \tfrac{1}{2} e^x + \tfrac{1}{2} e^{-x} = \cosh x$.

5. Vorgelegt: $y'' - 4y' + 4y = 0; \quad y(0) = 6, \quad y(2) = 0$

Charakteristische Gleichung: $\alpha^2 - 4\alpha + 4 = 0$

$$\Rightarrow \alpha_1 = \alpha_2 = 2$$

Allgemeine Lösung: $y = (C_1 x + C_2)\, e^{2\,x}$.

Randbedingungen:

$$y(0) = 6 \Rightarrow C_2 = 6$$
$$y(2) = 0 \Rightarrow (2C_1 + C_2)\, e^4 = 0 \Rightarrow C_1 = -3$$

Gesuchte Lösung: $y = (-3\,x + 6)\, e^{2\,x}$.

6. Vorgelegt: $y'' + 2y' + 3y = 0; \quad y(0) = 2, \quad y'(0) = 0$

Charakteristische Gleichung: $\alpha^2 + 2\alpha + 3 = 0$

$$\Rightarrow \alpha_1 = -1 + j\sqrt{2}, \quad \alpha_2 = -1 - j\sqrt{2}$$

Allgemeine Lösung: $y = e^{-x}(C_1 \cos \sqrt{2}\,x + C_2 \sin \sqrt{2}\,x)$.

Anfangsbedingungen:

$$y = e^{-x}(C_1 \cos \sqrt{2}\,x + C_2 \sin \sqrt{2}\,x), \quad y(0) = 2 \Rightarrow C_1 = 2$$

$$y' = e^{-x}[(-C_1 + \sqrt{2}\,C_2) \cos \sqrt{2}\,x + (-\sqrt{2}\,C_1 - C_2) \sin \sqrt{2}\,x],$$

$$y'(0) = 0 \Rightarrow -C_1 + \sqrt{2}\,C_2 = 0 \Rightarrow C_2 = \sqrt{2}$$

Gesuchte Lösung: $y = e^{-x}(2 \cos \sqrt{2}\,x + \sqrt{2} \sin \sqrt{2}\,x)$.

Die freie gedämpfte Schwingung. Wir betrachten die eindimensionale Bewegung eines aus seiner Gleichgewichtslage ausgelenkten Massenpunktes unter dem Einfluß der *Rückstellkraft* $\Re$ und einer *Dämpfungskraft* $\mathfrak{D}$.

Nach NEWTON gilt: Die Resultierende $\mathfrak{F}$ aller äußeren Kräfte am Massenpunkt ist nach Betrag und Richtung gleich dem Produkt aus der Masse m und der Beschleunigung $\mathfrak{b}$ des Punktes

$$\mathfrak{F} = m\,\mathfrak{b} = m\,\ddot{\mathfrak{r}}. \tag{*}$$

In unserem Falle ist

$$\mathfrak{F} = \Re + \mathfrak{D}.$$

Nun ist bei einer der Auslenkung proportionalen Rückstellkraft und geschwindigkeitsproportionaler Dämpfung

$$\Re = -k\,\mathfrak{r} \quad (k > 0)$$

$$\mathfrak{D} = -\varrho\,\dot{\mathfrak{r}} \quad (\varrho > 0),$$

wobei $\mathfrak{r}$ und $\dot{\mathfrak{r}}$ den Orts- bzw. Geschwindigkeitsvektor des Massenpunktes bedeuten. Die Minuszeichen erklären sich dadurch, daß Rückstellkraft und Dämpfungskraft entgegen dem Orts- bzw. Geschwindigkeitsvektor gerichtet sind.

Beim Einsetzen in das dynamische Grundgesetz (*) ergibt sich die Vektordifferentialgleichung

$$m\,\ddot{\mathfrak{r}} + \varrho\,\dot{\mathfrak{r}} + k\,\mathfrak{r} = \mathfrak{o}.$$

Da wir nur eine eindimensionale Bewegung betrachten, können wir einfacher schreiben

$$\boxed{m\,\ddot{x} + \varrho\,\dot{x} + k\,x = 0}$$

und diese (skalare) Differentialgleichung behandeln. Sie ist homogen linear von der zweiten Ordnung und wird die *Schwingungsgleichung* des betreffenden Problems genannt.

Wir dividieren durch m

$$\ddot{x} + \frac{\varrho}{m}\,\dot{x} + \frac{k}{m}\,x = 0$$

und führen

$$\frac{\varrho}{m} = 2\,\delta \quad (\delta\!: \text{Abklingungskonstante})$$

$$\frac{k}{m} = \omega_0^2 \quad (\omega_0\!: \text{Kreisfrequenz})$$

als neue Konstanten ein:

$$\ddot{x} + 2\,\delta\,\dot{x} + \omega_0^2\,x = 0\,.$$

Der bei konstanten Koeffizienten vorzunehmende Ansatz

$$x = e^{\alpha t}$$

führt auf die charakteristische Gleichung

$$\alpha^2 + 2\,\delta\,\alpha + \omega_0^2 = 0$$

mit den Lösungen

$$\alpha_{1,2} = -\delta \pm \sqrt{\delta^2 - \omega_0^2}\,.$$

Fallunterscheidung:

1. $\delta < \omega_0$: *schwache Dämpfung*

    ($\Rightarrow$ periodisch abklingende Schwingung)

2. $\delta > \omega_0$: *starke Dämpfung*

    ($\Rightarrow$ aperiodische Bewegung)

3. $\delta = \omega_0$: *aperiodischer Grenzfall*.

1. Fall: $\delta < \omega_0$ (schwache Dämpfung). Die Lösungen der charakteristischen Gleichung sind konjugiert komplex

$$\alpha_{1,2} = -\delta \pm j\,\sqrt{\omega_0^2 - \delta^2} \equiv -\delta \pm j\,\overline{\omega}_0\,,$$

und es ergibt sich als allgemeine Lösung

$$x(t) = e^{-\delta t}(C_1 \cos\overline{\omega}_0\,t + C_2 \sin\overline{\omega}_0\,t)\,.$$

Schreiben wir der Schwingung als Anfangsbedingungen

$$x(0) = 0$$

$$\dot{x}(0) = v_0 \neq 0$$

vor, so liefert die erste Bedingung

$$C_1 = 0$$

$$\Rightarrow x(t) = C_2\,e^{-\delta t}\,\sin\overline{\omega}_0\,t$$

$$\Rightarrow \dot{x}(t) = C_2(-\delta\,e^{-\delta t}\,\sin\overline{\omega}_0\,t + \overline{\omega}_0\,e^{-\delta t}\,\cos\overline{\omega}_0\,t)$$

und damit die zweite Bedingung

$$v_0 = C_2\,\overline{\omega}_0\,, \qquad C_2 = \frac{v_0}{\overline{\omega}_0}\,.$$

Damit lautet die Bewegungsgleichung des Systems in x-Richtung

$$x(t) = e^{-\delta t}\left(\frac{v_0}{\overline{\omega}_0}\sin\overline{\omega}_0\, t\right)$$

(Abb. 251). Man erhält eine periodisch abklingende Schwingung. Ihre Nulldurchgänge sind durch

$$\sin\overline{\omega}_0\, t = 0$$

gegeben und liegen bei

$$\overline{\omega}_0\, t = 0;\quad \pi;\quad 2\pi;\ \ldots$$

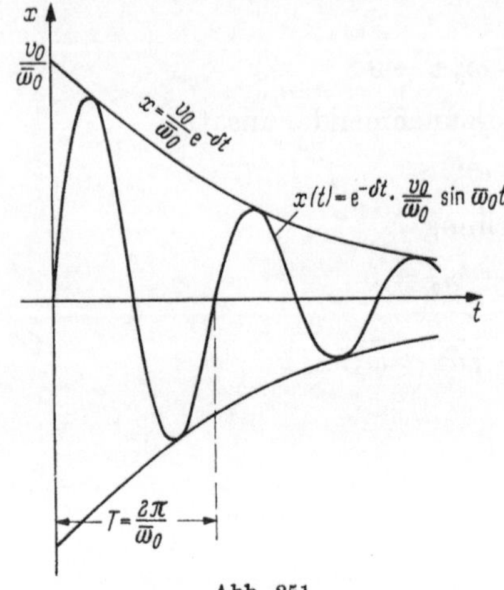

Abb. 251

also in gleichen Abständen. Der doppelte Abstand zweier Durchgänge ist zugleich die Schwingungsdauer T, nämlich

$$T = \frac{2\pi}{\overline{\omega}_0} = \frac{2\pi}{\sqrt{\omega_0^2 - \delta^2}}.$$

Sie ist übrigens größer als diejenige der ungedämpften Schwingung ($\delta = 0$). Für den Quotienten zweier aufeinanderfolgender maximaler Amplituden ergibt sich mit

$$x(t_m) = e^{-\delta t_m}\left(\frac{v_0}{\overline{\omega}_0}\sin\overline{\omega}_0\, t_m\right)$$

$$x(t_m + T) = e^{-\delta(t_m + T)}\left[\frac{v_0}{\overline{\omega}_0}\sin\overline{\omega}_0\left(t_m + \frac{2\pi}{\overline{\omega}_0}\right)\right]$$

$$\Rightarrow \frac{x(t_m)}{x(t_m + T)} = \frac{e^{-\delta t_m}}{e^{-\delta(t_m + T)}} = e^{\delta T},$$

d. h. eine positive Konstante K. Man nennt ihren Logarithmus

$$\ln K \equiv \Delta = \delta T$$

das *logarithmische Dämpfungsdekrement*. Es kann zur experimentellen Bestimmung der Dämpfungskonstanten ϱ gemäß

$$\varrho = 2m\,\delta$$

dienen. Je größer ϱ bzw. δ ist, desto schneller gehen die nach einer *geometrischen* Folge abnehmenden maximalen Amplituden gegen Null.

2. Fall: $\delta > \omega_0$ **(starke Dämpfung).** Die Lösungen der charakteristischen Gleichung sind reell und voneinander verschieden. Setzen wir für sie

$$\alpha_{1,2} = -\delta \pm \sqrt{\delta^2 - \omega_0^2} \equiv \beta_{1,2} < 0,$$

so lautet die allgemeine Lösung jetzt

$$x(t) = C_1\, e^{\beta_1 t} + C_2\, e^{\beta_2 t},$$

wobei wegen $\delta > 0$ stets

$$|\beta_2| > |\beta_1|$$

ist. Es entsteht eine nichtperiodische (aperiodische) Bewegung als Überlagerung zweier e-Funktionen, nämlich $x_1(t) = C_1 e^{\beta_1 t}$ und $x_2(t) = C_2 e^{\beta_2 t}$. Wählt man die Anfangsbedingungen so, daß

$$C_1 > 0 \quad \text{und} \quad C_2 > 0$$

ausfallen, so ergibt sich die in Abb. 252 dargestellte Bewegung, bei der kein Maximum und kein Nulldurchgang vorhanden ist: *Kriechbewegung* in die Ruhelage zurück.

Wählt man hingegen

$$C_1 > 0 \quad \text{und} \quad C_2 < 0 \quad \text{mit}$$
$$|C_2| > |C_1|,$$

so schwingt der Körper nach einem Anstoß durch die Nulllage bis zum Maximum und kriecht dann erst in die Gleichgewichtslage zurück (Abb. 253).

3. Fall: $\delta = \omega_0$ **(Aperiodischer Grenzfall).** Die charakteristische Gleichung hat eine (reelle) Doppelwurzel

$$\alpha_1 = \alpha_2 = -\delta.$$

Die allgemeine Lösung lautet hier

$$x(t) = (C_1 t + C_2)\, e^{-\delta t}.$$

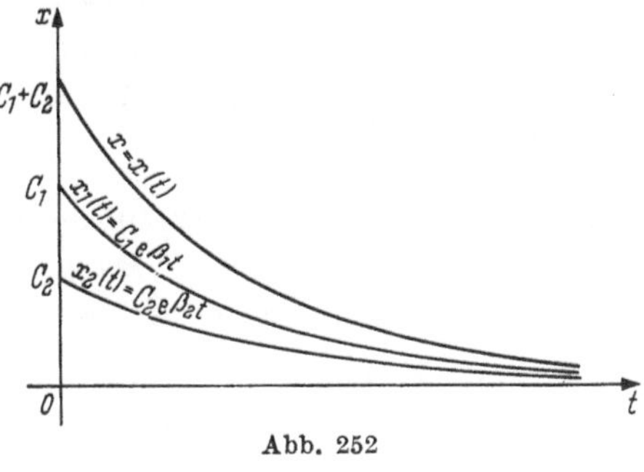

Abb. 252

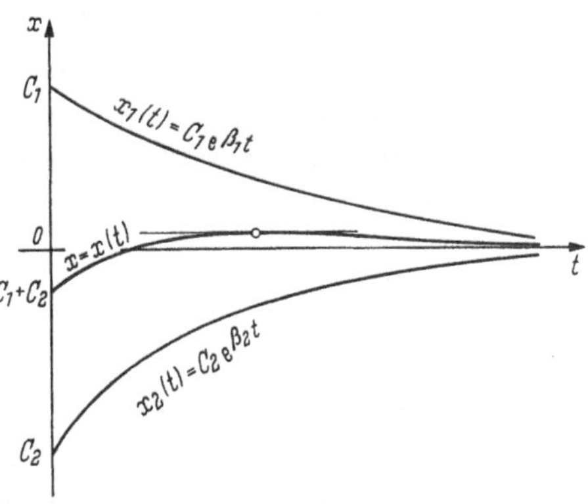

Abb. 253

Für kleine Werte von t ist die Bewegung angenähert linear, da $e^{-\delta t}$ dann nahe bei 1 liegt; für große t wird $e^{-\delta t}$ ausschlaggebend. Ein Maximum liegt bei $\dot{x} = 0$:

$$-\delta(C_1 t + C_2)\, e^{-\delta t} + C_1 e^{-\delta t} = 0 \Rightarrow t_m = \frac{1}{\delta} - \frac{C_2}{C_1}.$$

Berücksichtigt man noch die Anfangsbedingung

$$x(0) = 0,$$

so vereinfacht sich die letzte Gleichung zu

$$t_m = \frac{1}{\delta}$$

(Abb. 254). Auch hier findet keine periodische Schwingung, sondern nur eine Kriechbewegung statt.

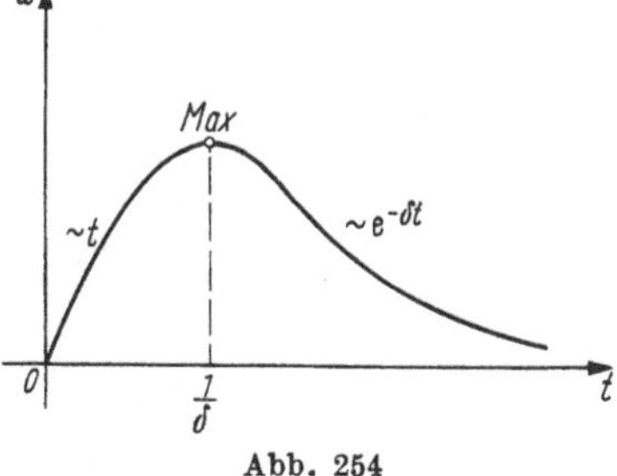

Abb. 254

27*

6.3.5 Inhomogene lineare Differentialgleichungen

Für die lineare Differentialgleichung zweiter Ordnung

$$y'' + \varphi_1(x)\, y' + \varphi_0(x)\, y = g(x)$$

mit der „Störfunktion" $g(x) \not\equiv 0$ gibt es keine allgemeingültigen Lösungsmethoden. Grundsätzlich sind aber die folgenden zwei Sätze von Bedeutung.

Satz: *Kennt man die allgemeine Lösung der homogenen Gleichung, so läßt sich eine partikuläre Lösung der inhomogenen Gleichung mit der Methode der Variation der Konstanten ermitteln.*

Beweis: Es sei

$$y_H = C_1\, y_1 + C_2\, y_2$$

die allgemeine Lösung der homogenen Gleichung. Dann machen wir für die inhomogene Gleichung nach LAGRANGE den Lösungsansatz

$$y_P = C_1(x)\, y_1 + C_2(x)\, y_2, \qquad\qquad (*)$$

ersetzen also die Konstanten durch Funktionen von x und versuchen diese so zu bestimmen, daß y_P zu einer partikulären Lösung der inhomogenen Gleichung wird.

Aus (*) allein lassen sich $C_1(x)$ und $C_2(x)$ nicht eindeutig bestimmen. Wir differenzieren (*)

$$y'_P = C'_1(x)\, y_1 + C'_2(x)\, y_2 + C_1(x)\, y'_1 + C_2(x)\, y'_2$$

und wählen

$$C'_1(x)\, y_1 + C'_2(x)\, y_2 = 0 \qquad\qquad (**)$$

als zweite Bedingungsgleichung. Damit ist

$$y'_P = C_1(x)\, y'_1 + C_2(x)\, y'_2$$
$$y''_P = C'_1(x)\, y'_1 + C_1(x)\, y''_1 + C'_2(x)\, y'_2 + C_2(x)\, y''_2.$$

Bei Einsetzen in die gegebene Gleichung wird

$$C_1(x)\, (y''_1 + \varphi_1\, y'_1 + \varphi_0\, y_1) + C_2(x)\, (y''_2 + \varphi_1\, y'_2 + \varphi_0\, y_2) +$$
$$+ C'_1(x)\, y'_1 + C'_2(x)\, y'_2 = g(x)$$

bzw., da y_1 und y_2 Lösungen der homogenen Gleichung sind,

$$C'_1(x)\, y'_1 + C'_2(x)\, y'_2 = g(x).$$

Wählen wir diese Gleichung anstelle von (*), so haben wir jetzt das folgende inhomogene lineare (algebraische) System zur Bestimmung von $C'_1(x)$ und $C'_2(x)$:

$$\left. \begin{aligned} C'_1(x)\, y_1 + C'_2(x)\, y_2 &= 0 \\ C'_1(x)\, y'_1 + C'_2(x)\, y'_2 &= g(x). \end{aligned} \right\}$$

Seine Koeffizientendeterminante ist als WRONSKIsche Determinante

$$W(x) \equiv \begin{vmatrix} y_1 & y_2 \\ y_1' & y_2' \end{vmatrix} \neq 0,$$

so daß $C_1'(x)$ und $C_2'(x)$ aus diesem System stets eindeutig bestimmt werden können (vgl. I. 6.8.1); nämlich

$$C_1'(x) = -\frac{g(x)\,y_2(x)}{W(x)} \Rightarrow C_1(x) = -\int \frac{g(x)\,y_2(x)}{W(x)}\,dx$$

$$C_2'(x) = \frac{g(x)\,y_1(x)}{W(x)} \Rightarrow C_2(x) = \int \frac{g(x)\,y_1(x)}{W(x)}\,dx.$$

Damit hat man eine partikuläre Lösung der inhomogenen Differentialgleichung gefunden:

$$\boxed{y_P = -y_1(x)\int \frac{g(x)\,y_2(x)}{W(x)}\,dx + y_2(x)\int \frac{g(x)\,y_1(x)}{W(x)}\,dx}$$

Die Methode der „Variation der Konstanten" erscheint etwas beschwerlich, sie hat aber den Vorzug, unter den gemachten Voraussetzungen (also bei Kenntnis von y_H) stets zum Ziele zu führen. Um sich die Arbeit zu erleichtern, wird man y_P gleich nach der oben eingerahmten Formel berechnen.

Satz: *Die allgemeine Lösung y_A der inhomogenen Gleichung ergibt sich durch Überlagerung (Addition) der allgemeinen Lösung y_H der homogenen Gleichung und einer partikulären Lösung y_P der inhomogenen Gleichung*

$$\boxed{y_A = y_H + y_P}$$

Beweis: Auf Grund der Linearität von

$$L(y) \equiv y'' + \varphi_1\,y' + \varphi_0\,y = g(x)$$

gilt

$$L(y_A) \equiv L(y_H + y_P) = L(y_H) + L(y_P) \equiv 0 + g(x)$$

$$\Rightarrow L(y_A) \equiv g(x),$$

d. h. y_A erfüllt die inhomogene Differentialgleichung identisch, ist also eine Lösung derselben und, da sie von y_H her zwei frei wählbare Konstanten besitzt, ist sie auch die allgemeine Lösung derselben.

Beispiele

1. $y'' + y = \dfrac{1}{\cos x}$

Lösung der homogenen Gleichung: $y'' + y = 0$

$$\Rightarrow y_H = C_1 \cos x + C_2 \sin x.$$

Ansatz für die inhomogene Gleichung:

$$y_P = C_1(x)\cos x + C_2(x)\sin x$$

$$W(x) = \begin{vmatrix} y_1 & y_2 \\ y_1' & y_2' \end{vmatrix} = \begin{vmatrix} \cos x & \sin x \\ -\sin x & \cos x \end{vmatrix} = \cos^2 x + \sin^2 x = 1$$

$$C_1(x) = -\int \frac{g(x)\,y_2(x)}{W(x)}\,dx = -\int \frac{\sin x}{\cos x}\,dx = \ln|\cos x|$$

$$C_2(x) = \int \frac{g(x)\,y_1(x)}{W(x)}\,dx = \int \frac{\cos x}{\cos x}\,dx = x$$

$$\Rightarrow y_P = (\ln|\cos x|)\cos x + x\sin x$$

Allgemeine Lösung der inhomogenen Gleichung:

$$y_A = (C_1 + \ln|\cos x|)\cos x + (C_2 + x)\sin x.$$

2. $x^2 y'' - 2x y' + 2y = x^3 \sin x$

Herstellung der „normierten Form" (Division durch $x^2 \neq 0$)

$$y'' - \frac{2}{x}\,y' + \frac{2}{x^2}\,y = x\sin x$$

Lösung der homogenen Gleichung[1]):

Ansatz: $y = x^\alpha \Rightarrow y' = \alpha\,x^{\alpha-1}, \quad y'' = \alpha(\alpha-1)\,x^{\alpha-2}$

$$x^{\alpha-2}(\alpha^2 - 3\alpha + 2) = 0 \Rightarrow \alpha^2 - 3\alpha + 2 = 0 \Rightarrow \alpha_1 = 1, \quad \alpha_2 = 2$$

$$\Rightarrow y_H = C_1 x + C_2 x^2$$

Ansatz für die inhomogene Gleichung:

$$y_P = C_1(x)\,x + C_2(x)\,x^2$$

$$W(x) = \begin{vmatrix} y_1 & y_2 \\ y_1' & y_2' \end{vmatrix} = \begin{vmatrix} x & x^2 \\ 1 & 2x \end{vmatrix} = x^2$$

$$C_1(x) = -\int \frac{g(x)\,y_2(x)}{W(x)}\,dx = -\int x\sin x\,dx = x\cos x - \sin x$$

$$C_2(x) = \int \frac{g(x)\,y_1(x)}{W(x)}\,dx = \int \sin x\,dx = -\cos x$$

$$\Rightarrow y_P = x^2\cos x - x\sin x - x^2\cos x = -x\sin x$$

Allgemeine Lösung der inhomogenen Gleichung:

$$y_A = y_H + y_P = C_1 x + C_2 x^2 - x\sin x.$$

3. $y'' - \dfrac{2}{x^2 - 2x}\,y' + \dfrac{2}{x^3 - 2x^2}\,y = \dfrac{1}{x}$

a) Homogene Gleichung:

$$y'' - \frac{2}{x^2 - 2x}\,y' + \frac{2}{x^3 - 2x^2}\,y = 0.$$

Es ist

$$y_1 = x$$

---

[1]) Lineare Differentialgleichungen der Gestalt

$$a_2\,x^2 y'' + a_1\,x y' + a_0\,y = 0, \quad (a_i \text{ Konstanten})$$

heißen EULERsche Differentialgleichungen. Der Lösungsansatz $y = x^\alpha$ führt stets zum Ziel.

eine Lösung, was man durch Einsetzen bestätigt:

$$-\frac{2}{x^2 - 2x} \cdot 1 + \frac{2}{x^3 - 2x^2} \cdot x \equiv 0.$$

Für die zweite Lösung können wir nach II. 6.3.3 den Ansatz

$$y_2 = y_1 u = x u$$

machen. Er führt auf die Differentialgleichung

$$x u'' + \left(2 - \frac{2}{x - 2}\right) u' = 0.$$

Mit der Substitution $u' = p$ folgt

$$x \frac{dp}{dx} + 2p \frac{x - 3}{x - 2} = 0$$

$$\frac{1}{2} \int \frac{dp}{p} = -\int \frac{x - 3}{x(x - 2)}\, dx = \frac{1}{2} \int \frac{dx}{x - 2} - \frac{3}{2} \int \frac{dx}{x}$$

$$\Rightarrow p = \frac{x - 2}{x^3} = \frac{1}{x^2} - \frac{2}{x^3}.$$

Damit folgt für $u(x)$ gemäß $u' = p$

$$u = \int p\, dx = -\frac{1}{x} + \frac{1}{x^2}$$

und für die zweite Lösung y_2 gemäß $y_2 = y_1 u = x u$

$$y_2 = -1 + \frac{1}{x} = \frac{1 - x}{x}.$$

Die Linearkombination

$$C_1 y_1 + C_2 y_2 = C_1 x + C_2 \frac{1 - x}{x} = y_H$$

ist also die allgemeine Lösung der homogenen Gleichung.

b) Inhomogene Gleichung. Variation der Konstanten:

$$y_P = C_1(x)\, x + C_2(x) \frac{1 - x}{x}$$

$$\Rightarrow C_1(x) = -\int \frac{1 - x}{x(x - 2)}\, dx = \frac{1}{2} \int \left(\frac{1}{x} + \frac{1}{x - 2}\right) dx = \frac{1}{2} \ln|x(x - 2)|$$

$$\Rightarrow C_2(x) = \int \frac{x}{x - 2}\, dx = \int \left(1 + \frac{2}{x - 2}\right) dx = x + \ln(x - 2)^2$$

$$\Rightarrow y_P = \frac{x}{2} \ln|x^2 - 2x| + \frac{1 - x}{x}\, [x + \ln(x - 2)^2].$$

Allgemeine Lösung der inhomogenen Gleichung:

$$y_A = C_1 x + C_2 \frac{1 - x}{x} + \frac{x}{2} \ln|x^2 - 2x| + \frac{1 - x}{x}\, [x + 2\ln(x - 2)].$$

6.3.6 Inhomogene lineare Differentialgleichungen mit konstanten Koeffizienten

Sind die Koeffizienten der Differentialgleichung Konstanten, so kann man sich in vielen Fällen die Variation der Konstanten ersparen, indem man einen geeigneten, der Struktur der Störfunktion angepaßten

Ansatz für eine partikuläre Lösung der inhomogenen Gleichung vornimmt, mit diesem Ansatz samt seinen Ableitungen in die Differentialgleichung eingeht und die Koeffizienten durch Vergleich ermittelt. Für die Differentialgleichung

$$\boxed{y'' + a_1\, y' + a_0\, y = g(x)}$$

sind die wichtigsten Ansätze in der folgenden Übersicht zusammengestellt

Störfunktion $g(x)$	Lösungsansatz für y_P
$b_0 + b_1\, x + b_2\, x^2 + \cdots + b_n\, x^n$	$B_0 + B_1\, x + B_2\, x^2 + \cdots + B_n\, x^n$ [1]
$k \sin \alpha\, x$ oder $k \cos \alpha\, x$	$K_1 \sin \alpha\, x + K_2 \cos \alpha\, x$
$k \sinh \alpha\, x$ oder $k \cosh \alpha\, x$	$K_1 \sinh \alpha\, x + K_2 \cosh \alpha\, x$
$k\, e^{\alpha x}$	$K\, e^{\alpha x}$
$k\, e^{\beta x} \sin \alpha\, x$ oder $k\, e^{\beta x} \cos \alpha\, x$	$e^{\beta x} (K_1 \sin \alpha\, x + K_2 \cos \alpha\, x)$

Besteht die Störfunktion aus einer Linearkombination[2] der angeführten Fälle, so ist für den Lösungsansatz die entsprechende Linearkombination zu wählen.

Ist eine Lösung der homogenen Gleichung linear abhängig von der Störfunktion, so spricht man von *Resonanz* und kann dann die angeführten Lösungsansätze *nicht* vornehmen. In diesem Falle bleibt die Variation der Konstanten.

Beispiele

1. $y'' + y = x^2$

Lösung der homogenen Gleichung $y'' + y = 0 : y = C_1 \cos x + C_2 \sin x$. Ansatz für die inhomogene Gleichung:

$$y_P = B_0 + B_1\, x + B_2\, x^2.$$

Man beachte, daß keine Potenz ausgelassen werden darf!

$$\Rightarrow \begin{aligned} y_P' &= B_1 + 2 B_2\, x \\ y_P'' &= 2 B_2 \end{aligned}$$

$$\Rightarrow (2 B_2 + B_0) + B_1\, x + B_2\, x^2 \equiv x^2$$

Koeffizientenvergleich:

$$B_2 = 1$$
$$B_1 = 0$$
$$2 B_2 + B_0 = 0 \Rightarrow B_0 = -2$$

Partikuläre Lösung der inhomogenen Gleichung: $y_P = -2 + x^2$

---

[1] Enthält die homogene Gleichung das Glied $a_0\, y$ *nicht*, so ist im Ansatz noch $B_{n+1}\, x^{n+1}$ aufzunehmen.

[2] Man beachte, daß die Linearkombination von $f_1(x)$ und $f_2(x)$ durch die *Summe* $C_1 f_1(x) + C_2 f_2(x)$ gegeben ist; $f_1(x) \cdot f_2(x)$ oder $f_1(x) : f_2(x)$ sind keine Linearkombinationen der Funktionen $f_1(x)$ und $f_2(x)$.

Allgemeine Lösung:

$$y_A = y_H + y_P = C_1 \cos x + C_2 \sin x + x^2 - 2.$$

2. $y'' + 6y' + 7y = \cos \dfrac{x}{2}$

Homogene Gleichung: $y'' + 6y' + 7y = 0$

$$\Rightarrow y_H = C_1\, e^{(-3+\sqrt{2})\,x} + C_2\, e^{(-3-\sqrt{2})\,x}$$

Ansatz für die inhomogene Gleichung:

$$y_P = K_1 \sin \frac{x}{2} + K_2 \cos \frac{x}{2}$$

$$y_P' = \frac{1}{2} K_1 \cos \frac{x}{2} - \frac{1}{2} K_2 \sin \frac{x}{2}$$

$$\Rightarrow$$

$$y_P'' = -\frac{1}{4} K_1 \sin \frac{x}{2} - \frac{1}{4} K_2 \cos \frac{x}{2}$$

$$\Rightarrow \left(\frac{27}{4} K_1 - 3 K_2\right) \sin \frac{x}{2} + \left(3 K_1 + \frac{27}{4} K_2\right) \cos \frac{x}{2} \equiv \cos \frac{x}{2}$$

Koeffizientenvergleich:

$$27 K_1 - 12 K_2 = 0$$
$$12 K_1 + 27 K_2 = 4$$
$$\Rightarrow K_1 = \frac{16}{291}, \qquad K_2 = \frac{12}{97}$$
$$\Rightarrow y_P = \frac{16}{291} \sin \frac{x}{2} + \frac{12}{97} \cos \frac{x}{2}$$

Allgemeine Lösung der inhomogenen Gleichung:

$$y_A = e^{-3x}\left(C_1\, e^{\sqrt{2}\,x} + C_2\, e^{-\sqrt{2}\,x}\right) + \frac{16}{291} \sin \frac{x}{2} + \frac{12}{97} \cos \frac{x}{2}.$$

3. $y'' + y' = x + x^3$

Allgemeine Lösung der homogenen Gleichung: $y_H = C_1 + C_2\, e^{-x}$

Ansatz: $y_P = B_0 + B_1 x + B_2 x^2 + B_3 x^3 + B_4 x^4$

(die linke Seite der Differentialgleichung enthält das Glied $a_0\, y$ nicht!)

$$\Rightarrow \begin{cases} y_P' = B_1 + 2 B_2 x + 3 B_3 x^2 + 4 B_4 x^3 \\ y_P'' = 2 B_2 + 6 B_3 x + 12 B_4 x^2 \end{cases}$$

$$\Rightarrow (B_1 + 2 B_2) + (2 B_2 + 6 B_3)\, x + (3 B_3 + 12 B_4)\, x^2 + 4 B_4 x^3 \equiv x + x^3$$

Koeffizientenvergleich:

$$4 B_4 = 1 \Rightarrow B_4 = \frac{1}{4}$$

$$3 B_3 + 12 B_4 = 0 \Rightarrow B_3 = -1$$

$$2 B_2 + 6 B_3 \qquad = 1 \Rightarrow B_2 = \frac{7}{2}$$

$$B_1 + 2 B_2 \qquad = 0 \Rightarrow B_1 = -7$$

$$\Rightarrow y_P = B_0 - 7x + \frac{7}{2} x^2 - x^3 + \frac{1}{4} x^4$$

B_0 ist beliebig wählbar und wird mit C_1 von y_H zu einer einzigen Integrationskonstanten zusammengefaßt[1]):

$$y_A = y_H + y_P = C_1^* + C_2\, e^{-x} - 7x + \frac{7}{2}\, x^2 - x^3 + \frac{1}{4}\, x^4$$

$$\text{mit}\quad C_1^* = B_0 + C_1.$$

4.　$y'' + 4y' + y = \sinh 2x$

Homogene Gleichung: $y_H = e^{-2x}\,(C_1 \cos \sqrt{3}\, x + C_2 \sin \sqrt{3}\, x)$

Lösungssatz für die inhomogene Gleichung:

$$y_P = K_1 \sinh 2x + K_2 \cosh 2x$$

$$\Rightarrow \begin{cases} y_P' = 2K_1 \cosh 2x + 2K_2 \sinh 2x \\ y_P'' = 4K_1 \sinh 2x + 4K_2 \cosh 2x. \end{cases}$$

Eingesetzt in die Differentialgleichung ergibt dies

$$(5K_1 + 8K_2)\sinh 2x + (8K_1 + 5K_2)\cosh 2x \equiv \sinh 2x$$

Koeffizientenvergleich:

$$5K_1 + 8K_2 = 1$$
$$8K_1 + 5K_2 = 0$$

$$\Rightarrow K_1 = -\frac{5}{39}, \qquad K_2 = \frac{8}{39}$$

$$y_P = -\frac{5}{39}\sinh 2x + \frac{8}{39}\cosh 2x$$

Allgemeine Lösung der inhomogenen Gleichung:

$$y_A = y_H + y_P = e^{-2x}\,(C_1 \cos \sqrt{3}\,x + C_2 \sin \sqrt{3}\,x) - \frac{5}{39}\sinh 2x + \frac{8}{39}\cosh 2x.$$

5.　$y'' - 5y' + 6y = e^{-x} - 12x^2 + 2x + 5$

Homogene Gleichung: $y_H = C_1\, e^{2x} + C_2\, e^{3x}$

Lösungsansatz für die inhomogene Gleichung:

$$y_P = K\, e^{-x} + B_2\, x^2 + B_1\, x + B_0$$

$$\Rightarrow \begin{cases} y_P' = -K\, e^{-x} + 2B_2\, x + B_1 \\ y_P'' = K\, e^{-x} + 2B_2 \end{cases}$$

$$\Rightarrow 12K\, e^{-x} + 6B_2\, x^2 + (6B_1 - 10B_2)\, x + (6B_0 - 5B_1 + 2B_2) \equiv e^{-x} - 12x^2 + 2x + 5$$

Koeffizientenvergleich:

$$12K \qquad\qquad = \quad 1 \Rightarrow K = \frac{1}{12}$$
$$6B_2 = -12 \Rightarrow B_2 = -2$$
$$6B_1 - 10B_2 = \quad 2 \Rightarrow B_1 = -3$$
$$6B_0 - 5B_1 + 2B_2 = \quad 5 \Rightarrow B_0 = -1$$

$$\Rightarrow y_P = \frac{1}{12}\, e^{-x} - 2x^2 - 3x - 1.$$

---

[1]) Beachte: In einer Differentialgleichung n-ter Ordnung treten genau n frei wählbare Konstanten auf, *die sich nicht auf weniger als n Konstanten zurückführen lassen.* Im vorliegenden Beispiel lassen sich die drei Konstanten C_1, C_2 und B_0 auf zwei, nämlich C_1^* und C_2 zurückführen.

Allgemeine Lösung der inhomogenen Gleichung

$$y_A = C_1\,e^{2x} + C_2\,e^{3x} + \frac{1}{12}\,e^{-x} - 2x^2 - 3x - 1.$$

6. $y'' - 5y' + 4y = 3e^{4x}$

Allgemeine Lösung der homogenen Gleichung: $y_H = C_1\,e^{4x} + C_2\,e^{x}$. Da *Resonanz* zwischen $y_1 = e^{4x}$ und der Störfunktion vorliegt, versagt die Methode der speziellen Ansätze (nachprüfen!) und wir müssen auf die Variation der Konstanten zurückgreifen:

$$y_P = C_1(x)\,e^{4x} + C_2(x)\,e^{x}$$

$$W(x) = \begin{vmatrix} e^{4x} & e^{x} \\ 4e^{4x} & e^{x} \end{vmatrix} = -3e^{5x}$$

$$C_1(x) = -\int \frac{e^{x}\,3e^{4x}}{-3e^{5x}}\,dx = \int dx = x$$

$$C_2(x) = \int \frac{e^{4x}\,3e^{4x}}{-3e^{5x}}\,dx = -\int e^{3x}\,dx = -\frac{1}{3}\,e^{3x}$$

$$\Rightarrow y_P = x\,e^{4x} - \frac{1}{3}\,e^{4x} = \left(x - \frac{1}{3}\right)e^{4x}$$

Allgemeine Lösung der inhomogenen Gleichung:

$$y_A = C_1\,e^{4x} + C_2\,e^{x} + (x - \tfrac{1}{3})\,e^{4x}$$

$$y_A = (x + C_1^{*})\,e^{4x} + C_2\,e^{x} \quad (C_1^{*} = C_1 - \tfrac{1}{3}).$$

6.4 Schlußbemerkung

Die gewöhnlichen Differentialgleichungen stellen für den Ingenieur zweifellos das wichtigste Anwendungsgebiet der Differential- und Integralrechnung dar. Bei allen bewegten Vorgängen, insbesondere bei mechanischen oder elektrischen Schwingungsvorgängen, erfolgt die mathematische Beschreibung durch Differentialgleichungen. Die in den vorangehenden Abschnitten erläuterten Methoden bieten nur eine erste Einführung. Viele Differentialgleichungen lassen sich damit nicht behandeln. Es soll deshalb an dieser Stelle auf drei Wege verwiesen werden, die dem in der Praxis stehenden Ingenieur auf diesem Gebiete weiterhelfen.

1. Man schlägt in dem Buch von

E. KAMKE, Differentialgleichungen, Lösungsmethoden und Lösungen, 7. Auflage 1962

nach und versucht die Gleichung unter den dort aufgeführten Beispielen zu finden.

2. Falls die Differentialgleichung unter 1. nicht aufgeführt ist, muß man sich eines Näherungsverfahrens bedienen. Ein solches führt zu einer speziellen Lösung, die jedoch mit beliebiger Genauigkeit berechnet

werden kann. Eine für den Ingenieur gut lesbare Darstellung der graphischen und numerischen Methoden finden sich in dem Buch von

R. Zurmühl, Praktische Mathematik,
3. Aufl., Berlin/Göttingen/Heidelberg 1961.

3. Benötigt man nicht nur eine einzelne, sondern eine größere Anzahl von Lösungen, so ist ihre Berechnung nach 2. selbst unter Benutzung von Tischrechenmaschinen viel zu mühsam. In diesem Falle läßt man die Differentialgleichung von *elektronischen Rechenanlagen* verarbeiten. Die wichtigsten numerischen Verfahren, wie etwa das von Runge und Kutta, sind heute in jeder Programmbibliothek enthalten, so daß die Programmierungsarbeit nicht allzu aufwendig ist.

Namen- und Sachverzeichnis

Abbildung 3
— s-gleichungen 43
— s-vorschrift 41
Abhängigkeit 104
Ableitbarkeit 148
Ableiten von Funktionen in Polar-
   koordinaten 267
— — Vektorfunktionen 257
Ableitung höherer Ordnung 155
— impliziter Funktionen 252
— s-funktion 141, 144
Absolut konvergent 350
Abstand 3
— zweier Punkte 9
— s-bestimmung Punkt-Gerade 17
Abweichung 8
Achsen-abschnittsform 10
— -gleichung der Ellipse 50
— · — — Hyperbel 63
— · — — Parabel 69
Addition zweier Matrizen 119
— — Vektoren 80, 100, 109
Additionstyp 239
Affine Invariante 42
Affinitäts-achse 42
— -verhältnis 42
Algebraische Funktion 192
— Gleichung 191, 225
Algebraisch-irrationale Funktion 196
Allgemeine Form der Geradengleichung
   13
— Kegelschnittsgleichung 74
— Kreisgleichung 33
— Lösung 387
— Produktregel 153, 170
Allgemeines Glied 126
Alternatives Gesetz 95
Alternierende Folge 127
— Reihe 349
Analytische Geometrie 1
— Methode 1
Anfangsbedingung 390, 403

Anomalie 8
Ansatz einer Exponentialfunktion 412
— mit unbestimmten Koeffizienten
   365
Antikommutativität 95
Aperiodischer Grenzfall 419
Aphel 54
Approximierendes Polynom 264
Äquidistanz der Stützstellen 327
ARCHIMEDES 131, 310
ARCHIMEDISCHE Spirale 270
Arcus 8
Areafunktionen 173, 312
Arithmetische Folgen 126
Arithmetisches Mittel 248
Assoziatives Gesetz 81
Äste der Hyperbel 57
Asymptoten 191
— der Hyperbel 59
Auflösung linearer Gleichungssysteme
   122
Ausdruck der Form $0:0$ 218
Ausgleichs-parabel 382
— s-strecke 335
Äußere Funktion 160

Basisdarstellung 100, 117
Bedingt konvergent 350
BERNOULLIsche Differentialgleichung
   400
Berührung zweier Kurven 359
— zweiter Ordnung 261
Beschleunigungsvektor 258
Beständige Konvergenz 353
Bestimmte Divergenz 128, 129
Bestimmtes Integral 303, 315
Betrag eines Vektors 102
Bild-fläche 234
— -menge 41
Bildungsgesetz 126
Binomialkoeffizienten 363
Binomische Reihe 363

Biquadratische Gleichung 194
Bogen-funktion 166
— -länge 315
Brennpunkt 52, 56, 67
—s-eigenschaft 52
Brennstrahl 53, 67

CARTESIUS 2
Charakteristische Gleichung 413
CRAMERsche Regel 20, 113, 115

D'ALEMBERT 347
Dämpfungskraft 416
Darstellungsproblem 357
DESCARTES (CARTESIUS) 2
Diagonalmatrix 119
Differential 174, 176, 183
— -operator 184
— -quotient 179, 183
— -transformation 178, 278
Differentiation 354
—s-regel 180
Differenz 176
Differenzen-quotient 4, 66, 72, 144
— -vektor 83
Direktrix 67
DIRICHLET-Bedingung 383
Disjunktives System 65
Distributivgesetz 84
Divergent 127, 338
Divergente Minorante 345
Divergenzkriterium 344
Division mit HORNER-Schema 195
Doppelstreifen 326
Drehmoment-Vektor 94
Drehung des Koordinatensystems 29
Dreibein 99
Dreiecks-gestalt 121
— -inhalt 7, 31
— -matrix 119
— -ungleichung 4, 82
Dreifaches Vektorprodukt 113
Durchschnitt 20, 40, 248
—s-menge 65

Ebene Komponentenzerlegung 114
Echter Polynombruch 192
Eineindeutige Zuordnung 2
Einheitsvektoren 85
Einhüllende 73, 388
Einsiedlerpunkt 134, 140
Einsvektoren 85

Elektronische Rechenanlage 428
Eliminationsverfahren 122
Ellipse 52 ff.
— als affines Bild 45
Ellipsen-gleichungen 48
— -normale 55
— -polare 55
— -tangente 46, 55
— -zirkel 49
Elliptische Integrale 378
Endlicher Sprung 140
Energiesatz 380
Entartete Ellipse 51
— Hyperbel 64
Entwickelbarkeit in eine Potenzreihe 357
Entwicklungssatz 113
Enveloppe 73, 388
Epsilontik 128
Erdbahnellipse 54
Ersatzfunktion 146, 324
Erweiterte Matrix 122, 124
EUKLID 205
EULERsche Differentialgleichung 422
— Zahl e 131, 362
Evolute 263
Exakte Differentialgleichung 395
Explizite Form 32, 48, 58, 231, 267
Exponential-funktion 169, 361, 412
— -spirale 269
Extremum 187

Fahrstrahl 8
Faktor-multiplikation 119
— -regel 149, 274
Fakultät 157
Fallen einer Kurve 186
Fehler-abschätzung 215, 328, 358
— -fortpflanzung 248
— -rechnung 247
FERMAT 2
Fixpunkt 42, 46
Flächen zweiter Ordnung 234
— -funktion 306
— -gleichung 242
— -inhalt 305
— -problem 305
— -schwerpunkt 320
— -vektoren 98
Fluchtgerade 238
Formale Ableitungsrechnung 149 ff.
— Integrationsmethoden 276 ff.

Formales Rechnen 84
FOURIER-Koeffizienten 382
— -Reihe 381 ff.
Freie gedämpfte Schwingung 416
Freier Vektor 80
Fundamentalsatz 35
Funktionalgleichung 2, 190
Funktionen von n Variablen 245
Funktions-differential 177, 247
— -differenz 177, 247
— -gleichung 28
— -reihe 351

Ganz-rationale Funktion 192
GAUSSscher Algorithmus 122
GAUSSsche Zahlenebene 117
Gebrochen-rationale Funktion 195
Gegensinnig parallel 82
Gemischte partielle Ableitung 245
Gemischtes Produkt 110
Gemischt-quadratisches Glied 75
Geometrische Darstellungsformen 233
— Folge 129
— Mittel 126, 340
— Reihe 340
Geradengleichung 10
Gerichtete Strecke 79
Geschlossener Polyeder 98
Geschlossenes Vektorpolygon 81
Geschwindigkeitsvektor 258
Gesetz von SNELLIUS 208
Gestaffeltes System 125
Gewöhnliche Differentialgleichungen
    386 ff.
Gleichartige Matrizen 119
Gleichheit zweier Matrizen 119
— — Vektoren 100, 109
Gleichseitige Ellipse 48
— Hyperbel 61
Gleichsinnig parallel 82
Graphisches Differenzieren 337
— Integrieren 335
Grenz-wert 127, 145
— - — bestimmung nach BERNOULLI
    216 ff.
— - — von Funktionen 132
Grundintegrale (Übersicht) 275
Grundschwingung 382
GULDINsche Regel 321
Gültigkeitsbereich 358

Halbparameter 67
Harmonische Reihe 346

Haupt-achse 45
— -achsentransformation 75, 76
— -diagonalen-Element 121
— -satz der Integralrechnung 305
— -scheitel 45, 57
— -wert des Areakosinus 173
— -werte 166
HEAVISIDE 186
Hebbare Unstetigkeit 141, 218
HESSEsche Normalform 15, 16
Hinreichende Bedingung 148, 187, 189
Hodographen 258
Höhere partielle Ableitung 244
Homogene Differentialgleichung 393
— Funktion 392
— Gleichung 421
— lineare Differentialgleichung 407
— lineare Funktion 10
Hyperbel 56
— -funktion 172, 312
— -gleichungen 56
— -sektorfläche 312
— -tangente 65

Identifizierung 75
Identische Abbildung 42
Identität 10
— von LAGRANGE 117
— s-bedingung 15
Imaginäre Ellipse 50
Implizite Form 32, 48, 58, 231, 267
— Funktionen 252
Inhalt eines Dreiecks 6
— — Trapezes 6
Inhomogene Differentialgleichung 397
— Gleichung 421
Inhomogenes lineares Gleichungssystem
    20
Inkrement 145
Innere Funktion 160
Integrabel 315
Integrabilitätsbedingung 396
Integrable Typen 404
Integral einer Differentialgleichung
    386
— -funktion 272
— -kurve 273
— -sinusfunktion 377
Integrand 272
Integration einer Potenzreihe 354
— durch Partialbruchzerlegung 293
— — Rekursion 291

Integrations-grenze 303
— s-konstante 272
— s-regeln 274
— s-weg 304
Integrierbar 315
Integrieren 272
Invariante 42
Invarianz 31
Inverser Vektor 82
Isokline 402

Kamke 427
Kartesische Komponente 100
Kartesisches Koordinatensystem 1
Kegel-schnittskurve 75
— -stumpf 205
Kepler-Ellipse 54
— -sche Faßregel 327
Kettenregel 161, 180
Knickstelle 148
Koeffizienten eines Polynoms 157
— -determinante 21
— -matrix 122
— -vergleich 365, 409
Kollinear 4
Kollinearität 31, 43
— s -bedingung 5, 7
Kommutatives Gesetz 81
Kommutierter Sinusstrom 385
Komplanaritätsbedingung 111
Komplexe Nullstellen 299
Komplexer Vektor 117
Komponenten-darstellung 100
— -zerlegung 91, 112
Konjugierter Ellipsendurchmesser 46
Konjugiert komplexe Nullstellen 299
Konjunktives System 65
Konkav 188
Konstantenregel 149
Konstanter Koeffizient 412
Konstruktion einer Ellipse 53
— — Hyperbel 58
— — Parabel 67
Kontraposition 149, 345
Konvergente Majorante 345
— unendliche Reihe 338
— Zahlenfolge 127
Konvergenz-bereich 352
— -kriterium 344 ff.
— -nachweis 128
— -problem 339, 352, 357
— -radius 352

Konversion 149
Konvex 188
Koordinaten 2
— -ebenen 235
— -system 2
— -transformation 24
Kosinus-funktion 359
— -satz 92
Kräftepaar 93
Kreis-büschel 36
— -funktion 164
— -gleichungen 32
— -normale 37, 39
— -polare 38, 39
— -sektor 313
— -tangente 38, 39
— -umfang 130, 317
Kriechbewegung 419
Krummlinige Asymptote 192
Krümmung der Bildkurve 259
— s-kreis 261, 262
— s-kreisradius 263
Kubische Funktion 28
Kugelkoordinaten 236
Kurve 2
Kurven-gleichung 2
— -schar 36, 235, 388
— -untersuchungen 186 ff.

Lagrange 186, 397
—sche Form des Restgliedes 358, 372
Länge einer Strecke 3
Leibniz 183, 186
—sche Sektorformel 309
—sches Konvergenzkriterium 350
Leitertafeln 238
Leit-gerade 67
— -linie 67
— -strahl 8, 67
Lemniskate 271
Lichtstrahl 207
Limes 127
Limitation 136
Linear abhängig 409
Lineare Differentialgleichungen 397,
    407
— Exzentrizität 52, 57
— Funktion 13
— Transformation 123
— Vektorgleichung 85
Lineares Differentialpolynom 185
— Fehlerfortpflanzungsgesetz 249

Lineares Gleichungssystem 122
— System 124
Linearisierung 175, 223, 376
— -s-formel 211, 212, 359
Linear-kombination 407, 424
— unabhängig 409
Linien-flüchtiger Vektor 80
— -schwerpunkt 320
Links-kurve 188
— -schraubung 112
— -seitiger Grenzwert 135
Logarithmische Funktion 168, 368
— Identität 171
— Spirale 269
Logarithmisches Ableiten 170
— Dämpfungsdekrement 418
LÖSCH 228
Lösungs-ansatz 424
— -funktion 386
Lücke 134, 140
Lückenbehebung 146
Lunik I 54

MACLAURIN-Polynom 358
— -Reihe 356
Majorantenkriterium 345
Mantel 318
Matrizen 118ff.
— -gleichung 123
— -kalkül 123
— -rechnung 125
Maximaaufgaben 204
Maximaler Fehler 249
Maximum 143, 187
Mechanischer Arbeitsbegriff 86
Mechanisches Drehmoment 93
Mehrfaches Produkt 110
Menge 2
Minimaaufgaben 204
Minimalforderung 382
Minimum 143, 187
Minorantenkriterium 345
Mittelbare Funktion 159
Mittelpunkt des Konvergenzbereichs 372
Mittelpunktsgleichung der Ellipse 48
— der Hyperbel 57
— des Kreises 32
Mittelwertsatz der Differential-rechnung 214, 377
— — Integralrechnung 335
Mittlere Krümmung 259

Mittlerer Fehler der Einzelmessung 248
— Fehler des Mittelwertes 248
— quadratischer Fehler 382
Momentaner Drehpol 257
Monoton fallend 127
— wachsend 127
Multiplikation mit einem Skalar 83, 101, 109
— zweier Matrizen 120
— -s-typ 239

Näherungsformel 325
Neben-achse 45, 57
— -scheitel 45, 57
Negativer Vektor 82
NEILsche Parabel 265
NEWTON 183, 416
— sches Iterationsverfahren 223ff.
Nichtparalleles Geradenpaar 77
Nomogramm 238
Normalen-abschnitt 209
— -gleichung 208
Normal-form 10
— -parabel 69
Notwendige Bedingung 148, 187, 189
Notwendiges Konvergenzkriterium 344
Null-folge 127, 344, 350
— -matrix 118
— -stelle eines Polynoms 191
— -vektor 81
Numerierungsvorschrift 125
Numerische Berechnung von Log-arithmen 368
— Exzentrizität 53, 57
— Integration 324

Oberfläche eines Rotationskörpers 321
Oberschwingung 382
Operator-polynom 185
— -schreibweise 244
Ordinatenaddition 197
Ordnung 120
Orthogonale Affinität 42
— Basis 99, 100
— Komponenten 91
Orthogonalität 10
— -s-bedingung 14, 89, 101
Ortsvektor 80, 107
Oszillations-punkt 139
— -stelle 140

Parabel 67
— -achse 67
— -gleichung 67
— -konstruktion 67
— -tangente 72
— -zug 324
Parabolspiegel 73
Paralleles Geradenpaar 78
Parallelflach 111
Parallelitätsbedingung 14, 95
Parallelogramm 92, 97
— -regel 79, 80
Parallelverschiebung 25
Parameter 33, 36, 67
— -darstellung 58, 231
— -form 32, 49, 267
Partialbruchzerlegung 293
Partialsumme 338
Partielle Ableitung 243
— Integration 288
Partieller Differentialquotient 243
Partikuläre Lösung 388
Perihel 54
Periodischer Dezimalbruch 128, 343
Periodizität 200
Permanenzprinzip 109
Plangrößen 98
Pol 8
Polarachse 8
Polare 38, 41
Polar-form 19
— -koordinaten 8, 308
— -koordinatensystem 8, 269
— -radius 8
— -Subnormalen-Abschnitt 269
— -winkel 8
Polgerade 20
Polynom 194, 264, 375
Potenz-funktion 363
— -regel 150, 154, 163, 170
— -reihe 351
— -reihendarstellung 354
Produkt-integration 288
— -regel 151
Projektion eines Vektors 100
Punkt-bedingung 2, 52, 68
— -bestimmung 7
— -masse 86
— -menge 41
— -Steigungsform 12, 73, 208
Punktierte Gerade 134
PYTHAGORAS 4

Pythagoräische Summe 57

Quadratische Gleichung 74
— Matrix 118
Quadratwurzelfunktion 163
Quotienten-kriterium 347
— -regel 153

Radiusvektor 8
Randbedingung 404
Rändern 5, 107
Rang-bestimmung 124
— · — einer Matrix 120
Rationale Stammfunktion 145
Raum-gerade 107
— -kurve 241
Räumliche Polarkoordinaten 236
Räumliches Koordinatensystem 99
Rechnen mit Differentialen 177
— — Grenzwerten 136
— — kleinen Größen 212
— — Tripeln 109
Rechtecksformeln 324, 325
Rechts-kurve 188
— -schraubung 112
— -seitiger Grenzwert 135
— -system 99
Rechtwinkliges Koordinatensystem 1
Reelles Geradenpaar 64, 75
Regel von BERNOULLI-DE L'HOSPITAL
217
Reihenentwicklung des Integranden
376
Resonanz 424
Rest der Reihe 339
— -glied 358, 372
Richtungs-feld 401
— -kosinus 103
— -winkel 4
— · — der Tangente 141
Rollkurven 255
Rotationskörper 318, 321
Rückstellkraft 416
RYTZsche Achsenkonstruktion 47

Satz des PYTHAGORAS 4, 91
— — THALES 92
— von RYTZ 47
— — SCHWARZ 244
Schachbrettaufgabe 341
Scharparameter 36, 235
Scheitel-gleichung der Parabel 68
— -kreis 45
Schiefe Asymptote 192

Schleppkurven 392
Schlüsselgleichung 239
Schluß von n auf $n+1$ 96
Schmiegungsparabel 264, 376
Schnitt-linien-Darstellung 235
— -punkt zweier Geraden 20
— -winkel zweier Geraden 23
Schwache Dämpfung 417
SCHWARZ 244
Schwerpunkt 320
Schwingungs-dauer 418
— -— eines Pendels 379
— -gleichung 416
Sehnen-trapezformel 327
— -zug 324
Sekantensteigung 66, 72
Sektorflächenfunktion 309
Semikubische Parabel 265
Senkrecht-affine Abbildung 41
Senkrechte Asymptote 191
Sgn x 50
SIMPSONsche Formel 326, 328
Simultan-System 65, 241
Singuläre Lösung 388
Singulärer Punkt 140
Sinnloser Ausdruck 218
Sinus-funktion 361
— -satz 97
Skalar 80
Skalare Darstellung 238
— Gleichung 107, 113
— Komponente 99
Skalares Produkt 87, 101, 119, 259
SNELLIUS 208
Spaltenmatrizen 118
Spat 111
— -produkt 110
Sphärometer 250
Sprungstelle 140
Stammfunktion 141
Starke Dämpfung 418
Statisches Moment 320
Steigen einer Kurve 186
Steigung der Tangente 141
— einer Funktion 141
— — Strecke 3
Steigungsfunktion 141
Stetige Funktion 138
Stetig-keit 138
— -machen 146
Störfunktion 397
Streuung 248

Stufenpunkte 189
Stürzen 107
Stütz-ordinaten 330
— -stelle 324
Subnormalenabschnitt 209
Substitutionsmethode 277ff.
Subtraktion eines Vektors 82, 101, 109
Summation 136
Summe der endlichen geometrischen Reihe 340
— — unendlichen Reihe 338
Summen-problem 339
— -regel 279
— -vektor 80
Symmetrieeigenschaften 4, 190

Tangenten-abschnitt 209
— -gleichung 208
— -problem 143
— -steigung 66, 72, 144
— -vektor 258
— -zug 324
TAYLOR-Polynom 265, 372
— -Reihen 371
Teil-integration 288
— -summe 338
— -summenfolge 127, 129, 338
— -verhältnis 44
Tetraeder 98
Torsionsmodul 251
Totales Differential 246
Transformations-gleichung 25, 29, 123
— -matrix 123
Translationsgeschwindigkeit 78
Transponieren 122
Transzendente Funktion 197
— Gleichungen 227
Trapezformeln 324
Trennung der Veränderlichen 390
Treppenzug 324
Trigonometrische Form 118
— Reihe 382
Trigonometrisches Polynom 382
Tripeldarstellung 108, 118
Triviale Konvergenz 353

Umdrehungskörper 318
Umgekehrt proportional 62
Umkehrbar eindeutig 1
Umkehrung 149
Umrechnungsformel 268

Umwandlung des Differentials 179
Unbedingt konvergent 350
Unbestimmte Divergenz 129
Unechter Polynombruch 192
Unendliche geometrische Reihe 341
— Reihen 338ff.
Unendlicher Sprung 140
Unendlichkeitsstelle 140
Unstetigkeitsstelle 139

Variation der Konstanten 398, 420
Vektor 79
— -addition 81
— -algebra 78
— -begriff 78
— -division 96
— -funktion 107, 258
— gebunden 80
— -gleichung 113, 114, 257
— -gleichung einer Raumgeraden 107
— -größe 79
— -koordinaten 99
— -polygon 81
— -produkt 259
— -subtraktion 83
Vektorielle Darstellungsform 232
Vektorielles Produkt 94, 102
Vereinfachte Fehlerabschätzung 333
Vereinigungsmenge 65
Verschiebungsweg 86
Vielfaches einer Zeile 121
Vierfaches Produkt 114

Vollständige Induktion 96
Vollständiges Differential 246
— Horner-Schema 158, 375
Volumen eines Rotationskörpers 321
Vorzeichenregel 83

Waagrechte Asymptote 191
Wendepunkt 189
— als Symmetriezentrum 193
Wendetangente 143, 187, 189, 190
Widerspruch 21
Winkel eines Vektors 102
Wronskische Determinante 408
Wurfweite 207
Wurzel-funktion 162
— -kriterium 348

Zahlen-folge 125
— -paar 1
— -schema 118
— -tripel 108
Zeilenmatrix 118
Zuordnung 1
— s-pfeil 2
Zurmühl 428
Zusammengesetzte Funktion 159
Zustandsgleichung 237
Zweipunkteform 10, 108
Zweite Ableitung 252
— Ableitungsfunktion 155
Zyklisches Vertauschen 111
Zykloide 255
Zykloidenevolute 266